# 生物化学

BIOLOGICAL CHEMISTRY

小野寺一清
駒野　徹
千葉誠哉
水野重樹
山﨑信行
編著

朝倉書店

## 執 筆 者

| | |
|---|---|
| 植 田 和 光 | 京都大学大学院農学研究科 |
| 小 野 寺 一 清* | 工学院大学 CPD センター |
| 駒 野 徹* | 京都大学名誉教授 |
| 酒 井 裕 | 岡山大学大学院自然科学研究科 |
| 白 石 斉 聖 | 神戸大学農学部 |
| 千 葉 誠 哉* | 酪農学園大学大学院酪農学研究科<br>北海道大学名誉教授 |
| 中 川 弘 毅 | 千葉大学園芸学部 |
| 中 島 佑 | 東北大学大学院農学研究科 |
| 中 村 研 三 | 名古屋大学大学院生命農学研究科 |
| 本 間 守 | 藤女子大学人間生活学部 |
| 前 忠 彦 | 東北大学大学院農学研究科 |
| 牧 野 周 | 東北大学大学院農学研究科 |
| 水 野 重 樹* | 東北大学名誉教授 |
| 山 﨑 信 行* | 九州大学名誉教授 |
| 吉 田 稔 | 理化学研究所 |

(五十音順，*は編著者)

# はじめに

　今日，生物化学における基礎的な領域の発展に加え，生体高分子物質の分子レベルでの生命現象への関与のメカニズムが次第に解明されつつある．このような状況を踏まえ，本書は大学における専門課程の学生が新しい生命科学やバイオテクノロジーを理解し，その全体像を展望することができるよう意図して書かれている．あらゆる学問分野について言えることであるが，発展が著しい分野であっても，歴史的に営々として積み重ねられ，築かれてきた基礎的な学問や技術の集積なしには現在の発展はあり得ない．このような見地から生物化学の学問領域を眺望するに，生体を構成し動的な生命活動に関与する物質の解明なしには，今日の分子レベルの生命科学の発展はあり得なかったことである．生物化学を理解するためには，まず生体を構成する物質の構造と機能を十分に理解する必要があり，したがって，可能な限りその考えに沿って記述した．

　一方，生命活動は生体構成物質がきわめて動的に関与して営まれているので，この関係を理解し，その本質を明らかにするためには，生体の構成成分の構造的側面のみの理解では不十分であり，高分子物質および低分子物質の動的な関係を理解する必要がある．このような観点から，本書の執筆は各方面で活躍している方々と協力して行った．

　生命現象の解明にはいろいろな学問領域からのアプローチがあるが，大きく分けて生物の生理的側面からのアプローチと，生命体の構成成分の化学的側面からのアプローチとがある．もとより生物化学は生体構成成分の化学構造の解明に大きく貢献してきた．それゆえ，生命科学に直接関わりのある農学や医学に加えて，食品化学，栄養学，生活科学，工学，薬学など，自然科学の各方面と深く関わっており，得られた結果もまた各方面に大きな影響を与えてきた．

　本書は緒論においては，生物の最小単位である細胞の性質について概観し，生命科学の解明における生物化学の果たす役割について考察を加えた．

　第1部においては，生命体を構成する無機物質および有機物質の細胞における構造や役割について述べ，特に生体の骨格物質であるタンパク質，炭水化物（糖質），生体エネルギー源となっている炭水化物や脂質，これらの物質を分解したり生合成したりする代謝中間体や生体内の諸反応で主役を演じている酵素タンパク質，物質の代謝を円滑に進めるための補酵素（ビタミン）や生物のエネルギーとしての役割を演じている低分子核酸，生物の遺伝情報を子孫に伝えたり，遺伝情報が発現するときに重要な役割を担う高分子核酸，さらに細胞の形状の形成に関与している脂質，タンパク質，炭水化物，細胞間の情報伝達に関わるホルモンやタンパク質などの物質の化学構造と機能について述べた．

第2部においては，生体反応の基礎をなすエネルギーについて論じ，生体の諸反応を触媒している酵素（タンパク質）の反応機構，さらに，生体エネルギーをつくり出す器官であるミトコンドリアや光合成を行っている葉緑体などの細胞小器官の役割などについて述べた．

　第3部においては，光合成で貯えられたエネルギー物質である炭水化物（グルコース），脂質（脂肪酸），およびタンパク質（アミノ酸）などが実際に代謝（分解）され，呼吸（酸化）という過程を経てエネルギー（ATP）が産生される反応系について詳しく述べた．さらに，代謝過程で生成した代謝中間体は，生体を構成する種々の重要な物質を合成するのに用いられるので，生合成の諸過程についても述べた．

　第4部においては，生体で最も重要なタンパク質の生合成機構について述べた．タンパク質は生物の特性を示す主体をなす物質であることから，生物化学は遺伝学との接点において，今日よく知られている分子生物学という学問領域を創出することに関与してきた．その結果，遺伝子の本体である核酸（DNAやRNA）がタンパク質を生合成する反応そのものに関与していることを明らかにしてきた．このように考えると，生物学と生物化学との間にはもはや隔壁はなくなったかの感があるが，このような状況下にあってもなお，生命科学の理解のためにタンパク質や核酸の化学的側面を正確に理解しておくことは依然として重要であるといえよう．

　第5部においては，生物の最小単位である細胞において生物的，生理的諸現象が，タンパク質，脂質，炭水化物などの生体高分子物質の相互作用によって起こっていることを踏まえ，基本的な現象として細胞膜の膜タンパク質の機能，ウイルス感染と細胞の対応，情報伝達物質（アミノ酸，ホルモンなど）と情報伝達機構を中心に述べた．

　このように生物化学は，生命現象の本質を明らかにしようとする一つの重要な学問領域であるが，生命科学の進展は著しく，生物化学が生命科学の一側面を担っていることに加え，広く分子生物学や分子細胞科学などの領域と深く関わり合いながら生命科学の発展に関わっていることを理解することが重要である．

　生物化学という学問分野がきわめて動的な側面を有していることを踏まえるならば，上記のような意図で書かれた本書が，将来生命科学の分野をめざす学生にとって必携の書であって欲しいと願っている．加えて，生命科学関連分野の学生および研究者にとっても，それぞれの分野の理解と発展のための参考資料になるよう配慮したつもりである．ご利用いただけるならば著者一同，望外の喜びである．

2005年3月

執筆者一同

# 目　　次

緒　論 ─────────────────────────〔駒野　徹〕 1
 1.1　原核細胞生物 …………………………… 2
 1.2　原核細胞生物の栄養要求性 …………… 3
 1.3　真核細胞生物 …………………………… 3
  a.　動物細胞　*4*
  b.　植物細胞　*4*
 1.4　生命の起源と本質 ……………………… 5

## 第1部　生体を構成する物質 ─────────────────────── 7

 1.　生元素と生体分子 …………〔千葉誠哉〕 8
  1.1　生元素 ………………………………… 8
  1.2　生体分子 ……………………………… 8
 2.　水 ……………………………〔千葉誠哉〕 10
  2.1　水と生物 ……………………………… 10
  2.2　水の構造 ……………………………… 10
  2.3　水　和 ………………………………… 11
   a.　イオンの水和　*11*
   b.　極性基の水和　*11*
   c.　疎水基の水和　*11*
  2.4　水のイオン化と pH …………………… 12
  2.5　弱酸のイオン化 ……………………… 13
   a.　p$K_a$　*13*
   b.　p$K_b$　*13*
  2.6　緩衝液 ………………………………… 14
 3.　炭水化物 ……………………〔千葉誠哉〕 15
  3.1　炭水化物の名称 ……………………… 15
  3.2　単糖類 ………………………………… 15
   a.　光学異性　*15*
   b.　フィッシャーの投影式　*16*
  3.3　糖の環状構造 ………………………… 17
  3.4　糖の立体配座 ………………………… 18
  3.5　いくつかの重要な単糖類とその誘導体
   …………………………………………… 19
  3.6　少糖類 ………………………………… 20
   a.　二糖類　*21*
   b.　三糖類と高重合度少糖類　*22*
  3.7　多糖類 ………………………………… 23
   a.　単純多糖類　*23*
   b.　複合多糖類　*25*
   c.　糖タンパク質　*27*
 4.　タンパク質 …………………〔山﨑信行〕 29
  4.1　アミノ酸 ……………………………… 29
   a.　タンパク質を構成するアミノ酸　*29*
   b.　タンパク質中に見出されるアミノ酸
    誘導体　*29*
   c.　非タンパク質性アミノ酸　*29*
   d.　アミノ酸の立体配置と光学活性　*29*
   e.　アミノ酸の解離　*31*
  4.2　ペプチド ……………………………… 32
   a.　ペプチドの表現法　*33*
   b.　生理活性ペプチド　*33*
   c.　微生物が産生するペプチド　*33*
  4.3　タンパク質の構造と機能 …………… 33
   a.　タンパク質の分類　*33*
   b.　タンパク質の構造　*34*
   c.　タンパク質の性質　*45*
 5.　脂　質 ………………………〔水野重樹〕 48
  5.1　一般的性質と分類 …………………… 48
  5.2　構造と機能 …………………………… 49
   a.　エネルギー源としてのトリアシルグ
    リセロール　*49*
   b.　イソプレン骨格をもつ化合物　*50*
   c.　コレステロールとその動態　*50*
   d.　コレステロールの利用と変換，分泌
    *53*
   e.　ビタミンAと視覚の形成　*54*
   f.　生体膜の主要成分としてのリン脂質
    *55*
   g.　葉緑体のチラコイド膜の主要成分とし
    てのグリセロ糖脂質　*57*
   h.　スフィンゴ糖脂質　*57*
   i.　糖脂質に共有結合した細胞表層のタン
    パク質　*58*
   j.　細胞膜を構成する脂質の非対称性　*59*
 6.　核　酸 ………………………〔駒野　徹〕 61
  6.1　塩　基 ………………………………… 61
  6.2　D-リボースと 2-デオキシ-D-リボース
   …………………………………………… 62
  6.3　ヌクレオシド，ヌクレオチド ……… 62
  6.4　ヌクレオチドの光吸収 ……………… 64
  6.5　ポリヌクレオチド …………………… 64

  a. DNA　*65*
  b. DNA の熱変性と光学的性質　*67*
  c. DNA の種類　*68*
  d. RNA　*69*
 6.6　核酸の構造解析 …………………… *70*
  a. 核酸の酸加水分解　*70*
  b. RNA のアルカリ加水分解　*70*
  c. 核酸の酵素による加水分解　*71*
  d. エキソヌクレアーゼ　*71*
  e. エンドヌクレアーゼ　*71*
  f. その他のヌクレアーゼ　*72*
  g. 制限酵素　*72*
  h. DNA の塩基配列の解析　*72*
  i. RNA の塩基配列　*75*
 6.7　染色体構造 ……………………………… *75*
  a. ヌクレオソームおよびクロマチン　*75*
  b. ヌクレオヒストン　*75*
 7. 補酵素 ………………………………〔本間　守〕*76*
  a. ニコチンアミドヌクレオチド　*76*
  b. フラビンヌクレオチド　*77*
  c. ヘ　ム　*77*
  d. リポ酸　*77*
  e. ユビキノン，ナフトキノン　*78*
  f. ピロロキノリンキノン　*78*
  g. テトラヒドロ葉酸，プテリジン　*78*
  h. チアミンピロリン酸　*79*
  i. 補酵素 A，ホスホパンテテイン　*79*
  j. ピリドキサール 5′-リン酸　*79*
  k. ビオチン　*80*
  l. コバラミン　*80*

## 第 2 部　生体反応の基礎 ——————————————————————— 81

1. 生体エネルギー論 …………〔千葉誠哉〕*82*
 1.1　生体エネルギーの流れ ……………… *82*
 1.2　生化学反応と自由エネルギー ……… *82*
 1.3　自由エネルギー変化 …………………… *83*
 1.4　*ΔG* と *ΔG°′* ………………………………… *84*
 1.5　*ΔG°′* の加算性 …………………………… *85*
 1.6　高エネルギーリン酸化合物 ………… *85*
 1.7　リン酸基転移の中間体 ……………… *87*
2. 酵素と酵素反応論 ………〔山﨑信行〕*88*
 2.1　触媒としての酵素の基本概念 ……… *88*
  a. 触媒と活性化エネルギー　*88*
  b. 酵素の特異性　*88*
  c. 酵素の命名と分類　*89*
 2.2　酵素反応速度論 ………………………… *89*
  a. 酵素の単位　*89*
  b. 酵素反応の速度論的解析　*89*
  c. ミハエリス–メンテンの式　*90*
  d. ブリッグス–ホールデンの式　*90*
  e. 速度パラメーターの意味　*91*
 2.3　酵素反応に及ぼす諸因子 …………… *91*
  a. 温度と pH の影響　*91*
  b. 阻害剤の影響　*92*
 2.4　酵素の活性部位と触媒機構 ………… *94*
 2.5　酵素活性の調節 ………………………… *96*
  a. アロステリック酵素　*97*
  b. チモーゲンの活性化　*99*
  c. カスケード的増幅　*99*
  d. 四次構造の形成と酵素活性　*100*
  e. 他物質との協同作用　*100*
3. オルガネラによる細胞の区画化 ………
  ……………………………〔中村研三〕*102*
 3.1　真核細胞オルガネラの構造と機能 … *102*
  a. 核　*102*
  b. 小胞体　*103*
  c. ゴルジ体　*103*
  d. リソソーム　*104*
  e. 液胞　*104*
  f. ペルオキシソーム　*105*
  g. ミトコンドリア　*105*
  h. 葉緑体　*105*
 3.2　オルガネラの起源と真核生物の進化
  …………………………………………… *106*

## 第 3 部　代　　謝 ——————————————————————————— 107

1. エネルギー代謝 …………〔小野寺一清〕*108*
 1.1　解糖系 …………………………………… *108*
  a. 解糖の主な中間体の構造と反応　*108*
  b. 解糖系の反応形式　*108*
  c. ピルビン酸の形成と ATP の再生産
   *109*
  d. 解糖系の経路　*110*
  e. 解糖系の反応と関与する酵素　*110*
  f. 解糖系の代謝中間体　*111*
 1.2　TCA 回路 ……………………………… *111*
  a. ピルビン酸からアセチル CoA の生
   成　*111*
  b. TCA 回路の全体像　*112*
  c. クエン酸からイソクエン酸への変換

　　　　　d. 複合体酵素としてのピルビン酸デヒドロゲナーゼ　*114*
　　　　　e. ピルビン酸デヒドロゲナーゼとTCA回路の制御　*115*
　　1.3 酸化的リン酸化 …………………… 116
　　　　　a. ミトコンドリアで起こる反応　*116*
　　　　　b. 脂肪酸代謝とアセチルCoA　*117*
　　　　　c. 酸化的リン酸化と$F_0F_1$ATPアーゼ　*118*
2. 炭水化物の代謝 ………………………… 123
　　2.1 炭水化物の分解と生合成
　　　　　………………………〔千葉誠哉〕*123*
　　　　　a. 多糖の分解　*123*
　　　　　b. デンプンの分解　*123*
　　　　　c. グリコーゲンの分解　*124*
　　　　　d. ペントースリン酸経路　*125*
　　　　　e. スクロースの生合成　*127*
　　　　　f. デンプンの生合成　*128*
　　　　　g. グリコーゲンの生合成　*130*
　　　　　h. グリコーゲンの代謝とその調節　*130*
　　2.2 光合成 ………〔牧野　周・前　忠彦〕*132*
　　　　　a. 葉緑体　*132*
　　　　　b. 光合成の仕組み　*132*
　　　　　c. その他の光合成反応　*137*
　　2.3 オリゴ糖・多糖の生合成 ……………
　　　　　………………………〔中島　佑〕*138*
　　　　　a. UDP-グルコースの生合成　*139*
　　　　　b. スクロースの生合成　*139*
　　　　　c. ラクトースの生合成　*139*
　　　　　d. デンプンの生合成　*139*
　　　　　e. セルロースの生合成　*140*
　　　　　f. リピド中間体を介した多糖の生合成　*140*
　　　　　g. 糖供与体として糖ヌクレオチドを用いない多糖の生合成　*141*
3. 脂質の代謝 ………………〔水野重樹〕142
　　3.1 脂質の分解 ……………………… 142
　　　　　a. リパーゼによる脂肪酸の遊離　*142*
　　　　　b. 脂肪酸の$\beta$酸化　*143*
　　　　　c. 脂肪酸の$\beta$酸化に伴うエネルギー生産　*145*
　　　　　d. ケトン体の生成と利用　*145*
　　　　　e. リン脂質の分解　*146*
　　3.2 脂質の生合成 …………………… 147
　　　　　a. 脂肪酸の生合成　*147*
　　　　　b. トリアシルグリセロールの生合成　*152*
　　　　　c. ホスホグリセリドの生合成　*153*
　　　　　d. コレステロールの生合成　*155*
　　　　　e. コレステロール生合成の調節　*155*
4. 無機窒素代謝 …………………………… 158
　　4.1 植物の窒素同化 ……………………
　　　　　………………〔中川弘毅・白石斉聖〕*158*
　　4.2 硝酸レダクターゼ …………………
　　　　　………………〔中川弘毅・白石斉聖〕*159*
　　　　　a. NRの機能構造　*159*
　　　　　b. NRの分子生物学　*161*
　　4.3 亜硝酸レダクターゼ ………………
　　　　　………………〔中川弘毅・白石斉聖〕*162*
　　　　　a. NiRの生化学　*162*
　　　　　b. NiRの分子生物学　*163*
　　4.4 窒素固定 ………〔小野寺一清〕*164*
　　4.5 タンパク質・アミノ酸の代謝 ………
　　　　　………………………〔酒井　裕〕*164*
　　　　　a. タンパク質を分解する酵素　*164*
　　　　　b. タンパク質分解酵素の生理的役割　*167*
　　　　　c. 動物の消化管におけるタンパク質の分解　*167*
　　　　　d. 細胞内におけるタンパク質の分解　*168*
　　　　　e. アミノ酸の分解―脱アミノ反応　*170*
　　　　　f. 尿素回路　*170*
　　　　　g. アミノ酸の炭素骨格の分解　*172*
　　4.6 アミノ酸の生合成 ………〔酒井　裕〕*179*
　　4.7 核酸・ヌクレオチドの代謝 …………
　　　　　………………………〔酒井　裕〕*187*
　　　　　a. 核酸分解酵素　*188*
　　　　　b. プリンヌクレオチドの分解　*188*
　　　　　c. ピリミジンヌクレオチドの分解　*189*
　　　　　d. サルベージ経路　*190*
　　4.8 ヌクレオチドの生合成 …〔酒井　裕〕*191*
　　　　　a. プリンヌクレオチドの生合成　*191*
　　　　　b. ピリミジンヌクレオチドの生合成　*194*
　　　　　c. デオキシリボヌクレオチドの生合成　*196*

## 第4部　遺伝子情報の伝達と発現調節 ——————————— 199

1. 遺伝子の複製・組換え ……〔酒井 裕〕200
   1.1 DNA複製 …………………………… 200
   1.2 DNAの組換え ……………………… 205
   1.3 転位 …………………………………… 207
2. 転写 …………………………………………… 209
   2.1 酵素の誘導 ……………〔駒野 徹〕209
   2.2 β-ガラクトシダーゼが誘導される機構
       ………………………………〔駒野 徹〕210
       a. ラクトースオペロン　210
       b. オペレーターとリプレッサー　210
       c. プロモーターとmRNA合成　211
       d. cAMPによる転写調節　212
       e. 転写終結　213
       f. mRNA合成反応機構　215
   2.3 リボソームRNA，アミノ酸転移RNA
       の合成 ……………………〔駒野 徹〕215
       a. rRNA前駆体の転写とスプライシング
          215
       b. tRNA前駆体の転写とスプライシング
          215
   2.4 真核生物における転写の特徴 ………
       …………………………〔中村研三〕216
       a. 転写がどこで起こるか　216
       b. 複数のRNAポリメラーゼが異なる
          遺伝子を転写する　216
       c. 転写後の複雑なRNAプロセシング
          が必要　216
       d. クロマチン構造の変化が転写活性に
          重要　216
   2.5 真核生物核遺伝子の転写とその調節
       機構 ……………………〔中村研三〕216
       a. RNAポリメラーゼ，基本プロモー
          ターと基本転写装置　217
       b. 転写調節配列　218
       c. 転写因子タンパク質　218
       d. クロマチン構造変化　219
   2.6 転写後のRNAプロセシングによる
       mRNA成熟 ……………〔中村研三〕219
3. 翻訳 ……………………………〔駒野 徹〕222
   3.1 遺伝暗号 ……………………………… 222
   3.2 遺伝暗号の読まれる方向，読み始め，
       読み終わり …………………………… 223
   3.3 アミノ酸転移RNA ………………… 224
   3.4 アミノ酸の活性化 …………………… 225
   3.5 アミノアシルtRNAシンテターゼが
       認識するtRNAの構造の特徴 ……… 225
   3.6 コドン-アンチコドン相互作用 …… 226
   3.7 リボソームの構造と機能 …………… 226
   3.8 リボソームの大きさと組成 ………… 227
   3.9 リボソームとmRNAの結合 ……… 227
   3.10 ペプチド合成開始複合体 ………… 230
   3.11 ペプチド鎖の伸長 ………………… 231
   3.12 ペプチド合成の終結 ……………… 232
   3.13 ポリソーム ………………………… 232
   3.14 タンパク質の修飾 ………………… 232
   3.15 タンパク質合成の阻害 …………… 233
4. 遺伝子工学 ……………………〔駒野 徹〕234
   4.1 組換えDNAの基本 ………………… 234
   4.2 ベクター ……………………………… 234
   4.3 制限酵素 ……………………………… 235
   4.4 付着末端を有するDNA断片の挿入 … 236
   4.5 平滑末端を有するDNA断片の結合 … 236
   4.6 cDNAの結合 ………………………… 236
   4.7 組換え体の検出 ……………………… 238
       a. ベクターが挿入DNA断片を有する
          ことの確認　238
       b. 目的とする遺伝子が挿入されている
          ことの確認　238
   4.8 タンパク質工学 ……………………… 239

## 第5部　高次生命現象の生化学 ——————————— 241

1. 生体膜の構造と機能 ……〔植田和光〕242
   a. 生体膜の基本構造　242
   b. 脂質二分子膜の透過性　243
   c. 非対称的な脂質二分子膜である細胞膜
      243
   d. 膜タンパク質　243
   e. 特殊な細胞内部環境　243
   f. 生体膜に存在する輸送タンパク質
      244
   g. ABCタンパク質　244
   h. 小腸からのグルコースの吸収　245
2. ウイルス ………………〔小野寺一清〕247
   2.1 溶菌 …………………………………… 248
   2.2 ファージ粒子の形成 ………………… 249
   2.3 溶原様式 ……………………………… 251
3. 細胞周期 ………………………〔吉田 稔〕253
   3.1 細胞周期の概念 ……………………… 253
   3.2 サイクリンとCDK ………………… 253

- 3.3 細胞周期の制御機構 …………… 254
  - a. サイクリンによるCDKの調節　254
  - b. リン酸化によるCDKの調節　254
  - c. CDK阻害タンパク質による調節　255
  - d. RBタンパク質　255
  - e. p53とチェックポイント　256
  - f. 細胞周期関連タンパク質の局在性の調節　256
- 4. 情報伝達 …………〔小野寺一清〕259
  - 4.1 情報伝達物質とその受容体 ……… 259
  - 4.2 細胞間の情報伝達の様式 ………… 259
    - a. ステロイドホルモンとその受容体　260
    - b. 一酸化窒素　260
    - c. 神経伝達物質　260
    - d. ペプチドホルモンと成育因子　261
    - e. エイコサノイド　261
    - f. 植物ホルモン　261
  - 4.3 細胞表層の受容体タンパク質の機能 ……………………………………… 261
  - 4.4 受容体タンパク質とチロシンキナーゼの相互作用 ……………………… 263
  - 4.5 その他の伝達様式 ………………… 263
  - 4.6 他の酵素への情報伝達 …………… 263
  - 4.7 インテグリンと情報伝達 ………… 263

参考文献 ──────────────── 265
索　引 ──────────────── 271

緒　論

生物は周囲からエネルギー源となる物質を摂取し，これを代謝してエネルギーを獲得し，このエネルギーを用いて運動したり，新しく物質を合成したり，子孫を残したりすることができる．生物の形態上の基本単位は細胞である．細胞はタンパク質，炭水化物，脂質，核酸など，それら単独では生きている状態を示さないが，高度に組織化されて微小な構造体の中に組み込まれると「生きている状態」をつくり出す．この高度に組織化されている微小な構造体がすなわち細胞である．

細胞は二つの型に分けられることが17世紀の顕微鏡学者たちによって観察されていた．一つは原核細胞（生物）(prokaryote, ギリシャ語で*pro*：原, *karyon*：核) であり，他は真核細胞（生物）(eukaryote, *eu*：真) である．前者は核のない細胞（生物），すなわち細菌やラン藻類であり，後者は核を有する細胞（生物）のことである．原核細胞は小さく，種々の機能を備えた細胞小器官が未発達であるのに対し，真核細胞は大きく，細胞小器官はよく発達している（表1.1）．

細胞は，他の様式によっても分類することができる．それは細胞が生命を維持するために，どのような栄養素に依存しているかによるものである．一つは細胞が生命を維持するのに，それ自身で栄養素をつくり出すことができる細胞，すなわち"独立栄養（自主栄養, autotrophs）"細胞（生物）であり，もう一つは栄養素を他に依存する，すなわち"従属栄養（heterotrophs）"細胞（生物）である．光合成のできる植物細胞やある種の微生物は炭素源として$CO_2$を，エネルギー源として太陽光があれば基本的には生命の維持ができるので独立栄養細胞（生物）という．これに対して多くの動物細胞や微生物は，複雑な有機化合物（グルコース，アミノ酸，ビタミン，その他）を炭素源やエネルギー源として摂取する必要があるので，これらを従属栄養細胞（生物）という．

## 1.1 原核細胞生物

原核細胞（生物），すなわち細菌類は，桿菌，球菌，らせん菌など種々の形態をしたものがあるが，基本的には多糖からできている固い細胞壁と，その内側に二重に配列した脂質の膜からできている原形質膜とで覆われたカプセルの中に細胞質が満たされている．

よく研究されている大腸菌について構造をみると図1.1のようになっている．細胞壁には繊毛（線毛，ピリ）とよばれているタンパク質からできている繊

表1.1 原核細胞と真核細胞の比較

| 細胞の種類 | 原核細胞 | 真核細胞 |
|---|---|---|
| 大きさ | 1〜2 μm | 10〜100 μm |
| 細胞小器官 | 未発達 | よく発達<br>ミトコンドリアなど細胞小器官（オルガネラ）が発達し，それぞれが異なる役割を担っている |
| 小胞体 | なし | あり<br>複雑な構造をした生体膜 |
| 核 | なし<br>遺伝子（DNA）は核様体（核領域）として存在する | あり<br>遺伝子（DNA）は核の中に存在する |
| 細胞の例 | 細菌，ラン（藍）藻 | 動物，植物，カビ，酵母 |

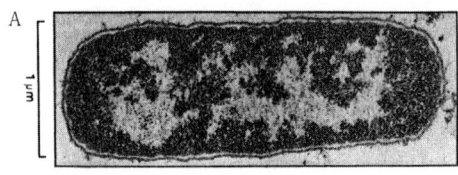

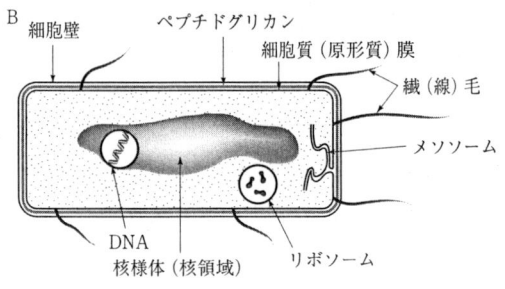

図1.1 A. 大腸菌の電子顕微鏡写真（J. D. Watson ほか：Molecular Biology of the Cell, 3rd ed., p. 12, Garland Publishing, 1989）と，B. その模型図

維があり，この中には菌体が接合して遺伝子（DNA）を一方から他方へ導入するときに用いられるものもある．また長い繊（線）毛もみられる．細胞の外側はペプチドグリカンとよばれる多糖とペプチドが網目状に連なり安定な構造体をつくり，その内側は原形質膜でできている．真核細胞のように核膜で囲まれた"核"はないが，"核様体（核領域）"とよばれる遺伝子（DNA）が密に集まった部分が存在している．細胞質は溶液が一様につまっているわけではない．遺伝子である DNA，タンパク質を合成するリボソーム，細胞の内外に物質を運搬する膜タンパク質など，機能に応じて高分子物質や微細な粒子が極在している（表 1.1）．正確な数は不明であるが，大腸菌にはタンパク質，核酸，脂質，その他代謝中間生成物を含め，3,000〜6,000 種類の分子やイオンが存在していると推定されている．

## 1.2 原核細胞生物の栄養要求性

微生物は，エネルギーや生体成分を生合成するのに必要な物質を，外部から摂取しなければならないし，必要としている物質もまた多様である．独立栄養細菌の中には無機化合物の酸化でエネルギーを得ている化学無機栄養（chemolithotroph，ギリシャ語で *lithos*：石，*troph*：養う）細菌がいる．硫黄細菌（sulfur bacteria）や鉄細菌（iron bacteria）とよばれており，その化学反応は次の式で示される．

$$H_2S + 2O_2 \longrightarrow H_2SO_4$$
$$4FeCO_3 + O_2 + 6H_2O \longrightarrow 4Fe(OH)_3 + 4CO_2$$

独立栄養細菌でエネルギーを太陽光によっているものもある．これらが光無機栄養（photolithotroph）細菌である．水や硫化水素が電子供与体となり，次の反応で炭水化物を合成する．

$$6H_2O + 6CO_2 \longrightarrow \underset{\text{グルコース}}{C_6(H_2O)_6} + 6O_2$$

この反応はラン藻（blue-green algae）と，細菌類ではないが植物で行われており，酸素を放出している．地球を取り巻く大気中に酸素があるのは光合成反応があるからだと考えられている．原始的な光合成反応では水素，硫化水素，チオ硫酸塩，有機物などが電子供与体であった．

$$2 \times 6H_2S + 6CO_2$$
$$\longrightarrow \underset{\text{グルコース}}{C_6(H_2O)_6} + 6H_2O + 2 \times 6S$$

沼地などで有機物が腐植して硫化水素が発生しているような酸素のないところでは，現在でも光合成細菌（photosynthetic bacteria）がいて，このような反応を行っている．

複雑な有機化合物が電子供与体であり，エネルギー源として光が利用できる微生物（photoorganotroph）がいる．非硫黄紅色細菌（nonsulfur purple bacteria）がそれである．

一方，大部分の細菌類はエネルギー源，電子供与体をともに複雑な有機化合物に依存している（chemoorganotroph）．すべての高等動物細胞もまたこれに属する．

## 1.3 真核細胞生物

真核細胞（生物）は原核細胞に比べてはるかに大きい．しかし，真核細胞を特徴づけているのは，種々の機能をもつ細胞小器官（オルガネラ）が存在していることである（表 1.1，図 1.2，第 2 部第 3 章参照）．細胞が生育するのに必要とされる栄養素もまた複雑

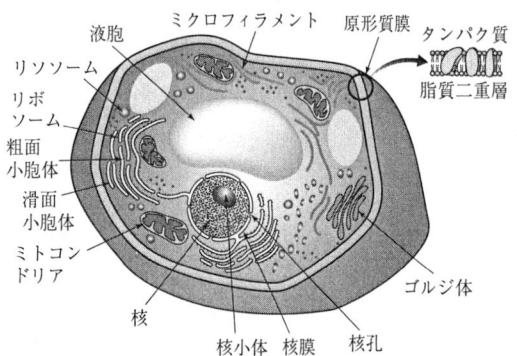

**図 1.2** 真核細胞の模型図

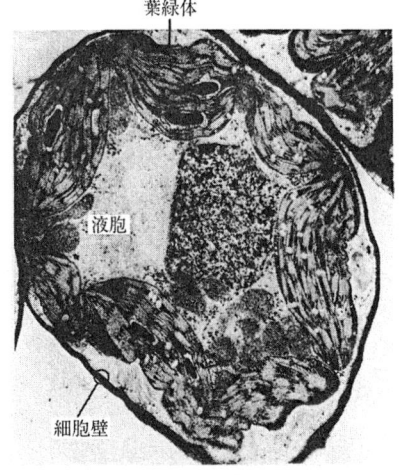

**図 1.3** 植物細胞の電子顕微鏡写真（L. G. Scheve 著・駒野 徹ほか訳：ライフサイエンス基礎化学，p. 10，化学同人，1987）
動物細胞との大きな違いは大きな液胞と葉緑体にある．

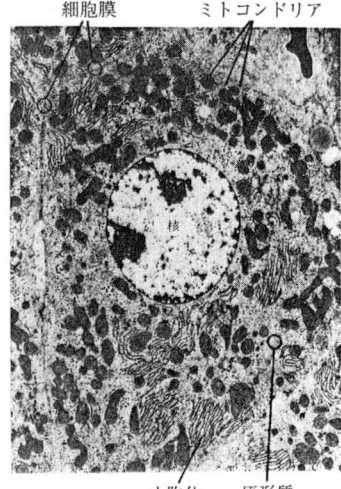

図 1.4 動物細胞（ネズミの肝細胞）の電子顕微鏡写真（L. G. Scheve 著・駒野 徹ほか訳：ライフサイエンス基礎化学, p. 8, 化学同人, 1987）

である．

　真核細胞のうち，植物細胞と動物細胞をそれぞれ特徴づけているものに細胞を包む膜構造と葉緑体とがある．植物細胞は原形質膜とその外側を覆うセルロース性の細胞壁とで包まれているが（図1.3），動物細胞は原形質膜のみからなっている（図1.4）．

### a. 動物細胞

**i) 核**　細胞の中央に核膜に包まれて存在している．核の中には遺伝子，すなわち DNA が核タンパク質と結合し，染色質（クロマチン）として存在している．核膜には約 9 nm ほどの孔が多くあいており，核と細胞質との間に物質の流れを可能にしている．DNA がもっている遺伝情報は実に膨大なもので，正確な情報数（タンパク質の種類）は不明であるが，遺伝情報は RNA に転写されて情報 RNA（mRNA）として個々のタンパク質を合成すべく，リボソームと結合する．

**ii) 核小体**　核には核小体があり，ここでリボソームがつくられている．核小体のリボソーム RNA（rRNA）は核でつくられ，細胞質でつくられたリボソームタンパク質と複合体を形成してリボソームとなる．

**iii) 小胞体**　細胞質中には不規則な二重膜構造が縦横に発達している．電子顕微鏡で観察すると，膜の表面に小さな粒子が並んでいるのが粗面小胞体（rough surface endoplasmic reticulum, ER）であり，滑らかになっているのが滑面小胞体（smooth surface endoplasmic reticulum）である．膜上の小さな粒子はリボソームであり，ここでタンパク質の生合成を行い，合成されたタンパク質が膜構造の中に貯えられる．リボソームが結合していない膜構造体が滑面小胞体で，脂質の生合成を行っている．

**iv) ゴルジ体**　袋状の膜構造体である．粗面小胞体でつくられたタンパク質はゴルジ体に運ばれ，ここで糖鎖が付加されるなどの修飾を受ける．

**v) ミトコンドリア**　膜で覆われた桿菌状（1×2 nm）の形をした構造体で，動物の細胞1個当たり平均 2,000 個ほど含まれており，細胞容積の 1/5 を占めている．ミトコンドリアの内部には，クリステ（飾り襟）とよばれる複雑に折れ曲がった内膜があり，それによって膜間スペースとマトリックス（内腔）とに分けられている．ミトコンドリア内ではグルコース，脂肪酸，アミノ酸などを酸化的に分解し，エネルギーである ATP（アデノシン三リン酸）を生産している．

　ミトコンドリアは構造体の中にミトコンドリア特有の DNA や RNA をもっていて，それ自身が必要とするタンパク質の合成を行っている．ミトコンドリアは核や細胞とは無関係に分裂して増殖するばかりでなく，呼吸系も細菌に類似している．これらの事実から，好気性細菌が原始真核細胞に共生したと考えられている．

**vi) リソソーム**　一重の膜でできている直径 0.2～0.5 nm ほどの加水分解酵素（リボヌクレアーゼや酸性ホスファターゼなど）に富んだ小器官である．

**vii) ペルオキシソーム**　酸化酵素を含む小器官である．種々の酸化反応で生成する過酸化水素（$H_2O_2$）を水と酸素に分解するカタラーゼなどが存在している．過酸化水素による生体物質の酸化を防いでいる．

**viii) 微小管**　細胞に存在する繊維状の細胞骨格の成分で，チューブリンとよばれる直径 25 nm ほどのタンパク質でできている．この骨格成分に沿って細胞内小器官が移動すると考えられている．例えば有糸分裂の際に染色体を二つの細胞に分配する紡錘体は，微小管とタンパク質でできている．単細胞の鞭毛もまた微小管が主成分である．

**ix) ミクロフィラメント**　細胞質の流動や細胞が収縮して細胞に動きを起こすときに役立っている．

### b. 植物細胞

　植物細胞と動物細胞には共通しているところもあ

るが，異なっているところもある．両者の大きな違いは，先に述べたように，植物細胞には細胞壁があること，葉緑体が存在すること，および大きな液胞が存在することである．

**i) 細胞壁** 原形質膜はリン脂質が主成分であるにもかかわらず，細胞壁はセルロースおよび何種類かの多糖でできていて非常に固い．植物細胞の形の保持や植物の構造体の保持に役立っている．

**ii) 葉緑体**（クロロプラスト） 大きな細胞小器官で，ここで光合成を行っている．内部にはストロマとよばれる可溶性酵素を含む部分が存在している．ストロマにはチラコイド膜が袋状に連なっており，そこに葉緑素（クロロフィル）がある．葉緑体は太陽の光エネルギーを吸収してグルコースやデンプンを合成している．

葉緑体もミトコンドリアと同様，それ自身のDNAやRNAをもち，タンパク質の生合成も行っている．したがってミトコンドリアと同様，原始真核細胞にラン藻が共生し，進化したものと考えられている．

**iii) 液胞** 液体を含む袋状の膜構造をしており，成熟細胞の中には細胞容積の90％を占めるほどの大きさのものもある．動物細胞にも液胞はあるがこれほど大きくない．液胞の中には栄養物質，色素，老廃物などが溜まっている．液胞内の物質濃度が高いため水分を吸収して細胞内圧を高め，細胞を膨らませるのに役立っている．

## 1.4 生命の起源と本質

生物は周囲から摂取した物質を代謝してエネルギーを獲得し，このエネルギーを利用して子孫を残す．これを"自己複製する"という．生物でありながら自己複製できないもの（ラバ）もいることから，生物に対して厳密な定義を与えることは難しいが，"生物化学（biological chemistry）"あるいは"生化学（biochemistry）"とは，「生物をつくり上げている物質（生体成分）の構造を明らかにし，それらの機能を分子レベルで解明するとともに，いかにして生体成分が生合成され，自己複製に利用されるかを明らかにする学問」である．

それでは生体はどのような物質からできているのであろうか．生体成分は大別すると，無機物質と有機物質とからなっている．無機物質の大部分は水で，生物の種類にもよるが，その他に約20種類にも及ぶ金属元素が含まれている（第1部第1章表1.1参照）．これらの元素の中で生物に最も多く含まれて

**表1.2** 大腸菌の分子組成（A. L. Lehninger：Biochemistry, 2nd ed., p. 19, Worth Publishers, 1975）

| 成分 | 重量（％） | 推定される分子種の数 |
|---|---|---|
| 水 | 70 | 1 |
| タンパク質 | 15 | 3,000 |
| 核酸 | | |
|　DNA | 1 | 1 |
|　RNA | 6 | 1,000 |
| 糖質（炭水化物） | 3 | 50 |
| 脂質 | 2 | 40 |
| 代謝中間体の分子 | 1 | 500 |
| 無機イオン | 1 | 12 |

いる元素は炭素，窒素，酸素，水素である．これら4種類の元素が全体の約97％以上を占めている．それゆえ，これらの元素の集合体（有機体）は，生体における生命現象の過程においてきわめて重要な役割を果たしていると推論できる．

生体の主要な成分を大腸菌細胞で比較してみると，表1.2に示してあるように，約70％が水である．したがって生体にとって水の有する意義はきわめて大きい．細胞内で生命活動に用いられている分子は，少量の低分子物質を除けば大部分が巨大分子である．その中でタンパク質は細胞中に最も多量に含まれている高分子物質で，細胞の乾燥重量の50％以上を占めている．また細胞には約3,000種類にも及ぶ異なった種類のタンパク質が存在している．タンパク質についで多く含まれている高分子物質は核酸である．核酸には細胞当たり1分子しか含まれていないDNA（遺伝子）と，タンパク質の生合成に用いられている多量のRNAとがある．糖質は炭水化物ともよばれ，グリコーゲンはエネルギー貯蔵物質として存在するとともに，糖タンパク質や糖脂質として高分子－高分子間，高分子－細胞間の認識などで重要な役割を果たしている．脂質はタンパク質，核酸，糖質に比べれば分子は小さいが，容易に会合し，生体膜を構築するので高分子物質と考えてよい．

生体を構成する物質は，個々には"生命がある状態"をつくりえないが，これらの物質が有機的に配列し，一つの閉じた系（細胞）が形成され，エネルギーが得られて初めて"生命のある状態"となる．生命のある状態とは，

1. 種々の栄養素からエネルギーを取り出すことができる（ATPの生産）（異化作用）．
2. 得られたエネルギーを用いてより単純な物質から生体高分子物質を合成することができる（同化作用）．
3. 親細胞と同じ娘細胞を複製することができる（自己複製）．

などが可能であることを指す．すなわち生命の素材である高分子物質を低分子物質から組み立てる一連の過程が円滑に行われている系と考えることができる．

生体分子の生成過程や化学進化の過程などについては第1部第1章において概観した．現在の生命体に至るまでの一連の化学進化の過程は完全に解明されたわけではないが，現代の生化学が分子レベルで生命現象を解明することができるようになってきたことから，生命の起源についても解明の糸口ができてきたと考えられる．

〔駒野　徹〕

# 第1部
## 生体を構成する物質

# 1. 生元素と生体分子

## 1.1 生 元 素

生体を構成する主な元素は，水素（H），酸素（O），炭素（C）および窒素（N）であるが，これら元素の生体内における相対的存在量（原子数%）は総量で97%以上を占め，それにリン（P）や硫黄（S）を加えればその他の元素は2%にも満たない（表1.1）．天然に存在する水素からウランまでの92種の元素のうち，生体を構成する元素は相対的に質量数の軽いものばかりである．表1.1に示したように，生体を構成するこれら元素の存在比は，地殻の元素組成を反映していない．その意味で生物は，環境との関係において選択的であるということができるであろう．生物は，環境から必要な元素を選択して「生体構成分子」をつくり上げている．地殻に最も多い元素は酸素，ケイ素（Si），アルミニウム（Al）およびナトリウム（Na）の4種であるが，生体で最も多い元素は，水素，酸素，炭素および窒素であり，大部分の細胞はこれら4種により構成されている．

表1.2には生体中に存在する単元素イオンと微量元素が示されているが，生体中に存在が認められていても，元素によっては不可欠の元素であるか否かが不明の元素も含まれている．イオンの形で示されている元素は，細胞膜透過の選択性により膜内外に均一に存在しているわけではない．生体内には，表

**表1.1 主要元素の人体，地殻における相対的存在量**

| 元素 | 原子番号 | 相対存在量<br>（原子数%）<br>ヒト | 元素 | 原子番号 | 相対存在量<br>（原子数%）<br>地殻 |
|---|---|---|---|---|---|
| H | 1 | 60 | O | 8 | 63 |
| O | 8 | 26 | Si | 14 | 21 |
| C | 6 | 10 | Al | 13 | 6.5 |
| N | 7 | 1.4 | Fe | 26 | 1.9 |
| Ca | 20 | 0.31 | Ca | 20 | 1.9 |
| P | 15 | 0.22 | Na | 11 | 2.6 |
| Cl | 17 | 0.88 | Mg | 12 | 1.8 |
| K | 19 | 0.06 | K | 19 | 1.4 |
| S | 16 | 0.05 | Ti | 22 | 0.46 |
| Na | 11 | 0.03 | H | 1 | 0.22 |
| Mg | 12 | 0.01 | C | 6 | 0.19 |

**表1.2 生体中に存在する単元素イオンおよび微量元素**

| 単元素イオン | 微量元素 | |
|---|---|---|
| ナトリウム（$Na^+$） | 鉄（**Fe**） | ホウ素（**B**） |
| カリウム（$K^+$） | 銅（**Cu**） | ケイ素（Si） |
| カルシウム（$Ca^{2+}$） | 亜鉛（**Zn**） | アルミニウム（Al） |
| マグネシウム（$Mg^{2+}$） | マンガン（**Mn**） | バナジウム（V） |
| 塩素（$Cl^-$） | コバルト（**Co**） | スズ（Sn） |
| | ヨウ素（**I**） | ニッケル（Ni） |
| | フッ素（**F**） | クロム（Cr） |
| | モリブデン（**Mo**） | セレン（Se） |

注） 微量元素のうち太字は多くの生物にとって必須の元素を示す．

1.2に示されている単元素イオンの他にリン酸イオン（$HPO_4^{2-}$），硫酸イオン（$SO_4^{2-}$）あるいは炭酸イオン（$CO_3^{2-}$）といったイオンも存在するが，特にリン酸イオンはカルシウムイオンやマグネシウムイオンと結合して骨や歯の主成分を形成しており，同時に生体分子の核酸，タンパク質，リン脂質や高エネルギーリン酸化合物などの重要な構成成分となっている．必須微量元素のいくつかは金属酵素の活性発現や安定性，ヘムタンパク質の酸素の運搬や電子伝達といった機能発現にとって重要な役割を担っている．

## 1.2 生 体 分 子

地球以外の宇宙に生物が存在するか否かは，現在のところ明らかではないが，地球以外に生物が存在すると想定した場合，その生物の生命の営みは地球生物と基本的に同じ生命現象に基づいていると考えられる．それは二つの高分子化合物，すなわち核酸とタンパク質の相互作用による「遺伝情報の伝達と発現」に基づいた自己増殖のくり返しといえるであろう．

化学的にいうと地球の生物は，炭素化合物に物質的基盤を置いている．炭素それ自身に生命現象に有利な化学的性質があり，地球以外の生物でも炭素化合物に物質的基盤を置いていると考えてよい理由がある．生体にとってきわめて重要な元素である，水素（H），酸素（O）および窒素（N）は，不対電子の

共有によって容易に"共有結合"を形成する共通の化学的性質をもっている。水素は1電子，酸素は2電子，窒素は3電子，炭素は4電子によって最外電子殻を満たし，安定な共有結合を形成する．特に炭素は，炭素どうしが共有結合を形成する性質があり，それによって生体分子にとって重要な直鎖，分岐あるいは環状の化合物の骨格を構成することができる．炭素原子の共有電子対は，原子の中心から正四面体の頂点の方向にその結合の腕を延ばして三次元構造をとることができるので，炭素どうしのみならず他の元素（O, H, N, S）とも容易に共有結合をつくることが可能となり，さまざまな官能基が導入された分子を形成する（第1部第3章，図3.2参照）．

地球ができ上がったのは約46億年前といわれているが（放射年代測定），細菌に似た最古の化石は約35億年前のものが知られている．生命（細胞）が誕生したのはさらに数億年さかのぼることになると推定されるが，通常，生命誕生以前は"化学進化"の過程，それ以後は"生物進化"の過程とよばれている．

生命の誕生は，原始地球環境下における最も単純な低分子の「前駆体」に由来する炭素化合物の化学進化の過程によって生成された生体構築単位としての有機生体分子，ヌクレオチド（nucleotide），アミノ酸（amino acid），単糖類（monosaccharide）や脂肪酸（fatty acid）などの蓄積の結果といえるであろう．一般に，原始地球環境における大気の組成は現在の酸化型大気とは異なり，還元型大気であったと考えられている．したがって，原始地球大気での炭素，窒素，酸素の存在状態はそれぞれ主としてメタン（$CH_4$），アンモニア（$NH_3$），水蒸気（$H_2O$）であったと推定され，水素（$H_2$）を含んだこのような大気成分にエネルギー（稲妻放電，放射線，紫外線，熱など）が与えられて化学反応が起こり，各種の簡単な有機生体分子が生成したと考えられる．環境由来の前駆体から有機生体分子が無生物的化学反応によって生成することは，実験室的にも再現され実証されている．原始地球環境のもとでの大気組成と想定される混合気体系（$CH_4-NH_3-H_2O-H_2$）に放電することにより，各種のアミノ酸や核酸の構成成分である塩基，糖などの生成が認められているが，アミノ酸や塩基は比較的生成しやすい化合物である．こうして生成した有機分子は，何億年もかかってしだいに縮合して，より高分子の化合物となり蓄積したのであろう．アミノ酸はポリペプチドへ，核酸の構成成分としてのプリン塩基やピリミジン塩基は糖，無機リン酸やポリリン酸と反応して各種のヌクレオチドを生成し，核酸へ変わったと考えられる．しかしながら，生命誕生以前の地球上での化学進化の過程を知るための証拠は，痕跡も認められず全くわかっていない．化学進化を経て生体高分子が蓄積したとしても，それらからいかにして複製能力をもった細胞が構成されたかについては説明ができない．化学進化から生物進化へ移行する過程の間には想像の域を出ない大きな溝が横たわっている．

〔千葉誠哉〕

# 2. 水

## 2.1 水と生物

水は一般に生体重量の70％以上を占め，生命現象は水という特異な性質をもった液体を媒質として営まれている．生体内では，イオンをはじめさまざまな低分子あるいは高分子と強い相互作用をもちながら存在している．細胞中で生命を担っているタンパク質，脂質，核酸および炭水化物などの高分子物質はコロイド状となって水に溶け，それぞれの機能を果している．多くの液体がいろいろの物質を溶解させる性質をもっているが，水は溶媒としても際立って優れた性質を備えている．水は沸点や融点が著しく高く，その比熱，蒸発熱，融解熱，誘電率，表面張力あるいは粘度が大きいといった物性は，生物にとっても重要であり（表2.1），そのような巨視的にみた水の性質に基づいて，水のもたらすさまざまな現象が説明されている．水の比熱や蒸発熱の大きいことは，生体の体温を外部からの加熱や冷却に対し常に一定に保ち，蒸発によって体温の調節を行う重要な因子である．誘電率が大きいことは，電解質を構成する陰，陽イオン間に働くクーロン力を減少させるので，イオン化合物を溶解させる能力をきわめて高いものにしている．表面張力や粘度が大きいことは，植物が根からの水の吸収，養分の運搬や転流をもたらす水の流れを調節する要因となっている．水の密度は4℃において最大となり，天然の氷の方が4℃以下の水よりも密度が小さい．このことによって冬期の湖や川は水面から凍結し水底は4℃に保持されるので，生物の棲息を可能にしているのである．

## 2.2 水の構造

水の融点や沸点が高いことおよび蒸発熱が大きいことは，水分子どうしに強い吸引力が働いていることを示している．そのような水分子間に働く力は，微視的には"水の構造"それ自体に起因している．

水分子（$H_2O$）は，平面的にみれば図2.1に示すような二等辺三角形の頂点に酸素および水素原子を配置した形状をしており，H–O–Hの原子結合角は104.5°である．2個の水素原子は酸素原子と電子対を共有しているが，電気陰性度の高い酸素により電子が吸引される傾向にあり，したがって水分子の水素原子側と酸素原子側に部分的な正（$\delta+$），負（$\delta-$）の偏りが生じている．このような荷電の分極は，水分子に双極子（dipole）としての性質を与えている．

酸素原子の原子価電子2個は水素原子との共有結合に用いられ，残りの4個はそれぞれ二つの孤立電子対をなしている．それらの電子は，メタン（$CH_4$）の炭素原子と似た正四面体の頂点の方向へ配置されており，水の原子結合角はメタンの原子結合角109°にきわめて近い値となっている．

水分子における水素原子の部分的な静電荷（$\delta+$）は，隣接する他の水分子の部分的な負電荷（$\delta-$）の間の静電力により引き合って水素結合（hydrogen bond）を形成する．液体としての水は，そのような水素結合によって会合体をつくり構造化されていると考えられる．

表 2.1 いくつかの液体の物理的性質

| 液体 | 融点 (℃) | 沸点 (℃) | 蒸発熱 (cal/g) | 融解熱 (cal/g) |
|---|---|---|---|---|
| $H_2O$ | 0 | 100 | 540 | 80 |
| $CH_3CH_2OH$ | −114 | 78 | 204 | 24.9 |
| $NH_3$ | −78 | −33 | 327 | 84 |
| $H_2S$ | −83 | −60 | 132 | 54.7 |

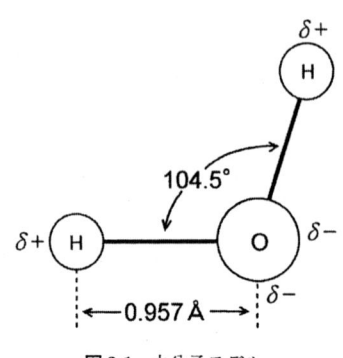

図 2.1 水分子モデル

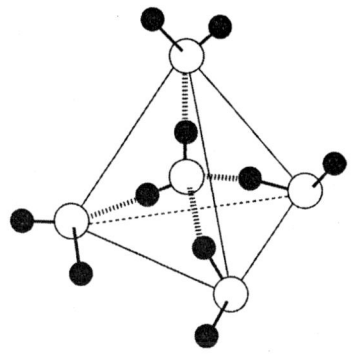

**図 2.2** 氷 ($I_h$) を形成する水分子の配置
○：酸素原子，●：水素原子，⫶⫶⫶：水素結合を表す．

天然の氷は，水分子の酸素原子が他の水分子の水素原子との間で水素結合を形成することによって正四面体的構造をとって三次元的に広がったものである（図 2.2）．氷には I ～ IX の多形が知られているが，そのうちの $I_h$ が地球上の天然の氷であり，水分子は六方晶形の規則的な結晶格子の中に空間的に固定されている．したがって，氷は 4℃ 以下の水より密度が小さく，融解によって結晶が崩れると密度が増し 4℃ で最大となるが，4℃ を超えると水分子の熱運動の増加により密度が減少する．液体の水は，局部的には氷の構造を残して水の会合体 (cluster) をつくり，その会合体と単分子の水の間で次のような化学平衡を形成することにより，

$$(H_2O)_n \rightleftharpoons nH_2O$$

離合集散の平衡混合状態をなしているといえよう．$n$ の値は一定ではなく，$(H_2O)_n$ は氷に似た正四面体的な構造であるが，$nH_2O$ は氷よりも密度の大きい構造であり，両者の間で絶えず生成消滅をくり返している．

## 2.3 水 和

### a. イオンの水和

水分子は一つの平衡位置から隣り合った他の位置へ移動するが（並進運動），その平衡位置に滞在する時間（$\tau_0 = 1.7 \times 10^{-12}$ s，25℃）と分子の回転の相関時間（$\tau_c = 2.5 \times 10^{-12}$ s）は，ともに $10^{-12}$ s のオーダーである．

水に電解質を溶かすと解離してイオンとなり，水の構造の中へ入り込んでいくが，イオンの電場と水分子の双極子の間の静電的相互作用により水分子間の水素結合が切断されて，イオンのまわりで安定になるよう配向しようとする．イオンのまわりの水分子の熱運動の状態は，水分子がイオンに接した位置に滞在する時間（$\tau_i$）によって知ることができ，イオンのまわりの水分子の熱運動は純水中よりも束縛された状態（正の水和，$\tau_i/\tau_0 > 1$）で配向している場合と，イオンのまわりの水分子の配向が破壊され，純水中よりも動きやすい状態（負の水和，$\tau_i/\tau_0 < 1$）にある場合がある．$Li^+$ や $Na^+$ イオンは正の水和をするイオンであり，$K^+$ や $Cl^-$ は負の水和をするイオンである．

### b. 極性基の水和

水酸基，アミノ基あるいはカルボキシル基などの極性基と水分子の相互作用は，水素結合によっている．そのような官能基をもつ有機化合物は，通常，水素結合のため水に溶けやすい．1 価のアルコールやカルボン酸では，水分子の $\tau_i$ は $10^{-11}$ s のオーダーであるが，分子内に極性基が数個ある場合は，極性基の空間的配置によって正の水和にも負の水和にもなりうる．例えば水溶液中の $\beta$-アラニンでは，そのアミノ基とカルボキシル基の空間的配置が水の正四面体構造に適合しないため，まわりの水分子は水素結合が切断されて純水中よりも動きやすい状態にあるといわれている（$\tau_i = 1.5 \times 10^{-12}$ s，$\tau_c = 2.2 \times 10^{-12}$ s）．

### c. 疎水基の水和

無極性（疎水性）の非電解質や，メタンやエタンなどの炭化水素，ネオンやアルゴンなどの不活性気体は，水にはほとんど溶けない．このような炭化水素や不活性気体を水溶液中で低温に保つと一定の組成をもったクラスレート (clathrate) 水和物とよばれる結晶を形成する．クラスレート水和物というのは，ホストとしての水分子が構成している三次元構造の内部に空孔があり，その中へゲスト分子が入り込んで水分子と結晶構造をとっているものである．クラスレート水和物では，水分子の熱運動が抑制され水の構造が安定化しており，このような疎水性分子（疎水基）と水分子の相互作用を疎水性相互作用（疎水性水和）とよんでいる．

疎水基 (hydrophobic group) と親水基 (hydrophilic group) をもつ両親媒性 (amphipathic) の化合物では，水溶液中においてその疎水性部分が水分子から遠ざかろうとして互いに寄り集まって分子集合体 (micelle) を形成する．このような疎水部分の凝集体を形成するのに働く疎水性相互作用は，水溶液中でタンパク質の疎水性側鎖が分子内部に集まり，その高次構造を保持するのに大きく寄与している．

タンパク質のような生体高分子では低分子物質と

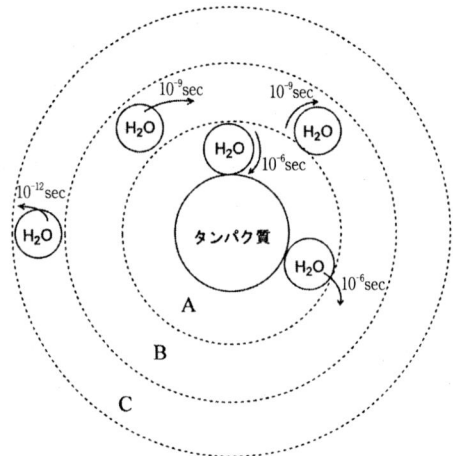

**図 2.3** タンパク質の水和モデル（上平　恒：化学と生物，**18**：770, 1980）

は異なった状態にある．タンパク質の表面には多くの極性基が分布しているが，水分子はこれらの極性基の静電的な力あるいは水素結合によって強く引きつけられている．タンパク質の表面を覆っている水分子と隣り合っている水分子にも相互作用が働き，全体としてタンパク質のまわりの水分子の運動は著しく束縛されている．図 2.3 に示すように，タンパク質分子のまわりの水分子は三つの状態にあると考えられている．A 層は，タンパク質分子の表面に接している水分子で，極性基との相互作用により規則的に配向している結合水であり，水分子の熱運動は強く束縛されている（$\tau_c = 10^{-6}$ s）．B 層は，強く配向した A 層の影響を受け，ある程度配向しており普通の水よりも動きづらい（$\tau_c = 10^{-9}$ s）．C 層は，普通の状態の水で，$\tau_c$ は $10^{-12}$ s のオーダーである．A, B 層の水は 0℃ 以下でも凍りにくく，A 層は -190℃，B 層は -25℃ 付近まで凍らないといわれている．

## 2.4　水のイオン化と pH

水分子はわずかながら $H^+$ イオンと $OH^-$ イオンに解離する．$H^+$ イオンは，水溶液では $H^+$ イオンとして存在しているのではなく，$H^+$ の水和された形のヒドロニウムイオン（$H_3O^+$, hydronium ion）となっており，便宜的に $H^+$ と書かれている．

$$H_2O \rightleftharpoons H^+ + OH^- \quad (2.1)$$

式（2.1）の水のイオン化の平衡定数 $K_{eq}$（equilibrium constant）は，次のように書くことができる．

$$K_{eq} = \frac{[H^+][OH^-]}{[H_2O]} \quad (2.2)$$

$K_{eq}$ は 25℃ において $1.8 \times 10^{-16}$ と測定されており，純水の $H_2O$ 濃度は 55.5 M（= 1000/18 M）で $H^+$ や $OH^-$ イオンに比べて相対的にきわめて高いので一定とみなすことができ，

$$K_{eq} = \frac{[H^+][OH^-]}{55.5} = 1.8 \times 10^{-16}$$

$$55.5 K_{eq} = [H^+] \cdot [OH^-] = 1.0 \times 10^{-14}$$

となる．$55.5 M$ を $K_W$ で表すと（25℃），

$$K_W = [H^+] \cdot [OH^-] = 1.0 \times 10^{-14} \quad (2.3)$$

この $K_W$ を水のイオン積（ion product）とよぶ．純水の $H^+$ と $OH^-$ イオンの濃度は等しいので，

$$K_W = [H^+] \cdot [OH^-] = [H^+]^2$$
$$[H^+] = [OH^-] = \sqrt{K_W} = 1.0 \times 10^{-7} M$$

このような $K_W$ から $H^+$（または $OH^-$）の濃度がわかれば，$OH^-$ の濃度を求めることができる．

化学反応においては，反応物質の濃度は必ずしも有効濃度を示すとはかぎらない．濃度が高くなるに従って反応物質が相互に影響し合い，その実効濃度は実際の濃度よりも低下する．有効濃度（活量）$a_S$ は，

$$a_S = \gamma \cdot C \quad (2.4)$$

と表される．$\gamma$ は活量係数，$C$ は反応物質の濃度を示す．$C$ の濃度が希薄であれば，$\gamma$ は 1 に近づく．通常，生化学反応では反応物質の濃度が低いので活量と濃度を同じに取り扱ってよい．

セーレンセン（Sörensen）の定義によれば，溶液の pH は $H^+$ の活量（$a_{H^+}$）の逆数の対数であり，次のように表される．

$$pH = \log \frac{1}{a_{H^+}} = -\log a_{H^+} \quad (2.5)$$

活量と濃度を区別しなければ，式（2.5）は，

$$pH = \log \frac{1}{a_{H^+}} = -\log [H^+] \quad (2.6)$$

と書ける．[ ] はモル濃度である．純水のイオン積（式（2.3））の両辺の対数をとると，

$$\log [H^+] + \log [OH^-] = \log (1.0 \times 10^{-14}) = -14$$
$$-\log [H^+] - \log [OH^-] = 14$$

$-\log [OH^-]$ を pOH と定義すれば，水溶液中では常に，

$$pH + pOH = 14 \quad (2.7)$$

の関係が成り立っている．25℃ で中性の溶液では $[H^+] = 1.0 \times 10^{-7} M$ であるから，pH は次のようになる．

$$pH = \log \frac{1}{10 \times 10^{-7}} = 7.0$$

水溶液中の pH の値は，$H^+$ 濃度の対数関係にあるので，例えば pH = 5.0 の $H^+$ 濃度は $10^{-5} M$ であり，pH = 6.0 の $H^+$ 濃度（$10^{-6} M$）の 10 倍を意味している．

## 2.5 弱酸のイオン化

ブレンステッド（Brönsted）の定義によれば，プロトンを与えるものは酸であり，プロトンを受け取るものは塩基である．一般式は，

$$HA \rightleftharpoons H^+ + A^- \tag{2.8}$$

式 (2.8) のように表される．HA は酸であり，プロトン（$H^+$）と $A^-$ の共役塩基（conjugate base）に解離し，$A^-$ は $H^+$ を受け取って HA となる．表2.2 に示すように，HA は中性の分子としても，正または負に帯電した分子としても存在しうる．$H_2PO_4^-$ や $HCO_3^-$ のような分子は，酸でもあり共役塩基でもある．

**表2.2 弱酸の解離**

| 酸 | | プロトン | | 共役塩基 |
|---|---|---|---|---|
| $CH_3COOH$ | $\rightleftharpoons$ | $H^+$ | + | $CH_3COO^-$ |
| $H_3PO_4$ | $\rightleftharpoons$ | $H^+$ | + | $H_2PO_4^-$ |
| $H_2PO_4^-$ | $\rightleftharpoons$ | $H^+$ | + | $HPO_4^{2-}$ |
| $H_2CO_3$ | $\rightleftharpoons$ | $H^+$ | + | $HCO_3^-$ |
| $HCO_3^-$ | $\rightleftharpoons$ | $H^+$ | + | $CO_3^{2-}$ |
| $NH_4^+$ | $\rightleftharpoons$ | $H^+$ | + | $NH_3$ |

水溶液の酸が強酸であればあるほどプロトンを失う傾向が大きく，例えば塩酸は次のように完全に解離する．

$$HCl \rightleftharpoons H^+ + Cl^-$$

### a. $pK_a$

生化学反応において，水溶液中ではほんの一部しかイオン化しない弱酸の性質が重要である．式(2.8) に示した HA の弱酸の解離は，

$$HA + H_2O \rightleftharpoons H_3O^+ + A^- \tag{2.9}$$

と表され，実際には $H^+$ は水と水和した $H_3O^+$ イオンとして存在している．このイオン化反応の程度は，次のような平衡定数 $K_{eq}$ によって決まる．

$$K_{eq} = \frac{[H_3O^+][A^-]}{[HA][H_2O]} \tag{2.10}$$

通常，$K_{eq}$ はイオン化定数（ionization constant）とよばれ，$K_a$ で表される．式 (2.10) の $[H_3O^+]$ の濃度は $[H_2O]$ に比べきわめて低いから，水溶液の水の濃度変化は無視できるので，式 (2.10) の $[H_2O]$ は一定とみなせる．したがって，$K_a$ は，

$$K_a = K_{eq}[H_2O] = \frac{[H_3O^+][A^-]}{[HA]}$$

と書ける．$[H_3O^+]$ を水と水和しない形 $[H^+]$ で表せば，

$$K_a = \frac{[H^+][A^-]}{[HA]} \tag{2.11}$$

と表される．式 (2.6) の pH の場合と同じように，$K_a$ の逆数の対数を $pK_a$ と定義すれば，

$$pK_a = \log \frac{1}{K_a} = -\log K_a \tag{2.12}$$

となる．

表 2.3 に示すように，$K_a$ 値が大きいほど酸が強く解離していることになるが，逆に $pK_a$ 値が小さいほど強酸である．例えば，1.0 M の酢酸溶液の解離についてみると 25℃における平衡式は，

$$K_a = \frac{[H^+][CH_3COO^-]}{[CH_3COOH]} = 1.75 \times 10^{-5}$$

と表される．解離平衡状態では $[H^+] = [CH_3COO^-]$ および $[CH_3COOH] = 1.0 - [H^+]$ であるから，

$$K_a = \frac{[H^+]^2}{1.0 - [H^+]} = 1.75 \times 10^{-5}$$

となる．解離の程度はきわめて小さく，$1.0 - [H^+] \fallingdotseq 1.0$ とみなしてよいので，

$$[H^+]^2 = 1.75 \times 10^{-5}$$
$$[H^+] = 4.18 \times 10^{-3} \text{ M}$$

となる．したがって，$[CH_3COOH] = 1.0 - [H^+] = 995.8 \times 10^{-3}$ M となり，25℃，1.0 M 酢酸溶液の解離度は 0.42％程度にすぎない．

**表2.3 種々の酸の $K_a$ 値と $pK_a$ 値 (25℃)**

| 酸の解離 | $K_a$(M) | $pK_a$ |
|---|---|---|
| $HCOOH \rightleftharpoons H^+ + COO^-$ | $1.77 \times 10^{-4}$ | 3.75 |
| $CH_3COOH \rightleftharpoons H^+ + CH_3COO^-$ | $1.75 \times 10^{-5}$ | 4.76 |
| $CH_3CH_2COOH \rightleftharpoons H^+ + CH_3CH_2COO^-$ | $1.34 \times 10^{-5}$ | 4.86 |
| $CH_3CHOHCOOH \rightleftharpoons H^+ + CH_3CHOHCOO^-$ | $1.38 \times 10^{-4}$ | 3.86 |
| $H_3PO_4 \rightleftharpoons H^+ + H_2PO_4^-$ | $7.52 \times 10^{-3}$ | 2.12 |
| $H_2PO_4^- \rightleftharpoons H^+ + HPO_4^{2-}$ | $6.23 \times 10^{-8}$ | 7.21 |
| $HPO_4^{2-} \rightleftharpoons H^+ + PO_4^{3-}$ | $3.98 \times 10^{-13}$ | 12.4 |
| $H_2CO_3 \rightleftharpoons H^+ + HCO_3^-$ | $4.47 \times 10^{-7}$ | 6.35 |
| $HCO_3^- \rightleftharpoons H^+ + CO_3^{2-}$ | $6.31 \times 10^{-11}$ | 10.2 |
| $NH_4^+ \rightleftharpoons H^+ + NH_3$ | $5.62 \times 10^{-11}$ | 9.25 |

### b. $pK_b$

再び Brönsted の定義によれば，プロトンを受けとるのが塩基であるから，

$$A^- + H_2O \rightleftharpoons HA + OH^- \tag{2.13}$$

と表される．このイオン化反応の平衡定数 $K_{eq}$ は，

$$K_{eq} = \frac{[HA][OH^-]}{[A^-][H_2O]}$$

である．すでに述べたように $[H_2O]$ は一定とみなしてよいから，$K_{eq}[H_2O]$ を $K_b$ で表すと，

$$K_b = K_{eq}[H_2O] = \frac{[HA][OH^-]}{[A^-]} \quad (2.14)$$

と書ける．$K_{eq}$ の逆数の対数を $pK_b$ と定義すると，

$$pK_b = \log\frac{1}{K_b} = -\log K_b \quad (2.15)$$

となる．式（2.3）に示すように，25℃において $K_W = [H^+][OH^-] = 1.0 \times 10^{-14}$ であるから，

$$K_a \cdot K_b = K_W = 10^{-14} \quad (2.16)$$

となる．したがって，

$$pK_a + pK_b = 14 \quad (2.17)$$

となる．

### 2.6 緩衝液

緩衝液とは，酸（$H^+$）または塩基（$OH^-$）が加えられたとき，その pH の変化を極力抑えようとする働きをもった溶液である．通常，緩衝液は弱酸とその共役塩基の混合物からなっており，その緩衝作用は次のように考えられている．例えば，酢酸（$CH_3COOH$）と酢酸ナトリウム（$CH_3COONa$）の溶液に $OH^-$ を加えても，次に示すように $CH_3COOH$ の解離によって生ずる $H^+$ により $OH^-$ が中和されるので，$H^+$ 濃度（pH）の変化は小さい．

$$\begin{array}{c} CH_3COOH \rightleftharpoons CH_3COO^- + H^+ \\ \begin{array}{cc} OH^- \downarrow & \downarrow H^+ \\ H_2O & \end{array} \\ CH_3COO^- \quad CH_3COOH \end{array}$$

一方，$H^+$ を加えても $CH_3COO^-$ と結合してわずかしか解離しない $CH_3COOH$ となるので pH の変化は小さい．

すでに述べたように弱酸はわずかしか解離せず，次のような平衡が成り立っている．

$$HA \rightleftharpoons H^+ + A^-$$

このイオン化定数 $K_a$ は，

$$K_a = \frac{[H^+][A^-]}{[HA]}$$

と定義されるから，これを変形すると，

$$[H^+] = \frac{K_a[HA]}{[A^-]}$$

となる．したがって，

$$pH = pK_a + \log\frac{[A^-]}{[HA]} \quad (2.18)$$

となり，この式はヘンダーソン–ハッセルバルヒ（Henderson-Hasselbalch）の式として知られている．一般に次のようにも書かれているが，

$$pH = pK_a + \log\frac{[塩基]}{[酸]}$$

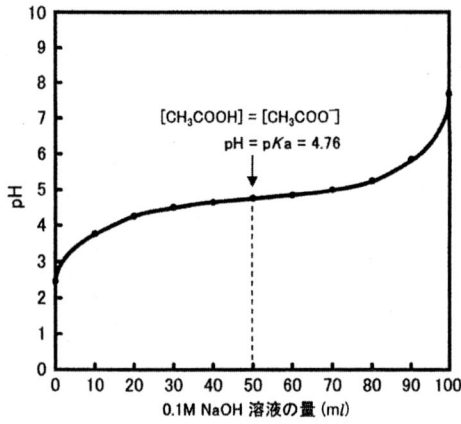

図 2.4 0.1 M $CH_3COOH$ に対する 0.1 M NaOH の滴定曲線

その内容は緩衝液の pH が $pK_a$ および酸と塩基の比に依存していることを意味している．

弱酸溶液に強塩基溶液を少量ずつ加えて pH を測定し，加えた塩基溶液と pH の関係をプロットすると図 2.4 に示すような滴定曲線が得られる．滴定曲線の中点，すなわち 0.1 M 酢酸（100 m$l$）が半量中和された点において pH の変化が最小となり，$[CH_3COOH] = [CH_3COO^-]$ であるので，Henderson-Hasselbalch の式から，

$$pH = pK_a = 4.76$$

となる．緩衝作用が最大となるのは pH 4.76 のときであるが，0.1 M NaOH を加える前と等量（100 m$l$）加えた点を除き，滴定曲線の値は Henderson-Hasselbalch の式を用いて求めることができる．通常，ある緩衝液の緩衝作用は，その酸の $pK_a \pm 1$ の範囲で効果が大きい．

多くの生物の細胞内液および細胞外液の pH は一定に保持される傾向にあり，それは緩衝系によってもたらされている．生体における主要な緩衝系は，リン酸系，炭酸系およびタンパク質系である．例えば，$H_2PO_4^-$ の $pK_a$ は 7.2 であり（表 2.3），$H_2PO_4^- - HPO_4^{2-}$ 緩衝系は pH が中性付近にある細胞内液に効果的な緩衝作用をもたらしている．

哺乳動物の血液はほぼ pH 7.4 に保たれている．その緩衝系は，炭酸系，リン酸系，ヘモグロビン系および血漿タンパク質系であるが，炭酸系とヘモグロビン系の役割が重要である．高等植物の細胞は通常 pH 5.2〜6.5 の範囲にあるが，液胞内に有機酸が溜まり局部的に強い酸性となっている場合がある．

〔千葉誠哉〕

# 3. 炭水化物

## 3.1 炭水化物の名称

炭水化物（carbohydrate）は生物界に広く分布している．それらはグルコース（$C_6H_{12}O_6$），スクロース（$C_{12}H_{22}O_{11}$），デンプンあるいはグリコーゲン（$C_6H_{10}O_5$）$_n$のように植物や動物の細胞へのエネルギーの供給源として，また，セルロースのように植物の細胞構造の保持体としての主要な役割を担っている．さらに，デオキシリボース（$C_5H_{10}O_4$）やリボース（$C_5H_{10}O_5$）は遺伝情報の担い手であるDNAやRNAの構成成分として重要である．

炭水化物は一般式 $C_x(H_2O)_y$ によって表されることから—炭素の水和物の意味—そのような名称でよばれている．しかしながら，炭水化物の中にはデオキシリボースや窒素（N）を含むアミノ糖のような $C_x(H_2O)_y$ の一般式に適合しないものも含まれている．したがって炭水化物という名称は必ずしも適切ではないと考えられており，最近はタンパク質や脂質に対比させてしばしば糖質（glucide）という名称が使われる．

炭水化物は，(1) 単糖類（monosaccharide），(2) 少糖類（oligosaccharide）および (3) 多糖類（polysaccharide）に大別される．

## 3.2 単糖類

単糖類は炭水化物の最小の基本単位であり，ポリヒドロキシアルデヒドあるいはポリヒドロキシケトン構造をもつ還元性の化合物である．それらはアルドース（aldose）およびケトース（ketose）とよばれ，その分子内の炭素数によって三炭糖（aldotriose），四炭糖（aldotetrose），五炭糖（aldopentose），六炭糖（aldohexose），七炭糖（aldoheptose）などに分類される．最も小さな炭水化物は，図に示すようなアルドースのグリセルアルデヒド（glyceraldehyde）およびケトースのジヒドロキシアセトン（dihydroxyacetone）である．

天然に存在する単糖類の大部分はペントースとヘキソースである．

**a. 光学異性**

炭素原子は正四面体の中心にあり，4個の共有結合はその各頂点の方向に位置している．このため四つの異なる置換基が結合したとき，この炭素原子を不斉炭素原子（asymmetric carbon atom）あるいはキラル炭素原子（chiral carbon atom）という．

図3.1に示すように，一つの炭素に結合するそれぞれ異なった置換基a, b, c, dは互いに重ね合わせることのできない二つの空間配置（A）および（B）をとりうるので，立体配置（configuration）を異にする2種類の立体異性体（stereoisomer）ができる．(A)の鏡像が（B）であるが，この二つは左手と右手の関係にあるので光学対掌体あるいは鏡像異性体（enantiomer）とよばれている．光学対掌体は化学的および物質的性質はほとんど同じであるが，光学活性（旋光性）を異にしている．一般に偏光面を時計の針の方向へ回転させる化合物を右旋性（dextro rotatory, d または+で表す）であるといい，その対掌体（鏡像異性体）は逆方向へ同じ角度回転させ，左旋性（levo rotatory, l または-で表す）で

グリセルアルデヒド　ジヒドロキシアセトン

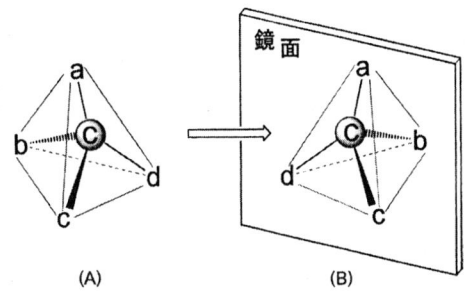

図3.1　炭素原子の空間配置
実線は紙面と同一平面上に，縞のくさびは紙面の裏側へ，黒のくさびは紙面の表側へ突き出していることを示す．

あるといわれる．鏡像関係にない光学異性（optical isomerism）については次項bにおいて述べる．

**b．フィッシャー（E. Fischer）の投影式**

単糖類は，ジヒドロキシアセトンを除き，すべて1個以上の不斉炭素をもつので立体配置の異なる光学異性体（optical isomer）が存在する．それらの構造を区別して書き表すためにいくつかの方法が提案されているが，Fischerの投影式（projection formula）が便利であるので最もよく用いられている．

Fischerの投影法では，不斉炭素原子1個のグリセルアルデヒドを基準として立体的な構造を二次元に投影させて表す．

図3.2に示すように，グリセルアルデヒドの不斉炭素を中心に置いて二つの置換基，−CHOと−CH$_2$OHを上下に，他の置換基のうち−OHを右側に−Hを左側にくるように平面上に投影し，D-グリセルアルデヒドと定める．配置を表すDおよびLは旋光方向（dextro, levo）には関係なく，カルボニル炭素から最も離れた不斉炭素原子に結合しているOH基（水酸基）がD-グリセルアルデヒドと同じ右側に配置されるものをD-系列，左側に配置されるものをL-系列の糖とよばれる．

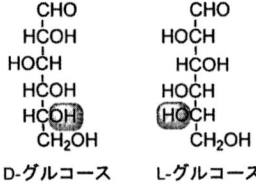

図3.3にFisherの投影式によるD-系列のアルドースの構造を系統的に示した．$n$個の不斉炭素原子をもつ化合物は$2^n$個の立体異性体が存在しうるので，例えばアルドヘキソースには$2^4=16$個，ケトヘキソースには$2^3=8$個の立体異性体が存在する．それぞれ半数がD-系列で，これと同数のL-系列の対掌体が存在する．

D-エリトロース（erythrose）とD-トレオース（threose）は互いに光学異性体であるが，鏡像関係にはない．このように互いに光学異性体であるが対掌体でないときに，それらをジアステレオマー（diastereomer）といい，1個の不斉炭素原子において立体配置のみが異なるものをエピマー（epimer）という．D-グルコースとD-マンノースは互いにエピマーであり，D-グルコースとD-ガ

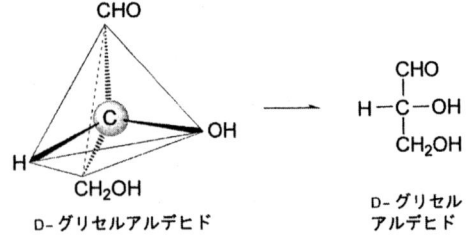

図3.2　グリセルアルデヒドの投影式

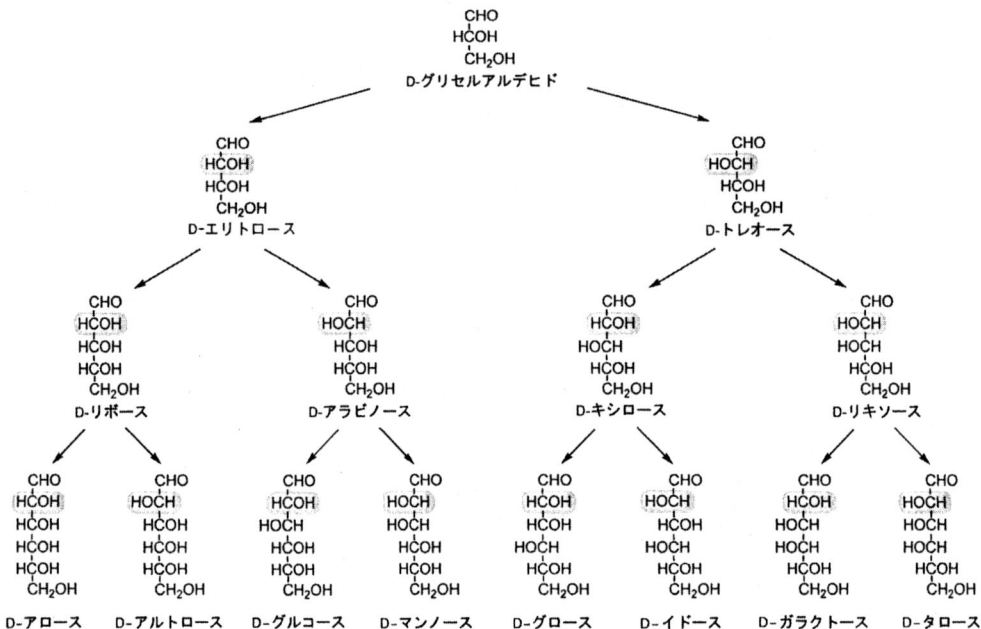

図3.3　D-系列のアルドース（C$_3$〜C$_6$）の構造

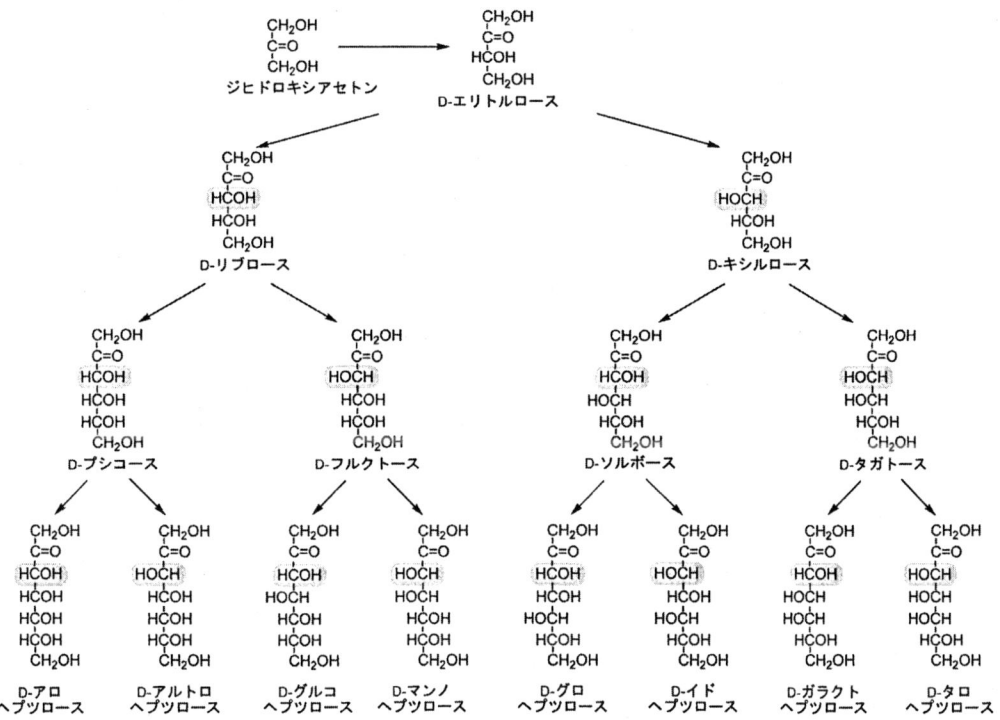

図3.4 D-系列のケトース（$C_4 \sim C_7$）の構造

ラクトースもエピマーである．

図3.4にはD-系列のケトースを示した．ケトースとして最も小さな糖はジヒドロキシアセトンであるが，不斉中心をもたないので，D-およびL-による分類はエリトルロース（erythrulose）からはじまる．アルドースの場合と同様に，D-およびL-はカルボニル炭素から最も離れた不斉中心のOH基の配置で決まる．

### 3.3 糖の環状構造

図3.3および図3.4では，アルドースやケトースはすべて直鎖構造で示されている．三炭糖や四炭糖は溶液中で実際に直鎖状で存在しているが，炭素原子5個以上の糖は環状構造をとっている．

D-グルコースは，比旋光度を異にする$\alpha$-D-グルコース（$[\alpha]_D^{20}+112°$）および$\beta$-D-グルコース（$[\alpha]_D^{20}+19°$）とよばれる2種類の結晶として分離される．$\alpha$-D-グルコースを水に溶かして放置すると，その比旋光度は$+112°$から徐々に変化して$+52.5°$となり，また$\beta$-D-グルコースの水溶液も同様に比旋光度$+19°$から徐々に変化して$+52.5°$で一定となる．このような変化は変旋光（mutarotation）とよばれている．

変旋光にみられる現象は，D-グルコース分子に環状構造を想定することによって説明される．図3.5に示すように，D-グルコースの環化は次のようなアルデヒド基とアルコール基の反応によりヘミアセタール（hemiacetal）を生成するためである．

グルコースでは$C_1$のCHO基と$C_5$のOH基

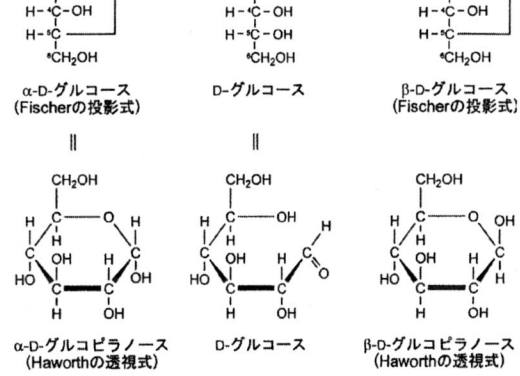

図3.5 $\alpha$-D-グルコピラノースの環状構造

が反応しやすいため六員環を形成する．ハース (Haworth) の透視式 (perspective formula) で示される六員環構造は，次のようなピランに似ているのでピラノース環 (pyranose ring) といい，分子内ヘミアセタールの形成に関わる炭素原子をアノマー炭素原子 (anomeric carbon atom) という．環状構造の形成に伴ってその炭素原子は不斉中心となり，結合している OH 基の配置により $\alpha$- および $\beta$- 型の二つのジアステレオマーを生ずる．この一対の異性体はアノマー (anomer) とよばれる．Haworth の式では $C_1$ の OH 基が環の下向きのものを $\alpha$- アノマー，上向きのものを $\beta$- アノマーとする．グルコース以外のすべてのアルドヘキソースもまたピラノース構造をとる．

ケトースにおいては，次のようにケトン基とアルコール基が反応してヘミケタール (hemiketal) を生成することにより環化する．D- フルクトースでは図 3.6 に示すように，$C_2$ のケトンが $C_5$ あるいは $C_6$ の OH 基と反応して，五員環ないし六員環をも形成しうる．五員環は次に示すフランに似ているのでフラノース環 (furanose ring) という．リボースのようなアルドペントースもまたフラノース構造をとる．

## 3.4 糖の立体配座

Haworth の表記法は，糖の環状構造を簡便でかつ容易に表現できるので最もよく用いられるが，炭素原子と結合している置換基の立体的配置を正確に示したものではない．糖のピラノース環は，シクロヘキサン環と同様に平面構造ではない．理論的に考えられる多数の立体配座 (conformation) のうち，ピラノース環では歪みの少ないいす型 (chair form) をとりやすい．図 3.7 に $\beta$-D- グルコピラノースの 2 種類のいす型立体配座 (C1 および 1C 型) を示したが，D- グルコースでは水素よりも大きい置換基 (OH 基と $CH_2OH$ 基) が水平方向 (equatorial) に位置する方が，軸方向 (axial) に位置するよりも熱力学的に安定であるので C1 ($\equiv {}^4C_1$，ピラノース環の O，$C_2$，$C_3$ および $C_5$ は同一平面上にあり，$C_4$ と $C_1$ がその平面からそれぞれ上側と下側へずれていることを表す) 型をとる．$\alpha$-D- グルコピラノースは，$C_1$ の OH 基が軸方向にあるので水溶液中では $\beta$-D- グルコピラノースの方がより安定である．このため変旋光が平衡に達したとき，$\beta$- 型に偏っている (図 3.8)．しかし，D- グルコースのエピマーである D- マンノースでは，その立体配座は D- グ

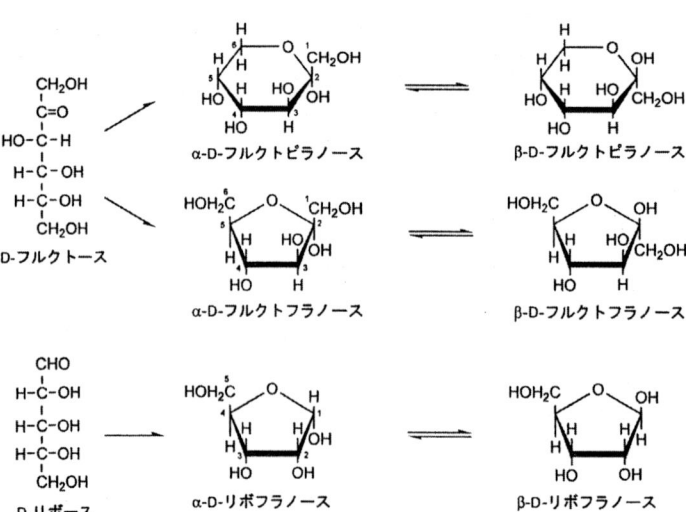

**図 3.6** D- フルクトースおよび D- リボースの環状構造

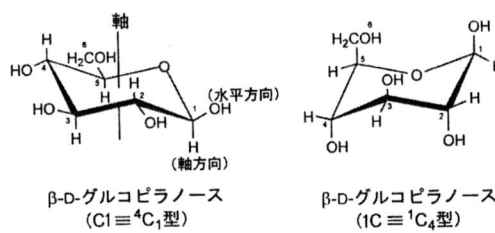

図3.7 β-D-グルコピラノースの立体配座（いす型）

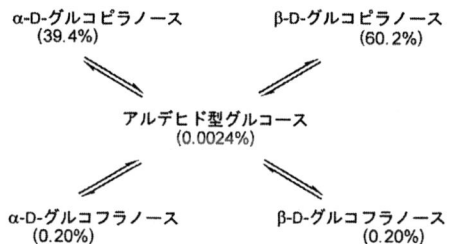

図3.8 D-グルコース水溶液中のα-およびβ-アノマーの存在比（37℃）

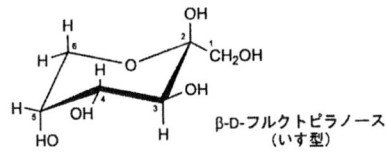

図3.9 β-D-フルクトピラノースの立体配座

ルコースと同じC1型であるが，$C_2$のOH基が軸方向に位置しているため，$C_1$のOH基は軸方向に配置する方がより安定であり，したがって水溶液中ではα-型（68%）がβ-型（32%）よりも多くなる．C1あるいは1C型の立体構造のうち，いずれが優先するかは個々の糖の置換基の立体配置による．

D-フルクトースは通常，フルクトピラノースとして存在するが，フラノース型もとりうる．水溶液中では，β-D-フルクトピラノースが67%，β-D-フルクトフラノースが27%であるが，α-D-フルクトピラノースは7%にすぎない．図3.9に示すように，D-フルクトースはいす型の立体配座が優位であるが，スクロースやイヌリンのような少糖類あるいは多糖類の構成成分となっているときは，フラノース型として存在している．フラノース環はピラノース環よりも歪みが小さく平面に近いため，多数の立体配座構造の間で容易に相互変換が行われており，それらの構造には平面型（planar型），封筒型（envelope型）あるいはひねり型（twist型）が考えられる（図3.10）．封筒型は，スクロースのD-フルクトースや核酸のD-リボースなどにみられ，ピラノース環を構成する原子のうちの一つの原子（図3.10では$C_4$）が平面からずれて配置し角封筒型をしている．ひねり型はピラノース環を構成する原子のうち二つの原子（図3.10では$C_2$と$C_3$）が平面からずれている．

## 3.5 いくつかの重要な単糖類とその誘導体

生物界には，最も豊富に存在しているD-グルコースやD-フルクトースの他に，遊離の単糖類としてのみならず少糖類や多糖類，あるいは配糖体の構成成分として多数の単糖類がみられる．例えばD-ガラクトース（D-galactose）やD-マンノース（D-mannose）は少糖類や多糖類の構成成分として広く分布している．また，アルドペントースのD-リボースはRNAの構成成分として，L-アラビノース（L-arabinose）やD-キシロース（D-xylose）は，植物ゴムあるいはヘミセルロースのような多糖類の構成成分として豊富に存在している．

生体物質の構成成分として重要なものにウロン酸（uronic acid），アミノ糖（amino sugar）あるいはデオキシ糖（deoxy sugar）のような修飾を受けた単糖類が知られている．ウロン酸は種々の多糖類の構成成分として存在しており，生物学的にも重要である．

D-グルクロン酸（D-glucuronic acid）は哺乳動物の体内で解毒作用に関与しているほか，動物組織中の種々のムコ多糖類の構成成分として，またD-ガラクツロン酸（D-galacturonic acid）はペクチン質や植物ゴムなどの構成成分として広く分布している．

デオキシ糖は糖のOH基が水素で置換されたものである．2-デオキシ-D-リボース（2-deoxy-Dribose, 2-deoxy-D-*erythro*-pentose) は DNA の主要な構成成分である．動植物界に広くみられる代表的なデオキシ糖としては L-ラムノース (L-rhamnose, 6-deoxy-L-mannose) と L-フコース (L-fucose, 6-deoxy-L-galactose) がある．

アミノ糖は糖の OH 基が $NH_2$ 基で置換されたものであり，2-アミノ-アルドヘキソースの D-グルコサミン (D-glucosamine) が生物界に広く分布している．D-グルコサミンは昆虫や甲殻類の外殻の多糖であるキチン，哺乳動物の結合組織や体液の複合多糖類であるヘパリンやヒアルロン酸あるいは種々の糖タンパク質などに見出され，D-ガラクトサミンはコンドロイチン硫酸やデルマタン硫酸あるいは種々の糖脂質（スフィンゴリピド）の構成成分になっている．これらのアミノ酸は，通常は N-アセチル誘導体 (D-GlcNAc, D-GalNAc) として存在している．D-グルコサミンの $C_3$ の OH 基が乳酸と結合した誘導体 (3-O-α-カルボキシエチル-D-グルコサミン) のムラミン酸 (muramic acid) は，N-アセチル-D-ムラミン酸 (N-acetyl-D-muramic acid) として細菌の細胞壁に存在している．

炭素数の多いアミノ糖としてノイラミン酸 (neur-aminic acid) が知られており，その一連のアシル誘導体はシアル酸 (sialic acid) とよばれている．シアル酸は主に動物界に広く分布しており，糖タンパク質，糖脂質，ムコ多糖，人乳オリゴ糖などの構成成分となっている．ノイラミン酸は構造的には9個の炭素数をもち，ピルビン酸と D-マンノサミンの結合した形をしているが，天然では N-アセチル誘導体として存在している．

## 3.6 少 糖 類

2個から10個程度の単糖が脱水縮合して O-グリコシド結合 (O-glycosidic bond) によりつなぎ合わされたものを少糖類またはオリゴ糖類 (oligosaccharide, "*oligo*"はギリシャ語の"少"の意味)とよんでいる．それらは還元性と非還元性少糖類に大別される．多数の少糖類が遊離状態で存在しているが，配糖体や多糖類の酸ないし酵素による部分加水分解，酵素による糖転移反応や縮合反応により生成される．

### a. 二糖類

単糖のヘミアセタール OH 基が他の単糖の OH 基のいずれかと結合したものが二糖類（disaccharide, biose）である．生物界にはラクトース（lactose），スクロース（sucrose）およびトレハロース（trehalose）などの二糖類が遊離の状態で存在しているが，発酵性食品などではマルトース（maltose）やイソマルトース（isomaltose）といったグルコビオースも存在している．

ラクトース（乳糖）は，哺乳動物の乳汁に含まれる還元性二糖類であり，D-ガラクトースとD-グルコースから構成され，それらが$\beta$-1,4-ガラクトシド結合によって結合している．ラクトースは，$\beta$-ガラクトシダーゼ（ラクターゼ）によってD-ガラクトースとD-グルコースに分解される．

**ラクトース**
(4-$\beta$-D-Galactopyranosyl-D-glucose)

マルトース（麦芽糖）は，代表的な還元性グルコ二糖類であり，$\alpha$-1,4-グルコシド結合からなっている．デンプンにアミラーゼを作用させることによって得られるが，植物体には遊離でも存在し，$\alpha$-グルコシダーゼによってD-グルコースに分解される．発酵性食品などにはイソマルトース（$\alpha$-1,6-結合），ニゲロース（nigerose, $\alpha$-1,3-結合）あるいはコジビオース（kojibiose, $\alpha$-1,2-結合）といったグルコ二糖類が見出されているが，これらは$\alpha$-グルコシダーゼの糖転移反応によって生成される．イソマルトースの構造はデンプン（アミロペクチン）の分岐部分に相当している．

マルトースの$\alpha$-結合を$\beta$-結合に換えたものがセロビオース（cellobiose）であり，セルロースの部分加水分解によって得られ，$\beta$-グルコシダーゼ

**マルトース**
(4-$\alpha$-D-Glucopyranosyl-D-glucose)

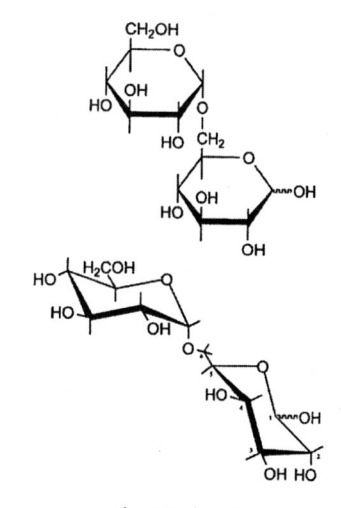

**イソマルトース**
(6-$\alpha$-D-Glucopyranosyl-D-glucose)

**セロビオース**
(4-$\beta$-D-Glucopyranosyl-D-glucose)

によりD-グルコースへ加水分解される．

スクロース（ショ糖）は，サトウキビやテンサイの貯蔵炭水化物であるが，ほとんどの植物に広く分布している．

甘味料としても栄養源としてもきわめて重要なものである．D-グルコースの$C_1$のOH基（$\alpha$型）とD-フルクトフラノースの$C_2$ヘミケタールOH基（$\beta$

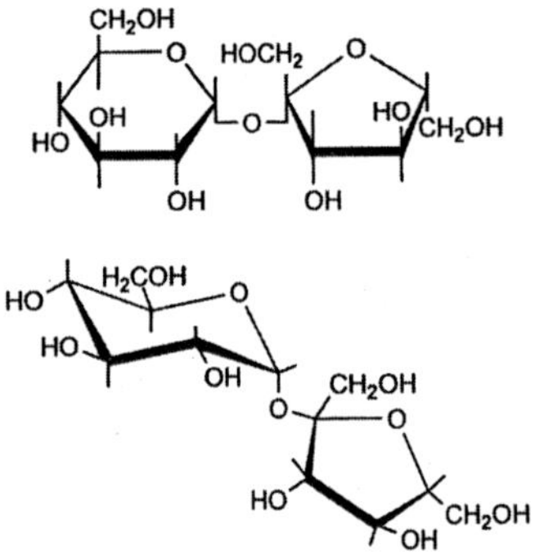

スクロース
(2-α-D-Glucopyranosyl-β-D-fructofuranoside)

型）が縮合しているので非還元性である．インベルターゼ（invertase, β-D-fructofuranosidase）やα-グルコシダーゼにより加水分解されるとD-グルコースとD-フルクトースの混合物である転化糖（invert sugar）が生成される．植物体内では，糖は主にスクロースの形で転流するが，構造的には配糖体とみなすことができ，反応性に乏しい形態になっている．

トレハロースは2分子のD-グルコースが互いのアノマー炭素のOH基（α型）によって縮合した非還元性二糖である．昆虫の血糖として体液中に存在しエネルギー源となっている．酵母やカビなどにも分布し，トレハラーゼ（trehalase）によって分解される．

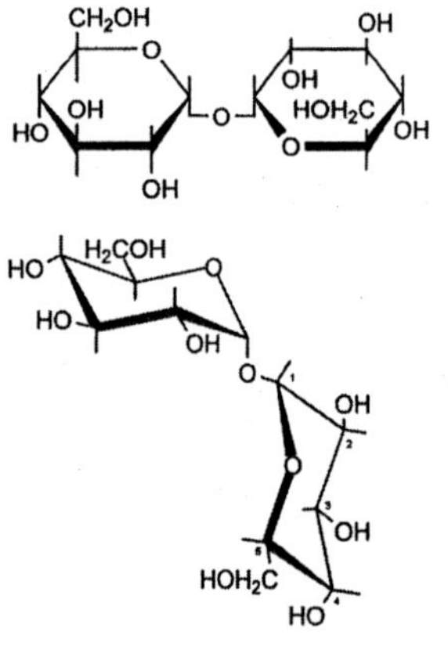

α,α-トレハロース
(1-α-D-Glucopyranosyl-α-D-glucoside)

### b. 三糖類と高重合度少糖類

植物界にはスクロースを構造中に含む多数の三糖類や，より高い重合度の少糖類が遊離状態で存在している．それらの多くは，スクロースのD-グルコシル残基あるいはD-フルクトフラノシル残基へD-グルコース，D-ガラクトースないしはD-フル

クトースが1個から数個結合したもので，非還元性である．このようなオリゴ糖の植物体内における生理的役割は，必ずしも明らかではない．

一般によく知られている三糖類としては，メレチトース（melezitose），ゲンチアノース（gentianose），ラフィノース（raffinose）やケストース（kestose）などがある．

メレチトースは樹液などの植物の分泌液にみられる．

ゲンチアノースはD-グルコースとスクロースがβ-1,6-結合することによって構成されている．

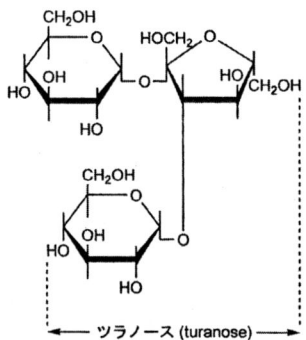

メレチトース
(α-D-Glucopyranosyl-(1→2)-
β-D-fructofuranosyl-(3→1)-
α-D-glucopyranoside)

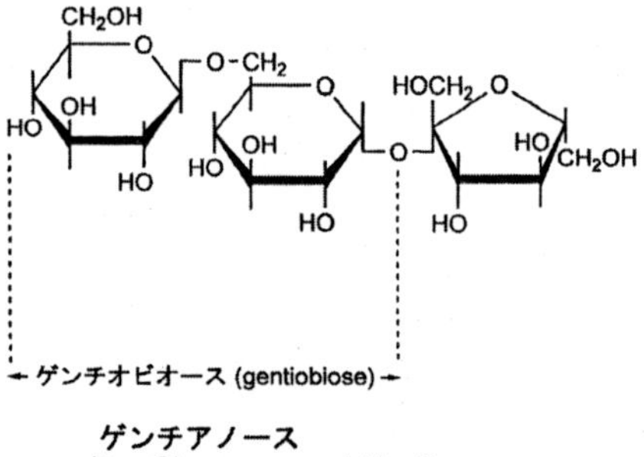

ゲンチアノース
(β-D-Glucopyranosyl-(1→6)-
α-D-glucopyranosyl-(1→2)-
β-D-fructofuranoside)

ラフィノースは植物界に最も多くみられる三糖類であるが，一連のラフィノース類縁の少糖類が知られている．それらはスクロースが比較的多く含まれる植物の根茎や種子にみられ，ラフィノースのガラクトース残基に同じα-D-ガラクトピラノシル基がα-1,6-結合によって約7個まで結合した一連の少糖類として存在している．

ケストースにみられるようなスクロースのフルクトース残基の$C_1$あるいは$C_6$のOH基，ないしはグルコース残基の$C_6$のOH基へ1個以上のβ-D-

フルクトフラノシル基が結合した構造をもった一連の少糖類が知られており，イネ科植物をはじめとする各種の植物体，根茎，塊茎などに広く分布している．

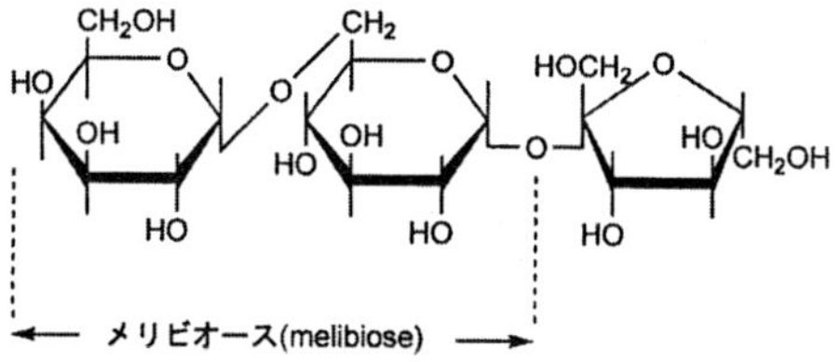

ラフィノース
(α-D-Galactopyranosyl-(1→6)-α-D-glucopyranosyl-(1→2)-β-D-fructofuranoside)

メリビオース (melibiose)

ケストース
(α-D-Glucopyranosyl-(1→2)-β-D-fructofuranosyl-(6→2)-β-D-fructofuranoside)

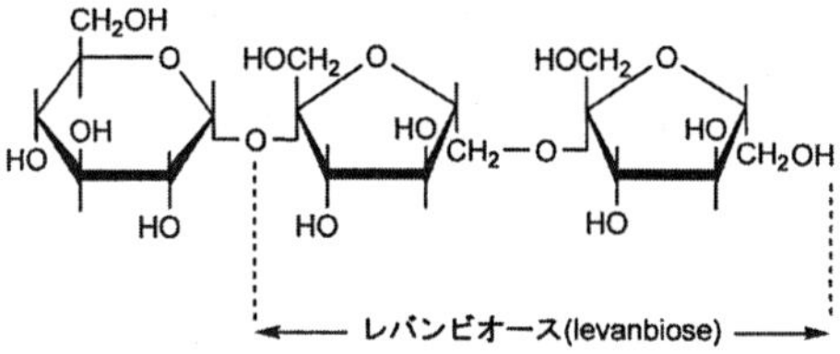

レバンビオース (levanbiose)

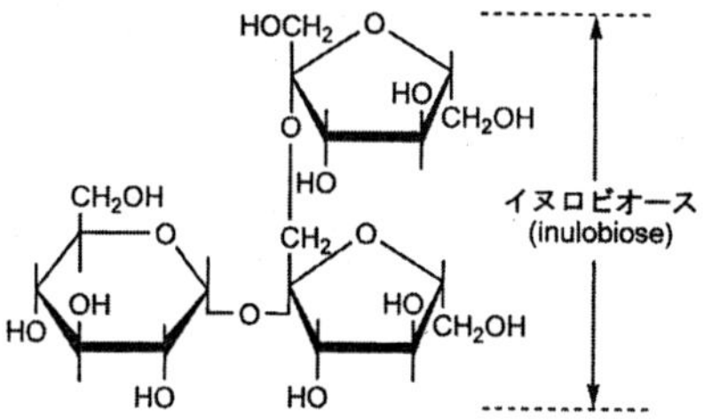

イソケストース（1-ケストース）
(α-D-Glucopyranosyl-(1→2)-β-D-fructofuranosyl-(1→2)-β-D-fructofuranoside)

イヌロビオース (inulobiose)

哺乳動物の乳汁には，ラクトース以外に還元末端側にラクトース残基をもつ三糖類あるいは重合度のより大きい多数の少糖類が存在している．人乳や牛乳から，L-フコースやN-アセチルグルコサミン

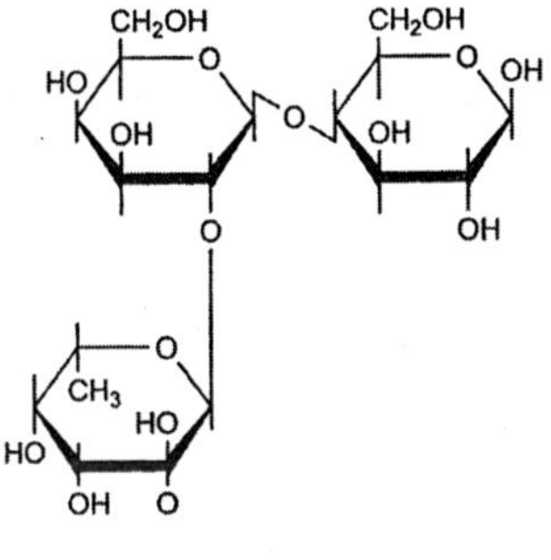

フコシルラクトース
(α-L-Fucopyranosyl-(1→2)-β-D-galactopyranosyl-(1→4)-β-D-glucose)

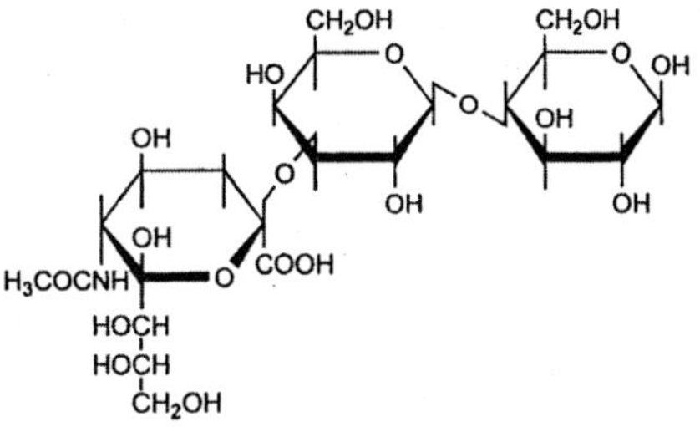

シアリルラクトース
(α-D-N-acetyl-neuraminopyranosyl-(2→3)-β-D-galactopyranosyl-(1→4)-β-D-glucose)

を含む中性の少糖類やシアル酸を含む酸性の少糖類が見出されている．

### 3.7 多　糖　類

自然界の炭水化物の大部分は高分子の多糖類（polysaccharide, glycan）として存在している．多糖は単糖がグリコシド結合により脱水縮合した高分子化合物であり，したがって加水分解によって単糖となる．構造的には単純な直鎖構造のものから高度の分岐構造をなしているものまで，生物界の広い範囲にわたって多数の多糖類が知られている．

デンプンやグリコーゲンのような貯蔵多糖（reserve polysaccharide）は，動植物のエネルギー源となり，セルロースやキチンあるいはヒアルロン酸のような構造多糖類（structure polysaccharide）は，動植物の細胞壁や結合組織の構造要素としての役割を担っている．通常，加水分解によって1種類の単糖またはその誘導体を与えるものを単純多糖（simple polysaccharide）あるいはホモ多糖（homoglycan）とよび，2種類以上の単糖またはその誘導体を与えるものを複合多糖（complex polysaccharide），あるいはヘテロ多糖（heteroglycan）とよんでいる．

#### a. 単純多糖類

自然界における重要な貯蔵多糖は，いうまでもなく植物細胞にみられるデンプン（starch）と動物細胞にみられるグリコーゲン（glycogen）であろう．

デンプンは高等植物の種子，塊茎，根茎などに豊富に蓄積される多糖であるが，植物の種類によってそれぞれ特徴的な形態をもった不溶性顆粒として貯蔵されている．デンプンはD-グルコースが脱水縮合したポリマーであるが，通常はアミロース（amylose）とアミロペクチン（amylopectin）とよばれる二つの成分からなっている．アミロースは

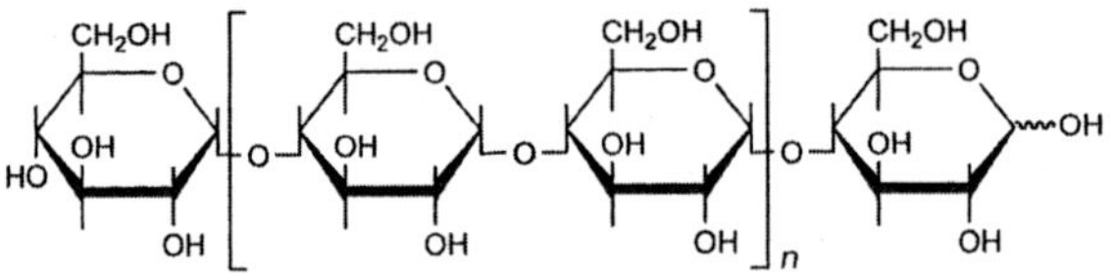

図3.11 アミロースの直鎖構造

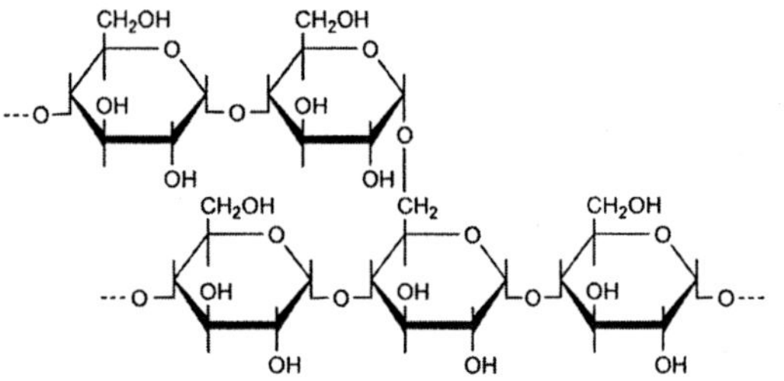

図3.12 アミロペクチンの分岐構造

D-グルコースが α-(1→4) 結合した長い直鎖状分子（厳密にはわずかに分岐が認められている）であり（図3.11），その平均重合度は 1,000〜5,000 に及ぶ．アミロペクチンは D-グルコースが 17〜30 程度の短いアミロースが α-(1→6) 結合を介して樹枝状に分岐した巨大分子であり，分子量もアミロースよりも一層大きく $10^7$〜$10^8$ にも及ぶと推定されている（図3.12）．

アミロースはヨウ素により特有の深青色を呈する．それはアミロースがグルコース6個で1回転する直径 13〜13.5 Å のヘリックス構造をとっているため，そのヘリックス構造の中空部分にヨウ素分子が入り込み，アミロース・ヨウ素複合体を形成するためと考えられている．アミロースの鎖長が長いほど濃い青色を呈する．アミロペクチンとヨウ素の反応は赤色に近い色調を与える．

アミロースとアミロペクチンの割合はデンプンの種類により異なり，バレイショ，コムギあるいはウルチ米などの多くのデンプンは 20% 程度のアミロースを含むが，モチトウモロコシ（waxy maize）やモチ米デンプンはほとんどアミロペクチンからなっている．アミロースやアミロペクチンがデンプン粒子中でどの程度の分子量をもつのか，また，二つの成分がどのような構造をとってデンプン粒子を形成しているのかについて正確なことはわかっていない．アミロペクチンの分岐構造の模式図を第3部第2章図2.2に示したが，次に述べるグリコーゲン（glycogen）もアミロペクチンよりも高度に分岐しているほかは基本的にアミロペクチンと変わらない．

グリコーゲンは動物細胞の主要貯蔵多糖であり，特に肝臓に多く含まれ湿重量の約 10% を占めるが，筋肉中にも含まれる．他に無脊椎動物，細菌，酵母などにも広く分布している．植物では，モチトウモロコシに植物グリコーゲン（phytoglycogen）とよばれるグリコーゲンとアミロペクチンの中間的多糖が存在している．グリコーゲンは構造的にはアミロペクチンに類似していることはすでに述べたが，アミロペクチンよりさらに高度に分岐しており，分岐部分のアミロース鎖長はグルコースが平均 12〜18 個の短いものである．その分子量は $10^8$〜$10^9$ にも及ぶ巨大な分子である．肝臓グリコーゲンは血液中へのグルコースの供給源として，また，筋肉グリコーゲンはエネルギー源としての ATP の生産に主として使われ，常に分解と合成によって動的に変化しており，貯蔵物質とはいっても植物における貯蔵デンプンとはかなり異なっている．

植物界には貯蔵多糖として他にフルクタン（fructan）が知られている．フルクタンの代表的なものにはイヌリン（inulin）とレバン（levan）がある．イヌリンはキク科やユリ科植物などの塊茎，根茎に多量に含まれ，図3.13 に示すように 30〜35 個のフルクトース残基が β-(2→1)-結合によって直

表3.1 ヨウ素・デンプン反応の呈色

| グルコース単位 | 呈 色 |
|---|---|
| >45 | 青 |
| 35〜45 | 紫 |
| 20〜35 | 赤 |
| 12〜20 | 褐色 |
| <12 | 無色 |

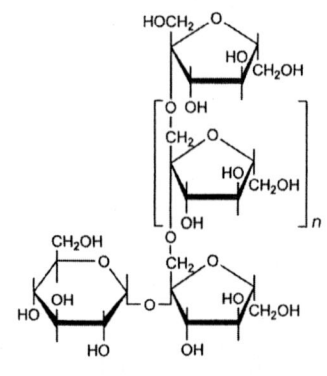

図3.13 イヌリンの構造

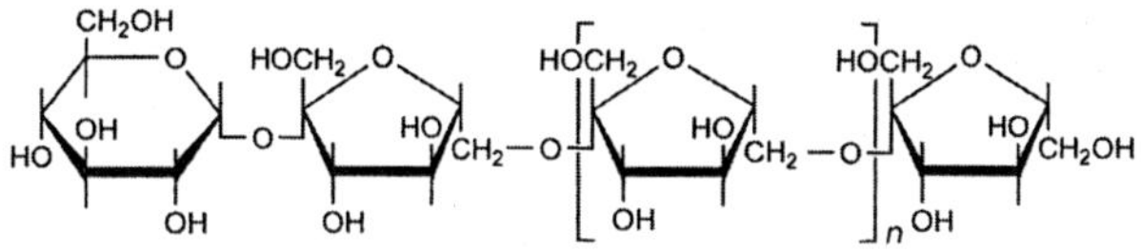

**図 3.14** レバンの構造

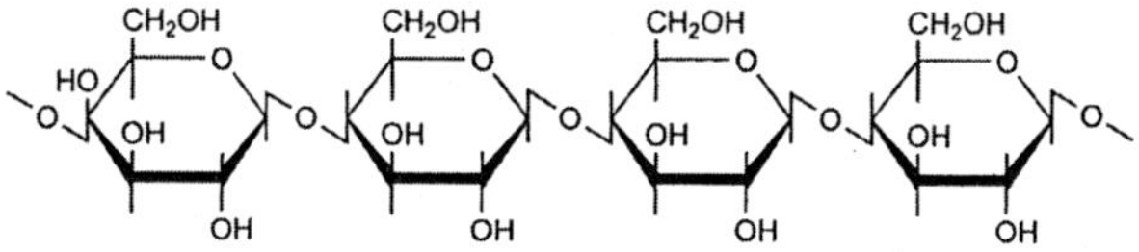

**図 3.15** セルロースの構造

鎖状をなしている．レバンはイネ科植物などの茎や葉にみられる貯蔵多糖であるが，*Bacillus* 属や *Aerobacter* 属などの細菌によっても分泌される．レバンは $\beta\text{-}(2\rightarrow 6)\text{-}$ 結合からなり（図 3.14），植物のレバンは比較的分子量が小さいが（$n=25\sim 50$），細菌のレバンは分子量がきわめて大きく（$n=500 \sim 1,000$），一部のものは $\beta\text{-}(2\rightarrow 1)\text{-}$ 結合の側鎖が存在するといわれている．

セルロース（cellulose）は植物界における最も普遍的な構造多糖である．地球上の植物体（乾燥重量）の約50%は，植物細胞壁の主成分であるセルロースによって占められている．天然の有機化合物の約 2/3 はセルロースであり，年間約 $10^{11}$ トンもの膨大な量が生合成されているといわれている．セルロース分子は，数千から数万の D- グルコースが $\beta\text{-}(1\rightarrow 4)\text{-}$ 結合によって直鎖状に結合した構造からなっている（図 3.15）．そのような $\beta\text{-}$ グルカン鎖が多数集まって結晶性の長いフィラメントを形成し，それらがさらに集まってセルロース繊維の基本単位を構成している．高等動物はセルロースの加水分解酵素（セルラーゼ）をもたないが，ある種の細菌やカビあるいはカタツムリなどはセルラーゼを分泌し，セルロースをセロビオースをはじめとするセロオリゴ糖に分解する．反芻動物の胃内（第一胃）では，寄生している微生物のセルラーゼと $\beta\text{-}$ グルコシダーゼがセルロースをグルコースにまで分解している．

高等植物の細胞壁または細胞間隙にはペクチン（pectin）が含まれているが，その主成分はペクチン酸（pectic acid）である．ペクチン酸は D- ガラクツロン酸が $\alpha\text{-}(1\rightarrow 4)\text{-}$ 結合により直鎖状に結合したポリガラクツロン酸であり（図 3.16），植物体内ではガラクツロン酸のカルボキシル基は，メチルエステルまたは $Ca^{2+}$，$Mg^{2+}$，$Fe^{2+}$ などのイオンと結合して存在している．ペクチンは果実に多く含まれているが，果実が熟するとペクチンエステラーゼによりメチルエステルが切断され，さらにペクチナーゼにより分解されて低分子化する．

アミノ糖のみからなる多糖の一つにキチン（chitin）がある．すでに述べたようにキチンは昆虫，エビやカニなどの節足動物の外骨格を形成しており，動物界に広く分布し，セルロースについで自然界に多量に存在する多糖である．キチンの構造はセルロースによく似ており，*N*- アセチル -D- グルコサミンが $\beta\text{-}(1\rightarrow 4)\text{-}$ 結合によって直鎖状に結合している（図 3.17）．

#### b. 複合多糖類

生物界には多糖類としてのヘテロ多糖が存在している．高等植物の細胞壁成分の一つであるヘミセルロース（hemicellulose）をはじめ，植物ゴム（plant gum）や植物粘質物（mucilage）を構成している．多糖，多くの海藻粘質多糖（seaweed polysaccharide），細菌細胞多糖（peptidoglycan），動物の結合組織のムコ多糖（mucopolysaccharide）など多数の複合多糖類が知られている．

ムコ多糖はアミノ糖を含む酸性多糖として知られ，グリコサミノグリカン（glycosaminoglycan）――グルコサミノグリカンおよびガラクトサミノグ

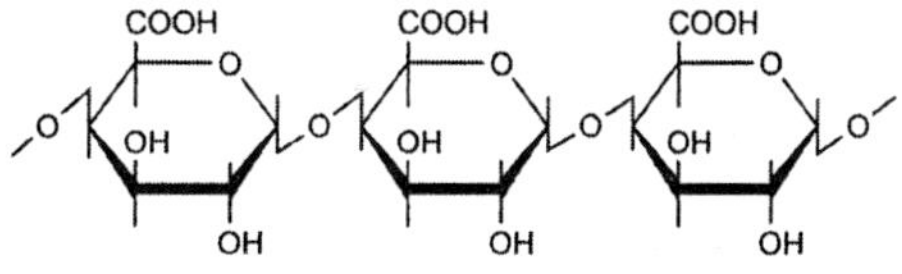

**図 3.16** ペクチン酸の構造

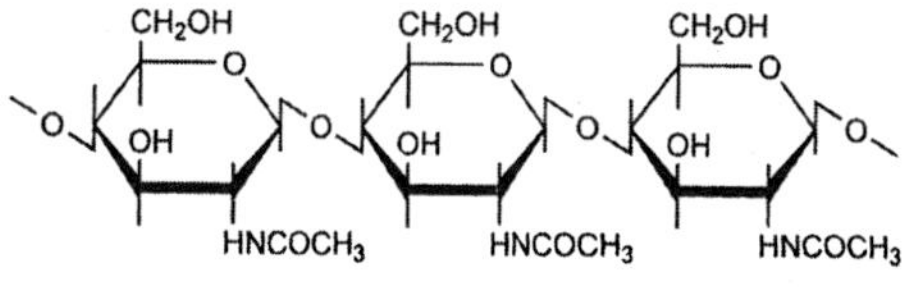

**図 3.17** キチンの構造

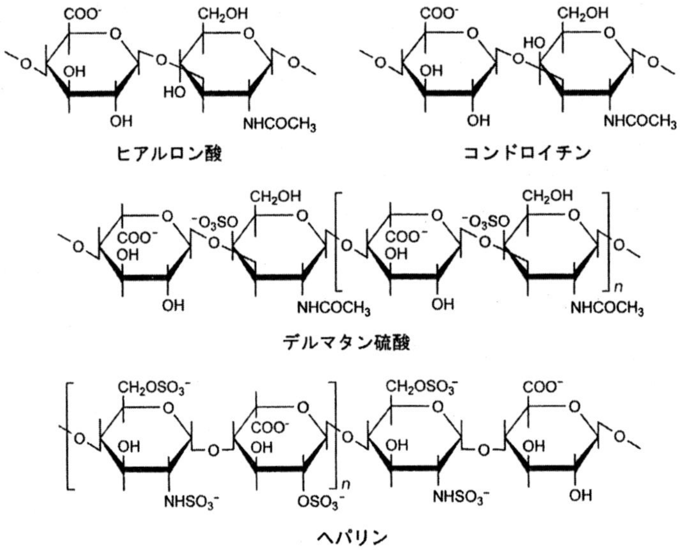

図3.18 ムコ多糖類の基本構造

リカン―とよばれている．その構造はアミノ糖とウロン酸からなる二糖のくり返しを基本とする一連のヘテロ多糖であるが，カルボキシル基や硫酸基によって大きな負電荷をもっているので酸性ムコ多糖ともいう（図3.18）．ただし，ケラタン硫酸（keratan sulfate）のみはウロン酸ではなくガラクトースである．生体内ではタンパク質と共有結合したプロテオグリカン（proteoglycan）を形成して存在している．一般にタンパク質と糖が共有結合したハイブリッド分子を糖タンパク質（glycoprotein）とよんでいるが，ムコ多糖のように二糖のくり返し構造の直鎖状の多糖がコアポリペプチド（core polypeptide）に多数結合して多糖の割合が主体を占めるようなハイブリッド分子をプロテオグリカンとよび，糖タンパク質と区別している．しかし，糖タンパク質とプロテオグリカンを厳密に区別する基準があるわけではない．

図3.18に示すように，ヒアルロン酸（hyaluronic acid）はD-グルクロン酸とN-アセチル-D-グルコサミンが$\beta$-(1→3)-結合により直鎖状に結合した分子量$10^6$〜$10^7$の高分子多糖である．

コンドロイチン（chondroitin）の構成糖はD-グルクロン酸とN-アセチル-D-ガラクトサミンであるが，そのアミノ糖の$C_4$あるいは$C_6$の水酸基へ硫酸基が導入されたものを，それぞれコンドロイチン4-硫酸（コンドロイチンA），コンドロイチン6-硫酸（コンドロイチンC）とよんでいる．デルマタン硫酸（dermatan sulfate）はL-イズロン酸と$C_4$の水酸基へ硫酸基が導入されたN-アセチル-D-ガラクトサミンの$\alpha$-(1→3)-結合を主な構成単位とするが，D-グルクロン酸も含まれており，コンドロイチンBとよばれる．

ヘパリン（heparin）は2-デオキシ-2-スルファミド-D-グルコース6-硫酸とL-イズロン酸2-硫酸の$\beta$-(1→4)-結合あるいはD-グルクロン酸との$\alpha$-(1→4)-結合のいずれかのくり返しの基本構造からなっている．ヘパリンやデルマタン硫酸に含まれるL-イズロン酸のもつ立体配座の柔軟性が，このような多糖の生理的機能と深い関わりがあると考えられている．ヘパリンは血液凝固阻止作用をもつ物質として知られ，哺乳動物の肝臓，心臓，肺や血管壁などの組織に広く分布しており，広範な研究がなされている．

一般的にいってムコ多糖の機能は必ずしも明確ではないが，結合組織の細胞間隙を満たし組織の強さや柔軟性を保ち，潤滑剤としての役割を果たすとともに，水と水和して水分子の保持に寄与していると考えられている．ムコ多糖とタンパク質の共有結合については，図3.19に示すコンドロイチン硫酸Aの例にみられるように，D-キシロースを介してセリンの水酸基との$O$-グリコシド結合によってポリペプチドと結合していることが明らかにされている．ヘパリンやコンドロイチン硫酸Cなどについても同じ結合をしていることが示されているが，ケラタン硫酸では$N$-アセチル-D-グルコサミンを介してアスパラギンとの$N$-グリコシド結合によりポリペプチドと結合していることが示されている．

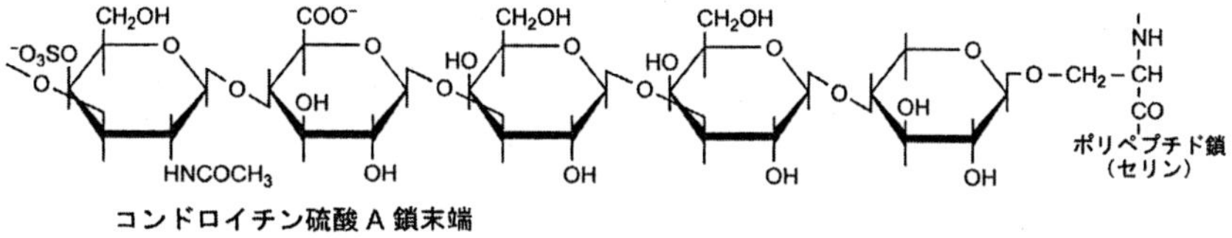

図3.19 コンドロイチン硫酸A鎖とポリペプチドの結合部位

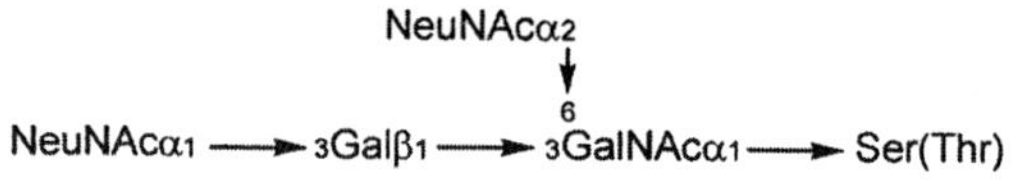

図3.20 O-グリコシド結合型糖鎖の構造

#### c. 糖タンパク質

糖タンパク質（glycoprotein）は微生物から動植物まであらゆる生物組織に広く存在している．多くのタンパク質が，単糖，少糖から多糖まで糖を多かれ少なかれ含んでおり，その糖含量は少ないものでは1%以下，多いものでは85%にも及んでいる．糖タンパク質は，細胞表面膜，細胞間マトリックス，血漿や粘液などの重要な構成成分となっているが，その糖鎖は浸透圧などの調節因子として生理的機能や生体の認識機能に重要な役割を果たしていることが明らかになっている．

糖タンパク質の糖鎖の化学構造はきわめて多様である．糖鎖に含まれる単糖の種類は，D-グルコース（Glc），D-ガラクトース（Gal），D-マンノース（Man），L-フコース（Fuc），D-キシロース（Xyl），L-アラビノース（Ara），N-アセチルグルコサミン（GlcNAc），N-アセチルガラクトサミン（GalNAc），N-アセチルノイラミン酸（NeuNAc）やN-グリコリルノイラミン酸（NeuNG）などであるが，糖鎖を構成する単糖の数は通常は20個以下である．糖鎖はタンパク質の特定のアミノ酸との結合様式によって，O-グリコシド結合型とN-グリコシド結合型の2群に大別される．

O-グリコシド結合型糖鎖は，セリン（Ser）あるいはトレオニン（Thr）のいずれかの水酸基にGalNAcを介して結合している（図3.20）．この種の糖鎖は粘液性分泌物の糖タンパク質に多く含まれていることからムチン（mucin）型糖鎖ともよばれている．O-グリコシド結合型糖鎖には，次に述べるN-グリコシド結合型糖鎖のような共通の母核構造は必ずしもみられない．その糖鎖の多くにGal$\beta$1→3GalNAcの構造が存在するが，マンノース，ガラクトースあるいはキシロースがSerまたはThrに$\alpha$-O-グリコシド結合した構造も知られている．

N-グリコシド結合型糖鎖は，N-アセチルグル

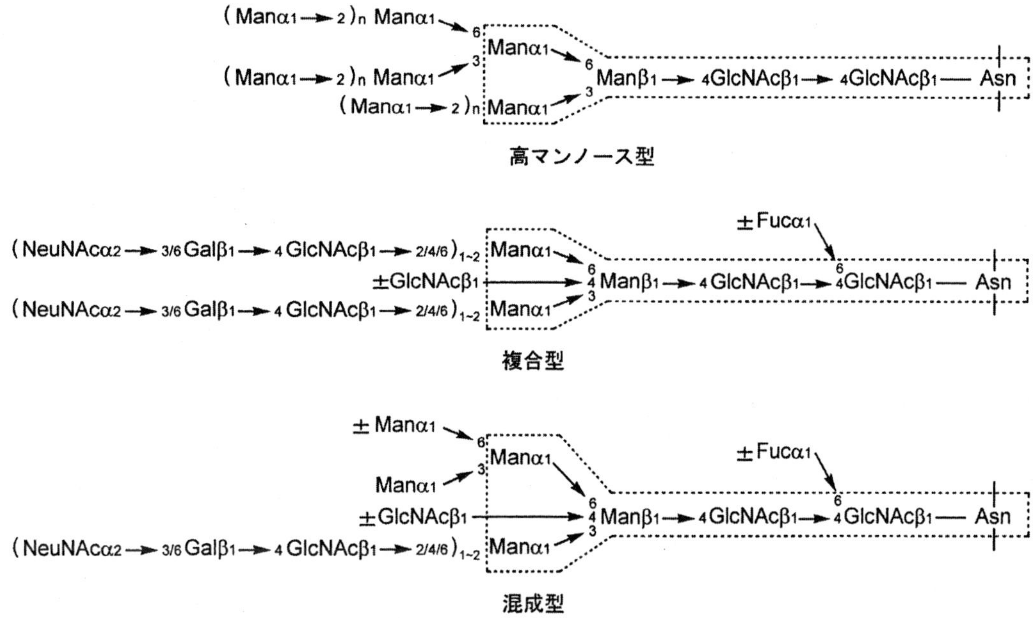

図3.21 N-グリコシド結合型糖鎖の構造
点線内は共通の母核構造

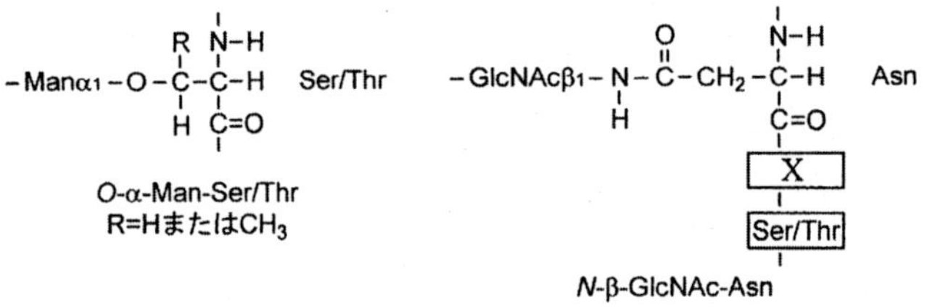

**図 3.22** 糖タンパク質の $O$- および $N$- グリコシド結合

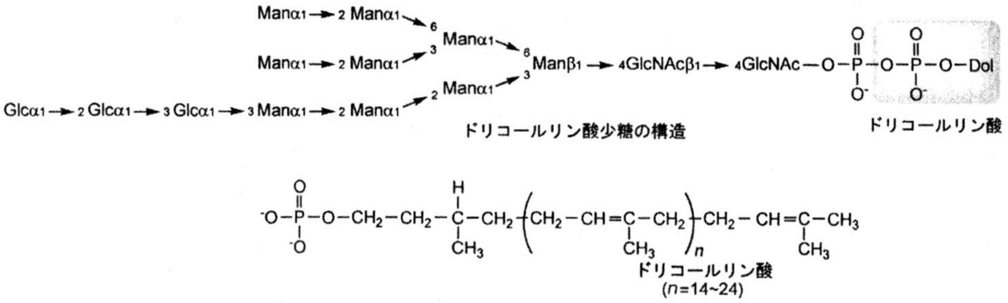

**図 3.23** $N$-グリコシド結合型糖鎖の前駆体

コサミンの還元基とアスパラギン（Asn）のアミノ基との間で $N$-グリコシド結合を形成している（図3.21）．この種の糖鎖は，基本的には高マンノース型（high mannose type），複合型（complex type）および高マンノース型と複合型の両方の特徴をもつ混成型（hybrid type）の3群に分けられる．図3.21 に示すように，いずれのタイプも Man$\alpha$1→6 (Man$\alpha$1→3) Man$\beta$1→4GlcNAc$\beta$1→4GlcNAc の共通の母核構造をもっている．高マンノース型はこの母核にさらにマンノースのみが結合しており，複合型は母核に Gal$\beta$1→4GlcNAc（$N$-アセチルラクトサミン）が結合し，そのガラクトシル残基にしばしばシアル酸が結合している．混成型は共通母核の二つの $\alpha$-マンノシル残基の一方に高マンノース型と同じように $\alpha$-マンノシル側鎖が結合し，他方には複合型と同じように $N$-アセチルグルコサミンを含む側鎖がついている．

$O$- および $N$-グリコシド結合型糖鎖のタンパク質への結合様式の例を図3.22 に示した．$N$-グリコシド結合では，GlcNAc は Asn-X-Ser/Thr の配列モチーフの Asn に $\beta$-型で結合しているが，X はプロリンまたはアスパラギン酸以外のアミノ酸である．

図3.23 に示した $N$-グリコシド結合型糖鎖の母核構造は，小胞体（endoplasmic reticulum, ER）内においてドリコールリン酸（dolichol phosphate）とよばれる20個ほどのイソプレン（$C_5$）を単位とする長鎖の脂質と2個の GlcNAc，9個の Man および3個の Glc からなる糖鎖と結合した前駆体（図3.23）から，その糖鎖部分が翻訳直後の長鎖ペプチド中の配列モチーフ Asn-X-Ser/Thr の Asn に転移される．その後に糖鎖部分は特定のグリコシダーゼにより部分的な分解（trimming）を受けて共通の母核構造が生成される．続いて各種の糖転移酵素による修飾により図3.21 に示すような $N$-グリコシド結合型糖鎖が構築される．〔千葉誠哉〕

# 4. タンパク質

タンパク質は約20種類のアミノ酸からなる生体高分子化合物であり，生命現象の発現においてきわめて重要な役割を果たしている．タンパク質は生体の主要構成成分であるとともに，多くのタンパク質は生理学的に重要な機能をもっている．例えば，酵素タンパク質は触媒として生体内で起こる一連の反応を支配しており，制御タンパク質としてのホルモンは代謝や生殖など多くの細胞機能を制御している．また，免疫グロブリンの名称で総称される一群のタンパク質は，高等動物の生体防御機構として重要な役割を演じている．このようにタンパク質は生命現象のあらゆる局面に関わっており，まさに生命現象の中心であるといえる．タンパク質が生命にとって重要なことはかなり古くから認められており，1839年，ギリシャ語の *proteios*（第1人者の意）にちなんで protein（プロテイン）と名づけられた．

タンパク質はアミノ酸どうしが水を失って重合した高分子化合物であるが，構成アミノ酸の数，種類および結合順序により，大きさや形ばかりでなく物理的および化学的性質も異なり，また生物学的機能も異なる．すなわち，各タンパク質は特定のアミノ酸組成と配列およびこれをもとにして組み立てられる空間構造によって特徴づけられる．

## 4.1 アミノ酸

### a. タンパク質を構成するアミノ酸

タンパク質を構成するアミノ酸（amino acid）は20種類であり，次の一般式で示される．すなわち，中心となる $\alpha$-炭素（$C_\alpha$）にアミノ基（$-NH_2$），カルボキシル基（$-COOH$）および側鎖（$-R$）が結合した $\alpha$-アミノ酸である．アミノ酸の性質は側鎖Rの構造によって異なるが，大別して，①非極性側鎖をもつアミノ酸，②極性で無荷電の側鎖をもつアミノ酸，③極性で荷電を有する側鎖をもつアミノ酸の三つのグループに分けられる．表4.1に各グループに属するアミノ酸の名称，構造式および略号（三文字表記と一文字表記）を示した．この分類はアミノ

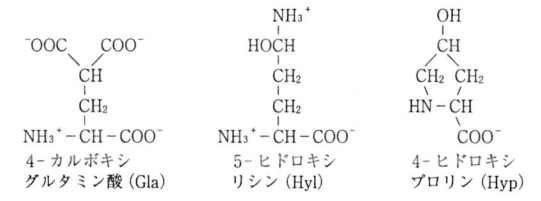

図4.1 タンパク質中に見出されるアミノ酸誘導体

酸の側鎖が水とどの程度相互作用するかという点に着目したものであり，さほど厳密なものではない．例えば，チロシンやシステインの側鎖はアルカリ溶液中で解離するので③のグループに入れることもできる．

### b. タンパク質中に見出されるアミノ酸誘導体

ある種のタンパク質は，図4.1に示すような特殊なアミノ酸誘導体を含んでいる．これらのアミノ酸誘導体はいずれもタンパク質の生合成過程（第4部第3章参照）で翻訳後に修飾されて生じたものである．4-カルボキシグルタミン酸は，血液凝固因子プロトロンビンの構成成分であり，グルタミン酸の $\gamma$ 位の炭素にカルボキシル基が付加している．また，5-ヒドロキシリシンや4-ヒドロキシプロリンは，繊維状タンパク質コラーゲンに含まれる．

### c. 非タンパク質性アミノ酸

タンパク質を構成するアミノ酸ではないが，生化学的に重要なアミノ酸がいくつかある．例えば，オルニチンやシトルリンは尿素合成におけるアルギニンの代謝中間体として重要なアミノ酸であり，チロキシンは甲状腺濾胞細胞で合成分泌される甲状腺ホルモンである．また，カナバニンは，ナタマメから単離されたアミノ酸であり，アルギニンの類似体として作用するという点で注目されている．

### d. アミノ酸の立体配置と光学活性

グリシン以外のアミノ酸は $\alpha$ 炭素原子に4種類の異なる原子団が結合しており，このために $\alpha$ 炭素原子は不斉中心（⟨asymmetric center⟩，キラル

表 4.1 タンパク質を構成するアミノ酸

| 分類 | 名称 | 略号 三文字表記 | 略号 一文字表記 | 構造[a] | 分類 | 名称 | 略号 三文字表記 | 略号 一文字表記 | 構造[a] |
|---|---|---|---|---|---|---|---|---|---|
| I. 非極性側鎖をもつアミノ酸 | グリシン (glycine) | Gly | G | H–C(COO⁻)(NH₃⁺)–H | II. 極性で無荷電の側鎖をもつアミノ酸 | セリン (serine) | Ser | S | H–C(COO⁻)(NH₃⁺)–CH₂–OH |
| | アラニン (alanine) | Ala | A | H–C(COO⁻)(NH₃⁺)–CH₃ | | トレオニン (threonine) | Thr | T | H–C(COO⁻)(NH₃⁺)–C(H)(OH)–CH₃ |
| | バリン (valine) | Val | V | H–C(COO⁻)(NH₃⁺)–CH(CH₃)₂ | | アスパラギン (asparagine) | Asn | N | H–C(COO⁻)(NH₃⁺)–CH₂–C(=O)NH₂ |
| | ロイシン (leucine) | Leu | L | H–C(COO⁻)(NH₃⁺)–CH₂–CH(CH₃)₂ | | グルタミン (glutamine) | Gln | Q | H–C(COO⁻)(NH₃⁺)–CH₂–CH₂–C(=O)NH₂ |
| | イソロイシン (isoleucine) | Ile | I | H–C(COO⁻)(NH₃⁺)–CH(CH₃)–CH₂–CH₃ | | チロシン[d] (tyrosine) | Tyr | Y | H–C(COO⁻)(NH₃⁺)–CH₂–C₆H₄–OH |
| | メチオニン (methionine) (含硫アミノ酸) | Met | M | H–C(COO⁻)(NH₃⁺)–CH₂–CH₂–S–CH₃ | | システイン[c] (cysteine) (含硫アミノ酸) | Cys | C | H–C(COO⁻)(NH₃⁺)–CH₂–SH |
| | プロリン[b] (proline) | Pro | P | (環状構造 COO⁻, N⁺H₂) | III. 極性で荷電する側鎖をもつアミノ酸 | アスパラギン酸[e] (asparagine) | Asp | D | H–C(COO⁻)(NH₃⁺)–CH₂–COO⁻ |
| | フェニルアラニン[d] (phenylalanine) | Phe | F | H–C(COO⁻)(NH₃⁺)–CH₂–C₆H₅ | | グルタミン酸[e] (glutamine) | Glu | E | H–C(COO⁻)(NH₃⁺)–CH₂–CH₂–COO⁻ |
| | トリプトファン[d] (tryptophan) | Trp | W | H–C(COO⁻)(NH₃⁺)–CH₂–(インドール) | | ヒスチジン[f] (histidine) | His | H | H–C(COO⁻)(NH₃⁺)–CH₂–(イミダゾール) |
| | | | | | | リシン[f] (lysine) | Lys | K | H–C(COO⁻)(NH₃⁺)–CH₂–CH₂–CH₂–CH₂–NH₃⁺ |
| | | | | | | アルギニン[f] (arginine) | Arg | R | H–C(COO⁻)(NH₃⁺)–CH₂–CH₂–CH₂–NH–C(NH₂)=NH₂⁺ |

a) pH7.0 における構造.炭素の位置は,H–C_α(COO⁻)(NH₃⁺)–C_β–C_γ–C_δ–C_ε–,または,H–C₂(COO⁻)(NH₃⁺)–C₃–C₄–C₅–C₆–C₇– のように示される.
b) アミノ基の代わりにイミノ基 (=NH) をもつためにイミノ酸というべきであるが,一般にはアミノ酸として取り扱われている.
c) タンパク質中では,酸化されて2分子が結合したシスチン (cystine, H–C(COO⁻)(NH₃⁺)–CH₂–S–S–CH₂–C(COO⁻)(NH₃⁺)–H) として存在することがある. d) 芳香族アミノ酸, e) 酸性アミノ酸, f) 塩基性アミノ酸.

## 4.1 アミノ酸

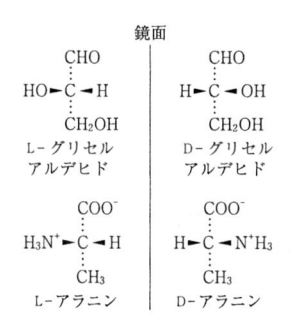

$$\begin{array}{c|c}
\text{CHO} & \text{CHO} \\
\text{HO--C--H} & \text{H--C--OH} \\
\text{CH}_2\text{OH} & \text{CH}_2\text{OH} \\
\text{L-グリセル} & \text{D-グリセル} \\
\text{アルデヒド} & \text{アルデヒド}
\end{array}$$

$$\begin{array}{c|c}
\text{COO}^- & \text{COO}^- \\
\text{H}_3\text{N}^+\text{--C--H} & \text{H--C--N}^+\text{H}_3 \\
\text{CH}_3 & \text{CH}_3 \\
\text{L-アラニン} & \text{D-アラニン}
\end{array}$$

図4.2 グリセルアルデヒドとアラニンの立体構造

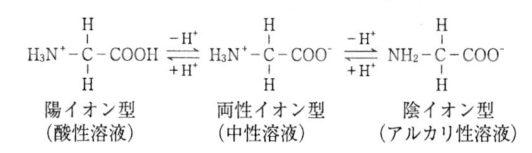

$$\underset{\text{陽イオン型}\atop\text{(酸性溶液)}}{\text{H}_3\text{N}^+\text{--C--COOH}} \underset{+\text{H}^+}{\overset{-\text{H}^+}{\rightleftharpoons}} \underset{\text{両性イオン型}\atop\text{(中性溶液)}}{\text{H}_3\text{N}^+\text{--C--COO}^-} \underset{+\text{H}^+}{\overset{-\text{H}^+}{\rightleftharpoons}} \underset{\text{陰イオン型}\atop\text{(アルカリ性溶液)}}{\text{NH}_2\text{--C--COO}^-}$$

図4.3 水溶液中におけるグリシンの解離状態

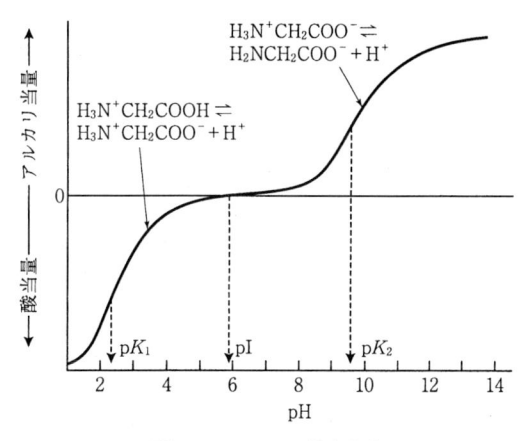

図4.4 グリシンの滴定曲線

中心〈chiral center〉)となり,図4.2に示すように,お互いに重ね合わせることができない二つの鏡像異性体(エナンチオマー〈enantiomer〉,対掌体〈anitipode〉)が可能になる.これらの異性体は,糖の場合(第1部第3章参照)と同様に,グリセルアルデヒドの絶対配置(absolute configuration)に基づいて,L-アミノ酸とD-アミノ酸に区別される.また,L-アミノ酸とD-アミノ酸は融点や溶解度などの化学的性質は同じであるが,旋光性(optical rotatory power)だけが異なる光学異性体(optical isomer)である.すなわち,グリシン以外のアミノ酸は少なくとも一つの不斉炭素原子(asymmetric carbon atom)をもつために光学的に活性であり,直線偏光を通すことによって,偏光面を左右いずれかの方向に回転させる.偏光面の回転はアミノ酸の種類によって異なり,溶媒,温度,pHによっても変化する.一定条件下では,L体とD体のアミノ酸では,回転方向は逆であるが,回転角度は等しい.言い換えれば,L-アミノ酸とD-アミノ酸は全く反対の旋光性を示す.したがって,L体とD体のアミノ酸の等量混合物(ラセミ混合物〈racemic mixture〉)の場合には,左旋性(levorotatory)と右旋性(dextrorotatory)が互いに打ち消しあうために,旋光性を示さない.また,L-システインとD-システイン1分子ずつからなるメソシステインのようなラセミ化合物(〈rasemic compound〉,メソ化合物〈meso compound〉)は分子内で左右の旋光性が消去されるために,光学的に不活性である.

L-アミノ酸とD-アミノ酸は光学的性質だけでなく生理的性質も異なる.天然に存在するタンパク質は,ごく一部の例外を除いて,L体のα-アミノ酸から構成されている.さらに,生体内の大部分のアミノ酸もL体である.一方,D-アミノ酸は細菌細胞壁の内側にあるペプチドグリカンやアクチノマイシンDのようなペプチド性抗生物質の構成成分として存在する.また,必須アミノ酸としてヒトが摂取している栄養学的に重要なアミノ酸はすべてL体であり,D体のアミノ酸には栄養学的価値がない.L体とD体のアミノ酸は味も異なり,L-グルタミン酸のナトリウム塩は旨味を呈するが,D-グルタミン酸のナトリウム塩は無味である.

### e. アミノ酸の解離

アミノ酸は少なくともアミノ基(プロリンではイミノ基)とカルボキシル基を1個ずつもつために,両性電解質(ampholyte)の性質を示す.これらの解離基は,溶液中では水素イオン濃度によってプロトン受容体にも,プロトン供与体にもなりうるので,アミノ酸全体としての実効荷電はpHによって変化する.図4.3にグリシンの解離状態を示した.中性溶液中ではカルボキシル基は解離して−COO$^-$のように負に荷電しているが,アミノ基は非解離の状態(−NH$_3^+$)で正に荷電している.すなわち,正と負の両荷電を同時にもつ両性イオン(amphoteric ion)として存在する.しかし,pHが低くなるにつれて,カルボキシル基はプロトンを受け取り非解離状態となるので,実効荷電は正になる.逆に,pHが高い溶液中では,アミノ基が解離して−NH$_2$となるために,アルカリ溶液中での実効荷電は負となる.いま,解離状態と非解離状態の解離の濃度をそれぞれ[A$^-$],[HA]とすると,次のヘンダーソン-ハッセルバルヒの式(Henderson-Hasselbalch equation)を用いて,各pHでアミノ基とカルボキシル基がそれ

**表 4.2** アミノ酸の p$K$ 値

| アミノ酸 | p$K_1$<br>$\alpha$-カルボキシル基 | p$K_2$<br>$\alpha$-アミノ基 | p$K_R$<br>側鎖の解離基[a] |
|---|---|---|---|
| グリシン | 2.34 | 9.60 | |
| アラニン | 2.34 | 9.69 | |
| バリン | 2.32 | 9.62 | |
| ロイシン | 2.36 | 9.60 | |
| イソロイシン | 2.36 | 9.68 | |
| セリン | 2.21 | 9.15 | |
| プロリン | 1.99 | 10.60 | |
| フェニルアラニン | 1.83 | 9.13 | |
| トリプトファン | 2.38 | 9.39 | |
| メチオニン | 2.28 | 9.21 | |
| チロシン | 2.20 | 9.11 | フェノール基 10.97<br>($-\bigcirc-OH \rightleftharpoons -\bigcirc-O^- + H^+$) |
| システイン | 1.96 | 8.18 | チオール基 10.28<br>($-SH \rightleftharpoons -S^- + H^+$) |
| アスパラギン酸 | 1.88 | 9.60 | $\beta$-カルボキシル基 3.65<br>($-COOH \rightleftharpoons -COO^- + H^+$) |
| グルタミン酸 | 2.19 | 9.67 | $\gamma$-カルボキシル基 4.25<br>($-COOH \rightleftharpoons -COO^- + H^+$) |
| ヒスチジン | 1.82 | 9.17 | イミダゾール基 6.00 |
| アルギニン | 2.17 | 9.04 | グアニジノ基 12.48 |
| リシン | 2.18 | 8.95 | $\varepsilon$-アミノ基 10.53<br>($-NH_3^+ \rightleftharpoons -NH_2 + H^+$) |

a) 解離基の名称と構造も示した.

ぞれどの割合で解離しているかを知ることができる.

$$pH = pK + \log\frac{[A^-]}{[HA]} \quad (4.1)$$

ここで，p$K$ は解離の平衡定数 $K$ の逆対数値（p$K$ = $-\log K$）であり，この値はアミノ酸の滴定曲線 (titration curve) から求められる．図 4.4 に，グリシンの滴定曲線を示した．滴定曲線にはカルボキシル基とアミノ基の解離を反映して二つの変曲点がみられ，変曲点からカルボキシル基とアミノ基の p$K$ 値はそれぞれ，2.34, 9.60 と求められる．式 (4.1) と滴定曲線からもわかるように，p$K$ 値は各解離基が 50% だけ解離する溶液の pH に相当する．アミノ酸はこのように pH によって荷電が異なるので，ある pH では正と負のイオン数が等しく，電場に置かれたときに陽極，陰極のいずれにも移動しない．このような pH をアミノ酸の等電点 (isoelectric point, pI) という．グリシンやアラニンのようなモノアミノモノカルボン酸の場合，理論的には pI は，アミノ基とカルボキシル基の p$K$ 値の平均値として求められる．

一方，側鎖に解離基をもつアミノ酸の滴定曲線は，$\alpha$-カルボキシル基と $\alpha$-アミノ基の他に側鎖の解離を反映して，合計三つの変曲点をもつ．言い換えると，このようなアミノ酸は 3 種の p$K$ 値をもつ．表 4.2 に各アミノ酸の p$K$ 値をまとめた．$\alpha$-カルボキシル基と $\alpha$-アミノ基の p$K$ 値はアミノ酸によって若干異なる．アミノ酸の $\alpha$-カルボキシル基のプロトンは，$\alpha$-アミノ基のアンモニウム塩の正荷電によって追い出されやすくなり，p$K$ 値は酢酸の p$K$ 値 4.76 よりも低い．また，これと同時に，$\alpha$-カルボキシル基がプロトンを引きつけるために $\alpha$-アミノ基の塩基性は強まる．これに対して，側鎖の解離基は $\alpha$-炭素から離れているために解離基どうしの影響をそれほど受けない．例えば，グルタミン酸側鎖の $\gamma$-カルボキシル基の p$K$ 値は 4.25 であり，酢酸の p$K$ 値に近い．また，リシンの $\varepsilon$-アミノ基の p$K$ 値は 10.53 であり，普通の脂肪族アミンの p$K$ 値にほぼ等しい．

## 4.2 ペプチド

あるアミノ酸の $\alpha$-カルボキシル基と別のアミノ酸の $\alpha$-アミノ基との間で，水 1 分子を失って結合

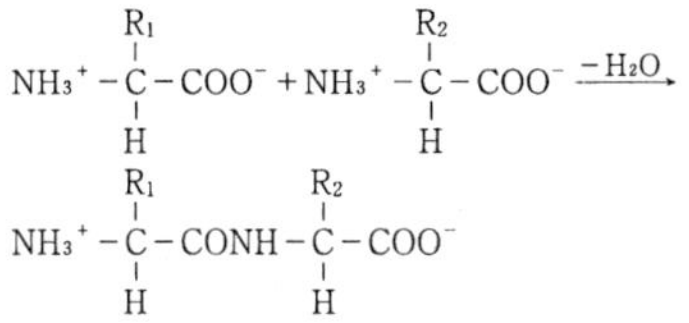

$$NH_3^+ - \underset{\underset{H}{|}}{\overset{\overset{R_1}{|}}{C}} - COO^- + NH_3^+ - \underset{\underset{H}{|}}{\overset{\overset{R_2}{|}}{C}} - COO^- \xrightarrow{-H_2O}$$

$$NH_3^+ - \underset{\underset{H}{|}}{\overset{\overset{R_1}{|}}{C}} - CONH - \underset{\underset{H}{|}}{\overset{\overset{R_2}{|}}{C}} - COO^-$$

すると酸アミド結合が形成される．この結合をペプチド結合（peptide bond），生成するアミノ酸の重合物をペプチド（peptide）という．また，ペプチドを構成しているアミノ酸をアミノ酸残基（amino acid residue）という．ペプチドは構成アミノ酸残基数（$n$）によって，ジペプチド（$n=2$），トリペプチド（$n=3$），テトラペプチド（$n=4$）とよばれる．アミノ酸残基数が 10 程度までのペプチドを総称してオリゴペプチドという．一般に，アミノ酸残基数が 50 以上のペプチドはポリペプチドという．したがって，後述するように，タンパク質はポリペプチド鎖（polypeptide chain）である．

#### a. ペプチドの表現法

ペプチドを表す場合にはアミノ酸の種類と数だけではなく，アミノ酸の結合順序（アミノ酸配列，aminoacid sequence）が重要である．例えば，チロシンとグリシンからなるジペプチドの場合，Tyr-Gly と Gly-Tyr とは全く異種のペプチドである．図 4.5 に神経ペプチドの 1 種ロイシンエンケファリンのアミノ酸配列と表記法を示した．ペプチド中のアミノ酸残基は，$\alpha$-アミノ基側の末端（アミノ末端，N 末端）を左におき，結合順序に従って $\alpha$-カルボキシル基側の末端（カルボキシル末端，C 末端）へ向けて並べる．ロイシンエンケファリンでは，N 末端アミノ酸残基（N-terminal amino acid residue, N-terminus）はチロシンであり，C 末端アミノ酸残基（C-terminal amino acid residue, C-terminus）はロイシンである．末端アミノ酸残基であることを明記するために，N 末端に H・をつけて H・Tyr，C 末端に・OH をつけて Leu・OH とすることもある．また，ペプチド中のアミノ酸の位置を示すため，N 末端アミノ酸を 1 番として，$-\overset{2}{Gly}-$ や $-\overset{4}{Phe}-$ のように各アミノ酸残基に番号をつける．

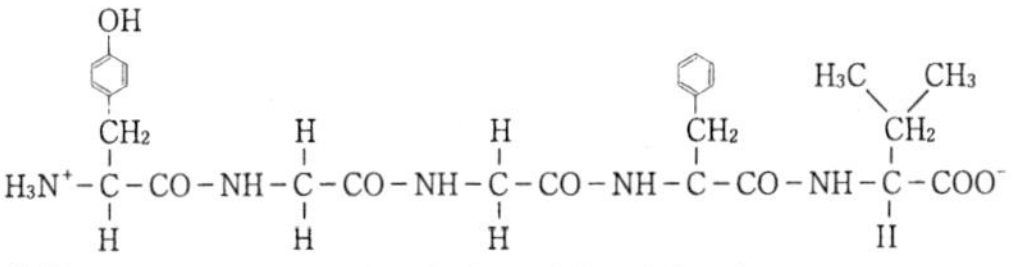

名称　tyrosyl-glycyl-glycyl-phenylalanyl-leucine
略号　Tyr-Gly-Gly-Phe-Leu
（3 文字）　H・Tyr-Gly-Gly-Phe-Leu・OH
（1 文字）　Y-G-G-F-L

**図 4.5** ロイシンエンケファリンの構造と名称および略号表記

#### b. 生理活性ペプチド

これまでに，生化学的に重要なペプチドが多数見出されている．タンパク質の場合と同様に，ペプチドが示す生理活性はきわめて多岐にわたっている．一方，ある種のペプチドは，修飾アミノ酸残基を含んでいる．例えば，脳下垂体中葉から分泌されるメラニン細胞刺激ホルモン（$\alpha$-MSH）は，13 個のアミノ酸残基からなるペプチドであるが，その N 末端 $\alpha$-アミノ基はアセチル化されており（$CH_3-\overset{\overset{O}{\|}}{C}-NH-$），C 末端 $\alpha$-カルボキシル基はアミド誘導体（$-CO\cdot NH_2$）となっている．また，視床下部から分泌される甲状腺刺激ホルモン放出ホルモン（TRH）は，<Glu-His-Pro-NH$_2$ なるトリペプチドであるが，N 末端残基はピログルタミン酸であり，C 末端は $\alpha$-MSH の場合と同様にアミド化されている．

〔注意〕ピログルタミン酸はグルタミン酸の $\alpha$-アミノ基と側鎖 $\gamma$-カルボキシル基が脱水・環化した分子内ラクタムであり，<Glu または [Glu で表示される．

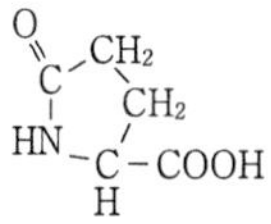

#### c. 微生物が産生するペプチド

微生物は抗生物質，酵素阻害剤などさまざまなペプチドを産生する．これらのペプチドは微生物の二次代謝産物であり，普通のタンパク質ではみられない異常なアミノ酸を含み，また結合様式も特殊な場合が多い．

### 4.3　タンパク質の構造と機能

#### a. タンパク質の分類

タンパク質は約 20 種類のアミノ酸からなるポリペプチド鎖である．生物体には大きさや生物学的機能を異にする多種類のタンパク質が存在するが，これらを厳密に分類することは困難なので，ここでは便宜的にタンパク質を組成，分子形態，溶解度および機能をもとにして次のように分類する．

**表 4.3**　組成に基づくタンパク質の分類

| 分類 | 組成 | 代表例 |
|---|---|---|
| I. 単純タンパク質 | アミノ酸 | リゾチーム，成長ホルモン |
| II. 複合タンパク質 | | |
| a) 核タンパク質 | アミノ酸と核酸 | ヌクレオプロタミン，ヌクレオヒストン |
| b) 糖タンパク質 | アミノ酸と糖質 | フェチュイン，ムチン |
| c) リポタンパク質 | アミノ酸と脂質 | 低密度リポタンパク質，高密度リポタンパク質 |
| d) 色素タンパク質 | アミノ酸と色素 | ヘモグロビン，カタラーゼ |
| e) リンタンパク質 | アミノ酸とリン酸 | カゼイン，ホスビチン |
| f) 金属タンパク質 | アミノ酸と重金属 | 炭酸デヒドラターゼ，フェリチン |

### 1) 組成に基づく分類

表4.3に組成をもとにしたタンパク質の分類を示した．アミノ酸のみから構成されているタンパク質を単純タンパク質，糖質や脂質のようなアミノ酸以外の有機物質あるいは無機物質を含むタンパク質を複合タンパク質という．複合タンパク質は結合している物質の種類によってさらにいくつかのグループに分けられる．

### 2) 分子形態に基づく分類

酵素やアルブミンのように構成ポリペプチド鎖が折りたたまれて球状，もしくは回転楕円体に近い形をしたタンパク質を総称して球状タンパク質（globular protein）という．この種のタンパク質は，一般に可溶性である．これに対して，動物の結合組織の主要タンパク質コラーゲンのように，細長い繊維状の形をしたものを繊維状タンパク質（fibrous protein）といい，通常の塩類溶液には不溶である．

### 3) 溶解度に基づく分類

タンパク質は，水，塩類溶液，希酸，希アルカリ溶液，エタノール溶液に対する溶解性をもとにして，アルブミン（血清アルブミン），グロブリン（免疫グロブリン），ヒストン（肝臓ヒストン），プロタミン（ニシンのクルペイン），プロラミン（コムギのグリアジン），グルテリン（コメのオリゼニン），硬タンパク質（爪のケラチン）などに分類される．

### 4) 機能に基づく分類

タンパク質が示す生理的機能はきわめて多様である．表4.4に示すように，タンパク質は機能的に7種類に分類される．

**表4.4 タンパク質の生理的機能に基づく分類**

| 分類 | 機能 | 実例 |
|---|---|---|
| 1. 酵素タンパク質 | 生体触媒 | ホスホリラーゼ，RNAポリメラーゼ |
| 2. 貯蔵タンパク質 | 栄養素や金属の貯蔵 | 卵白アルブミン，フェリチン |
| 3. 輸送タンパク質 | イオンや分子の輸送 | Na, K-ATPアーゼ，ヘモグロビン |
| 4. 制御タンパク質 | 細胞機能の制御 | インスリン，血小板由来の増殖因子 |
| 5. 防御タンパク質 | 生体防御 | 免疫グロブリン，血液凝固因子 |
| 6. 収縮（運動）タンパク質 | 筋肉の収縮，細胞運動 | アクチン，チュブリン |
| 7. 構造タンパク質 | 組織の機械的強度保持 | コラーゲン，エラスチン |

### b. タンパク質の構造

タンパク質の基本構造はポリペプチド鎖である．タンパク質が機能を発現するためにはアミノ酸残基の結合順序とともに，ポリペプチド鎖が複雑に折りたたまれた固有の立体構造が必要である．タンパク質の構造は一般に，一次構造（primary structure），二次構造（secondary structure），三次構造（tertiary structure）に分けて説明される．また，ある種のタンパク質は複数のポリペプチド鎖が寄り集まった会合体として存在する．このような会合体を四次構造（quaternary structure）という．二次，三次あるいは四次構造をまとめて高次構造（立体構造）ということもある．

### 1) 一次構造

アミノ酸がペプチド結合によって結ばれたポリペプチド鎖はタンパク質の背骨に相当するものであり，主鎖（main chain）とよばれる．タンパク質の一次構造はポリペプチド鎖におけるアミノ酸残基の結合順序（アミノ酸配列）を示す一次元的な化学構造であり，ジスルフィド結合（S-S結合）をもつタンパク質については，図4.6のように，その結合位置を含めて示される．

$$NH_3^+ - \underset{H}{\underset{|}{\overset{R_1}{\overset{|}{C}}}} - CONH - \underset{H}{\underset{|}{\overset{R_2}{\overset{|}{C}}}} - CONH - \cdots$$
(N末端)

$$\cdots - CONH - \underset{H}{\underset{|}{\overset{R_{n-1}}{\overset{|}{C}}}} - CONH - \underset{H}{\underset{|}{\overset{R_n}{\overset{|}{C}}}} - COO^-$$
(C末端)

一次構造にはタンパク質の構造と機能に関する重要な情報が含まれている．なぜなら，タンパク質の高次構造は一次構造により規定され，生物学的機能は高次構造に依存するからである．タンパク質の一次構造は，構成アミノ酸の種類と量および結合順序によって決まる．したがって一次構造の決定に先立って構成アミノ酸の種類と量（アミノ酸組成）を求める必要がある．

**i) アミノ酸組成** タンパク質のアミノ酸組成は，試料タンパク質を酸やアルカリで加水分解して構成アミノ酸とした後，アミノ酸分析計により求められる．最近のアミノ酸分析計のほとんどは高性能液体クロマトグラフィー（HPLC）によるものであり，アミノ酸やその誘導体，あるいは疎水的性質の違いによって迅速に分離，定量される．アミノ酸は分光計によって検出，定量されるが，そのためにHPLCの前か後のいずれかで図4.7に示すようなアミノ酸検出用試薬を用いて標識される．

**ii) 一次構造の決定法** 二種以上のポリペプチド鎖からなるタンパク質については各ポリペプチド鎖に分離してから一次構造を解析する必要がある．タンパク質の一次構造は一般に次のような手順

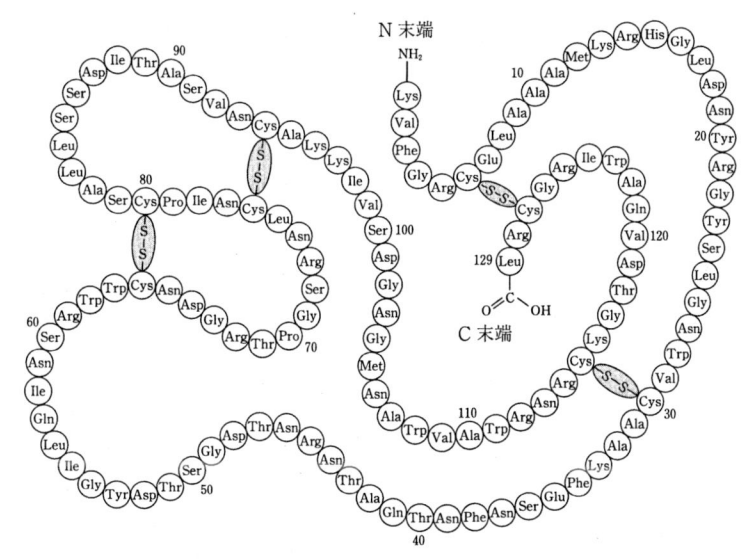

**図 4.6** ニワトリ卵白リゾチームの一次構造
-S-S- はジスルフィド結合を表す.

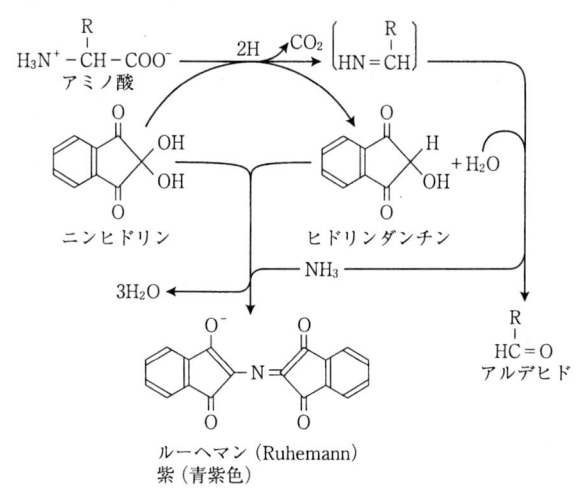

**図 4.7** アミノ酸分析用に用いられる試薬とアミノ酸の反応
(a) HPLC でアミノ酸を分離後に反応（可視域で比色定量）．プロリンだけは反応生成物が黄色
(b) アミノ酸誘導体としてから HPLC で分離・定量（紫外吸収で定量）
(c) アミノ酸誘導体としてから HPLC で分離・定量（蛍光で定量）．プロリンは反応しないので前処理が必要

によって決定される.

① 末端分析：現在，タンパク質の N 末端分析に最もよく使用されている方法は，フェニルイソチオシアネートを用いるエドマン法（Edman method）である．タンパク質やペプチドの N 末端アミノ酸残基は，図 4.8 のように 3 段階の反応を経て最終的に 3-フェニル-2-チオヒダントイン誘導体（PTH-アミノ酸）として遊離する．この方法では，上の 3 段階の反応をくり返すことによって，N 末端から逐次アミノ酸を PTH-アミノ酸として遊離することができるので，PTH-アミノ酸を同定することにより逐次アミノ酸配列を決定できる．最近では，完全

## 図4.8 Edman法

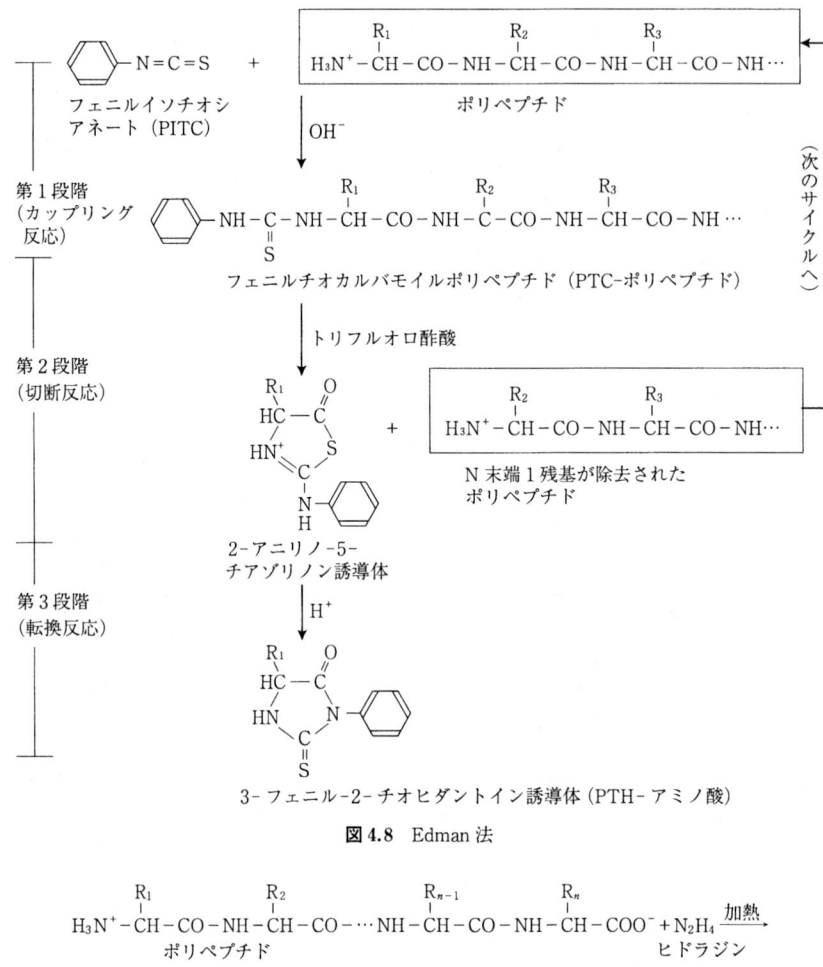

$$\text{PhN=C=S} + \text{H}_3\text{N}^+\text{-CH(R}_1\text{)-CO-NH-CH(R}_2\text{)-CO-NH-CH(R}_3\text{)-CO-NH}\cdots$$

フェニルイソチオシアネート（PITC）／ポリペプチド

**第1段階（カップリング反応）**：$OH^-$ 存在下で反応し，フェニルチオカルバモイルポリペプチド（PTC-ポリペプチド）が生成する．

**第2段階（切断反応）**：トリフルオロ酢酸により，2-アニリノ-5-チアゾリノン誘導体と，N末端1残基が除去されたポリペプチドに分かれる．

**第3段階（転換反応）**：$H^+$ により3-フェニル-2-チオヒダントイン誘導体（PTH-アミノ酸）となる．

## 図4.9 ヒドラジン分解法

$$\text{H}_3\text{N}^+\text{-CH(R}_1\text{)-CO-NH-CH(R}_2\text{)-CO-}\cdots\text{-NH-CH(R}_{n-1}\text{)-CO-NH-CH(R}_n\text{)-COO}^- + \text{N}_2\text{H}_4 \xrightarrow{\text{加熱}}$$

ポリペプチド ／ ヒドラジン

$$\text{H}_3\text{N}^+\text{-CH(R}_1\text{)-CO-NH-NH}_2 + \text{H}_3\text{N}^+\text{-CH(R}_2\text{)-CO-NH-NH}_2 \cdots + \text{H}_3\text{N}^+\text{-CH(R}_n\text{)-COO}^-$$

ヒドラジド ／ C末端アミノ酸

---

自動化された装置により，短時間でN末端から数十残基の配列が決定できるようになっている．

一方，C末端アミノ酸残基はヒドラジン分解法（赤堀法）によって決定できる．タンパク質やペプチドを無水ヒドラジンと加熱すると図4.9のように，C末端アミノ酸残基だけが遊離のアミノ酸となり，その他のアミノ酸残基はヒドラジドとなるので，遊離のアミノ酸を同定することによりC末端アミノ酸を決定することができる．

タンパク質の末端分析のためには，上に述べた化学的な方法の他に，表4.5に示した酵素も用いられる．ロイシンアミノペプチダーゼはN末端から逐次アミノ酸を遊離し，逆に，カルボキシペプチダーゼはC末端から順にアミノ酸を遊離するので，遊離するアミノ酸を定量することにより，それぞれ，N末端とC末端からアミノ酸配列を決定することができる．

② S-S結合の切断：タンパク質のアミノ酸配列を決定するにあたっては，まずS-S結合を切断して1本のポリペプチド鎖にする必要がある．図4.10に示すように，タンパク質を過ギ酸で酸化すると，S-S結合は切断されシステイン酸が生成する．この場合，トリプトファンやメチオニンも酸化される．一方，S-S結合は2-メルカプトエタノールのような還元剤によって切断される．生成する-SH基が再酸化されてS-S結合を形成するのを妨ぐために，モノヨード酢酸あるいは4-ビニルピリジンによって修飾される．

③ ポリペプチド鎖の断片化：前述のEdman法はポリペプチド鎖のアミノ酸配列を決定するための優れた方法であるが，この方法によって配列を決定できるアミノ酸は数十残基程度である．これよりも残

## 4.3 タンパク質の構造と機能

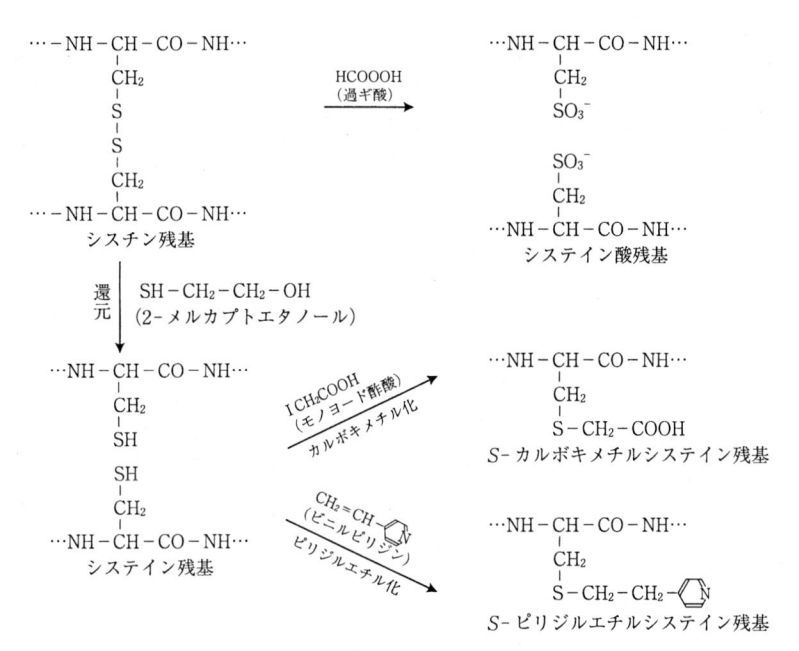

**図4.10** ジスルフィド結合の切断とシステイン残基側鎖の保護

**図4.11** 臭化シアン（BrCN）によるペプチド結合の切断

**表4.5** タンパク質の一次構造の決定のために用いられる酵素とペプチド結合の切断個所

| 酵素 | ペプチドの切断個所 |
| --- | --- |
| I. エンドペプチダーゼ[a] | |
| 　トリプシン | ⋯-Lys↓⋯, ⋯-Arg↓⋯ |
| 　キモトリプシン | ⋯-Phe↓⋯, ⋯-Tyr↓⋯, ⋯-Trp↓⋯ |
| 　リシルエンドペプチダーゼ | ⋯-Lys↓⋯ |
| 　V8プロテアーゼ | ⋯-Glu↓⋯ |
| 　エンドペプチダーゼAsn | ⋯-Asn↓⋯ |
| 　ペプシン | ⋯-Trp↓⋯, ⋯-Tyr↓⋯, ⋯-Phe↓⋯, ⋯-Ala↓⋯ |
| II. エキソペプチダーゼ[b] | |
| 　カルボキシペプチダーゼA | ↓x-coo⁻ (x: Pro, Gly, Lys, Arg以外のアミノ酸) |
| 　カルボキシペプチダーゼB | ↓Lys-coo⁻, ↓Arg-coo⁻ |
| 　カルボキシペプチダーゼY | ↓x-coo⁻ (x: すべてのアミノ酸) |
| 　ロイシンアミノペプチダーゼ | H₃N-x↓ (x: Pro以外のアミノ酸) |

a) タンパク質やペプチドの内部のペプチド結合に作用して，断片化する酵素の総称.
b) タンパク質やペプチドのN末端あるいはC末端に作用して，末端アミノ酸を逐次遊離する酵素の総称．矢印は切断点を示す.

基数の多いポリペプチド鎖については，化学的または酵素的方法によって適当な長さのペプチド断片とした後，各断片のアミノ酸配列を決定し，最終的に各断片のアミノ酸配列を重ね合わせることにより全アミノ酸配列を決定する必要がある．ポリペプチド鎖の化学的断片化のために最も広く用いられているのは臭化シアンである．臭化シアンは図4.11に示すように，メチオニン残基のC末端側のペプチド結合を特異的に切断し，ペプチジルホモセリンラクトンを生成する．一方，ポリペプチド鎖の酵素的断片化のためには，表4.5に示したエンドペプチダーゼが有効であるが，なかでもトリプシンとキモトリプシンは基質特異性（substrate specificity）が高い代表的な酵素として広く用いられている（第2部第2章参照）．

④ ペプチド断片の分離とアミノ酸配列：このようにして得られた各ペプチド断片はさらに，大きさ，荷電，疎水的性質をもとにして分離，精製した後，前述のEdman法を主体にしてアミノ酸配列が決定される．

⑤ ペプチド断片の配列順序：ポリペプチド鎖の全アミノ酸配列は，ペプチド断片の配列順序を明らかにすることによって決定される．ペプチド断片の配列順序は，図4.12に示すように，切断個所が異なる複数個のペプチド断片を重ね合わせることにより決められる．この場合，アミノ酸配列の重複部分がペプチド断片間のつなぎ目となる．

⑥ S-S結合の位置：S-S結合を有するタンパク質については，さらに，S-S結合の位置を決定する必要がある．そのためには，まずS-S結合を残したままでタンパク質を断片化してから，S-S結合を含むペプチド断片を分離精製する．次に，このペプチド断片中のS-S結合を切断して得られる二つのペプチドのアミノ酸配列から，S-S結合の形成に関与しているシステイン残基の組合せが決定される．

タンパク質の一次構造は，上で述べた方法以外にも，質量分析計を用いて決定できる．また，タンパク質のアミノ酸配列は核酸の遺伝情報をもとにして決められるので（第4部第3章参照），このことを利用して，核酸の塩基配列からタンパク質のアミノ酸配列を推定することもできる．

**iii) 一次構造と進化**　　生物はその遺伝情報によって特徴づけられている．生物が進化する過程で遺伝子が自然に突然変異（mutation）によって変化すると，それに伴ってタンパク質にアミノ酸置換（amino acid substitution）が起こる．このアミノ酸置換はタンパク質が機能を発現する上でさほど重要でない個所にかぎり許され，重要な部位のアミノ酸配列は保存されている．したがって，異種生物間でみられる同一機能を有するタンパク質の一次構造を比較することにより，生物の進化の過程を知ることができる．例えば，シトクロム$c$はすべての好気性生物がもっているタンパク質であり，電子伝達系において重要な役割を演じている（第3部第1章参照）．シトクロム$c$におけるアミノ酸残基の置換数は近縁の種間では少ないが，生物が進化して分岐するにつれて多くなる．シトクロム$c$のように，さまざまな生物が共通してもつタンパク質の一次構造をもとにして進化系統樹がつくられている．

一方，突然変異によるアミノ酸の置換がそのタンパク質の機能発現に関係する部位で起こると，タンパク質の機能は低下し，ときには生物にとって致命的となる．例えば，ヘモグロビンは赤血球中に含まれる酸素運搬タンパク質であり，2本の$\alpha$鎖と2本の$\beta$鎖から構成されている．正常人の赤血球は中央がややくぼんだ円盤状をしており，容易に毛細血管を通ることができる．これに対して，鎌状赤血球貧血患者の赤血球は鎌状を呈しており，毛細血管を効率よく通過することができず，そのために循環障害や組織に障害が起こる．また，鎌状赤血球は溶血しやすく寿命も短い．正常人のヘモグロビンでは，146残基からなる$\beta$鎖の6番目のアミノ酸はグルタミン酸であるが，鎌状赤血球貧血患者のヘモグロビンではこの残基がバリンに置換している．このような鎌状赤血球貧血患者において見出される異常ヘモ

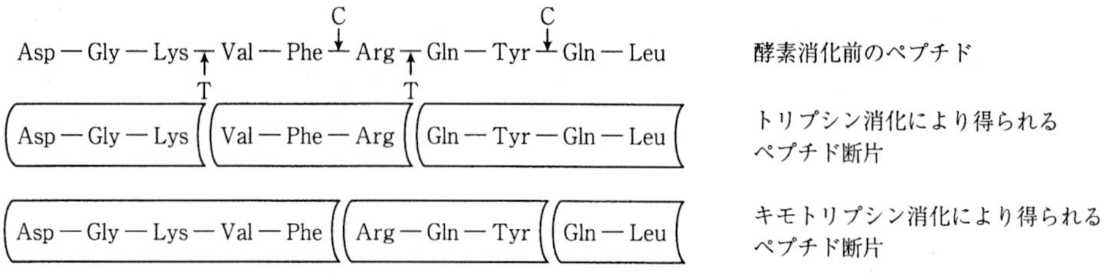

```
                    C         C
Asp—Gly—Lys—Val—Phe—Arg—Gln—Tyr—Gln—Leu      酵素消化前のペプチド
              T         T
(Asp—Gly—Lys)(Val—Phe—Arg)(Gln—Tyr—Gln—Leu)  トリプシン消化により得られる
                                                ペプチド断片

(Asp—Gly—Lys—Val—Phe)(Arg—Gln—Tyr)(Gln—Leu)  キモトリプシン消化により得られる
                                                ペプチド断片
```

**図4.12　ペプチド断片の配列順序の決定法**
矢印はそれぞれキモトリプシン（C）とトリプシン（T）の作用点

4.3 タンパク質の構造と機能

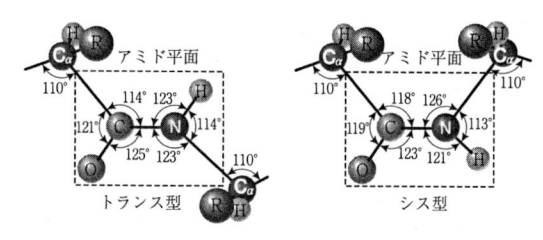

**図4.13** ペプチド結合のトランス型とシス型構造

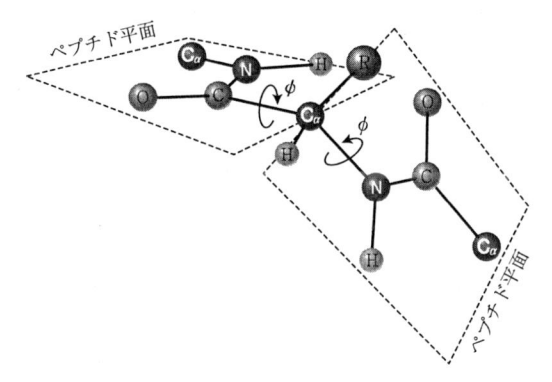

**図4.14** ペプチド結合におけるねじれ角 $\phi$ と $\psi$

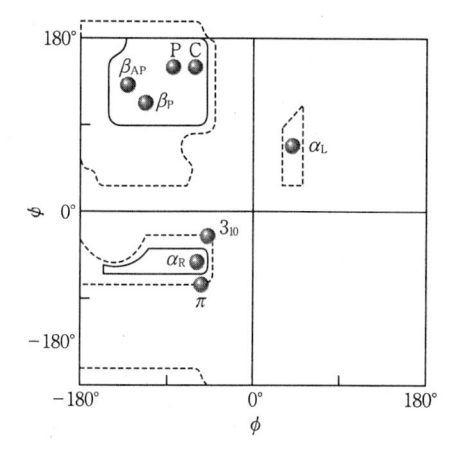

**図4.15** ポリペプチドの $\phi$ と $\psi$ の関係を示す Ramachandran プロット
実線：完全に許される領域．破線：少しの衝突はあるが許容される領域．$\alpha_R$：右巻き $\alpha$ ヘリックス，$\alpha_L$：左巻き $\alpha$ ヘリックス，$3_{10}$：$3.0_{10}$ ヘリックス，$\pi$：$\pi$ ヘリックス，$\beta_P$：平行 $\beta$ 構造，$\beta_{AP}$：逆平行 $\beta$ 構造，C：コラーゲンヘリックス，P：ポリ-L-プロリンII型ヘリックス．

グロビンは，わずか1個のアミノ酸残基が置換されただけでタンパク質の機能だけでなく，細胞の形状までも変化するということを示している．

**2）二次構造**

二次構造はポリペプチド主鎖の幾何学的配置，すなわち部分的立体構造（コンホメーション）である．

**i）ペプチド結合の基本構造** ペプチド結合

$$-\underset{H}{\overset{O}{\underset{\|}{C-N}}}-\ \leftrightarrow\ -\underset{H}{\overset{O^-}{\underset{\|}{C=N^+}}}-$$

は図のように共鳴構造をとるので，部分的に二重結合性を帯びる．このため，ペプチド結合におけるC-Nの距離1.32Åは単結合C-N（1.49Å）と二重結合C=N（1.27Å）のほぼ中間に相当する距離である．このようなペプチド結合の部分的な二重結合性のため，C-N結合を軸とする回転は妨げられ，ペプチド結合に関与する6個の原子は同一平面内にある．この場合，$C_\alpha$-C結合と$C_\alpha$-N結合は自由に回転できるので，6個の原子が同一平面にある型としては，図4.13に示すように，トランス型（trans）とシス型（cis）の2種類に限られる．シス型では隣接するアミノ酸残基の$C_\alpha$どうしの立体障害のため，トランス型に比べて3kcal/molほど不安定である．したがって，ごく一部の例外を除いて，ほとんどのペプチドはトランス型をとる．

〔注意〕プロリン残基はアミド基のN原子が五員環の一部となっているために，このプロリン残基が関係するペプチド結合はシス型をとることができる．

上で述べたような平面構造のペプチド結合がつながったポリペプチド鎖では，各ペプチド結合の回転が制限されるために，自由に回転できる結合はN-$C_\alpha$のまわりの回転（$\phi$）と$C_\alpha$-Cのまわりの回転（$\psi$）である．したがって，ポリペプチド主鎖のコンホメーションはねじれ角（$\phi$と$\psi$）によって表すことができる．図4.14に，二つのペプチド結合のコンホメーションを示した．この場合，二つのペプチド結合は同一面にあり，$\phi=\psi=180°$である．$\phi$と$\psi$を変化させると，回転角によっては側鎖の原子どうしが衝突するために，$\phi$と$\psi$のある限られた組合せだけが実現可能となる．ポリペプチド鎖がとりうるコンホメーションと（$\phi,\psi$）の組合せの関係は，図4.15のようなラマチャンドランプロット（Ramachandran plot）で示される．実線で示した部分がポリペプチド鎖で普通みられるコンホメーションに対して許される（$\phi,\psi$）の組合せであり，点線で囲んだ部分は原子半径を最小限に見積もったときの許容範囲を示している．これら以外の無地の部分は，立体障害のためにどうしても無理な（$\phi,\psi$）の組合せである．

タンパク質の中でポリペプチド鎖は決まった$\phi$と$\psi$の組合せをもとにして規則正しく折りたたまれている．図4.16に示すようにポリペプチド鎖は折れまがり方によって$\alpha$ヘリックス（$\alpha$ helix），$\beta$構造（$\beta$ structure），$\beta$ターン（$\beta$ turn）などの異なったコンホメーションをとる．$\alpha$ヘリックスと$\beta$構造はタンパク質における安定な規則構造であり，ポリ

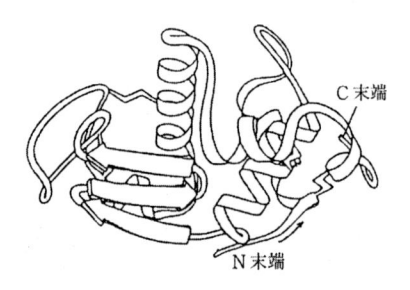

**図 4.16** ニワトリ卵白リゾチームの二次構造 (J. S. Richardson : *Adv. Protein Chem.*, **34** : 167-339, 1981)

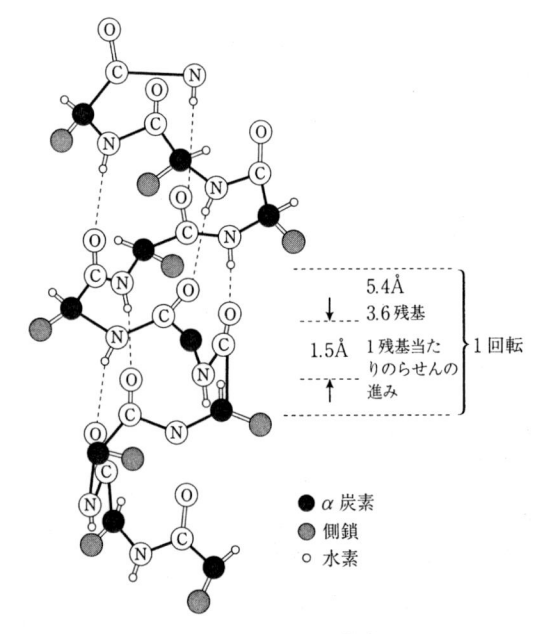

**図 4.17** αヘリックスの構造
点線は水素結合を示す.

● α炭素
● 側鎖
○ 水素

炭素原子が接近しすぎるからである. 事実, これまでにタンパク質で見出されているαヘリックスは右巻きαヘリックスである.

図4.17に右巻きαヘリックスの構造を示した. αヘリックスでは$n$番目のペプチド結合の$-C=O$と, $(n+4)$番目のペプチド結合の$>NH$とが水素結合 (hydrogen bond) を形成している. 水素結合によって形成される一つの環は13個の原子から構成されており, らせんは3.6個のアミノ酸残基で1回転する. 1残基当たりのらせんの進みは1.5Å, らせんのピッチ (1回転ごとにらせんがヘリックス軸の方向へ進む距離) は5.4Åである.

αヘリックスは, 安定でまっすぐな水素結合をつくるのに最も都合がよいコンホメーションをとっている. またヘリックス軸に平行な$-C=O$が$>NH$とまっすぐな水素結合 ($-C=O\cdots HN<$) を形成し, これによりらせん構造を安定にしている.

αヘリックスでは, ポリペプチド鎖のねじれ角は$\phi=-57°$, $\psi=-47°$であり, 原子どうしが衝突することなく収まりうる範囲にあるが, ねじれ角を少し変えると原子どうしが接触するようになる. すなわち, αヘリックスでは, すべての原子が密につまっており, このために生じる原子間のファンデルワールス力 (van der Waals force) によって, 水素結合で形成されるらせん構造はさらに安定化される.

前述のRamachandranプロット (図4.15) では, 側鎖はさほど考慮に入れていないが, 実際にはすべてのアミノ酸がαヘリックスを形成するとは限らない. 例えば, プロリンが関与するペプチドは$-C=O$と水素結合するための$>NH$をもたないので, 配列上にプロリン残基があるとαヘリックスは中断される. また, グリシンもαヘリックスを壊す傾向がある.

一般にポリペプチド鎖のヘリックスは1回転当たりのアミノ酸残基数 ($S$) と水素結合で形成される一つの環を構成する原子の数 ($N$) を用いて, $S_N$で表示される.

〔注意〕水素結合をつくる一つの環を構成する主鎖の原子数 ($N$) は, $N=3n+4$である. 例えばαヘリックスでは$n=3$, $N=13$, $3.0_{10}$ヘリックスでは, $n=2$, $N=10$である.

$$-N-(COC\cdot H\cdot NH)n-C-$$

αヘリックスは$S=3.6$, $N=13$であるので$3.6_{13}$ヘリックスともよばれる. タンパク質によっては, $3.0_{10}$ヘリックスとよばれるピッチ6.0Åの長いヘリックスをもつものもあるが, このヘリックスはαヘリックスより不安定である. また, $S=4.4$, $N$

ペプチド主鎖は規則的なくり返しのあるコンホメーションをとっている. これ以外の構造は一括して不規則構造 (unordered structure) とよばれることもあるが, この中には, $\beta$ターンのように局部的な規則構造も含まれている.

**ii) αヘリックス** αヘリックスはポリペプチド鎖がらせん状にきつく巻きついた構造であり, αらせん構造ともいわれる. この構造は1951年にポーリング (L. Pauling) とコーリー (R. B. Corey) によってポリペプチド鎖がとりうるコンホメーションのうちで, エネルギー的に最も安定なものとして提案された. αヘリックスにはポリペプチド鎖に沿って時計方向に回転する右巻きαヘリックスと反時計回りに回転する左巻きαヘリックスがあるが, L-アミノ酸からなるポリペプチドでは右巻きαヘリックスの方が安定である. これは, 左巻きαヘリックスでは, ペプチド結合の$C=O$と側鎖の$\beta$位の

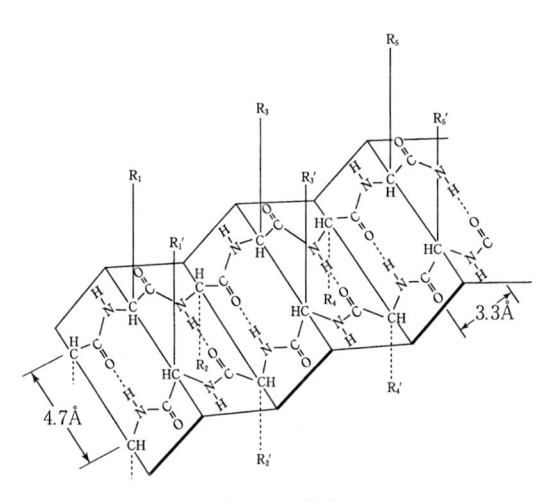

**図 4.18** β構造

$= 16$ の π ヘリックス（$4.4_{16}$ ヘリックス）もあるが，α ヘリックスに比べると不安定である．さらに，繊維状タンパク質ではポリプロリン型ヘリックスとよばれる構造もある．

**iii) β構造** β構造はα ヘリックスとともに，Pauling と Corey によって提案された規則構造である．α ヘリックスと異なり，向かい合ったポリペプチド主鎖の間で水素結合している．この水素結合は，球状タンパク質では同じポリペプチド鎖内で形成されているが，絹フィブロインのように繊維状タンパク質では異なるペプチドの間で形成される場合もある．

β構造におけるポリペプチド鎖は完全に伸びた状態ではなく，図4.18に示すようにひだ（シート）状の構造をとっている．このようなひだ構造をもつポリペプチド鎖が水素結合して形成されるβ構造のシートは，ひだ状βシート構造とよばれる．β構造ではペプチド結合の $-C=O$ と $>N-H$ がポリペプチド鎖の進行方向に対して直角につき出し，それぞれ隣りのポリペプチド鎖の $>N-H$ と $-C=O$ の間で水素結合をつくりやすくしている．また，各アミノ酸残基の側鎖は交互に上下に出ており，同じ向きに出る周期は 7.0 Å である．

β構造には2種類ある．図4.19に示すように，水素結合を形成するポリペプチド鎖の進行方向が同じ場合を平行β構造（parallel β-structure），逆向きの場合を逆平行β構造（antiparallel β-structure）という．

α ヘリックスの場合と同様に，β構造も側鎖の影響を受ける．球状タンパク質では，側鎖のβ位の炭素で分岐しているアミノ酸（バリンやイソロイシン）やフェニルアラニンはβ構造をとりやすいが，側鎖に荷電をもつアミノ酸（グルタミン酸，アスパラギン酸，リシン）あるいはアスパラギン，グルタミン，プロリンはβ構造をとりにくいことが示唆されている．

**iv) 不規則構造** 上で述べたように，α ヘリックスやβ構造は規則的なくり返し構造をもっている．タンパク質の立体構造は，すべてこのような規則構造によって形成されているわけではなく，これらの他にも，くり返し構造ではないが重要な部分がいくつかある．球状タンパク質においてはポリペプチド鎖が折りたたまれるときに方向が逆転する．ポリペプチド鎖がこのように折り返す特異構造は，βターン，βベンドあるいは折り返し構造といわれ，タンパク質分子の表面にあることが多い．βターンでは，$n$番目のペプチド結合の $-C=O$ が $n+3$ 番目のペプチド結合の間で水素結合をつくっている．βターンには三つの型がある．図4.20にそのうち二つの型を示した．I型の2番目のペプチドを裏返すとII型になる．II型ではまん中のアミド平面の $-C=O$ は両隣りの残基の側鎖と同じ側に向き，立体的に障害となるので，3番目の残基は側鎖が小さ

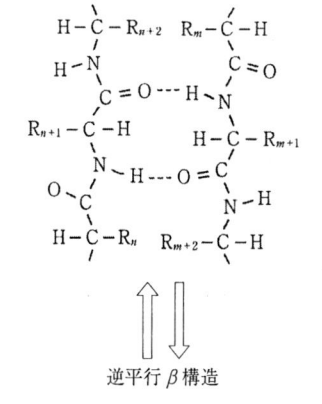

**図 4.19** 平行β構造と逆平行β構造

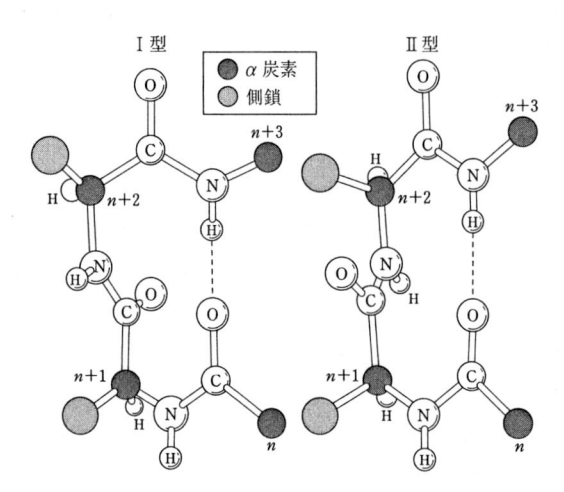

図4.20 ポリペプチド鎖のβターン

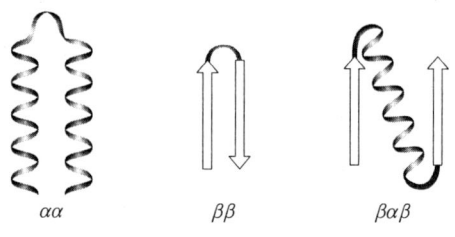

図4.21 基本的な超二次構造

いグリシンに限られる．また，I型，II型いずれの場合にも，2番目の残基がプロリンであることが多い．なお，III型のβターンは$3.0_{10}$ヘリックスの1回転に相当する．

球状タンパク質ではしばしば規則構造ではないが，6〜16残基からなるループ状の部分がある．また，多くのタンパク質のN末端やC末端領域でみられるように，全く規則性のない部分もある．

タンパク質の二次構造に関する情報は分光学的方法によって得ることができる．ポリペプチドが規則構造をとると，特有な円二色性スペクトルを与えるので，このことを利用してαヘリックスやβ構造の含量を求めることができる．旋光分散や赤外吸収スペクトルも二次構造の研究に用いられるが，いずれの分光学的方法でもポリペプチド鎖のどの領域がαヘリックスであるか，β構造であるかを特定することはできない．一方，X線結晶解析によって多くのタンパク質の立体構造が明らかにされるようになり，その情報をもとにアミノ酸配列からαヘリックス，β構造，βターンの出現確立を求め，二次構造を予測することも可能になってきた．

**v) 超二次構造** 球状タンパク質ではいくつかの規則構造の集まりがよくみられ，超二次構造とよばれる．図4.21に超二次構造の基本型を示した．αα構造はαヘアピン構造ともよばれ，2本のαヘリックスがお互いに逆向きの方向につながっている．ββ構造はβヘアピン構造あるいは折り返しβ構造とよばれ，逆平行β構造の基本構造である．また，βαβ構造では，同じ向きのβ構造がαヘリックスでつながれている．

βαβを基本にして，βαβαβのようにいくつかつながった超二次構造は，ロスマンフォールド（Rossmann fold）とよばれる．また，β構造がいくつか並んで円筒のようになった超二次構造は，βバレル（β-barrel）といわれる．

**3) 三次構造**

タンパク質においては，αヘリックスやβ構造のような規則構造が不規則構造部分を介してさらに複雑に折りたたまれた空間構造をとっている．このような三次元的な構造をタンパク質の三次構造という．ポリペプチド鎖が規則正しく折りたたまれて三次構造を形成するためには，主鎖の折れまがりの他に側鎖の空間的配置が重要となる．すなわち，タンパク質の三次構造は，ポリペプチド鎖を構成する各アミノ酸残基の側鎖の存在状態を含めた立体構造といえる．

**i) 三次構造の安定化因子とアミノ酸残基の存在状態** 各タンパク質が生理的機能を発揮するためには，アミノ酸配列をもとにして形成される固有の立体構造が必要である．図4.22に，溶菌酵素であるニワトリ卵白リゾチームの基質複合体の三次構造を示した．このようなタンパク質の三次構造を支えている主な力は，図4.23に示すような水素結合，疎水性相互作用（hydrophobic interaction），静電的相互作用（electrostatic interaction），ジスルフィド結合である．

水素結合は，αヘリックスやβ構造でみられるようなポリペプチド主鎖の$-C=O$とHN<の間の他に，側鎖と側鎖の間あるいは側鎖と主鎖の間でも形成される．球状タンパク質においては極性で無荷電の側鎖をもつアミノ酸（セリン，トレオニン，グルタミン）は分子表面にも分子内部にも存在するが，分子内部にあるこれらの残基は，ほとんどすべて他の残基と水素結合している．

疎水性相互作用は，水分子に対する親和性が弱い非極性の基が水中でお互いに集まろうとする力であり，疎水的相互作用ともよばれる．球状タンパク質の分子内部には非極性の側鎖をもつアミノ酸（バリン，ロイシン，イソロイシン，フェニルアラニン，トリプトファン，チロシン）が存在しており，これらの残基の側鎖は水との接触を避けてお互いに集

4.3 タンパク質の構造と機能

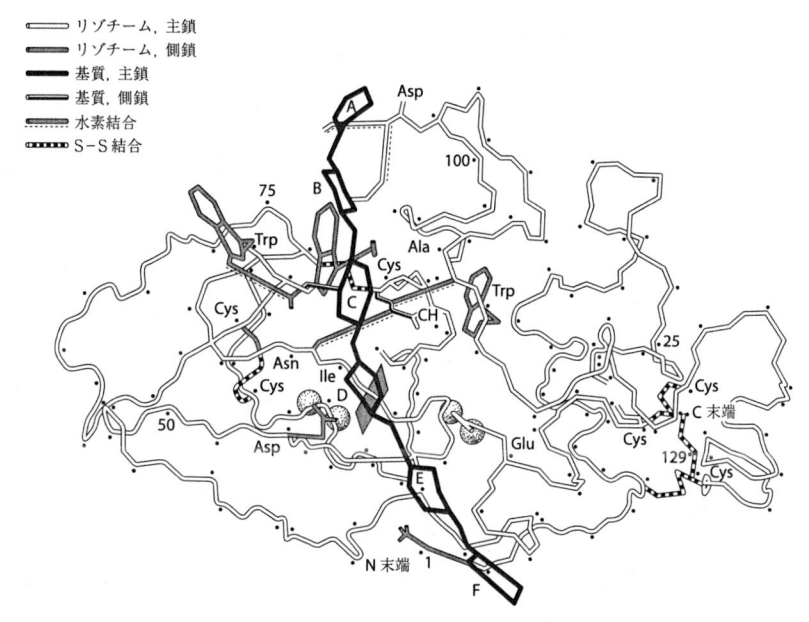

**図 4.22** ニワトリ卵白リゾチームの基質複合体の三次構造

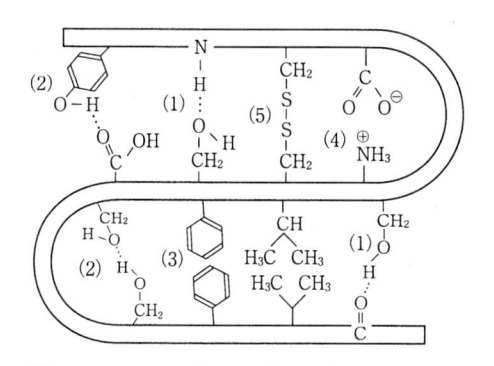

**図 4.23** タンパク質の三次構造保持に関与する結合
(1) 主鎖-側鎖間の水素結合
(2) 側鎖間の水素結合
(3) 疎水的相互作用（疎水結合）
(4) 静電的相互作用（イオン結合）
(5) ジスルフィド結合（S-S 結合）

まって疎水的相互作用をし，タンパク質の立体構造の保持に寄与している．

静電的相互作用は正と負の電荷の間に働く相互作用であり，電荷が同符号ならば反発力，異符号ならば引力となる．タンパク質は N 末端 $\alpha$-アミノ酸や C 末端 $\alpha$-カルボキシル基の他に多くの解離性の側鎖をもっている．したがって，正に荷電した解離基と負に荷電した解離基はイオン対を形成し，タンパク質の三次構造の安定化に寄与している．球状タンパク質では，側鎖が極性で荷電を有するアミノ酸（アスパラギン酸，グルタミン酸，ヒスチジン，リシン，アルギニン）は分子表面に存在していることが多い．タンパク質の分子表面は水と接しうる状態にあり，

このような環境では誘電率が大きいために解離基間の相互作用は弱くなる．これに対して，分子内部の誘電率が小さな環境では解離基間の相互作用は強くなる．

〔注意〕二つの荷電 $q_1$ と $q_2$ の距離が $r$ であるときの静電的相互作用のエネルギーは，$q_1q_2/Dr$ で表される．誘電率 $D$ は真空中で 1, 水の中では 80 である．

一次構造でも述べたように，S-S 結合は 2 個のシステイン残基の側鎖 -SH 基が酸化されて形成される共有結合であり，タンパク質の三次構造の保持に関与している．通常，細胞内は還元状態であるため，-SH 基は安定であるが，細胞外では空気によって酸化されて S-S 結合を形成しやすい．したがって，細胞外タンパク質は細胞内タンパク質に比べて S-S 結合をもつものが多い．

以上，タンパク質の三次構造を支えている主な因子について述べた．球状タンパク質の分子内部は原子が密につまった状態にあり，このような部分で生じる原子間のファンデルワールス力も三次構造の安定化に寄与している．

**ii) ドメイン** 分子量が比較的大きなタンパク質では，立体構造がいくつかの構造単位に分かれていることがある．このような構造単位をドメイン (domain) という．ドメインは機能的にもまとまった構造単位であることが多く，例えば，脱水素酵素類は触媒作用を営むドメインと補酵素を結合するドメインをもっている．二つ以上のドメインをもつタンパク質では，ドメインの接触面で機能が営まれて

**図 4.24** タンパク質の四次構造モデル

いることが多い．また，タンパク質分解酵素を用いて各ドメインに分けても本来の機能を保持していることもある．

### 4) 四次構造

ある種のタンパク質は，図 4.24 に示すように複数のポリペプチド鎖が会合した特定の空間構造をとっている．このような構造を四次構造という．また，複数のポリペプチド鎖からなる会合体をオリゴマータンパク質，各構成ポリペプチド鎖をサブユニット（subunit）という．会合体は同一のサブユニットからなる場合と，異種のサブユニットからなる場合があるが，前者の場合，各構成サブユニットを特にプロトマー（protomer）という．四次構造では，各サブユニットは三次構造で述べたのと同様に水素結合，疎水結合，静電的相互作用などによって結ばれている．このような諸因子が関与しているサブユニット間の接触面はお互いに相補的であるために，各サブユニットは一定の方向性をもって会合し，四次構造を形成している．

四次構造をとるタンパク質は，サブユニット単独では機能をもたないが，オリゴマーを形成すると機能を発揮するものが多い．例えば，ヘモグロビンは α サブユニット 2 個と β サブユニット 2 個が会合してはじめて酸素運搬体としての機能を営む．また，アロステリック酵素（allosteric enzyme）（第 2 部第 2 章参照）のように，触媒サブユニットと調節サブユニットが会合体を形成して代謝調節に関与しているものや，脂肪酸合成酵素のようにお互いに機能を異にするサブユニットが複合体を形成することによって一連の代謝反応を円滑に進めている場合もある．

以上，球状タンパク質を主体にしてタンパク質の構造について述べた．タンパク質の高次構造はこれまでは主に X 線結晶解析によって決定されてきたが，最近では高分解能 NMR による高次構造の解析も活発に行われるようになっている．

### 5) 繊維状タンパク質の構造

これまでに述べた球状タンパク質とは異なり，繊

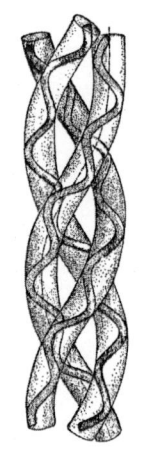

**図 4.25** コラーゲンの 3 本らせん構造（志村憲助ほか：改訂新版生物化学, p.50, 朝倉書店, 1976）

維状タンパク質は長く伸びた分子構造をとっている．

絹フィブロインは絹糸を構成する主要な繊維状タンパク質であり，ポリペプチド鎖どうしが逆平行 β 構造で並び，層状のシートを形成している．このタンパク質には（-Gly-Ser-Gly-Ala-Gly-Ala-)$_n$ のくり返し構造をもつ領域があり，この配列によって形成される β 構造では，一方の β シートから出ているグリシンの側鎖ともう一方のシートから出ているアラニンやセリンの側鎖が向かい合って規則正しく収まっている．このような β 構造からなる繊維では，ポリペプチド鎖がほとんど伸びている．絹フィブロインは上の 6 残基の他に，少量のチロシン，アルギニン，バリン，アスパラギン酸を含んでいる．これらのアミノ酸があると，側鎖のかさばりのために，きちんとした構造をとることができず，その結果，構造的に不規則な部分が生じ，絹糸がいくらか伸びるようになる．

コラーゲンは結合組織の主要な繊維状タンパク質である．このタンパク質を構成するアミノ酸のうち，1/3 はグリシン，1/4 はプロリンである．コラーゲン中のリシンやプロリンの多くは，ポリペプチド鎖が合成された後に，アスコルビン酸（ビタミン C）の助けを借りて酵素的に修飾され，5-ヒドロキシリシン（Hyl）や 4-ヒドロキシプロリン（Hyp）になっている（図 4.1）．ヒドロキシリシン残基の水酸基には，グルコースとガラクトースからなる糖鎖が結合している．コラーゲンは図 4.25 に示すように3 本のポリペプチド鎖から構成されているが，各ポリペプチド鎖が（Gly-X-Pro-)$_n$，(-Gly-X-Hyp-)$_n$

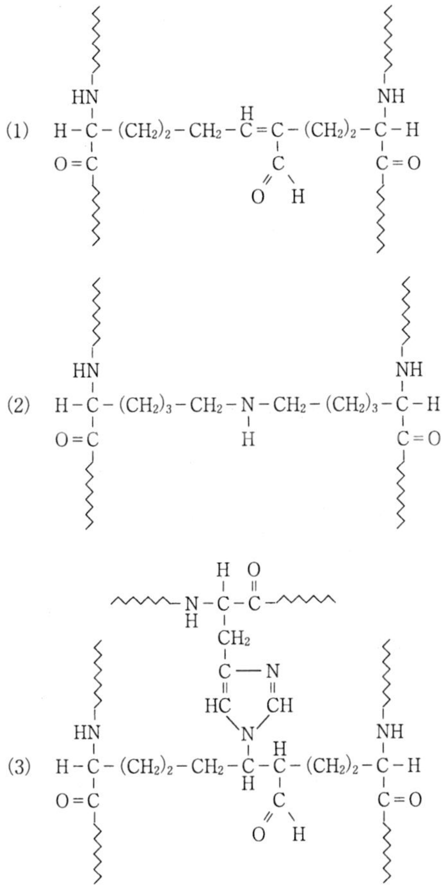

**図4.26** コラーゲンの架橋構造
3種の架橋はいずれもリシン残基の側鎖ε-アミノ基が酵素的酸化によりアルデヒド誘導体アリシンに変換されることが原因となって形成される.
(1) アリシン2残基の間のアルドール縮合により形成された架橋
(2) アリシン残基とリシン残基との縮合反応により形成された架橋
(3) (1)の架橋と他のポリペプチド鎖のヒスチジン残基との間で形成された架橋

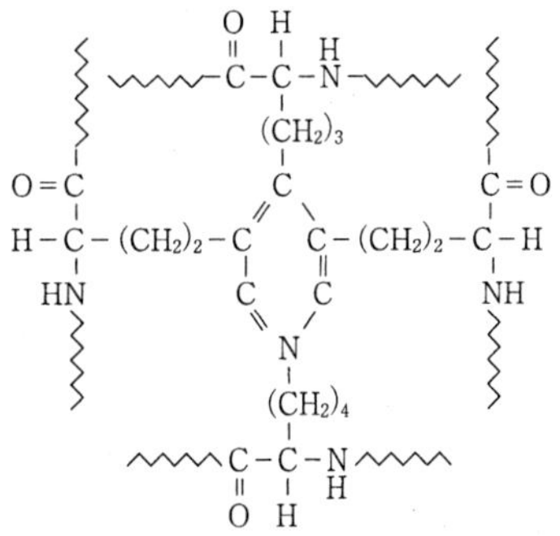

**図4.27** エラスチンのポリペプチド鎖間の架橋を形成するデスモシンの構造

あるいは(-Gly-Pro-Hyp-)$_n$の配列を多くもつために，ポリプロリン型ヘリックスに似たらせん構造をとる．このように，コラーゲンは密に詰まった三重らせんとそれを構成する鎖間の水素結合によって支えられているために，丈夫で強い性質を有している．コラーゲン分子はさらに束状に集合してコラーゲン繊維を形づくっている．コラーゲン繊維では図4.26に示すような架橋が形成され，これによって繊維はより強固になっている．

ケラチンは毛髪，骨，爪を構成する主要なタンパク質である．ケラチンには，αヘリックスからなるαケラチンと，β構造からなるβケラチンがある．αケラチンの基本構造はプロトフィブリルとよばれ，2本の右巻きαヘリックスがよじれて左巻きに巻き合っている．また，ポリペプチド鎖は鎖間のS-S結合によって強く結ばれている．毛髪のα-ケラチンは2本のプロトフィブリルを中心にして，9本のプロトフィブリルが取り巻いてミクロフィブリルを形成し，さらに何百本ものミクロフィブリルが集まってマクロフィブリルといわれる繊維状の構造を形成している．

エラスチンは動脈や腱のような伸展性の組織に存在するタンパク質であり，(-Gly-X-Gly-X-Gly-)$_n$という配列を多くもっている．このタンパク質はコラーゲンと同様にヒドロキシプロリンを多く含み，ポリペプチドどうしが図4.27に示すようなデスモシンとよばれるアミノ酸誘導体によって架橋されている．

〔注意〕ある種のタンパク質は，mRNAが翻訳されて生成したポリペプチド鎖が修飾され，機能をもったタンパク質となる．このような修飾を翻訳後修飾(posttranslational modification)という．

### c. タンパク質の性質
#### 1) 高分子化合物としてのタンパク質の性質

タンパク質は生体高分子化合物であり，溶液中で親水性コロイドとしての性質を示す．したがって，タンパク質溶液に光をあてるとチンダル現象がみられ，この原理は光散乱によるタンパク質の分子量の測定に応用されている．

一方，タンパク質溶液を毎分数万回転という高速回転でつくり出される大きな遠心力の場におくと，タンパク質分子は沈降する．タンパク質の沈降速度は，沈降定数(sedimentation constant)を指標にして表される．沈降定数の大きさは，単位の遠心力場における移動速度で時間の次元をもち，$10^{-13}$秒を1スベドベリ単位としてSで表される．Sの値は分子の大きさだけでなく分子の形によっても影響さ

れるが，分子量の大きなものほど大きい．このような性質に基づいた超遠心分離法は，タンパク質の分離や分子量の測定に用いられている．

タンパク質は巨大分子であるために，セロファンのような半透膜を通過することができない．このことを利用して，タンパク質溶液中に共存する無機塩類や低分子化合物を除去したり，試料溶液の溶媒を置換することができる．このような操作は透析 (dialysis) とよばれる．

半透膜の代わりに網目構造をもつ高分子化合物のゲルを用いてもタンパク質と低分子化合物を分離することができる．このような網目構造をもつ高分子化合物のゲルを用いて，分子量の異なる物質を分離する方法はゲル濾過 (gel filtration) とよばれ，タンパク質の分離，精製，分子量の測定など広範囲に用いられる．

一方，タンパク質溶液に陰イオン界面活性剤であるドデシル硫酸ナトリウム ($CH_3(CH_2)_{11}SO_3^-Na^+$, SDS) を添加すると，タンパク質の立体構造は破壊され，同時に多量のSDSがタンパク質に結合し，その結果，負に荷電した複合体が形成される．したがって，SDS存在下でポリアクリルアミドゲルを支持体として電気泳動を行うと，タンパク質の移動する速さはポリペプチド鎖の長さだけに依存するので，架橋したゲルに対して抵抗性が少ない短いポリペプチド鎖ほど正電極に向かって速く移動する．この方法はSDS-ポリアクリルアミド電気泳動 (SDS-polyacrylamide gel electrophoresis, SDS-PAGE) とよばれ，タンパク質の純度の検定や分子量の算出のために広く用いられている．

上で述べたいくつかの方法で求められる分子量はあくまでも概算値である．最近，質量分析計の発達により，かなり大きなタンパク質についても分子質量が正確に求められるようになってきた．

### 2) タンパク質の電気的性質

タンパク質は $pK$ 値が異なる解離基をもつ多価の両性電解質である．タンパク質の荷電の状態は解離基の解離状態によって決まり，あるpHでは正と負の荷電が等しく，タンパク質分子の正味の荷電は0となる．このようなpHをタンパク質の等電点 (isoelectric point, pI) という．タンパク質分子はpIより酸性側では正に荷電し，pIよりアルカリ側では負に荷電している．pIの値はタンパク質によって異なるので，同じpHにおいてもタンパク質の種類によって正味の荷電は異なる．このような荷電の違いを利用して，イオン交換クロマトグラフィーや電気泳動によりタンパク質を分離することができる．

### 3) タンパク質の溶解度

タンパク質溶液に硫酸アンモニウムのような中性塩類を多量に加えると，タンパク質分子に水和している水分子が塩によって奪われるために，タンパク質は沈殿する．この現象を塩析 (salting out) という．塩析はタンパク質を変性させることなく沈殿させることができる．また，沈殿に必要な塩濃度はタンパク質によって異なるので，このことを利用してタンパク質を分別することができる．

前述のように，タンパク質分子の正味の荷電はpIで0になる．したがって，希薄塩溶液中ではタンパク質の溶解度はpIで最小になる．このような条件下でタンパク質が沈殿する現象を等電点沈殿という．

一方，タンパク質は，アルコールやアセトンのような水と任意の割合で混じり合う有機溶媒によって沈殿する．これらの有機溶媒は，誘電率が低いために，タンパク質のイオンに対する水和性を低下させる．有機溶媒によりタンパク質は変性することが多いが，0℃以下の低温では変性を防ぐことができる．

### 4) タンパク質の変性

タンパク質が生理的機能を発揮するためには固有の高次構造が必要である．このような状態のタンパク質を生のタンパク質という．タンパク質の高次構造は環境に対して敏感であり，種々の原因によって破壊される．タンパク質の高次構造が破壊される現象を変性 (denaturation)，また，変性を起こしたタンパク質を変性タンパク質という．

変性を起こす原因としては，加熱，凍結，加圧，攪拌（泡立ち）などの物理的なものと，強酸，強アルカリ，有機溶媒，重金属，尿素，塩酸グアニジン，界面活性剤などの化学的なものがある．

変性によってタンパク質の生理活性は消失する．また，溶解度は減少し，粘度が増加するが，その他に，旋光性や紫外吸収スペクトル，蛍光スペクトルなどの分光学的性質も変化する．さらに，生のタンパク質に比べて変性タンパク質の方がタンパク質分解酵素による消化を受けやすい．

変性に伴って，タンパク質の高次構造の保持に関与している水素結合，疎水性相互作用，静電的相互作用は破壊され，生の状態で規則正しく折りたたまれていたポリペプチド鎖はほどけてランダムコイルとなる．また，四次構造をとるタンパク質においては，変性によって各サブユニットに解離することが多い．

変性はある程度までは可逆的であり，生のタンパ

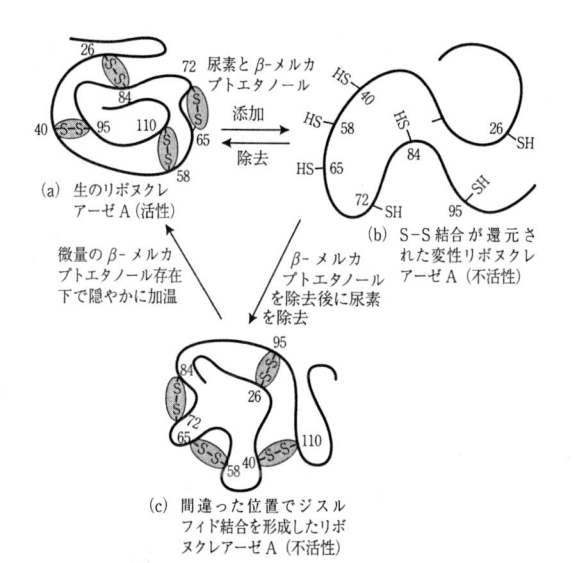

**図 4.28** リボヌクレアーゼ A 分子のジスルフィド結合の開裂と再生
リボヌクレアーゼ A の一次構造上におけるシステイン残基の位置をそれぞれ番号で示した.

ク質と変性タンパク質は平衡状態にあるが,変性の程度が大きくなると不可逆となり,生の状態に復元することができなくなる.しかし,条件によっては変性タンパク質から生のタンパク質を復元することができる.例えばリボヌクレアーゼ A と尿素存在下で 2-メルプトエタノールで処理すると,図 4.28 に示すように S-S 結合はすべて還元され,高次構造が破壊された変性タンパク質となるが,適当な条件下で酸化すると,S-S 結合が再生されて生のリボヌクレアーゼ A の高次構造が復元され,酵素活性も回復する.このような変性タンパク質から生のタンパク質への復元は,タンパク質の高次構造が,遺伝情報をもとに決められたアミノ配列によって規定されるということを意味するばかりでなく,細胞内で合成されたポリペプチド鎖がどのようにして折りたたまれて高次構造を形成するのかという謎を解くための手がかりを与えるものとして注目されている.

長いポリペプチド鎖が折りたたまれる過程は複雑で,どのタンパク質にもあてはまる共通した理論は確立されていないが,少なくともすべてのタンパク質が細胞内で合成された時点で自然に折りたたまれるわけではないことは確かである.すなわち,いくつかのタンパク質は折りたたまれる際に分子シャペロン (molecular chaperone) とよばれる特殊なタンパク質の助けを借りて正しく折りたたまれることが知られている.分子シャペロンは遺伝情報をもとにリボソーム上で合成されたポリペプチド鎖が正しく折りたたまれるようにポリペプチド鎖と相互作用したり,複数のポリペプチド鎖が会合して四次構造を形成するのを助ける.また,シャペロニンとよばれる一連のシャペロンは,細胞内で自然に折りたたまれないタンパク質の高次構造形成に必要なタンパク質複合体を構築している.これらの他にも,S-S 結合の交換や再編を触媒するジスルフィドイソメラーゼやプロリン残基が関与するペプチド結合のシス-トランスの相互変換を触媒するペプチドプロリルシス-トランスイソメラーゼもタンパク質の折りたたみに関わっている.

〔山﨑信行〕

# 5. 脂　　　質

## 5.1　一般的性質と分類

　脂質とは，水に難溶性でエーテル，ベンゼン，クロロホルムのような有機溶媒に可溶性の一群の化合物を指す．生体内の脂質は有機溶媒によって可溶化されているのではなく，タンパク質との複合体であるリポタンパク質（lipoprotein）として輸送されたり，脂質分子間の疎水的相互作用（hydrophobic interaction）によって分子集合体を形成している．脂肪細胞（fat cell, adipose cell）の細胞質中に大きな油滴として蓄積されているのはこの一例である．

　生体膜を構成する複合脂質分子（表5.1）の特徴は，分子内に疎水性部位と親水性部位をもつ両親媒性（amphipathic）を示すことで，親水性部位を表面に，疎水性部位を内側にしてミセル（micelle）やリポ

表5.1　脂質の分類

| 大　別<br>(一般的特徴) | 構造上の特徴<br>(総称) | 構造による細別 | 主な化合物 | 主な機能 |
|---|---|---|---|---|
| 単純脂質<br>(C, H, O よりなる．疎水性が強い．親水基は含まれないか，含まれても分子のごく一部にすぎない) | 脂肪酸とアルコール性化合物とのエステル | 脂肪酸とグリセロールのエステル<br>（グリセリド中性脂肪ともよばれる） | トリアシルグリセロール（トリグリセリド） | 脂肪細胞や種子中に貯蔵される．分解されてエネルギー源となる |
| | | 脂肪酸と長鎖第1級アルコールのエステル | ろう（ワックス） | 体表面を保護し耐水性を与える |
| | | 脂肪酸とコレステロールのエステル | コレステロールエステル | リポタンパク質に含まれるコレステロールの運搬形態．細胞内のコレステロールの貯蔵形態でもある．動脈硬化の原因にもなる |
| | イソプレン骨格からなる（イソプレノイドまたはテルペノイド） | コレステロールとその代謝生成物 | コレステロール，各種のステロイド，胆汁酸，ビタミンD | 生体膜の構成成分，ホルモン作用など |
| | | β-カロテンとその代謝生成物 | β-カロテン，ビタミンA（レチノール），レチナール，レチノイン酸 | 視物質中の発色団となる．細胞の増殖や分化の引き金ともなる |
| | | ポリイソプレノール | ドリコール | 糖タンパク質生合成の脂質中間体の成分となる |
| | 不飽和脂肪酸の誘導体 | $C_{20}$ 高度不飽和脂肪酸から生成されるエイコサノイド | プロスタグランジン，トロンボキサン，ロイコトリエン | 局所ホルモンとして作用 |
| 複合脂質<br>(C, H, O の他にPやNを含む場合がある．両親媒性を示す) | リン酸を含む<br>(リン脂質) | グリセロリン脂質 | 種々のホスホグリセリド，プラスマローゲンなどのエーテルリン脂質 | 生体膜の構成成分となる．酸素活性の調節に関与する場合もある |
| | | スフィンゴリン脂質 | スフィンゴミエリン | 生体膜の構成成分となる |
| | 糖を含む<br>(糖脂質) | グリセロ糖脂質 | ガラクトリピド，スルホリピド | 生体膜（特に葉緑体内のチラコイド膜）の構成成分となる |
| | | スフィンゴ糖脂質 | セレブロシド，ガングリオシド，血液型（ABO）物質 | 生体膜（特に細胞膜）の構成成分として細胞間の接着やウイルスのレセプター，細胞の表面抗原などとして働く |

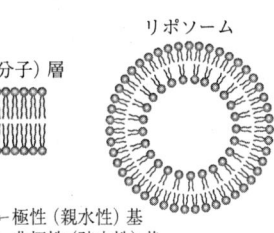

図5.1 ミセル，脂質二重（2分子）層，リポソーム

ソーム（liposome）とよばれる分子集合体（脂質分子は互いに共有結合しているのではなく疎水的相互作用によって集合している）をつくって（図5.1），水溶液中に分散できる．リポソームは水溶液中にリン脂質や糖脂質を懸濁させて人工的につくった膜小胞であるが，その膜は脂質二重（2分子）層（lipid bilayer）からなる．脂質二重層は細胞膜や細胞内の核，ミトコンドリア，小胞体，ゴルジ装置（ゴルジ体）など，いわゆるオルガネラ（細胞小器官）の膜の基本構造である．これらの生体膜には多くのタンパク質分子が脂質と疎水的相互作用してモザイク状に存在して種々の生物機能を担っている（第2部第3章参照）．

脂質は貯蔵脂質として重要なエネルギー源となるばかりでなく，このように生物の基本単位である細胞を形づくる細胞膜の構築，真核細胞の内部で種々の酵素を局在化させて独特の代謝機能を営む場であるオルガネラの形成に必須の成分となっている．また，両親媒性の脂質分子は，生体内で一種の界面活性剤として働く場合もある．胆汁酸（bile acid）が食物中の脂質を小腸内で分散させてリパーゼによる分解を助ける例，リン脂質の一種であるホスファチジルコリン（レシチン）が胆汁中でコレステロールの沈澱を妨げる例などがそれである．

代表的な脂質を構造によって分類すると表5.1のようになる．表中に各脂質の機能が簡単に記されているが，上述の働きの他にホルモン合成の出発物質として，あるいはホルモン自体として重要な役割を演じている化合物も含まれることがわかる．

## 5.2 構造と機能

### a. エネルギー源としてのトリアシルグリセロール

中性脂肪は，動物では脂肪組織，植物では主として種子中に蓄えられている脂肪酸（fatty acid）とグリセロールのエステルである．トリアシルグリセロールでは，グリセロールの1, 2, 3位のCに結合しているOH基のすべてに脂肪酸がエステル結合している．

表5.2に主要な構成脂肪酸とその融点を示す．表中の脂肪酸の表記法は，脂肪酸を構成する炭素原子の数，炭化水素鎖中の二重結合の数，二重結合の位置と二重結合をめぐる立体配置がシス（cis）型かトランス（trans）型かを示す．二重結合を含まない脂肪酸を飽和脂肪酸（saturated fatty acid），二重結合を含む脂肪酸を不飽和脂肪酸（unsaturated fatty acid），2個以上の二重結合を含む不飽和脂肪酸を特に多価不飽和（polyunsaturated）脂肪酸とよぶ．細胞内の脂肪酸の大部分は偶数の炭素原子からなる偶数脂肪酸で，不飽和脂肪酸中の二重結合をめぐる立体配置はシス型である．脂肪酸の$pK_a$値は4.7〜5.0であるので生理的pHでは

$$RCOOH \rightleftarrows RCOO^- + H^+$$

の平衡は右側に傾き，負電荷をもつ分子が大部分であると考えられる．

動物のトリアシルグリセロール中には飽和脂肪酸が多い．例えばブタやヒツジの場合，パルミチン酸（16：0）とステアリン酸（18：0）がほぼ同モルずつ存在し，両者を合わせると全脂肪酸の約50％となる．不飽和脂肪酸はオレイン酸（18：1）が主成分で全脂肪酸の約40％を占める．表5.2に示されているこれらの脂肪酸の融点から推定されるように，動物のトリアシルグリセロールは常温で固体状のものが多い．これに対し植物のトリアシルグリセロール中には多量の不飽和脂肪酸が含まれている．例えば，アーモンドの種子ではオレイン酸（18：1）が約70％，リノール酸（18：2）が約20％を占めるし，月見草油ではリノール酸が約70％，$\gamma$-リノレン酸（18：3）が約8％を占める．不飽和脂肪酸は融点が低いため，これらのトリアシルグリセロールは常温で液状のものが多い．

さて，脂肪組織中の脂肪細胞内に油滴として蓄積されているトリアシルグリセロールは，同細胞内の小胞体（endoplasmic reticulum）の膜に局在するリパーゼ（adipose-cell lipase）と疎水的相互作用により接触して加水分解を受け，グリセロールと脂肪酸になる．

このリパーゼ活性は，ノルアドレナリンやグルカゴンなどのホルモンによって促進され，インスリンによって抑制される．グリセロールは血液中に放出され，肝臓で糖新生反応（glyconeogenesis）に利用されグルコースとなる．一方，脂肪酸はアルブミ

表5.2 動・植物のトリアシルグリセロールの主要構成脂肪酸

| 名　称 | 表　記 | 構造式 | 融点（℃） |
|---|---|---|---|
| パルミチン酸（palmitate） | (16:0) | $CH_3(CH_2)_{14}COO^-$ | 63〜64 |
| パルミトレイン酸（palmitoleate） | (16:1 $cis$-$\Delta^9$) | $CH_3(CH_2)_5CH=CH(CH_2)_7COO^-$ | 0〜−0.5 |
| ステアリン酸（stearate） | (18:0) | $CH_3(CH_2)_{16}COO^-$ | 69.7 |
| オレイン酸（oleate） | (18:1 $cis$-$\Delta^9$) | $CH_3(CH_2)_7CH=CH(CH_2)_7COO^-$ | 16 |
| リノール酸（linoleate） | (18:2 $cis$-$\Delta^9$, $\Delta^{12}$) | $CH_3(CH_2)_4(CH=CHCH_2)_2(CH_2)_6COO^-$ | −5 |
| α-リノレン酸（α-linolenate） | (18:3 $cis$-$\Delta^9$, $\Delta^{12}$, $\Delta^{15}$) | $CH_3CH_2(CH=CHCH_2)_3(CH_2)_6COO^-$ | −11.3〜−10 |
| γ-リノレン酸（γ-linolenate） | (18:3 $cis$-$\Delta^6$, $\Delta^9$, $\Delta^{12}$) | $CH_3(CH_2)_4(CH=CHCH_2)_3(CH_2)_3COO^-$ | — |

ンなどのタンパク質に結合して血液中をめぐり，各組織の細胞内に取り込まれてミトコンドリアでアセチルCoAにまで分解される．アセチルCoAはTCA回路に入り，酸化を受けて最終的に水と炭酸ガスに分解されるが，この過程で酸化的リン酸化反応によってATPが生産される．トリアシルグリセロール1gはこのようにして約9kcalのエネルギーを生産できる．これは炭水化物やタンパク質の約4kcal/gという値の2倍以上で，貯蔵脂質がいかに効率のよいエネルギー源であるかがわかる．

### b. イソプレン骨格をもつ化合物

生体内にはイソプレン（isoprene）単位（プレニル基）が多数重合したイソプレン骨格（$C_5H_8$）$_n$をもつ一群の化合物が含まれ，多様な生理活性を示す．コレステロール（cholesterol），ビタミンA，ドリコール（dolichol）やそれらの代謝生成物がその例であり，これらはイソプレノイド（isoprenoid），テルペノイド（terpenoid），テルペン（terpene）などと総称される．イソプレノイドは動物では特に肝臓細胞で活発に合成されている（合成経路は第3部3.2節参照）．

### c. コレステロールとその動態

動物細胞は，アセチルCoAからイソペンテニルピロリン酸を経てコレステロールを合成することができるが（第3部3.2節参照），食物中のコレステロールを細胞内に取り込んで利用する能力ももっている．この過程には血漿中に存在する種々のアポリポタンパク質（apolipoprotein）（表5.3，図5.2）が関わっている．コレステロールは小腸の絨毛表面の上皮細胞中に取り込まれた後，トリアシルグリセロールやリン脂質とともに，キロミクロン（chylomicron）とよばれるきわめて低密度のリポタンパク質粒子（表5.3）としてリンパ系を経て，血液中に放出される．キロミクロン中のトリアシルグリセロールの多くは，脂肪組織や筋肉組織の毛細血管壁に存在するリポタンパク質リパーゼ（lipoprotein lipase, LPL）によって脂肪酸とグリセロールに分解され，比較的コレステロールに富むキロミクロン-レムナント粒子（remnant particle）となり，肝臓細胞中に細胞膜レセプター（受容体タンパク質）を介して取り込まれる．コレステロールの一部は小胞体膜に存在するアシルCoA-コレス

表5.3 血漿中のリポタンパク質の諸性質

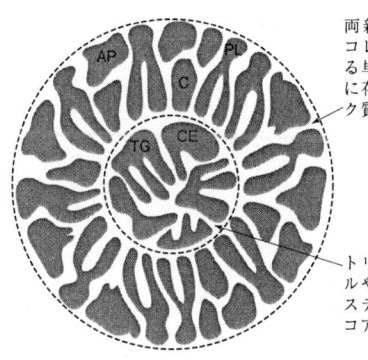

| リポタン<br>パク質 | 密度<br>(g/cm³) | 直径<br>(nm) | 組成（重量%） | | | | | タンパク質成分<br>（アポリポタンパク質） |
|---|---|---|---|---|---|---|---|---|
| | | | タンパク質 | リン脂質 | トリアシル<br>グリセロール | コレステロー<br>ルエステル | コレステ<br>ロール | |
| キロミクロン | <0.95 | 75〜1000 | 2 | 7 | 84 | 5 | 2 | A-I, A-IV, B-48, C-I,<br>C-II, C-III, E |
| VLDL | 0.95〜1.006 | 30〜80 | 8 | 18 | 50 | 12 | 7 | B-100, C-I, C-II, C-III, E |
| LDL | 1.006〜1.063 | 20.0〜20.2 | 21 | 22 | 11 | 37 | 8 | B-100 |
| HDL | 1.063〜1.21 | 7.0〜10.0 | 48 | 27 | 4 | 14 | 4 | A-I, A-II, C-I, C-II,<br>C-III, E |

**図5.2 分子集合体としてのリポタンパク質粒子**
AP：アポタンパク質，PL：リン脂質，C：コレステロール，
CE：コレステロールエステル，TG：トリアシルグリセロー
ル（トリグリセリド）

テロールアシルトランスフェラーゼ（ACAT）に
よって脂肪酸とのエステル（コレステロールエステ
ル）を生成する．

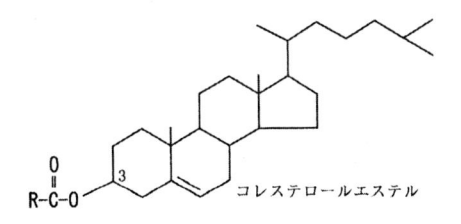

コレステロールエステル

コレステロール，コレステロールエステル，リン
脂質そして肝臓細胞中で合成されたトリアシルグ
リセロールは，タンパク質成分（アポB，アポC，
アポE）とともに超低密度リポタンパク質（very
low density lipoprotein, VLDL）（表5.3）を形成し
て放出され，血液中を循環する．VLDL中のトリ
アシルグリセロールはキロミクロンの場合と同様
に，LPLで分解され，さらにVLDLは血液中でタ
ンパク質組成に変化が生じて中間密度リポタンパク
質（intermediate density lipoprotein, IDL）を経て，
コレステロールエステル含有量が高く，タンパク質
成分としては主としてアポBを含む低密度リポタ
ンパク質（low density lipoprotein, LDL）（表5.3）
となる．これらの過程でアポC-IIがLPLを活性化

することも知られている．

血液中にはまた高密度リポタンパク質（high
density lipoprotein, HDL）（表5.3）が存在してコ
レステロールの動態に重要な関わりを示す．HDL
は各組織の細胞の余剰のコレステロールを細胞膜
から移行させたり，他のリポタンパク質からコレ
ステロールを移行させ，HDL表面に存在するレシ
チン-コレステロールアシルトランスフェラーゼ
（LCAT）により，ホスファチジルコリン（レシチ
ンともよばれる）の2位の脂肪酸（主としてリノー
ル酸）を移して，コレステロールエステルとリゾホ
スファチジルコリンを生成する．LCATの活性は
HDL中の主要タンパク質アポA-Iにより促進され
る（次頁の反応構造式参照）．

生成したコレステロールエステルは，VLDLや
LDLに移されて肝臓やその他の細胞に再分配され
る．LDLは肝臓をはじめ，多くの組織の細胞への
コレステロールエステルの主要な運搬役である．図
5.3に示されているように，LDLは細胞膜のコー
テッドピットに存在するLDLレセプター（受容体
タンパク質）とアポB-100を介して結合した後，
エンドサイトーシス（endocytosis，細胞膜の飲食
作用）によりコート小胞として細胞内に取り込まれ
る．コート小胞からクラスリンを主体とするコート
が除かれ，小胞の融合によってエンドソームとなる
と，エンドソーム膜のプロトンポンプ機構がATP
のエネルギーを用いて働き，エンドソーム内部へ細
胞質からH⁺を取り込み，内部がpH5〜6となる．
その結果，LDLレセプターはアポB-100から離れ
る．エンドソームの一部はリサイクリング小胞とな
り，細胞膜と融合してLDLレセプターを膜に戻し
て再利用させる．LDLを含むエンドソームの一部
はリソソーム（lysosome）と融合し，リソソーム
中の加水分解酵素（リパーゼやプロテアーゼ）によっ
てLDL中のタンパク質はアミノ酸にまで分解され，
コレステロールエステルは遊離のコレステロールと
脂肪酸に分解される．

細胞内のコレステロールの主要な役割は，細胞膜

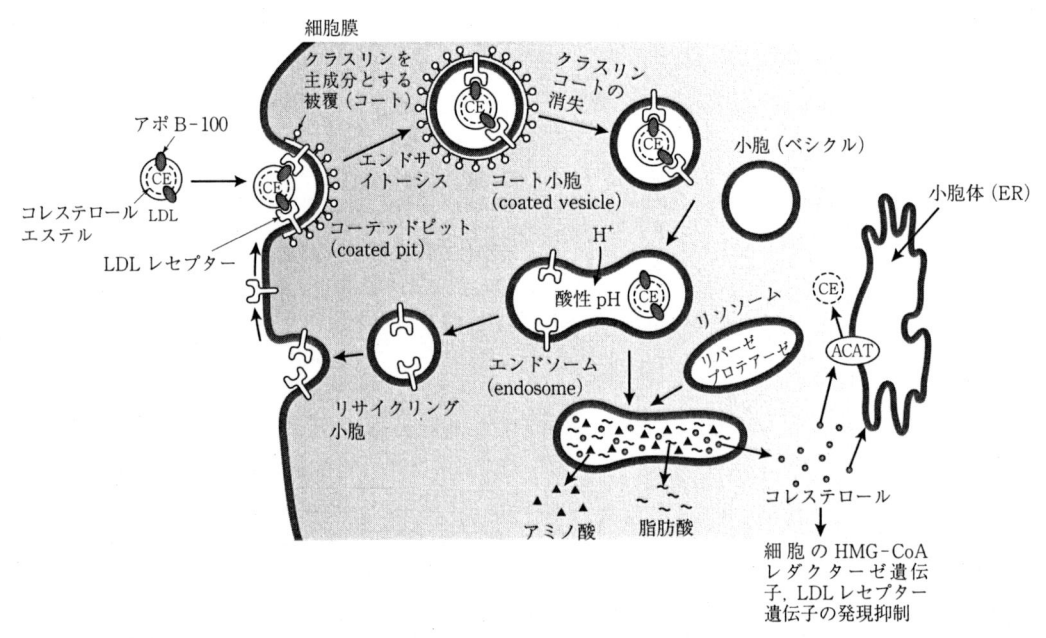

図5.3 LDLレセプターを介したLDLの細胞内への移行，コレステロールの遊離とレセプターのリサイクリング

の構成成分として利用されることで，動物細胞の細胞膜の脂質組成の約20%を占める（表5.4）．小胞体膜でも脂質組成の約6%がコレステロールである．残りのコレステロールは小胞体膜のアシルCoA-コレステロール $O$-アシルトランスフェラーゼ（ACAT）によって脂肪酸とのエステルを再形成して細胞内に貯蔵される．細胞内のコレステロール濃度が上昇すると，HMG-CoA（ヒドロキシメチルグルタリル-CoA）レダクターゼやLDLレセプターの遺伝子発現が抑制され，細胞のコレステロール合成やコレステロールエステルの取り込み活性が低下する調節機構が知られている（第3部3.2節e参照）．

食物由来のコレステロールが過多となったり，LDLの細胞内への移行過程に欠陥が生じると血液中のコレステロール濃度が上昇する．LDLレセプター遺伝子の変異による家族性高コレステロール血症（familial hypercholesterolemia）は，出現頻度の高い遺伝病として知られている．血液中にLDLが蓄積すると，LDLのタンパク質成分であるアポB中のリシン残基の側鎖が脂質の過酸化物やアルデヒド類と反応して修飾を受け，白血球の一種であるマクロファージにレセプターを介して取り込まれやすくなる．このようにしてLDL由来のリポタンパク質成分を細胞内に蓄積したマクロファージは，泡沫細胞（foam cell）とよばれる．泡沫細胞

## 5.2 構造と機能

表5.4 代表的な生体膜の脂質組成（全脂質に対する重量%）

| | 細胞膜 | | | オルガネラ膜 | | | |
|---|---|---|---|---|---|---|---|
| | 赤血球 | 肝細胞 | ミエリン[a] | ミトコンドリア | | 小胞体 | クロロプラスト（チラコイド） |
| | | | | 外膜 | 内膜 | | |
| リン脂質 | | | | | | | |
| 　ホスホグリセリド | 51 | 41 | 33 | 96 | 97 | 78 | 10 |
| 　スフィンゴミエリン | 18 | 15 | 7 | 1 | 2 | 10 | 0 |
| 糖脂質 | 3 | 7 | 27 | 0 | 0 | 0 | 74 |
| コレステロール | 23 | 19 | 24 | 3 | 1 | 6 | 1 |
| その他 | 5 | 18 | 9 | 0 | 0 | 6 | 15 |

[a] 神経繊維の髄鞘を形成するシュワン細胞（Schwann cell）の細胞膜

は動脈の内膜細胞の下に侵入して，結果的にコレステロールエステルが沈着して，いわゆるアテローム（atheroma）性（粥状）動脈硬化症を引き起こすことになる．

**d. コレステロールの利用と変換，分泌**

コレステロールは副腎皮質（adrenal cortex），卵巣（ovary），精巣（testis）でステロイドホルモン（第5部第3章参照）生合成の出発材料として利用される．

皮膚の細胞ではコレステロールは7-デヒドロコレステロールとなった後に，紫外線照射を受けて開裂してビタミン$D_3$（コレカルシフェロールともよぶ）を生成する．ビタミン$D_3$は肝臓で25-ヒドロキシビタミン$D_3$，さらに腎臓で1,25-ジヒドロキシビタミン$D_3$ [$1,25$-$(OH)_2D_3$] へと水酸化反応により変換される．$1,25$-$(OH)_2D_3$は，小腸におけるカルシウムや無機リン酸の吸収を促進して血清中のこれらの濃度を高め，骨の形成に重要な役割を演じる．日光照射の不足などでビタミンDが欠乏すると「くる病」（rickets）が発症するのはこのためである．

コレステロールは肝臓細胞中で酵素反応により変換されてコール酸（cholic acid），ケノデオキシコー

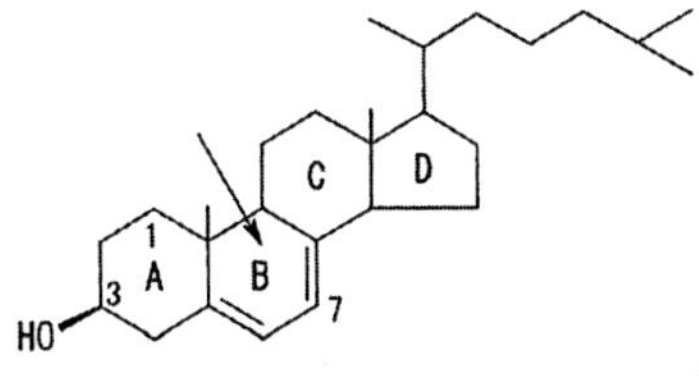

7-デヒドロコレステロール（矢印は開裂部位を示す）

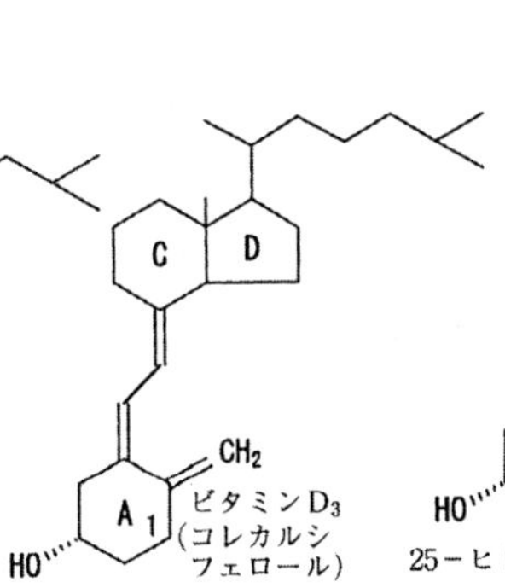

ビタミン$D_3$（コレカルシフェロール）

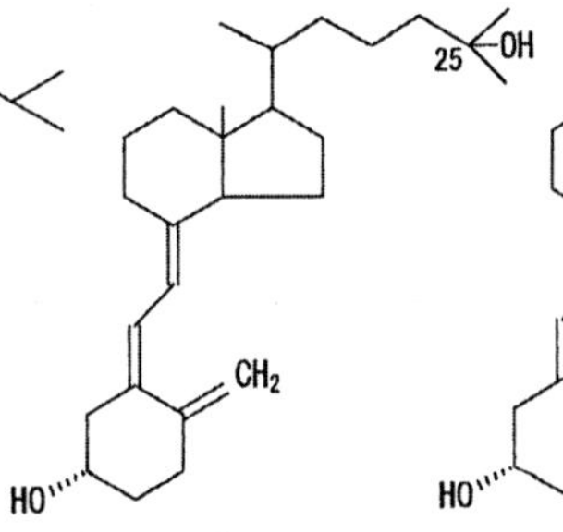

25-ヒドロキシビタミン$D_3$

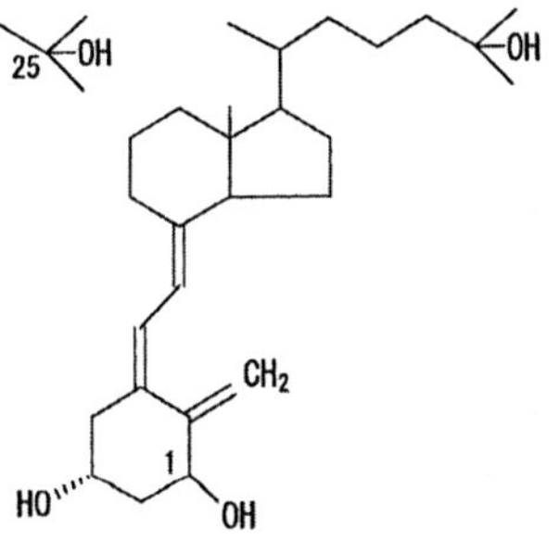

1,25-ジヒドロキシビタミン$D_3$

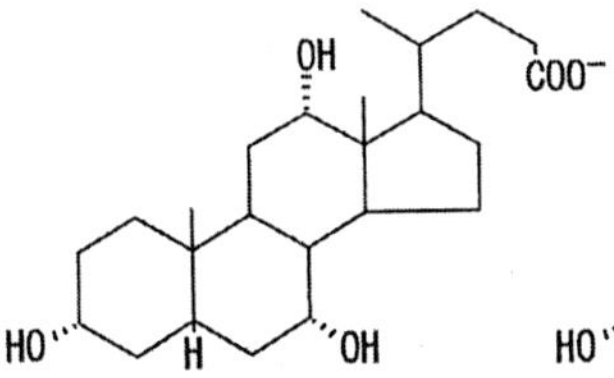

コール酸

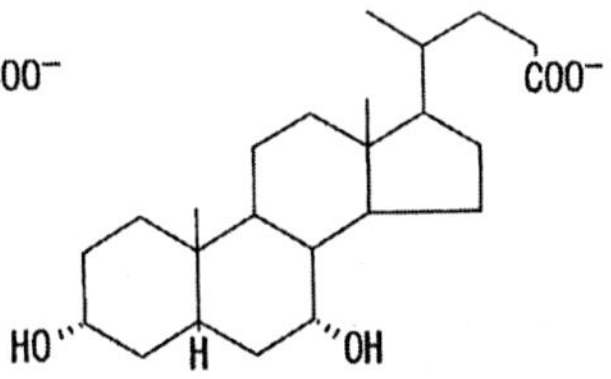

ケノデオキシコール酸

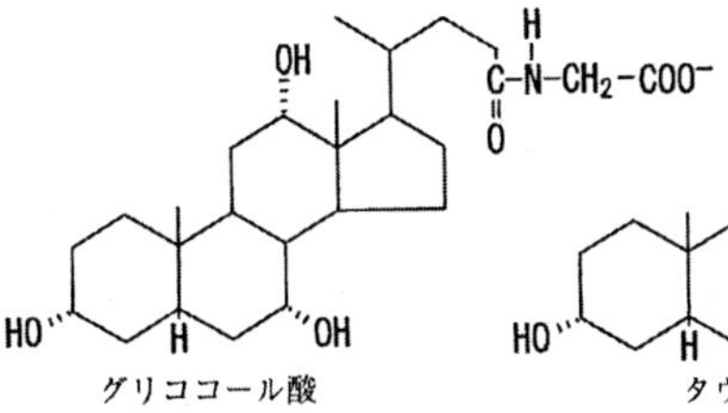

グリココール酸

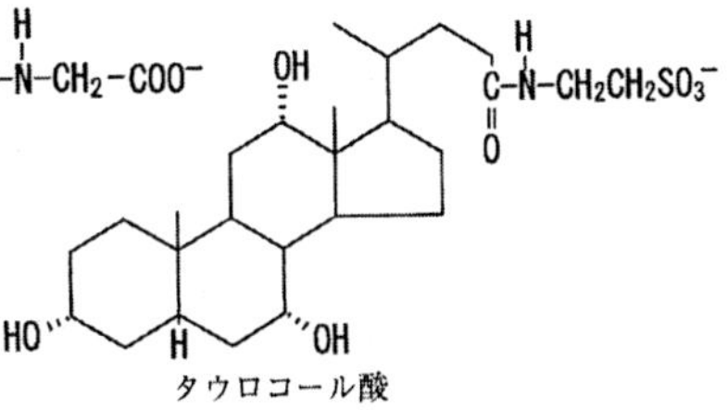

タウロコール酸

ル酸（chenodeoxycholic acid）を主成分とする胆汁酸（bile acid）となる．これらの胆汁酸はCoA誘導体となった後，グリシンやタウリンと反応してグリココール酸，タウロコール酸のような胆汁酸塩（bile salt）として胆汁中に分泌される．

### e. ビタミンAと視覚の形成

動物は植物の生成した$\beta$-カロテンを食物として取り込んだ後，小腸の細胞内で$\beta$-カロテン15,15′-ジオキシゲナーゼ（酸素添加酵素）によりこれを開裂し，2分子の全トランスレチナール（all-trans-retinal）を生じ，さらにレチナールレダクターゼ（NADHまたはNADPHを要求）で還元して2分子の全トランスレチノール（all-trans-retinol, ビタミンA）を生成する．

ビタミンAは眼底の網膜（retina）の細胞でレチノールデヒドロゲナーゼ（$NAD^+$または$NADP^+$要求）により酸化されて再び全トランスレチナールとなる．網膜の桿状体細胞（rod cell，図5.4）中で全トランスレチナールは，レチナールイソメラーゼによって立体異性体である11-シスレチナール（11-*cis*-retinal）に変換され，そのアルデヒド基がオプシン（opsin）とよばれる分子量約38,000のタンパク質中のリシン残基の側鎖アミノ基にシッフ

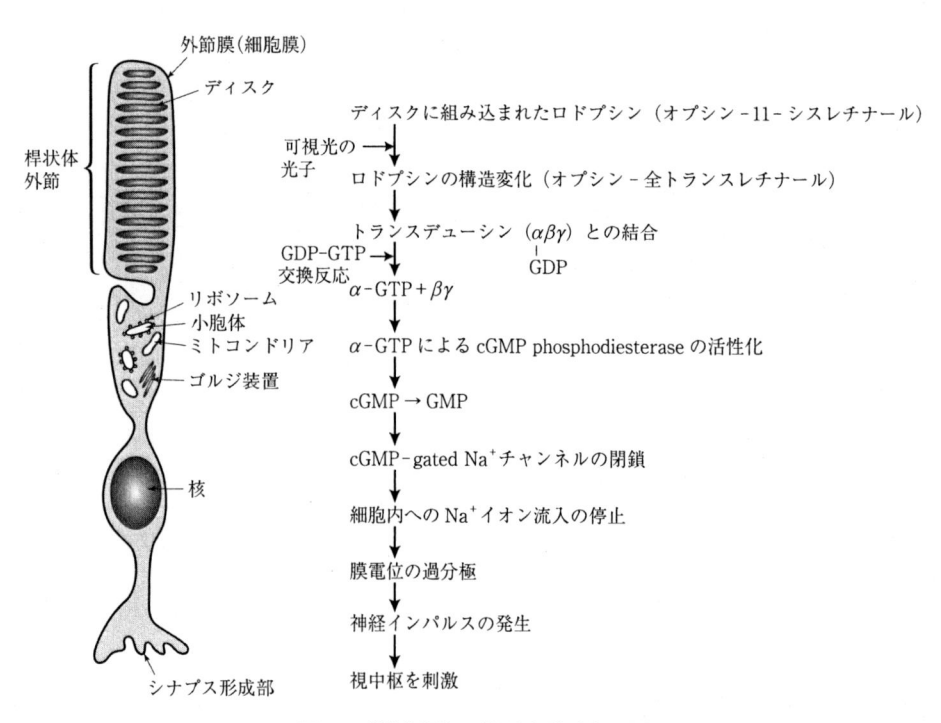

**図5.4** 桿状体細胞の略図と視覚形成の過程

オプシン中の
リシン残基 —(CH₂)₄—N⁺=C— 11-シスレチナール
（下に H, 上に H）
ロドプシン

(Schiff)塩基結合をする．この結合体がロドプシン(rhodopsin，視物質)である．

ロドプシンは，桿状体細胞中の桿状体外節とよばれる部分に発達した何層もの袋状の膜構造(ディスク)に組み込まれた膜タンパク質として存在する．1個の桿状体細胞中には約 $4\times10^7$ 分子ものロドプシンが存在する．ロドプシンに可視光が照射されると，光子(photon)のエネルギーが 11-シスレチナールに吸収され，11-シスレチナールはオプシンに結合した状態で全トランスレチナールに変換される．この際のレチナールの分子構造の変化がオプシンのタンパク質高次構造に一連の変化を生じさせ，最終的にオプシンと全トランスレチナールの結合は加水分解されて全トランスレチナールが遊離する．全トランスレチナールは再びレチナールイソメラーゼによって 11-シスレチナールとなった後にオプシンと結合する．視覚の形成は，光子のエネルギーを吸収して構造変化を起こしたロドプシンが，ディスク膜中で GDP を結合したトランスデューシン(transducin)とよばれるタンパク質($\alpha\beta\gamma$ ヘテロ3量体)と複合体を形成して GDP-GTP 交換反応を引き起こし，GTP 結合型トランスデューシンを生成することに始まる．その後のカスケード反応(cascade reaction)により，桿体細胞内のサイクリック GMP (cGMP)濃度が低下し，その結果，cGMP を必要とする細胞膜の $Na^+$ チャンネルが閉じ，細胞外から細胞内への $Na^+$ イオンの流入が一次的に停止し，膜電位に変化(過分極)が生じ，神経インパルスを発生する．これがシナプスを通じて隣接する視神経細胞膜に活動電位(神経インパルス)を発生させ，視中枢を刺激することが明らかにされている．これら一連の反応は，光活性化ロドプシンの短寿命(1秒以下)とトランスデューシンの $\alpha$ サブユニットの GTP 分解活性により一過性である．

網膜の錐体細胞(cone cell)は赤，緑，青の波長の光を吸収する3種類の細胞からなり，いずれも 11-シスレチナールを結合したオプシン類似の色覚タンパク質を含む．桿状体細胞と同じ 11-シスレチナールを発色団(chromophore)としながら吸収する光の波長が異なるのは，それぞれのタンパク質のアミノ酸配列の影響であると考えられている．

#### f. 生体膜の主要成分としてのリン脂質

細胞膜や真核生物の細胞内に存在する種々のオルガネラ(核，ミトコンドリア，小胞体，ゴルジ装置，リソソームなど．植物細胞にはさらにクロロプラスト(葉緑体)が存在する)の膜を総称して生体膜(biological membrane)とよぶ．生体膜の主要構成成分は，脂質とタンパク質で重量の 90～95% を占め，残りは糖質で糖脂質，あるいは糖タンパク質として存在する．タンパク質/脂質の重量比は膜により 1～4/1 と異なる．脂質の主成分はリン脂質で表 5.4 のように動物細胞の細胞膜では通常，脂質の約 60% を占める．以下に主なリン脂質の構造を示す．

#### 1) ホスホグリセリド (phosphoglyceride)

グリセロリン脂質ともよび，グリセロールの1位，2位の炭素原子に結合した水酸基にそれぞれ脂肪酸のカルボキシル基がエステル結合し，3位の炭素原子に結合した水酸基にリン酸がエステル結合した化合物がホスファチジン酸(phosphatidate)である．

ホスファチジン酸は，真核細胞ではホスホグリセリドの生合成中間体であるが，それ自体は生体膜中に微量にしか存在しない．ホスホグリセリドはホスファチジン酸のリン酸部分にさらにアルコール性化合物の水酸基がエステル結合した構造をもち，次頁に示すような化合物が主要成分である．

$$\begin{array}{l} H_2-C-O-C-R_1 \\ R_2-C-O-C^2-H \\ H_2-C^3-O-P-O^- \end{array}$$
ホスファチジン酸

各化合物とも，結合する脂肪酸の種類が多様であるため，それぞれ分子的に不均一である．ただし，ホスファチジン酸合成の際のアシルトランスフェラーゼの特異性により，1位には飽和脂肪酸が，2位には不飽和脂肪酸が結合する場合が多い(表 5.5 参照)．カルジオリピンは特にミトコンドリアの内膜に多く，内膜のリン脂質の約 15% を占める．また，カルジオリピンに結合している脂肪酸の約 90% がリノール酸($18:2\ cis\text{-}\Delta^9,\ \Delta^{12}$)であるという特徴をもっている．

ホスファチジルイノシトール(PI)は細胞膜リン脂質の約 5% を占めるが，その約 5% は膜結合型の2種類の PI 特異的キナーゼにより ATP を用いてリン酸化され，ホスファチジルイノシトール 4-リン酸(PIP)を経てホスファチジルイノシトール 4,5-二リン酸($PIP_2$)となっている．$PIP_2$ は細胞外からのシグナル(種々のホルモン，増殖因子など)を細胞内の代謝系に伝達する機構(signal transduction)において重要な働きをする化合物である(第 5 部

ホスファチジルセリン

ホスファチジルエタノールアミン

ホスファチジルコリン（レシチン）

ホスファチジルイノシトール

ジホスファチジルグリセロール（カルジオリピン）

表5.5 ウシ肝臓のホスファチジルコリンを構成する主な脂肪酸の分析例

| 脂　肪　酸 | 結合部位 | |
|---|---|---|
| | C-1 | C-2 |
| パルミチン酸(palmitate)(16:0) | 19(%)[a] | 1(%)[b] |
| ステアリン酸(stearate)(18:0) | 46 | 0 |
| オレイン酸(oleate)(18:1 cis-$\Delta^9$) | 19 | 17 |
| リノール酸(linoleate)(18:2 cis-$\Delta^9$, $\Delta^{12}$) | 3 | 16 |
| アラキドン酸(arachidonate)(20:4 cis-$\Delta^5$, $\Delta^8$, $\Delta^{11}$, $\Delta^{14}$) | 2 | 18 |

[a] C-1位に結合した全脂肪酸中のパーセント
[b] C-2位に結合した全脂肪酸中のパーセント

第4章参照).　$PIP_2$ に特異的なホスホリパーゼ C (phospholipase C) が作用すると, ジアシルグリセロール (1, 2-DG) とイノシトール 1, 4, 5- 三リン酸 ($IP_3$) が生成する.

　$IP_3$ は小胞体（ER）膜の受容体に結合して ER 内からサイトゾルに $Ca^{2+}$ を放出させる. 1, 2-DG, $Ca^{2+}$, ホスファチジルセリンは協同してプロテインキナーゼ C を活性化する.

　ジアシルグリセロールに膜結合型のリパーゼ (lipase) が作用すると 1 位, 2 位の脂肪酸が遊離するが, 1, 2-DG の 2 位にはアラキドン酸 (arachidonate) (20:4 cis-$\Delta^5$, $\Delta^8$, $\Delta^{11}$, $\Delta^{14}$) が結合している割合が多いので（表5.5), この反応で多価不飽和脂肪酸であるアラキドン酸が遊離の形で生じる. このアラキドン酸を出発材料として, トロンボキサン $A_2$ (TXA$_2$) のようなエイコサノイド (eicosanoid) 群の局所ホルモンが生産される.

$PIP_2$ 特異的ホスホリパーゼ C

$PIP_2$ → 1,2-DG + $IP_3$

アラキドン酸

トロンボキサン $A_2$

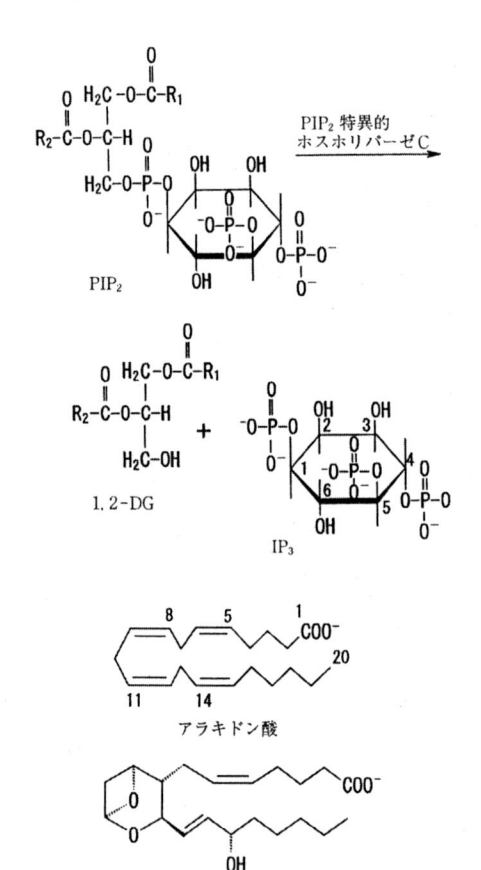

**2) スフィンゴリン脂質**（sphingophospholipid）

　代表的な化合物はスフィンゴミエリン (sphingomyelin) である. これは, スフィンゴシン (sphingosine) のアミノ基に脂肪酸がアミド結合したセラ

ミド（ceramide）に，さらにホスホリルコリンが結合した構造を有する．スフィンゴミエリンは動物細胞膜のリン脂質の主要成分の一つである（表5.4）．

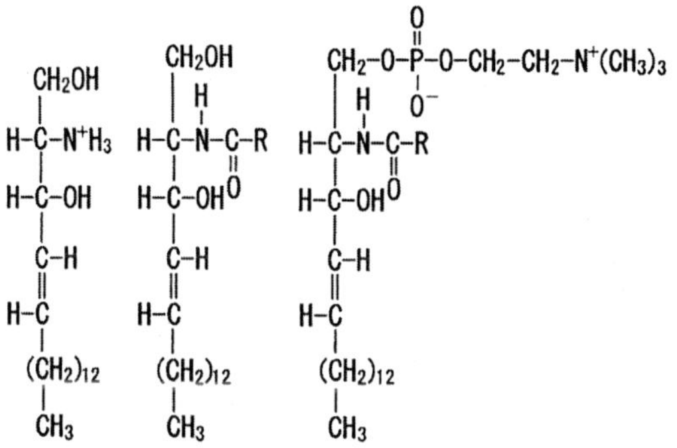

スフィンゴシン　セラミド　スフィンゴミエリン

### 3) エーテルリン脂質

メタン細菌，高度好塩菌，高度好酸好熱菌などの古細菌（archaebacteria）と総称される一群の細菌の細胞膜を構成するリン脂質は，すべてグリセロールの2位と3位にC20やC25の炭化水素鎖がエーテル結合した特異な構造を有している．C20の炭化水素鎖はフィタニル基とよばれ，飽和イソプレン単位のくり返しからなる．

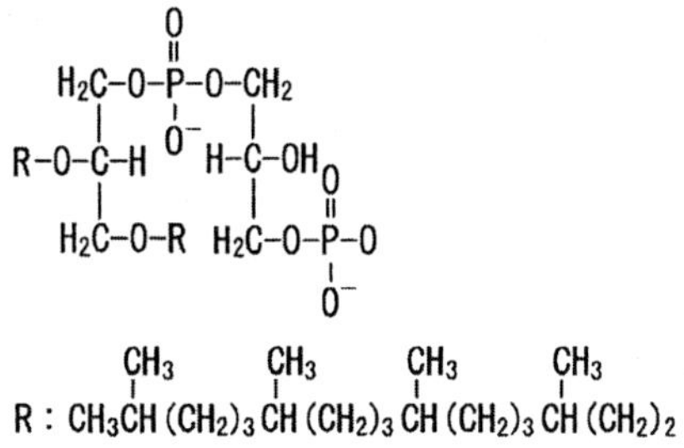

ジフィタニルグリセロールエーテル構造をもつホスファチジルグリセロリン酸

エーテル結合を有するリン脂質としてはこの他に，多くの動物組織やある種の偏性嫌気性細菌の膜に存在するプラスマローゲン（plasmalogen）がある．プラスマローゲンは，グリセロールの1位に長鎖アルコールがビニルエーテル結合し，2位には通常の脂肪酸がエステル結合した一般的構造を有し，3位に結合したリン酸にはエタノールアミンやコリンが結合したものが多い．2位の脂肪酸は一般に不飽和でリノール酸（$18:2\ cis\text{-}\Delta^9, \Delta^{12}$）の場合が多い．

この他，炎症の際に白血球，マクロファージ，血小板，血管内皮細胞などで産生される血小板活性化因子（platelet-activating factor, PAF）がグリセロー

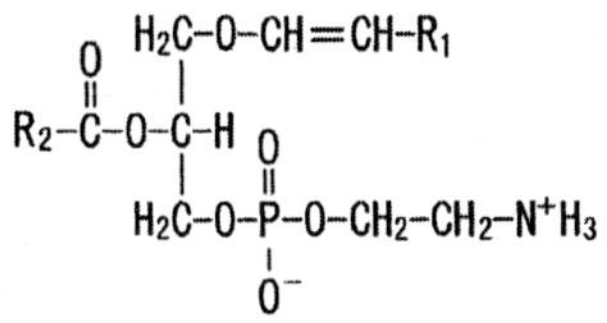

エタノールアミンプラスマローゲン

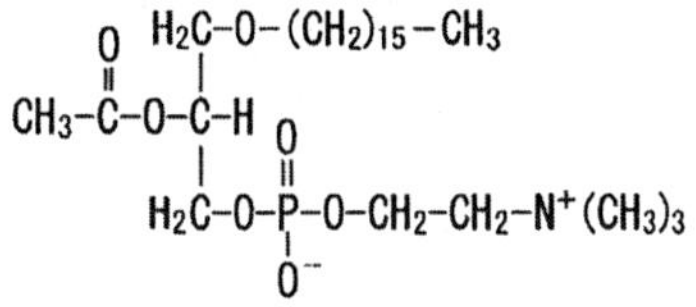

ルの1位にアルキルエーテル結合を有するエーテルリン脂質であることが明らかにされている．PAFは標的細胞の細胞膜の受容体タンパク質（レセプター）に結合して，血小板では凝集や細胞内物質の放出，平滑筋細胞では収縮，白血球では凝集や活性酸素の産生など多様な生物活性を示す．

PAF ($C_{16}$)

### g. 葉緑体（クロロプラスト）のチラコイド膜の主要成分としてのグリセロ糖脂質

葉緑体の内部に扁平な袋状の構造として存在するチラコイド（thylakoid）の膜にはクロロフィルが含まれ，光合成の初期過程の反応が進行する場となっている．チラコイド膜は他の生体膜と異なって，リン脂質含量が全脂質の約10%と少ない．その代わりにグリセロ糖脂質（glyceroglycolipid）が約50%を占めるという特異な性質を示す．グリセロ糖脂質の主要成分は，モノおよびジガラクトシルジアシルグリセロールからなるガラクトリピドであるが，数%のグリセロ糖脂質は，糖部分にさらに硫黄原子がスルホン酸の形で結合したスルホリピドとなっている．このようなグリセロ糖脂質がクロロプラストの進化的起源（細胞内共生説）と考えられているラン藻類の細胞膜にも含まれていることは興味深い（次頁参照）．

### h. スフィンゴ糖脂質

セラミドの第一級アルコール性水酸基に，単糖や数個の糖からなる糖鎖がグリコシド結合した化合物をスフィンゴ糖脂質（sphingoglycolipid）と総称する．スフィンゴ糖脂質は細胞膜脂質の構成成分の一つで，通常，脂質二重層の外層に含まれ，親水的な糖部分を細胞の外側に露出し，セラミド中のアミド結合した脂肪酸鎖とスフィンゴシン由来の炭化水素鎖が膜の脂質分子層に組み込まれている．単糖を結合したものはセレブロシド（cerebroside）とよば

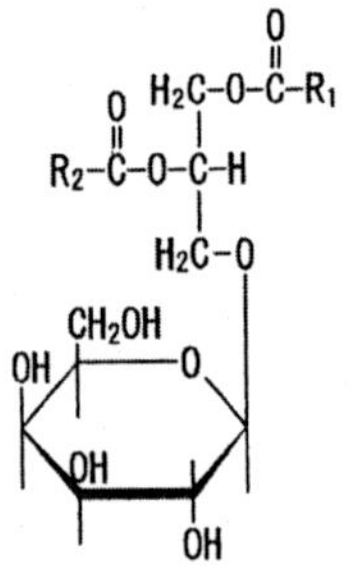

モノガラクトシル
ジアシルグリセロール

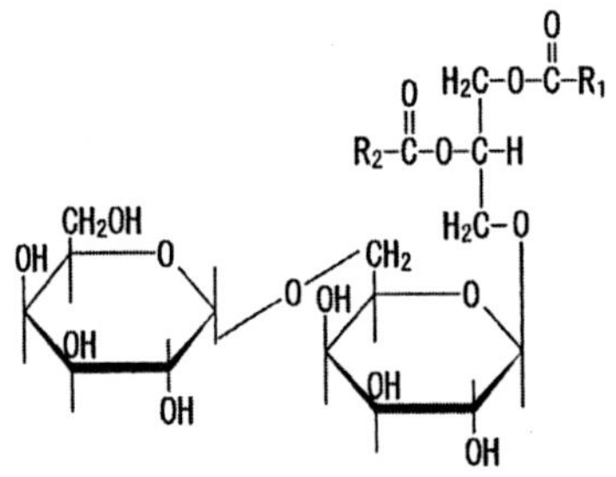

ジガラクトシルジアシルグリセロール

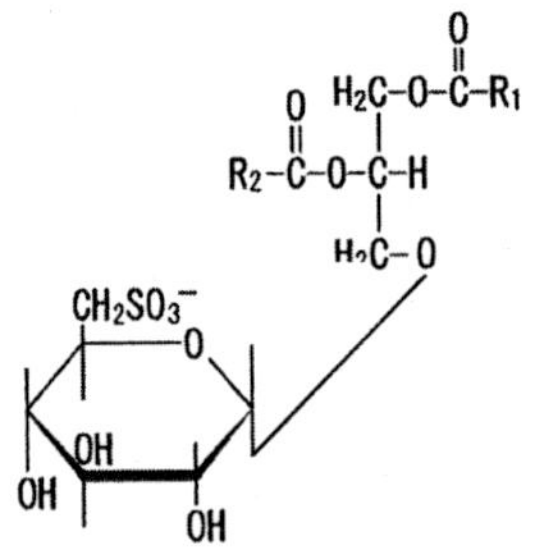

6-スルホキノボシル
ジアシルグリセロール
(スルホリピドの主成分)

れるが，これにはガラクトースを結合したガラクトセレブロシドとグルコースを結合したグルコセレブロシドがある．いずれの場合も糖の1位と$\beta$-グリコシド結合を形成している．セラミドへの糖の供与体はUDP-ガラクトースまたはUDP-グルコースである．

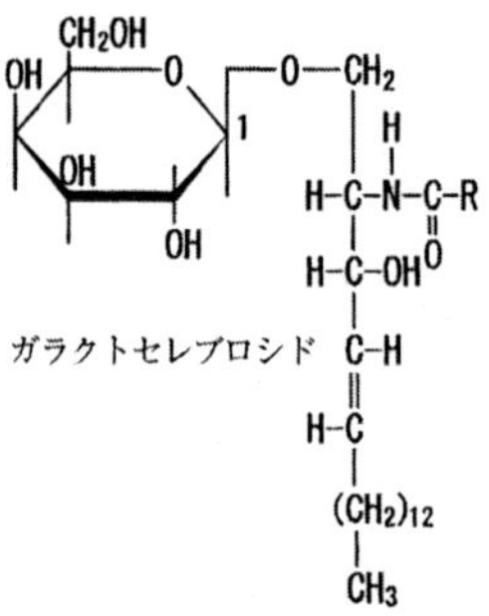

ガングリオシドは脳などの神経組織の細胞膜に特に多量に存在するほか，多くの動物細胞の細胞膜に存在し，グルコセレブロシドにガラクトースが$\beta1\rightarrow4$結合した共通の基本構造をもっている．代表的なガングリオシドである$GM_3$および$GM_1$の構造を（図5.5）に示す．

ガングリオシドは多彩な生物機能を示す．コレラ毒素，破傷風毒素，ボツリヌス毒素などのタンパク質性の細菌毒素が細胞に作用する際の受容体（レセプター）や，インフルエンザウイルスなど種々のウイルスが感染する際の受容体がガングリオシドであることが知られている．細胞をシアリダーゼ(sialidase，またはノイラミニダーゼ(neuraminidase)ともよぶ）という酵素で処理してガングリオシド中の$N$-アセチルノイラミン酸を除去するとインフルエンザウイルスが感染できなくなるという実験結果も得られている．また，動物の培養細胞にガングリオシドを与えてその影響を調べるという実験から，神経細胞の増殖や神経突起の形成の促進，神経細胞中の種々の酵素活性（$Na^+$, $K^+$依存性ATPアーゼ，コリンアセチルトランスフェラーゼなど）の上昇などが認められている．ガングリオシドはまた，細胞表面の抗原決定基としての役割も演じる．がん細胞に特異的な単クローン抗体（monoclonal antibody)を作製してみると，これらの抗体の認識する抗原がガングリオシドである例も知られている．

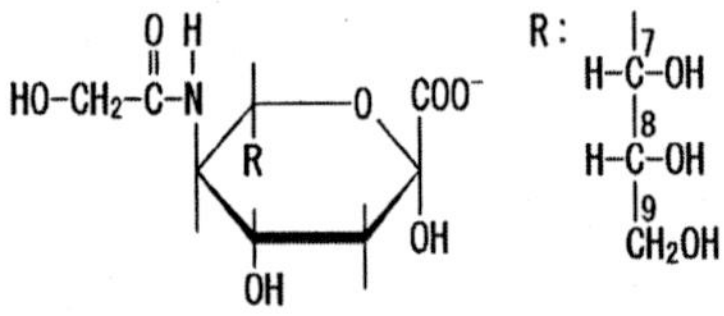

ガラクトセレブロシド
グルコセレブロシド

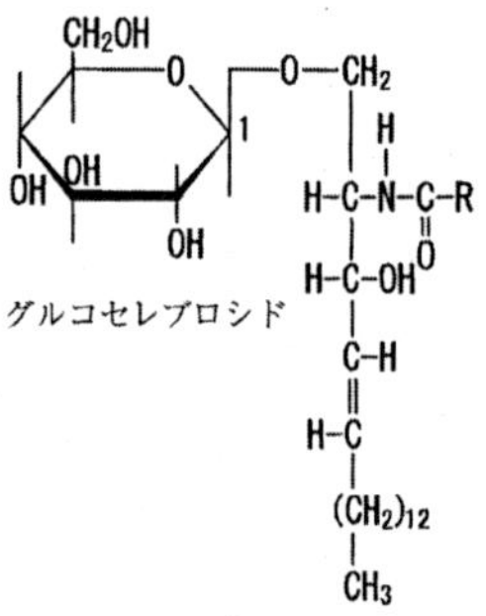

グルコセレブロシドを出発材料として，これにそれぞれ特異的な糖転移酵素が働いて1個ずつ糖が結合して糖鎖が形成される．糖鎖中に酸性糖であるシアル酸（sialic acid）が含まれるものを総称してガングリオシド（ganglioside）とよぶ．シアル酸には$N$-アセチル基を含む$N$-アセチルノイラミン酸と$N$-グリコリル基を含む$N$-グリコリルノイラミン酸が知られているが，いずれも1位のカルボキシル基により細胞膜表面に陰荷電を与えている．

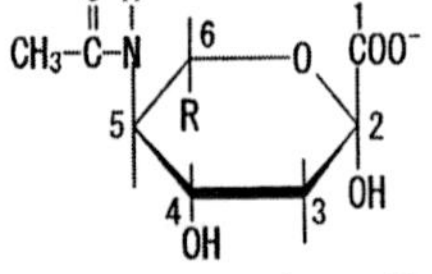

赤血球膜にはABO式血液型のA型またはB型抗原となるスフィンゴ糖脂質が含まれる．A型抗原は糖鎖の末端が$N$-アセチルガラクトサミン，B型抗原はガラクトースで，その他の配列は同じである．いずれもシアル酸を含まない．

### i. 糖脂質に共有結合した細胞表層のタンパク質

大部分の膜タンパク質は，疎水的な側鎖をもつアミノ酸配列部分と膜脂質との疎水的相互作用により膜に含まれているが，アルカリホスファター

$N$-アセチルノイラミン酸

$N$-グリコリルノイラミン酸

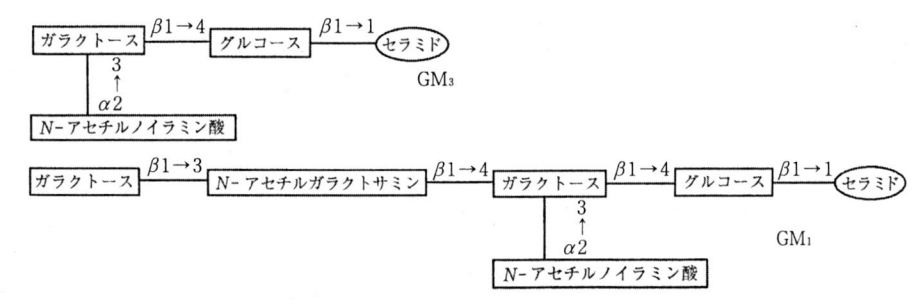

**図 5.5** GM$_3$, GM$_1$ の構造

ゼ（alkaline phosphatase），5′-ヌクレオチダーゼ（5′-nucleotidase），アセチルコリンエステラーゼ（acetylcholine esterase），哺乳動物の神経細胞やTリンパ球の表面抗原の1種のThy-1などいくつかのタンパク質は図5.6に示したように糖脂質と共有結合して細胞表層に存在する．糖脂質部分はホスファチジルイノシトールにグルコサミン（glucosamine）を介してさらに糖鎖が延びた構造をしており，このうちのマンノース（mannose）にリン酸ジエステル結合でエタノールアミン（ethanolamine）が結合し，さらにこのエタノールアミンがアミド結合でタンパク質のC末端のアミノ酸のα-カルボキシル基と結合している（グリコシルホスファチジルイノシトールアンカー，GPI anchor）．このようなタンパク質は血漿中に存在する特異的なホスホリパーゼDや細胞膜中のホスファチジルイノシトールに特異的なCa$^{2+}$依存性ホスホリパーゼCの作用によって細胞膜から糖鎖を結合した形で遊離する．

**j. 細胞膜を構成する脂質の非対称性**

細胞膜を構成する脂質二重層の外層と内層のリン脂質組成が異なることが示されている．これは主に赤血球膜を用いた研究によるもので，完全な赤血球，膜の一部を破壊して細胞質を放出させた赤血球ゴースト（ghost），再度膜を修復したゴースト，本来の内層を外側にして膜を修復したゴーストなどにリン脂質を化学修飾する試薬やホスホリパーゼを作用さ

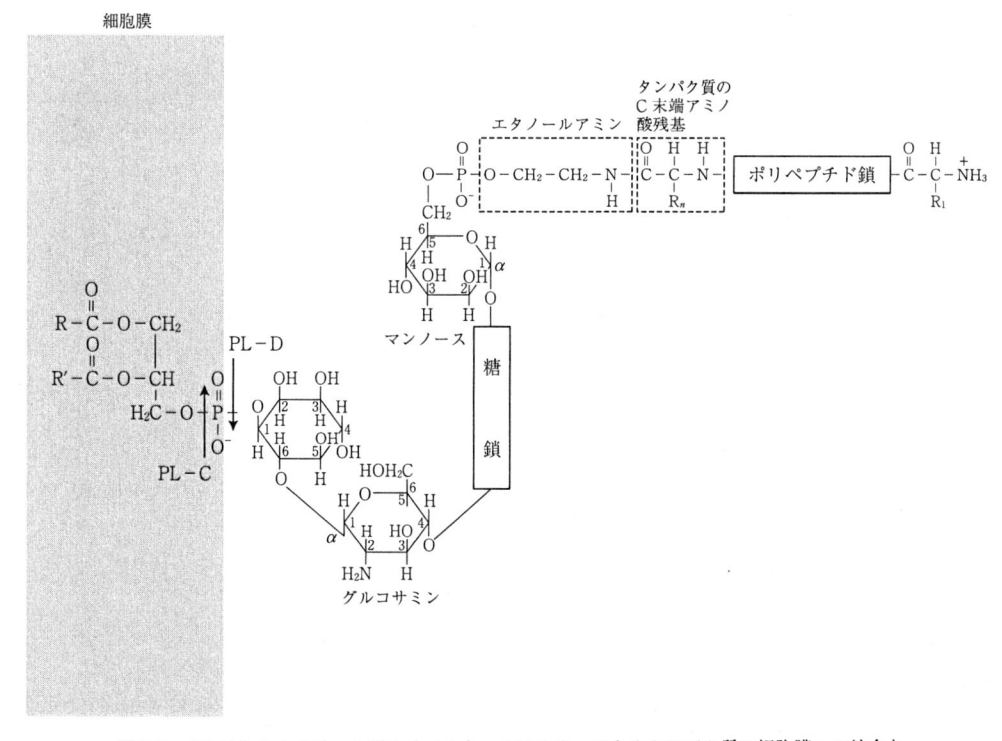

**図 5.6** グリコシルホスファチジルイノシトールアンカーによるタンパク質の細胞膜への結合とホスホリパーゼC（PL-C）またはホスホリパーゼD（PL-D）による膜からの遊離

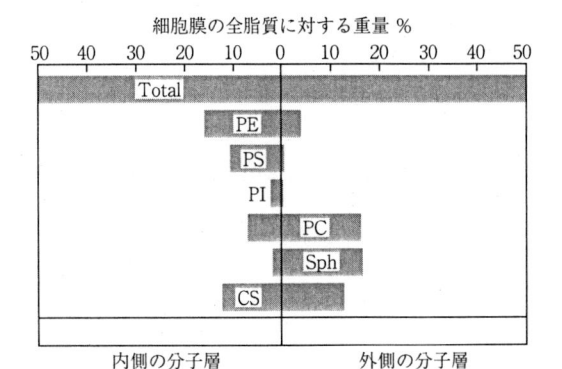

**図 5.7** 赤血球細胞膜（ヒト，ラット）における脂質の非対称的分布
PE：ホスファチジルエタノールアミン，PS：ホスファチジルセリン，PI：ホスファチジルイノシトール，PC：ホスファチジルコリン，Sph：スフィンゴミエリン，CS：コレステロール

せて，各脂質の修飾や分解の程度を調べた結果得られた結論である．図5.7に示されているようにスフィンゴミエリンやホスファチジルコリンは主に外層に，ホスファチジルエタノールアミンやホスファチジルセリンは主に内層に分布する．リン脂質以外では，スフィンゴ糖脂質はすべて外層に分布し，コレステロールは両層に同程度分布する．このような膜脂質の非対称的分布は，細胞表層での物質の受容や細胞間の接着，細胞質側ではホスファチジルセリンの陰荷電が細胞質のタンパク質との相互作用に働くなど，細胞の機能と重要な関わりをもつものである．リン脂質の生合成は細胞内の小胞体（endoplasmic reticulum）膜の細胞質に接した面で行われるが，合成後に特定のリン脂質（例えばホスファチジルセリン）をATPの加水分解を伴って脂質二重層の特定の側へ移動させる酵素（フリッパーゼ，flippase）が小胞体膜に存在するという実験結果も得られている．

〔水野重樹〕

# 6. 核　　　酸

　今日では核酸は遺伝子やエネルギー物質として知られているが，核酸がはじめて見出されたのは他の生体成分より遅く，19世紀後半であった．ミーシャー（F. Miescher）は膿中の細胞核から"ヌクレイン"を分離した．この物質はリン酸を含んでいて酸性物質であったので，核酸（nucleic acid）と名づけられた．核酸の化学構造が明らかになったのは1935年以降のことである．核酸の特徴はペントース（五炭糖），塩基，リン酸の三種類の異なる成分からなっていることである．五炭糖としてはD-リボース，または2-デオキシ-D-リボース，塩基としてはプリン（アデニン，グアニン）およびピリミジン（シトシン，チミン，ウラシル）である．D-リボースを構成成分とする核酸がリボ核酸（ribonucleic acid, RNA）であり，2-デオキシ-D-リボースを構成成分とする核酸がデオキシリボ核酸（deoxyribonucleic acid, DNA）である．

　低分子の核酸はエネルギーの担体であり，また代謝中間体の活性化などに広く関与している．高分子核酸には種々の機能がある．DNAは細胞の核の中にあって遺伝子（gene）としての役割を担っている．情報RNA（mRNA）はDNAからタンパク質を生合成するために遺伝情報を伝達する役割を果たしている．mRNAはDNAの塩基配列を転写して細胞質に存在するリボソームと結合し，ポリソームとして存在している．またmRNAの有する情報に従ってリボソーム上でタンパク質の生合成を行うためにアミノ酸を運搬するのが（アミノ酸）転移RNA（tRNA）である．ウイルスの感染の本体もまた核酸である．細胞質には細胞質DNA（プラスミドDNA）やミトコンドリアや葉緑体のようなオルガネラ（細胞小器官）の核酸もある．このように，核酸は遺伝情報の伝達と形質の発現に関わる高分子物質である．

　本章ではこのような核酸の化学的諸性質について述べる．

## 6.1　塩基（プリンとピリミジン）

　核酸は，窒素を含む塩基性の複素環化合物であるプリン（purine）やピリミジン（pyrimidine）を主要な構成成分としている．

　プリン塩基にはアデニン（adenine）とグアニン（guanine）があり，DNAおよびRNAの構成成分である．ピリミジン塩基にはシトシン（cytosine），チミン（thymine）およびウラシル（uracil）がある．シトシンとチミンはDNAの構成成分であり，シトシンとウラシルはRNAの構成成分である．塩基類の化学構造を図6.1に示す．塩基類は，細胞中では一般に遊離の形で存在することはほとんどなく，大部分は核酸の成分やヌクレオチド（6.3節参照）として存在している．

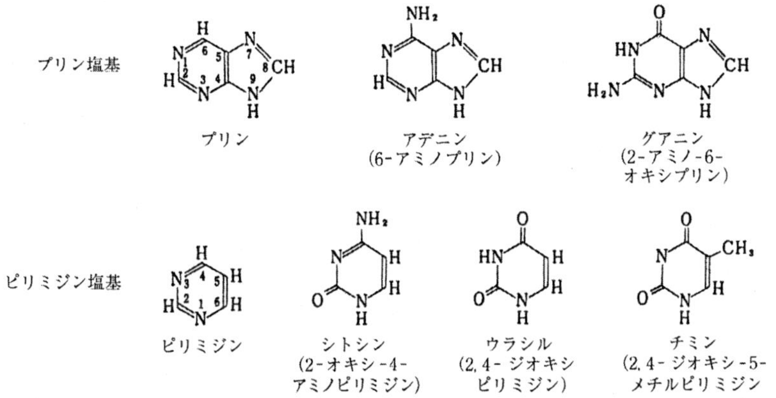

**図6.1　核酸の塩基**

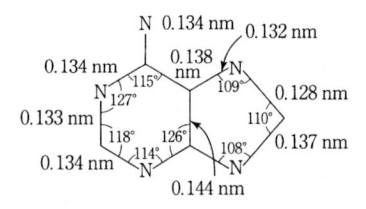

図 6.2 アデニン分子の大きさ

図 6.3 微量塩基の一例（5-ヒドロキシメチルシトシン、$N^6$-メチルアデニン、ジヒドロウラシル、$N^2$-メチルグアニン、ヒポキサンチン）

図 6.4 ウラシルの互変異性（ラクタム型、ラクチム型）

プリンとピリミジンはX線回折による解析で、ほぼ平たい分子であることがわかっており、分子の正確な大きさもわかっている（図6.2）。塩基類の分子の大きさは、水素結合形成能や核酸の生物活性を理解する上で重要である。

図 6.1 に示した塩基類が核酸を構成する主要な塩基であるが、これらの他に核酸には微量に含まれている塩基の存在も確認されている。T偶数系ファージのDNAの主成分には、シトシンの代わりに5-ヒドロキシメチルシトシンが存在している。tRNAからは$N^6$-メチルアデニン、$N^2$-メチルグアニン、ヒポキサンチン、ジヒドロウラシルなどが見出されている（図6.3）。

プリンおよびピリミジン塩基はともに比較的水に溶けにくい。これらは弱塩基性化合物で、pHによって互変異性体として存在している。ウラシルにはラクタム型（ケト型）とラクチム型（エノール型）とがある（図6.4）。pH 7.0付近ではラクタム型が主である。

## 6.2 D-リボースと2-デオキシ-D-リボース

核酸の構成成分の五炭糖としてはD-リボースと2-デオキシ-D-リボースしか存在していない。両五炭糖とも核酸分子中では五員環をつくっている（図6.5）。D-リボースと2-デオキシ-D-リボースとの差は、C 2位がOHかHかである。

図 6.5 D-リボースおよび2-デオキシ-D-リボース

## 6.3 ヌクレオシド、ヌクレオチド

ヌクレオシド (nucleoside) は、プリン塩基の9位、またはピリミジン塩基の1位のNが、D-リボース、または2-デオキシ-D-リボースと$\beta$-$N$-グリコシド結合した化合物である（図6.6）。各種のヌクレオシド類は表6.1に示してある。

アデニンとD-リボースとが結合したものがアデノシン (A)、グアニンがグアノシン (G)、ウラシルがウリジン (U)、シトシンがシチジン (C) とよ

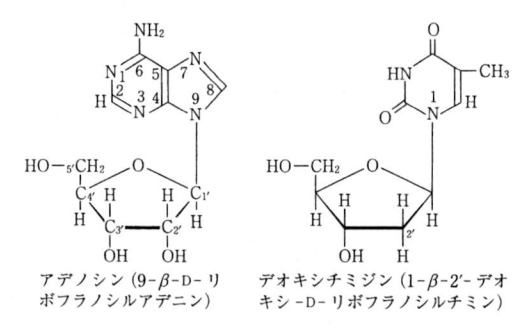

図 6.6 アデノシンおよびチミジン（アデノシン (9-$\beta$-D-リボフラノシルアデニン)、デオキシチミジン (1-$\beta$-2'-デオキシ-D-リボフラノシルチミン)）

表 6.1 ヌクレオシドの名称

| 塩基 | リボヌクレオシド | デオキシリボヌクレオシド |
|---|---|---|
| アデニン | アデノシン (adenosine, A) | デオキシアデノシン (dA) |
| グアニン | グアノシン (guanosine, G) | デオキシグアノシン (dG) |
| ウラシル | ウリジン (uridine, U) | |
| シトシン | シチジン (cytidine, C) | デオキシシチジン (dC) |
| チミン | | デオキシチミジン (dT) または単にチミジン (T) |

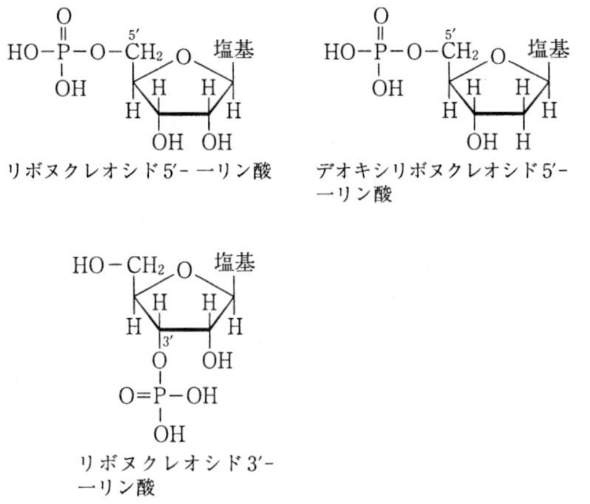

## 6.3 ヌクレオシド，ヌクレオチド

**図 6.7** ヌクレオチドの例

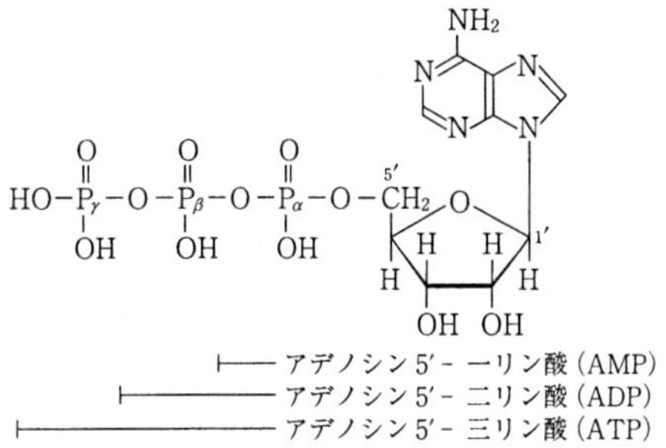

**図 6.8** AMP, ADP, ATP

ばれる．一方，アデニンと 2-デオキシ-D-リボースが結合したものが，デオキシアデノシン (dA)，グアニンがデオキシグアノシン (dG)，シトシンがデオキシシチジン (dC)，チミンがデオキシチミジン (dT) とよばれる．リボヌクレオシドのときは単に塩基の頭文字のみを用いて省略記号とするが，デオキシリボヌクレオシドはリボヌクレオシドと区別するために"d"の文字を塩基の略記号の前につける．チミンは DNA にしか存在しないことから，チミジンとよび，dT を単に T と表すこともしばしばある．

ヌクレオチド (nucleotide) は，ヌクレオシドの糖部分の OH 基に 1 個またはそれ以上のリン酸がエステル結合した化合物である．2, 3 のヌクレオチドの構造を図 6.7 に示した．またヌクレオチドの名称については表 6.2 に示した．

リボヌクレオチドではリボースの 2′ 位，3′ 位および 5′ 位の OH 基にリン酸がエステル結合しうるが，デオキシリボヌクレオチドでは 3′ 位と 5′ 位の OH 基にしかリン酸が結合しえない．ヌクレオチド 5′- あるいは 3′- 一リン酸は，核酸を酸またはアルカリ加水分解（6.6 節 a, b 参照）するか，あるいは核酸分解酵素（6.6 節 d 参照）で処理することによって得られる．

ヌクレオチドにはリン酸が 2 個以上結合した化合物も存在している．一例としてアデノシンリン酸について述べる（図 6.8）．

アデノシン 5′- 一リン酸（5′-AMP，あるいは単に AMP）のリン酸に，もう一個リン酸がエステル結合している化合物がアデノシン 5′- 二リン酸 (ADP) であり，さらにもう一個リン酸がエステル結合している化合物が，アデノシン 5′- 三リン酸 (ATP) である．他のヌクレオチド類についても，それぞれ二リン酸 (NDP) および三リン酸 (NTP) が存在している．これらはいずれもエネルギー代謝（第 2 部第 1 章，第 3 部第 1 章参照），核酸の生合成（第 3 部第 4 章参照）などに必要な重要な物質である．

この他にもグアノシン 3′- 二リン酸 5′- 二リン酸 (ppGpp) やサイクリックアデノシン 3′,5′- 一リン酸（サイクリック AMP, cAMP）なども知られている（図 6.9）．いずれも生体内反応の制御因子として働く重要な化合物である．RNA をアルカリで

**表 6.2** ヌクレオチドの名称

| 塩基 | リボヌクレオチド | デオキシリボヌクレオチド |
|---|---|---|
| アデニン | アデノシン 2′- 一リン酸 (2′-AMP) | |
| | 〃　　　3′-　〃　　(3′-AMP) | デオキシアデノシン 3′- 一リン酸 (3′-dAMP) |
| | 〃　　　5′-　〃　　(5′-AMP) | 〃　　　　　　5′-　〃　　(5′-dAMP) |
| グアニン | グアノシン 2′- 一リン酸 (2′-GMP) | |
| | 〃　　　3′-　〃　　(3′-GMP) | デオキシグアノシン 3′- 一リン酸 (3′-dGMP) |
| | 〃　　　5′-　〃　　(5′-GMP) | 〃　　　　　　5′-　〃　　(5′-dGMP) |
| ウラシル | ウリジン 2′- 一リン酸 (2′-UMP) | |
| | 〃　　　3′-　〃　　(3′-UMP) | |
| | 〃　　　5′-　〃　　(5′-UMP) | |
| シトシン | シチジン 2′- 一リン酸 (2′-CMP) | |
| | 〃　　　3′-　〃　　(3′-CMP) | デオキシシチジン 3′- 一リン酸 (3′-dCMP) |
| | 〃　　　5′-　〃　　(5′-CMP) | 〃　　　　　　5′-　〃　　(5′-dCMP) |
| チミン | | チミジン 3′- 一リン酸 (3′-TMP) |
| | | 〃　　　5′-　〃　　(5′-TMP) |

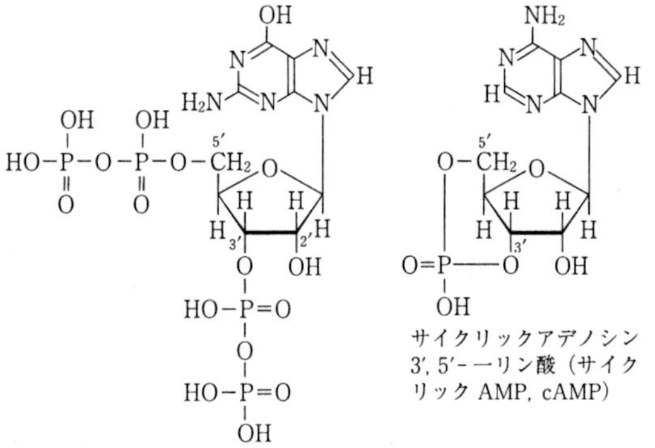

グアノシン 3′-二リン酸
5′-二リン酸 (ppGpp)

サイクリックアデノシン
3′,5′-一リン酸 (サイクリック AMP, cAMP)

**図 6.9** 制御因子として働くヌクレオチド

加水分解すると，加水分解中間体として 2′,3′-サイクリックヌクレオチドが生成する．この物質はアルカリ性で容易にヌクレオシド 2′ または 3′-一リン酸となる（図 6.10）．

ヌクレオチドの中には，リン酸の末端に他の化合物を結合しているものもある．ウリジン二リン酸グルコース（UDP-グルコース，UDPG）はよく知られている例である（図 6.11）．多糖体の生合成の際に必要なグルコースの活性化された状態の化合物である．シチジン二リン酸コリン（CDP-コリン）はコリンの供与体である．ヌクレオチドに結合するリン酸基は比較的強い酸性を示し，pH 7.0 では解離している．

## 6.4 ヌクレオチドの光吸収

ヌクレオシドおよびヌクレオチドは 260 nm 付近の紫外線を強く吸収する．ヌクレオチドの紫外線吸収スペクトルは図 6.12 に示してある．吸収は塩基の種類によって特徴的である．また糖成分が D-リボースであっても 2-デオキシ-D-リボースであっても吸収の状況は全く同じである．

塩基と紫外線吸収の度合（吸光度）との間にはランベルト–ベール（Lambert-Beer）の法則が成立するので，各塩基について特徴的な波長で測定すれば，塩基を定量的に分析することができる．

## 6.5 ポリヌクレオチド

モノヌクレオチドの 3′ または 5′ 位のリン酸が他のモノヌクレオチドの糖部分の 5′ または 3′ 位の OH 基とエステル結合してホスホジエステル結合をつくり，次々とモノヌクレオチドが結合してポリヌクレオチドとなる（図 6.13）．重合度の低いものがオリゴヌクレオチドである．糖成分が 2-デオキシ-D-リボースのみからなるポリヌクレオチドが DNA（図 6.13A）であり，D-リボースのみからなるものが RNA（図 6.13B）である．ポリヌクレオチド分子の方向は 5′ から 3′ と定義されている．

核酸分子は，図 6.13 C のようにも模式的に書き表される．さらに簡略化して（図 6.13 D, E）のよ

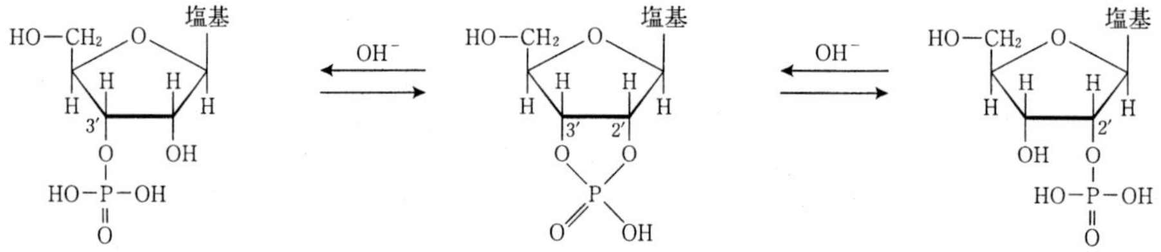

リボヌクレオシド 3′-一リン酸　　リボヌクレオシド 2′,3′-サイクリック-リン酸　　リボヌクレオシド 2′-一リン酸

**図 6.10** RNA のアルカリ加水分解の際に生成する中間体

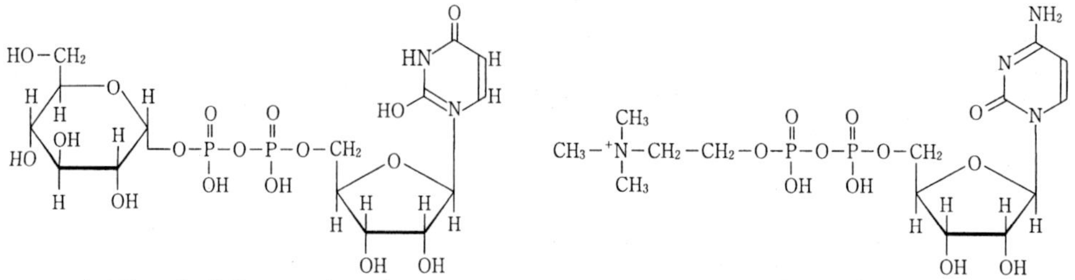

ウリジン二リン酸グルコース (UDPG)　　シチジン二リン酸コリン (CDP-コリン)

**図 6.11** ウリジン二リン酸グルコースとシチジン二リン酸コリン

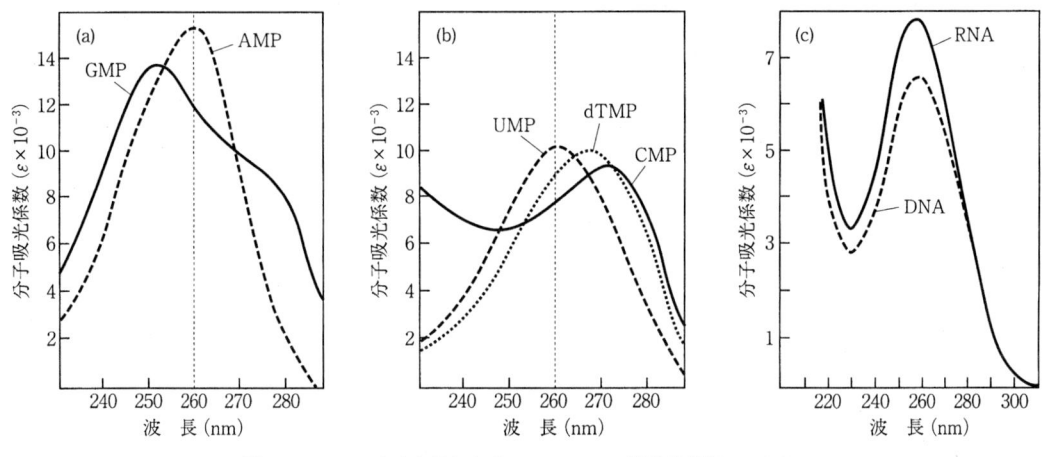

**図6.12** ヌクレオチド類およびDNA, RNAの紫外線吸収スペクトル

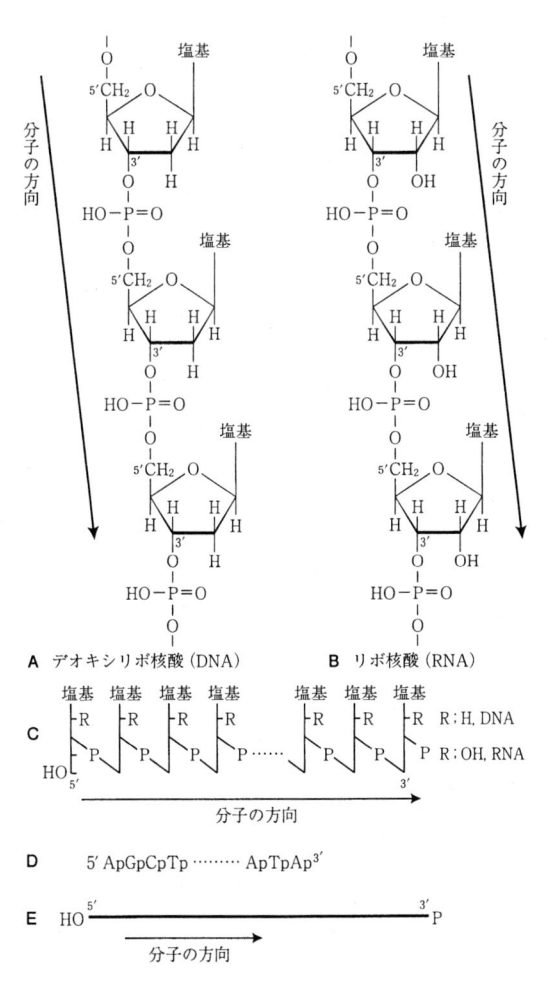

**図6.13** ポリヌクレオチド

うに書き表すこともある．このような場合には分子の末端の構造や方向性がわかるように留意しなければならない．

### a. DNA

DNAは細胞の核に存在するきわめて巨大な分子である．DNAは核以外にもオルガネラ（ミトコンドリア，葉緑体）や微生物の細胞質因子（プラスミドまたはエピソーム）として存在し，またウイルスとしても存在している．

DNAはアデニン（A），グアニン（G），シトシン（C），およびチミン（T）の4種類の塩基を含んでいる．シャルガフ（E. Chargaff）は，1949年から1953年の間に多くの生物からDNAを抽出し，塩基組成を調べた結果，AとT，GとCの組成が等しく，したがってA+GとC+Tの比はほぼ1に等しく，生物の種類によってA+TとG+Cの比（あるいはG+Cの含量）が異なることを明らかにした（表6.3）．

一方，タンパク質のαヘリックスがポーリング（L. Pauling）らのX線回折解析で明らかにされていたので，DNAについてもX線回折による構造の解析がなされた．1950年から1953年にかけてフランクリン（R. Flanklin）とウィルキンス（M.H.F. Wilkins）は，DNAには水和の差によりA型とB型の2種類が存在し，B型は二つの周期性をもち，主要な方は0.34 nm，他は3.4 nmであることを明らかにした（図6.14）．

このモデルはDNAの化学的・物理的性質を矛盾なく説明するばかりでなく，遺伝情報が誤りなく複製される機構を説明する画期的なものであった．このモデルによれば，ポリヌクレオチド鎖が2本，回転軸の周囲をらせん状に伸びている．この2本の鎖は互いに反対方向（逆平行）に配列しており（図6.14），塩基はAとT，GとCとが互いに2個と3

## 表 6.3 DNA の塩基組成

| | 塩基組成モル% | | | | 塩基比 | | | 非対称比 $\frac{A+T}{G+C}$ |
|---|---|---|---|---|---|---|---|---|
| | A | G | C | T | A/T | G/C | Pu/Py | |
| 動 物 | | | | | | | | |
| ヒト | 30.9 | 19.9 | 19.8 | 29.4 | 1.05 | 1.00 | 1.04 | 1.52 |
| ヒツジ | 29.3 | 21.4 | 21.0 | 28.3 | 1.03 | 1.02 | 1.03 | 1.36 |
| ニワトリ | 28.8 | 20.5 | 21.5 | 29.2 | 1.02 | 0.95 | 0.97 | 1.38 |
| カメ | 29.7 | 22.0 | 21.3 | 27.9 | 1.05 | 1.03 | 1.00 | 1.31 |
| サケ | 29.7 | 20.8 | 20.4 | 29.1 | 1.02 | 1.02 | 1.02 | 1.43 |
| ウニ | 32.8 | 17.7 | 17.3 | 32.1 | 1.02 | 1.02 | 1.02 | 1.58 |
| バッタ | 29.3 | 20.5 | 20.7 | 29.3 | 1.00 | 1.00 | 1.00 | 1.41 |
| 植 物 | | | | | | | | |
| 麦芽 | 27.3 | 22.7 | 22.8 | 27.1 | 1.01 | 1.00 | 1.00 | 1.19 |
| 酵母 | 31.3 | 18.7 | 17.1 | 32.9 | 0.95 | 1.09 | 1.00 | 1.79 |
| クロコウジカビ | 25.0 | 25.1 | 25.0 | 24.9 | 1.00 | 1.00 | 1.00 | 1.00 |
| 細 菌 | | | | | | | | |
| 大腸菌 | 24.7 | 26.0 | 25.7 | 23.6 | 1.04 | 1.01 | 1.03 | 0.93 |
| 黄色ブドウ球菌 | 30.8 | 21.0 | 19.0 | 29.2 | 1.05 | 1.11 | 1.07 | 1.50 |
| クロストリジウム・ペルフリンゲンス | 36.9 | 14.0 | 12.8 | 36.3 | 1.01 | 1.09 | 1.04 | 2.70 |
| ブルセラ・アボルツス | 21.0 | 29.0 | 28.9 | 21.1 | 1.00 | 1.00 | 1.00 | 0.72 |
| サルシア・ルテア | 13.4 | 37.1 | 37.1 | 12.4 | 1.08 | 1.00 | 1.04 | 0.35 |
| バクテリオファージ | | | | | | | | |
| T7 | 26.0 | 24.0 | 24.0 | 26.0 | 1.00 | 1.00 | 1.00 | 1.08 |
| λ | 21.3 | 28.6 | 27.2 | 22.9 | 0.92 | 1.05 | 1.00 | 0.79 |
| φX174，単鎖型 | 24.6 | 24.1 | 18.5 | 32.7 | 0.75 | 1.30 | 0.95 | 1.34 |
| 複製型 | 26.3 | 22.3 | 22.3 | 26.4 | 1.00 | 1.00 | 1.00 | 1.18 |

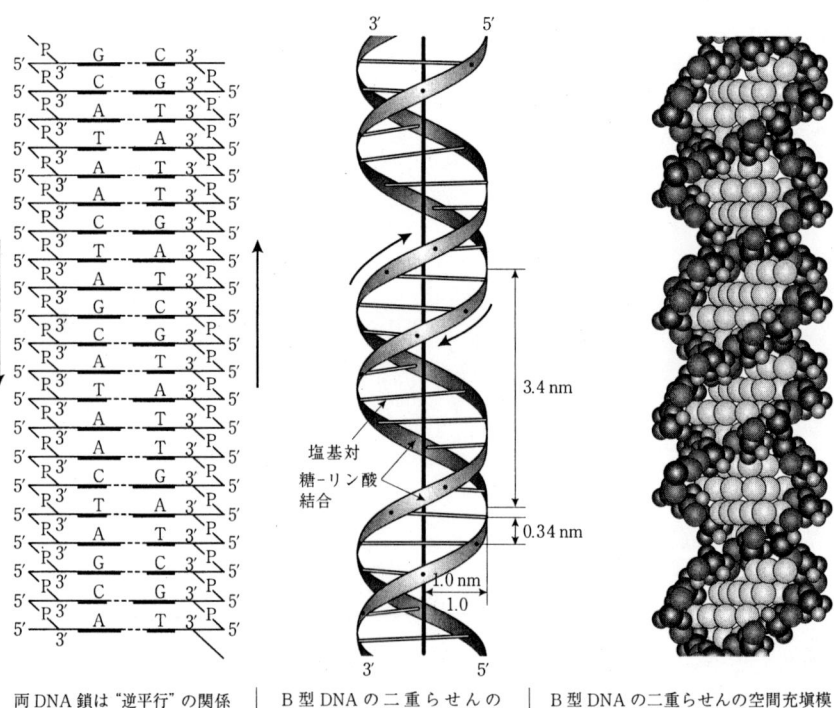

両DNA鎖は"逆平行"の関係にある．ヌクレオチドと結合していない5'末端は左の鎖では下方に，右の鎖では上方にある．

B型DNAの二重らせんのディメンジョン．完全に1回転する間に34Å進み，10個の塩基対を含む．

B型DNAの二重らせんの空間充填模型 (*Nature*, 175：834, 1955)．
● H ○ O ● リン酸エステル鎖の中のC ○ 塩基の中のCおよびN ● P

**図 6.14** Watson-Crickのモデル―DNAの二重らせん構造―

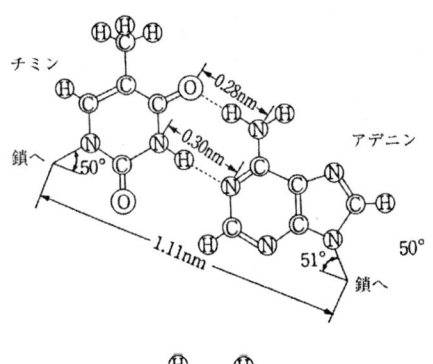

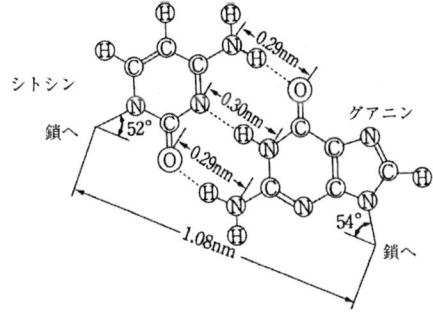

**図6.15** アデニン（A）とチミン（T），グアニン（G）とシトシン（C）の間の水素結合（L. Pauling, R.B. Carey: *Arch. Biochem. Biophys.*, **65**:164, 1956）
AとTの間には2個，GとCの間には3個の水素結合が存在する．

**表6.4** いくつかのDNA分子の大きさ

| 種　類 | 長さ(nm) | 重量(MDa) | G+C(%) |
|---|---|---|---|
| バクテリオファージ φX174（一本鎖） | 1.77 | 3.4 | 42 |
| バクテリオファージ λ（二本鎖） | 17.2 | 32 | 49 |
| バクテリオファージ T₂（二本鎖） | 56 | 130 | 35 |
| 大腸菌（二本鎖） | — | 〜2,500 | 52 |
| ポリオーマウイルス（二本鎖） | 1.56 | 3.1 | 48 |
| 植物クロロプラスト*（二本鎖） | 40〜50 | 〜120 | 24〜41 |

\* 植物の種類により大きさが異なる．

個の水素結合をつくって安定な塩基対（図6.15）を形成している．互いに対をつくっている塩基はDNA分子の内部にあり，糖とリン酸よりなる骨格構造はDNA分子の外側にある（図6.14）．

ワトソン（J. D. Watson）とクリック（P. H. C. Crick）はX線回折像に観察された0.34 nmの周期を説明するのに，塩基は互いに0.34 nmの距離で積み重なっており，3.4 nmからなる周期は分子のねじれがひと巻くのに，正確に10個のヌクレオチド対が存在するためであるとした．このような2本の鎖よりなるDNA分子を二重らせん（double helix）とよんでいる（図6.14）．

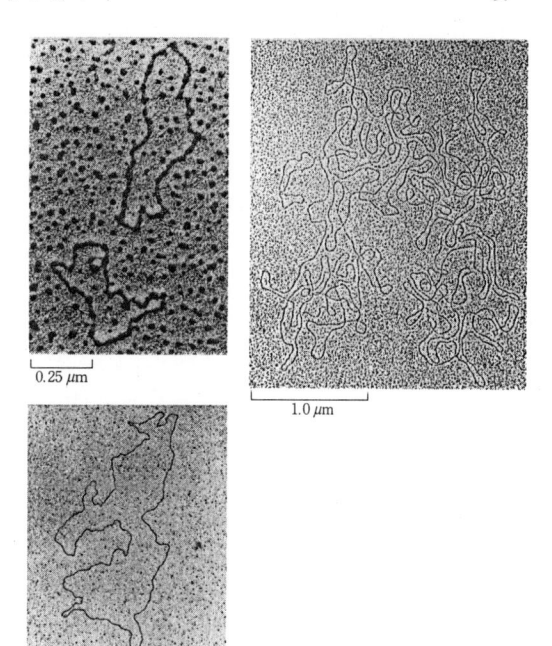

**図6.16** ファージDNAの電子顕微鏡写真（A.L.Lehninger : Biochemistry, p.867, Worth Publishers, 1975）

DNAは生物の種類によって分子の形態や分子量は異なるが，知られているかぎり切れ目のない1本の鎖からなる巨大分子である（表6.4）．その上，電子顕微鏡観察や遺伝学的研究によれば，分子は環状をしているものが多い（図6.16）．

大腸菌ファージφX174のDNAが遺伝子として最初に全塩基配列の決定がなされた．φX174の複製型（RF）DNAは分子量が$3.4×10^6$ Daであり，塩基対の数は5,386個である．大腸菌や枯草菌などの原核生物のDNAについても多くの知見が得られているが，真核生物のDNAについては存在形態が複雑であり，基本的にはクロマチン構造の中に超らせん状に巻かれて存在していると考えられている（6.7節参照）．

### b.　DNAの熱変性と光学的性質

核酸の塩基が260 nm付近に吸収極大を示すので，DNAもまた260 nm付近に吸収極大を示す（図6.12 C）．DNAはまた次の要因によって塩基間の水素結合が切れ，一本鎖に解離する．要因とは，①強い酸またはアルカリ，②熱，③尿素，ホルムアミドなど水素結合を破壊する試薬などである．種々の条件で二本鎖DNAが一本鎖になることをDNAの変性という．DNAが二本鎖のときに示す吸光度は，DNAが変性を受けると一般に増大する．これは変性によって個々の塩基の示す吸収が加算的となる

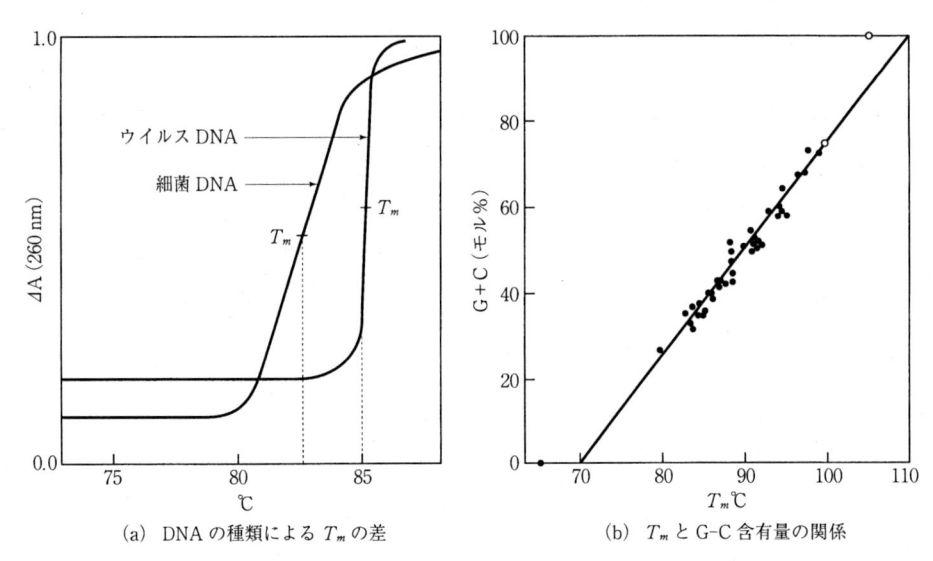

**図6.17** DNAの融解温度 ($T_m$)

(a) DNAの種類による $T_m$ の差
(b) $T_m$ と G-C 含有量の関係

ためである．この効果を濃色効果（hyperchromic effect）とよぶ．自然状態のDNAの熱変性による260 nmの吸収増大の割合は，A-T含有量が大きいほど増大する（図6.17）．

DNAの変性する温度はDNAの種類によって異なり，それぞれ固有の熱変性を示す．熱変性における遷移の鋭さは有機化合物の融点を想起させることから，DNAの融解曲線の中点の温度をとり，これを融解温度（melting temperature, $T_m$）とよんでいる（図6.17a）．

$T_m$ は G-C 塩基対の含有量が多ければ高い値を示す．それは G-C 塩基対は3個の水素結合をもっているので，水素結合2個の A-T 塩基対よりも変性をさせるのに多くのエネルギーを必要とするからである（図6.17b）．

### c. DNA の種類
#### 1) 染色体 DNA

DNAは細胞の核の中で染色体として存在している．高等生物の染色体DNAは後の節で述べるように核タンパク質と結合して複雑な高次構造をとっているが，全DNAが1本の切れ目のない鎖かどうかはわかっていない．大腸菌のようなバクテリアの染色体DNAはバクテリオファージのDNAと同様に二本鎖で切れ目のない環状をしている（図6.16参照）．

染色体DNAは遺伝情報を担っている．遺伝情報とは，各種タンパク質のアミノ酸の配列を決定し，そして合成する能力を備えていることである．細胞のどの時期に，どの遺伝情報が発現されるかは細胞の状態で異なる（第4部1～2章参照）．

#### 2) プラスミド DNA

多くのバクテリアは，染色体DNAの他に細胞質の中に種々の大きさのDNAを保有している．大腸菌では，大腸菌の雌雄を決定する因子としてF因子（Fプラスミド）が存在するが，このF因子は，分子量約 $3.0 \times 10^6$ Da の二本鎖環状DNAである．また種々の微生物が，抗生物質を含む各種薬剤に対して耐性を示すようになることが知られているが，この薬剤耐性を示す性質の遺伝情報を担うのが分子量 $6.3 \times 10^7$ Da の二本鎖環状DNAを有するR因子（Rプラスミド）である．これらの因子を総称して細胞質遺伝子，プラスミドとよんでいる．バクテリアの中にはある種のバクテリアの生育を阻害するタンパク質を生産するものがある．このようなタンパク質がバクテリオシンであり，バクテリオシンもまた（コリシンE1の場合，分子量 $4.2 \times 10^6$ Da）二本鎖環状DNAにコードされている．

#### 3) オルガネラの DNA

バクテリアを除くすべての細胞には，エネルギーを生産している細胞小器官であるミトコンドリアが存在している．また植物細胞にはミトコンドリアの他に光合成を行う葉緑体が存在している．これら細胞小器官はオルガネラとよばれている．ミトコンドリアや葉緑体には核の染色体DNAとは異なる分子量 $0.8 \sim 1.2 \times 10^8$ Da のDNAが存在している．オルガネラの中にはまたリボソームやtRNAも存在し，オルガネラに特徴的なタンパク質の合成を行っている．

表6.5 主な制限酵素

| 酵素の種類 | 切断個所 | 酵素の由来 |
|---|---|---|
| EcoRI | 5′-G↓A A T T C-3′<br>3′-C T T A A↑G-5′ | Escherichia coli |
| HindⅢ | 5′-A↓A G C T T-3′<br>3′-T T C G A↑A-5′ | Hemophilus influenzae |
| BamHI | 5′-G↓G A T C C-3′<br>3′-C C T A G↑G-5′ | Bacillus amyloliquefaciens H |
| SalI | 5′-G↓T C G A C-3′<br>3′-C A G C T↑G-5′ | Streptomyces albus |
| PstI | 5′-C T G C A↓G-3′<br>3′-G↑A C G T C-5′ | Providencia stuartii |
| AluI | 5′-A G↓C T-3′<br>3′-T C↑G A-5′ | Arthrobacter luteus |
| HaeⅢ | 5′-G G↓C C-3′<br>3′-C C↑G G-5′ | Hemophilus aegiptius |
| PvuⅡ | 5′-C A G↓C T G-3′<br>3′-G T C↑G A C-5′ | Proteus vulgaris |

制限酵素により加水分解を受ける個所を矢印で示した．---は対称軸を示してある．制限酵素の名称はその酵素が由来する微生物の頭文字3文字をとっている．

### 4) ウイルスのDNA

ウイルスは形態的には多種多様であるが，構造的にはタンパク質の殻にウイルスの感染の本体（染色体）であるDNAまたはRNAが包み込まれた状態にある．微生物の生化学と遺伝学が今日の生命科学を発展させたのと同様に，微生物に感染するウイルス（バクテリオファージ）の生化学と遺伝学もまた，生命科学の基礎的研究に大いに貢献した．

DNAを有する動物ウイルスにポリオーマウイルスやSV40などがある．これらのウイルスDNAはいずれも二本鎖環状をなしている．これらのウイルスの感染により動物細胞に腫瘍（がん）ができる．植物ではカリフラワーモザイクウイルス，昆虫では核多角体病ウイルス群などがある．バクテリアに感染するウイルスを特にバクテリオファージとよぶ．ウイルスに含まれているDNAは二本鎖であるが，ファージφX174のDNAは一本鎖環状をしており，大腸菌に感染するとただちに相補性鎖を合成し，二本鎖環状DNA（複製形〈RF〉DNA）となる．

ウイルスDNAは第4部第2章で述べるように，遺伝子操作におけるベクターに改変されて用いられているものもある．

### d. RNA

RNAは細胞中でそれぞれ異なった役割を担って存在している．DNAから遺伝情報を写しとってきた状態のRNA，すなわち情報RNA（messenger RNA, mRNA），mRNAを結合してタンパク質の生合成を行う場を提供しているリボソームの構成成分であるRNA（ribosomal RNA, rRNA），およびアミノ酸を活性化してリボソーム上でタンパク質を合成する役割を担っているアミノ酸転移RNA（transfer RNA, tRNA）がある．これら3種類のRNAはそれぞれ特徴ある分子量と分子の形をしている．mRNAはタンパク質分子の数とほぼ同じ数の分子が存在しており，分子量もタンパク質の大きさに応じ多様である．rRNAは分子量の異なる数種類のものが存在し，リボソームタンパク質と複合体をつくっている．tRNAはアミノ酸の種類を決定するシグナル（アミノ酸の遺伝暗号〈コドン〉，第4部第3章参照）の種類に応じて約60種類存在している．

#### 1) mRNA

mRNAは，DNA依存RNAポリメラーゼ（DNA dependent RNA polymerase）によりDNAを鋳型にして合成される．この過程を転写（transcription）という．転写の際にRNAは二本鎖DNAのうちの一方のDNA鎖の塩基配列のみを読みとる（転写の機構，ならびに制御機構は第4部第2章参照）．このときDNAの塩基A, G, C, TにはU, C, G, Aがそれぞれ塩基対をつくる．その結果転写されて生成したmRNAの塩基配列は，DNAの相当する部位の塩基配列と相補的（complementary）である．mRNAは合成されるとリボソームの30Sサブユニットと結合してタンパク質生合成の際のアミノ酸の配列を決定するための鋳型となる（第4部第3章参照）．アミノ酸の種類はmRNA上の塩基配列の連続した3種類の塩基によって決定される．

#### 2) rRNA

リボソームはタンパク質を生合成する場を提供している細胞内顆粒で，RNAとタンパク質の複合体である．リボソームを構成しているRNA成分のことを総称してリボソームRNA（rRNA）とよぶ．原核細胞のリボソームは直径約18 nm，分子量約2.8 MDa，沈降定数70Sであり，70Sは50Sと30Sのサブユニットからなっている．50Sサブユニットは，それぞれ1分子ずつの5S rRNAと23S rRNAおよび30種類のポリペプチドからなり，30Sサブユニットは1分子の16S rRNAと20種類のポリペプチドからなっている（第4部第3章参照）．

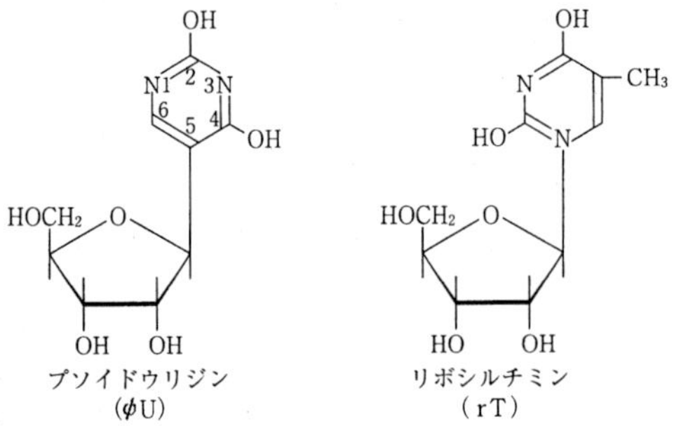

**図 6.18** プソイドウリジンとリボシルチミン

### 3) tRNA

tRNAはリボソーム上でタンパク質の生合成が行われる際に，あらかじめアミノ酸を活性化して分子の3′末端に結合した状態で，mRNAの指令するアミノ酸の種類に従ってリボソーム上に結合し，逐次ペプチド鎖を伸長していく際のアミノ酸の運搬者としての役割を果たしている．tRNAは分子量が23,000～28,000 Daの範囲にあり，ヌクレオチドの数で75個から90個，沈降定数は4Sである．

tRNA分子はいくつかの特徴を備えている（第4部第3章参照）．① tRNAは分子内で部分的に塩基対をつくって二本鎖を形成している．② 部分的に塩基対をつくれない微量塩基が配列していてループ構造をつくっている．③ 活性化されたアミノ酸の結合する部位は3′末端で，-CCAOH3′のような塩基配列をもっている．④ 立体構造でCCA末端の反対の部位はループ状をなし，ここにmRNA上の遺伝子コード（トリプレット）と相補性の塩基配列が存在している．

tRNAの特徴の一つである微量塩基としてプソイドウリジン（$\phi$U, 図6.18），5,6-ジヒドロウラシル（DHU），リボシルチミン（Tは通常DNAに含まれているが，例外としてrTを含むtRNAもある），および少数のメチル化グアノシン（2-O-メチルグアノシン）などが存在する．tRNA分子中でT$\phi$Cが必ず含まれていてこの部分はループをつくっている（224頁図3.4参照）．それゆえこの部分をT$\phi$Cアームとよぶ．

### 4) ウイルスのRNA

ウイルスにはRNAを遺伝子としてもつものがある．1950年フラエンケル＝コンラート（F. Flaenkel-Conrat）がタバコモザイクウイルス（TMV）を結晶状に分離し，ウイルスは生物か無生物かという議論を引き起こしたことでよく知られているが，TMVは植物の代表的なRNAウイルスである．微生物にもRNAウイルス（バクテリオファージ）が存在する．$Q_\beta$, R17などがそれである．ウイルスに含まれるRNAはほとんどが一本鎖であるが，感染後に子どものRNAを合成する際には，DNAと同様，相補性鎖を合成して二本鎖RNAになる段階がある．

動物にがんを引き起こすことで知られているRNAウイルスにレトロウイルスがある．このウイルスRNAが感染すると，自己の遺伝情報に基づいて合成される逆転写酵素（reverse transcriptase, RNA依存DNAポリメラーゼ）により，ウイルスRNAと相補性のDNAを合成する．このように，ウイルスの生活環の中でRNAとDNAの両方の核酸の形態をとるものもある．

## 6.6 核酸の構造解析

核酸の構造の骨格は図6.13に示したが，核酸の構造解析を行うに当たって最も重要なことは，塩基の組成を知ることと，塩基の配列の順序を知ることである．これはアミノ酸の配列の順序がタンパク質において重要であることと基本的には同じである．核酸の塩基配列を決定する方法はいろいろ工夫されているが，基本的には高分子の核酸を低分子化（断片化）し，得られた断片について末端から逐次塩基配列を決定する．

塩基の組成を知るためには核酸を構成ヌクレオチドまたはヌクレオシドにまで完全に分離しなければならない．そのためには酸またはアルカリによる加水分解がしばしば行われる．加水分解産物は電気泳動法や種々のクロマトグラフ法で分析することができる．

#### a. 核酸の酸加水分解

DNAおよびRNAは強酸で容易に加水分解を受け，塩基，糖，およびリン酸になる．しかしこの反応は定量的ではない．比較的穏やかな条件下での酸加水分解（0.4 N塩酸，100℃～120℃，1～2時間）ではプリン塩基は遊離するが，ピリミジン塩基は5′-モノヌクレオチドとなる（図6.21 A参照）．よりゆるやかな条件（pH 3.0, 100℃, 1時間）では，DNA分子の骨格は加水分解されることなく，プリン塩基のみが選択的に遊離する．この結果生成するDNAをアプリン酸（apurinic acid）とよぶ（図6.19 B）．

#### b. RNAのアルカリ加水分解

DNAは構成成分の糖が2-デオキシ-D-リボースであるから，アルカリによる加水分解は受けない．

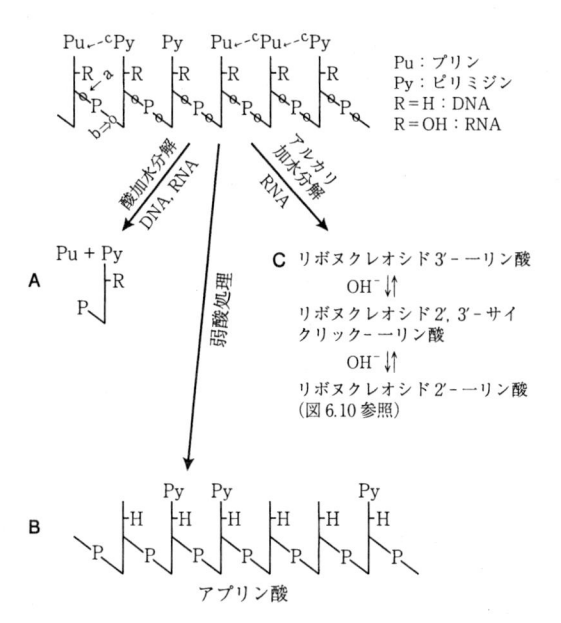

**図 6.19** DNA および RNA の酸またはアルカリによる加水分解
a →：酸加水分解の際の切断個所，b ⇒：アルカリ加水分解の際の切断個所，c →：弱酸処理による脱プリン

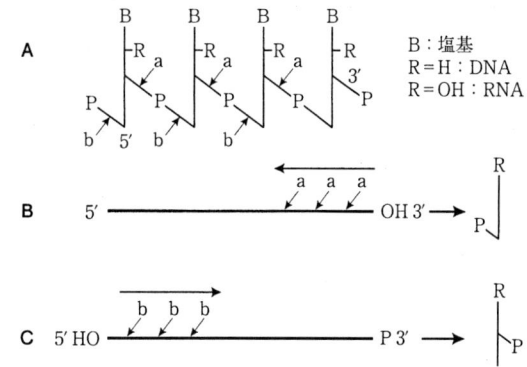

一方，RNA は糖が D-リボースであるから，アルカリ性でリン酸が 2′, 3′-サイクリックリン酸を形成することにより，ポリヌクレオチド骨格のホスホジエステル結合が加水分解を受け，2′, 3′-サイクリックヌクレオチド，2′-ヌクレオチド，および 3′-ヌクレオチドの混合物を与える（図 6.19 C，図 6.10 参照）．この反応はほぼ定量的に進行する．

### c. 核酸の酵素による加水分解

核酸も他の生体高分子と同様，各種の核酸分解酵素によって加水分解を受ける．酵素には核酸分子の末端から順次分解してモノヌクレオチドを生成するエキソヌクレアーゼと，塩基の種類や塩基の配列を認識して分解し，オリゴヌクレオチドを生成するエンドヌクレアーゼとがある．加水分解を受ける部位はホスホジエステル結合の 3′ 側（図 6.20 A の a の部位）か，5′ 側（図 6.20 A の b の部位）かである．3′ 側，すなわち 3′ の酸素とリン酸基の間が加水分解を受けると 5′-モノヌクレオチドが得られる（3′ 酵素）．一方，5′ 側，すなわち 5′ の酸素とリン酸基の間が加水分解を受けると 3′-モノヌクレオチドが得られる（5′ 酵素）．

### d. エキソヌクレアーゼ

エキソヌクレアーゼは核酸分子の 3′ または 5′ 末端から順次分解し，モノヌクレオチドを与える酵素である．代表的なものに蛇毒のホスホジエステラーゼ，脾臓のホスホジエステラーゼなどがある（図 6.20）．

**i) 蛇毒のホスホジエステラーゼ** 本酵素は DNA および RNA の両方に作用する．核酸分子の 3′ 末端の D-リボースまたは 2-デオキシ-D-リボースの OH 基が遊離しているときに強く作用し，5′-モノヌクレオチドを生じる（図 6.20 A, B）．

**ii) 脾臓のホスホジエステラーゼ** 脾臓から分泌される消化酵素の一種である．本酵素もまた DNA および RNA の両方に作用する．本酵素は蛇毒のホスホジエステラーゼとは異なり，核酸の 5′ 末端から順次加水分解を行い 3′-モノヌクレオチドを生成する（図 6.20 A, C）．

### e. エンドヌクレアーゼ

エンドヌクレアーゼには DNA のみを分解するデオキシリボヌクレアーゼ（DNase）や，RNA のみを分解するリボヌクレアーゼ（RNase）が存在している．エンドヌクレアーゼは塩基の種類や配列を認識している酵素が多い．

**1) 膵臓リボヌクレアーゼ**（リボヌクレアーゼ A）
膵臓より分泌されるリボヌクレアーゼで早くから知られていた．リボヌクレアーゼ A は RNA 分子の中のピリミジン塩基に対して特異性があり，ピリミジンヌクレオシドの 3′ 側に存在するホスホジエステル結合が次のヌクレオチドの 5′ 側の OH と結合している 5′ 側を加水分解するので，生成するオリゴヌクレオチドまたはピリミジンモノヌクレオチドは 3′ 側がリン酸化されている（図 6.21 A，図 6.20 A の b）．オリゴヌクレオチドの 3′ 末端には必ずピリミジン 3′-モノヌクレオチドが存在している．ピリミジン 3′-モノヌクレオチドは，RNA 分子の中で

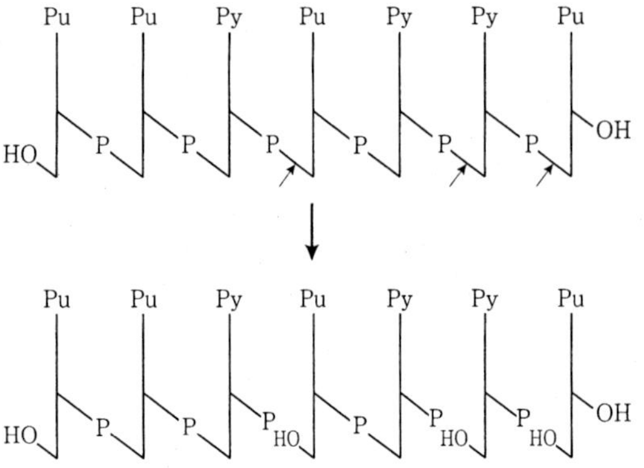

72    6. 核　　酸

```
Pu    Pu    Py    Pu    Py    Py    Pu
 |    |    |    |    |    |    |
HO   P    P   ↙P   P   ↙P   ↙P    OH
```

↓

```
Pu    Pu    Py    Pu    Py    Py    Pu
 |    |    |    |    |    |    |
HO   P    P    P HO   P HO  P HO    OH
```

**A** 膵臓リボヌクレアーゼ
　　 （リボヌクレアーゼA）

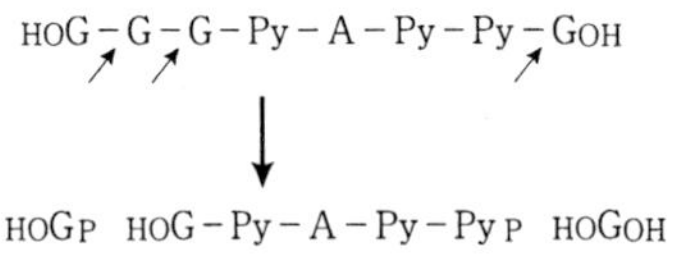

HOG-G-G-Py-A-Py-Py-GOH
　　↙　↙　　　　↙

↓

HOGP  HOGP  HOG-Py-A-Py-PyP  HOGOH

**B** リボヌクレアーゼ$T_1$

**図6.21** 膵臓リボヌクレアーゼとリボヌクレアーゼ$T_1$の作用 BはRNAの構造を簡略化して示してある．

ピリミジンが2個以上クラスターを形成している個所に由来している．

### 2） リボヌクレアーゼ$T_1$

リボヌクレアーゼ$T_1$はタカジアスターゼ（*Aspergillus oryzae*）より分離された．この酵素はグアニンに対して特異的で，グアノシンの3′側に存在するホスホジエステル結合が次のヌクレオチドの5′側のOHと結合している5′側を加水分解するので，生成するオリゴヌクレオチドまたはグアノシンモノヌクレオチドは，3′側がリン酸化されている．オリゴヌクレオチドの3′末端には必ずグアノシン3′-モノヌクレオチドが存在している．グアノシン3′-モノヌクレオチドはグアノシンが2個以上クラスターとなっている個所に由来している（図6.21 B，図6.20 Aのb）．

### 3） 脾臓デオキシリボヌクレアーゼI（DNase I）

DNase Iは脾臓より分泌される消化酵素の中に含まれている．本酵素は二本鎖DNAに作用し，ホスホジエステル結合の3′側を非特異的に加水分解してオリゴヌクレオチドを与える（図6.20 Aのa）．それゆえオリゴヌクレオチドの5′末端にリン酸が結合している．

### f． その他のヌクレアーゼ

#### 1） ミクロコッカルヌクレアーゼ

本酵素は一本鎖および二本鎖のDNA，およびRNAをともに非特異的に加水分解して3′-モノヌクレオチドを与える．一本鎖DNAでATの多い領域があると分解速度が高い．

#### 2） 大腸菌のエキソヌクレアーゼIII

本酵素は二本鎖DNAに作用し，3′末端から順次加水分解して5′-デオキシヌクレオチドを与える．反応は二本鎖の約40%が分解され，分子の中央部のらせん構造がなくなった段階で止まる．本酵素はまた，3′-ホスホターゼ活性やアプリン酸の脱プリンを起こしている個所に作用してエンドヌクレアーゼ活性も示す．

#### 3） S1ヌクレアーゼ

本酵素もまたタカジアスターゼから分離された．この酵素は，一本鎖DNAに対して特異的であり，二本鎖DNAでも塩基対を形成していない個所（一本鎖部位）を加水分解し，5′-モノヌクレオチドを与える．

### g． 制限酵素

エンドヌクレアーゼの一種であるが，DNA塩基配列を認識して加水分解するという特徴があることから制限酵素とよび，他のエンドヌクレアーゼと区別している．表6.5に代表的な制限酵素とそれらの作用するヌクレオチド配列を示した．制限酵素は二回転対称の構造をしている部位を対称的に加水分解する．これらの酵素の特性を利用すれば組換えDNAの技術として利用できる（第4部第4章参照）．例えば，*Eco*RIで加水分解した分子の末端は $\begin{smallmatrix}5'-G & AATTC-3'\\ 3'-CTTAA & G-5'\end{smallmatrix}$ となっているから，他の生物のDNAを*Eco*RIで加水分解した断片 $\begin{smallmatrix}5'AATTC-G & 3'\\ 3' & G-CTTAA 5'\end{smallmatrix}$ を容易に挿入することができる．

### h． DNAの塩基配列の解析

核酸の構造の特徴は構成糖にもあるが，むしろ塩基の種類と配列の仕方にある．しかしDNAはあまりにも分子が巨大であるため，そのままの状態では塩基配列を決定することはできない．タンパク質のアミノ酸配列を決定するときにプロテアーゼによるペプチドの断片化を行い，短鎖ペプチドについてアミノ酸配列を決定したのと同様に，DNAをまず制限酵素によって断片化し，得られたDNA断片について塩基配列を決定する．DNAの塩基配列決定法は1968年サンガー（F. Sanger）によって，また1977年マクサム（A. M. Maxam）とギルバート（W. Gilbert）によって開発された．次にMaxam-Gilbert法について述べる．

## 6.6 核酸の構造解析

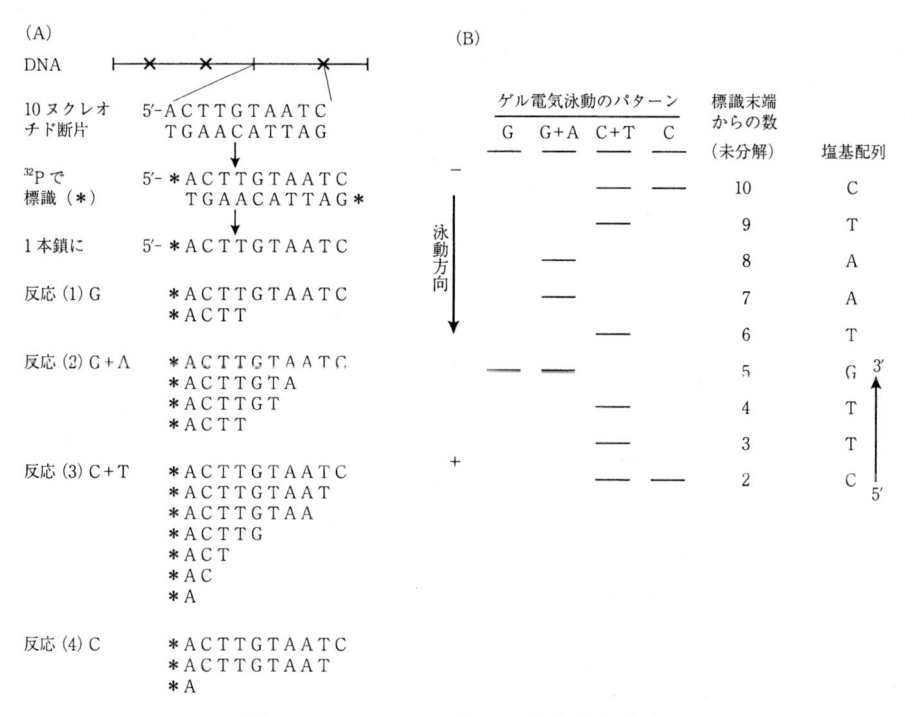

```
(A)
DNA                                    ×   ×                ×
10 ヌクレオ      5'-ACTTGTAATC
チド断片          TGAACATTAG

³²P で          5'-*ACTTGTAATC
標識 (*)          TGAACATTAG*
                       ↓
1本鎖に          5'-*ACTTGTAATC

反応 (1) G        *ACTTGTAATC
                 *ACTT

反応 (2) G+A      *ACTTGTAATC
                 *ACTTGTA
                 *ACTTGT
                 *ACTT

反応 (3) C+T      *ACTTGTAATC
                 *ACTTGTAAT
                 *ACTTGTAA
                 *ACTTG
                 *ACT
                 *AC
                 *A

反応 (4) C        *ACTTGTAATC
                 *ACTTGTAAT
                 *A
```

(B) ゲル電気泳動のパターン / 標識末端からの数（未分解） / 塩基配列

| | G | G+A | C+T | C | | |
|---|---|---|---|---|---|---|
| | | | | — | 10 | C |
| | | | — | | 9 | T |
| | | — | | | 8 | A |
| | | — | | | 7 | A |
| | | — | | | 6 | T |
| | — | — | | | 5 | G |
| | | — | | | 4 | T |
| | | | — | | 3 | T |
| | | | — | — | 2 | C |

泳動方向 ↓　　塩基配列 5'→3'

**図 6.22** Maxam–Gilbert 法による塩基配列の決定

原理的には DNA 断片の 5' 末端, または 3' 末端を ³²P で標識しておく. プリンまたはピリミジン塩基は種々の化学試薬や化学反応に対する反応性が異なるので, この性質を利用して塩基特異的な反応を行い, 得られた標識されている DNA の断片の分析を電気泳動法により行い, 塩基配列を決定する方法である (図 6.22).

一例として 10 ヌクレオチドよりなる DNA 断片の場合について図 6.22 に示す. まず得られた 10 ヌクレオチドの 5' 末端を [$\gamma$-³²P]ATP を用いて標識する. 二本鎖はそれぞれ一本鎖に分け, 一方について, ①G, ②G+A, ③C+T, ④C に特異的な化学反応を行う (残りの鎖については確認のため別途解析する). 得られた反応生成物の中には 5' 末端が標識されているオリゴヌクレオチドが存在しているので, これをポリアクリルアミドゲルの電気泳動を行い, ゲルのオートラジオグラフィーを行うと分子の長さに応じて泳動度の異なる電気泳動パターンが得られる (図 6.22 B). 泳動していないバンドが未反応の 10 ヌクレオチドのバンドであり, 泳動度の一番高いバンドは③C+T, ④C の二つの反応で得られているので, 5' 末端から 2 番目のヌクレオチドが C であることを示している. したがって, 泳動度の 1 番高いバンドから順番に低いバンドを検索していくことにより塩基の配列の順番が解読される (バンドはちょうどはしご段のように見えることからシーケンスラダーともよばれている).

このような分析法を可能にしたのは, 各塩基が次のような化学反応に対して特異的であることによっている.

(1) G に特異的な反応 (図 6.23 A) では, グアニンの N-7 位はジメチル硫酸によって容易にメチル化を受ける. その結果, C-8 位が塩基による攻撃を受けやすくなり, C-8〜N-9 間の結合が開裂する. これを熱ピペリジン処理することにより, $\beta$-エリミネーションでグアニンが糖から脱離するとともに, 糖, ホスホジエステル結合がともに開裂する.

(2) G+A の反応では, (1) と同じ反応の後, 酸処理を行う. アデニンはジメチル硫酸処理により N-3 位がメチル化を受ける.

(3) C+T の反応ではヒドラジンを用いる (図 6.23 B). ヒドラジンはピリミジン塩基の C-4 と C-6 位を攻撃する. その結果ピリミジン環は開裂し, ヒドラジンと C-4, C-5, C-6 とで新しい五員環を形成する. ヒドラジンはさらに反応してピラゾロンを形成し, 尿素を遊離する. これをピペリジン処理することにより, ホスホジエステル結合が開裂する.

(4) C に特異的な反応は, (3) の反応を 2M NaCl 存在下で, チミンとの反応を抑制して行わせることにより達成することができる.

これらの反応はいずれの塩基に対してもある確率

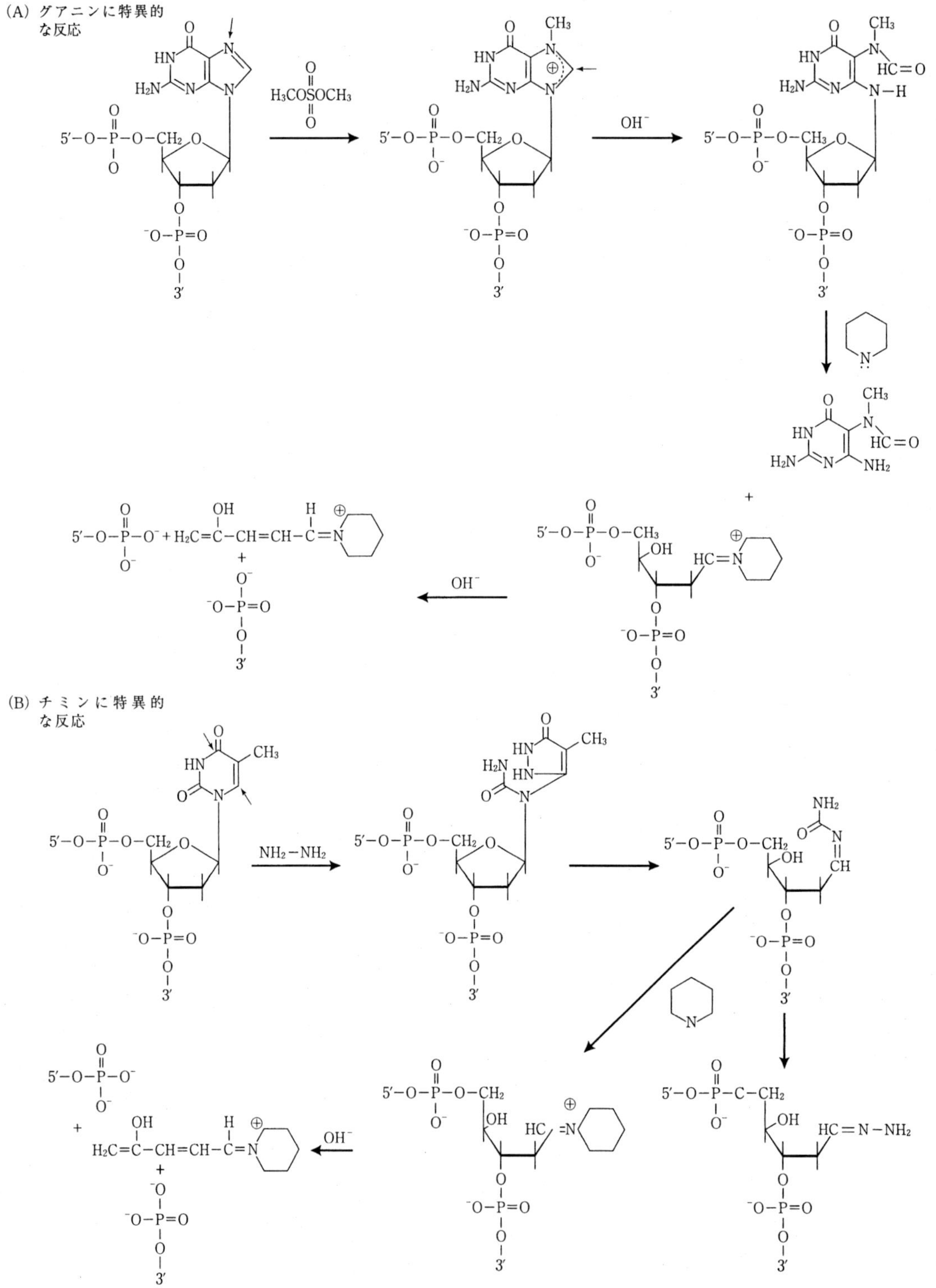

**図 6.23** 塩基特異的化学反応

で起こる．例えば，チミンがクラスターをなして存在していても，どのチミンにも一様に反応が起こるわけではなく，どのチミンについてもある頻度で反応が起こることから，チミンの数を知ることができ，したがって全体の塩基配列を知ることができるわけである．このような分析方法で 400〜600 ヌクレオチドの配列が決定できる．

今日では放射性同位元素を使用せず，各塩基を異

なる蛍光物質で標識し，その光学的特性から容易に塩基を解析することが可能になった．

#### i. RNA の塩基配列

tRNA, rRNA, mRNA はすべて DNA から転写されて生成するので，それらに相当する DNA の領域の塩基配列を決定すればよい．また最近，RNA を鋳型にして DNA を合成することができる逆転写酵素（reverse transcriptase）が見出されているので，これを用いて RNA と相補的な塩基組成をもつ DNA（cDNA）を合成し，この DNA の塩基配列を決定することにより，もとの RNA の塩基配列を決定することができる．

### 6.7 染 色 体 構 造

#### a. ヌクレオソームおよびクロマチン

原核細胞には非常に大きなコイル状に巻かれた環状 DNA が存在していると考えられているが，真核生物の DNA は，二本鎖 DNA が硬くコイル状に巻いてできた長い鎖がヒストンとよばれる核タンパク質や RNA と複合体を形成し，くり返し構造を有する構造体であるヌクレオソーム（nucleosome）を形成している（図 6.24）．ヌクレオソームがさらに密に集まってクロマチン（chromatin，染色体，染色質）を形成し，核内に詰め込まれていて，細胞質と分けられている．これまで知られているところでは，真核細胞の DNA は環状ではなく，また枝分かれや切断もしていない．

DNA の二重らせんはヒストンコア（芯）のまわ

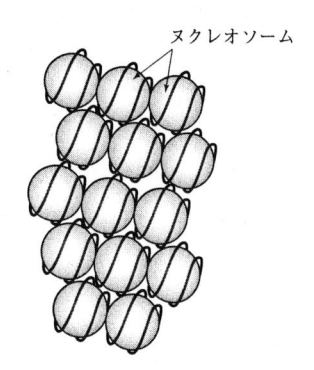

**図 6.25** ヌクレオソームの構成推定図（L. Stryer：Biochemistry, 2nd ed., p. 697, W. H. Freeman, 1981）
球状の構造はヒストンコアを示し，太い線は DNA 二重らせんを示す．

**表 6.6** 仔ウシ胸腺からのヒストンの性質

| ヒストンの種類 | 組　成 | 分子量 | 相対量 |
|---|---|---|---|
| H1 | Lys 高含量 | 21,000 | 1 |
| H2A | Lys 低含量 | 14,500 | 2 |
| H2B | Lys 低含量 | 13,700 | 2 |
| H3 | Arg 高含量 | 15,300 | 2 |
| H4 | Arg 高含量 | 11,300 | 2 |

りを取り巻いており，H1 ヒストンがヌクレオソームの外側でコア DNA と結合している．それぞれのヌクレオソームは"リンカー DNA"とよばれる部分で結合して数珠のように連なっている．このヌクレオソーム鎖が図 6.25 に示すような密ならせんを形成している．さらに，このようにしてできたらせんが複雑な立体構造をとり，顕微鏡で観察した際に認められる染色体となって存在している．

#### b. ヌクレオヒストン

ヌクレオヒストンは比較的低分子で，リシンやアルギニンなどの塩基性アミノ酸の含量が高く，負に荷電していて，DNA と強く結合しているタンパク質である．基本的には 5 種類のヒストンタンパク質が知られている．それらは H1, H2A, H2B, H3, および H4 である（表 6.6）．ヒストンコアはそれぞれ 2 分子の H2A, H2B, H3 および H4（オクタマー）からなっている（図 6.24）．　〔駒野　徹〕

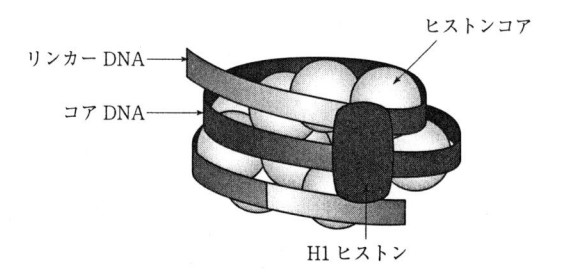

**図 6.24** ヌクレオソームの推定構造（L. Stryer：Biochemistry, 2nd ed., p. 690, W. H. Freeman, 1981 より改作）

# 7. 補酵素

　20世紀の初めにグルコースからエタノールを産生する酵素をチマーゼ (zymase) とよび，その作用に必要で透析膜を通る物質をコチマーゼ (cozymase) とよんで以来，酵素反応に必要な低分子化合物の補酵素が多数知られてきた．補酵素は，酵素に結合して酵素反応に直接関与する物質の一群である．その作用の仕方には2通りある．例えば，以前コチマーゼとよばれていた物質群の中のニコチンアミド (nicotinamide) を含む補酵素では，ある酵素反応で一つの基質から水素を受け取り，他の酵素反応で他の基質に水素を渡すというように，2種類の酵素反応の共役によって補酵素の反応が一回転する．ここで補酵素は二つの酵素の間で水素を移動する役割をもつので，それぞれの酵素に対しては基質としての役割をもつことになる．一方，フラビン補酵素 (flavin coenzyme) は酵素と固く結合し，一つの酵素分子の中で一方の基質から他方へ水素を移動させる役割をもっている．このようにタンパク質に固く結合している化合物や基は，補欠分子族 (prosthetic group) とよばれることがある．酵素に固く結合するものの中では強固な共有結合によるものと，結合と解離を可逆的に行いうる状態のものとがあり，後者の場合は，補酵素が結合して活性をもつ状態の酵素をホロ酵素 (holoenzyme)，解離した状態の酵素をアポ酵素 (apoenzyme) とよんでいる．ホロ酵素の解離と，ホロ酵素の再構成とによって補酵素の役割は詳細に研究される．

### a. ニコチンアミドヌクレオチド

　ニコチンアミドアデニンジヌクレオチド ($NAD^+$) とその2′位のリン酸エステル，ニコチンアミドアデニンジヌクレオチドリン酸 ($NADP^+$)，およびそれらの還元型は多くのデヒドロゲナーゼの基質となり，化合物の脱水素や還元反応に関与する．$NAD^+$, $NADP^+$ への特異性は酵素によって異なる．酸化型は，ピリジン環が図示するようにピリジニウムイオンとなり還元されると，正電荷が失われてピリジン環の4位に水素が付加される．この還元は光吸収スペクトルの変化を伴い，338 nm に新しい吸収帯を生じる．この吸収帯はこの補酵素の酸化還元反応の測定に利用され，この反応を共役させると種々の酵素や各種基質の定量が容易に行われうる．ピリジン環4位への水素付加は立体特異的に起こることが知られている．ピリジン環は平面構造をとっているので水素の導入は二つの方向から可能であり，その方向は酵素によって一定している．ピリジン環4位の炭素原子に結合している原子または基のシーケンスルールにおける順位が時計回りなら，その面を4位の炭素原子について re 面，反時計回りなら si 面とよぶ．re 面から水素を導入する例として，アルコールデヒドロゲナーゼ，リンゴ酸デヒドロゲナーゼ，乳酸デヒドロゲナーゼなど，si 面から水素を導入する酵素には，グルタミン酸デヒドロゲナーゼ，グルコース 6-リン酸デヒドロゲナーゼ，3-ホスホグリセリン酸デヒドロゲナーゼなどがある．$NAD(P)^+$ と $NAD(P)H$ は，非常に多くの酵素の共通の基質として水素や電子を移動して種々の代謝系を結んでいる．$NAD(P)^+/NAD(P)H$ の酸化還元電位は pH 7 で $-0.32$ V とされ，生体内の電子伝達系では低位に

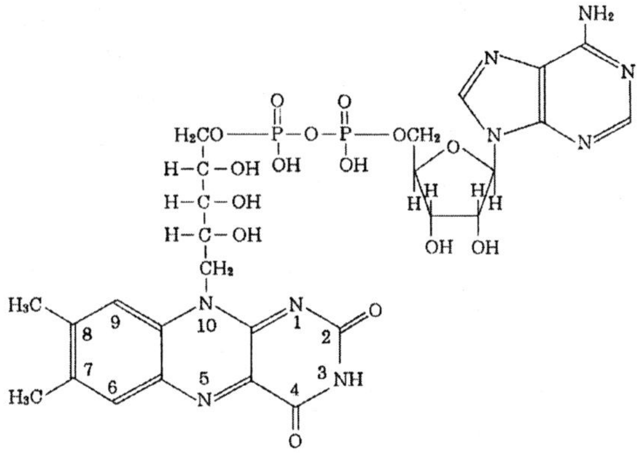

フラビンアデニンジヌクレオチド (FAD)

位置する．この他にニコチン酸アミドとリボースとの結合を切断してADPリボシル基をタンパク質などへ転移する酵素が知られ，この場合はADPリボシル基の供与体となる．

**b. フラビンヌクレオチド**

イソアロキサジン環の7,8位にメチル基をもち，10位の窒素にD-リビトールを結合したリボフラビンは，リン酸を結合してFMN（フラビンモノヌクレオチド），さらにAMPを結合したFAD（フラビンアデニンジヌクレオチド）として多くの酸化還元酵素の補酵素として作用している．FMNやFADは主として非共有結合によって酵素タンパク質と固く結合し，この補酵素を解離してアポ酵素を得るにはpH 2で酵素を処理するか，陰イオン交換体に補酵素を吸着させるなどの操作が必要である．また，補酵素との間に共有結合を形成している酵素も知られており，コハク酸デヒドロゲナーゼ（ウシ心臓）では8位のメチル基がメチレン基となり，ヒスチジン残基に結合している．FMN, FADは酸化型，還元型の間を変化して基質間の水素移動に関与する．酸化型を結合した酵素は中性で，450 nm付近に吸収帯を示して黄色であるが，還元によりスペクトルを変化させる．還元されると1位，5位の窒素原子に水素を結合した2電子還元体となるが，5位のみ還元された中間体セミキノンも存在しうる．

**c. ヘ ム**

ヘムは鉄イオンを配位したポルフィリンを基本骨格とし，主として非共有結合によって酵素に固く結合している．ヘム $c$ の場合にはタンパク質のシステイン残基がポルフィリンの2,4位のビニル基と共有結合を形成している．

シトクロム（cytochrome）類，ペルオキシダーゼ（peroxidase），カタラーゼ（catalase），オキシゲナーゼ（oxygenase）など多くの酸化還元酵素に含まれ，可視部に特有の吸収帯をもつ．この吸収帯は鉄イオンの原子価や配位状態によって変化する．図はヘム $b$（鉄プロトポルフィリン IX）を示すが，主に2,4,8位の置換基の変化に対応する吸収帯の相違によってヘム $a, b, c,$ などと区分されている．

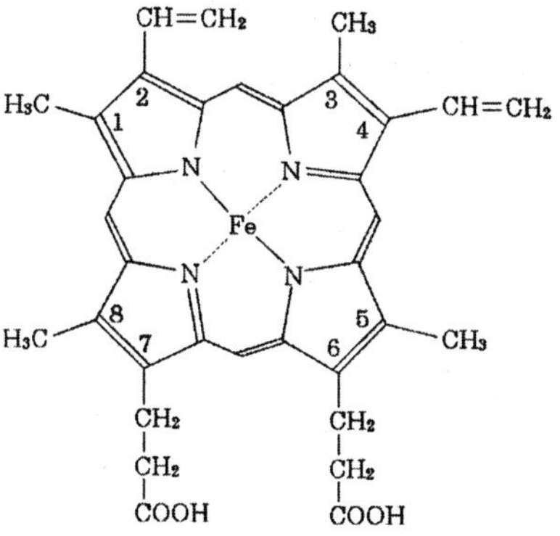

**d. リポ酸**

$\alpha$-ケト酸の酸化的脱炭酸反応に関与するリポ酸（lipoic acid）は，酸化型と還元型（ジヒドロリポ酸）で存在し，タンパク質のリシン残基の$\varepsilon$アミノ基とアミドを形成しているのでリポアミドとよばれる．例えばピルビン酸デヒドロゲナーゼ複合体は3酵素（ピルビン酸デヒドロゲナーゼ，アセチルトランスフェラーゼ，ジヒドロリポイルデヒドロゲナーゼ）で構成され，リポ酸はアセチルトランスフェラーゼにアミド結合している．ピルビン酸デヒドロゲナーゼは，ピルビン酸の脱炭酸によって生成するアセトアルデヒドをリポアミドに酸化的に転移して，アセチルジヒドロリポアミドとする．そのアセチル基はトランスフェラーゼによって補酵素A(CoA)に転

移される．生成する還元型リポアミドは，ジヒドロリポイルデヒドロゲナーゼによって酸化され，アセチル基受容体としての活性を回復する．この一連の反応の中でリポアミドはデヒドロゲナーゼの基質として，またトランスフェラーゼでは酵素複合体の中でアセチル基の供与体を構成して作用している．

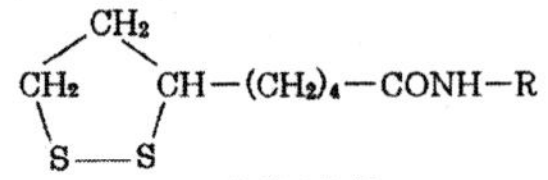

リポアミド

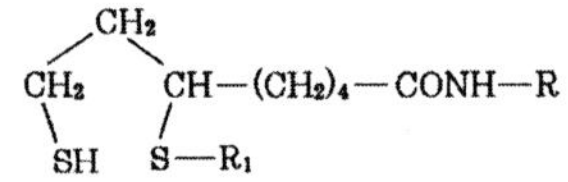

ジヒドロリポアミド（$R_1$：-H）
アセチルジヒドロリポアミド（$R_1$：acyl）

### e. ユビキノン，ナフトキノン

広く生物組織に存在するベンゾキノン化合物をユビキノン（ubiquinone）といい，3位のメトキシ基の置換やイソプレニル鎖の長さなどにより同族体が存在する．水に溶解せず，膜に結合し有機溶媒で抽出されうる．二つの水素を結合してユビキノール（還元型）になる可逆反応によって膜の中で電子や水素イオンを移動すると考えられ，補酵素Q（CoQ）ともよばれる．例えばコハク酸デヒドロゲナーゼ複合体やNADHデヒドロゲナーゼ複合体の基質となり，電子をシトクロム系へ移す役割が考えられている．血液凝固に必須の因子として知られるビタミンKはナフト1,4-キノンを基本骨格とし，2位にメチル基，3位にポリイソプレニル鎖をもち，この鎖の差によってフィロキノン（phylloquinone）（植物），メナキノン（menaquinone）（細菌）がある．この鎖をもたない合成品メナジオン（menadione）がより高い活性をもち，これらはビタミン$K_1$，$K_2$，$K_3$

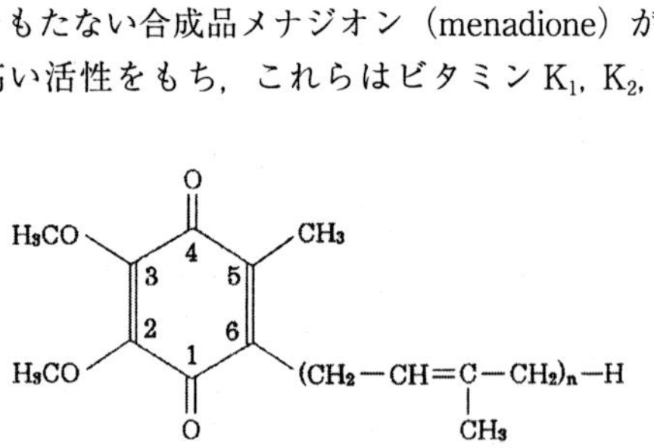

ユビキノン

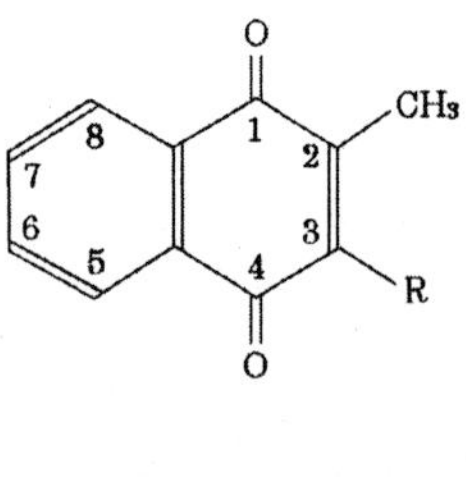

ナフトキノン

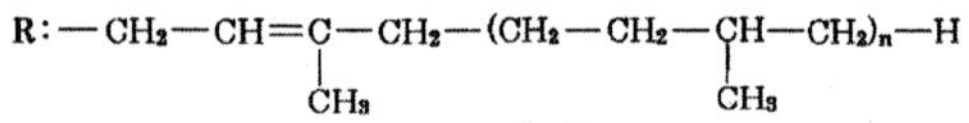

フィロキノン

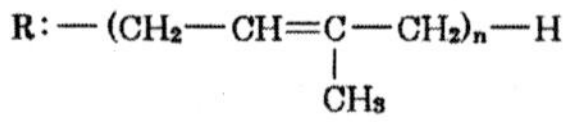

メナキノン

ともよばれる．血液凝固反応では，タンパク質のグルタミン酸残基にγカルボキシル基を導入するビタミンK依存性カルボキシラーゼの基質の一つとして，ビタミンKのジヒドロ体（還元型）が要求される．

### f. ピロロキノリンキノン

キノン骨格をもつピロロキノリンキノン（pyrrolo-quinoline quinone）は，細菌の細胞膜に局在するグルコースデヒドロゲナーゼの補酵素として発見され，二つのカルボニルが電子伝達や酸化還元を含む反応に関与していると考えられている．

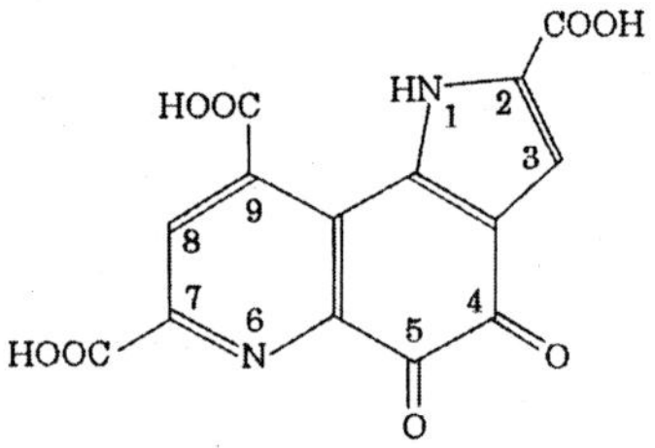

ピロロキノリンキノン

### g. テトラヒドロ葉酸，プテリジン

葉酸はプテリン，$p$-アミノ安息香酸，L-グルタミン酸からなり，生体内では，5,6,7,8位に水素の入ったテトラヒドロ葉酸（tetrahydrofolic acid）として存在し，$C_1$単位の移動に関与する酵素の基質となる．$C_1$単位はテトラヒドロ葉酸の5位と10位に結合し，5-または10-ホルミル（-CHO），5,10-メテニル（=CH-），5,10-メチレン（-$CH_2$-），5-メチル（-$CH_3$），5-ホルムイミノ（-CH=NH）などを形成し，ホルミル，ヒドロキシメチル，メチル，ホルムイミノなどの基として転移される（次頁の葉酸の構造を参照）．

プテリジン誘導体，ビオプテリンの還元型，テトラヒドロビオプテリンは，フェニルアラニン4-モノオキシゲナーゼ反応の水素供与体となり，ジヒドロビオプテリンに酸化される．このように酸化還元反応での水素供与体としてプテリジン誘導体のテトラヒドロ体が作用する酵素がいくつか知られているが，生成するジヒドロプテリジン類はプテリジンレダクターゼにより還元型に戻る．

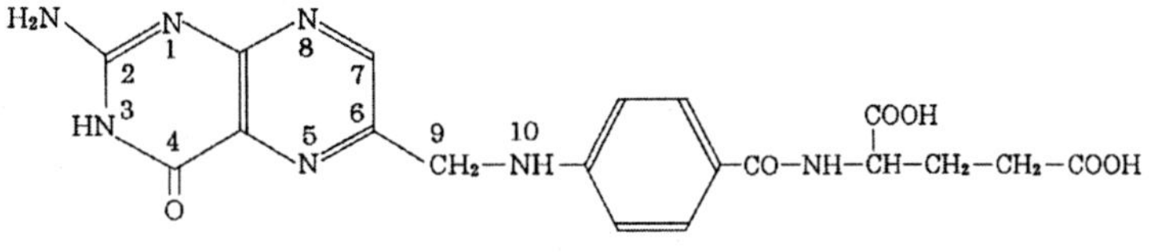

葉酸

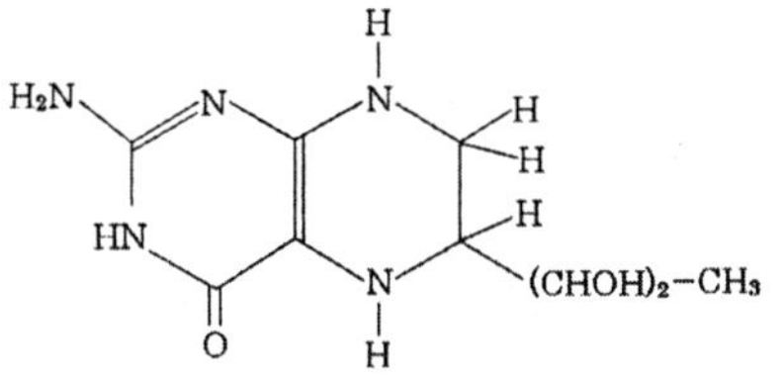

5,6,7,8-テトラヒドロビオプテリン

### h. チアミンピロリン酸

チアミンとATPとから生成するチアミンピロリン酸（thiamin pyrophosphate）は，$\alpha$-ケト酸の脱炭酸や糖のケトール転移を触媒する酵素に非共有的に結合し，活性中心を構成する．$\alpha$-ケト酸の脱炭酸の場合，酸化反応が共役しない場合にはアルデヒド（aldehyde）を生ずるが，$\alpha$-ケト酸デヒドロゲナーゼ複合体のようにリポアミドを基質とする場合は，アルデヒドはアセチル基に酸化される．いずれの場合も，チアミンのチアゾール環の2位にアルデヒド基の結合した活性アルデヒドが中間体になると考えられ，図のような$\alpha$-ヒドロキシアルキル誘導体が反応中間体に近い物質として酵素反応液から分離されている．ピルビン酸から生成するアルデヒド基を他の$\alpha$-ケト酸に転移するアセト乳酸の合成や糖のケトール転移も，同様の中間体を経由するものとされている．

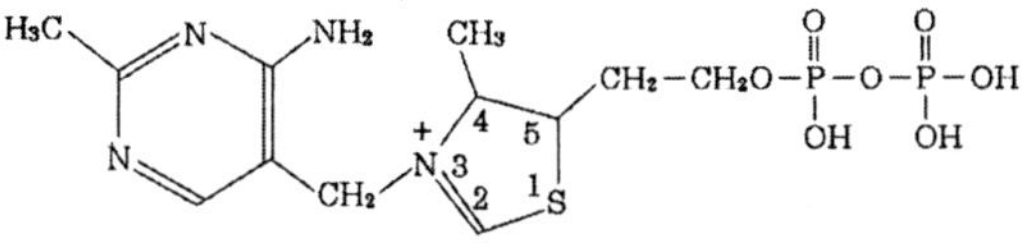

チアミンピロリン酸

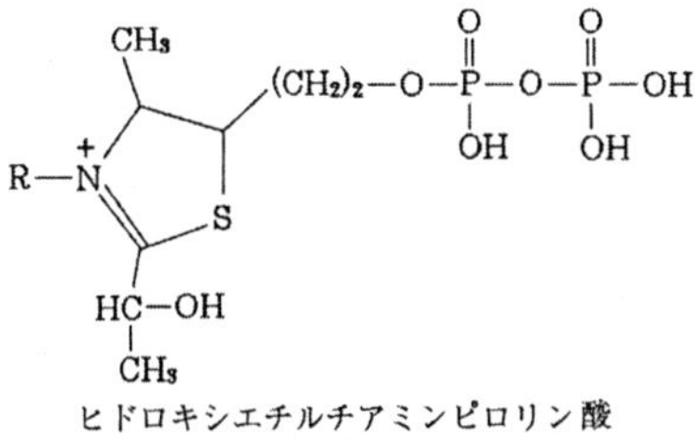

ヒドロキシエチルチアミンピロリン酸

### i. 補酵素A，ホスホパンテテイン

末端にシステアミンを含む補酵素A（CoA）やホスホパンテテイン（phosphopantetheine）は，そのチオール基にアシル基をチオエステルとして結合し，アシル基の反応に関与する．CoAはチオエステルの合成反応または$\alpha$-ケト酸の酸化的脱炭酸を経てアシル化され，アシル基転移を含む酵素反応の基質となる．一方，CoAからアデニル酸部分の欠落したホスホパンテテインは，脂肪酸合成におけるアシルキャリヤータンパク質やペプチド抗生物質の合成に関与する酵素のセリン残基とリン酸ジエステル結合をつくって含まれ，アシル基やアミノアシル基の転移中間体を形成する．

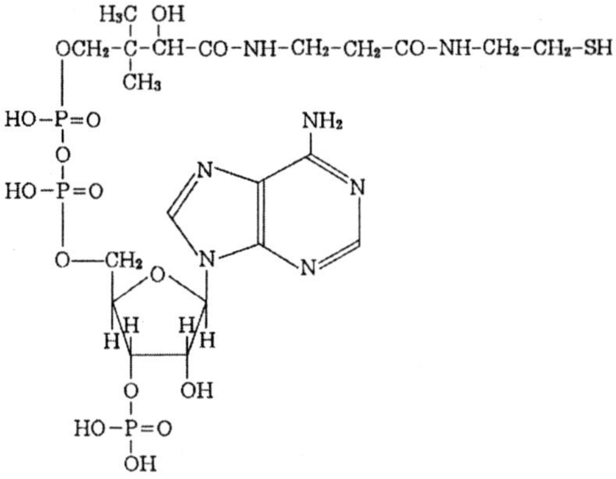

補酵素A（CoA）

### j. ピリドキサール5′-リン酸

ピリドキサールは5′-リン酸エステルとして種々の酵素の活性中心を構成している．それら酵素の多くはアミノ酸の代謝に関係し，アミノ基転移，脱炭酸，$\beta$や$\gamma$位に結合する基の脱離や置換，ラセミ化，$\alpha$-$\beta$炭素間結合の切断など多種類の酵素を含む．ピリドキサール5′-リン酸（pyridoxal 5′-phosphate）は，その4位のホルミル基が酵素タンパク質のリシン残基のアミノ基とシッフ塩基（Schiff base）を形成して結合するが，この結合は容易に解離し，基質のアミノ酸が活性部位に結合すると，シッフ塩基はリシン残基からアミノ酸のアミノ基に移って形成されうる．シッフ塩基の形成によりアミノ酸$\alpha$炭素原子の周囲にある水素，カルボキシル基，$\beta$炭素原子との結合が切断されやすくなり，酵素タンパク質がつくる環境によって種々の反応が起こる．

ピリドキサールリン酸およびそのシッフ塩基は，おかれる環境によって特有の光吸収スペクトルを示し，反応機構の解析に利用されている．アスパラギン酸アミノトランスフェラーゼが最も詳細に研究されている．ピリドキサールリン酸と酵素との結合の強さは，容易にアポ酵素が得られるものから，解離が非常に困難なものまで多様である．ピリドキサールリン酸を補酵素として含むことが早くから知られているホスホリラーゼは，補酵素の作用様式が例外的である．デンプンやグリコーゲンの加リン酸分解では，補酵素の $5'$-リン酸の触媒作用が重要であると考えられている．

### k. ビオチン

アセチル CoA カルボキシラーゼなどの ATP を必要とするカルボキシラーゼやカルボキシルトランスフェラーゼは，その活性部位リシン残基のアミノ基にアミド結合を形成してビオチン（biotin）をもっている．ビオチンはカルボキシル基の移動に関与しており，移動するカルボキシル基はビオチン $1'$ 位の窒素に結合することが認められ，カルボキシル化した酵素も分離されている．ビオチンに特異的に強く結合するタンパク質アビジン（avidin）が，ビオチン酵素の阻害剤としてよく知られている．

### l. コバラミン

コバラミン（cobalamin）は図示するように複雑な化合物である．中心にコバルトイオンを配位したコリン（corrin）核に側鎖として8メチル基，3アセトアミド基，4プロピオンアミド基をもつ．その一つのプロピオンアミドが，5,6-ジメチルベンゾイミダゾール-1-リボシド $3'$-リン酸をエステル結合した2-ヒドロキシプロピルアミンから構成される．コリン核は4つのピロール環をもつが，ポルフィリン核と異なり，ピロール環を結合するメテニル基を一個欠いている．中央のコバルトイオンにはコバラミン分子内の5,6-ジメチルベンゾイミダゾールの3位の窒素原子が配位し，その反対側に種々の基が結合する．$5'$-デオキシアデノシンの $5'$ 炭素が直接コバルトイオンと結合したアデノシルコバラミン，メチル基が結合したメチルコバラミンが補酵素として知られ，前者を含む酵素はC–C, C–N, C–O結合の切断を含む転移反応（分子内転移も含む）や分解反応を触媒し，アデノシル $5'$ 炭素とコバルトイオン間の結合の切断および再生が酵素反応に重要な役割をもっている．メチルコバラミンはある種のメチルトランスフェラーゼに含まれる．　〔本間　守〕

# 第2部
## 生体反応の基礎

# 1. 生体エネルギー論

## 1.1 生体エネルギーの流れ

すべての生物のエネルギーの源は太陽エネルギーである．太陽エネルギーは，光合成生物（独立栄養生物）によって捕捉され，化学エネルギーとしてのアデノシン 5′-三リン酸（ATP），ニコチンアミドアデニンジヌクレオチド（NADH+H$^+$）やグルコースのような有機化合物に変換される．従属栄養生物は，独立栄養生物によって生産されたエネルギーに富む有機化合物を利用して生命を維持している．

細胞中で起こる代謝反応は，異化反応（catabolic reaction）と同化反応（anabolic reaction）に大きく分けることができる．異化反応は分解的な生化学反応であり，その過程で ATP や NADH(H$^+$) などのエネルギー運搬分子を生産し，それらの分子は必要に応じて同化反応の合成的な生化学反応に使われている．異化反応あるいは同化反応の過程を通して，化学的エネルギーは熱のようなエネルギーとして環境へ散逸していくのである．炭素，酸素あるいは窒素などの元素は生物界と環境の間を絶えず循環しているが，エネルギーは循環しない．

すべての生物はそのエネルギーを外界から供給されているが，細胞内での主要な化学的エネルギーの形態は ATP である．

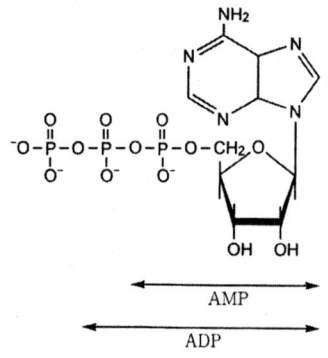

アデノシン 5′-三リン酸（ATP）の構造

1940 年にリップマン（F. Lipman）により提唱されたように，ATP はエネルギーを生成する機能と

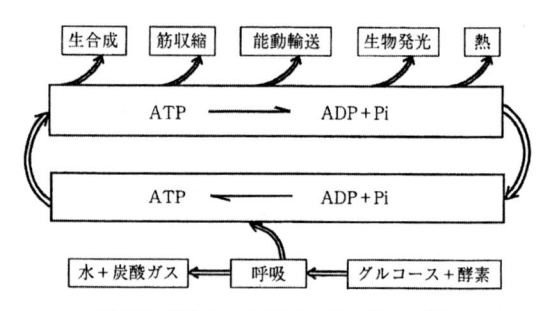

**図 1.1** 細胞内の ATP とエネルギーの流れ

エネルギーを必要とする機能を結びつけている化合物であり，その役割はエネルギーの伝達にある．図 1.1 に示すように，解糖あるいは電子伝達系の反応によって ADP と無機リン酸（HPO$_4^{2-}$, Pi）から ATP が合成され，その ATP の分解によってもたらされるエネルギーに基づいて生体物質の生合成，筋収縮のような力学的仕事，イオンや物質の能動輸送あるいは生物発光などの主要な機能が発現される．

## 1.2 生化学反応と自由エネルギー

生体内の化学反応におけるエネルギー変換を理解する上で有用な熱力学的概念の一つは，自由エネルギー（ギッブス〈G. W. Gibbs〉の free energy）に関する概念であろう．次のような反応が起こるとき，

$$A+B \rightleftharpoons C+D \quad (1.1)$$

A, B, C および D の各化合物がもつ全自由エネルギーを測ることは困難であるが，反応物（A+B）と生成物（C+D）のエネルギーの差，すなわち，反応の自由エネルギー変化（$\Delta G$）は知ることができる．生成物（C+D）の自由エネルギーが，反応物（A+B）のそれよりも小さければ $\Delta G$ は負であり，その逆であれば $\Delta G$ は正である．温度と圧力が一定であると仮定した条件下での可逆的反応系の自由エネルギー変化 $\Delta G$（cal/mol）は，熱力学の第一法則と第二法則を結びつける次のような式によって他の二つの熱力学パラメーターと定量的に関係づけられている．

$$\Delta G = \Delta H - T \cdot \Delta S \quad (1.2)$$

$\Delta H$ はエンタルピー変化 (enthalpy change) (cal/mol) であり，熱含量変化すなわち生成熱を意味しており，$T$ は絶対温度 (K)，$\Delta S$ はエントロピー変化 (entropy change) (cal/K·mol) であり，物質の存在状態の整然度を表す尺度である．反応が平衡状態へ進行しているときは，反応系とそれを囲む外界を合わせた全体のエントロピーは常に増大する．

化学的，物理的反応の系というのは，一部の空間が外界と区切られていることを意味しているが，外界とエネルギーの変換や物質の移動が全くない場合を孤立系，エネルギーの交換はあるが物質の移動のない場合を閉鎖系といっている．また，系と外界との間でエネルギーの交換も自由な物質の移動も行われるような場合を開放系といっている．生物界の反応系では，常に外界とのエネルギーの変換が起こっているが，細胞内のある反応を一つの閉鎖系と考えることもできるし，細胞それ自体を一つの閉鎖系あるいは開放系とみることもできる．

平衡状態へ向かって進行している反応のエントロピーは常に増大しているので，実際の反応では $\Delta S>0$ である．定温，定圧の下で反応系が外界へ熱を放出する発熱反応 (exothermic reaction) では $\Delta H<0$ であり，発熱によって定温という条件を満たす．反応系が外界から熱を吸収する吸熱反応 (endothermic reaction) では，$\Delta H>0$ である．反応系の自由エネルギー ($G$) が減少するとき，すなわち $\Delta G$ が負の値をもつ反応は，熱力学的にみて自発的 (spontaneous) に左から右へ進行する反応であり，$\Delta G$ が正の値をもつ反応は反応を進行させるためにエネルギーの入力を必要とする．$\Delta G$ は熱力学的パラメーターであるが，反応速度とは無関係である．

## 1.3 自由エネルギー変化

ある反応が自発的に進行しうる反応であるか否かは，式 (1.2) $\Delta G = \Delta H - T \cdot \Delta S$ の $\Delta H$ と $T \cdot \Delta S$ の間のバランスによって決まるが，可逆反応系の式 (1.1) $A+B \rightleftharpoons C+D$ において $\Delta G<0$ であれば，この反応は左から右へ自発的に進行しうる反応であるといえる．今，式 (1.1) のような可逆反応があるとすると，標準状態 (25℃ = 298K, 1.0気圧) におけるこの反応の $\Delta G$ は，

$$\Delta G = \Delta G^\circ + RT \ln \frac{[C][D]}{[A][B]} \quad (1.3)$$

で表される．$\Delta G^\circ$ は標準自由エネルギー変化 (standard free energy change)，$R$ は気体定数 (gas constant, 1.987 cal/mol·K)，[ ] は A, B, C, D のモル濃度を示す．$\Delta G^\circ$ は標準状態において，各反応物も生成物も標準濃度 1.0 M のときの自由エネルギー変化 (1 mol の反応物が 1 mol の生成物へ変わるときの $\Delta G$ と考えてもよい) で，標準自由エネルギー変化という．したがって，$\Delta G$ は反応物と生成物の性質に関する $\Delta G^\circ$ 項とそれらの濃度に関する対数項によって決まる．

物理化学では標準状態として，水素イオン濃度 1.0 M (pH=0) を用いるが，生体エネルギー論では水素イオン濃度 $1.0 \times 10^{-7}$ M (pH=7.0) を用い，pH 7.0 での標準自由エネルギー変化を $\Delta G^{\circ\prime}$ で表す．したがって式 (1.3) は，

$$\Delta G = \Delta G^{\circ\prime} + RT \ln \frac{[C][D]}{[A][B]} \quad (1.4)$$

と書かれる．

反応開始時に A, B, C, D がどのような濃度であっても，反応が平衡に達すれば $\Delta G=0$ となるので，平衡状態の濃度をそれぞれ $[A]_{eq}$, $[B]_{eq}$, $[C]_{eq}$, $[D]_{eq}$ とすると，

$$\Delta G^{\circ\prime} = -RT \ln \frac{[C]_{eq} \cdot [D]_{eq}}{[A]_{eq} \cdot [B]_{eq}} \quad (1.5)$$

となる．反応式 (1.1) の見かけの平衡定数を $K'_{eq}$ とすると，

$$K'_{eq} = \frac{[C]_{eq} \cdot [D]_{eq}}{[A]_{eq} \cdot [B]_{eq}} \quad (1.6)$$

と表されるから，

$$\begin{aligned}\Delta G^{\circ\prime} &= -RT \ln K'_{eq} \\ &= -2.303 RT \log K'_{eq} \\ &= -1.363 \log K'_{eq} \text{ (kcal/mol)} \quad (1.7)\end{aligned}$$

となる．

式 (1.5) を式 (1.4) へ代入すると，

$$\begin{aligned}\Delta G &= -RT \ln \frac{[C]_{eq} \cdot [D]_{eq}}{[A]_{eq} \cdot [B]_{eq}} + RT \ln \frac{[C] \cdot [D]}{[A] \cdot [B]} \\ &= RT \ln \frac{[A]_{eq} \cdot [B]_{eq}}{[A] \cdot [B]} \cdot \frac{[C] \cdot [D]}{[C]_{eq} \cdot [D]_{eq}} \quad (1.8)\end{aligned}$$

となる．式 (1.1) の反応が左から右へ進行すれば，

$$\frac{[A]_{eq} \cdot [B]_{eq}}{[A] \cdot [B]} < 1, \quad \frac{[C] \cdot [D]}{[C]_{eq} \cdot [D]_{eq}} < 1$$

であるから，$\Delta G<0$ となる．したがって，$\Delta G<0$ の反応しか右へ自発的に進行しない．平衡状態では，

$$\frac{[C] \cdot [D]}{[A] \cdot [B]} = \frac{[C]_{eq} \cdot [D]_{eq}}{[A]_{eq} \cdot [B]_{eq}}$$

であるから，$\Delta G=0$ となり，見かけ上反応は進行しない．$\Delta G>0$ の反応は，外界からエネルギーを供給しないかぎり，自発的には右へ進行しない．

表 1.1 には，式 (1.7) から計算された平衡定数と標準自由エネルギー変化の計算値との関係を示し

表1.1 平衡定数 ($K'_{eq}$) と $\Delta G^{o'}$ の関係 (25℃, pH 7.0)

| $K'_{eq}$ | $\Delta G^{o'}$ | |
|---|---|---|
| | kcal/mol | kJ/mol |
| $10^4$ | −5.46 | −22.8 |
| $10^3$ | −4.09 | −17.1 |
| $10^2$ | −2.73 | −11.4 |
| 10 | −1.36 | −5.69 |
| 1.0 | 0 | 0 |
| $10^{-1}$ | +1.36 | +5.69 |
| $10^{-2}$ | +2.73 | +11.4 |
| $10^{-3}$ | +4.09 | +17.1 |
| $10^{-4}$ | +5.46 | +22.8 |

注) 1 kcal = 4.184 kJ (ジュール)

表1.2 いくつかの反応の標準自由エネルギー変化 (25℃, pH 7.0)

| 反応の種類 | $\Delta G^{o'}$ (kcal/mol) |
|---|---|
| 加水分解 | |
| ピロリン酸 + $H_2O$ ⇌ 2 無機リン酸 | −8.0 |
| ショ糖 + $H_2O$ ⇌ グルコース + フルクトース | −7.0 |
| グルタミン + $H_2O$ ⇌ グルタミン酸 + $NH_4^+$ | +3.4 |
| 転位 | |
| グルコース 1-リン酸 ⇌ グルコース 6-リン酸 | −1.7 |
| 脱水 | |
| リンゴ酸 ⇌ フマル酸 + $H_2O$ | +3.1 |
| 酸化 | |
| グルコース + $6O_2$ ⇌ $6CO_2$ + $6H_2O$ | −686 |
| パルミチン酸 + $23O_2$ ⇌ $16CO_2$ + $16H_2O$ | −2338 |

た. $K_{eq} > 1.0$ のとき $\Delta G^{o'}$ は負であり,そのような反応を発エルゴン的 (exergonic) という. $K'_{eq} < 1.0$ のとき $\Delta G^{o'}$ は正であり,そのような反応を吸エルゴン的 (endergonic) という.

$K'_{eq}$ と $\Delta G^{o'}$ の関係を次のようなホスホグルコムターゼ (phosphoglucomutase) の反応によって考えてみよう.

グルコース 1-リン酸 ⇌ グルコース 6-リン酸

25℃, pH 7.0 において, 0.02 M グルコース 1-リン酸 (glucose 1-phosphate) 溶液から反応が開始されると,グルコース 1-リン酸が 0.001 M とグルコース 6-リン酸 (glucose 6-phosphate) が 0.019 M において平衡に達する. したがって,この反応の $K'_{eq}$ と $\Delta G^{o'}$ は,

$$K'_{eq} = \frac{[\text{glucose 6-phosphate}]}{[\text{glucose 1-phosphate}]} = \frac{0.019}{0.001} = 19.0$$

$$\Delta G^{o'} = -RT \ln K'_{eq} = -1.745 \text{ kcal/mol}$$

と計算される. グルコース 1-リン酸とグルコース 6-リン酸の濃度が標準状態の 1.0 M に保持されているとき,グルコース 1-リン酸 1 mol のグルコース 6-リン酸への変換に伴って −1.745 kcal/mol の自由エネルギー変化が起こる.

## 1.4 $\Delta G$ と $\Delta G^{o'}$

自由エネルギー変化 $\Delta G$ と標準自由エネルギー変化 $\Delta G^{o'}$ の二つの熱力学的パラメーターの違いを理解しておくことが大切であろう. すでに述べたように,ある反応系 A+B ⇌ C+D の $\Delta G$ は,式 (1.4), $\Delta G = \Delta G^{o'} + RT \ln \{[C][D]/[A][B]\}$ で表されるが,標準状態においては A, B, C, D の初濃度はすべて 1.0 M であるから,

$$\Delta G = \Delta G^{o'} + RT \ln \frac{1.0}{1.0} = \Delta G^{o'}$$

となり, $\Delta G$ は $\Delta G^{o'}$ に等しい. $\Delta G^{o'}$ は式 (1.7) の平衡定数 $K'_{eq}$ から求められ,標準状態における自由エネルギー変化を意味するものであるから,仮想的な非標準状態における *in vivo* あるいは *in vitro* での一つの反応が自発的に始まり,平衡に達するまでの実際の自由エネルギー変化を示すものではない. 実際に,ある反応が自発的に進行するか否かを決めるのは $\Delta G^{o'}$ ではなく $\Delta G$ なのである.

$\Delta G$ の正, 負は, $\Delta G^{o'}$ と $RT \ln \{[C][D]/[A][B]\}$ のバランスによっている. つまり $\Delta G^{o'}$ が正であっても反応物 A, B と生成物 C, D の濃度の関係によって $\Delta G$ が負であれば,反応物は $\Delta G = 0$ になるまで左から右へ進行する. しかし, $\Delta G^{o'}$ からはある反応の平衡の位置を知ることができ, $\Delta G^{o'}$ の値がわかれば与えられた反応系における反応物と生成物の初濃度を決めることにより,その反応が左から右へ進行しうるか否かを知ることができる.

例えば,解糖系の一つの反応,フルクトース 1,6-ビスリン酸 (fructose 1,6-bisphosphate, F-1,6-P) がアルドラーゼ (aldolase) によってジヒドロキシアセトンリン酸 (dihydroxyacetone phosphate, DHAP) とグリセルアルデヒド 3-リン酸 (glyceraldehyde 3-phosphate, G-3-P) に分解する反応,

F-1,6-P ⇌ DHAP + G-3-P

この反応の $\Delta G^{o'} = +5.7$ kcal/mol である. このように大きな $\Delta G^{o'}$ をもつ反応は,標準状態では右へ進行するのは困難であるが,仮に F-1,6-P の初濃度を $10^{-3}$ M,二つのトリオースリン酸の初濃度をそれぞれ $10^{-4}$ M とすれば,

$$\Delta G = 5.7 + 1.363 \log \frac{[\text{DHAP}][\text{G-3-P}]}{[\text{F-1,6-P}]}$$

$$= 5.7 + 1.363 \log \frac{10^{-4} \times 10^{-4}}{10^{-3}}$$

$$= -1.1 \text{ kcal/mol}$$

と計算される．この反応の$\Delta G^{\circ\prime}$は大きな正の値であるが，初濃度が上述のようであれば$\Delta G$は負となり反応は右へ進行しうる．したがって，ある反応が実際に右へ進行しうるか否かの判断の基準となるのは$\Delta G^{\circ\prime}$ではなく，$\Delta G$なのである．表1.2に，いくつかの化学反応の標準自由エネルギー変化を示した．

## 1.5 $\Delta G^{\circ\prime}$ の加算性

次のような二つの連続した反応があり，

$$A + B \rightleftharpoons C + D$$
$$C + D \rightleftharpoons E + F$$

それぞれの標準自由エネルギー変化を$\Delta G_1^{\circ\prime}$および$\Delta G_2^{\circ\prime}$とすると，全体の反応は$A + B \rightleftharpoons E + F$となり，その標準自由エネルギー変化$\Delta G_s^{\circ\prime}$は二つの反応の標準自由エネルギー変化の算術和である．

$$\Delta G_s^{\circ\prime} = \Delta G_1^{\circ\prime} + \Delta G_2^{\circ\prime}$$

したがって仮に$\Delta G_1^{\circ\prime}$が正であり$A + B \rightleftharpoons C + D$の反応が標準状態では容易に起こりえない反応であるとしても，$C + D \rightleftharpoons E + F$の反応は十分可能であり$\Delta G_s^{\circ\prime}$が負であれば，$A + B \rightleftharpoons E + F$の反応は標準状態で進行しうる．すなわち，熱力学的に不利な反応でも熱力学的に有利な反応と共役させれば進行しうるのである．細胞内の代謝系はこのような共役反応（coupled reaction）によって行われている．

このような$\Delta G^{\circ\prime}$の加算性に基づき，ある反応の$\Delta G^{\circ\prime}$が直接求められないときでも既知の反応を組み合わせることによって，その$\Delta G^{\circ\prime}$を求めることができる．ATPがADPと無機リン酸（$HPO_4^{2-}$, Pi）に加水分解される反応は，

$$ATP + H_2O \longrightarrow ADP + HPO_4^{2-} + H^+$$

で示される．その$\Delta G^{\circ\prime}$はすでに述べたように，

$$\Delta G^{\circ\prime} = -RT \ln \frac{[ADP]\cdot[HPO_4^{2-}]\cdot[H^+]}{[ATP]\cdot[H_2O]}$$

と表されるが，標準状態ではpH 7.0に保たれており（希薄な水溶液では水のモル濃度は55.5 Mであるが，水が反応物ないし生成物のときは，その活量または濃度を1.0とする），$[H^+]/[H_2O]$は省略できるので，$\Delta G^{\circ\prime}$は次のような平衡定数を用いた式から求めればよいことになる．

$$\Delta G^{\circ\prime} = -RT \ln \frac{[ADP]\cdot[HPO_4^{2-}]}{[ATP]}$$

しかし，この反応の平衡状態においてATPはほとんど完全にATPと$HPO_4^{2-}$に加水分解されているので，ATP，ADPおよび$HPO_4^{2-}$（Pi）の正確な濃度を知ることはできない．したがって，このような場合には，ヘキソキナーゼ（hexokinase）とホスファターゼ（phosphatase）によって触媒される次のような反応，

$$ATP + \text{グルコース} \xrightleftharpoons{\text{ヘキソキナーゼ}} ADP + \text{グルコース6-リン酸} + H^+$$

$$\Delta G^{\circ\prime} = -4.0 \text{ kcal/mol}$$

$$\text{グルコース6-リン酸} + H_2O \xrightleftharpoons{\text{フォスファターゼ}} \text{グルコース} + Pi$$

$$\Delta G^{\circ\prime} = -3.3 \text{ kcal/mol}$$

を加算することによって求められる．すなわち，

$$ATP + H_2O \rightleftharpoons ADP + Pi + H^+$$

$$\Delta G^{\circ\prime} = -7.3 \text{ kcal/mol}$$

ADPがAMPと$HPO_4^{2-}$に加水分解される際の$\Delta G^{\circ\prime}$もATPの場合とほぼ同じ値となるが，AMPの加水分解の$\Delta G^{\circ\prime}$値は小さい（$\Delta G^{\circ\prime} = -2.3$ kcal/mol）．

## 1.6 高エネルギーリン酸化合物

ATPやADPなどのリン酸基の加水分解によって生ずる$\Delta G^{\circ\prime}$は，グルコース6-リン酸やフルクトース6-リン酸基の加水分解によって生ずる$\Delta G^{\circ\prime}$よりも比較的大きいので，高エネルギーリン酸結合とよばれ"~P"で表される．表1.3には，いくつかのリン酸化合物のリン酸結合を加水分解した際に生ずる$\Delta G^{\circ\prime}$の値を示した．高エネルギーリン酸結合（~P）は通常いわれている結合エネルギーと同じ内容を意味していない．リン酸結合エネルギーは，リン酸化合物が加水分解され，リン酸が生成されたときの生成物と反応物の自由エネルギーの差であるが，通常いわれている結合エネルギーは，2原子間の結合を切断するのに必要なエネルギーを意味している．高エネルギーリン酸結合の加水分解に伴うエネルギーの大きさはたかだか10 kcal/mol程度にすぎず，他の有機化合物の共有結合エネルギーに比べるとかなり小さい．例えば，C–C結合の結合エネルギーは約83 kcal/mol，O–H結合では約110 kcal/molである．

高エネルギーリン酸化合物（high-energy phosphate compound）とよばれている化合物の加水分解に伴う自由エネルギー変化が，リン酸化合物の中でなぜ比較的大きいのだろうか．ATPでは，次に示すようにそのポリリン酸基がpH 7.0付近において4個の負荷電に解離し互いに強く反発し合っている．

その上，リン酸基のP=O結合部分は，電気陰性度の大きな酸素原子が電子を引きつけるので電子の分布状態にわずかの偏りが生じ，酸素原子（$\delta-$）とリン原子（$\delta+$）の間で分極している．このため正に荷電したリン原子間でも静電的な反発力が生ずるので，そのような結合を保持するための余分のエネルギーを必要とする．加水分解によるリン酸基の遊離は，このような静電的な歪みの一部を解き放ちエネルギー的に安定させる．表1.3に示したAMPをはじめとする$\Delta G^{o\prime}$の比較的小さいリン酸化合物では，そのような静電的反発力がない．さらにATPの加水分解によって生成するATPと無機リン酸は，ATPよりも多くの共鳴混成体（resonance hybrid）となり安定化する．ATPの加水分解に伴う$\Delta G^{o\prime}$には一部このような静電的な寄与と共鳴構造による寄与が含まれている．

表1.3のアセチルリン酸（acetylphosphate）や3-ホスホグリセロイルリン酸（3-phosphoglyceroyl phosphate）はATPの場合と同じように考えてよいが，他の高エネルギーリン酸化合物ではATPとは異なった理由が考えられている．

ホスホエノールピルビン酸（phosphoenolpyruvate, PEP）の加水分解反応は，次のような反応である．

エノール型ピルビン酸は不安定で存在しえないが，リン酸エステルとして存在する．PEPの加水分解に伴う高い$\Delta G^{o\prime}$の値には，エノール型ピルビン酸からピルビン酸への異性化反応の$\Delta G^{o\prime}$の寄与が大きい．

**表1.3** リン酸化合物の加水分解の標準自由エネルギー変化

| 化合物 | $\Delta G^{o\prime}$ (kcal/mol) |
|---|---|
| ホスホエノールピルビン酸 | -14.8 |
| 3-ホスホグリセロイルリン酸 | -11.8 |
| ホスホクレアチン | -10.3 |
| アセチルリン酸 | -10.1 |
| ホスホアルギニン | -10.1 |
| ピロリン酸 | -8.0 |
| ATP（ADP+Pi） | -7.3 |
| ATP（AMP+PPi） | -8.6 |
| ADP（AMP+Pi） | -7.3 |
| AMP（アデノシン+Pi） | -2.3 |
| グルコース1-リン酸 | -5.0 |
| フルクトース6-リン酸 | -3.8 |
| グルコース6-リン酸 | -3.3 |
| $sn$-グリセロール3-リン酸 | -2.2 |

ホスホクレアチン（phosphocreatine）やホスホアルギニン（phosphoarginine）などのホスホグア

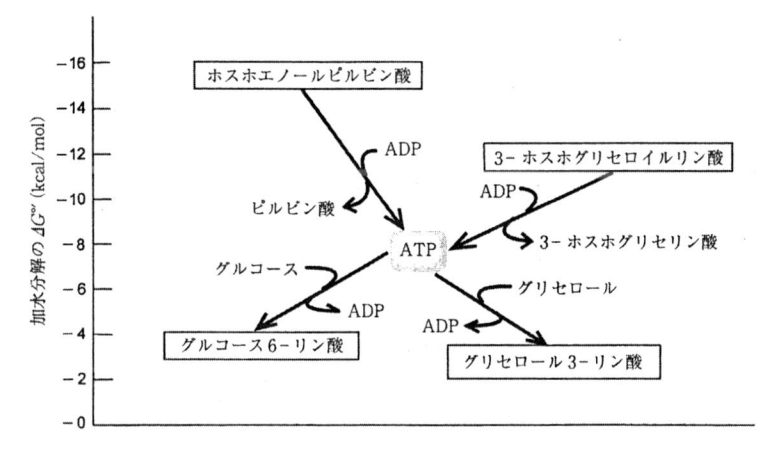

**図1.2** リン酸基転移によるエネルギーの流れ

ニジニウム化合物では，P-N結合のリン原子の正電荷の影響によりNは荷電しないため，結合に反発力が生じない．ホスホエノールピルビン酸の加水分解のときのような異性化反応も起こらない．これらのホスホグアニジウム化合物の場合には，加水分解生成物の方がより多くの共鳴構造をとり安定化する．

## 1.7 リン酸基転移の中間体

表1.3に示したリン酸化された化合物のうちで，ATPの$\Delta G^{\circ\prime}$のレベルは中間的な位置を占めている．このような中間的なエネルギーをもつATPは，グルコースのようなリン酸基受容体へリン酸基を転移する供与体としての役割をもち，ATPよりエネルギー的に高位の高エネルギーリン酸化合物からADPへのリン酸基転移によりATPが生成される．図1.2はそのリン酸基転移によるエネルギーの流れを模式的に示している．生化学反応におけるエネルギーの転移はATPを経由してなされ，例えばホスホエノールピルビン酸（PEP）からグルコースへのリン酸基の転移反応も，

$$\text{PEP} + \text{ADP} \xrightleftharpoons{\text{ピルビン酸キナーゼ}} \text{ピルビン酸} + \text{ATP}$$

$$\text{ATP} + \text{グルコース} \xrightleftharpoons{\text{ヘキソキナーゼ}} \text{グルコース6-リン酸} + \text{ADP}$$

の二つの反応からなっており，

$$\text{PEP} + \text{グルコース} \rightleftharpoons \text{グルコース6-リン酸} + \text{ピルビン酸}$$

と表すことができる． 〔千葉誠哉〕

# 2. 酵素と酵素反応論

酵素（enzyme）は触媒機能をもつタンパク質であり，微生物から哺乳動物に至るすべての生物が営む物質代謝やエネルギー代謝などさまざまな生化学反応に関与している．触媒としての酵素の役割は高い特異性をもって生化学反応を触媒し，生物体が生存可能な穏和な条件下で反応を進行させることである．酵素が示す高い特異性は物質代謝の流れに方向性を与え，生化学反応を組織化するという重要な意義をもっている．また，酵素は生体制御機構においても重要な役割を担っている．酵素の活性は生体内における物質の流れを円滑に進めるために合目的かつ巧妙に調節されている．

酵素の研究の歴史はかなり古く，18世紀初めのパスツール（L. Pasteur）の時代にさかのぼる．しかし，酵素が実際に物質として認識されるようになるまでには100年近い年月を要した．1897年ドイツの生化学者ブフナー（E. Buchner）は酵母の摩砕汁がスクロースをエタノールと二酸化炭素に変えることを見出し，この発酵作用を有する物質をチマーゼと命名した．彼の発見は，酵素は生体から切り離しても作用を発揮することを示したものであり，ここに近代酵素学の第一歩が踏み出されたといえる．さらに1926年にはサムナー（J. B. Sumner）がタチナタマメから，尿素をアンモニアと二酸化炭素に加水分解するウレアーゼ（urease）を結晶として単離し，酵素の本体がタンパク質であることを初めて明らかにした．その後，動植物や微生物起源の酵素が数多く見出され，その構造と機能の関係や生理的役割が次々に解明されるに至った．

## 2.1 触媒としての酵素の基本概念

### a. 触媒と活性化エネルギー

一般に，A＋B ⇌ C＋D という反応においては，図2.1に示すように，生成物C, Dのエネルギー準位は反応物A, Bのエネルギー準位より低い．この反応を起こすためには反応する分子をいったんエネルギー準位の高い活性化状態へと引き上げねばならない．すなわち，高エネルギー準位の障壁を越える

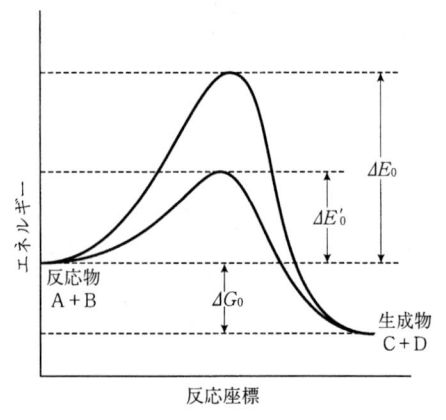

**図2.1 酵素反応と活性化エネルギー**
$E_0$：非酵素的反応における活性化エネルギー
$E_0'$：酵素反応における活性化エネルギー
$\Delta G_0$：反応の自由エネルギー変化

ための活性化エネルギー（activation energy）を必要とする．生化学反応のほとんどは可逆反応である．触媒としての酵素の役割は熱力学的に可能な可逆反応を速やかに平衡に到達させて活性化エネルギーを低下させることである．活性化エネルギーが低くなれば，より多くの分子が活性化状態となり，その結果，非酵素的な反応に比べて低い温度で反応が進行することになる．通常の触媒反応と同様に，酵素の存在の有無にかかわらず反応の自由エネルギー変化$\Delta G$は一定であり，また平衡も変わらない．

### b. 酵素の特異性

酵素が一般の化学触媒と異なる点は，触媒する反応を選択する点である．酵素が触媒する反応の反応物を基質（substrate）というが，基質となりうるものはある特定の構造もしくは共通の化学構造を有する化合物に限られる．これを基質特異性（substrate specificity）という．酵素がどの程度の厳密さで基質の分子構造を認識するかは酵素によって異なり，光学異性体や幾何異性体をも見分ける酵素もあれば，ある範囲の類縁構造をもつ化合物すべてに作用する酵素もある．例えばアスパラギン酸アンモニアリアーゼ（aspartate ammonia-lyase）の場合には，L-アスパラギン酸は基質になるが，D-アスパラギ

ン酸は基質にならない．また，フマル酸ヒドラターゼ（fumarate hydratase）はトランス（trans）型のフマル酸に対して作用するが，シス（cis）型のマレイン酸には作用しない．L-乳酸デヒドロゲナーゼ（L-lactate dehydrogenase）やグルタミン酸デヒドロゲナーゼ（glutamate dehydrogenase）は，基質特異性の高い酵素であるが，アルカリ（性）ホスファターゼは基質特異性が低く，ほとんどすべてのリン酸モノエステルをほぼ同じ速度で加水分解する．このような基質特異性は後で述べるように酵素の立体構造と基質の分子構造両者の相補性によって説明することができる．

### c. 酵素の命名と分類

ウレアーゼの例からもわかるように，従来用いられてきた酵素の常用名は基質の後にアーゼ（～ase）を付したものが多い．しかし，今日数千という酵素が見出されるに及び，酵素の名称が混乱するのを防ぐため，国際生化学連合酵素委員会により酵素の系統的な命名法が定められた．それによると，系統名は基質とその反応形式を直接表すよう定められている．例えばウレアーゼの系統名は urea amidohydrolase である．また，酵素が触媒する反応の形式によって表2.1のように6主群に大別されている．さらに同委員会では日常汎用される酵素名として従来の常用名あるいはそれを若干改変した推奨名を用いるよう勧告している．推奨名では反応を表す語尾にアーゼが付され，フマル酸ヒドラターゼ（フマラーゼ）やグルタミン酸デヒドロゲナーゼがこれに相当する．しかし，トリプシン（trypsin）やキモトリプシン（chymotrypsin）のように反応を表すのにふさわしくないものであっても，発見の由来などによって便宜上そのまま使用されている酵素名もかなりある．

表2.1 酵素の分類

| 系統名 | 触媒する反応形式 | 代表的な酵素 |
| --- | --- | --- |
| 1. 酸化還元酵素（oxidoreductase） | 酸化還元反応 | アルコールデヒドロゲナーゼ |
| 2. 転移酵素（transferase） | 原子団の転移反応 | カルバモイルトランスフェラーゼ |
| 3. 加水分解酵素（hydrolase） | 加水分解反応 | ウレアーゼ |
| 4. リアーゼ（lyase） | 非加水分解的にある基を脱離させ二重結合を残す反応，またはその逆反応 | アルドラーゼ |
| 5. イソメラーゼ（isomerase） | 異性体間の転換反応 | グルコース-6-リン酸イソメラーゼ |
| 6. リガーゼ（ligase） | ATPなどのピロリン酸結合の開裂と共役して二つの分子を結合させる反応 | DNAリガーゼ |

## 2.2 酵素反応速度論

酵素は活性を失わないかぎり何度もくり返して基質に作用し，生成物へと変化させる．一般に，酵素が触媒する反応速度は酵素と基質の濃度や反応溶液のpH，イオン強度，温度，圧力によって影響される．酵素反応を速度論的に解析することによってそれぞれの酵素を特徴づけることができ，また，反応機構を予測するための重要な手がかりを得ることも可能になる．

### a. 酵素の単位

酵素活性を表すのに酵素の国際単位（international unit of enzyme activity）や比活性（specific activity）が用いられる．例えば1国際単位（I. U.）とは一定条件下で1分間に1 $\mu$mol の基質を変化させる酵素量をいう．酵素単位はカタール（kat）でも表される．1 kat とは一定条件下で1秒間に1 mol の基質を変化させる酵素量である．また，比活性は酵素タンパク質1 mg または1 mol 当たりの酵素単位数である．酵素の触媒能は分子活性（molecular activity＝分子触媒活性〈molar catalytic activity〉）によっても評価される．分子活性は1分間に酵素1分子が変換しうる基質分子数であり，回転数またはターンオーバー数（turnover number）ともいわれる．酵素の中には，複数個の活性中心（active center）を有するものがある．このような酵素においては，触媒中心（catalytic center）当たりの触媒能は触媒中心活性（catalytic center activity）によって評価される．すなわち，酵素1分子中の触媒中心が $n$ 個であれば，触媒中心活性は分子活性の $1/n$ となり，1個であれば分子活性と同じになる．

### b. 酵素反応の速度論的解析

通常，酵素反応は，基質の減少量あるいは生成物の量を測定することにより追跡される．反応速度は酵素のもつ触媒能および酵素分子と基質分子の衝突頻度に支配され，基質濃度が一定であれば，酵素量が多いほど反応は速く進行する．一方，酵素量が一定のとき，基質濃度が低い範囲では基質と酵素の衝突頻度は基質濃度に比例し，反応速度は大きくなる．しかし，基質濃度をしだいに濃くしてゆくと酵素分子は基質分子によって飽和され，それ以上基質濃度を濃くしても反応速度は変化せず一定となり，その結果，基質濃度と反応速度との関係は図2.2のような双曲線になる．このような現象はすでに19

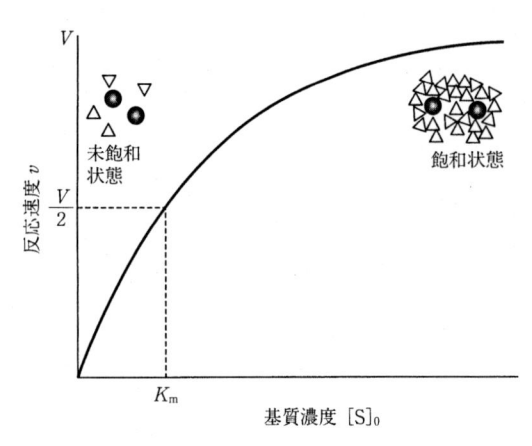

**図2.2** 酵素反応における基質濃度と反応速度の関係
● : 酵素分子, △ : 基質分子を表す.

世紀前半に，インベルターゼ (invertase) が触媒するスクロースの加水分解反応の実験で認められていたが，この反応曲線をもとに速度論的に解析したのはミハエリス (L. Michaelis) とメンテン (M. L. Menten) である.

### c. ミハエリス-メンテン (Michaelis-Menten) の式

Michaelis と Menten は，図2.2の双曲線を説明するために，酵素反応は次式のように二段階の過程を経て進行するものと考えた.

$$\mathrm{E+S} \underset{k_{-1}}{\overset{k_{+1}}{\rightleftarrows}} \mathrm{ES} \overset{k_{+2}}{\rightarrow} \mathrm{E+P} \quad (2.1)$$

ここで，EとSはそれぞれ遊離の酵素と基質であり，ESは酵素-基質複合体 (enzyme-substrate complex，または単にES複合体〈ES complex〉) である（以下，濃度は [ ] で表す）. また，$k_{+1}$, $k_{-1}$, $k_{+2}$ はそれぞれES複合体の生成と解離および反応生成物Pへの反応速度定数を表す. この式は次のような前提のもとに導かれている. ① 基質の初濃度は酵素濃度に対して十分に大きく，反応中間体であるES複合体は速やかに形成され，平衡に達する. ② ES→E+Pの反応速度定数 $k_{+2}$ が反応の律速段階であり，遊離した酵素は再び基質との反応に使用される. ③ 酵素反応の比較的初期の段階を考え，各基質濃度における反応速度として初速度をとる. これらの点を考慮すると，反応速度 $v$ はES複合体の濃度に比例するので，次式が成立し，

$$v = k_{+2}[\mathrm{ES}] \quad (2.2)$$

さらに，ESの解離定数 $K_s$ は次式で表される.

$$K_s = \frac{k_{-1}}{k_{+1}} = \frac{[\mathrm{E}][\mathrm{S}]}{[\mathrm{ES}]} \quad (2.3)$$

基質と酵素の初濃度を $[\mathrm{S}]_0$, $[\mathrm{E}]_0$ とすると，$[\mathrm{S}]_0 \gg [\mathrm{E}]_0 \gg [\mathrm{ES}]$ の前提があるので，次の関係式が成り立つ.

$$[\mathrm{S}]_0 = [\mathrm{S}] + [\mathrm{ES}] \fallingdotseq [\mathrm{S}] \quad (2.4)$$
$$[\mathrm{E}]_0 = [\mathrm{E}] + [\mathrm{ES}] \quad (2.5)$$

上の式から $[\mathrm{S}]$, $[\mathrm{E}]$, $[\mathrm{ES}]$ を消去すると次式が得られる.

$$v = \frac{k_{+2}[\mathrm{E}]_0[\mathrm{S}]_0}{[\mathrm{S}]_0 + K_s} \quad (2.6)$$

酵素が基質によって完全に飽和され，すべてES複合体として反応するとき，反応速度は最大となる. 最大速度 $V$ は次式で表される.

$$V = k_{+2}[\mathrm{E}]_0 \quad (2.7)$$

式 (2.6) と式 (2.7) より，次式が得られる.

$$v = \frac{V[\mathrm{S}]_0}{K_s + [\mathrm{S}]_0} \quad (2.8)$$

この式を Michaelis-Menten の式という. 式 (2.3) からもわかるように，$K_s$ は $\mathrm{E+S} \rightleftarrows \mathrm{ES}$ の解離定数である.

### d. ブリッグス-ホールデン (Briggs-Haldane) の式

上の Michaelis-Menten の式は，$k_{+1}, k_{-1} \gg k_{+2}$ とみなし，$\mathrm{E+S} \rightleftarrows \mathrm{ES}$ の平衡のみを考慮したものである. これに対してブリッグス (G. E. Briggs) とホールデン (J. B. S. Haldane) は $k_{+2}$ が十分に大きく，ESの濃度が一定に保たれている定常状態での酵素反応を解析した. 酵素と基質を混合すると，反応のごく初期段階では寿命が短い前定常状態を経て定常状態へと移る.

[注意] 前定常状態での解析は $10^{-3}$ 秒程度で起こる変化量を追跡するための特殊な装置を用いたストップトフロー法により行われる.

通常の酵素反応の測定は定常状態で行われており，測定しうるだけの基質量の変化は起こっていてもES複合体の濃度は一定となる. すなわち，[ES] の時間的変化がないものとすると，

$$\frac{d[\mathrm{ES}]}{dt} = [k_{+1}[\mathrm{E}][\mathrm{S}] - (k_{-1} + k_{+2})[\mathrm{ES}]] = 0 \quad (2.9)$$

となり，ES複合体の解離定数を $K_m$ とすると，

$$K_m = \frac{k_{-1} + k_{+2}}{k_{+1}} \quad (2.10)$$

となる.

$v = k_{+2}[\mathrm{ES}]$, $[\mathrm{E}]_0 = [\mathrm{E}] + [\mathrm{ES}]$ であるので，前と同様の手順により次式が得られる.

$$v = \frac{V[\mathrm{S}]_0}{K_m + [\mathrm{S}]_0} \quad (2.11)$$

これが Briggs-Haldane の式であり，形式的には Michaelis-Menten の式と同じであるが，$K_s$ と $K_m$

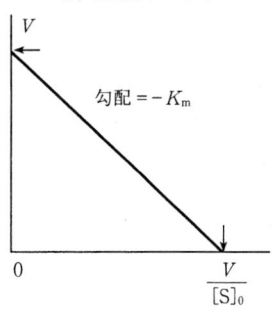

**図 2.3** 速度パラメーターを求めるためのプロット

各プロットは，次式によって得られる．

(a) ラインウィーバー-バーク（Lineweaver-Burk）プロット　　$\dfrac{1}{v} = \dfrac{1}{V} + \dfrac{K_m}{V} \cdot \dfrac{1}{[S]_0}$

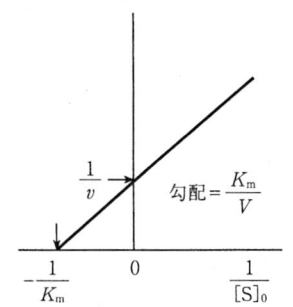

(b) ホフスティー（Hoffstee）プロット　　$\dfrac{[S]_0}{v} = \dfrac{K_m}{V} + \dfrac{[S]_0}{V}$

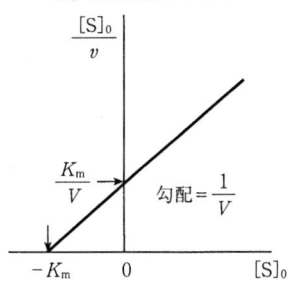

(c) イーディー（Eadie）プロット　　$v = V - K_m \dfrac{v}{[S]_0}$

の内容が異なり，$K_s$ は $K_m$ の $k_{+2}$ 項を省略した特殊なものといえる．ちなみに，$K_m$ は Michaelis 定数とよばれ，基質濃度が $K_m$ に等しいとき，$v = V/2$ となる．

反応中間体として酵素-基質複合体が形成されるという Michaelis の仮定は，その後，分光学的方法をはじめとするさまざまな方法で実証され，今日では多くの酵素について酵素-基質複合体の立体構造が X 線解析や高分解能 NMR により明らかにされ，酵素の構造と機能に関する多くの知見が得られるようになった．

### e. 速度パラメーターの意味

図 2.2 からもわかるように，$K_m$ は $v = V/2$ のときの基質濃度であり，濃度の単位（mol/$l$）をもつ．すなわち，$K_m$ の値は酵素に対する基質の親和性を示すパラメーターであり，$K_m$ が小さいほど低濃度の基質でも有効に作用することになる．一方，$V$ は酵素の触媒能を示すパラメーターであり，酵素量と酵素の触媒回転数に比例する．図 2.2 から直接正確なパラメーターを求めることはむずかしく，実際には式（2.11）（または式（2.8））を変形した式を用いて図 2.3 のようなプロットから $K_m$ や $V$ が求められている．それぞれ特徴があるが，なかでもラインウィーバー-バーク（Lineweaver-Burk）プロットが最も広く用いられている．

## 2.3　酵素反応に及ぼす諸因子

### a. 温度と pH の影響

酵素反応は温度により影響される．酵素活性の温度依存性曲線は，一般に図 2.4(a) のような形をとる．通常の化学反応と同様に，酵素反応においても比較的低温領域では，温度が上昇するにつれて反応速度は大きくなるが，高温領域では酵素タンパク質が変性し活性を失うため反応速度は小さくなる．最大の反応速度を与える温度を最適温度（至適温度）という．最適温度は酵素の温度安定性により左右され，反応時の温度でも変性しやすい酵素の場合には，反応時間が長くなるにつれて最適温度は低くなる．ちなみに，好熱細菌が産生する耐熱性酵素は他の酵素に比べ高温でも安定であり，最適温度もかなり高い．

酵素活性は反応溶液の pH によっても影響される．酵素タンパク質は多くの解離基を有しており，そのイオン化状態の変化は触媒基や酵素タンパク質の高次構造にも影響を及ぼすため，酵素活性は pH により変化する．また，基質分子が解離基をもつ場合には，そのイオン化の状態によって酵素活性が変

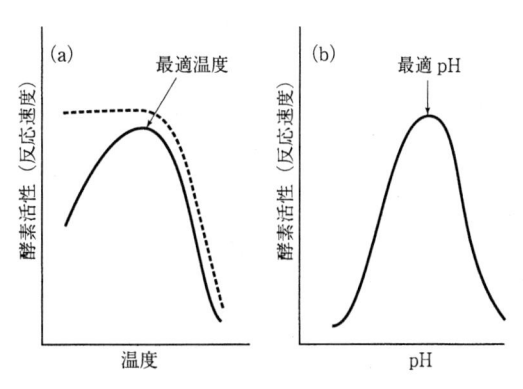

**図 2.4**　酵素活性に及ぼす温度と pH の影響
(a) 酵素活性の温度依存性曲線
　　点線は酵素の熱安定性曲線
(b) 酵素活性の pH 依存性曲線

**図 2.5** キモトリプシンのセリンおよびヒスチジン残基に対する DFP と TPCK の特異的な反応

化することもある．反応速度を pH に対してプロットすると図 2.4 (b) のような pH 依存性曲線が求められる．最大の反応速度を与える pH を最適 pH (至適 pH) という．最適 pH は酵素によって異なり，ペプシン (pepsin) では pH 2.0 前後，キモトリプシンでは pH 8.0 付近である．

**b. 阻害剤の影響**

酵素分子のある特定の部位に結合して反応速度を低下させるような物質を阻害剤 (inhibitor) という．酵素活性の阻害には不可逆的なものと可逆的なものがある．不可逆的阻害は酵素の活性発現に必要なアミノ酸残基に特定の化合物が共有結合することによって永続的に酵素活性が阻害される場合である．例えば，図 2.5 に示すように，キモトリプシンにジイソプロピルフルオロリン酸 (DFP) を反応させると，特定のセリン残基 ($Ser_{195}$) だけが修飾され，酵素活性は消失する（この理由については，後の酵素の活性中心と触媒機構のところで述べる）．また，トシルフェニルアラニルクロロメチルケトン (TPCK) はキモトリプシンに対する特異的阻害剤であり，活性部位にある特定のヒスチジン残基 ($His_{57}$) と反応してキモトリプシンを失活させる．

一方，可逆的阻害は阻害剤が酵素に可逆的に結合

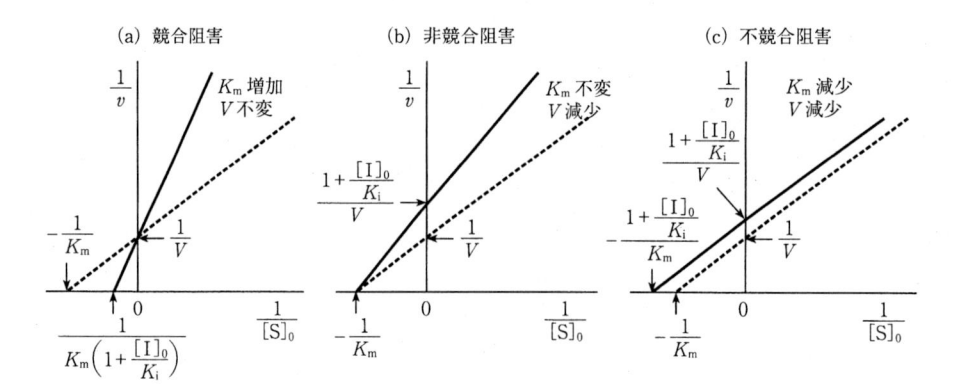

**図 2.6** 阻害剤による速度パラメーターの変化

点線：阻害剤なし，実線：阻害剤存在下，$[I]_0$：阻害剤濃度，$K_i$：阻害物質定数．
阻害剤存在下におけるプロットはそれぞれ次式に従う．

(a) 競合阻害 $\quad \dfrac{1}{v} = \dfrac{K_m\left(1+\dfrac{[I]_0}{K_i}\right)}{V} \cdot \dfrac{1}{[S]_0} + \dfrac{1}{V}$

(b) 非競合阻害 $\quad \dfrac{1}{v} = \dfrac{K_m\left(1+\dfrac{[I]_0}{K_i}\right)}{V} \cdot \dfrac{1}{[S]_0} + \dfrac{\left(1+\dfrac{[I]_0}{K_i}\right)}{V}$

(c) 不競合阻害 $\quad \dfrac{1}{v} = \dfrac{K_m}{V} \cdot \dfrac{1}{[S]_0} + \dfrac{1+\dfrac{[I]_0}{K_i}}{V}$

する場合であり，基質濃度を変えたときの阻害度の変化により区別される．図2.6に三つの可逆的な阻害型式を示した．

**i) 競合阻害**（competitive inhibition） 基質と類似した構造をもつ化合物か酵素の活性中心に結合し，基質と競合する場合の阻害型式である．この型の阻害では酵素-基質複合体の形成が阻害されるので$K_m$は大きくなるが$V$は変わらない．例えば，コハク酸デヒドロゲナーゼ（succinate dehydrogenase）は，基質であるコハク酸（HOOC-CH$_2$-CH$_2$-COOH）と構造が類似したマロン酸（HOOC-CH$_2$-COOH）により競合的に阻害される．阻害度は基質と阻害剤の濃度と酵素に対する親和性によって左右され，基質濃度を高くすると阻害は解除される．

**ii) 非競合阻害**（noncompetitive inhibition）
この型の阻害では阻害剤と基質の間には構造上の類似性はなく，阻害剤は基質とは別の部位に可逆的に結合して触媒能を低下させるので，酵素-基質複合体の形成には影響を与えず，基質濃度を高くしても活性は回復しない．

**iii) 不競合阻害**（uncompetitive inhibition）
阻害剤は酵素-基質複合体とのみ可逆的に結合し，遊離の酵素には結合しない．基質濃度を高くしても阻害は解除されない．阻害剤が酵素-基質複合体とのみ結合し，$V$を低くするので$K_m$は見かけ上小さくなる．

**iv) 基質阻害**（substrate inhibition） 基質濃度が高くなると活性部位以外の部位に基質が結合し，酵素タンパク質の高次構造に変化を与えて活性を低下させることがある．これを基質阻害という．逆に高濃度の基質が活性を高める場合を基質活性化（substrate activation）という．

**v) フィードバック阻害**（feedback inhibition）
一連の代謝系路において代謝産物によってその系路の初期の反応を触媒する酵素活性が阻害される場合，これをフィードバック阻害という．

$$A \xrightarrow{} B \to C \to \cdots X$$

代謝系路が上のように一つの系路ではなく，いくつもの系路に分岐している場合には，最初の酵素を阻害すれば分岐点における産物は生産されなくなる．生物はこのような不都合が起こらないように巧妙な制御機構を備えている．主なフィードバック阻害を図2.7に示した．図中の(a)は同一作用を有する2種類の酵素に対するフィードバック阻害であって，AからBへの反応を触媒する酵素はaとa'の2種

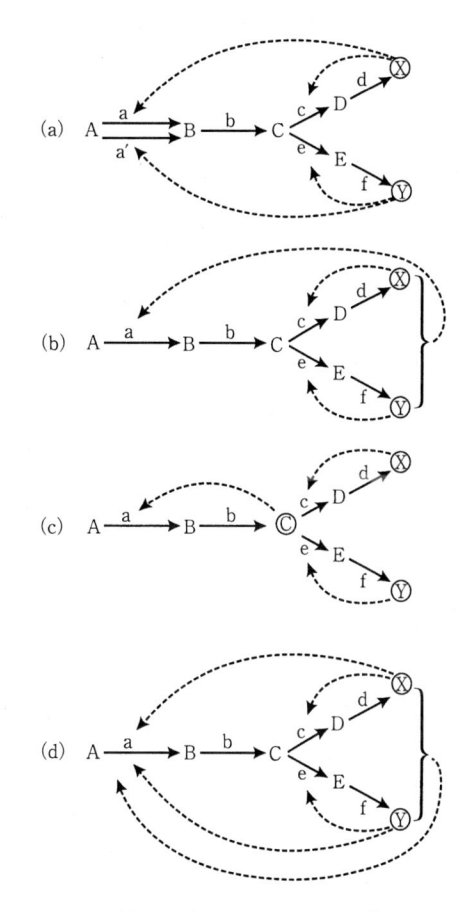

**図2.7** 主なフィードバック阻害
(a) 同一作用を示す2種類の酵素に対するフィードバック阻害
(b) 協奏フィードバック阻害
(c) 系列フィードバック阻害
(d) 相乗フィードバック阻害

類があり，aはXによって阻害されるがYによる阻害を受けず，逆に，a'はYにより阻害されるがXにより阻害されないという場合を考えると，Xが蓄積してaをフィードバック阻害してもa'は阻害されないのでB，Cは生産されることになる．この場合，Xは分岐点の酵素cを，Yは酵素eを阻害する．したがって，Xが過剰に生産され，酵素aを阻害しても，Yは生産され続ける．図中の(b)は，酵素aが最終産物XやY単独では阻害されずに，XとYの両者が同時に蓄積することによって初めて阻害される場合である．XとYはそれぞれ，酵素cとeを阻害するので，cが阻害されてもYは生産される．さらに，XとYの両者が蓄積されると，これらは協奏的にaを阻害し，最終産物の過剰な蓄積を防ぐ．このような阻害を協奏フィードバック阻害という．(c)は系列フィードバック阻害といわれる場合であり，最終産物XとYは直接酵素aを阻害するので

はなく，それぞれの分岐点の反応を触媒する酵素 c と e を阻害する．すなわち，中間産物 C が蓄積されるとこれが酵素 a を阻害し，この系の反応を止める．(d) は相乗フィードバック阻害といわれるものであり，最終産物 X と Y が過剰になると，それぞれ，酵素 a を部分的に阻害するが，X と Y の両者がともに過剰な場合には相乗的に酵素 a を阻害する．

フィードバック阻害は代謝産物が過剰に蓄積するのを防ぎ，物質代謝を円滑に進めるための重要な制御機構といえる．このように代謝産物によるフィードバック制御を受ける酵素はアロステリック酵素 (allosteric enzyme) とよばれ，その活性調節の分子機構については後で述べる．一方，代謝系路の前段階で生成する中間産物がその系路の後段階にある酵素の活性を制御する場合がある．このような制御をフィードバック制御に対してフィードフォワード制御 (feedforward control) という．

## 2.4 酵素の活性部位と触媒機構

前述のように，酵素反応が起こるためにはいったん酵素–基質複合体が形成されねばならない．基質を結合し，酵素反応にあずかる部位は活性部位 (active site) または活性中心 (active center) とよばれ，この部位はさらに，基質結合部位と触媒部位 (catalytic site) とに分けて考えることもできる．また，活性部位にあって直接触媒作用に関与するアミノ酸残基は触媒基 (catalytic group) とよばれる．活性部位は触媒基をはじめとする複数のアミノ酸残基により構成されており，酵素分子の"溝"または"くぼみ"に存在することが多い．基質分子の活性部位への特異的な結合，すなわち基質特異性を説明するために，これまでに二つの説が提唱されている．図 2.8 に二つの説を模式化して示した．1894 年，フィッシャー (E. Fischer) は酵素分子に基質分子が正しく結合するためには両者はあたかも鍵と鍵穴の関係のように立体構造上特異的かつ相補的関係でなければならないという，いわゆる"鍵と鍵穴説 (lock and key theory)"を提唱した．その後"鍵と鍵穴説"は基本的には正しいことが証明されたが，この説では酵素の基質特異性は説明できても高い触媒能を説明することができない．この点を解決しようとしたのが"誘導適合仮説 (induced-fit hypothesis)"である．1968 年，コシュランド (D. E. Koshland Jr.) は基質が結合することによって酵素タンパク質の構造が変化し，反応が起こりやすいように触媒基が正しく配置されるという新しい概念を導入した．この説では，酵素の活性部位は可変的なものであり，はじめから基質構造と完全に相補的でなく，基質が接近し，相互作用することによって相補的な構造が誘導され，酵素–基質複合体が形成されることになる．この考えの妥当性はその後，X 線解析や多くの分光学的研究によって裏づけられた．

最近，多くの酵素について基質（または基質類似物）との複合体の立体構造が X 線結晶解析により明らかにされ，化学修飾やタンパク質工学的手法による部位特異的アミノ酸置換の結果と合わせて，酵素の活性部位に存在する個々のアミノ酸残基の役割がしだいに解明されるようになってきた．ここではニワトリ卵白の溶菌酵素リゾチーム (lysozyme) を例にしてその活性部位と触媒機構について述べる．この酵素は細菌細胞壁のムコ多糖類やキチンの加水分解を触媒する．

[注意] 細菌細胞壁のムコ多糖類は，$N$-アセチルムラミン酸 (MurNAc) と $N$-アセチルグルコサミン (GlcNAc) が，$\beta$-$(1 \rightarrow 4)$ 結合で交互に結合した多糖類であり，キチンは $N$-アセチルグルコサミンが $\beta$-$(1 \rightarrow 4)$ 結合で結合した多糖類である（第 1 部第 3 章参照）．

図 2.9 にリゾチームの活性部位の概略を示した．リゾチームの活性部位は分子中央の深い"溝"にあり，6 個のサブサイト (A～F) からなっている．基質となるオリゴ糖はサブサイト (A～F) に結合する．この結合には多くの非共有結合が関与しており，その結合エネルギーは約 $-59\ kJ/mol$ と大きい．基質の結合に際し，$Trp_{62}$ の側鎖は基質方向へ $0.75\ Å$ 移動し，活性部位の"溝"はやや狭くなる（この図では酵素が誘導適合した後の様子が示してある）．また，サブサイト D 上にある GlcNAc 残基は，図 2.10 のようにいす型から半いす型となる．この

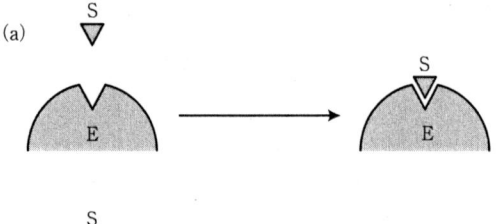

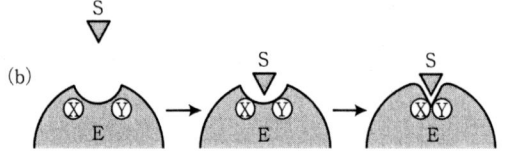

図 2.8 "鍵と鍵穴説"と"誘導適合仮説"の模式図
(a) 鍵と鍵穴説，(b) 誘導適合仮説
Ⓧ，Ⓨは触媒基を表す．

2.4 酵素の活性部位と触媒機構

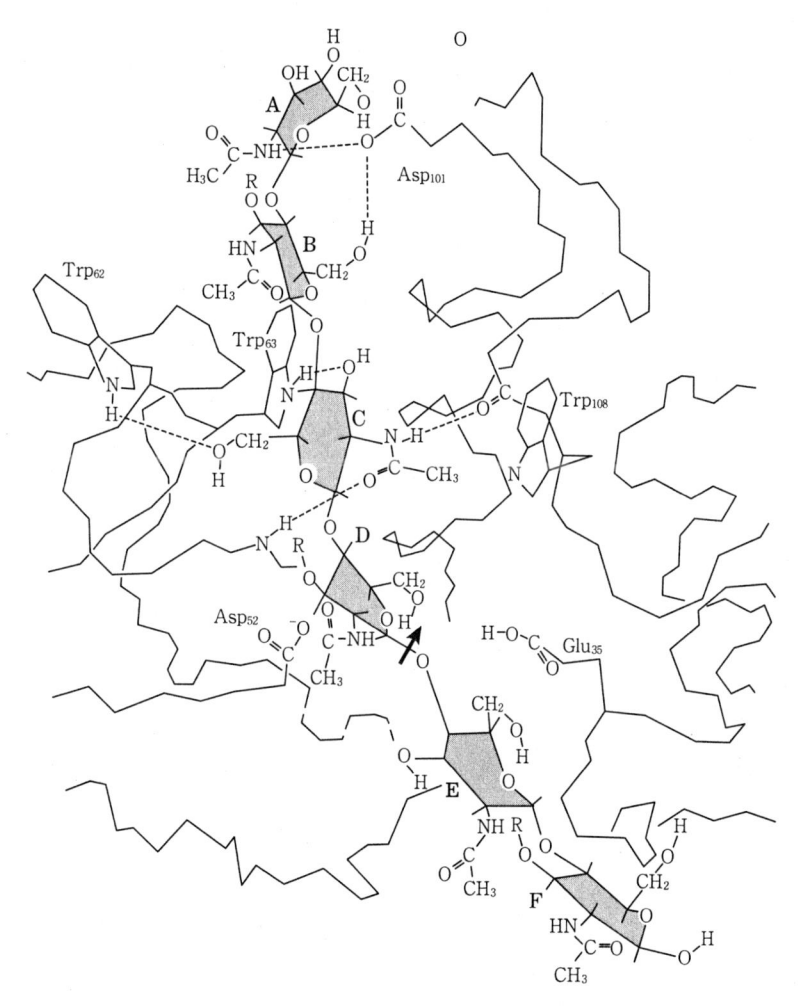

**図2.9** リゾチームと基質の結合状態（C.C.F. Blake et al.: *Proc. Roy. Soc.*, **147**B：378, 1967 より改変）
D-E 間の矢印はグリコシド結合の切断個所を表す．点線は水素結合．
キチンでは R=H，細菌細胞壁ムコ多糖類では
$$R=CH(CH_3)-CO-X$$

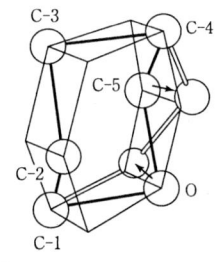

**図2.10** サブサイト D 上における GlcNAc 残基のいす型から半いす型への変化（林 勝哉，井本泰治：リゾチーム，p.108, 南江堂，1972より改変）
C-1～C-5 と O はそれぞれピラノース環の炭素原子と酸素原子を示す．

ことは基質分子にひずみを与え，触媒反応を起こしやすくする意味で重要となる．β-(1→4) グリコシド結合の加水分解はサブサイト D と E の間で起こり，この反応には $Glu_{35}$ と $Asp_{52}$ が触媒基として関与し，図2.11のような機構で加水分解反応が起こると考えられる．すなわち，$Glu_{35}$ の側鎖 γ-カルボキシル基は通常のグルタミン酸の側鎖に比べて異常に高い $pK_a$ をもち（$pK_a=6.0$），-COOH の形をとる．これらの点を考慮すると，リゾチームの反応機構は次のように考えることができる．まず，$Glu_{35}$ のカルボキシル基がプロトン供与体としてサブサイト D と E 上にある β-(1→4) グリコシド結合の酸素にプロトンを与え，グリコシド結合が開裂される．サブサイト D 上にある GlcNAc の1位の炭素はカルボニウムイオンとなり，このカルボニウムイオンの生成はもう一つの触媒基 $Asp_{52}$ の側鎖 β-カルボキシル基の負荷電（-COO⁻）によって助長，安定化される．反応の結果生じた GlcNAc 2残基はサブサイト E, F から離れる．最終的には，カルボニウムイオン中間体は水分子からの OH⁻ と反応し，その結果生じたサブサイト A～D 上の GlcNAc 4残基は酵素分子から離れる．また，$Glu_{35}$ の γ-カルボキシル基は水分

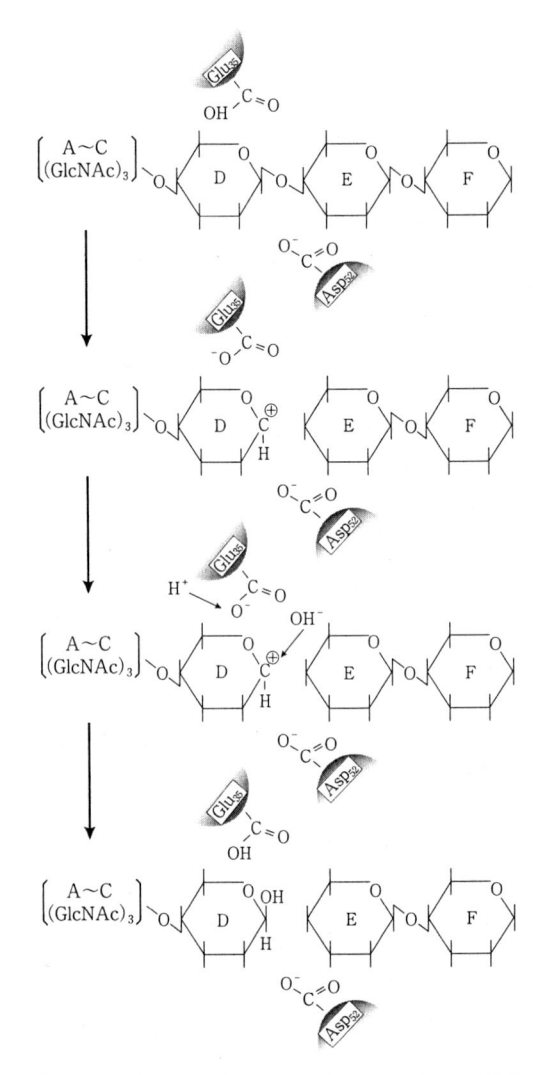

**図 2.11** リゾチームによる $N$-アセチルグルコサミン六量体の加水分解機構
⌬ は $N$-アセチル-$\beta$-D-グルコピラノシド環を示す.

子の $H^+$ によりプロトン化され,$-COOH$ の形となり,次の新しい基質との反応のために準備される.

活性部位の構造や触媒機構は酵素によって異なるが,一般に触媒反応にあずかるアミノ酸残基の側鎖は異常な $pK_a$ 値をもつものや,強い求核性あるいは求電子性を示すものが多い.例えば,キモトリプシンの $Ser_{195}$ はこの酵素の触媒基として重要な役割を果たしている残基である.キモトリプシンの活性部位では図 2.12 に示すような,"電荷リレー系"により $Asp_{102}$ の負荷電が水素結合を通して $Ser_{195}$ の酸素原子に局在し,$Ser_{195}$ の側鎖水酸基の求核性を大きくしている.前述のように,$Ser_{195}$ が DFP と特異的に反応する現象はこのような大きな求核性によって説明することができる.

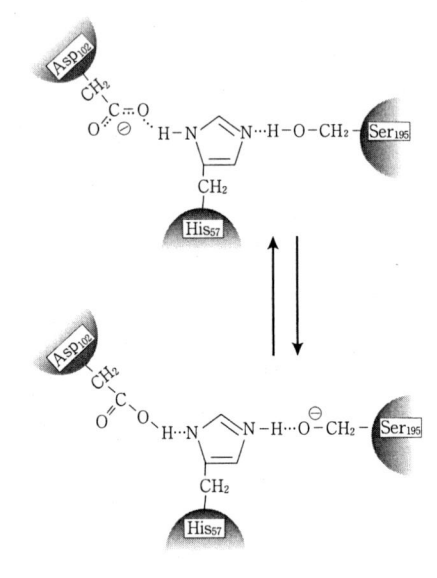

**図 2.12** キモトリプシン活性部位における"電荷リレー系"

## 2.5 酵素活性の調節

生命現象は生体内で起こる生化学反応がお互いに関連をもつよう組織化され,かつ調節されるときにはじめて発現される.生体内における酵素の活性はきわめて巧妙な仕組みで合目的に調節されている.酵素の活性調節は質的なものと量的なものとに大別して考えることができる.酵素活性の質的な変動は阻害剤の例からもわかるように,基質に対する親和性や触媒能力に反映されるものであり,これらは酵素タンパク質の構造変化によるところが大きい.一方,酵素は他のタンパク質と同様に常に代謝回転されている.つまり,細胞内において酵素は一方では合成され,一方ではタンパク質分解酵素(プロテアーゼ)によって分解される.酵素の半減期は 15 分と短いものから 19 日と長いものまでさまざまである.

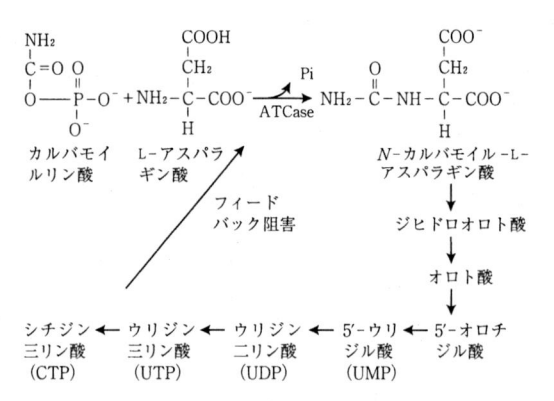

**図 2.13** ピリミジン合成系におけるフィードバック阻害

多くの生化学反応は、合成と分解の過程を経て生体内に保持される酵素の量だけでなく、タンパク質合成（第4部第3章参照）の後に変化する活性な酵素の量によっても支配される。ここでは、生合成後の酵素活性の質的ならびに量的な調節について述べる。

### a. アロステリック酵素

生体内における代謝産物の量はさまざまな機構によって調節されている。その一つは、すでに述べたような代謝最終産物による酵素のフィードバック制御であり、酵素の質的な調節機構の代表的な例といえる。図2.13に大腸菌のピリミジン合成系路におけるフィードバック阻害を示した。ピリミジン合成系路における最初の段階、すなわち、カルバモイルリン酸とアスパラギン酸からカルバモイルアスパラギン酸への反応を触媒するアスパラギン酸トランスカルバミラーゼ（aspartate transcarbamylase, ATCase）は、この反応系路の最終産物であるシチジン三リン酸（CTP）によって阻害され、アデノシン三リン酸（ATP）によって活性化される。CTPやATPはいずれもこの酵素の基質とは構造上の類似性をもたず、ATCaseの活性部位とは別の部位に結合することによって酵素活性を調節する。このような部位はアロステリック部位（allosteric site）または調節部位、ここに結合して酵素活性に影響を与える物質はアロステリックエフェクター（allosteric effector）またはエフェクターとよばれる。また、調節部位をもち、フィードバック制御を受けるような酵素を総称してアロステリック酵素（allosteric enzyme）、エフェクターの及ぼす効果をアロステリック効果（allosteric effect）という。

［注意］アロステリックとは本来、allo-（異なる）、steric（立体構造）＝"立体構造の異なる"という意味であるが、アロステリック効果という言葉は①フィードバック調節、②エフェクターのような低分子化合物の結合による酵素タンパク質の構造変化、③アロステリック酵素のサブユニット間の協同的な相互作用などの意味で用いられるが、現在ではもっぱら、③の協同的な現象の意味で使われる。

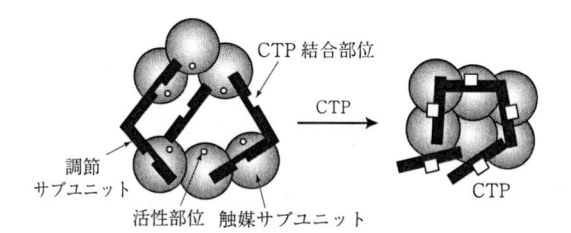

**図2.14** CTPの結合によるATCaseの構造変化の模式図 活性部位はお互いに向かい合った2つの触媒サブユニット間で形成される。

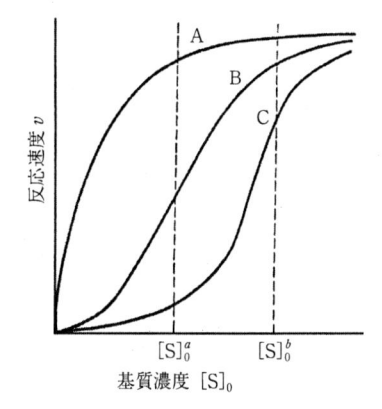

**図2.15** アロステリック酵素の反応曲線
A：ヘテロトロピック効果（エフェクターによる活性化）
B：ホモトロピック効果（基質の結合による変化）
C：ヘテロトロピック効果（エフェクターによる阻害）

ATCaseは触媒能をもつ触媒サブユニット（C）6個と、調節部位をもつ調節サブユニット（R）6個が $(C_3)_2(R_2)_3$ の形で会合体を形成している。図2.14に示すように、CTPの結合によって生じる調節サブユニットの高次構造の変化は触媒サブユニットに影響を及ぼして活性が変化する。ATCaseは有機水銀により $R_2$ と $C_3$ に解離する。このような状態ではATCaseは、酵素活性を保持しているが、CTPによる阻害を受けない。この現象を脱感作（desensitization）という。

アロステリック酵素の多くはATCaseのようにいくつかのサブユニットからなっている。ある触媒サブユニットへの基質の結合が他のサブユニットの触媒能に対してなんら影響を及ぼさない場合には、Michaelis-Mentenの式に従い、反応曲線は双曲線型となる。これに対して、一つの触媒サブユニットへの基質の結合が他の触媒サブユニットの活性に影響を与え、お互いに相関しあうようになると活性部位には協同性が生じる。その結果、基質濃度と反応速度との関係は、図2.15のようにS字型となり、正の協同性が表れる。これをホモトロピック効果という。アロステリック酵素の反応は、近似的には次のヒル（A. V. Hill）の式に従う。

$$v = \frac{V[S]_0^n}{K_m + [S]_0^n} \quad (2.12)$$

ここで、$n$ はHill係数（Hill coefficient）とよばれ、協同性を示すパラメーターである（$n=1$ のときはMichaelis-Mentenの式）。いま、ATCaseに正のエフェクターであるATPを加えるとヒル係数 $n$ は1に近づき、双曲線型となる。逆に、負のエフェク

**図 2.16** アロステリック酵素における協同性を説明するために提唱された二つのモデル
(a) MWC モデル（一斉対称モデル）
(b) KNF モデル（逐次作用モデル）

**表 2.2** プロテアーゼ前駆体の活性化

| 酵素前駆体 | | 酵　素 |
|---|---|---|
| ペプシノーゲン | $H^+$ またはペプシン → | ペプシン |
| トリプシノーゲン | エンテロペプチダーゼ → | トリプシン |
| キモトリプシノーゲン | トリプシンまたはキモトリプシン → | キモトリプシン |
| プロカルボキシペプチダーゼ A | トリプシン → | カルボキシペプチダーゼ A |

ターである CTP を加えるとヒル係数 $n$ は大きくなり，S 字型の程度は顕著になる．このように，エフェクターによって，反応曲線 B が A や C のように変わる現象をヘテロトロピック効果という．酵素活性の調節という点ではアロステリック酵素が示す S 字型曲線は生理的にきわめて重要な意義をもっている．双曲線型では S 字型曲線に比べて低い基質濃度でも最大速度 $V$ に達する．ところが，基質濃度を $[S]_0^a$ から $[S]_0^b$ に増したときの反応速度の変化を比べると S 字型曲線の方がはるかに大きい．つまり，S 字型曲線では，わずかな基質濃度の変化に対する酵素活性の応答が速やかに行われることになり，調節という点では大きな利点がある．

アロステリック酵素でみられるような協同性という考えは，最初ボーア（C. Bohr）がヘモグロビンの酸素解離曲線が S 字型を示すことを見出したのに始まる．これまでに，協同現象を説明するための二つの説が提唱されている．二つのモデルを図 2.16 に示した．モノー（J. L. Monod），ワイマン（J. Wyman），シャンジュー（J.-P. Changeux）によって提唱されたいわゆる MWC モデル（または一斉対称モデル）は，アロステリック酵素は基質に対する親和性が高い R 型と親和性が低い T 型が平衡状態にあり，基質やエフェクターが結合するとサブユニットは一斉に R 型となり，基質に対する親和性が高くなるという考えのもとに提唱されたものである．このモデルは，T 型から R 型への変換によって協同現象を説明しようとしたものであり，正の協同現象は説明できても，負の協同現象は説明できな

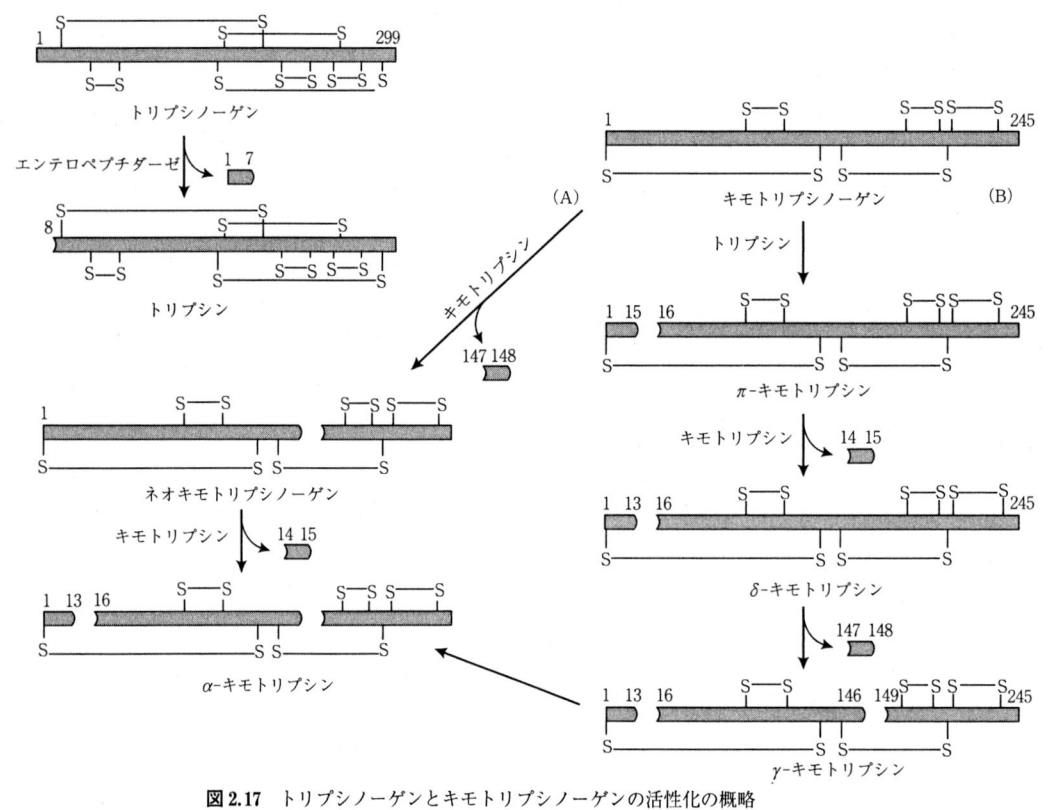

**図 2.17** トリプシノーゲンとキモトリプシノーゲンの活性化の概略
(A) キモトリプシノーゲンに対するトリプシンの量比 = 1/10⁴
(B) キモトリプシノーゲンに対するトリプシンの量比 = 1/30

い．これに対して，コシュランド（D. E. Koshland Jr.），ネメシー（G. Némethy），フィルマー（D. Filmer）が誘導適合仮説をもとにして提唱した KNF モデル（または逐次作用モデル）は，基質やエフェクターが一つのサブユニットに結合することによって生じる構造変化が隣接するサブユニットの高次構造を次々に変化させ，基質に対する親和性を変えるというモデルである．すなわち，このモデルは，基質が結合するたびに基質に対する親和性が遂次変化することによって協同現象が表れるという説である．

#### b. チモーゲンの活性化

哺乳動物の消化管から分泌されるプロテアーゼは分泌細胞内ではチモーゲン（zymogen），あるいはプロ（pro-）酵素（またはプレ（pre-）酵素）とよばれる不活性な前駆体として生合成され，分泌された後に，活性な酵素へと変換される．チモーゲンの活性化は活性な酵素量の増加であり，酵素の量的調節の典型的な例といえる．主なチモーゲンとその活性化によってできる酵素名を表 2.2 に示した．また，トリプシノーゲンとキモトリプシノーゲンの活性化の概略を図 2.17 に示した．膵臓から分泌されるトリプシノーゲンは，十二指腸から分泌されるエンテロペプチダーゼによる限定分解を受け，N 末端からヘキサペプチドが離脱した活性なトリプシンとなり，これがキモトリプシノーゲンを活性化する．キモトリプシノーゲンに対してトリプシンの量が比較的多い場合には，まず，キモトリプシノーゲンの $Arg_{15}$，$Ile_{16}$ 間のペプチド結合がトリプシンにより限定水解され，活性な π-キモトリプシンとなる．π-キモトリプシンは自己触媒的限定分解により，$Ser_{14}$-$Arg_{15}$ や $Thr_{147}$-$Asn_{148}$ などのジペプチドが離脱した S- や γ-キモトリプシンを経て，最終的に，最も安定な構造をもつ α-キモトリプシンへと変換される．この活性化は迅速に行われる．これに対して，トリプシン量が少ない場合には，活性化は遅く，$Thr_{147}$-$Asn_{148}$ が離脱した不活性なネオキモトリプシノーゲンとなり，これから $Ser_{14}$-$Arg_{15}$ が離脱して，α-キモトリプシンとなる．X 線解析により明らかにされたキモトリプシノーゲン活性化の際に起こる活性部位近傍の微細構造変化を模式化して図 2.18 に示した．前述のようにキモトリプシンの活性部位は，$Ser_{195}$，$His_{57}$，$Asp_{102}$ の電荷リレー系で構成されている（図 2.12）．この電荷リレー系はキモトリプシノーゲンでも形成されている．しかし，キモトリプシノーゲンでは，$Asp_{194}$ の側鎖 γ-カルボキシル基が $His_{40}$ の側鎖イミダゾールと水素結合を形成し，活性部位への基質の侵入を妨げるために活性を発現することができない．トリプシンによって，$Arg_{15}$-$Ile_{16}$ 間のペプチド結合が切断されると，$Ile_{16}$ の α-アミノ基は $Asp_{194}$ の側鎖 γ-カルボキシル基と相互作用するようになり，その結果，基質は活性部位へ取り込まれるようになり，酵素活性が発現される．

膵臓から分泌されるプロカルボキシペプチダーゼも，トリプシンによって活性化されるが，このようなチモーゲンの活性化は，必要に応じて活性な酵素を供給できるという点で，きわめて合目的な調節機構といえる．似たような活性化機構は血液凝固系にも存在しており，この場合，多くの不活性な前駆体がプロテアーゼの作用により，次から次へと活性な酵素に変換され，最終的に血液凝固が完成する．

#### c. カスケード的増幅

生体内では，ごくわずかの信号が一連の酵素群を介してあたかも"滝の流れ"（cascade）のように，次から次へ増幅されることがある．この機構はカスケード的増幅（amplification cascade）あるいはカスケード系といわれるものであり，一種の連鎖反応的な調節機構である．上の血液凝固系もその一例である．また，副腎髄質ホルモンであるアドレナリン（米国ではエピネフリン）や，膵臓のランゲルハンス島 A 細胞から分泌されるグルカゴンは肝臓におけるグリコーゲン分解を促進するホルモンである．図 2.19 に示すようにこれらのホルモンが細胞の原形質膜表面に存在する特定の受容体（receptor）に結合すると，その情報は内在する調節タンパク質（G タンパク質）を介して原形質膜内側に存在するアデニル酸シクラーゼ（adenylate cyclase）に伝えられ，この酵素が活性化される．この酵素は ATP からサイクリック AMP（cAMP）ができる反応を触媒する．cAMP はプロテインキナーゼを活性化する．プロテインキナーゼは触媒サブユニット（C）と調節サブユニット（R）が会合体を形成しているときは不活性であるが，調節サブユニットに cAMP が結合

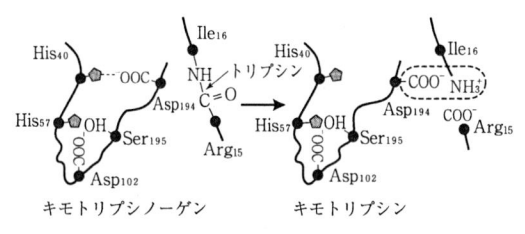

**図 2.18** キモトリプシノーゲン活性化の際に生じる活性部位近傍の微細構造変化
⬢はヒスチジンのイミダゾール環を示す．

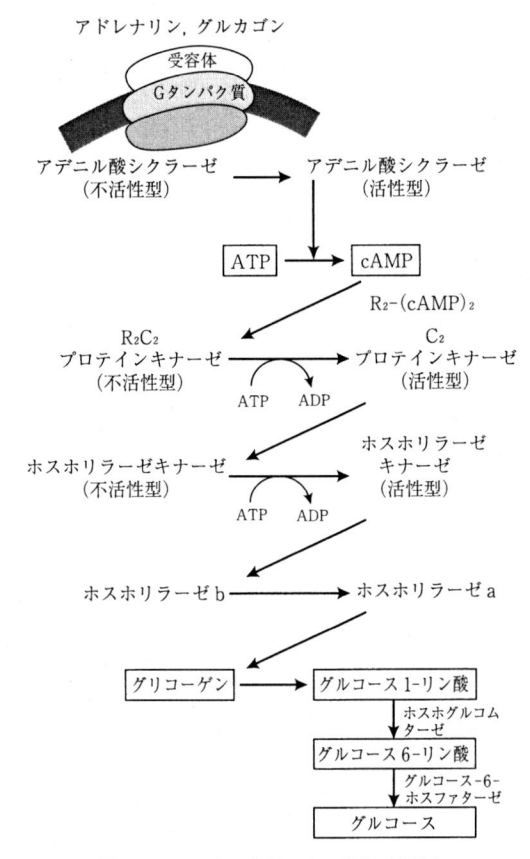

**図 2.19** カスケード系による酵素の活性化

すると解離して，活性型となり，この酵素がホスホリラーゼキナーゼをリン酸化して，不活性な b 型から活性な a 型へ変える．活性なホスホリラーゼキナーゼはホスホリラーゼをリン酸化して，不活性な b 型から活性な a 型に変換する．活性型ホスホリラーゼはグリコーゲンを加リン酸分解してグルコース 1-リン酸を生じ，これが最終的にグルコースとなって血液中に放出される．カスケード系による酵素活性の制御の概要を図 2.19 に示した．結局，このカスケード系により，1 分子のホルモンが結合し，$10^8$ 分子のグルコースが生成することになる．このように，カスケード系は優れた制御機構であり，生物体が外からの情報や環境の変化に迅速に応答するために必要な酵素を生合成よりもはるかにすばやく供給することができる．

上で示したようなホスホリラーゼの b 型から a 型への変換は，筋肉中でのグリコーゲン分解においても重要な意義をもっている．不活性な b 型酵素から活性な a 型酵素への変換は特定のセリン残基の側鎖水酸基のリン酸化によるものであり，リン酸化された活性な a 型酵素は，ホスホリラーゼホスファターゼ（phosphorylase phosphatase）により脱リ

ン酸化されて不活性な b 型酵素となる．このような，リン酸化，脱リン酸化によるホスホリラーゼ活性の変化は，一種の化学修飾による酵素活性の調節と考えることができる．化学修飾による酵素活性の調節はカスケード系とは別の意味でも重要であり，例えばグルタミンシンテターゼ（glutamine synthetase）の場合には，チロシン残基の OH 基のアデニリル化，脱アデニリル化により，また，ピルビン酸デヒドロゲナーゼ（リポアミド）（pyruvate dehydrogenase〈lipoamide〉）の場合にはリン酸化，脱リン酸化により，活性が調節される．

### d. 四次構造の形成と酵素活性

いくつかのサブユニットからなる酵素タンパク質が会合したり解離することによって活性が変化する多くの例が知られている．大腸菌のトリプトファンシンターゼ（tryptophan synthase）は通常，2 種類のサブユニット（α サブユニットと β サブユニット）の会合体（$\alpha_2\beta_2$）として存在するが，解離すると，$\alpha_2$ と $\beta_2$ になる．α サブユニットは，インドール-3-グリセロールリン酸からインドールとグリセルアルデヒド 3-リン酸への反応を触媒し，β サブユニットはインドールとセリンからトリプトファンを合成する反応を触媒する．会合体 $\alpha_2\beta_2$ の状態でこれらの反応を触媒する反応速度は，$\alpha_2$，$\beta_2$ 単独の場合に比べて 10 倍以上も大きい．

一方，L-乳酸デヒドロゲナーゼ（L-lactate dehydrogenase）は異種のサブユニットが会合体を形成してはじめて酵素活性を発現する．この酵素は骨格筋型（M 型）と心筋型（H 型）の 2 種類のサブユニットからなる会合体であり，M と H の組合せにより，$M_4$，$M_3H$，$M_2H_2$，$M_1H_3$，$H_4$ の 5 種の酵素が存在する．骨格筋では $M_4$ が多く，心臓では $H_4$ が多い．また，$M_4$ は $H_4$ に比べて基質に対する親和性が高い．これら 5 種類の酵素は電気泳動的に識別することができる．このように，同一個体中に存在し，化学的性質は異なるが，同じ反応を触媒する酵素群をアイソザイム（isozyme）またはイソ酵素という．

### e. 他物質との協同作用

酵素の中には，金属イオンや低分子有機化合物と協同することによって，酵素活性を発現するものがかなり多い．活性化物質としての金属イオンの役割はさまざまであり，活性部位にあって触媒反応に直接関わる場合もあれば，高次構造の安定化に寄与している場合もある．また，キナーゼ類が触媒するリ

ン酸転移反応でみられるように，ATPがマグネシウムイオンと錯体を形成して真の基質となるような場合もある．一方，酸化還元酵素や転移酵素の多くは，補酵素（coenzyme）や補欠分子族（prosthetic group）とよばれる低分子有機化合物と結合した状態で触媒機能を発揮する．このように，金属イオンや補酵素のような補因子（cofactor）と複合体を形成して十分に酵素としての機能を発揮しうるような状態にある酵素をホロ酵素（holoenzyme）という．また，このような補合体から補因子を除去したタンパク質それ自身をアポ酵素（apoenzyme）という．補酵素や補欠分子族のほとんどは水溶性ビタミンの誘導体である（第1部第7章参照）．

［注意］ホロ酵素という言葉は，補因子を含まない場合でも，いくつかのサブユニットからなる酵素タンパク質が酵素として機能を完全に発揮しうるように会合体を形成している場合にも使われる．

〔山﨑信行〕

# 3. オルガネラによる細胞の区画化

動物や植物などの真核生物の細胞は,細菌のような原核生物の細胞と異なり,細胞内の細胞質（cytoplasm）に多くの種類の細胞内小器官（オルガネラ, organelle）や構造体をもち,複雑な内部構造をもっている（図3.1）.オルガネラはイオンや有機化合物を自由に通すことのできない脂質二重層よりなる膜で包まれ,それぞれのオルガネラの膜や内腔には特有の機能を担う輸送体,酵素タンパク質,調節タンパク質などが局在している.原核細胞に比べて著しく大きな容積をもつ真核細胞であるが,その内部はオルガネラによって区画化されることで,細胞質の無機イオンや有機化合物は特定部位に濃縮され,特定の代謝や生体反応がオルガネラによって分担して集中的に行われている.こうした細胞のオルガネラによる区画化と機能の分担は,生体反応の秩序だった効率のよい進行や調節に重要である.細胞の基本的な構造とその機能は動物,植物,酵母などの真核生物で共通する部分が多いが,葉緑体のように植物に独自のオルガネラもある.

## 3.1 真核細胞オルガネラの構造と機能

### a. 核

真核細胞が原核細胞と大きく違う点の一つが,ゲノムDNAの遺伝情報が核膜に囲まれた核（nucleus）の中に存在し,遺伝情報の複製や発現の主要な反応が核の中で起こることである.ヒトの場合,一つの細胞がもつDNA分子を直線状にすると約2 mの長さになるが,核の中でDNAはヒストンや非ヒストンタンパク質と結合したクロマチン（chromatin）として存在している（第1部第6章参照）.核の内部には,通常一つあるいはいくつかの核小体（nucleolus, 仁）とよばれる構造が観察され,それ以外の核質と区別される.大部分のクロマチンは核質に存在するが,核小体にはゲノムのrRNA遺伝子が多数連続してつながった部分が含まれ,rRNAの合成とリボソームの組立てが行われる.このために核小体はRNAを多量に含み,核質部分とは異なる構造を示す.DNAの複製は核で起こり,複製終

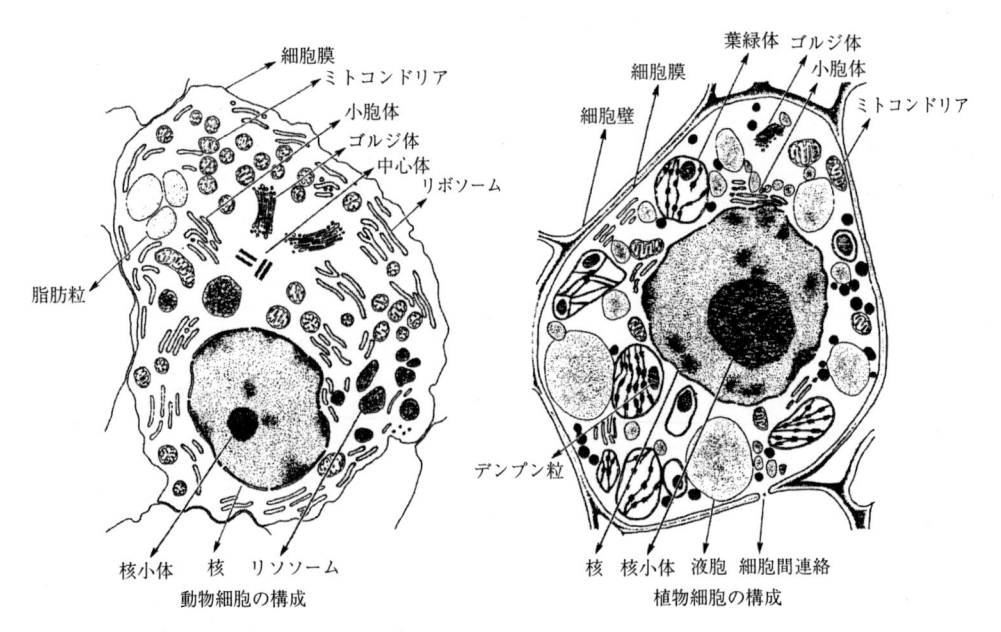

**図3.1** 動物細胞と植物細胞のオルガネラ （石原勝敏：現代生物学（図解生物科学講座6）, p. 15, 朝倉書店, 1998）

了後に細胞が二つの娘細胞に分裂するときには，すべてのクロマチンはさらに凝集した染色分体（クロマチド）構造をとり，核膜は一時的に消失する．

ゲノム遺伝情報発現のDNAからRNAへの転写と転写後のRNAプロセシング反応（第4部第2章参照）のステップが核の中で起こり，核の中で転写された前駆体RNAは機能的なRNA分子にまで成熟してから細胞質に送り出されて機能するようになる．核から細胞質への輸送とともに，核内で起こるさまざまな反応を触媒する酵素や調節タンパク質，あるいはヌクレオチドなどの基質分子類は，細胞質から核の中に送り込まれる必要がある．二重の膜で構成された核膜には核孔（nuclear pore）とよばれる装置が多数存在しており，低分子化合物のみならずタンパク質や核酸，さらにはリボソームのような大きな集合体の選択的な透過を行っている．

### b. 小胞体

小胞体（endoplasmic reticulum, ER）は層状に重なった平坦な嚢，あるいは管状の構造をしている．小胞体には細胞質側表面にタンパク質合成装置であるリボソームが無数に結合した粗面小胞体（rough ER, rER）と，リボソームが結合していない滑面小胞体（smooth ER）とがあるが，両者は連続している．また，小胞体膜は核膜とも連続している．

粗面小胞体の重要な働きは，分泌タンパク質や膜タンパク質の合成である．細胞外に分泌されるタンパク質はN末端にシグナルペプチドをもつ前駆体として小胞体表面のリボソームで合成され，脂質二重膜を通過して小胞体内腔（ERルーメン）側に運ばれ，その過程でシグナルペプチドは切断除去される．$N$-結合型糖鎖の付加を受けるタンパク質では，小胞体内腔に入った段階でアスパラギン残基に糖鎖がつく．分泌タンパク質は小胞体から出芽する輸送小胞（transport vesicle）に包まれてゴルジ体まで運搬され，輸送小胞はゴルジ体膜と融合して分泌タンパク質をゴルジ体内腔に放出する．分泌タンパク質はゴルジ体で種々の修飾を受けてから，再び輸送小胞に包まれて細胞膜まで運ばれてから細胞の外に分泌される．小胞体内腔は細胞質からは完全に分離された空間をつくっているが，それは輸送小胞やゴルジ体の内腔を通して細胞外にまでつながった空間であるといえる（図3.2）．オルガネラの内容物が膜小胞に包まれて別の特定の小器官に運ばれる機構を小胞輸送（vesicular transport）という．ゴルジ体，リソソーム（動物）と液胞（酵母，植物）のタンパク質の多くも粗面小胞体で合成され，小胞輸送系によってゴルジ体を経由して運ばれる．細胞質膜，ゴルジ体，リソソーム，液胞の膜のタンパク質も粗面小胞体で合成されて膜に組み込まれてから，小胞輸送系でそれぞれの膜系に輸送される．

滑面小胞体の重要な機能に脂質の合成と変換がある．種々の膜系の構築に必要なリン脂質やコレステロールの合成に主要な反応は滑面小胞体で行われ，細胞質の脂肪酸合成系で合成されたパルミチン酸（C16：0）の長鎖化や不飽和化の反応も滑面小胞体で行われる（第3部第3章参照）．滑面小胞体膜には脂肪酸不飽和化や薬物代謝などに関与するシトクロムP450，シトクロム$b_5$などの電子伝達系が含まれる．

### c. ゴルジ体

発見者であるイタリアの細胞生物学者ゴルジ（C. Golgi）の名がついたゴルジ体（Golgi body，ゴルジ

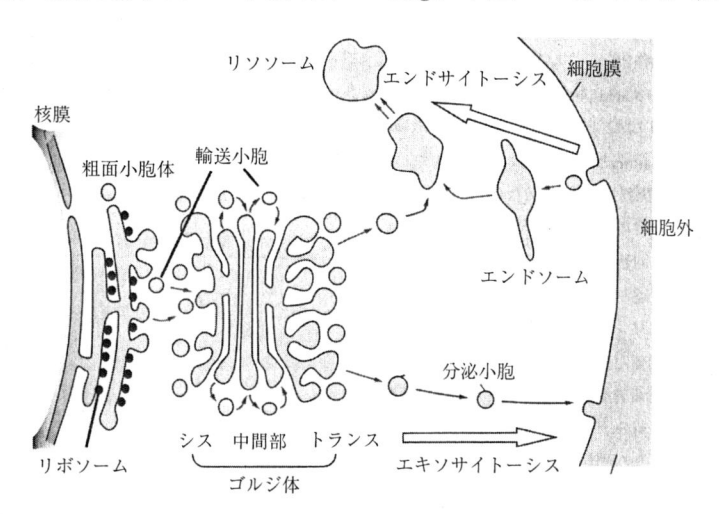

**図3.2** 小胞輸送系（中村桂子ほか監訳：Essential 細胞生物学，p. 463，南江堂，1999を一部改変）

装置，Golgi apparatus）は，比較的大きな円板状の小嚢が何層も重なった構造をしている．ゴルジ体は小胞体でつくられたタンパク質を受け取り，糖鎖の修飾などの種々の修飾をほどこしてから細胞の外やリソソーム（動物）や液胞（酵母，植物）などに送り出す働きをする．

ゴルジ体の層板は，順にシス（cis），中間部（medial），トランス（trans）と分けられる．小胞体から輸送小胞で運ばれた分泌タンパク質や膜タンパク質は，まずゴルジ体のシス側に入り，中間部を経てトランス部まで運ばれる．その過程でタンパク質の $N$-結合型糖鎖はゴルジ体の各層板がもつ種々の糖鎖修飾酵素によって順次修飾を受ける．また，タンパク質への $O$-結合型糖鎖の付加もゴルジ体で起こる．さまざまな修飾を受けて成熟したタンパク質は，ゴルジ体のトランス面から輸送小胞の一種である分泌小胞（分泌顆粒）に濃縮して包み込まれ，分泌小胞は細胞膜に移動して融合し，内容物を細胞の外側に放出（分泌）する．細胞の小胞体の内部に合成されたタンパク質が，分泌小胞によって細胞膜まで運ばれて細胞の外に放出される一連の過程はエキソサイトーシス（exocytosis）とよばれる．ゴルジ体のトランス面では，種々のタンパク質の行き先による仕分け（sorting）が起こり，リソソーム（動物）や液胞（酵母，植物）に送られるタンパク質は分泌タンパク質から分けられて分泌小胞とは異なる輸送小胞に包まれる．動物のリソソームに運ばれるタンパク質では，$N$-結合型糖鎖のマンノース6-リン酸残基が目印となって他のタンパク質から仕分けられ，酵母や植物の液胞タンパク質ではポリペプチド鎖の特定の構造が仕分けのシグナルとなる．

### d. リソソーム

リソソーム（lysosome）は動物の細胞内の分解工場の役割をするオルガネラである．一重の膜で包まれたリソソームの内部は酸性で，タンパク質，糖，脂質，核酸などの種々の生体成分を分解する酵素が多量に含まれている．これらのリソソーム酵素は酸性pHで最もよく働くので酸性加水分解酵素（acid hydrolase）と総称される．

膜小胞に包んだタンパク質を細胞外に送り出すエキソサイトーシスに対し，細胞外のタンパク質などの高分子を膜小胞に包み込んで細胞内に取り込み，細胞内のリソソームで分解する過程はエンドサイトーシス（endocytosis）とよばれる．エンドサイトーシスでは細胞外のタンパク質などを取り込むように細胞膜が内側に陥入して膜小胞がつくられる．この膜小胞は表面がクラスリン（clathrin）とよばれるタンパク質でできた編み目状の構造で覆われており，被覆小胞（coated vesicle）とよばれる．被覆小胞はリソソームの前駆体であるエンドソーム（endosome）の膜と融合して内容物を放出する．エンドソームはゴルジ体に由来する小胞と融合して加水分解酵素類を受け取ってリソソームになり，細胞外から取り込まれた高分子はこれらの加水分解酵素によって分解される．リソソームは細胞外から取り込んだ物質だけでなく，細胞内で使い古されたり不要になった細胞構成物質やオルガネラを取り込んで分解する自食作用（autophagy）ももっており，分解で得られたアミノ酸，糖，その他は細胞に再利用される．酵母や植物では，リソソームの役割を液胞が担っている．

### e. 液胞（植物）

一般に，真核細胞内で周囲の細胞質から隔てられた水溶液を満たしたスペースを液胞（空胞，vacuole）と総称するが，代表的なものは植物の液胞である．植物の若い未分化の細胞では液胞は未発達であるが，成長した細胞では，液胞は細胞容積の大部分（約90％）を占めるほどに大きくなる．液胞は一重の膜（液胞膜，トノプラスト，tonoplast）で包まれており，液胞内液には $Ca^{2+}$ など種々の無機イオン，有機酸，アミノ酸，糖，配糖体，アルカロイドやアントシアニン色素，タンパク質などが多く含まれる．植物の細胞によって液胞はさまざまな役割を担っており，細胞によって液胞内に蓄えられる物質も異なる．

成長した植物細胞では液胞が細胞内の分解工場の役割を担っており，リソソームと同様に液胞内部は，細胞質に比べ酸性で各種の酸性加水分解酵素をもっている．分解型液胞（lytic vacuole）に対して，種子の貯蔵組織細胞などにはタンパク質貯蔵型液胞（protein storage vacuole）が存在し，多量の貯蔵タンパク質（storage protein）が顆粒状になって蓄えられている．これらの液胞内の酵素や貯蔵タンパク質などは，粗面小胞体で合成されて小胞輸送系によってゴルジ体を経由して液胞に輸送される．イネなどの穀類種子には，小胞体から直接形成されて貯蔵タンパク質を貯蔵するオルガネラもある．種子が発芽する過程でこれら貯蔵タンパク質は分解され，幼植物体の成長に必要なアミノ酸を供給する．花や葉で紫色や赤色のものには，液胞に高濃度のアントシアニン色素を含むものが多い．こうした細胞成分の分解と種々の物質の貯蔵という役割に加え

て，植物の液胞の重要な役割の一つに膨圧（turgor pressure）の形成によって組織を強固にする働きがある．成長した植物細胞では，イオン，塩，有機化合物などの溶質濃度は液胞の方が細胞質よりも高く，浸透圧によって水が液胞に入ることで細胞に外向きの膨圧が形成され，組織を強固なものにしている．

**f. ペルオキシソーム**

ペルオキシソーム（peroxisome）は一重の膜に覆われた小さな球状のオルガネラであり，過酸化物の生成と分解に関与している．特に，種々の基質の酸化によって細胞に強い毒性をもつ過酸化水素（$H_2O_2$）が発生すると，ペルオキシソームに含まれるカタラーゼ（catalase）によって速やかに分解される．植物では細胞によって二つの型のペルオキシソームが知られている．葉のペルオキシソームは光呼吸に関与している（第3部第2章参照）．一方，ヒマなどの脂肪を蓄える種子の発芽時にみられるグリオキシソーム（glyoxisome）には脂肪酸の$\beta$-酸化系と植物特有のグリオキシル酸回路があり，脂肪酸酸化によって得られるCoAを糖質に変換するという動物にない代謝を可能にしている．これによって，種子に蓄えられた脂肪中の約75%の炭素が糖質（スクロース）に転換されて他の組織に送られる．

**g. ミトコンドリア**

ミトコンドリア（mitochondria）は，ほとんどの真核細胞がもつバクテリアとほぼ同じ大きさ（直径が約$1\mu m$）の特徴的な構造をもつオルガネラである．ミトコンドリアは外膜と内膜の二つの膜で囲まれており，滑らかな外膜に対して内膜はひだ状に内側に入り込んだクリステ（cristae）とよばれる特徴的な構造を多数つくることで広い表面積を生み出している．外膜と内膜の間を膜間腔，内膜より内側のスペースをマトリックス（matrix）とよぶ．外膜はポリン（porin）とよばれるタンパク質でできた"穴"をもつ多孔性の膜であるが，内膜は特定の輸送体やチャンネルを介して輸送されるイオンや有機分子以外は透過できない．クリステの膜には呼吸鎖電子伝達系やATP合成酵素が存在し，マトリックスにはTCA回路酵素群などが含まれており，ミトコンドリアは呼吸をはじめとする好気的代謝を行うことで細胞のATP生産工場として重要な役割を担う（第3部第1章参照）．動物では脂肪酸酸化はミトコンドリアで起こり，TCA回路にアセチルCoAを供給する．

ミトコンドリアは細胞の種類によって形や数もさまざまに変化するが，一般に代謝の盛んな細胞ほどミトコンドリアを多くもっている．ゴルジ体，リソソームなどの他のオルガネラと異なり，ミトコンドリアは既存のミトコンドリアが分裂することによってつくられ，ある程度自立的に増殖する能力を備えている．ミトコンドリアのマトリックスには環状のミトコンドリアDNAがあり，数十個のタンパク質をコードする遺伝子，rRNAやtRNAの遺伝子が含まれている．マトリックスにはこれら遺伝情報発現のための独自の転写や翻訳の装置も備わっている．しかし，大部分のミトコンドリアのタンパク質は核ゲノムの遺伝子にコードされ，細胞質で翻訳されたタンパク質がミトコンドリアに輸送されてくる．

**h. 葉緑体**（プラスチド）

葉緑体（chloroplast）は植物，藻類，一部の原生生物のみがもつオルガネラで，光合成の全過程が行われる細胞の光合成工場の役割を担っている．葉緑体は全体が包膜（envelope）とよばれる外膜と内膜の2層の膜で包まれており，その内部にはさらに袋状のチラコイド（thylakoid）の複雑に重なった構造が発達している．チラコイド膜にはクロロフィル（葉緑素，chlorophyll）などの光合成色素，光化学系，ATP合成酵素などが存在しており，光合成の明反応によって光エネルギーを捕捉してATPとNADPHがつくられる．包膜の内側の水溶性部分であるストロマ（stroma）には，リブロース1,5-ビスリン酸カルボキシラーゼ（ルビスコ，RuBisCO）をはじめとするカルビン回路の酵素などが含まれており，ATPとNADPHに依存した$CO_2$の糖質への取込みが起こる（第3部第2章参照）．脂肪酸合成は動物細胞では細胞質で行われるが，植物細胞では豊富なATPとNADPHを利用して葉緑体の中で行われる．

葉緑体はその名が示すようにクロロフィルに由来する緑色をしており，葉肉細胞のような緑色細胞に多く含まれる．葉緑体は未分化な分裂組織の細胞に存在する原色素体（プロプラスチド，proplastid）に由来し，細胞が光照射を受けて光合成細胞に分化していく過程で葉緑体として発達する．暗所で育てた植物の細胞では，原色素体は黄色体（エチオプラスト，etioplast）として発達し，光が当たると葉緑体に変化する．トマトなどの果実が緑色から赤色になる過程では，葉緑体はクロロフィルを失いカロテノイド色素を蓄積して有色体（クロモプラスト，

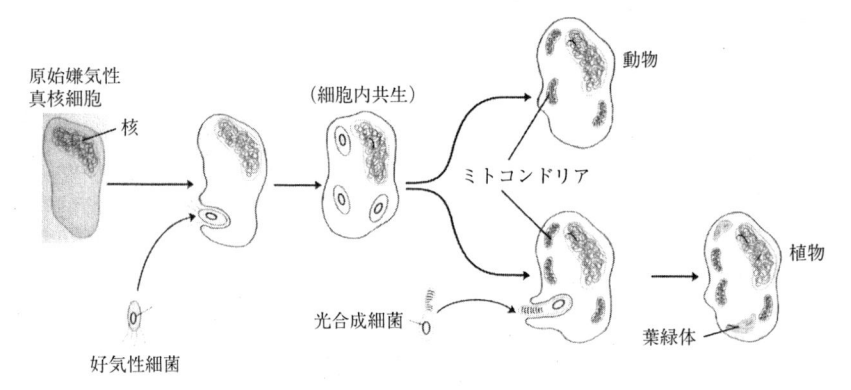

図 3.3 細胞内共生仮説（山科郁男監修・川嵜敏祐編：レーニンジャーの生化学（第3版）上，p.47，廣川書店，2002）

chromoplast）に変化する．一方，サツマイモ塊根やバレイショ塊茎が形成される過程では，原色素体に由来するアミロプラスト（amyloplast）の内部に大量のデンプンが蓄えられる．このように，原色素体は細胞によって葉緑体，有色体，黄色体，アミロプラストなど特徴ある機能をもつオルガネラとして発達し，これらを総称してプラスチドとよぶ．プラスチドはそのほかにもアミノ酸合成，窒素固定などの重要な機能を担う．

ミトコンドリアと同様に，プラスチドも独自のDNAとその遺伝情報の発現系をもっており，分裂することでその数を増やす．プラスチドDNAにはrRNA，tRNAに加えて，光合成タンパク質の一部などをコードする遺伝子が含まれている．

### 3.2 オルガネラの起源と真核生物の進化

真核細胞のオルガネラのうち，少なくとも独自のDNAをもつミトコンドリアと葉緑体は，原核生物から真核生物が進化した過程で，細胞内に共生した細菌が姿を変えたものであるという考えが有力であり，細胞内共生仮説（endosymbiotic hypothesis）とよばれる（図3.3）．この考えでは，真核生物の祖先となる初期の嫌気性細胞の内部に好気性細菌が入り込んで共生することで細胞に好気性代謝能力をもたらし，やがてこの細胞からカビや動物が進化した．この過程で細胞内に共生した細菌はミトコンドリアになった．また，初期の好気性真核細胞にシアノバクテリアのような光合成を行う細菌が入り込んで共生し，これらの細胞は現在の緑藻類や植物へと進化し，細胞内共生細菌は現在の葉緑体になった．内部共生細菌がミトコンドリアや葉緑体になる過程で，もとの細菌がもっていた遺伝情報の多くは核ゲノムに移行し，現在では一部の遺伝子だけがミトコンドリアや葉緑体のDNAに残されていると考えられており，この仮説は，ミトコンドリアも葉緑体も二分裂で増殖し，そのDNAは細菌DNAと同じように環状でタンパク質と複合体をつくっておらず，ミトコンドリアや葉緑体の転写や翻訳装置は細菌のものと類似している，などの多くの事実によって支持されている．

〔中村研三〕

# 第3部
## 代　謝

# 1. エネルギー代謝

## 1.1 解糖系

生物に普遍的に存在するエネルギー獲得手段としての解糖系について述べる．解糖系とはグルコース（glucose）がピルビン酸（pyruvic acid）に変化する過程でATP（アデノシン三リン酸）が生産される過程をいう．好気的生物では解糖はTCA回路と酸化的リン酸の前段階である．好気的条件では，ピルビン酸はミトコンドリアへ反応の場を移し，ここで完全に $CO_2$ と $H_2O$ に酸化される．酸素の供給が収縮筋のように不十分だとピルビン酸は乳酸（luctose）になる．また，酵母のような嫌気性微生物の場合，エタノール（ethanol）になる．このように乳酸やエタノールが生じる反応を発酵という．

グルコース $\xrightarrow{\text{解糖系}}$ ピルビン酸 $\begin{array}{l} \rightarrow CH_3\text{-}\overset{H}{\underset{OH}{C}}\text{-}COO^- \text{ 乳酸} \\ \rightarrow CO_2 + H_2O \\ \rightarrow CH_3\text{-}CH_2OH \text{ エタノール} \end{array}$

解糖系の解明は近代生化学のはじまりともいうべきもので，多くの人々が貢献した．エムデン（G. Embden），マイヤーホフ（O. Meyerhof），ノイベルク（C. Neuberg），パルナス（J. Parnus），ワールブルク（O. Warburg），ゲルティー・コリ（G. Cori），カール・コリ（C. Cori）らが有名である．解糖系はエムデン-マイヤーホフ経路（Embden-Meyerhof pathway）ともいわれる．

### a. 解糖の主な中間体の構造と反応

代謝経路を理解するには，反応に関与する反応物の構造と起こる反応の型を理解することが必須である．解糖系に関与する物質は $C_6$ または $C_3$ 化合物である．$C_6$ 単位はグルコースとフルクトース（fructose）で，$C_3$ 単位はジヒドロキシアセトン，グリセリン酸，そしてピルビン酸である．グルコースとピルビン酸の間の中間体はどれもリン酸化されている．リン酸はエステル結合か酸無水物として結合している．

ジヒドロキシアセトン／グリセルアルデヒド／グリセリン酸／ピルビン酸

エステル／酸無水物

### b. 解糖系の反応形式

**i) リン酸基の転移**　ATPから基質にリン酸基を移す．

$$R\text{-}OH + ATP \rightleftharpoons R\text{-}O\text{-}\overset{O}{\underset{O^-}{P}}\text{-}O^- + ADP + H^+$$

**ii) リン酸基のシフト**　分子内の-OH基間をリン酸基が移動する．

**iii) 異性化**　ケトース（ketose）とアルドース（aldose）の相互変換

ケトース ⇌ アルドース

**iv) 脱水**　1分子の $H_2O$ が消失する．

**v) アルドール開裂**　アルドール縮合の逆反応でC-C間結合が切断

フルクトース 1,6-ビスリン酸がグルコースより生成される．

## 1.1 解糖系

解糖系の反応は細胞質内で起こる．上記の反応は三つのステップで起こる．リン酸化，異性化，リン酸化反応である．$C_6 \to C_3$ 化合物への変換がスムースに起こるようにするのが解糖系の反応の戦略である．この過程で生じた $C_3$ 化合物からエネルギーが生産される．

$$\text{グルコース} + \text{ATP} \xrightleftharpoons[\text{ヘキソキナーゼ}]{} \text{グルコース 6-リン酸} + \text{ADP} + \text{H}^+$$

$$\text{グルコース 6-リン酸} \xrightleftharpoons[\text{ホスホグルコース・イソメラーゼ}]{} \text{フルクトース 6-リン酸}$$

$$\text{フルクトース 6-リン酸} + \text{ATP} \xrightleftharpoons[\text{ホスホフルクトキナーゼ}]{} \text{フルクトース 1,6-ビスリン酸} + \text{ADP} + \text{H}^+$$

解糖系の反応の鍵をにぎる酵素がホスホフルクトキナーゼ (phosphofructo kinase) である．本酵素はアロステリック酵素 (allosteric enzyme) で ATP をはじめとして，代謝中間体によって制御される．

### C-C結合の切断と異性化

この二つの物質の相互変換は重要である．解糖系の経路上にあるグリセルアルデヒド 3-リン酸が代謝され，濃度が減少すると，ジヒドロキシアセトンリン酸がただちにグリセルアルデヒド 3-リン酸に変換される．

このようにしてグルコース 1 mol から 2 mol のグリセルアルデヒド 3-リン酸が生産される．

グリセルアルデヒド 3-リン酸の酸化によって，ATP 生産が起こる．

これまでの反応では ATP は消費されるものの，ATP が生成されることはなかった．

$$\text{グリセルアルデヒド 3-リン酸} + \text{NAD}^+ + \text{Pi} \xrightleftharpoons[\text{グリセルアルデヒド 3-リン酸デヒドロゲナーゼ}]{} \text{1,3-ビスホスホグリセリン酸} + \text{NADH} + \text{H}^+$$

この反応で生じる 1,3-ジホスホグリセリン酸が高エネルギーリン酸化合物である．$C_1$ のアルデヒド基がアシルリン酸 (acylphosphate) に変換する．

$$\underset{\text{アシルリン酸}}{R-C(=O)-O-P(=O)(O^-)_2}$$

この反応に関与する酵素であるグリセルアルデヒド 3-リン酸デヒドロゲナーゼに強く結合している補酵素 $NAD^+$ が，NADH に変化すると同時にリン酸化反応が起こり，この二つの反応はカップルしている．このようにして生成した 1,3-ビスホスホグリセリン酸から，ホスホグリセロリン酸キナーゼによって，ATP が生じる．

この反応はアルデヒドが酸化され，カルボン酸になり，$NAD^+$ が還元され，NADH になり無機リン酸と ADP から ATP が生じる．

### c. ピルビン酸の形成と ATP の再生産

ここで，いよいよ解糖系の最終段階に到達する．次の 3 段階を通じ，3 ホスホグリセリン酸はピルビン酸に変換し，解糖系で第 2 の ATP が生成される．

① 3 ホスホグリセリン酸 → ② 2 ホスホグリセリン酸 → ③ ホスホエノールピルビン酸

ピルビン酸キナーゼ：ADP → ATP，ピルビン酸

反応①を触媒するのはホスホグルコムターゼ (phosphoglucomutase) である．ムターゼというのは，例えばリン酸基のような化学団を分子内でシフトさせる酵素である．反応②で生じたエノール・リン酸は高エネルギー結合であるが，普通の -OH に結合したリン酸エステルは高エネルギー結合ではない．

反応③によって，ATP 生産が起こる．③の酵素をピルビン酸キナーゼ (pyruvate kinase) という．

表1.1 解糖系におけるATPの消費と生産

| 反応 | グルコース当たりのATP |
|---|---|
| グルコース→グルコース6-リン酸 | −1 |
| フルクトース6-リン酸→フルクトース1,6-ビスリン酸 | −1 |
| 2 1,3-ビスホスホグリセリン酸→2,3-ビスホスホグリセリン酸 | +2 |
| 2 ホスホエノールピルビン酸→2 ピルビン酸 | +2 |
| | ネット +2 |

### d. 解糖系の経路
[グルコースからピルビン酸を生じる過程で生じるエネルギー生産]

グルコース + 2Pi（無機リン酸）+ 2ADP + 2NAD$^+$
── → 2 ピルビン酸 + 2ATP + 2NADH + H$^+$

上記の過程で1 molのグルコースから2 molのATPが生じる．フルクトース1,6-ビスリン酸1 molからC$_3$ユニットが2個生成することが要点である．

### e. 解糖系の反応と関与する酵素

ピルビン酸はエタノール，乳酸，コエンザイムAに変換される．

解糖系は生物に普遍的であるが，エネルギー獲得の手段としてのピルビン酸のその後の運命は細胞によって異なっている．

#### 1) エタノール

酵母をはじめとする微生物において，ピルビン酸はエタノールに変換される．

グルコースがエタノールに変換する過程をエタノール発酵という．

　　　グルコース + 2Pi + 2ADP
　　　── → 2 エタノール + 2CO$_2$ + 2ATP

アルコールデヒドロゲナーゼは

　　　アセトアルデヒド + NADH + H$^+$
　　　⇌ エタノール + NAD$^+$

を触媒するが，エタノール発酵にはNAD$^+$，NADHは反応に現れない．アルデヒドがエタノールに還元されるとき生じるNAD$^+$はグリセルアルデヒド3-リン酸デヒドロゲナーゼの反応で使われるからである．エタノール発酵には酸化・還元反応は起こっていない．

#### 2) 乳 酸

ピルビン酸から乳酸への変換は種々の微生物においてみられる．高等動物の細胞でも活発に活動する筋肉のように酸素の供給が十分でないところで起こる．

乳酸発酵全体としては，

　　　グルコース + 2Pi + 2ADP ── → 2 乳酸 + 2ATP

この場合も，アルコール発酵のときと同様，ネットの酸化・還元反応は起こっていない．グリセルアルデヒド3-リン酸の酸化でつくられるNADHはピルビン酸の還元に使われる．このようにエタノール・乳酸発酵でピルビン酸が還元されるときに生成するNAD$^+$が嫌気的条件下で，解糖系がスムースに進行することを可能にしている．

#### 3) アセチルCoAの生成

エタノール乳酸発酵ではグルコースから，わずか2 molのATPが生成されるにすぎない．TCA回路，酸化的リン酸化によって好気的に多量のエネルギー（ATP）が生産される．TCA回路にピルビン酸が入るための要件が，ミトコンドリア内で起こるアセチルCoAの生成である．下記のようにピルビン酸の酸化的脱炭酸によって生成する．

　　　ピルビン酸 + NAD$^+$ + CoA
　　　── → アセチルCoA + CO$_2$ + NADH + H$^+$

この反応はピルビン酸デヒドロゲナーゼによって触媒される．この反応に必要なNAD$^+$はミトコンドリアで起こる一連の電子伝達反応によって生産される（後述）．

・**不可逆過程を触媒する酵素が解糖系を制御する．**

解糖系を触媒する酵素の多くのものは可逆的反応を触媒する．しかし，次に述べる三つの反応は生理的条件下で不可逆的である．

$$\text{グルコース} + \text{ATP} \xrightarrow{\text{ヘキソキナーゼ}} \text{グルコース6-リン酸} + \text{ADP} \quad (1.1)$$

$$\text{フルクトース6-リン酸} + \text{ATP} \xrightarrow{\text{ホスホフルクトキナーゼ}} \text{フルクトース1,6-ビスリン酸} + \text{ADP} \quad (1.2)$$

ホスホエノールピルビン酸 + ADP

$\xrightarrow{\text{ピルビン酸キナーゼ}}$ ピルビン酸 + ATP (1.3)

　これらの反応が不可逆であるということは，ピルビン酸からグルコースが生成されるときに，解糖系以外のバイパスを経由しなければならないことを意味している．解糖系の速度は，これら三つの酵素によって制御されている．最も重要なのは反応式 (1.2) を触媒するホスホフルクトキナーゼで，酵素活性のレベルが反応速度を決定する．この酵素がアロステリック酵素である．すなわち，ADP，AMP によって反応は促進され，ATP，クエン酸によって阻害を受ける．

### f. 解糖系の代謝中間体

　単糖（monosaccharide）といわれる糖の一般式は $(CH_2O)_n$ である．$n=3$ のときトリオースといい，アルデヒド基を含むアルドースとケトン基を含むケトースからなる．グリセルアルデヒドは一つの不整炭素をもつので，D-，L-型とが存在し，それによって絶対配位を示す．炭素数が 4, 5, 6, 7 と増加するにつれてテトロース，ペントース，ヘキソース，ヘプトースといわれる．

D-グリセルアルデヒド　　ジハイドロキシアセトン
（アルドース）　　　　　（ケトース）

　グルコースはアルドースであり，フルクトースはケトースである．

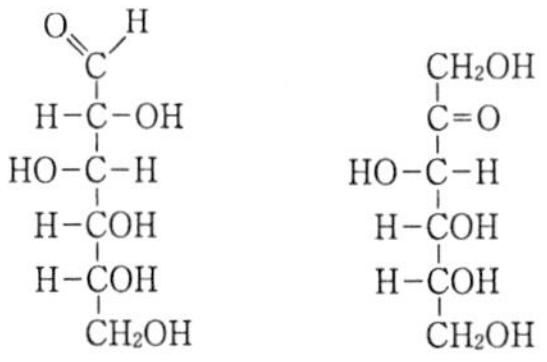

D-グルコース　　　　　D-フルクトース
（アルドース）　　　　（ケトース）

　両者とも水溶液中では上記のような開鎖構造をとらず，環を形成している．一般にアルデヒドはアルコールと反応してヘミアセタール（hemiacetal）を形成する．

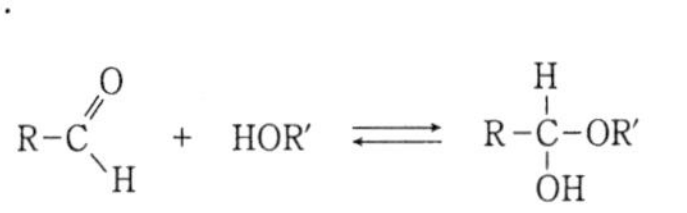

アルデヒド　アルコール　　ヘミアセタール

　グルコースの $C_1$ 位のアルデヒドと $C_5$ 位の -OH 基とが分子内で反応して分子内ヘミアセタールを形成し，環状構造をつくる．6 炭糖の場合，閉環したものがピランに似ているのでピラノースという．

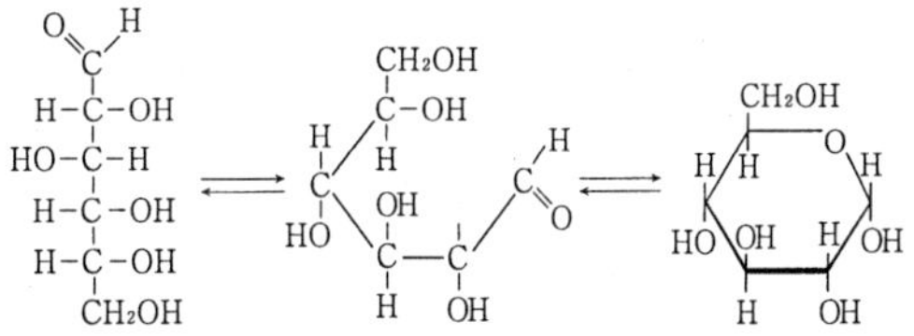

D-グルコース　　　　　　　　　　D-グルコピラノース
（開鎖型）　　　　　　　　　　　（環状型）

　同様にして，ケトンもアルコールと反応してヘミケタール（hemiketal）を形成する．

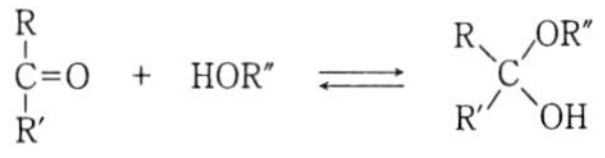

ケトン　アルコール　　ヘミケタール

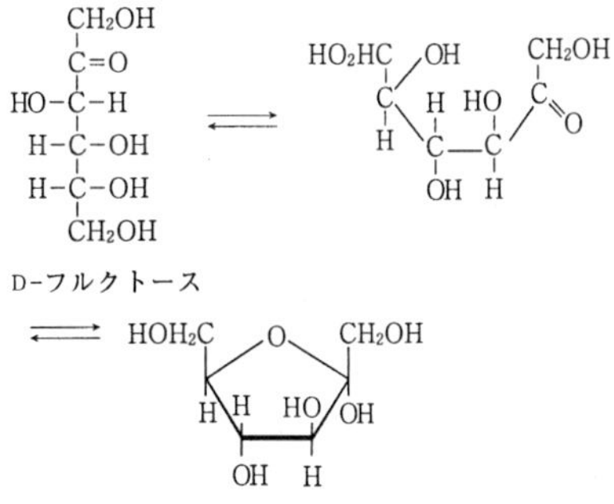

D-フルクトース

α-D-フルクトフラノース
（閉環型）

## 1.2 TCA 回路

　解糖系で生成したピルビン酸が酸化的条件下で $CO_2$ を生成する過程でエネルギーを獲得する系を，TCA 回路またはトリカルボン酸回路（tricarboxylic acid cycle, TCA cycle）という．アミノ酸，脂肪酸，炭水化物などの生体燃料物が酸化されるときの最終的な共通の経路は TCA 回路である．すべての生体燃料となる分子はアセチル CoA としてこの TCA 回路に入る．TCA 回路は生合成系の中間体を供給する．解糖系の反応が細胞質で起こるのに対して，TCA 回路の反応はミトコンドリア内で起こる．

### a. ピルビン酸からアセチル CoA の生成

　ピルビン酸が酸化的に脱炭酸されてアセチル CoA を生じる反応は，ミトコンドリアのマトリックス内で進行する．この反応は解糖系と TCA 回路を結ぶ重要な反応である．

　　ピルビン酸 + CoA + NAD$^+$
　　$\longrightarrow$ アセチル CoA + $CO_2$ + NADH

上記の反応は不可逆的でピルビン酸デカルボキシラーゼとよばれる酵素複合体によって触媒される。主に三つの主反応を触媒する酵素が統制のとれた複合体を形成している。

### b. TCA回路の全体像

TCA回路の反応の全体像を図1.1に示す。$C_4$物質（オキサロ酢酸）が2個のアセチル単位と縮合し、$C_6$のトリカルボン酸（クエン酸, citric acid）を生じる。クエン酸の異性体が酸化的に脱炭酸される。このとき生じる$C_5$化合物（$\alpha$-ケトグルタル酸）が再び酸化的脱炭酸を受けて、$C_4$化合物（コハク酸）ができる。

コハク酸からオキサロ酢酸が再生産されて、TCA回路が一回転する。$C_2$化合物はアセチル基を単位として回路に入り、TCA回路から2分子の$CO_2$として出てゆく。アセチル基より$CO_2$の方が酸化された型であるから、何らかの酸化還元反応が起こっていると考えられる。主に4個の酸化還元反応があり、6個の電子が$NAD^+$にわたされ、一つのペアのH原子（2個の電子）はFAD（フラビン・アデニン・ジヌクレオチド）にわたされる。$NAD^+$、FADのような物質を電子伝達物質というが、これらが酸化される過程で11分子のATP（アデノシン三リン酸）が生産される。これを電子伝達系によるATP生成というが、TCA回路反応のもう1個所でATPが生成する。

$C_4$化合物（オキサロ酢酸）と$C_2$化合物（アセチルCoAのアセチル基）と$H_2O$が縮合してクエン酸とCoAが生成される。

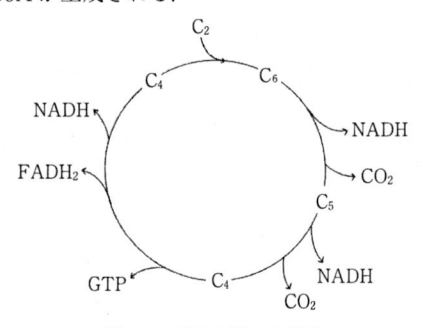

**図1.1** TCA回路の全体像

この反応はアルドール縮合とよばれる。次に加水分解が起こり、クエン酸が生成するのでクエン酸合成酵素とよばれるが、以前は縮合酵素とよばれていた。クエン酸が生じる前にシトリルCoAが生じるのであるが、ただちに加水分解されてクエン酸とCoAが生じる。シトリルCoAの加水分解がこの反応を右側、すなわちクエン酸の合成へと導くのである。

### c. クエン酸からイソクエン酸への変換

$C_6$化合物（クエン酸）がさらに酸化を受けるためには、異性化されイソクエン酸（isocitric acid）とならなければならない。異性化には脱水反応と水の付加反応が関与している。

クエン酸　　シス・アコニット酸　　イソクエン酸

その結果H、OHの交換が起こる。この反応に関与する酵素をアコニターゼ（aconitase）という。

イソクエン酸は酸化的に脱炭酸されて$\alpha$-ケトグルタル酸を生成する。この反応を触媒する酵素をイソクエン酸デヒドロゲナーゼという。

　イソクエン酸 + $NAD^+$
　$\rightleftharpoons \alpha$-ケトグルタル酸 + $CO_2$ + NADH

この反応の中間体はオキサロコハク酸で、この中間体からただちに$CO_2$が遊離するが、$\alpha$-ケトグルタル酸に変換されるために酵素に結合したままである。

イソクエン酸　　オキサロコハク酸　　$\alpha$-ケトグルタル酸

イソクエン酸デヒドロゲナーゼには二種あり、一つはここで述べるように$NAD^+$を要求しミトコンドリア内に存在するが、他の一つは$NADP^+$を要求し細胞質に存在するものである。後者は異なった代謝に関与する。

- スクシニルCoAが$\alpha$-ケトグルタル酸の酸化的脱炭酸によって生成する。

スクシニル CoA (succinyl CoA) の構造は

$$\begin{array}{c} COO^- \\ CH_2 \\ CH_2 \\ C=O \\ S\text{-}CoA \end{array}$$

である.

α-ケトグルタル酸 + NAD$^+$ + CoA
⇌ スクシニル CoA + CO$_2$ + NADH

α-ケトグルタル酸デカルボキシラーゼは，ピルビン酸デカルボキシラーゼと同じように3種類の酵素からなる複合体である.

NAD$^+$, CoA, チアミンピロホスフェイト, リポアミド, FAD が反応に必要なことも共通している.

・**スクシニル CoA から高エネルギー結合が生成する.**

CoA のスクシニル・チオエステルは高エネルギー結合で，$\Delta G^{\circ\prime}$ は $-8$ kcal/mol でほぼ ATP ($-7.3$ kcal/mol) に匹敵する. このエネルギーを利用して，GDP から GTP ができる.

スクシニル CoA + Pi + GDP
⇌ コハク酸 + GTP + CoA

・**触媒する酵素はスクシニル CoA 合成酵素という.**

GTP + ADP ⇌ GDP + ATP

生成した GTP は上記の酵素，ヌクレオシドニリン酸キナーゼ (nucleoside-diphosphate kinase) によって ATP に変換される. 基質レベルの ATP 産生の典型的な例である.

・**コハク酸の酸化によってオキサロ酢酸が再生産される.**

コハク酸 (succinic acid) から次の3段階を経て，オキサロ酢酸が生成するが，酸化→水の付加→酸化が連続して起こる. このようにして生じたオキサロ酢酸は TCA 回路が再び作動するのに使われ，この最後の過程で FADH$_2$, NADH が生じ，エネルギーが獲得されたことになる.

コハク酸脱水素反応によってコハク酸はフマル酸 (fumaric acid) になる. 水素の受容体は FAD である. FAD はコハク酸デヒドロゲナーゼに共有結合していて, それを E-FAD とすると,

コハク酸 + E-FAD ⇌ フマル酸 + E-FADH$_2$

となる. コハク酸デヒドロゲナーゼは4原子のFeと4原子のSとフラビンを含んでいる. 本酵素にはヘムは存在しない. 非ヘムタンパク質の典型的な例である. そして TCA 回路の他の酵素とは異なり，ミトコンドリアの内膜にうめ込まれた形で存在している. このことが次の酸化的リン酸化反応に連結することを容易にしている. NADH の場合とは異なり，FADH$_2$ は酵素から解離することなく，電子は直接酵素の Fe$^{3+}$ 原子へと伝達される. 次のステップはフマル酸に水が付加し，$l$-マロン酸を生成する. この酵素フマラーゼ (fumarase) はトランスの位置に H と OH を付加することが重水 (D$_2$O) を用いた実験によって示されている.

したがって，マロン酸の $l$ 型のみが生成される. 最後はマロン酸デヒドロゲナーゼによって，オキサロ酢酸が生成するが，NAD$^+$ が水素受容体となっている.

マロン酸 + NAD$^+$
⇌ オキサロ酢酸 + NADH + H$^+$

マロン酸の酸化は吸熱反応 ($\Delta G^{\circ\prime} = +7$ kcal/mol) であるが，生理的条件下で生成物の定常状態での濃度が低いので，オキサロ酢酸生成の方に進む.

・**対称性をもつ分子が非対称的に代謝される.**

TCA 回路で，ある特定の C 原子がどのように代謝されるかを考えてみよう.

オキサロ酢酸中のケト基から最も離れた COO$^-$ 基に C を放射性ラベルをつける. 生成する α-ケトグルタル酸から放射性ラベルは消失しない. しかし，α-ケトグルタル酸の脱炭酸によって生じるコハク酸から放射性ラベルは消失していた. すなわちすべて CO$_2$ として遊離した.

これは大変不思議なことである. クエン酸は対称的な分子である. 分子内の2個の $-CH_2-COO^-$ は同様に反応するはずである.

しかし，実際の生体反応は対称の分子を非対称的に処理していることが明らかである．これはどのように説明されるのであろうか．

簡単な例をとって考えよう．C原子にX, Yと2個のC原子が結合している．一つを$H_A$，他を$H_B$とする．

酵素はこの4個の原子のうち3個の原子と結合すると仮定しよう．$H_A$と$H_B$は区別できるであろうか．図1.2のように，X, Y, $H_A$という3点で酵素に結合している．X, Y, $H_B$は酵素の活性部位に結合できない．したがって，$H_A$と$H_B$は異なる運命をたどることになる．

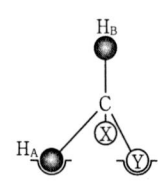

**図1.2** 基質と結合する酵素

$CXYH_2$という分子は光学活性でないが，立体配置では同等でないことに注意すべきである．同様に，クエン酸内の3個の$-CH_2COO^-$基も立体配置としては異なっている．このように立体配置が異なる$H_A$，$H_B$は酵素によって常に区別されるのである．酵素分子は基質となる分子をある特定の配向で認識して結合するのである．上図のように酵素と3点で結合するのは，特定の配向で結合するわかりやすい例であるが，いつもこのように認識するわけではない．

### d. 複合体酵素としてのピルビン酸デヒドロゲナーゼ

ピルビン酸デヒドロゲナーゼは，

ピルビン酸 + CoA + $NAD^+$
—→ アセチルCoA + $CO_2$ + NADH

を触媒するが，その反応機構は上式で表されるよりも複雑である．式に現れるCoA, $NAD^+$の他に，チアミンピロリン酸（TPP），リポアミド，FADが触媒反応に関与する補酵素として働いている．反応は次の4段階を経て進む．

(1) ピルビン酸がTPPと結合し，その後脱炭酸が起こる．

ピルビン酸 + TPP
—→ ヒドロキシエチルTPP + $CO_2$

チアミンピロリン酸（TPP）の構造

付加化合物　　　　ヒドロキシエチルTPPの共鳴体

(2) TPPに結合したヒドロキシエチルTPPがアセチル基に酸化されるとともにリポアミドに転移される．この反応を触媒するのはジヒドロリポイルトランスアセチラーゼ（dihydrolipoyl transacetylase）であり，アセチルリポアミドを生成する．

リポ酸（イオン化型）の構造

反応性のジスルフィド　　　リポアミドの構造

すなわち，

ヒドロキシエチルTPP　リポアミド

TPPのカルバイオン　アセチルリポアミド

(3) アセチルリポアミドからアセチル基がCoAに転移されてアセチルCoAが生産される．

この反応はジヒドロリポイルトランスアセチラーゼという酵素によって触媒される．アセチル基がCoAに転移される過程で高エネルギー結合がチオエステル結合として保存される．

アセチルリポアミド　ジヒドロリポアミド　アセチルCoA

(4) リポアミドの酸化型が生産されて一連の反応は終結する.

$$\underset{\text{ジヒドロリポアミド}}{\text{HS SH}\atop \text{CH}_2\text{-C-R}\atop \text{CH}_2\text{-H}} + NAD^+ \longrightarrow \underset{\text{リポアミド}}{\text{S—S}\atop \text{CH}_2\text{-C-R}\atop \text{CH}_2\text{-H}} + NADH + H^+$$

酸化剤は$NAD^+$で触媒する酵素はジヒドロリポイルデヒドロゲナーゼといい,FADが補酵素である.

以上述べたように,ピルビン酸デヒドロゲナーゼは複合体を形成している.大腸菌から精製された酵素がよく研究されている.分子量4,600,000で60個のペプチドの集合体である.直径300Åの多面体として構造が電子顕微鏡ではっきりみえる.この複合体の中心の位置にあるのは,トランスアセチラーゼであり,ピルビン酸リポイルデヒドロゲナーゼは外側に存在している.中性で尿素の存在下で各々の酵素は解離し,非共有結合で会合していることが明らかである.この反応の中間体は反応の間,酵素複合体から離れることはない.この酵素の反応機構はこれ以上詳述しないが,代表的な複合体による反応であるので,機会があれば他の参考書によって勉学されることを期待したい.

### e. ピルビン酸デヒドロゲナーゼとTCA回路の制御

ピルビン酸からアセチルCoAが生産されるこの不可逆過程はTCA回路の重要な反応である.したがって当然この反応は種々の要因によって制御される.

#### 1) 生産物による阻害

アセチルCoA,NADHなどピルビン酸の酸化の結果生じる産物は,この酵素複合体をそれぞれ阻害する.すなわち,アセチルCoAはトランスアセチラーゼを阻害し,NADHはジヒドロリポイルデヒドロゲナーゼを阻害する.しかし,これらの阻害は$CoA, NAD^+$によってそれぞれ回復する.

#### 2) ヌクレオチドによるフィードバック阻害

酵素複合体は高エネルギー化合物によって制御される.ピルビン酸デヒドロゲナーゼはGTPによって阻害され,AMPによって活性化される.細胞内で利用できるエネルギーが十分存在すると酵素活性は減少する.

#### 3) 共有結合による活性の制御

ピルビン酸デヒドロゲナーゼの特異な位置のセリンがリン酸化されると不活性化される.この反応はピルビン酸,ADPによって阻害される.酵素に結合したリン酸基が特異なホスファターゼによって除去されるまで活性化されることはない.このように共有結合によって酵素活性が制御されることは種々の代謝調節に大きな役割を果たしている.例えば,グリコーゲンの生合成,生分解にも同様な機構がみられる.

TCA回路の回転速度は細胞がどれくらいATPを必要とするかに見合って制御されている.

オキサロ酢酸とアセチルCoAからクエン酸が合成される段階がTCA回路での重要な第一の制御点である.ATPはクエン酸合成酵素のアロステリック阻害剤である.ATP添加はアセチルCoAに対する$K_m$を増加させ,その結果,ATPのレベルが増加するにつれて,低濃度の酵素がアセチルCoAによって飽和されるので,少量のクエン酸が生成される.

第二の制御点はイソクエン酸デヒドロゲナーゼである.本酵素はADPによってアロステリック的に活性化され,その結果,基質に対する親和性が増加する.酵素に対して,イソクエン酸,$NAD^+$,$Mg^{2+}$,ADPはそれぞれ相互に協同的に結合する.これに反し,NADHは$NAD^+$と入れ替わることによってイソクエン酸デヒドロゲナーゼを阻害する.

第三の制御点は$\alpha$-ケトグルタル酸デヒドロゲナーゼである.本酵素はピルビン酸デヒドロゲナーゼと類似の複合体であるので制御機構も似ている.すなわち,スクシニルCoAとNADHによって阻害され,高エネルギー化合物によって阻害される.

以上を要約すると,細胞は十分なATPを保持し

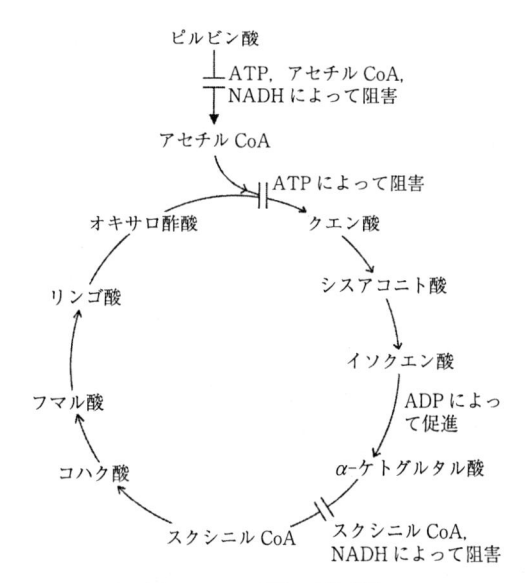

図1.3 TCA回路の制御機構

ている条件ではTCA回路にC₂ユニットの燃料を投入することを減少させることによって，TCA回路の速度を低下させるのである．

## 1.3 酸化的リン酸化

原核細胞のなかで，絶対嫌気性細菌は酸素の存在下では成育できない．この場合，細菌はグルコースが与えられると，これを分解する過程でエネルギー（ATP）を獲得する．グルコース1分子から2分子のATPが生産される．これに対して好気性生物にあるミトコンドリア（細胞内器官）ではグルコースは酸素$O_2$によって二酸化炭素に完全に酸化される．解糖系によって生じたピルビン酸はミトコンドリアに運ばれ，酸素によって二酸化炭素に酸化される．

$$CH_3-\overset{O}{\underset{\|}{C}}-\overset{O}{\underset{\|}{C}}OH + 2\frac{1}{2}O_2 \longrightarrow 3CO_2 + 2H_2O$$

解糖過程で生成されるNADHはミトコンドリアで$NAD^+$を還元する．

NADH（細胞質）＋$NAD^+$（ミトコンドリア）
　　⟶ $NAD^+$（細胞質）＋NADH（ミトコンドリア）

ミトコンドリアでNADHは酸素により酸化される．

$$2NADH + 2H^+ + O_2 \longrightarrow 2NAD^+ + 2H_2O$$

この反応過程で34分子のATPが生産される．ミトコンドリアは細胞のエネルギー生産の器官である．

ミトコンドリアは光学顕微鏡でも見えるが，詳細な膜構造は電子顕微鏡でなければ見えない．また，ミトコンドリアには外膜と内膜がある．この二つの膜で内腔を仕切っている．両膜間の膜間腔（inner membrane space）とマトリックス（matrix）とよばれる中央の部分がある．外膜は多くの低分子（分子量10,000以下）が自由に透過できる膜である．これはポリン（porin）というタンパク質でできているためである．内膜は実際上，細胞質とミトコンドリアのマトリックスを仕切る透過性を遮る膜である．ミトコンドリア内膜は他の細胞膜よりタンパク質含量が多い．内膜にはジホスファチジルグリセロール（カルジオリピン）があり，リン脂質二重膜が水素イオン（$H^+$）に対する透過性を減少させる役割を果たしている．

内膜とマトリックスはピルビン酸や脂肪酸を二酸化炭素と水に酸化したり，この反応に共役してADPとPiからATPを合成する反応の場である．

### a. ミトコンドリアで起こる反応

(1) ピルビン酸や脂肪酸を二酸化炭素に酸化する．これらの反応はマトリックス中や，それに面している内膜で起こる．このとき，$NAD^+$，FADはそれぞれNADH，$FADH_2$に還元される．

(2) NADHと$FADH_2$から酸素への電子の伝達．これらの反応は内膜中で起こり，内膜を隔てた電気化学水素イオン勾配（electrochemical proton gradient）の生成に共役している．

(3) 膜の外側と内膜に生じた水素イオン濃度勾配により生じるエネルギーを利用して，内膜の$F_0F_1$ATPアーゼ複合体（$F_0F_1$ATPase complex）によってATPが合成される．

(2)，(3)の反応にはミトコンドリア内膜に非対称的に配列している多くのタンパク質が関与している．ミトコンドリア内膜は櫛の歯のように内部に突出していて，表面積が大きくなり，ATP生産に都合がよくなっている．

細胞質で解糖系で生じたピルビン酸はミトコンドリア膜を通ってマトリックス内に輸送される．ピルビン酸はただちに重要な中間体アセチルCoAに変換される．

$$CH_3-\overset{O}{\underset{\|}{C}}-\overset{O}{\underset{\|}{C}}-O^- + HSCoA + NAD^+$$
$$\longrightarrow CH_3-\overset{O}{\underset{\|}{C}}-SCoA + CO_2 + NADH$$

この反応はマトリックスの可溶性酵素，ピルビン酸デヒドロゲナーゼによって触媒される．この反応は高い発エルゴン反応（$\Delta G^{\circ\prime} = -8.0$ kcal/mol）で，不可逆的である．ピルビン酸デヒドロゲナーゼは直径30 nmの巨大分子（分子量460万）で，最も複

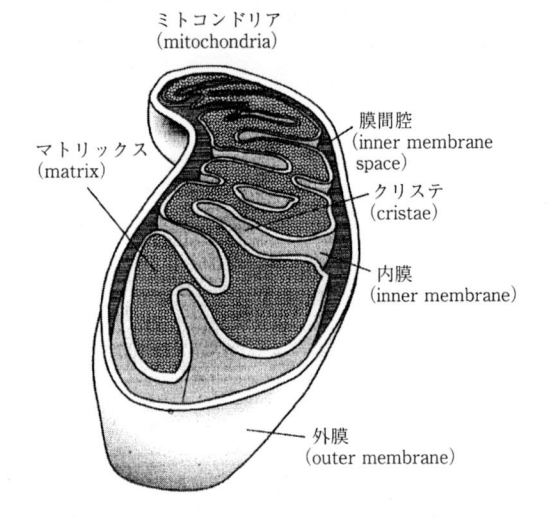

図1.4　ミトコンドリアの構造

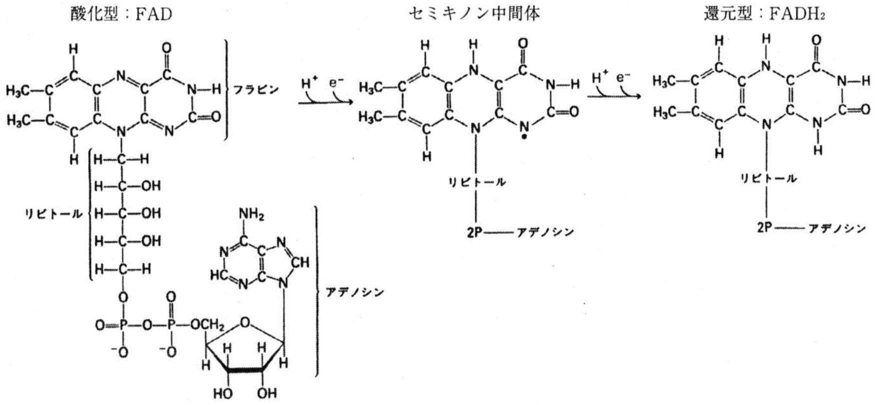

**図1.5** FAD と FADH₂ の構造

### b. 脂肪酸代謝とアセチル CoA

脂質はトリアシルグリセロールとして脂肪組織に貯蔵されているが，アドレナリンのようなホルモンに反応して加水分解されて遊離脂肪酸とグリセロールになる．遊離脂肪酸は ATP を使い補酵素 A(CoA) と結合してアシル CoA となる．

$$R-\overset{O}{\underset{\text{脂肪酸}}{C}}-O^- + \underset{\text{CoA}}{HSCoA} + ATP$$
$$\longrightarrow \underset{\text{アシル CoA}}{R-\overset{O}{C}-SCoA} + AMP + PPi$$

アシル CoA のアシル基はトランスロカーゼタンパク質 (translocase protein) によって内膜を通過し，マトリックス側に存在する他の CoA と再結合する．ミトコンドリア内に入ったアシル CoA は酸化されてアセチル CoA 1分子を形成し，アシル CoA は炭素原子2個分短くなる．

$$C_n\text{-Acyl-CoA} + FAD + NAD^+ + H_2O + CoA$$
$$\longrightarrow C_{n-2}\text{-Acyl-CoA} + FADH_2 + NADH +$$
$$\text{Acetyl-CoA} + H^+$$

ミトコンドリア内に生じたアセチル CoA のアセチル基は二酸化炭素になる．

このように各々の基質の代謝によって生じた NADH と FADH₂ から，電子伝達によって最終的に酸素にまで運ばれ，水が生成される．

$$NADH + H^+ + \frac{1}{2}O_2 \longrightarrow NAD^+ + H_2O$$
$$\Delta G^{\circ\prime} = -52.6\,\text{kcal/mol}$$
$$FADH_2 + \frac{1}{2}O_2 \longrightarrow FAD + H_2O$$
$$\Delta G^{\circ\prime} = -43.6\,\text{kcal/mol}$$

いずれの反応も強い発エルゴン反応である．グルコースの二酸化炭素への酸化の際の標準自由エネルギー変化は，$\Delta G^{\circ\prime} = -680\,\text{kcal/mol}$ である．10分子の NADH と2分子の FADH₂ の酸化には，これと同等の標準自由エネルギーの変化が起こる．一方，ADP + Pi ⟶ ATP では $\Delta G^{\circ\prime} = -7.3\,\text{kcal/mol}$ である．したがって，NADH や FADH₂ 各1分子が酸化されるときに放出される自由エネルギーは ADP と Pi から ATP 数分子を合成することができる．NADH から O₂ まで一度に電子を伝達しないで，段階的に伝達することで自由エネルギーを少しずつ放

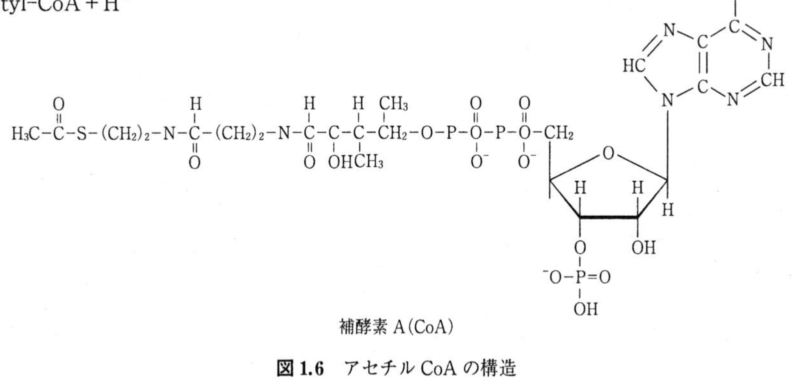

**図1.6** アセチル CoA の構造

出し，ATPを生産するようにした機構こそ酸化的リン酸化の本質なのである．

NADHから$O_2$に電子が伝達される間の数個所で水素イオンがミトコンドリア内膜からくみ出され，その結果，膜の内外で水素イオン濃度勾配が形成されるのである．このようにしてNADHやFADH$_2$の酸化によって放出された自由エネルギーが膜を介した電気化学水素イオン勾配に貯えられたことになる．この反応に共役してADPとPiからATPが合成される．

#### c. 酸化的リン酸化と$F_0F_1$ATPアーゼ

膜結合型の$F_0F_1$ATPアーゼ複合体（図1.7）が中心的な役割を果たしている．この複合体は内膜から突き出た粒子として電子顕微鏡で認められる．好気性細菌はミトコンドリアがないにもかかわらず，酸化的リン酸化によってATPを生産している（図1.8）．この場合には細胞膜自体に$F_0F_1$ATPと類似の複合体が存在し，細胞膜の内と外との間に生じる水素イオンの濃度勾配が起動力となりATPが生産される．

酸化的リン酸化にはミトコンドリアの内膜の構造が無傷であることが大切で少量の界面活性剤で膜に'もれ'が生じると，水素イオン濃度勾配が保てなくなり，NADHやアセチルCoAの酸化は起こってもATP生産は起こらない．膜電位を$\phi$とするとプロトン駆動力（pmf）は次式で定義される．

$$\mathrm{pmf} = \phi - \frac{RT}{F}\Delta\mathrm{pH}$$

（pmfはmVで表されている）

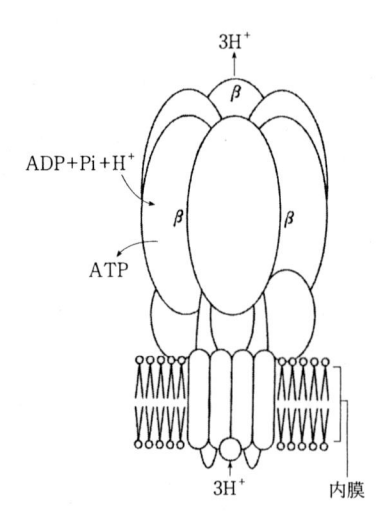

**図1.7** 膜結合型ATPアーゼ
$H^+$の内膜から外への輸送によりATPが生成される．

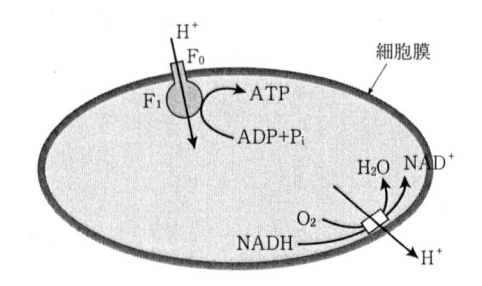

**図1.8** 細菌の酸化的リン酸化

呼吸しているミトコンドリアのpmfは約220 mV, $\phi$は約160 mVである．したがって約60 mVに相当するものが$\frac{RT}{F}\Delta\mathrm{pH}$である．膜の内外でpHの差が1単位あれば，水素イオン濃度には10倍の差がある．温度22℃では59 mVに相当する．

$$\mathrm{pmf} = \phi - 59\,\Delta\mathrm{pH}$$

多くの色素の蛍光性はpHに依存する．このような色素をミトコンドリアの内膜小胞内に入れることによって，内部pHを測定することができる．

このように水素イオンの移動とATP合成を共役させているのが$F_0F_1$ATPアーゼである．細菌では$F_0$複合体はa, b, cの3種のポリペプチドからなっている．ミトコンドリアの$F_0$は同様にa, b, cのポリペプチドと機能未知のポリペプチドが付加しているが，この成分は種によって異なっている．$F_0$に$F_1$が結合しているが，$F_1$は5種類のタンパク質（$\alpha, \beta, \gamma, \delta, \varepsilon$）からできている．$\alpha_3\beta_3\gamma\delta\varepsilon$という組成である．$F_1$は機械的攪拌で膜から可溶化することができる．このように膜から遊離した$F_1$は，ATPを加水分解する反応であるATPアーゼとしての反応しか示さないので$F_1$ATPアーゼとよばれている．$F_1$がミトコンドリア小胞と再結合すると再びATP合成が起こる．$F_0$は水素イオンが$F_1$に流れるためのチャンネルの役割を果たしていると信じられている．$F_0F_1$複合体を3個の水素イオンが移動して，ATPの高エネルギー結合1個を合成するという実験結果が得られている．

ATP合成の駆動力は膜の内外の水素イオン濃度勾配であるということはミッチェル（P. Mitchell）によって1961年に提唱されたが，この説が受け入れられるには長い年月が必要であった．初期に行われた重要な実験を次に示す．

$F_0F_1$粒子を含む葉緑体チラコイド小胞を光を当てない条件でpH 4.0の状態におく．このときチラコイド内腔もpH 4.0になる．pH 8.0でADPとPiを含む溶液に変える．10,000倍の水素イオン濃度

## 1.3 酸化的リン酸化

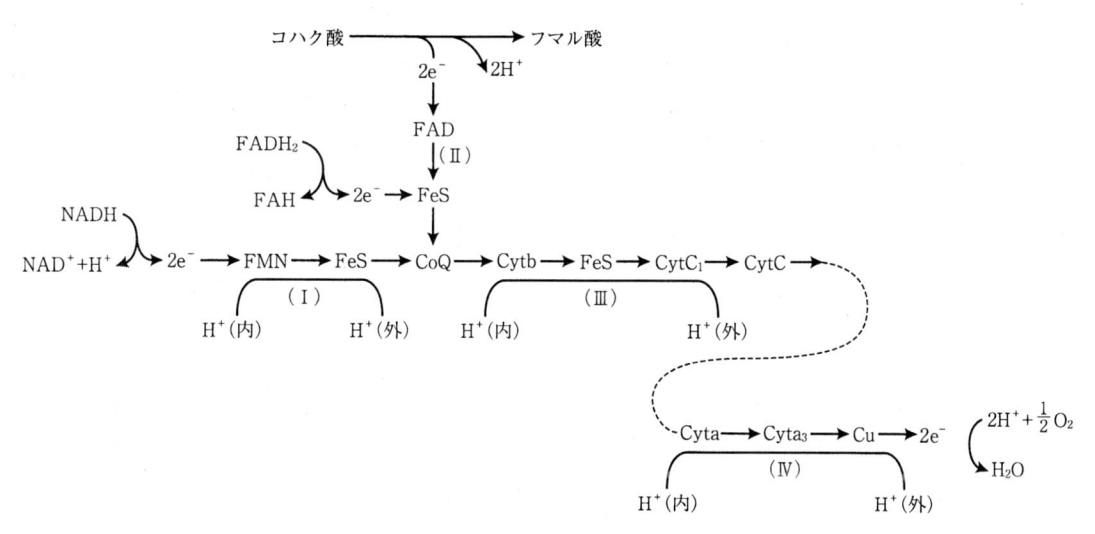

```
            コハク酸 ────→ フマル酸
                   2e⁻↘  ↗2H⁺
                      FAD
                      (Ⅱ)
   FADH₂          ↓
        ↘       ↗
         FAH  2e⁻→ FeS
NADH                ↓
   ↘  ↗            
NAD⁺+H⁺ 2e⁻→ FMN → FeS → CoQ → Cytb → FeS → CytC₁ → CytC
              (Ⅰ)               (Ⅲ)
           H⁺(内)  H⁺(外)   H⁺(内)      H⁺(外)
                                              ⋮
                              Cyta → Cyta₃ → Cu → 2e⁻  2H⁺+½O₂
                                    (Ⅳ)                  ↘
                              H⁺(内)         H⁺(外)       H₂O
```

**図1.9** NADH, コハク酸, FADH₂ から酸素までの電子の流れ
ミトコンドリア内膜を隔てた水素イオンポンプの働く部位を図示した. (Ⅰ)〜(Ⅳ)の酵素を表1.2にまとめた.

勾配によってATPが合成されたのである.

ミトコンドリアでこのような水素イオン濃度勾配ができるのはどうしてであろうか. なぜ細胞質につくられたNADHはミトコンドリア内膜がNADHを透過しないにもかかわらず, 電子伝達系に入るのであろうか. 細胞質のNADHはオキサロ酢酸をリンゴ酸 (malic acid) に還元する. リンゴ酸は2-オキソグルタル酸と交換して内膜を通り, NAD⁺を還元し, マトリックス中にオキサロ酢酸とともにNADHが生成される.

オキサロ酢酸は, アスパラギン酸 (aspartic acid) に変換されてから, グルタミン酸と交換して細胞質に送られる. そこで2-オキソグルタル酸がグルタミン酸に変えられて, マトリックスに移り, 再び2-オキソグルタル酸に変換される. この一連の反応の結果, 細胞質ではNADH ⟶ NAD⁺ の酸化, マトリックスではNAD⁺ ⟶ NADH の還元が起こり, NADHが電子伝達系へ入ることができるのである (図1.10).

次にNADHがNAD⁺に酸化されると, 2個の電子と1個の水素イオンが放出される. 電子はNADHやFADH₂から電子伝達系に沿って酸素に受け渡される. その多くは, フラビン, ヘム, 鉄-硫黄クラスター, 銅のようなミトコンドリア内膜上のタンパク質に結合した補欠分子族である. 補酵素Qとよばれるユビキノン (ubiquinone, 図1.11) はタンパク質結合補欠分子族でない唯一の電子伝達物質である.

電子伝達系に関与する物質の酸化還元電位 (redox potential) から, この反応を考えてみよう. 例えば,

**表1.2** ミトコンドリアの電子伝達系の酵素

| 酵素複合体 | 分子量(Da) | 補欠分子族 |
|---|---|---|
| NADH-CoQ レダクターゼ (Ⅰ) | 85,000 | FMN, FeS |
| コハク酸-CoQ レダクターゼ (Ⅱ) | 97,000 | FAD, FeS |
| CoQH₂-シトクロム $c$ レダクターゼ (Ⅲ) | 280,000 | ヘム $b$, ヘム $c_1$, FeS |
| シトクロム $c$ オキシダーゼ (Ⅳ) | 200,000 | ヘム $a$, ヘム $a_3$, Cu |
| シトクロム $c$ | 13,000 | ヘム $c$ |

$NAD^+ + H^+ + 2e^- \rightleftharpoons NADH$ では, 標準還元電位の値は負である. $E_0' = -0.32\,V$. このことはNADHがNAD⁺に酸化される方向に進行しやすいことを示している.

$Cyt\,c\,(酸化)(Fe^{3+}) + e^- \rightleftharpoons Cyt\,c\,(還元)(Fe^{2+})$ では, 電位は正である. $E_0' = +0.26\,V$. シトクロム $c\,(Fe^{3+})$ がシトクロム $c\,(Fe^{2+})$ に還元される方向に進行する. ミトコンドリアの電子伝達体の還元電位は, シトクロム $b$ を例外としてNADHからO₂まで順次増加する.

電子伝達系の最終段階のシトクロム $c$ オキシダーゼ複合体の $\Delta G^{\circ\prime}$ は次のようになる.

$$2Cyt\,c\,(Fe^{2+}) + 2H^+ + \frac{1}{2}O_2$$
$$\rightleftharpoons 2Cyt\,c\,(Fe^{3+}) + H_2O$$

この反応は

$Cyt\,c\,(Fe^{3+}) + e^-$
$\rightleftharpoons Cyt\,c\,(Fe^{2+})$ $\quad E_0' = +0.26\,V$

$2H^+ + \frac{1}{2}O_2 + 2e^-$
$\rightleftharpoons H_2O$ $\quad E_0' = +0.82\,V$

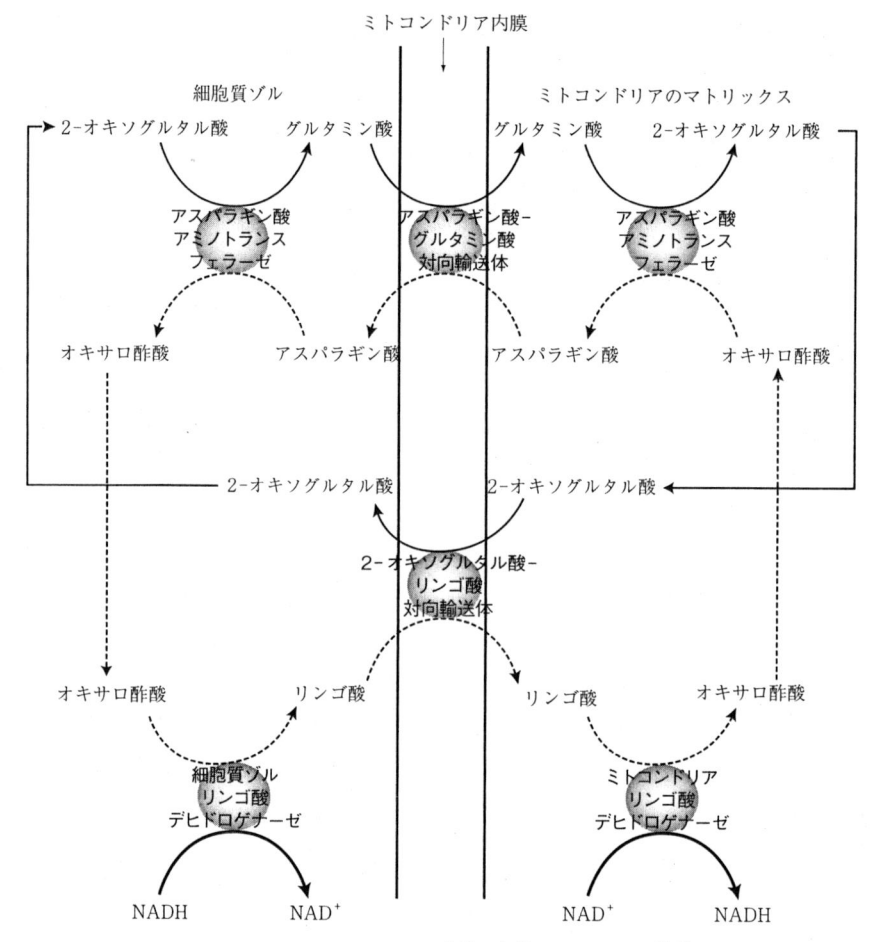

**図 1.10** ミトコンドリア内膜の内外での NADH の移動

**図 1.11** ユビキノン (CoQ) 間の電子伝達

に分けられる.

全反応の電位変化は

$\Delta E_0' = +0.82 - 0.26 = +0.56$ V

$\Delta G^{\circ\prime} = -nF\Delta E_0'$

$F$：ファラデー定数 $= 23.062$ cal・V$^{-1}$・mol

$n$：電子の数

$\Delta G^{\circ\prime} = (-2) \cdot (23.062) \cdot (0.56) = -25.8$ kcal/mol

この反応は強い発エルゴン反応である. このとき放出されるエネルギーが水素イオンを内膜の外側にくみ出すのに使われる.

電子伝達系の電子の流れる順序はいろいろな技術で決定することができる. 各シトクロムの酸化還元型は異なった波長で光を吸収するので, 分光技術によって各シトクロムの酸化還元型の量比を決めることができる. また, ミトコンドリアの電子伝達を特異的に阻害する阻害剤が多数知られている. これらの特異的阻害剤は電子の伝達順序を決めるのに役立っている. シアン CN$^-$ は電子伝達の最終段階を阻止する. またロテノンといわれる殺虫剤は電子伝達の還元側に近い NADH-CoQ レダクターゼ複合体

## 1.3 酸化的リン酸化

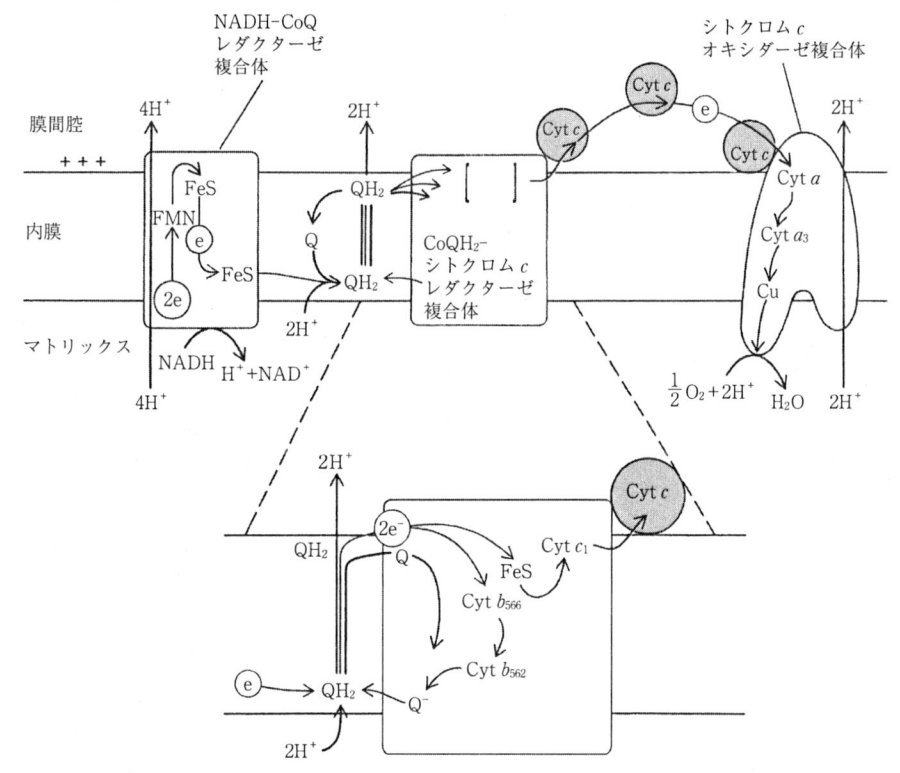

**図1.12** ミトコンドリア内膜での電子伝達と水素イオン輸送

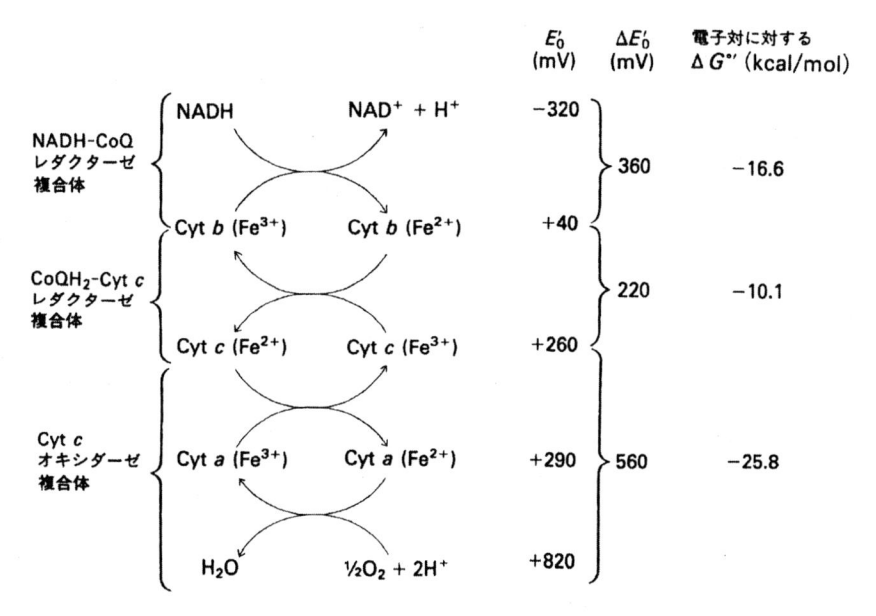

**図1.13** NADHから$O_2$への電子伝達

を阻害する.

　ここでミトコンドリアの電子伝達系がどのように調節されているかを考えよう. 酸化的リン酸化の効率は, 消費酸素原子 ($1/2O_2$) 当たりの生成されるATP量 (P/O) で表される. 無傷で取り出されたミトコンドリアの浮遊溶液を用いて種々の実験を行い, その結果から推定し, 調節機構を明らかにするのが一般的である.

　電子伝達とATP合成の共役は間接的であることに注意しなければならない. NADHから酸素まで電子が伝達されるときに遊離される自由エネルギー ($\Delta G^{o\prime} = -52.5$ kcal/mol) は少なくともATPを3分

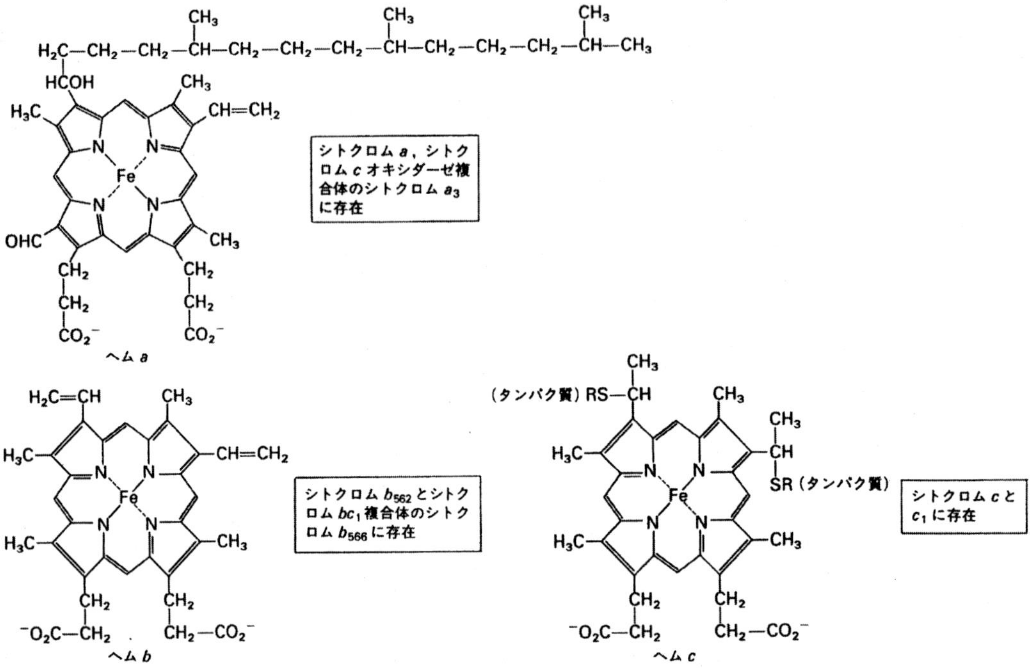

**図 1.14** ミトコンドリアのシトクロムのヘム補欠分子族の構造

子合成することが理論的に可能であるが，実際にはこれは達せられない．一般的に NADH の P/O の値は約 2.5 である．

単離したミトコンドリアの浮遊液に NADH と $O_2$ と Pi を加え，ADP を加えないとき，ミトコンドリアは内在性 ADP を ATP に変換するが，ADP がなくなると NADH の酸化はただちに停止する．このとき ADP を加えると NADH はただちに酸化される．これを呼吸調節（respiratory control）という．脱共役剤（uncoupler）とよばれる毒物は水素イオンがミトコンドリア内膜を通過できるようにする．脱共役剤は NADH の酸化を阻害しないが，ATP 生産を阻害する．2,4-ジニトロフェノール（DNP）は脱共役剤の代表である．DNP 存在下での NADH の酸化で放出されるエネルギーは熱になる．褐色脂肪組織（brown-fat tissue）は発熱のための分化した組織でミトコンドリアを多数含んでいるため褐色を呈している．この組織のミトコンドリア内には，分子量 33,000 のサーモゲニン（thermogenin）とよばれる内膜のタンパク質が酸化的リン酸化の脱共役剤として働く．ラットを寒冷にさらすと，サーモゲニンの合成が誘導され，熱を発生させ寒冷に適応する．アザラシのような寒冷に順応した動物では筋細胞内のミトコンドリアにサーモゲニンが多く存在している．

解糖系の活性は常に調節されていて，ATP とピルビン酸は細胞の必要度に応じて生産される．ホスホフルクトキナーゼが全解糖系の律速の鍵をにぎっている．この酵素は NADH，クエン酸によってアロステリック阻害され，解糖系と TCA 回路とを結んでいる．一方，ホスホフルクトキナーゼはアロステリック効果により，ADP で活性化され，ATP で阻害される．ATP はホスホフルクトキナーゼの基質であることも注目に値する．また，ヘキソキナーゼは反応生成物であるグルコース 6-リン酸によってアロステリック阻害される．ピルビン酸キナーゼもその反応生成物である ATP によってアロステリック阻害を受ける．ATP が多量に存在すると解糖は遅くなる．また，$NAD^+$ を NADH に還元するグリセルアルデヒドリン酸デヒドロゲナーゼが調節機構として働いている．

酸化的リン酸化が低下して細胞質中の NADH が増加すると解糖系が遅くなる．

解糖系，TCA 回路，酸化的リン酸化，熱発生はお互いに密接に関連していて，細胞が適量の ATP を生成するように調節されている．多細胞動物である哺乳類一個体のレベルでは，グルコース代謝は各組織で個別に調節されている．絶食すると肝臓のグリコーゲンはグルコース 6-リン酸に分解される．この条件下ではホスホフルクトキナーゼは阻害されているので，グルコース 6-リン酸はピルビン酸に代謝されず，グルコースに変換され血流に放出され，脳や筋肉で利用される．

〔小野寺一清〕

# 2. 炭水化物の代謝

## 2.1 炭水化物の分解と生合成

### a. 多糖の分解

植物の光合成によって炭酸ガスと水から合成されたデンプンやスクロースは，植物それ自体にとってもエネルギー源として代謝上きわめて重要であるが，動物は植物によって合成された炭水化物をエネルギー源として利用している．デンプンやグリコーゲンのような α-グルカンが分解される経路の一つは，加水分解酵素により直接グルコースにまで分解され，続いてグルコース 1-リン酸へ導かれる．他の一つの経路は，ホスホリラーゼにより加リン酸分解されグルコース 1-リン酸へ導かれる．グルコース 1-リン酸はグルコース 6-リン酸に変換され，通常は解糖系と TCA 回路を経て代謝され，ATPとしてのエネルギー生成に利用される．グルコースの代謝には，解糖系を経る以外にペントースリン酸経路（pentose phosphate pathway）とよばれる重要な経路が存在し，ペントースや電子供与体としての NADPH（H$^+$）の生成を行っている．

### b. デンプンの分解

太陽光線のもとで葉緑体中に合成された同化デンプンは（図 2.1），夜間には消失して主にスクロースの形で転流し，種子，根あるいは地下茎などの細胞においてデンプンに再構成され不溶性粒状の貯蔵デンプンとして貯えられる．

発芽時のような生理的に大量のエネルギーを必要とする際には，貯蔵デンプンは急速に分解される．通常，植物体に存在する貯蔵デンプンの分解に関与する主な酵素は，α-アミラーゼ（α-マルトースをはじめとする一連の α-デキストリンの生成），β-アミラーゼ（β-マルトースの生成），イソアミラーゼ（枝切り酵素，アミロペクチンや α-リミットデキストリンの α-1,6-グルコシド結合の切断），α-グルコシダーゼ（α-グルコースの生成）などである（図 2.2）．

デンプン粒は，はじめ α-アミラーゼの作用によ

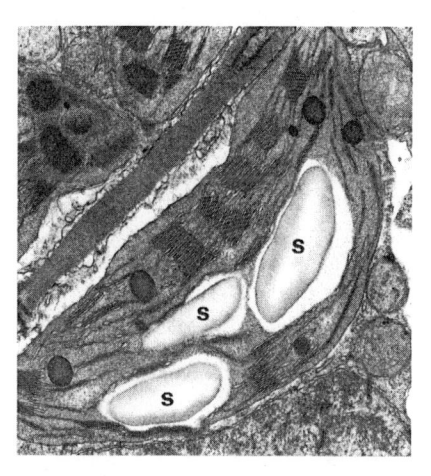

**図 2.1** タバコ葉の同化デンプン（匂坂勝之助博士の好意による）
S は，同化デンプンを表す．

り分解され，より低分子のデキストリンとなる（図 2.3）．

それらの生成物はさらに α-アミラーゼや β-アミラーゼあるいは枝切り酵素の作用によりマルトースをはじめとする一連のマルトデキストリンにまで分解され，さらに α-グルコシダーゼによりグルコースにまで分解される（図 2.4）．デキストリンのうちの α-リミットデキストリンは枝切り酵素（R 酵素ともよばれる）によって α-1,6-グルコシド結合が切断される．生成したグルコースは，ヘキソキナーゼによる次のような反応によりグルコース 6-リン酸に変換される．

グルコース + ATP
$\rightleftarrows$ グルコース 6-リン酸 + ADP

一方，ホスホリラーゼはデキストリンやマルトデキストリンに作用して加リン酸分解により非還元末端から α-グルコース 1-リン酸を生成させる（図 2.5）．

グルコース 1-リン酸はホスホグルコムターゼによりグルコース 6-リン酸に変換される．植物ホスホリラーゼには，哺乳動物ホスホリラーゼにみられるようなホスホリラーゼキナーゼによる調節機構はみられない．

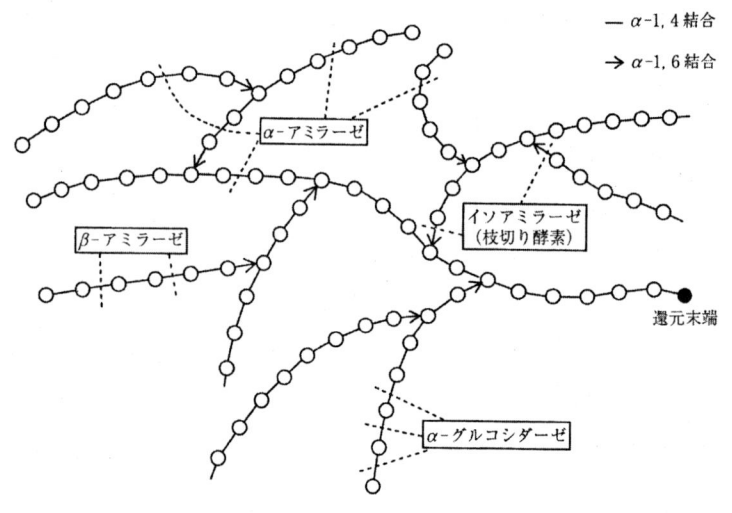

**図2.2** アミロペクチンの構造模式と植物中のデンプン加水分解酵素
○：グルコース残基, ●：還元末端グルコース

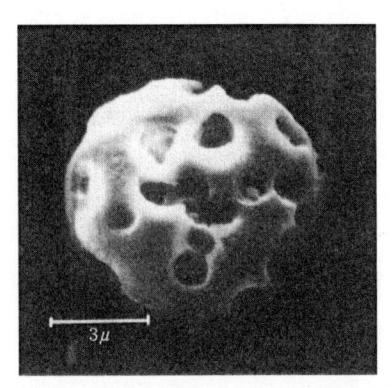

**図2.3** 種子吸水10日後のオオムギ発芽種子中のデンプン粒の分解（桐淵滋雄博士の好意による）

ヒトによって摂取されたデンプンは，唾液中のα-アミラーゼ（salivary α-amylase）の作用を受けデキストリンとなる．小腸内で再び膵臓α-アミラーゼ（pancreatic α-amylase）の作用により，主にマルトースをはじめとするマルト少糖類やα-リミットデキストリンにまで分解される．それらは小腸刷子縁（brush border）膜に存在するα-グルコシダーゼにより分解されグルコースとなり，小腸粘膜を通して吸収され血中へ移行する．小腸粘膜上皮細胞におけるグルコースの吸収は，ATPのエネルギーを消費する能動輸送による吸収である．

### c. グリコーゲンの分解

グリコーゲンはホスホリラーゼによってグリコーゲン分子の非還元末端からα-グルコース1-リン酸（G-1-P）となり分解される．その反応はデンプンの分解反応で述べたと同様に加リン酸分解である（図2.5）．

$$\text{グリコーゲン}(G_n) + H_3PO_4(Pi) \rightleftharpoons \text{グリコーゲン}(G_{n-1}) + G\text{-}1\text{-}P$$

この反応の平衡定数 $K_{eq}$ は約0.3であり，容易に逆行する反応である．

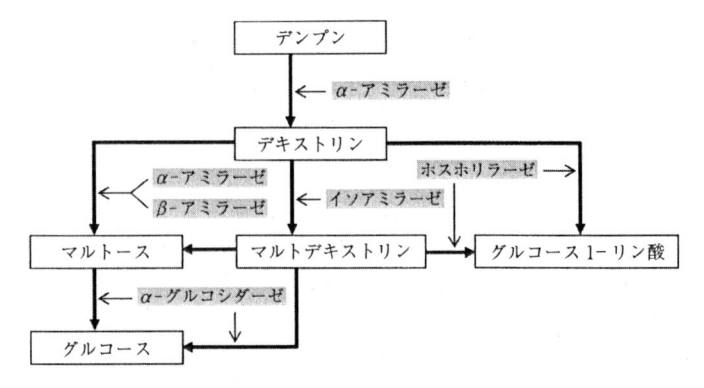

**図2.4** 植物におけるデンプンの分解経路

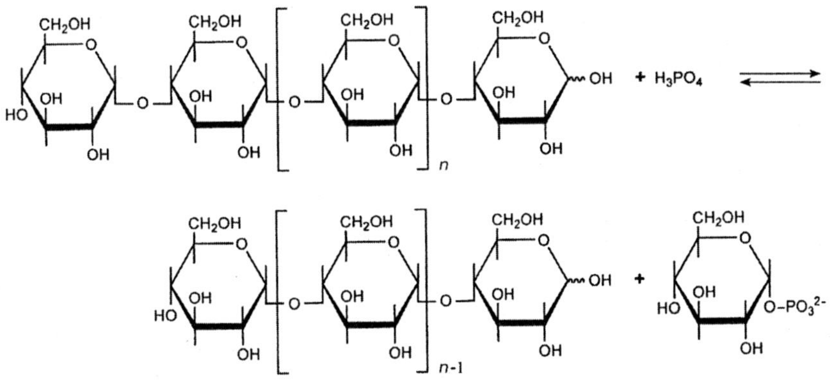

**図2.5** ホスホリラーゼによる加リン酸分解反応

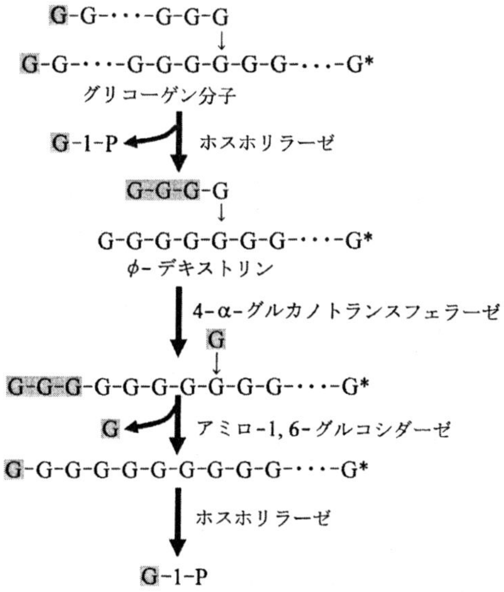

```
G-G-‥‥-G-G-G
        ↓
G-G-‥‥-G-G-G-G-G-‥‥-G*
       グリコーゲン分子
         │  ホスホリラーゼ
G-1-P ◀──┤
         ↓
    G-G-G-G
        ↓
G-G-G-G-G-G-G-‥‥-G*
     φ-デキストリン
         │ 4-α-グルカノトランスフェラーゼ
         ↓
         G
         ↓
G-G-G-G-G-G-G-G-G-‥‥-G*
         │ アミロ-1,6-グルコシダーゼ
    G ◀──┤
         ↓
G-G-G-G-G-G-G-G-G-‥‥-G*
         │ ホスホリラーゼ
         ↓
       G-1-P
```

**図2.6** グリコーゲンの分解
G:グルコース残基, G*:還元末端グルコース, ―:α-1,4-グルコシド結合, ↓:α-1,6-グルコシド結合

$$K_{eq} = \frac{[\text{G-1-P}][G_{n-1}]}{[\text{Pi}][G_n]} \approx \frac{[\text{G-1-P}]}{[\text{Pi}]} \approx 0.3$$

このため,かつてグリコーゲンはホスホリラーゼによって生合成されると考えられた.しかし,通常の細胞内無機リン酸の濃度はグルコース1-リン酸の100倍以上も高く,細胞内で反応は逆行しない.したがって,ホスホリラーゼはグリコーゲンの分解反応を触媒する酵素であると考えられている.ホスホリラーゼの作用は,グリコーゲンやアミロペクチンのα-1,6-グルコシド結合の分岐点から4個目のグルコース残基で停止する.この生成物をホスホリラーゼリミットデキストリン(φ-デキストリン)とよんでいる.

図2.6に示すように,φ-デキストリンのα-1,6-グルコシド結合分岐鎖のマルトトリオース単位は4-α-グルカノトランスフェラーゼによって主鎖の非還元末端へ転移され,分岐点には1個のグルコース残基が残る.このグルコース残基はアミロ-1,6-グルコシダーゼ(amylo-1,6-glucosidase)によって切断される.これらの反応によって,φ-デキストリンは再びホスホリラーゼの作用を受け,次の分岐点近くまで加リン酸分解される.

グリコーゲンのグルコース単位への直接的な分解がホスホリラーゼのみによって起こるとはかぎらないことは,ヒト糖原病(glycogen storage disease)—糖代謝系酵素の先天的異常,欠損によって起こり12以上の型が知られている—のうちのⅡ型(Pompe症)によって推測される.糖原病Ⅱ型は組織中の酸性α-グルコシダーゼ(グリコーゲンを直接グルコースへ加水分解する活性をもつ)の遺伝的欠損によって起こり,全器官に正常なグリコーゲンが過剰に蓄積される.

### d. ペントースリン酸経路

多くの細胞はグルコースの代謝経路として解糖系の他にペントースリン酸経路とよばれる重要な代謝系をもっている.この経路はヘキソース一リン酸分路(hexose monophosphate shunt)あるいはホスホグルコン酸経路(phosphogluconate pathway)などともよばれている.ペントースリン酸経路の重要な役割は,還元的生合成反応の電子供与体であるNADPH($H^+$)を生成することである.他の重要な役割は,ヘキソースからペントースを生成することにあり,特に核酸の構成成分としてのD-リボースを供給する.

図2.7にはペントースリン酸経路を要約してある.まず,グルコース6-リン酸デヒドロゲナーゼ(glucose 6-phosphate dehydrogenase)によって酸化されて6-ホスホグルコノδ-ラクトンとなり,

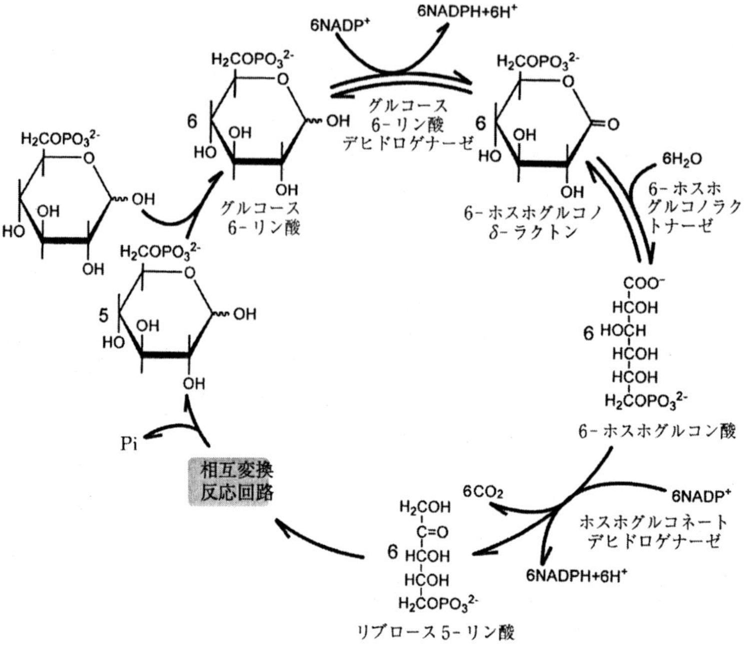

**図2.7 ペントースリン酸経路**

続いて6-ホスホグルコノラクトナーゼ(6-phosphogluconolactonase)の加水分解反応により6-ホスホグルコン酸となる．6-ホスホグルコン酸はホスホグルコネートデヒドロゲナーゼ（phosphogluconate dehydrogenase）によりD-リブロース5-リン酸が生成される．リブロース5-リン酸は次のような反応によりD-リボース5-リン酸に変換される．

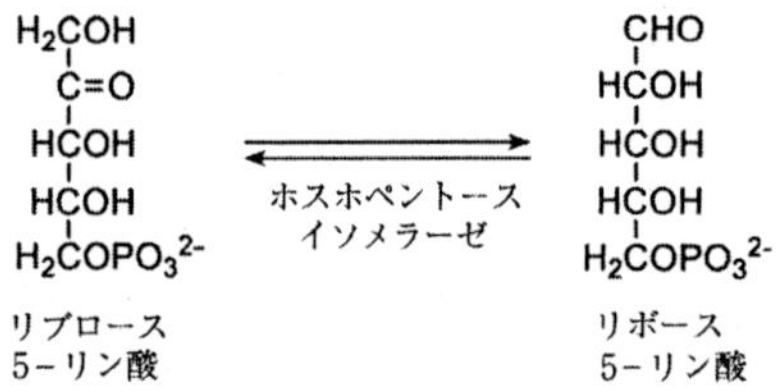

ホスホグルコン酸経路がここで終われば，全体の反応は，

グルコース6-リン酸 + 2NADP$^+$
　　→ リボース5-リン酸 + 2NADPH + 2H$^+$ + CO$_2$

となり，グルコース6-リン酸1分子が酸化されて2分子のNADPH(H$^+$)と1分子のリボース5-リン酸が生成されるにすぎない．しかし，通常ペントースリン酸経路は，図2.8に示すような相互変換回路によってさらに進行し，6分子のリブロース5-リン酸から5分子のグルコース6-リン酸が回収される．

したがって，1分子のグルコース6-リン酸の酸化により12分子のNADPH(H$^+$)が生成される．

リブロース5-リン酸は，リボース5-リン酸へ変換されると同時に次のような反応によりキシルロース5-リン酸へも変換される．

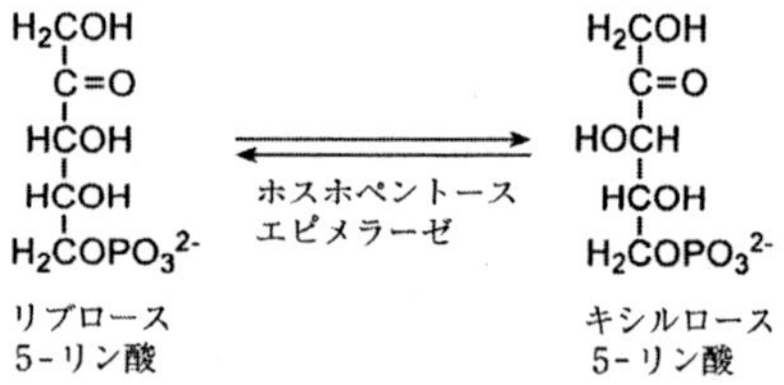

これらのペントース5-リン酸は，トランスケトラーゼ（transketolase, HOCH$_2$-CO-基の転移）およびトランスアルドラーゼ（transaldolase, HOCH$_2$-CO-HCOH-基の転移）によってさまざまに分配される．図2.8に示す相互変換反応によって，4分子のキシルロース5-リン酸と2分子のリボース5-リン酸から2分子のグリセルアルデヒド3-リン酸と4分子のフルクトース6-リン酸が生成される．

2分子のグリセルアルデヒド3-リン酸は，解糖系の逆行反応（グルコース新生，gluconeogenesis）によりフルクトース1,6-ビスリン酸となり，さらにフルクトースビスホスファターゼの加水分解によりフルクトース6-リン酸とリン酸となる．フルクトース6-リン酸はグルコース6-リン酸へ変換されるので，全体として6分子のリブロース5-リン酸が5分子のグルコース6-リン酸へ変換されたこ

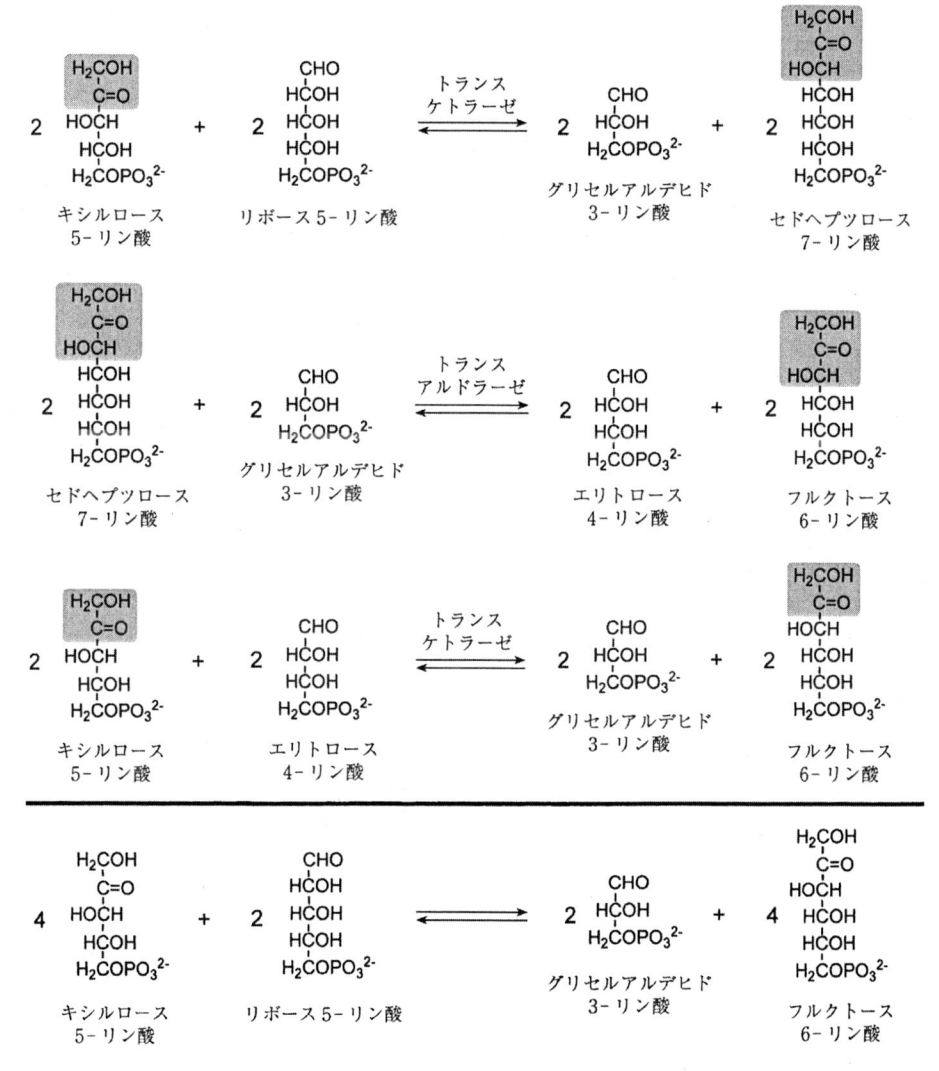

図2.8 相互変換反応回路

とになる.

ペントースリン酸経路（図2.7および図2.8）の諸反応を合計すれば次のようになり，最終的に1分子のグルコース6-リン酸から12分子のNADPH($H^+$)が生成されたことになる．

① 6グルコース6-リン酸 + 12NADP$^+$ + 6$H_2O$ $\rightleftharpoons$
　　6リブロース5-リン酸 + 12NADPH + 12$H^+$ + 6$CO_2$
② 6リブロース5-リン酸 $\rightleftharpoons$
　　2グリセルアルデヒド3-リン酸
　　+ 4フルクトース6-リン酸
③ 4フルクトース6-リン酸
　　+ 2グリセルアルデヒド3-リン酸 + $H_2O$ $\rightleftharpoons$
　　5グルコース6-リン酸 + $HPO_4^{2-}$

グルコース6-リン酸 + 12NADP$^+$ + 7$H_2O$ $\rightleftharpoons$
　　6$CO_2$ + 12NADPH + 12$H^+$ + $HPO_4^{2-}$

### e. スクロースの生合成

高等植物におけるスクロース（ショ糖）の生合成と分解は，デンプンの生合成と分解に密接に関連している．スクロースは図2.9に示すように，葉緑体中の$CO_2$固定化反応により生成されたジヒドロキシアセトンリン酸から生合成される．ジヒドロキシアセトンリン酸は，細胞質においてイソメラーゼによりグリセルアルデヒド3-リン酸に異性化され，アルドラーゼによってフルクトース1,6-ビスリン酸となる．これがフルクトース6-リン酸，ついでグルコース1-リン酸に変換される．

グルコース1-リン酸は，ウリジン三リン酸（UTP）と反応してウリジン二リン酸-グルコース（UDP-グルコース）となる．

この反応は可逆であるが，生成するピロリン酸

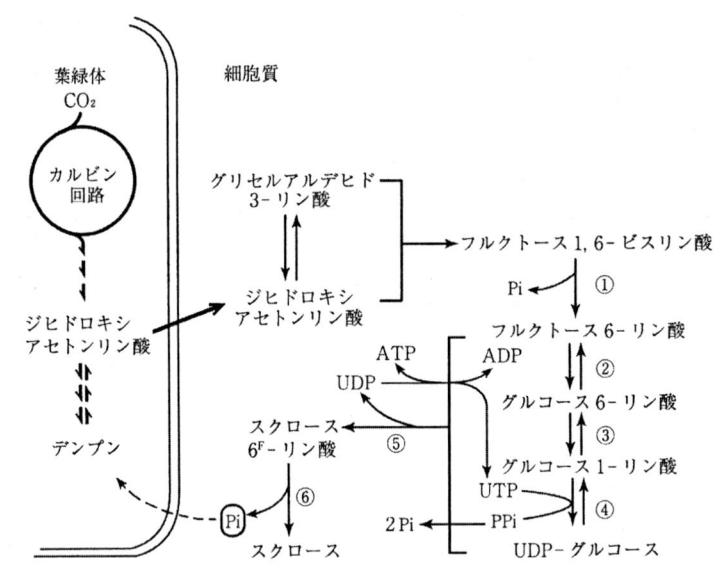

**図 2.9** スクロースの生合成経路
① フルクトースビスホスファターゼ（fructosebisphosphatase）
② ヘキソースリン酸イソメラーゼ（hexosephosphate isomerase）
③ ホスホグルコムターゼ（phosphoglucomutase）
④ UDP-グルコースピロホスホリラーゼ（UDP-glucose pyrophosphorylase）
⑤ スクロースリン酸合成酵素（sucrose phosphate synthase）
⑥ スクロースホスファターゼ（sucrose phosphatase）

がピロホスファターゼにより加水分解されるのでUDP-グルコース合成の方向へ不可逆的に進行する．UDP-グルコースは，スクロースリン酸合成酵素（sucrose phosphate synthase）によってフルクトース6-リン酸と反応してスクロース$6^F$-リン酸に変換される．スクロース$6^F$-リン酸はホスファターゼの加水分解作用により脱リン酸化されてスクロースが生成される．UDP-グルコースやADP-グルコースをはじめとするヌクレオシド二リン酸は少糖や多糖の生合成の基質としてきわめて重要な物質である．

スクロースは，フルクトースを受容体として次のようなスクロース合成酵素（sucrose synthase）の反応によっても合成されうるが，

UDP-グルコース＋D-フルクトース
$\rightleftharpoons$ スクロース＋UDP

この反応はむしろスクロースの分解系として働いている．通常，スクロースはもっぱらスクロース6-リン酸を経由して合成され，その反応の平衡は合成の方向へ著しく偏っている（$K_{eq}\approx 3750$）．ホスファターゼによる脱リン酸の反応と共役すればほぼ不可逆的な反応である．スクロースの合成反応によって生成する無機リン酸（Pi）は，葉緑体内へ還流されトリオースリン酸の生成に利用される．

**f. デンプンの生合成**

カルビン回路（Calvin cycle）によって生成されたトリオースリン酸はスクロースの合成に利用され

## 2.1 炭水化物の分解と生合成

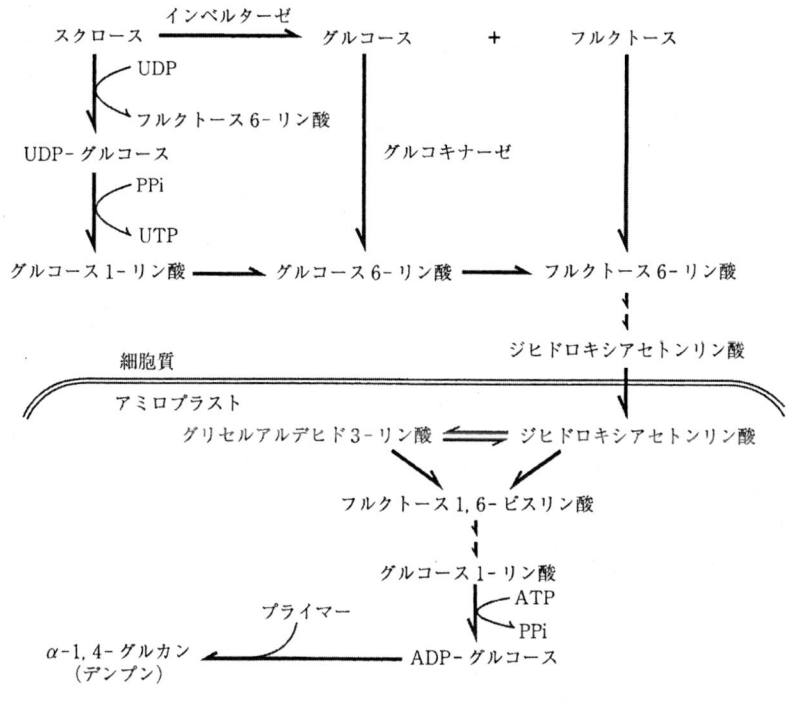

**図 2.10** デンプンの生合成経路

るが（図 2.9），一方において葉緑体中でデンプンに変換される．日中光合成反応によって合成されたデンプンは同化デンプン（図 2.1）とよばれ，その粒径が数 μm の小粒子として存在するが，夜間に分解消失して主にスクロースとして他の組織へ転流しエネルギー源あるいは他の物質の生合成などに利用される．

植物体の成熟に伴って根，地下茎あるいは種実などの細胞へ転流したスクロースは，UDP-グルコース，フルクトースおよびグルコースへ変換されるが（図 2.10），合成経路の逆行によりトリオースリン酸にまで代謝され，アミロプラスト（amyloplast）内へ移行し，再びグルコース 1-リン酸を経てデンプンに変換される．このようなデンプンは貯蔵デンプンとよばれている．貯蔵デンプンの前駆体がスクロースであるという確実な証明はないが，これまでの多くの知見がそのことを支持している．

1961 年にルロアール（L. F. Leloir）らによって，$\alpha$-1,4-グルカンは ADP-グルコース（あるいは UDP-グルコース）をグルコース供与体としてデンプン合成酵素（starch synthase）により合成されることが明らかにされた．その反応は，

ADP-グルコース + $\alpha$-1,4-グルカン ($n$)
$\rightleftharpoons$ ADP + $\alpha$-1,4-グルカン ($n+1$)

のように示されるが，$\alpha$-1,4-グルカン ($n$) は $n$ 個の重合度をもつプライマーである．ADP-グルコースの方が UDP-グルコースよりも優れたグルコース供与体であり，デンプン合成酵素が $\alpha$-1,4-グルカンの非還元末端へ ADP-グルコースからグルコース残基を転移させることにより $\alpha$-1,4-グルカン鎖が伸長する．重合度 3 以上のマルト少糖，アミロースあるいはアミロペクチンがプライマーとなりうるが，デンプン合成の初発反応については明らかではない．$\alpha$-1,4-グルカン鎖がある程度以上の長さに伸長すると，分岐合成酵素（ブランチング酵素，Q 酵素）が作用してアミロペクチン型の分岐構造 $\alpha$-グルカンが生成される．一般に Q 酵素が作用するには $\alpha$-1,4-グルカン鎖の重合度は 20 以上必要である．

貯蔵デンプンとしてアミロプラスト内に生成されるデンプンは，植物の種類によってそれぞれ特有の形をした結晶性のデンプン粒を形成する．そのようなデンプン粒が形成される機構は十分に解明されていないが，成熟したデンプン粒の大きさは植物の種類によってもさまざまであり，例えば，コメでは直径 3～8 μm と小さく，トウモロコシでは 6～21 μm，ジャガイモでは 2～100 μm にも及んでいる．興味深いことは，コムギデンプンでは 2～8 μm の小粒子（数は約 90%，全重量の約 10%）と 20～30 μm の大粒子（数は約 10%，全重量の約 90%）

に分けられ，その中間の粒子がきわめて少ない．このことは成熟デンプンにみられる小粒子が成長して大粒子になったのではないことを暗示している．

### g. グリコーゲンの生合成

動物が激しい筋肉活動をしているときには大量のATPが必要となるので貯蔵グリコーゲンが分解され，解糖系により速やかに乳酸にまで代謝される．その乳酸は血流によって肝臓に運ばれ糖新生経路によりグルコースに再生され，血流によって筋肉に戻されグリコーゲンに再合成される．グリコーゲンの生合成経路は分解経路とは異なっている．

グリコーゲンの合成は肝臓や筋肉で著しいが，多くの組織中でも合成される．遊離のグルコースは，ヘキソキナーゼによりグルコース6-リン酸となり，続いてホスホグルコムターゼによりグルコース1-リン酸に変換される．

$$グルコース + ATP \longrightarrow グルコース6-リン酸 + ADP \rightleftarrows グルコース1-リン酸$$

グルコース1-リン酸とUTPからUDP-グルコースが生成される（2.1節「スクロースの生合成」参照）．1957年にLeloirらによって，UDP-グルコースがグリコーゲン生合成反応におけるグルコース供与体であることが示された．

$$UDP-グルコース + \alpha-グルカン(n) \longrightarrow \alpha-グルカン(n+1) + UDP$$

プライマーとしての$\alpha$-グルカン$(n)$は重合度$n$の分岐したグリコーゲン分子である．デンプンの生合成で述べたのと同じようにグリコーゲンシンターゼもプライマーを必要とし，その非還元末端の方向へ$\alpha$-1,4-グルカン鎖を伸長させる．$\alpha$-1,4-グルカン鎖長が少なくとも11程度になるとグリコーゲン分岐合成酵素がはたらき，6ないし7個のグルコースからなる$\alpha$-1,4-グルカン鎖を内部鎖へ転移させることにより新たに$\alpha$-1,6-グルコシド分岐結合が形成される（図2.11）．生成された新しい分岐鎖はグリコーゲン合成酵素により再び鎖長が伸長する．

このようなプライマーのグリコーゲン分子がどのように合成されるのか，その初発反応の仕組みはデンプンの生合成の場合と同じようによくわかっていない．

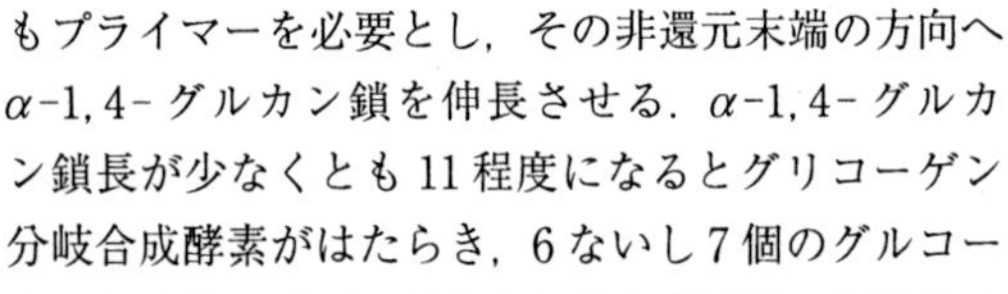

### h. グリコーゲンの代謝とその調節

肝臓のグリコーゲンは速やかにグルコースに分解されて血中のグルコース濃度を一定に保持するのに役立っているが，筋肉のグリコーゲンは解糖系による分解によって筋収縮に必要なATPの生成に用いられる．肝臓ではグルコース6-ホスファターゼがグルコース6-リン酸を加水分解してグルコースを生成するが，そのグルコースは血中に拡散して脳や筋肉へ移行する．脳や筋肉にはグルコース6-ホスファターゼは存在しない．

グリコーゲンの分解と合成は互いに密接に関わり合って調節されており，その代謝は特異的なホルモンによって影響される．哺乳動物の緊急時の激しい筋肉活動に対応して，副腎皮質からエピネフリン（epinephrine，アドレナリン，adrenarine）が分泌され，血流によって骨格筋や肝臓細胞へ達するが，エピネフリンの肝臓細胞におけるグリコーゲン分解の促進効果は低い．

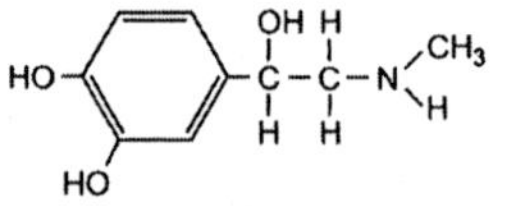

エピネフリン（アドレナリン）

肝臓では，血糖濃度の低下に対応して，肝臓$\alpha$-細胞から分泌されるペプチドホルモンのグルカゴン（glucagon）によってグリコーゲンの分解が促進され，血糖濃度を上昇させる．したがって，グルカゴンはインスリン（insulin）の逆の作用をもたらす．

H$_2$N—His—Ser—Gln—Gly—Thr—Phe—Thr—Ser—Asp—Tyr—Ser—Lys—Tyr—Leu—Asp—Ser—Arg—Arg—Ala—Gln—Asp—Phe—Val—Gln—Trp—Leu—Met—Asn—Thr—COOH

グルカゴン

グルカゴンあるいはエピネフリンは，標的細胞の形質膜外表面上の特異的な"受容体"に結合して内膜結合酵素のアデニル酸シクラーゼ（adenylate cyclase）を活性化し，ATPからサイクリックAMP（cyclic AMP, cAMP）を生成させる．

サイクリックAMPはプロテインキナーゼを活性化する（図2.12）．不活性化型のプロテインキナーゼは，触媒サブユニット（C）と調節サブユニット（R）のそれぞれ二つのサブユニットからなり，それらが会合して不活性型の複合体を形成している（C・R・

```
G-G-G-G-G-G-G-G-G-G-G-G-G-G─[プライマー]
                ↓分岐合成酵素
      ←--G-G-G-G-G-G-G
                  ←--G-G-G-G-G-G─[プライマー]
```

**図2.11** グリコーゲンの分岐構造の生成
—：$\alpha$-1,4-グルコシド結合，↓：$\alpha$-1,6-グルコシド結合，←--の方向へ再び鎖長が伸長する

## 2.1 炭水化物の分解と生合成

cAMP
(サイクリックアデノシン 3′,5′-一リン酸)

R・C）．調節サブユニットへ4分子のcAMPが結合すると，活性をもつ二つの触媒サブユニット（2C）が生成される．

活性型プロテインキナーゼは，ホスホリラーゼb（二量体）の各サブユニットの特定のセリン残基をリン酸化することによって，活性型のホスホリラーゼa（四量体）を生成させる．このホスホリラーゼaのグリコーゲン分解作用により生じたグルコース1-リン酸は，グルコース6-リン酸を経てグルコースとなり血中に放出される．

このようなグルカゴンあるいはエピネフリンによる酵素活性化の最初の入力信号が，活性化の各段階ごとに急速に増幅される機構を"カスケード"（cascade）系―階段状の滝を意味している―とよん

でいる．図2.12に示すような機構で生じたcAMPにより活性化されたプロテインキナーゼは，一方において活性化型グリコーゲンシンターゼa（グリコーゲンシンターゼI）をリン酸化することによって低活性化型グリコーゲンシンターゼb（グリコーゲンシンターゼD）へ変換する．このような機構によって，エネルギー要求性が増大したときグリコーゲンの分解を促進し合成を抑制する．逆にグリコーゲン分解の必要性の急速な低下に伴って合成反応が高まる．

グリコーゲンシンターゼI
（活性型）
↓ ATP → ADP
グリコーゲンシンターゼD
（低活性型）

肝臓の糖代謝系の重要な機能の一つは，血中グルコース濃度の低下に対応して速やかにグルコース濃度を一定値以上に保持することにある．cAMPによって活性化されたプロテインキナーゼは，活性型6-ホスホフルクト-2キナーゼa (6-phosphofructo-2 kinase, 6-PF-2 kinase) をリン酸化することにより不活性化し，同時に不活性型のフルクトース2,6-ビスホスファターゼb (fructose 2,6-

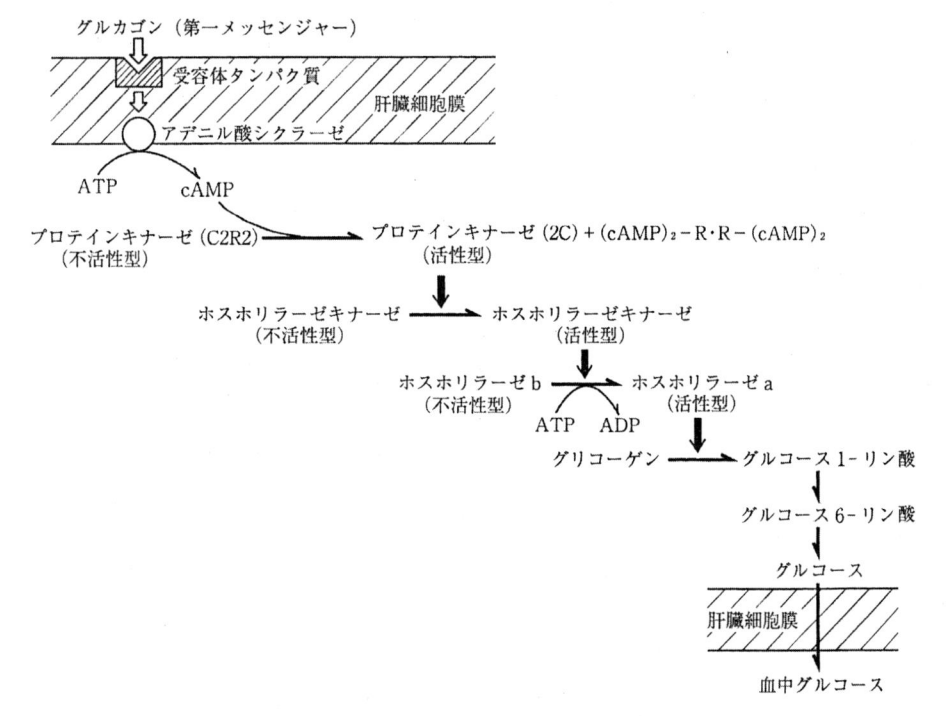

**図2.12 グリコーゲン代謝とカスケード系**
C：触媒サブユニット（catalytic subunit），
R：調節サブユニット（regulatory subunit）

bisphosphatase, F-2,6-BPase) をリン酸化して活性化する.

6-ホスホフルクト-2キナーゼa
（活性型）
↓ ATP
↓ ADP
6-ホスホフルクト-2キナーゼb
（不活性型）

フルクトース 2,6-ビスホスファターゼb
（不活性型）
↓ ATP
↓ ADP
フルクトース 2,6-ビスホスファターゼa
（活性型）

6-ホスホフルクト-2キナーゼは，フルクトース6-リン酸（F-6-P）と ATP からフルクトース 2,6-ビスリン酸（F-2,6-BP）を生成する酵素である.

F-6-P + ATP ⟶ F-2,6-BP + ADP

フルクトース-2,6-ビスリン酸生成反応

F-2,6-BP は，解糖系の F-6-P ⟶ F-1,6-BP の反応を触媒するホスホフルクトキナーゼ（PF kinase）の活性調節に関与している活性化因子（AMP, F-6-P）のうちで最も強力な因子である. フルクトース-2,6-ビスホスファターゼは F-2,6-BP を加水分解する酵素である.

F-2,6-BP + $H_2O$ ⟶ F-6-P + Pi

6-FP-2-kinase の不活性化による F-2,6-BP の生成反応の低下と，F-2,6-BPase の活性化による F-2,6-BP の加水分解によって，PF-kinase 活性は急速に抑制され，解糖系の F-6-P ⟶ F-1,6-BP の反応が低下する. このためグリコーゲンから生成された G-6-P は主にグルコースへ変換され血中へ放出される.　〔千葉誠哉〕

## 2.2 光合成

光合成（photosynthesis）とは，独立栄養生物が光エネルギーを利用し，$CO_2$ と $H_2O$ から有機物（糖）を生産する一連の反応を意味する.

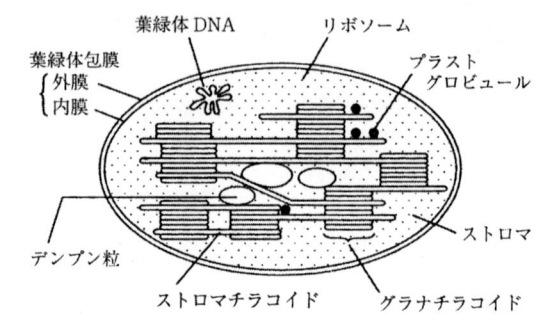

**図 2.13　葉緑体の構造**

$$6CO_2 + 12H_2O + 光エネルギー \longrightarrow C_6H_{12}O_6 + 6H_2O + 6O_2$$

光合成を営む生物には，高等植物，藻類，ラン藻，および光合成細菌などがある. 高等植物や藻類などの真核光合成生物では，光合成を行う葉緑体（chloroplast）とよばれる細胞小器官が分化している. 葉緑体は，ミトコンドリアと同様に DNA の遺伝情報系とタンパク質合成系を有する細胞小器官で，核との共同作業によって器官の形成と機能発現を行っている. 一方，ラン藻や光合成細菌などの原核生物では，光合成を行う器官としての明確な分化はなく，細胞膜や細胞内膜系に光合成の集光系とエネルギー変換系が存在し，光合成の炭酸同化系は呼吸やその他の代謝の反応系と一部共有している.

### a. 葉緑体

緑色植物の葉緑体は，長さ 2〜10 $\mu m$，厚さ 2〜3 $\mu m$ 程度の楕円型の構造をもち，物質透過性の高い外包膜とほとんど透過性のない内包膜の内外 2 層膜で履われている（図 2.13）. 器官内部には，チラコイド（thylakoid）とよばれる扁平な袋状の構造が全体に広がっており，そのチラコイド膜間の空間部分はストロマ（stroma）とよばれている. チラコイド膜には集光系と電子伝達系が備わっており，ストロマには炭酸同化系の酵素群が存在する. そして，チラコイド膜が部分的に何重にも重なり合っているところを特にグラナチラコイド（grana thylakoid）といい，グラナ部分からストロマに広がったチラコイド膜部分をストロマチラコイド（stroma thylakoid）とよんでいる. 葉緑体は，通常細胞当たり数個から 200 個ぐらい存在する.

### b. 光合成の仕組み

緑色植物の場合，光合成の一連の反応は，機能の面から次のような四つの過程に分けられる（図 2.14）.

2.2 光合成

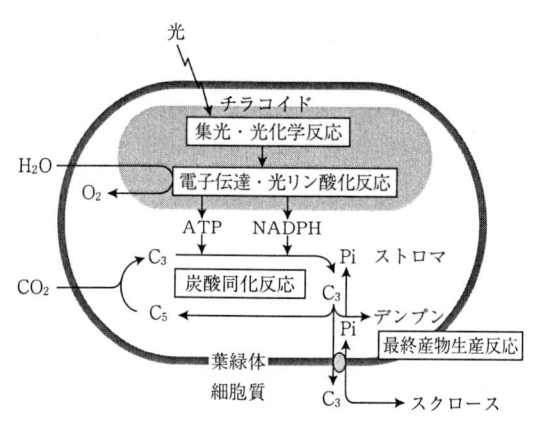

**図2.14** 高等植物の光合成の仕組み
Pi：無機リン酸

(1) 光エネルギーを葉緑体のチラコイド膜に存在するアンテナ色素分子が吸収し，そのエネルギーを反応中心の色素分子へ伝達し，反応中心で酸化還元反応を引き起こす（集光・光化学反応，light-harvesting/photochemical reaction）．

(2) 反応中心の光化学反応によって放出された電子はそれにつながる電子伝達系へ伝達される．そのとき，反応中心の強力な酸化力で水が分解され$H^+$と酸素が放出される．電子伝達系ではNADPHが生産される．水分解による$H^+$と電子伝達に伴う$H^+$の共役輸送でチラコイド膜の内外に$H^+$の濃度勾配が生じ，その電気化学ポテンシャルを利用してATPが生産される（電子伝達・光リン酸化反応，electron transport/photophosphorylation）．

(3) (2)で生産されたATPとNADPHを利用して$CO_2$の受容体である糖リン酸を生産し，葉緑体ストロマまで拡散してきた$CO_2$を固定する（炭酸同化反応，carbon assimilation）．

(4) $CO_2$を組み込んだ有機物の一部の糖リン酸から，スクロース・デンプンを生産する．その過程で脱リン酸された無機リン酸はATP生産のリン酸源として再利用される（最終産物生産反応，end-product synthesis）．

以上，四つの過程は，植物の種の違いにかかわらず，基本的には同じ機構で成り立っている．本節では，まず，(1)～(4)までの光合成の基本的な反応について解説し，次に，炭酸同化の過程に異なる付加的機構をもっている植物の光合成について述べる．

**1) 集光・光化学反応**

光合成の反応はエネルギーの獲得反応から始まる．この反応を集光反応とよぶ．光エネルギーの獲得の多くは，葉緑体のチラコイド膜に存在する光合成色素，クロロフィル（chlorophyll）で行われる．高等植物のクロロフィルにはa型とb型がある（図2.15）．基本構造は4個のピロールからなるテトラピロール環（ポルフィリン（porphyrin）とよばれる）で，環の中央には$Mg^{2+}$イオンが配位している．クロロフィル分子は脂溶性でチラコイド膜内で安定して存在するが，すべてタンパク質と結合して機能し，480 nm以下と550～700 nmの間の光を吸収する．クロロフィル分子の結合したタンパク質は，大きく分けて，①光捕集（アンテナ）の機能のみをもつ集光性色素タンパク質（light-harvesting chlorophyll protein complex I, LHC I と LHC II），②光化学系 I（photosystem I, PS I）に結合するアンテナとその反応中心を含むいくつかの色素タンパク質複合体，③光化学系 II（PS II）のアンテナの

**図2.15** クロロフィルaとbの化学構造式
Ⓐ部分がクロロフィルaの場合-$CH_3$，クロロフィルbの場合-CHO．
フィトール側鎖があるのでクロロフィルは脂溶性となる．

一部（PSⅡ色素タンパク質複合体）とその反応中心を含む色素タンパク質複合体の3種に分類される．①の集光性色素タンパク質複合体のLHCⅠはPSⅠへの，そして同じく集光性色素タンパク質複合体のLHCⅡは主にPSⅡへの光エネルギーの捕集の役割を担っている．ただし，限られた条件において，LHCⅡがPSⅠの光捕集反応を担う場合もある（ステートトランジション，state transition）．これらの色素タンパク質複合体は，同じチラコイド膜に存在する他のタンパク質より量的に多く，全チラコイドタンパク質の50％近くも占める．

高等植物のクロロフィル分子のa：b比は普通約3：1であるが，陰性植物では2：1付近のものも多い．上に述べた②と③のPSⅠとPSⅡの色素タンパク質複合体のクロロフィル分子はすべてa型で，その100分子から400分子に一つの割合でそれぞれの反応中心（reaction center）クロロフィル分子が存在する．反応中心クロロフィルもa型である．一方，クロロフィルbはすべて①の集光性色素タンパク質に結合している．なかでも，90％以上のクロロフィルbがLHCⅡに結合し，LHCⅡのクロロフィルa：b比はほぼ1：1となっている．

光合成色素には，クロロフィルの他に，カロテノイド（carotenoid）とフィコビリン（phycobilin）が存在し，タンパク質と結合して光合成色素として働いている．カロテノイドは，広く植物界に認められる光捕集の色素で，フィコビリンは，ラン藻や紅藻などの主要な光合成色素として働いている．

光エネルギーを吸収したクロロフィル分子やカロテノイド分子は励起状態になる．その励起エネルギーは色素分子間でエネルギー転移しながら，効率よく反応中心クロロフィルへ伝達される．こうして集められた励起エネルギーによって，反応中心クロロフィルで電荷の分離が起こる．そこで放出された電子はそれにつながる電子伝達系にわたされる．しかし，電子伝達系の受容能力を超える光エネルギーが色素分子で吸収された場合，過剰となった励起エネルギーの多くはカロテノイド分子で熱に変換され消去される．反応中心クロロフィルには2種類あり，それらに結合する色素集団も2種類に分かれていて，それらがPSⅠとPSⅡとして区別されている．PSⅠの反応中心クロロフィルは，電荷分離を生じ酸化型になったとき700 nmに吸収があらわれることからP700とよばれ，PSⅡの反応中心クロロフィルは，同じく酸化型になったとき680 nmに吸収があらわれP680とよばれる．

## 2）電子伝達・光リン酸化反応

反応中心クロロフィルの電荷分離によって放出された電子は，速やかに電子伝達系に伝達され，同時に生じる強力な酸化力で$H_2O$が分解され$O_2$が放出される．他方，電子伝達系では還元物質であるNADPHが生産される．

図2.16にチラコイド膜上での集光・電子伝達およびそれらの反応に伴う$H^+$輸送とATP合成を担う分子複合体のモデル的な配置について示した．PSⅡ複合体は，反応中心P680といくつかの電子伝達成分が結合するタンパク質（$D_1/D_2$タンパク質），PSⅡ色素タンパク質（CP47とCP43），光捕集タンパク質LHCⅡ，およびMnを含む水分解系タンパク質などからなる．

反応中心P680より放出された電子は，PSⅡ複合体中の一連の電子伝達成分を経て，膜内に遊離の状態で存在するプラストキノン（PQ）にわたされる．一方，PSⅡ複合体の酸素発生（水分解）系のタンパク質成分はチラコイド内腔側に存在し，P680の電荷分離に伴い酸化されたP680の供給する強力な酸化力を利用し，水を分解して$O_2$を発生し，$H^+$を内腔に放出する．PSⅡ複合体はグラナチラコイド部分に多い．

PSⅡ複合体から電子をわたされたPQは還元され，プラストヒドロキノン（$PQH_2$）になる．$PQH_2$はチラコイド膜の脂肪層を拡散し，シトクロム（cytochrome）$b_6/f$複合体へ電子をわたす．そのシトクロム$b_6/f$複合体にわたされた電子は，プラストシアニン（PC）にわたされる．PCは銅を含む水溶性のタンパク質でチラコイド膜内腔に存在する．この$PQH_2$からPCへのシトクロム$b_6/f$複合体による電子伝達が$H^+$輸送と共役している．シトクロム$b_6/f$複合体は，テトラピロール環にFeイオンを配位したヘム（heme）とよばれる鉄錯体をもつ2種のシトクロムタンパク質を有する（シトクロム$b_6$と$f$）．複合体はその他にリースキタンパク質およびサブユニットⅣとよばれるタンパク質などから構成されている．PQの一部がこの複合体のシトクロム$b_6$のヘムによって再び還元され$PQH_2$になり，その際$H^+$輸送が倍化されるサイクルも指摘されている（Qサイクル）．

シトクロム$b_6/f$複合体によって還元されたPCはチラコイド内腔を拡散し，PSⅠ複合体の反応中心の正電荷部位に結合して電子を伝達する．PSⅠ複合体は，反応中心P700といくつかの電子伝達成分を含む色素タンパク質（サブユニットA/B），Fe-Sセンターを含むタンパク質，および光捕集タンパ

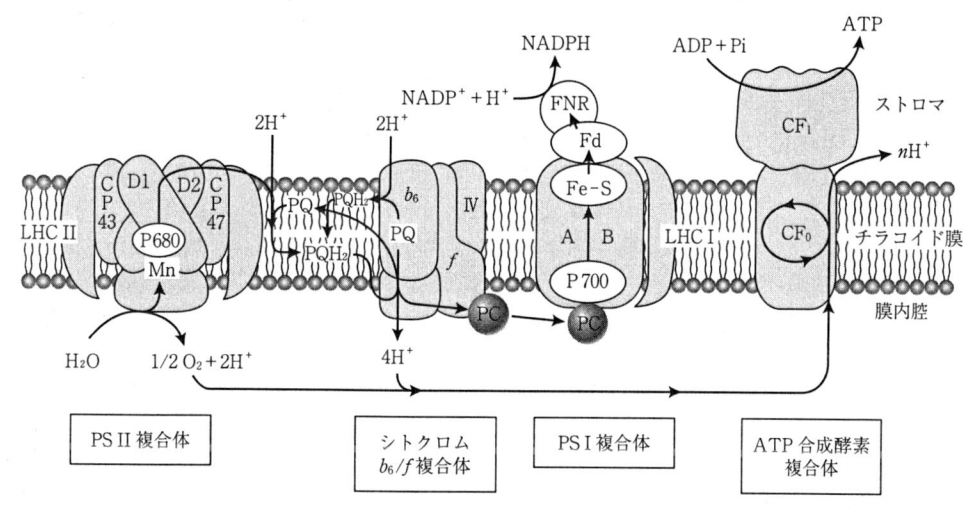

図2.16 葉緑体チラコイド膜上での分子複合体モデル

ク質LHC Iなどから構成されている．この複合体にFe-Sセンターをもつ水溶性タンパク質フェレドキシン（ferredoxin, Fd）がストロマ側で結合し，PS I複合体より電子を受け取っている．その電子はNADP酸化還元酵素（FNR）を経て，NADP$^+$にわたされ，最終的にNADPHが生成される．PS I複合体はストロマチラコイド部分に多い．

PS II複合体での$H_2O$の分解に伴う$H^+$放出とシトクロム$b_6/f$複合体を介したストロマからチラコイド内腔への$H^+$共役輸送が，チラコイド膜内外に$H^+$濃度勾配を生じさせ，電気化学ポテンシャルを生む．それによって，チラコイド膜内腔から再びストロマへ$H^+$が流出するエネルギーを利用して，ATP合成酵素がADPとリン酸からATPを合成している．このATP合成酵素は葉緑体に特有のものではなく，細菌やミトコンドリアのものと同じ構造を有する．ATP合成を触媒するファクター1（$CF_1$）と$H^+$流通に関与する膜結合因子であるファクター0（$CF_0$）からなる．

### 3) 炭酸同化反応

**i) カルビン回路** 電子伝達・光リン酸化反応において生産されるATPのエネルギーとNADPHの還元力を原動力に，葉緑体ストロマにおいて$CO_2$ガスから有機物が生産される．この反応を炭酸同化反応（carbon assimilation）という．また，この$CO_2$の固定と$CO_2$受容体を生産する代謝回路を，カルビン回路（Calvin cycle）［別名，カルビン-ベンソン回路，または炭素還元回路］という．この回路は，11種の酵素による13の反応からなる代謝で，その概略とそれに関連する光合成の他の代謝を図2.17にまとめ，さらに回路の詳細な全様を図2.18

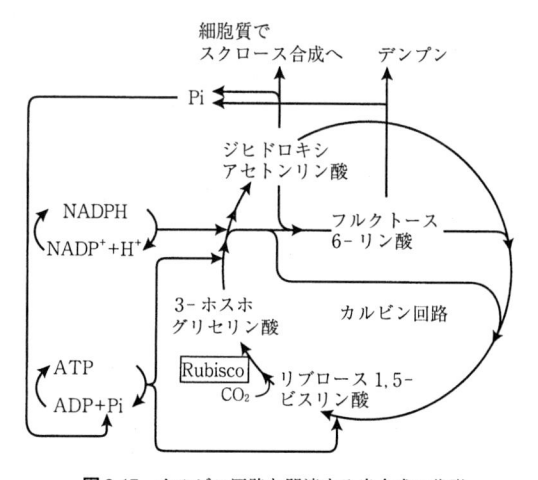

図2.17 カルビン回路と関連する光合成の代謝

に記載した．カルビン回路は，機能の面から$CO_2$固定反応と$CO_2$の受容体であるリブロース1,5-ビスリン酸（ribulose-1,5-bisphosphate, RuBP）の再生産反応に分けてまとめることができる．

炭酸固定反応は，1分子の$CO_2$が$CO_2$の受容体である1分子の五炭糖（$C_5$），RuBPに付加され，2分子の3炭素化合物（$C_3$）ホスホグリセリン酸（3-phosphoglyceric acid, PGA）が生産される反応をさす．この反応は，RuBPカルボキシラーゼ・オキシゲナーゼ（RuBP carboxylase/oxygenase, Rubisco）によって触媒される．Rubiscoは，52 kDaの分子量をもつ大サブユニット8個と14〜18 kDaの分子量をもつ小サブユニット8個からなる巨大タンパク質で，植物界のみならず地球上で最も多量に存在するタンパク質である．高等植物の場合，単一タンパク質としてRubiscoだけで緑葉全タンパ

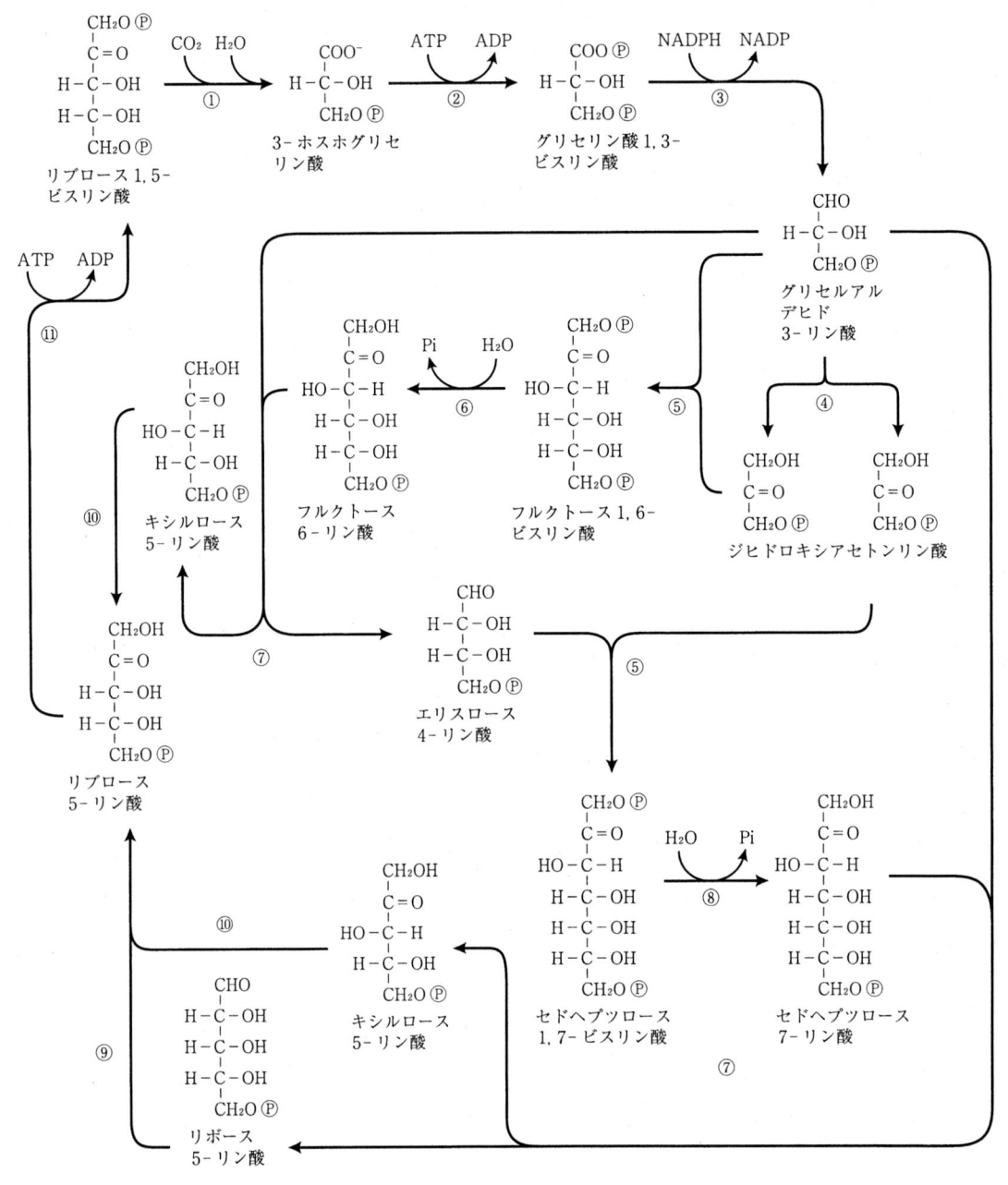

**図 2.18** カルビン回路の反応

① Rubisco，② ホスホグリセリン酸キナーゼ，③ NADPH-グリセルアルデヒド 3-リン酸デヒドロゲナーゼ，④ トリオースリン酸イソメラーゼ，⑤ アルドラーゼ，⑥ フルクトース 1,6-ビスリン酸ホスファターゼ，⑦ トランスケトラーゼ，⑧ セドヘプツロース 1,7-ビスリン酸ホスファターゼ，⑨ リブロース 5-リン酸イソメラーゼ，⑩ リブロース 5-リン酸エピメラーゼ，⑪ ホスホリブロキナーゼ

ク質の 25% から 35% にも相当する．Rubisco の基質は $HCO_3^-$ ではなくストロマ内での溶存 $CO_2$ である．$CO_2$ は外気からストロマまで単純拡散されている．Rubisco の生体内での活性発現は，葉に照射される光強度に強く依存しており，この活性制御には酵素 Rubisco アクティベース（activase）が関与している．さらにこの Rubisco アクティベースの活性制御には，ストロマ内の ATP のレベルやフェレドキシンを介した還元反応が関与しており，電子伝達系の活性と炭酸同化系の活性のバランスを維持するのに重要な役割を果たしている．また，ダイズ，イネ，タバコなどのいくつかの植物では，Rubisco の活性を著しく抑える阻害物質カルボキシアラビニトール 1-リン酸（carboxyarabinitol-1-phosphate,

CA1P）が暗所で高濃度に生産されていることが知られている．

RuBPの再生産反応は，炭酸固定初期産物であるPGAからCO₂の受容体であるRuBPが再生産される過程をさす．この過程で，光化学系・電子伝達反応で生産されたATPとNADPHが一連の酵素反応によって消費される．途中の中間代謝産物の一つである三炭糖（$C_3$）ジヒドロキシアセトンリン酸（dihydroxyacetone phosphate, DHAP）において，この化合物が最大で6分子に1分子の割合でカルビン回路からはずれ，細胞質でのスクロース合成の出発代謝産物として利用される．また，ストロマ内では，フルクトース6-リン酸からカルビン回路をはずれ，デンプンが合成される経路がある．

　ii）**光呼吸**　$CO_2$の固定酵素Rubiscoは，同時にオキシゲナーゼ活性も有し，$O_2$分子も基質とする．この基質$O_2$分子は$CO_2$分子とRubiscoの同一触媒部位に拮抗的に結合するため，両活性の比率は，$CO_2$と$O_2$の分圧比で決まる．なお，現在の大気分圧下条件での両活性の速度比はほぼ4:1である．

Rubiscoは，$O_2$分子とRuBPから1分子のPGAと1分子のホスホグリコール酸を生産する（図2.19）．PGAはカルビン回路へ流れる．ホスホグリコール酸は葉緑体中でグリコール酸となり，別の細胞小器官であるペルオキシソーム（peroxisome）に移行，アミノ化されグリシンとなる．グリシンは，次にミトコンドリアに移行され，脱炭酸（$CO_2$放出）・脱アミノ（$NH_4^+$放出）を受け，セリンに変換．再びペルオキシソームに戻り，脱アミノと還元を受けてグリセリン酸となる．グリセリン酸は葉緑体へ戻りリン酸化され，PGAとなり，カルビン回路へ流れ込む．また，ミトコンドリアで脱炭酸され生じた$CO_2$分子は通常の大気圧条件下ではRubiscoで再固定され，脱アミノされ生じた$NH_4^+$も葉緑体で再同化される．

この代謝は光呼吸（photorespiration）とよばれ，光合成や呼吸とは異なる別の代謝として位置づけられている．しかし，代謝そのものは完全に光合成の炭酸同化反応と連結し，同時進行で進むことから，むしろ光合成の代謝の一部と考えるべきものである．回路はATPを消費しながら，一切の最終産物を生成しておらず，積極的な生理学的機能は不明とされている．

　4）**最終産物生産反応**

光合成の最終産物は，スクロースとデンプンである．スクロースは細胞質で合成され，デンプンは葉緑体内でつくられる．スクロースの合成経路は，三炭糖（$C_3$）DHAPを起点にカルビン回路から分岐し，デンプン合成の経路はフルクトース6-リン酸から分岐している（図2.14と2.17を参照）．いずれの合成もその途中経路で脱リン酸される過程があり，その結果生じたリン酸は，電子伝達・光リン酸化反応におけるATP生産のためのリン酸源として循環再利用されている．このリン酸の循環経路は生理学的にきわめて重要である．何らかの原因でこの最終産物生産反応が滞ると，このリン酸の循環経路が回らず，光合成の機動力の源となっているATPの生産が止まり，光合成全体の反応が抑制されることになる．スクロースの合成は，葉緑体包膜に存在するリン酸トランスロケーターとよばれるタンパク質がDHAPを細胞質へ輸送している．この輸送は，無機リン酸との交換輸送で行われる．細胞質でのスクロース合成経路では，フルクトース-1,6-ビスリン酸ホスファターゼ（fructose-1,6-bisphosphatase, FBPase），UDPグルコースピロホスホリラーゼ，およびスクロースリン酸ホスファターゼの反応の3個所で脱リン酸される段階があり，生じたリン酸がリン酸トランスロケーターを経て葉緑体に循環される．このスクロース合成はDHAPの供給速度と細胞質のスクロース合成経路におけるFBPaseとスクロースリン酸合成酵素（sucrosephosphate synthase, SPS）の酵素活性の調節により制御されていると考えられている．

植物の葉を調べると，単子葉類ではスクロースが，双子葉類ではデンプンが蓄積している場合が多い．しかし，いずれの場合も両者への最終産物生産の分配は，スクロースの合成側の酵素SPSの活性調節によって決定されていると考えられている．

### c．その他の光合成反応

　1）**$C_4$光合成**

熱帯系の植物であるトウモロコシ，サトウキビ，

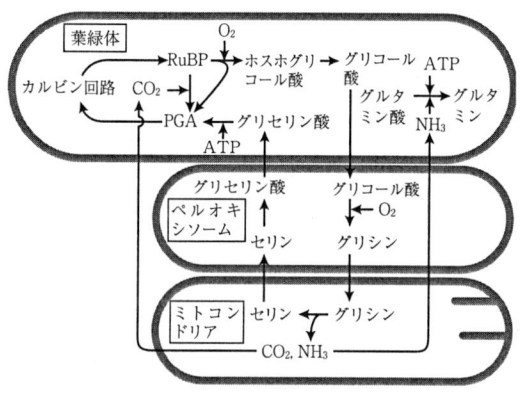

**図2.19**　光呼吸の経路

ソルガムなどは，bの1)〜4)の四つの反応の他に付加的に独自の$CO_2$濃縮機構を有し，強光，高温などの熱帯性気候に適した光合成を行っている．これらの植物では，通常の植物が葉肉細胞の葉緑体を中心に光合成を行っているのに対して，葉肉細胞のみならず，維管束鞘細胞にも発達した葉緑体をもち，光合成の炭酸同化を両細胞間で高度に分業し行っている（図2.20）．これらの植物では，葉肉細胞の細胞質に溶け込んだ$HCO_3^-$（$CO_2$ではない）をホスホエノールピルビン酸（phosphoenolpyrubate, PEP）カルボキシラーゼ（PEP carboxylase, PEPC）が最初に炭酸固定する．$HCO_3^-$の受容体はPEPで，初期産物は4炭素化合物のオキサロ酢酸である．オキサロ酢酸は，速やかにリンゴ酸やアスパラギン酸などに代謝されたのち，維管束鞘細胞に移され，脱炭酸され，ピルビン酸となる．生じた$CO_2$は，効率よく維管束鞘細胞の葉緑体に局在するRubiscoによって再同化され，通常の光合成と同じカルビン回路へ流れ込む．このとき，Rubiscoの炭酸固定活性に対してPEPCの炭酸固定活性は有意に高いため，維管束鞘細胞内での$CO_2$濃度は非常に高濃度になる．脱炭酸されて生じたピルビン酸は葉肉細胞の葉緑体に戻され，ここに局在するピルビン酸リン酸ジキナーゼ（pyruvate phosphate dikinase, PPDK）がATPのエネルギーを利用してリン酸化し，PEPに変換する．そのPEPが$CO_2$の受容体として細胞質に送られている．この光合成は，炭酸固定の初期産物オキサロ酢酸が4炭素化合物であることから$C_4$光合成とよばれ，それに対して普通の光合成では初期産物PGAが3炭素化合物であることから$C_3$光合成とよばれている．そして，$C_4$光合成を営む植物を$C_4$植物といい，$C_3$光合成を営む植物を$C_3$植物とよんでいる．$C_4$光合成では，維管束鞘細胞内の$CO_2$濃度が大気条件の3〜15倍ぐらいまで濃縮されているので，結果としてRubiscoのオキシゲナーゼ活性が著しく抑制され，光呼吸はほとんど生じていない．そのため，その分だけ光合成効率がよくなっている．しかし，$CO_2$濃縮を行う経路（PEPを生産する経路）でATPを消費するので，$CO_2$固定に対するエネルギー効率は悪くなり，光が十分でない環境条件では逆に不利な光合成となっている．

### 2) CAM光合成

ベンケイソウ，サボテン，パイナップルなどの砂漠の植物は，極度の乾燥条件に適したユニークな光合成を行っている．乾燥の激しい昼間は気孔を閉じ体内の水分を保持し，夜間に気孔を開いて，PEPCによる炭酸固定を行っている．生成物オキサロ酢酸は，リンゴ酸に変換された後，液胞にため込まれ，昼間そのリンゴ酸から脱炭酸して得られる$CO_2$を使って，通常の$C_3$型の光合成を行っている．このような光合成は，ベンケイソウの有機酸代謝，Crassulacean acid metabolismの頭文字をとってCAM光合成とよばれる．そして，CAM光合成を行う植物をCAM植物とよんでいる．

なお，地球上に生育する植物種の90％以上は$C_3$型の光合成を営む種で，イネ，コムギ，ダイズ，ジャガイモなどの多くの作物はこれに属する．一方，$C_4$光合成を営む植物種は1〜2％程度で，CAMは4〜6％程度と推定されている．〔牧野　周・前　忠彦〕

## 2.3 オリゴ糖・多糖の生合成

多糖の生合成研究における最も重要な成果は，1949年，アルゼンチンのノーベル賞生化学者，ルロアール（L. Leloir）によってなされたUDP-グルコース（UDP-Glc, UDPG）の発見であろう．UDP-Glcはグルコースとヌクレオチドが高エネルギー状態の二リン酸結合を介して結合した糖ヌクレオチド（sugar nucleotides）といわれる化合物の一種である．

現在知られている多糖の大部分は生合成をするときに，糖供与体（glycosyldoner）として糖ヌクレオチドを使う．糖鎖が生合成される際の糖転移反応は，この活性化した糖ヌクレオチドの分解のエネ

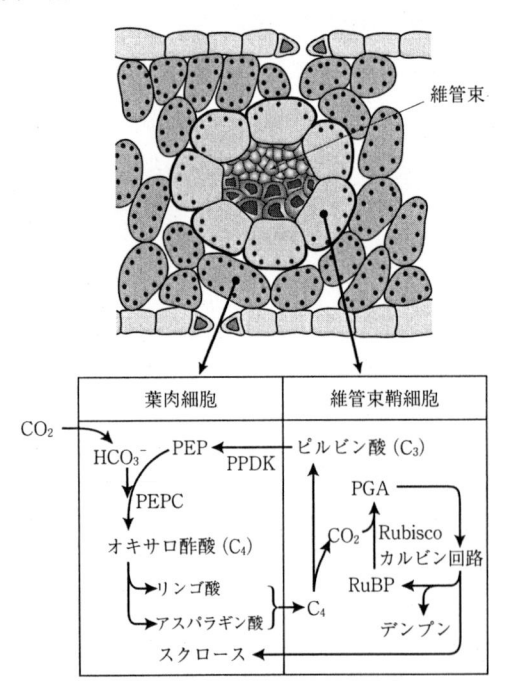

**図2.20** $C_4$植物の葉断面と$C_4$光合成

ギーを利用している．

### a. UDP-グルコースの生合成

1. グルコース1-リン酸（Glc-1-P, G1P）+ UTP $\xrightarrow[\text{ピロホスホリラーゼ}]{\text{(UDP-グルコース)}}$ UDP-グルコース（UDP-Glc）+ 無機ピロリン酸（PPi）

UDP-グルコースはUDP-グルコースピロホスホリラーゼ（UDP-glucose pyrophosphorylase）により，UTPからヌクレオチジル基をグルコース1-リン酸に転移する反応により合成される（図2.21）．

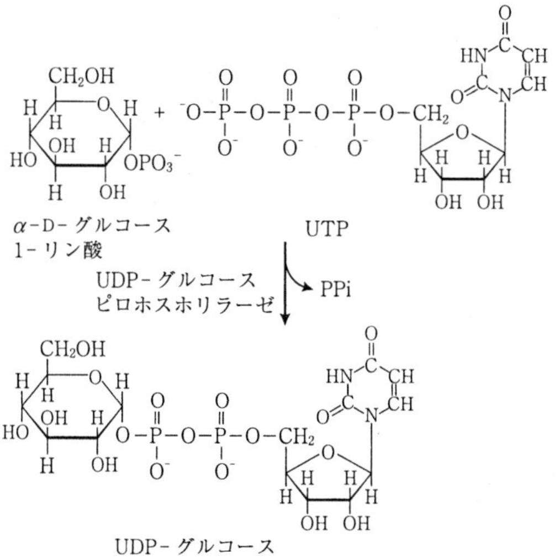

**図2.21** UDP-グルコースの生成反応
UDP-グルコースピロホスホリラーゼ（別名グルコース1-リン酸ウリジリルトランスフェラーゼ）は，Glc-1-PをUTPの$\alpha$位のリン原子に転移させる反応を触媒し，UDP-Glcとピロリン酸を生成する．ピロリン酸は速やかにピロホスファターゼで無機リンに加水分解されるため，反応はUDP-グルコース生成の方向にすすむ．

### b. スクロースの生合成

高等植物では，光エネルギーが炭酸固定により化学エネルギーに変換され，一部はショ糖（スクロース，sucrose）の形で必要に応じていろいろな組織に送られ，タンパク質や核酸などの炭素骨格の材料として使われるばかりでなく，貯蔵エネルギー源としてデンプンに変えられる．このスクロースは以下のような反応でUDP-グルコースとフルクトース6-リン酸（F-6-P）からスクロース合成酵素（スクロースシンターゼ，sucrose synthase）の触媒反応により生合成される．

1. UDP-Glc + F-6-P $\xrightarrow{\text{(スクロース合成酵素)}}$ スクロース6-リン酸 + UDP
2. スクロース6-P $\xrightarrow[\text{合成酵素}]{\text{スクロース}}$ スクロース + 無機リン酸（Pi）

### c. ラクトースの生合成

一方，動物のミルクの糖としてよく知られている乳糖（ラクトース，lactose）も，糖ヌクレオチドを基質としてガラクトース転移酵素（ガラクトーストランスフェラーゼ，galactosyl transferase）の触媒反応によりつくられる．

1. UDP-ガラクトース（UDP-Gal）+ グルコース（Glc）$\xrightarrow{\text{(ガラクトース転移酵素)}}$ ラクトース（Gal-Glc）+ UDP

多糖はその役割から大きく貯蔵多糖（storage polysaccharides）と構造多糖（structural polysaccharides）に分類される．植物のデンプン（starch）や動物や微生物のグリコーゲン（glycogen）は代表的な貯蔵多糖の例としてあげられる．一方，構造多糖として植物ではセルロース（cellulose），またカビ・昆虫・甲殻類に広く分布しているキチン（chitin），あるいは，細菌細胞壁の骨格をつくっているペプチドグリカン（peptidoglycan）など不溶性の$\beta$グリコシド結合をもつ高分子があげられる．

これらの多糖も生合成の過程で糖ヌクレオチドを糖供与体として利用している．

一方，糖ヌクレオチドを糖供与体としない生合成系もある．スクロース存在下で乳酸菌が生産するデキストラン（dextran）という多糖はその一例といえる．

### d. デンプン（あるいはグリコーゲン）の生合成

これらの多糖の生合成には以下の四つの酵素反応が関係している．

1. Glc-1-P + ATP（UTP）$\xrightarrow[\text{ピロホスホリラーゼ}]{\text{(ADP(UDP)グルコース)}}$ ADP-Glc(UDP-Glc) + PPi
2. タンパク質性受容体 + ADP(UDP)-Glc $\xrightarrow[\text{グルコシル転移酵素}]{\text{(初発反応酵素：タンパク質)}}$ 受容体-Glc + ADP(UDP)
3. 受容体-Glc + $n$ADP(UDP)-Glc $\xrightarrow[\text{合成酵素}]{\text{(デンプン（グリコーゲン）}}$ 受容体-Glc-(Glc)$n$ + $n$ADP(UDP)
4. 受容体-Glc-(Glc)$n$ $\xrightarrow{\text{(分枝形成酵素)}}$ 受容体-Glc-(Glc)$n-x$・(Glc)$x$

デンプン（あるいはグリコーゲン）の生合成は，まず，(1) 糖供与体をつくる反応として，ピロホスホリラーゼ（pyrophosphorylase）が働き，グルコース1-リン酸（Glc-1-P, G1P）とATPあるいはUTPから糖ヌクレオチドをつくる．次に，(2) 多糖鎖の伸長の初発反応は，タンパク質性の受容体（グリコゲニン，glycogenin）に糖供与体としてADP-グル

コース（高等植物と細菌の場合）あるいはUDP-グルコース（動物と真核微生物の場合）から，グルコースが受容体（acceptor）のチロシン残基に転移するところから始まる．この反応を触媒する酵素が，初発反応酵素（タンパク質-グルコシル転移酵素，protein-tyrosin-glucosyltransferase）である．ひとたびタンパク質受容体にグルコースが転移すると，それから先は，(3) デンプン合成酵素（あるいはグリコーゲン合成酵素, starch (glycogen) synthase）が働き，ADP-グルコース（あるいはUDP-グルコース）からグルコースを次々と$\alpha$-1,4結合で転移させ，グルコース鎖を伸長させる．適当な長さまでグルコース鎖がのびると，(3) 分枝形成酵素（branching enzyme）が働き，数多くの短い枝をつくる．それぞれの枝は，(5) 再度，デンプン（グリコーゲン）合成酵素の働きにより，鎖が伸長し，さらに (6) 分枝形成酵素が働く．このように，グルコース鎖伸長→分枝形成→鎖伸長→分枝形成をくり返すことにより，球状の巨大分子が生合成される（図2.22）．

### e. セルロースの生合成

セルロースは高等植物の細胞壁の骨格をなす繊維状の多糖で，通常はセルロース分子どうしが水素結合して結晶構造をとっている．セルロースがどのように生合成されるか，現在の段階ではその一部しか解明されていないが，少なくとも以下のような酵素反応が主反応と考えられている．

1. スクロース (Glc-Fru) + UDP $\xrightarrow[\text{合成酵素}]{\text{スクロース}}$ UDP-Glc + フルクトース (Fru)

2. 膜タンパク質受容体（セルロース合成酵素複合体）+ $n$UDP-Glc
$\xrightarrow[\text{（セルロース合成酵素）}]{}$ セルロース合成酵素複合体-$(Glc)_n$ + $n$UDP

高等植物では，セルロース合成は細胞膜上の複合酵素系で行われ，まず始めに細胞質側を向いているスクロース合成酵素の触媒部位を使い，スクロースの一方の構成糖であるグルコースをUDPに転移し，セルロース合成のための糖供与体（UDP-グルコース）をつくる．次にUDP-グルコースは，その隣りにあるセルロース合成酵素にわたされ，UDPからグルコースが離脱するときのエネルギーを利用して，$\beta$-1,4-グルコシド結合でグルコースを次々と重合化し，細胞膜の外側へセルロースとして吐き出してゆく．細胞膜の外側に出たセルロース分子はお互いに水素結合をして，高重合化し結晶構造をとる

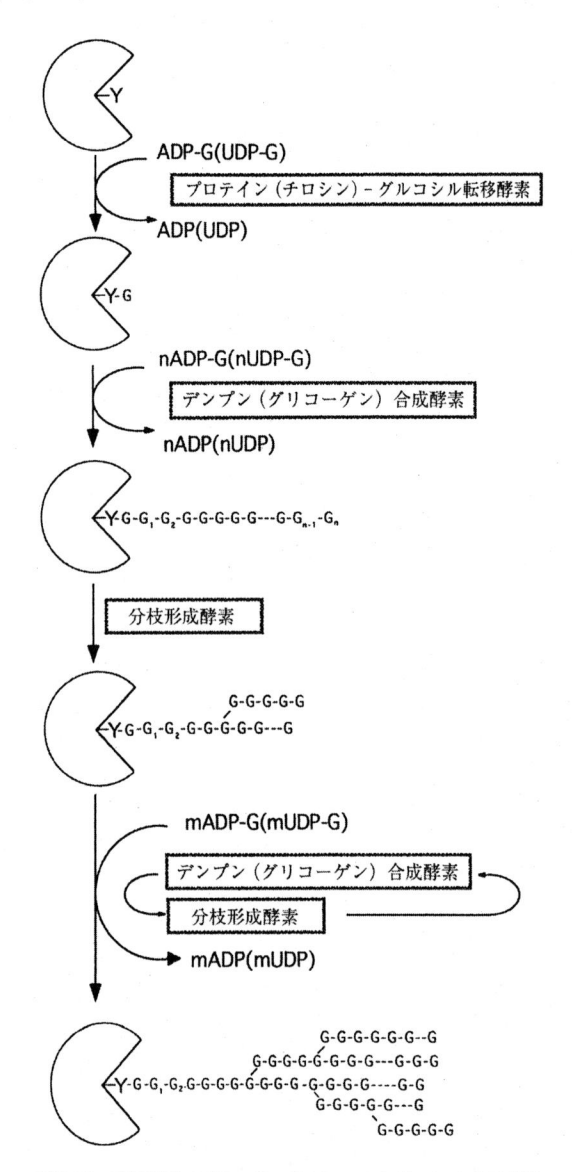

図2.22 高等植物のデンプン（アミロペクチン）または動物のグリコーゲンの糖鎖伸長と分枝形成の機構

ようになる．ここにも新しい酵素が関与している可能性があるが，セルロースが結晶構造をとる機構はいまだ解明されていない．

### f. リピド中間体を介した多糖の生合成

細菌細胞壁骨格をなすペプチドグリカン，細胞外膜の構成成分であるリポポリサッカリド（リポ多糖），また真核細胞の$N$-グリコシド型糖タンパク質糖鎖は，細胞膜（形質膜）の内側と外側での連続的な糖転移反応により合成（糖鎖が伸長）されるため，脂質二重層の膜を親水性の糖が通過する機構が備わっている．それは糖と脂質が結合したリピド中間体とよばれる糖・脂質複合体である．細菌（原核

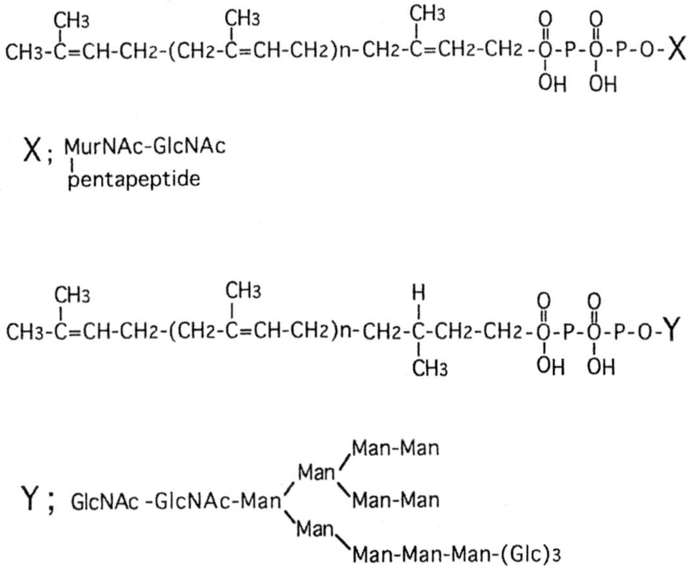

$$CH_3-\underset{CH_3}{\underset{|}{C}}=CH-CH_2-(CH_2-\underset{CH_3}{\underset{|}{C}}=CH-CH_2)_n-CH_2-\underset{CH_3}{\underset{|}{C}}=CH-CH_2-O-\underset{OH}{\underset{|}{\overset{O}{\overset{||}{P}}}}-O-\underset{OH}{\underset{|}{\overset{O}{\overset{||}{P}}}}-O-X$$

X ; MurNAc-GlcNAc
       |
       pentapeptide

$$CH_3-\underset{CH_3}{\underset{|}{C}}=CH-CH_2-(CH_2-\underset{CH_3}{\underset{|}{C}}=CH-CH_2)_n-CH_2-\underset{CH_3}{\underset{|}{C}}-CH_2-CH_2-O-\underset{OH}{\underset{|}{\overset{O}{\overset{||}{P}}}}-O-\underset{OH}{\underset{|}{\overset{O}{\overset{||}{P}}}}-O-Y$$

Y ; GlcNAc-GlcNAc-Man〈Man-Man-Man / Man-Man-Man / Man-Man-Man-(Glc)3〉

**図2.23 多糖生合成のリピド中間体**
上図は細菌細胞壁の骨格多糖・ペプチドグリカン生合成のリピド中間体で，炭素5個のイソプレン単位が11個（$n=11$）連結した長鎖イソプレノイドアルコールが，ピロリン酸を介して糖部分と結合している．
下図はアスパラギン結合型（N結合型）の糖タンパク質糖鎖生合成のリピド中間体で，サイトゾル側で合成された糖鎖を小胞体内腔に運ぶ役をもつ．脂質部分はドリコールとよばれ，イソプレン単位が生物種により異なり，動物では$n=17〜21$，植物・カビでは$n=14〜24$となっている．また$\alpha$位が飽和イソプレンとなっており，細菌のリピド中間体と構造的に異なっている．

細胞）では脂質部分が炭素55個からなるイソプレノール重合体からなり，一方，動物・植物・カビなど真核細胞では，脂質部分がより長鎖となったドリコールを利用している（図2.23）．

リピド中間体を介した細菌細胞壁ペプチドグリカンの重合化過程は以下のようになる．

1. UDP-$N$-アセチルムラミル（UDP-MurNAc）-ペンタペプチド＋P-リピド
   $\xrightarrow[(\text{トランスロカーゼ})]{}$ UMP＋MurNAc-ペンタペプチド-PP-リピド

2. UDP-$N$-アセチルグルコサミン（UDP-GlcNAc）＋MurNAc-ペンタペプチド-PP-リピド
   $\xrightarrow[(N\text{-アセチルグルコサミン転移酵素})]{}$ UDP＋GlcNAc-MurNAc-ペンタペプチド-PP-リピド

3. 細胞壁側受容体(GlcNAc-MurNAc-ペンタペプチド)$_n$＋GlcNAc-MurNAc-ペンタペプチド-PP-リピド
   $\xrightarrow[(\text{重合化酵素，ポリメラーゼ})]{}$ (GlcNAc-MurNAc-ペンタペプチド)$_{n+1}$＋PP-リピド

4. PP-リピド $\xrightarrow[(\text{ピロホスファターゼ})]{}$ P-リピド＋無機リン酸（Pi）

4から1に戻る．このペプチドグリカンのリピド中間体を介しての重合化過程を細菌細胞壁生合成のリピドサイクルとよぶ．

**g. 糖供与体として糖ヌクレオチドを用いない多糖の生合成**

乳酸菌などある種の細菌は，スクロースを炭素源として成育させると，グルコースからなるデキストランという$\alpha$-1,6結合を主鎖とする多糖を菌体外に多量に生産する．その生合成機構は，通常の糖ヌクレオチドが糖供与体となる場合と異なり，以下のような反応としてあらわすことができる．

1. $n$ 供与体スクロース（Glc-Fru）＋$n$ 受容体スクロース（Glc-Fru）
   $\xrightarrow[(\text{デキストラン・スクラーゼ})]{}$ 受容体（Glc-Fru）-(Glc)$n$＋$n$フルクトース（Fru）

デキストランスクラーゼ（dextran sucrase）は，スクロースを糖の供与体として直接別の受容体となるスクロースにグルコースを転移させ，糖鎖を伸長させる働きをする酵素である．　　〔中島　佑〕

# 3. 脂質の代謝

## 3.1 脂質の分解

### a. リパーゼによる脂肪酸の遊離

トリアシルグリセロールにリパーゼが作用して加水分解により脂肪酸（fatty acid）を遊離させるのが脂質分解によるエネルギー（ATP）生産の最初のステップである．リパーゼには以下のような種類がある．

**1) 膵臓のリパーゼ**（pancreatic lipase）

膵臓から分泌される酵素で食物中のトリアシルグリセロールを加水分解して脂肪酸を遊離させ，小腸の粘膜細胞中に吸収させる役割をもつ．脂質代謝という観点からは以下のいくつかのリパーゼが重要な意味をもっている．

**2) リポタンパク質リパーゼ**（lipoprotein lipase, LPL）

脂肪組織，筋肉，肺などの組織中の毛細血管内膜に存在し，小腸由来のキロミクロン（chylomicron）や肝臓由来の超低密度リポタンパク質（VLDL）に多量に含まれるトリアシルグリセロール（第1部第5章表5.3参照）を加水分解する．この際，これらのリポタンパク質の表層に存在するリン脂質とアポタンパク質C-IIが酵素作用の活性化因子として働く．このリパーゼはトリアシルグリセロールの1位と3位の脂肪酸を加水分解により遊離させ，2-モノアシルグリセロールを生成する．2-モノアシルグリセロールは，さらにモノアシルグリセロールリパーゼによって脂肪酸とグリセロールに分解される．生成した脂肪酸の一部は局所の組織中に取り込まれてエネルギー源となるが，大部分は脂肪細胞（adipose cell）に取り込まれてトリアシルグリセロール合成に再利用される．

**3) 肝性トリアシルグリセロールリパーゼ**（hepatic triacyl-glycerol lipase, H-TGL）

LPLによって90％近いトリアシルグリセロールが分解されたキロミクロン-レムナント（remnant）粒子に作用して，残存トリアシルグリセロールを脂肪酸とグリセロールに分解する．残りのコレステロールやコレステロールエステルに富むレムナント粒子は，肝細胞中に取り込まれてさらに代謝される．

**4) ホルモン感受性リパーゼ**（hormone-sensitive lipase, HSL）

脂肪細胞中の小胞体膜に存在するリパーゼで，貯蔵脂質の分解によるATP産生の引き金として重要な意義をもつ．脂肪細胞の細胞膜に存在する受容体タンパク質（レセプター）にノルアドレナリンやグルカゴンのようなホルモンが結合すると一連のシグナル伝達反応（第5部第4章参照）が起こり，細

胞内のサイクリック AMP（サイクリックアデノシン 3′,5′-一リン酸，cAMP）の濃度が上昇する．この結果，cAMP 依存性プロテインキナーゼの活性化が生じ，HSL はリン酸化を受けて活性化される．このリパーゼはトリアシルグリセロールリパーゼ，ジアシルグリセロールリパーゼ，モノアシルグリセロールリパーゼの作用を合わせもつが，トリアシルグリセロールリパーゼ活性が特にホルモンにより促進される．

HSL が活性化されて貯蔵脂質から大量にグリセロールと脂肪酸が生成するとこれらは脂肪細胞の細胞膜を通って血液中に移行する．脂肪酸は主として血液中の血清アルブミン（serum albumin）と複合体を形成して血流中を移動し，肝臓やその他の細胞に取り込まれてエネルギー源として利用される．グリセロールは主として肝臓や腎臓の細胞に取り込まれ，グリセロールキナーゼ（脂肪細胞はこの活性をもたない）によってリン酸化されてグリセロール 3-リン酸となり，さらにグリセロール 3-リン酸デヒドロゲナーゼにより NAD$^+$ を用いて酸化されてジヒドロキシアセトンリン酸（DHAP）となる．DHAP からは解糖系を経てピルビン酸が，糖新生系を経てグルコースが生成する．

$$\begin{array}{c}\text{H}_2\text{C-OH}\\\text{HO-C-H}\\\text{H}_2\text{C-OH}\end{array}\xrightarrow[\text{グリセロールキナーゼ}]{\text{ATP}\quad\text{ADP}}\begin{array}{c}\text{H}_2\text{C-OH}\\\text{HO-C-H}\\\text{H}_2\text{C-OPO}_3^{2-}\end{array}$$
グリセロール　　　　　　　　　　　グリセロール 3-リン酸

$$\xrightarrow[\text{グリセロール 3-リン酸デヒドロゲナーゼ}]{\text{NAD}^+\quad\text{NADH+H}^+}\begin{array}{c}\text{H}_2\text{C-OH}\\\text{O=C}\\\text{H}_2\text{C-OPO}_3^{2-}\end{array}$$
ジヒドロキシアセトンリン酸

### b. 脂肪酸の β 酸化

肝臓などの組織の細胞中に取り込まれた脂肪酸はアシル CoA シンテターゼにより ATP のエネルギーを使用してコエンザイム A（CoA）と結合して活性型脂肪酸（アシル CoA）となる．この反応を触媒するアシル CoA シンテターゼは細胞内では小胞体膜，ミトコンドリア外膜，ペルオキシソーム（peroxisome）膜に存在するが，脂肪酸の β 酸化は主としてミトコンドリア内部のマトリックスで行われるため，ここではミトコンドリア外膜に存在する酵素が重要である．この反応は中間体としてアシルアデニレート（R-CO-AMP）を経るため，ATP は AMP とピロリン酸（PPi）に分解される．この反応自体は高エネルギーのチオエステル結合が形成

されるため可逆的であるが，ピロリン酸がピロホスファターゼで無機リン酸に分解されるため，反応は実質的にはアシル CoA 合成に傾く．

$$\text{R-COO}^- + \text{HS-CoA} + \text{ATP}$$
脂肪酸
$$\xrightarrow[\text{アシル CoA シンテターゼ}]{} \text{R-C(=O)}\sim\text{S-CoA} + \text{AMP} + \text{HO-P(=O)(O}^-\text{)-O-P(=O)(O}^-\text{)-O}^-$$
アシル CoA（高エネルギーのチオエステル結合）　　ピロリン酸（PPi）

ミトコンドリア外膜で生成したアシル CoA（C$_{10}$ 以上の長鎖のもの）はミトコンドリア内膜を透過してマトリックスに到達できない．このため，興味深い透過機構が存在する．以下，飽和脂肪酸であるパルミチン酸（16：0）の β 酸化の場合を例として説明する．図 3.1（A）に示されているようにミトコンドリア内膜には外側と内部のマトリックス側にそれぞれカルニチンアシルトランスフェラーゼ（carnitine acyltransferase）I および II という酵素が局在し，その間に膜タンパク質の一種であるトランスロカーゼ（translocase）が存在する．カルニチンはタンパク質中のリシン残基から腎臓と肝臓の酵素系によって代謝的に生じる両性イオン性（zwitter ionic）化合物である．パルミトイル CoA は，まずカルニチンアシルトランスフェラーゼ I の作用でカルニチンの水酸基に結合してパルミトイルカルニチンを生じ，HS-CoA を遊離する．

$$\text{CH}_3(\text{CH}_3)_{14}\text{-C(=O)-S-CoA} + (\text{CH}_3)_3\text{N}^+\text{-CH}_2\text{-C(H)(OH)-CH}_2\text{-COO}^-$$
パルミトイル CoA　　　　　カルニチン

$$\xrightarrow[\text{カルニチンアシルトランスフェラーゼ I}]{} (\text{CH}_3)_3\text{N}^+\text{-CH}_2\text{-C(H)(O-C(=O)-(CH}_2)_{14}\text{-CH}_3)\text{-CH}_2\text{-COO}^- + \text{HS-CoA}$$
パルミトイルカルニチン

パルミトイルカルニチンは，トランスロカーゼに結合して回転運動により内膜のマトリックス側へ運ばれ，カルニチンアシルトランスフェラーゼ II の作用により上式の逆反応が起こってパルミトイル CoA とカルニチンを生じる．カルニチンはトランスロカーゼにより，パルミトイルカルニチンの移行と共役して内膜の外側へと運ばれる．このようにして生じたパルミトイル CoA はマトリックスに移行し，β 酸化反応（図 3.2）を受ける．

カルニチンアシルトランスフェラーゼ I の活性は 1〜5 μM のマロニル CoA（malonyl CoA）で 50％以

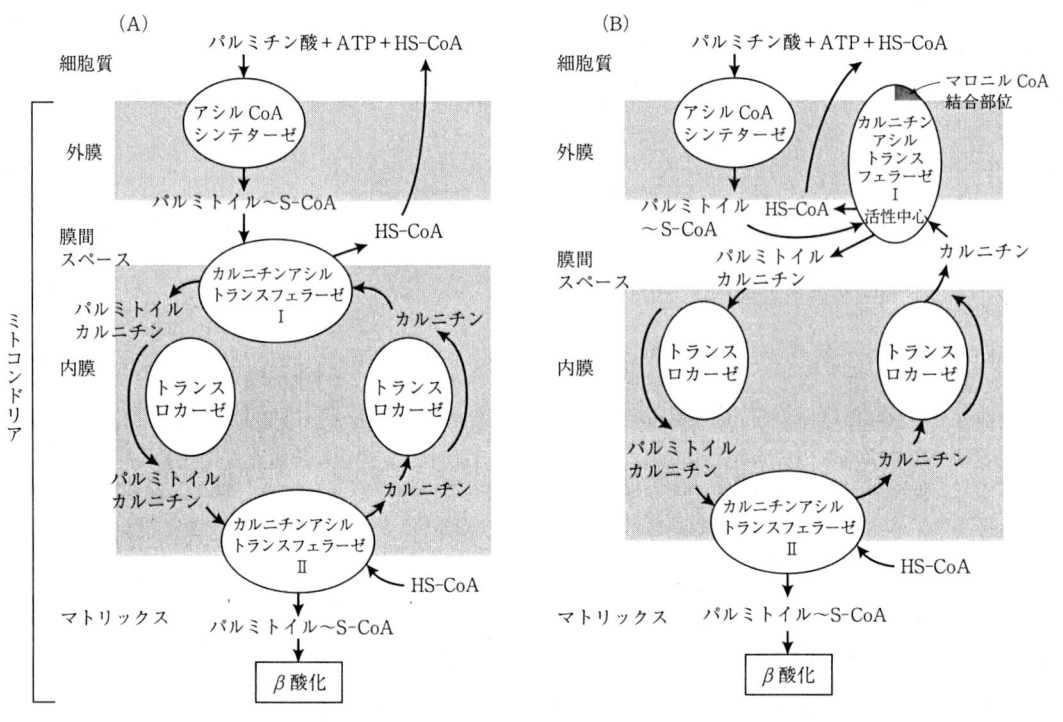

**図 3.1** 長鎖脂肪酸（パルミチン酸を例として）のミトコンドリアマトリックスへの移行のモデル

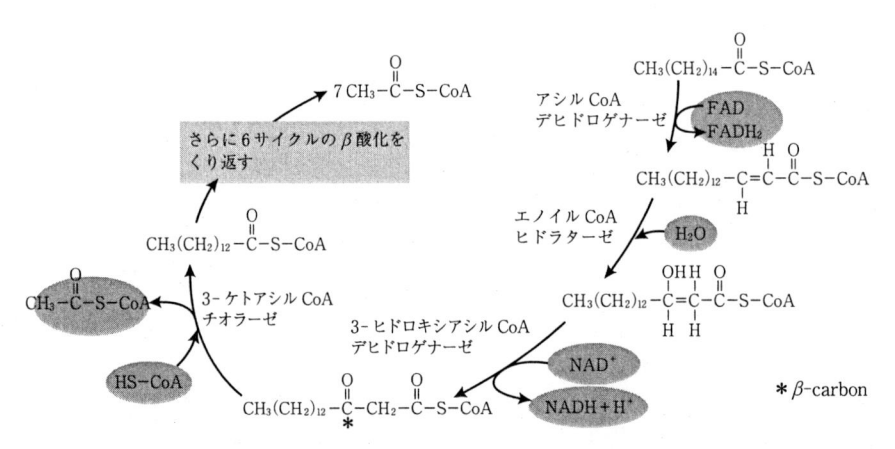

**図 3.2** 飽和脂肪酸の β 酸化（パルミトイル CoA を出発材料とした例）

$*\beta$-carbon

上阻害される．これは細胞質における脂肪酸合成が盛んでマロニル CoA の濃度が高いときには，脂肪酸がミトコンドリアに移行して β 酸化を受ける割合が減少し，脂肪酸は主としてトリアシルグリセロール合成に利用されることを示唆している．

一方，ミトコンドリアの外膜と内膜の分画を注意深く行うと，カルニチンアシルトランスフェラーゼ I の活性は外膜に含まれること，ミトコンドリアに外側からプロテアーゼ（タンパク質分解酵素）を働かせるとカルニチンアシルトランスフェラーゼ I の活性は阻害されないが，そのマロニル CoA による阻害が認められなくなることが報告され，図 3.1

(B) のようにカルニチンアシルトランスフェラーゼ I は外膜を貫通する膜タンパク質で外側にマロニル CoA 結合部位，内側に活性中心部位が配置されているというモデルが提出されている．

マトリックス中では図 3.2 のようにパルミトイル CoA に対してアシル CoA デヒドロゲナーゼ (acyl CoA dehydrogenase)，エノイル CoA ヒドラターゼ (enoyl CoA hydratase)，3-ヒドロキシアシル CoA デヒドロゲナーゼ (L-3-hydroxyacyl CoA dehydrogenase)，3-ケトアシル CoA チオラーゼ (3-ketoacyl CoA thiolase, β-ケトチオラーゼ, β-ketothiolase ともよぶ) の 4 種の酵素が次々と作

用してアセチルCoAを生成する反応がくり返され，パルミトイルCoAは合計8分子のアセチルCoAに分解される．この反応はCoAに結合した脂肪酸のβ位の酸化とそれに続くアセチルCoAの遊離がくり返されるもので，脂肪酸のβ酸化（β-oxidation）とよばれている．

**c. 脂肪酸のβ酸化に伴うエネルギー生産**

図3.2に示されているパルミトイルCoAのβ酸化を例にとって考えると，完全に反応が終了した時点で1分子のパルミトイルCoAから8分子のアセチルCoA，7分子のNADH+H$^+$，7分子のFADH$_2$

$$CH_3(CH_2)_{14}-\overset{O}{\underset{\|}{C}}-S-CoA + 7FAD + 7H_2O + 7NAD^+ + 7HS-CoA$$
パルミトイルCoA

$$\xrightarrow{\beta酸化} 8CH_3-\overset{O}{\underset{\|}{C}}-S-CoA + 7FADH_2 + 7NADH + 7H^+$$

が生成する．

FADH$_2$，NADH+H$^+$が完全に酸化的リン酸化反応に利用されると，1分子のFADH$_2$からは2分子のATPが，1分子のNADH+H$^+$からは3分子のATPが生産される．また1分子のアセチルCoAからはTCA回路による酸化と酸化的リン酸化により11分子のATPと1分子のGTPが生産される．したがって，1分子のパルミトイルCoAがこのような系で完全酸化されると，123分子のATPと8分子のGTPが生産されることになる．しかし，アシルCoAシンテターゼによるパルミチン酸からパルミトイルCoAの生成の際に高エネルギーリン酸結合（〜P）を2個用いているので（これをATP2分子分と考えると），正味のATP+GTPの生成は129分子となる．これらが加水分解されると−7.3 kcal×129＝−942 kcalの標準自由エネルギー変化（$\Delta G°$）を生じることになる．一方，パルミチン酸の完全燃焼

$$C_{16}H_{32}O_2 + 23O_2 \longrightarrow 16CO_2 + 16H_2O$$

に伴う標準自由エネルギー変化 $\Delta G°$ は−2340 kcal/molであるので，このβ酸化系に伴うエネルギー利用の効率は約40%〔(−942/−2340)×100〕ということになる．脂肪酸のβ酸化はミトコンドリアのマトリックス中で行われ，生成したFADH$_2$やNADH+H$^+$はミトコンドリア内膜に局在する電子伝達系に利用され，アセチルCoAはマトリックス中のTCA回路の酵素系に利用されるというように，β酸化がマトリックス中で行われることはエネルギー生産に好都合にできている．しかし，後述するように，生成したアセチルCoAはすべてTCA回路で酸化されるのではなく，一部はケトン体（ketone body）の合成に利用される．これは肝臓で特に顕著である．

不飽和脂肪酸もミトコンドリアのマトリックス中でβ酸化を受けるが，このためには前述した飽和脂肪酸のβ酸化のための4種類の酵素の他に，もう2種類の酵素，$\Delta^3$-シス/トランス，$\Delta^2$-トランス-エノイルCoAイソメラーゼ（$\Delta^3$-*cis/trans*, $\Delta^2$-*trans*-enoyl-CoA isomerase）と2,4-ジエノイルCoAレダクターゼ（2,4-dienoyl-CoA reductase）が関与する．

脂肪酸のβ酸化はミトコンドリア以外の細胞内小器官であるペルオキシソームでも行われる．しかし，ペルオキシソームの酵素系によるパルミトイルCoAのβ酸化は，5サイクルが進んでC$_6$-アシルCoAが生成するとそれ以上反応が進まなくなる．すなわち，ペルオキシソームでは長鎖の脂肪酸のβ酸化のみが行われる．生成したC$_6$-アシルCoAはミトコンドリアに移行して完全酸化されるものと考えられる．ペルオキシソーム膜には電子伝達系がないのでβ酸化で生成したNADH+H$^+$が直接エネルギー生産に使用されることはない．ラットに高脂肪食や長鎖脂肪酸を含むなたね油を与えるとペルオキシソームが誘導的に増加し，β酸化活性も増大するので生体の長鎖脂肪酸に対する解毒機構であるとも考えられる．

**d. ケトン体の生成と利用**

肝臓のミトコンドリアのマトリックスで脂肪酸のβ酸化の結果生じたアセチルCoAの一部は，同じマトリックス内でケトン体の合成に利用される．この合成には以下の4種の酵素による反応①〜④が関与する．

① $2CH_3-\overset{O}{\underset{\|}{C}}-S-CoA$ $\xrightleftharpoons{\text{アセチルCoAアセチルトランスフェラーゼ（アセトアセチルCoAチオラーゼ）}}$
アセチルCoA

$$CH_3-\overset{O}{\underset{\|}{C}}-CH_2-\overset{O}{\underset{\|}{C}}-S-CoA + HS-CoA$$
アセトアセチルCoA

② $CH_3-\overset{O}{\underset{\|}{C}}-CH_2-\overset{O}{\underset{\|}{C}}-S-CoA + \boxed{CH_3-\overset{O}{\underset{\|}{C}}-S-CoA} + H_2O$
アセトアセチルCoA　　　　　　　アセチルCoA

$\xrightarrow[\text{(縮合反応)}]{\text{HMG-CoAシンターゼ}}$ $^-OOC-CH_2-\underset{OH}{\overset{CH_3}{\underset{|}{\overset{|}{C}}}}-CH_2-\overset{O}{\underset{\|}{C}}-S-CoA$ + HS-CoA + H$^+$

3-ヒドロキシ-3-メチルグルタリルCoA
(HMG-CoA)

③ $^-OOC-CH_2-\underset{\underset{OH}{|}}{\overset{\overset{CH_3}{|}}{C}}-CH_2-\overset{O}{\overset{\|}{C}}-S\text{-}CoA$

HMG-CoA

$\xrightarrow{\text{HMG-CoA リアーゼ}}$ $CH_3-\overset{O}{\overset{\|}{C}}-CH_2-COO^- + CH_3-\overset{O}{\overset{\|}{C}}-S\text{-}CoA$

アセト酢酸   アセチル CoA

④ $CH_3-\overset{O}{\overset{\|}{C}}-CH_2-COO^- + NADH + H^+$

アセト酢酸

$\xrightleftharpoons{\text{3-ヒドロキシ酪酸デヒドロゲナーゼ}}$ $CH_3-\underset{\underset{H}{|}}{\overset{\overset{OH}{|}}{C}}-CH_2-COO^- + NAD^+$

D-3-ヒドロキシ酪酸

アセト酢酸の一部は非酵素的に脱炭酸反応を起こしてアセトンを生成する．

$CH_3-\overset{O}{\overset{\|}{C}}-CH_2-COO^- + H^+ \longrightarrow CH_3-\overset{O}{\overset{\|}{C}}-CH_3 + CO_2$

アセトン

アセト酢酸，D-3-ヒドロキシ酪酸，アセトンを総称してケトン体とよぶ．HMG-CoA シンターゼの活性は肝臓のミトコンドリアで最大であり，腎臓のミトコンドリアでもある程度認められる．しかし，その他の組織のミトコンドリアにはほとんどこの活性が認められない．そのためケトン体の生成は大部分肝臓で行われ，一部腎臓でも行われる．

ミトコンドリア内で生成したアセト酢酸と D-3-ヒドロキシ酪酸は拡散により細胞外へ出て血液中を循環する．これらのケトン体は種々の組織の細胞に取り込まれ，再びミトコンドリア中で以下の反応経路によってアセチル CoA を生成し，TCA 回路で酸化される．ケトン体の生成反応①〜④と同じ酵素が関与する反応には同じ番号をつけてある．⑤の反応に関与する 3-オキソ酸 CoA-トランスフェラーゼ活性は種々の組織のミトコンドリアに認められるが，興味深いことに肝臓のミトコンドリアには認められない．したがって，肝臓ではもっぱらケトン体の合成が行われ，生成したケトン体のエネルギー源としての利用は他の組織で行われる．ケトン体を主要なエネルギー源とする組織は心筋であるが，脳でも飢餓状態や糖尿病の場合のようにグルコースの利用が低下した場合にはケトン体が主要なエネルギー源となりうる．

④ $CH_3-\underset{\underset{H}{|}}{\overset{\overset{OH}{|}}{C}}-CH_2-COO^- + NAD^+$

D-3-ヒドロキシ酪酸

$\xrightleftharpoons{\text{3-ヒドロキシ酪酸デヒドロゲナーゼ}}$ $CH_3-\overset{O}{\overset{\|}{C}}-CH_2-COO^- + NADH + H^+$

アセト酢酸

⑤ $CH_3-\overset{O}{\overset{\|}{C}}-CH_2-COO^- + \underset{\underset{\underset{\underset{S\text{-}CoA}{|}}{C=O}}{\underset{CH_2}{|}}}{\underset{CH_2}{\overset{COO^-}{|}}}$

アセト酢酸    スクシニル CoA

$\xrightleftharpoons{\text{3-オキソ酸 CoA-トランスフェラーゼ}}$ $CH_3-\overset{O}{\overset{\|}{C}}-CH_2-\overset{O}{\overset{\|}{C}}-S\text{-}CoA + \underset{\underset{\underset{COO^-}{|}}{CH_2}}{\underset{CH_2}{\overset{COO^-}{|}}}$

アセトアセチル CoA    コハク酸

① $CH_3-\overset{O}{\overset{\|}{C}}-CH_2-\overset{O}{\overset{\|}{C}}-S\text{-}CoA + HS\text{-}CoA$

アセトアセチル CoA

$\xrightleftharpoons{\text{アセチル CoA アセチルトランスフェラーゼ}}$ $2CH_3-\overset{O}{\overset{\|}{C}}-S\text{-}CoA$

アセチル CoA

### e. リン脂質の分解

**1) ホスホリパーゼ (phospholipase) の多様性**

細胞膜や細胞内のオルガネラ膜の主要構成成分であるホスホグリセリドの分解の第一段階は，以下に示すようなそれぞれ作用部位の異なるホスホリパーゼによる加水分解反応である（ホスファチジルコリンを例として示す）．

ホスホリパーゼ $A_1$ または $A_2$ の作用で生じたアシル基を 2 位または 1 位にのみ結合したリゾリン脂質に対してはリゾホスホリパーゼ (lysophospholipase) が働いて残りの脂肪酸を遊離する．

ホスホリパーゼは，各種の組織の細胞の細胞質，細胞膜，オルガネラ膜，リソソーム (lysosome) 内に存在する．リソソーム中の酵素はリン脂質の分解に関与するが，膜系の酵素はホスホグリセリド中のアシル基の交換やホスホリパーゼ C のように細胞膜レセプターにホルモンや増殖因子などが結合した際に起こるシグナル伝達機構への関与（第 5 部第

5章参照）が重要な機能である．ホスホリパーゼD の機能の中で興味深く思われるものは，一つは神経細胞の軸索（axon）の末端のシナプス形成部位の膜に存在して高い活性を示す酵素の場合でホスファチジルコリンを加水分解してコリン（choline）を遊離する．コリンはコリンアセチルトランスフェラーゼによりアセチルCoAと反応して神経伝達物質として重要なアセチルコリン（acetylcholine）を生成する．

もう一つは哺乳動物の血漿中のホスホリパーゼDでホスファチジルイノシトールに作用して，第1部5.2節iで述べた細胞膜のホスファチジルイノシトールに糖鎖を介して結合したタンパク質を血液中に遊離させる作用を示す．

### 2) スフィンゴミエリンの分解

スフィンゴミエリンをセラミドとホスホリルコリンに分解するスフィンゴミエリナーゼ（sphingomyelinase）はリソソーム中に存在してpH 4.0付近の酸性条件下で働く酵素である．スフィンゴミエリナーゼ遺伝子に先天性欠陥のあるニーマン-ピック病（Niemann-Picks disease）ではリソソーム中にスフィンゴミエリンが蓄積して肝臓や脾臓が肥大し，生後1年以内に死亡することが多い．

## 3.2 脂質の生合成

### a. 脂肪酸の生合成

生体内の貯蔵脂質や膜脂質の構成成分として重要な脂肪酸は，通常偶数の炭素数からなる偶数脂肪酸である．細胞内の偶数脂肪酸の生合成過程は次の3段階に分けられる．

① アセチルCoAからマロニルCoA（malonyl-CoA）の生成
② アセチルCoAとマロニルCoAからパルミチン酸（炭素数16の飽和脂肪酸）の生成
③ パルミチン酸を出発材料として脂肪酸の炭化水素鎖の鎖長の延長や不飽和化の反応

①, ②は細胞質の可溶性画分（cytosol）中で進行し，③は主として小胞体膜（endoplasmic reticulum membrane）で進行する．

### 1) アセチルCoAカルボキシラーゼ（ACC）によるマロニルCoAの生成

高等動物のACCは，分子量約265,000の高分子タンパク質（ACCα，この他に分子量280,000のACCβも存在する）が単量体（プロトマー）で，これが20分子以上も会合した巨大な繊維状の会合体（マルチマー）を形成して活性を示す．1分子のプロトマー当たり1分子のビオチン（biotin, ビタミンB複合体の一つ）が補欠分子族として結合している．ビオチンはタンパク質中のリシン残基の側鎖の$\varepsilon$-アミノ基とアミド結合して存在する．

反応は水溶液中の炭酸イオンをATPのエネル

ギーを使ってカルボキシビオチンとして固定する段階と，このカルボキシル基をアセチル CoA に転移してマロニル CoA を生成する段階の二つからなり，それぞれの反応は可逆的である．

$$E\text{-biotin} + HCO_3^- + ATP$$
$$\rightleftarrows E\text{-biotin}{\sim}COO^- + ADP + HPO_4^{2-}$$
$$\text{カルボキシビオチン} \quad (Pi)$$

$$E\text{-biotin}{\sim}COO^- + CH_3-\overset{O}{\underset{\|}{C}}-S-CoA$$
$$\text{アセチル CoA}$$

$$\rightleftarrows E\text{-biotin} + {}^-OOC-CH_2-\overset{O}{\underset{\|}{C}}-S-CoA$$
$$\text{マロニル CoA}$$

アセチル CoA カルボキシラーゼの反応

アセチル CoA カルボキシラーゼの反応は，脂肪酸生合成の初発反応であり，細胞内の脂肪酸合成量の調節はこの酵素のダイマー（二量体，不活性型），マルチマー（多量体，活性型）間の構造変換を伴う活性制御によって行われている．

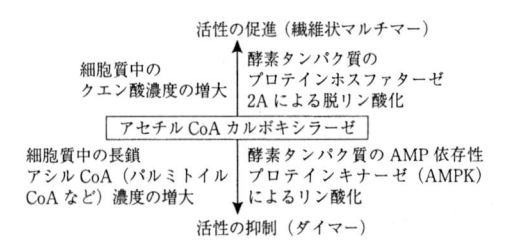

活性の促進（繊維状マルチマー）
細胞質中のクエン酸濃度の増大 → 酵素タンパク質のプロテインホスファターゼ 2A による脱リン酸化
[アセチル CoA カルボキシラーゼ]
細胞質中の長鎖アシル CoA（パルミトイル CoA など）濃度の増大 → 酵素タンパク質の AMP 依存性プロテインキナーゼ（AMPK）によるリン酸化
活性の抑制（ダイマー）

## 2） 脂肪酸合成酵素の反応と酵素の多機能性

脂肪酸合成酵素（fatty acid synthase）は，アセチル CoA，マロニル CoA，NADPH+H$^+$ から長鎖飽和脂肪酸であるパルミチン酸（16：0）を合成する活性をもつ．この反応の特徴は，アセチル CoA，マロニル CoA の両基質中のアシル基が，まずアシルキャリヤータンパク質（acyl carrier protein, ACP）中のセリン残基に結合したホスホパンテテイン（phosphopantetheine）の末端 SH 基にチオエステル結合して移されること，脂肪酸の炭化水素鎖の延長が脱炭酸を伴うマロニル ACP の付加により，炭素数で 2 個ずつ増えること，そのたびに 2 分子の NADPH+H$^+$ を用いて β-ケト基の還元を行うため，多量の還元力の供給を必要とすること，酵素に合成される脂肪酸の鎖長を認識する機構があり，炭素数 16 のパルミトイル ACP となるとチオエステルの加水分解が起こってパルミチン酸が生成物として遊離することである．

脂肪酸合成酵素の行う反応は以下の 8 段階からなる．

① アセチルトランスアシラーゼ（AT）反応
$$CH_3-\overset{O}{\underset{\|}{C}}-S-CoA + HS-ACP$$
$$\rightleftarrows CH_3-\overset{O}{\underset{\|}{C}}-S-ACP + HS-CoA$$

② マロニルトランスアシラーゼ（MT）反応
$$\overset{COO^-}{\underset{}{CH_2}}-\overset{O}{\underset{\|}{C}}-S-CoA + HS-ACP$$
$$\rightleftarrows \overset{COO^-}{\underset{}{CH_2}}-\overset{O}{\underset{\|}{C}}-S-ACP + HS-CoA$$

③ アセチル基の β-ケトアシルシンターゼ（KS）活性中心のシステイン残基側鎖への移行
$$CH_3-\overset{O}{\underset{\|}{C}}-S-ACP + HS-\text{シンターゼ}$$
$$\rightleftarrows CH_3-\overset{O}{\underset{\|}{C}}-S-\text{シンターゼ} + HS-ACP$$

④ β-ケトアシルシンターゼ（KS）反応
$$\boxed{CH_3-\overset{O}{\underset{\|}{C}}-S}-\text{シンターゼ} + \overset{COO^-}{\underset{}{CH_2}}-\overset{O}{\underset{\|}{C}}-S-ACP + H^+$$
$$\longrightarrow \boxed{CH_3-\overset{O}{\underset{\|}{C}}}-\underset{\beta}{CH_2}-\underset{\alpha}{\overset{O}{\underset{\|}{C}}}-S-ACP + CO_2 + HS-\text{シンターゼ}$$

⑤ β-ケトアシルレダクターゼ（KR）反応
$$CH_3-\overset{O}{\underset{\|}{C}}-CH_2-\overset{O}{\underset{\|}{C}}-S-ACP + NADPH + H^+$$
$$\rightleftarrows CH_3-\overset{OH}{\underset{H}{C}}-CH_2-\overset{O}{\underset{\|}{C}}-S-ACP + NADP^+$$

⑥ β-ヒドロキシアシルデヒドラターゼ（DH）反応
$$CH_3-\overset{OH}{\underset{H}{C}}-CH_2-\overset{O}{\underset{\|}{C}}-S-ACP$$
$$\rightleftarrows CH_3-\overset{H}{\underset{}{C}}=\overset{H}{\underset{}{C}}-\overset{O}{\underset{\|}{C}}-S-ACP + H_2O$$

⑦ エノイルレダクターゼ（ER）反応
$$CH_3-\overset{H}{\underset{}{C}}=\overset{H}{\underset{}{C}}-\overset{O}{\underset{\|}{C}}-S-ACP + NADPH + H^+$$
$$\longrightarrow CH_3-CH_2-CH_2-\overset{O}{\underset{\|}{C}}-S-ACP + NADP^+$$
$$C_4\text{-アシル ACP}$$

$$HS-CH_2-CH_2-N\overset{H}{\underset{\|}{}}-\overset{O}{\underset{\|}{C}}-CH_2-CH_2-N\overset{H}{\underset{\|}{}}-\overset{O}{\underset{\|}{C}}-\overset{H}{\underset{OH}{C}}-\overset{CH_3}{\underset{CH_3}{C}}-CH_2-O-\overset{O}{\underset{\|}{P}}-O-CH_2-\overset{N-N}{\underset{C=O}{C}}H$$

L-システイン由来の β-メルカプトエチルアミン ｜ パントテン酸 ｜ アシルキャリヤータンパク質（ACP）中のセリン残基

ホスホパンテテイン

⑧ チオエステラーゼ反応

$$CH_3-CH_2-(CH_2-CH_2)_6-CH_2-\overset{O}{\underset{\|}{C}}-S-ACP + H_2O$$
パルミトイルACP

$$\longrightarrow CH_3-CH_2-(CH_2-CH_2)_6-CH_2-\overset{O}{\underset{\|}{C}}\begin{smallmatrix}O^-\\O^-\end{smallmatrix} + H^+ + HS-ACP$$
パルミチン酸

⑦で生じた$C_4$アシルACPは再び③の反応に戻り,

$$CH_3-CH_2-CH_2-\overset{O}{\underset{\|}{C}}-S-ACP + HS-シンターゼ$$

$$\rightleftarrows CH_3-CH_2-CH_2-\overset{O}{\underset{\|}{C}}-S-シンターゼ + HS-ACP$$

のようにシンターゼのSH基に結合する.これにマロニルACPが脱炭酸を伴って縮合(反応④)し,$C_6-\beta-$ケトアシルACPを生成する.$C_6-\beta-$ケトアシルACPは還元,脱水,還元(反応⑤〜⑦)を受けて$C_6-\beta-$アシルACPとなる.このようなサイクルをさらに5回くり返すことによりパルミトイルACPが生成し,⑧の反応が起こることになる.

すなわち,パルミチン酸1分子を生成する反応は次のとおりである.

$$CH_3-\overset{O}{\underset{\|}{C}}-S-CoA + 7CH_2-\overset{COO^-}{\underset{|}{C}}-S-CoA + 14(NADPH+H^+)$$
$$\xrightarrow{脂肪酸合成酵素} CH_3-(CH_2)_{14}-COO^- + 7CO_2 + 14NADP^+ + 6H_2O^* + 8HS-CoA$$

* DHの反応で7分子の$H_2O$が生成するが,1分子はパルミトイルACPの加水分解に用いられるため$6H_2O$の生成と記されている.

また,アセチルCoAカルボキシラーゼ反応の段階を含めて考えると,8分子のアセチルCoA,7分子の$HCO_3^-$,7分子のATP,14分子のNADPH+$H^+$から1分子のパルミチン酸が生成することになる.

高等動物の脂肪酸合成酵素は,分子量272,000のサブユニットが2分子逆向きに会合してはじめて活性を示す.それぞれのサブユニットは7種類の酵素活性部位とACPを含む多機能タンパク質である.互いに逆向きの二量体としてはじめて活性を示す理由は,図3.3のように逆方向に向き合ったサブユニットの間で二組の活性中心が形成され,両サブユニットの共同作用により反応が進むことによる.このように脂肪酸合成酵素中では同時に二組のパルミチン酸合成反応が進行することになる.1分子のサブユニット中に7種類の酵素活性部位とACPが三つの構造単位(ドメイン,domain I〜III)に分かれて存在することが,タンパク質分解酵素(プロテアーゼ)による限定分解の結果や,cDNA(mRNAと相

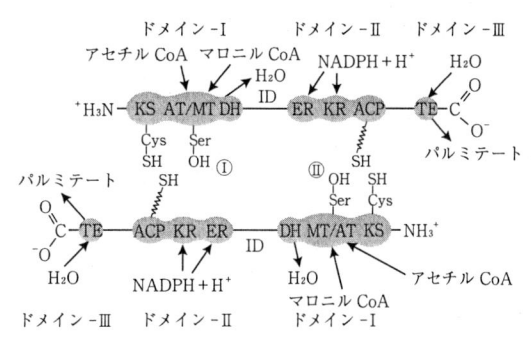

**図3.3 高等動物の脂肪酸合成酵素(二量体)**
$\beta-$ケトアシルシンターゼ(KS)と活性中心のシステイン残基,共通の活性中心セリン残基をもつアセチルトランスアシラーゼ(AT)とマロニルトランスアシラーゼ(MT),$\beta-$ヒドロキシアシルデヒドラターゼ(DH),エノイルレダクターゼ(ER),$\beta-$ケトアシルレダクターゼ(KR),アシルキャリヤープロテイン(ACP)とそのホスホパンテテイン・アーム,チオエステラーゼ(TE)の各ドメインへの分布を示す.インタードメイン(ID).二量体の間に二組の脂肪酸合成の場①,②が形成されている.

補的な配列をもつDNA)クローンの塩基配列決定の結果明らかにされている.ドメインIとIIの間のインタードメイン(ID)領域は酵素活性はもたないが,二量体形成には必須である.

図3.3に示されているように,一方のサブユニットのドメインIと他方のサブユニットのドメインIIおよびIIIの間で一組のパルミチン酸合成反応が進行する.ドメインI中のアセチルトランスアシラーゼ(AT)とマロニルトランスアシラーゼ(MT)は活性中心のセリン残基を共有しており,ここにアセチル基またはマロニル基がまず$O-$エステル結合する.この活性セリン残基の側鎖($-CH_2OH$)と同じくドメインI中の$\beta-$ケトアシルシンターゼ(KS)の活性システイン残基の側鎖($-CH_2SH$)およびドメインII中のACPのホスホパンテテインのSH基が互いに近接しているため,これらの間でアシル基転移が効率的に進行する.ACPのホスホパンテテインアームの長さは約20オングストローム(Å)でドメインIIIのチオエステラーゼ(TE)の活性中心とは約48Åも離れているので,このアームの動きだけでは届かない.インタードメインの柔軟な構造変化と各ドメイン間のダイナミックな動きが一連の反応を可能にしていると考えられている.ドメインIIIのチオエステラーゼはパルミトイル($C_{16}$)ACPに対する活性が最大であるが,ステアロイル($C_{18}$)ACPやミリストイル($C_{14}$)ACPに対する加水分解活性も多少示すことから,脂肪酸合成酵素の主要生成物はパルミチン酸であるが,ステアリン酸とミリスチン酸もわずかに副生する可能性がある.

### 3) 脂肪酸合成の調節

細胞の脂肪酸合成量の調節は主として前述のアセチルCoAカルボキシラーゼ（ACC）の活性制御を通して行われている．細胞内にパルミトイルCoAやステアロイルCoAがある程度蓄積すると，これらがACCに結合して，酵素は20分子以上のマルチマーからダイマー（二量体）に解離して活性を示さなくなる．一方，細胞質のクエン酸（citrate）濃度が上昇すると，クエン酸がアロステリックエフェクターとしてACCに結合してマルチマーへの会合を促進し，酵素活性が増大する．ここでは，このクエン酸によるアセチルCoAカルボキシラーゼ活性の増大の生理的意義を考えてみよう．

解糖系（glycolysis）によって生成したピルビン酸はミトコンドリアの外膜，内膜を通過してマトリックス（matrix）に達し，そこでピルビン酸デヒドロゲナーゼ複合体によって酸化的脱炭酸を受けてアセチルCoAを生成する．

$$\begin{array}{c}CH_3\\|\\C=O\\|\\COO^-\end{array} + HS\text{-}CoA + NAD^+ \longrightarrow \begin{array}{c}CH_3\\|\\C=O\\|\\S\text{-}CoA\end{array} + CO_2 + NADH$$

ピルビン酸　　　　　　　　　　　　アセチルCoA

しかし，このアセチルCoAはミトコンドリアのマトリックスから細胞質へ拡散できず，直接脂肪酸合成酵素の基質となることはできない．このアセチルCoAはTCA回路に入り，クエン酸シンターゼによりオキサロ酢酸（oxaloacetate）と反応してクエン酸を生じる．

$$\begin{array}{c}CH_3\\|\\C=O\\|\\S\text{-}CoA\end{array} + \begin{array}{c}COO^-\\|\\C=O\\|\\CH_2\\|\\COO^-\end{array} + H_2O$$
オキサロ酢酸

$$\longrightarrow \begin{array}{c}CH_2\text{-}COO^-\\|\\HO\text{-}C\text{-}COO^-\\|\\CH_2\text{-}COO^-\end{array} + HS\text{-}CoA + H^+$$
クエン酸

クエン酸はTCA回路でさらに酸化されるが，その一部は細胞質へ拡散により移行し，ATP-クエン酸リアーゼ（ATP-citrate lyase）により開裂反応を受け，アセチルCoAとオキサロ酢酸を生成する．

細胞質中で生成したこのアセチルCoAがアセチルCoAカルボキシラーゼの基質となるため，ミトコンドリアから拡散してきたクエン酸がアセチルCoAカルボキシラーゼを活性化しておけば，ATP-

$$\begin{array}{c}CH_2\text{-}COO^-\\|\\HO\text{-}C\text{-}COO^-\\|\\CH_2\text{-}COO^-\end{array} + ATP + HS\text{-}CoA$$
クエン酸

$$\longrightarrow \begin{array}{c}CH_3\\|\\C=O\\|\\S\text{-}CoA\end{array} + \begin{array}{c}COO^-\\|\\C=O\\|\\CH_2\\|\\COO^-\end{array} + ADP + HPO_4^{2-}$$
アセチルCoA　　　オキサロ酢酸

クエン酸リアーゼ反応で生じたアセチルCoAがただちにマロニルCoAの生成に利用され，脂肪酸合成の基質が供給されることになる．つまり，ミトコンドリア内で生成したアセチルCoA 1分子が1分子のオキサロ酢酸と1分子のATPを使用して細胞質の脂肪酸合成系に供給される機構となっている．しかし，この機構だけでは，ミトコンドリア内のオキサロ酢酸がしだいに減少して，TCA回路と酸化的リン酸化によるエネルギー生産に支障をきたす．ところが細胞は代謝系のバランスを保つために巧妙な仕組みを備えており，ATP-クエン酸リアーゼ反応で生じたオキサロ酢酸をミトコンドリアのマトリックスへ再供給することができる．この機構はオキサロ酢酸がミトコンドリア内膜を透過できないため，次のような複数の反応を経由して行われる．

① $$\begin{array}{c}COO^-\\|\\C=O\\|\\CH_2\\|\\COO^-\end{array} + NADH + H^+$$
オキサロ酢酸

$$\xrightarrow{\text{リンゴ酸デヒドロゲナーゼ}} \begin{array}{c}COO^-\\|\\HO\text{-}C\text{-}H\\|\\CH_2\\|\\COO^-\end{array} + NAD^+$$
リンゴ酸

② $$\begin{array}{c}COO^-\\|\\HO\text{-}C\text{-}H\\|\\CH_2\\|\\COO^-\end{array} + NADP^+$$
リンゴ酸

$$\xrightarrow{\text{リンゴ酸酵素}} \begin{array}{c}COO^-\\|\\C=O\\|\\CH_3\end{array} + CO_2 + NADPH$$
ピルビン酸

①，②の反応は細胞質で行われる．リンゴ酸酵素の反応で生じたNADPHは脂肪酸合成酵素の反応に供給される．すなわち，1分子のパルミチン酸の生成に必要な14分子のNADPHのうち8分子までを，アセチルCoAの供給に付随して生成されるこのNADPHでまかなっていることになる．残りの6分子のNADPHは同じく細胞質中の反応であるペ

ントースリン酸経路によって供給される.

さて，②の反応で生じたピルビン酸はミトコンドリアのマトリックス中に移行し，ピルビン酸カルボキシラーゼ（pyruvate carboxylase）の反応によって炭酸固定をしてオキサロ酢酸を生成する.

③ 
$$\text{ピルビン酸} + HCO_3^- + ATP \longrightarrow \text{オキサロ酢酸} + ADP + HPO_4^{2-}$$

ピルビン酸カルボキシラーゼは，アセチル CoA カルボキシラーゼと同様にビオチンを補欠分子族として結合しており，ATP のエネルギーを用いてカルボキシビオチン酵素を形成したのち，ピルビン酸にカルボキシル基をわたす．ピルビン酸カルボキシラーゼはアロステリック調節を受ける酵素で，アセチル CoA が正のエフェクターとしてアロステリック調節部位に結合すると活性化される．つまり，ミトコンドリア内のオキサロ酢酸濃度が減少してアセチル CoA の TCA 回路による消費量が低下すると，過剰のアセチル CoA がピルビン酸カルボキシラーゼに結合して，これを活性化しオキサロ酢酸を供給することになる.

膵臓の α 細胞が生産するポリペプチドホルモンであるグルカゴン（glucagon）は肝細胞の脂肪酸合成を抑制することが知られている．これはグルカゴンが細胞膜のレセプターに結合するとアデニル酸シクラーゼ（adenylate cyclase）が活性化され，細胞内の cAMP 濃度が上昇し，cAMP-依存性プロテインキナーゼ（protein kinase A, PKA）が活性化される．PKA はアセチル CoA カルボキシラーゼをリン酸化するため酵素活性が抑制されるというカスケード制御による.

一方，前述の AMPK（AMP 依存性プロテインキナーゼ）による ACCα の Ser$_{79}$（N 末端から79番目のセリン残基）のリン酸化が肝細胞にグルカゴンを与えたとき，また脂肪細胞にアドレナリンを与えたときの ACC の不活性化に寄与することも知られている．細胞のエネルギーレベルが低いとき，すなわち AMP 濃度が高いときに AMPK が活性化されて ACC 活性を阻害し，多量の ATP を消費する脂肪酸合成を抑制することは合理的な調節機構のように思われる.

リン酸化されたアセチル CoA カルボキシラーゼはリン酸化タンパク質ホスファターゼ 2A（protein phosphatase 2A）によって脱リン酸化されて再び活性を回復する.

### 4) 脂肪酸の鎖長の延長と不飽和化

細胞質で合成されたパルミチン酸は小胞体（endoplasmic reticulum, ER）膜に移行し，アシル CoA シンテターゼ（acyl-CoA synthetase）によってアシル AMP 中間体を経てパルミトイル CoA とされたのち，同じ ER 膜の酵素系によって炭化水素鎖の延長や不飽和化（二重結合の導入）を受けてさまざまな脂肪酸分子を生じる.

$$CH_3-(CH_2)_{14}-COO^- + ATP + HS-CoA$$
パルミチン酸

アシル CoA シンテターゼ
$$\rightleftarrows CH_3-(CH_2)_{14}-C(=O)-S-CoA + AMP + \text{ピロリン酸（PPi）}$$
パルミトイル CoA

パルミトイル CoA からの鎖長の延長はマロニル CoA の脱炭酸を伴う縮合によって炭素数 2 個ずつ増加する．1 サイクルごとに生成した β-ケト基を還元-脱水-還元反応で処理する点も細胞質の脂肪酸合成酵素の反応と同様である．ただ，アシル ACP でなくアシル CoA の形で反応が行われる点が細胞質中の反応と膜系の反応で異なるところである．パルミトイル CoA からステアロイル CoA（stearoyl-CoA）の生成を例として以下に示す.

$$CH_3-(CH_2)_{14}-\overset{O}{C}-S-CoA + \overset{COO^-}{CH_2}-\overset{O}{C}-S-CoA$$
パルミトイル CoA　　　マロニル CoA

$$\xrightarrow{H^+} CH_3-(CH_2)_{14}-\overset{O}{C}-CH_2-\overset{O}{C}-S-CoA + CO_2 + HS-CoA$$

$$CH_3-(CH_2)_{14}-\overset{O}{C}-CH_2-\overset{O}{C}-S-CoA + NADPH + H^+$$

$$\rightleftarrows CH_3-(CH_2)_{14}-\overset{OH}{\underset{H}{C}}-CH_2-\overset{O}{C}-S-CoA + NADP^+$$

$$CH_3-(CH_2)_{14}-\overset{OH}{\underset{H}{C}}-CH_2-\overset{O}{C}-S-CoA$$

$$\rightleftarrows CH_3-(CH_2)_{14}-\overset{H}{\underset{H}{C}}=\overset{O}{C}-\overset{O}{C}-S-CoA + H_2O$$

$$CH_3-(CH_2)_{14}-\overset{H}{C}=\overset{H}{\underset{}{C}}-\overset{O}{C}-S-CoA + NADPH + H^+$$

$$\longrightarrow CH_3-(CH_2)_{14}-CH_2-CH_2-\overset{O}{C}-S-CoA + NADP^+$$
ステアロイル CoA

動物細胞の ER 膜の酵素系による脂肪酸の不飽和化反応の特徴は，分子状酵素（$O_2$）を利用するモノオキシゲナーゼ（monooxygenase）が不飽和化酵

素（デサチュラーゼ，desaturase）として関与することと，この系による炭化水素鎖への二重結合の導入は，脂肪酸のカルボキシル基の炭素を$C_1$として数えて$C_{10}$以遠の部位へは行われないことである．不飽和化の例としてパルミトイルCoA（16：0）からパルミトレオイルCoA（palmitoleoyl-CoA）（16：1 $cis$-$\Delta^9$），ステアロイルCoA（18：0）からオレオイルCoA（oleoyl-CoA）（18：1 $cis$-$\Delta^9$）の生成を示す．

$$CH_3-(CH_2)_{14}-\overset{O}{\overset{\|}{C}}-S\text{-}CoA+O_2+NADH（またはNADPH）+H^+ \longrightarrow$$
パルミトイルCoA

$$CH_3-(CH_2)_5-CH\overset{9}{=}CH-(CH_2)_7-\overset{O}{\overset{\|}{C}}-S\text{-}CoA+2H_2O+NAD^+（またはNADP^+）$$
パルミトレオイルCoA

$$CH_3-(CH_2)_{16}-\overset{O}{\overset{\|}{C}}-S\text{-}CoA+O_2+NADH（またはNADPH）+H^+ \longrightarrow$$
ステアロイルCoA

$$CH_3-(CH_2)_7-CH\overset{9}{=}CH-(CH_2)_7-\overset{O}{\overset{\|}{C}}-S\text{-}CoA+2H_2O+NAD^+（またはNADP^+）$$
オレオイルCoA

以上のようにモノオキシゲナーゼは，分子状酸素中の1個の酸素原子を基質の酸化に用い，もう1個の酸素原子を還元するために水素供与体として還元型補酵素（NADHまたはNADPH）を必要とする．さらにこの反応には，補酵素の酸化-還元とそれに伴う電子（$2e^-$）伝達を触媒するために，シトクロム$b_5$とシトクロム$b_5$レダクターゼが関わっている．

パルミトレオイルCoAやオレオイルCoAはさらに炭化水素鎖の延長を受けたり，不飽和化を受けて種々の多価不飽和脂肪酸（polyunsaturated fatty acids）を生成する．しかし，ER膜の酵素系は$C_{10}$以遠の不飽和化を行えないため，$C_{10}$以遠に二重結合をもつ多価不飽和脂肪酸を得るためには動物はリノール酸（linoleate, 18：2 $cis$-$\Delta^9$, $\Delta^{12}$）および$\alpha$-リノレン酸（$\alpha$-linolenate, 18：3 $cis$-$\Delta^9$, $\Delta^{12}$, $\Delta^{15}$）を食物中から摂取しなければならない．そのためこれらの脂肪酸は栄養上の必須脂肪酸（essential fatty acid）とよばれる．以下にリノール酸からアラキドン酸（arachidonate）の生成経路を示す．

　　　リノール酸（18：2 $cis$-$\Delta^9$, $\Delta^{12}$）
　　　　↓ $\Delta^6$-不飽和化酵素（unsaturase）
　　　$\gamma$-リノレン酸（18：3 $cis$-$\Delta^6$, $\Delta^9$, $\Delta^{12}$）
　　　　↓炭化水素鎖延長反応
　　　ジホモ（dihomo）-$\gamma$-リノレン酸（20：3 $cis$-$\Delta^8$, $\Delta^{11}$, $\Delta^{14}$）
　　　　↓ $\Delta^5$-不飽和化酵素
　　　アラキドン酸（20：4 $cis$-$\Delta^5$, $\Delta^8$, $\Delta^{11}$, $\Delta^{14}$）

### b. トリアシルグリセロールの生合成

貯蔵脂質としてのトリアシルグリセロール，膜脂質の主要成分としてのホスホグリセリドはともにホスファチジン酸（phosphatidate）を中間体として合成される．

トリアシルグリセロールを活発に合成し，貯蔵する脂肪細胞はグリセロールキナーゼ活性をもたないため，ホスファチジン酸生合成の前駆体としてのグリセロール3-リン酸（glycerol 3-phosphate）を下図のように解糖系の中間体であるジヒドロキシアセトンリン酸から生成する．

グリセロール3-リン酸の1, 2位にアシルCoA（脂肪酸のCoA結合型）から脂肪酸が順次エステル結合してホスファチジン酸(1, 2-ジアシルグリセロール3-リン酸)を生成する．

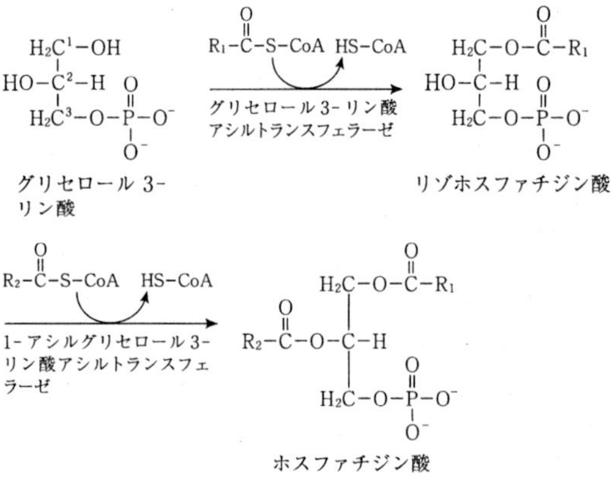

この場合，アシルトランスフェラーゼの基質特異性により，1位には主として飽和脂肪酸が，2位には主として不飽和脂肪酸が導入される．

ホスファチジン酸は次にホスファチジン酸ホス

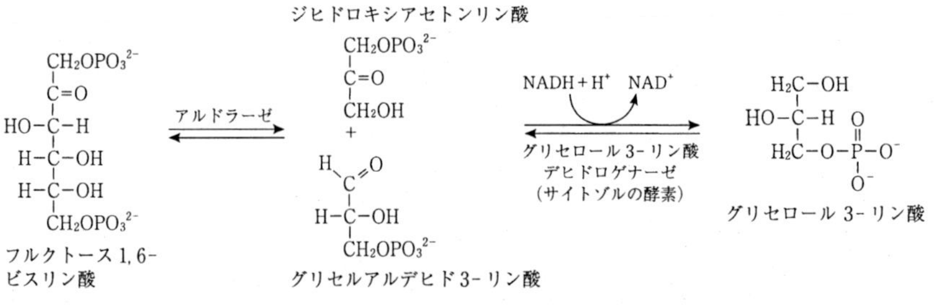

ファターゼ（phosphatidate phosphatase）によって脱リン酸されて 1,2-ジアシルグリセロール（1,2-diacylglycerol）となる．1,2-ジアシルグリセロールの3位にアシルCoAがジアシルグリセロールアシルトランスフェラーゼ（ジグリセリドアシルトランスフェラーゼ，DATともよばれる）によってエステル結合してトリアシルグリセロールが生成する．グリセロール3-リン酸のアシル化とそれ以後の反応は主として小胞体膜で進行する．

### c. ホスホグリセリド（グリセロリン脂質）の生合成

ホスファチジン酸からホスファチジルセリンを経由してホスファチジルエタノールアミン，ホスファチジルコリンを生成する *de novo* 合成（細菌や酵母における主要経路）と既存のコリンやエタノールアミンを利用するサルベージ（salvage）合成（動物細胞における主要経路）とがある．動物細胞でもホスファチジルイノシトールやジホスファチジルグリセロール（カルジオピリン）の生成経路は前者に属する．真核細胞における反応はいずれも主として小胞体膜で行われる．

*de novo* 合成系の特徴は，グリセロール3-リン酸から生じたホスファチジン酸（前述bのトリアシルグリセロールの生合成を参照）がCTPと反応して活性ホスファチジル中間体としてのCDPジアシルグリセロール（CDP diacylglycerol）を生じることである．

CDPジアシルグリセロールは，イノシトールと反応してホスファチジルイノシトール（PI）を，セリンと反応してホスファチジルセリン（PS）を生成する．ホスファチジルセリンは，ミトコンドリア内膜に存在するホスファチジルセリンデカルボキシラーゼによって脱炭酸反応を受けてホスファチジルエタノールアミン（PE）を生じる．ホスファチジルエタノールアミンは，ホスファチジルエタノールアミンメチルトランスフェラーゼによってメチル化を受け，ホスファチジルコリン（PC）を生成する．この酵素活性は肝臓の小胞体膜で特に強い．この反応のメチル供与体は *S*-アデノシルメチオニン（*S*-adenosylmethionine, SAM）である（次頁参照）．

CDPジアシルグリセロールはまたグリセロール3-リン酸と反応して，ホスファチジルグリセロールリン酸（phosphatidylglycerol phosphate）を生成し，さらに脱リン酸化を受けてホスファチジルグリセロールを生じる．ホスファチジルグリセロールは，微生物では細胞膜リン脂質の主要成分として含まれる場合もあるが，動物細胞では代謝中間体として存在し，CDPジアシルグリセロールと反応してジホスファチジルグリセロール（diphosphatidylglycerol，カルジオリピン cardiolipin ともよぶ）を生成する（次頁参照）．

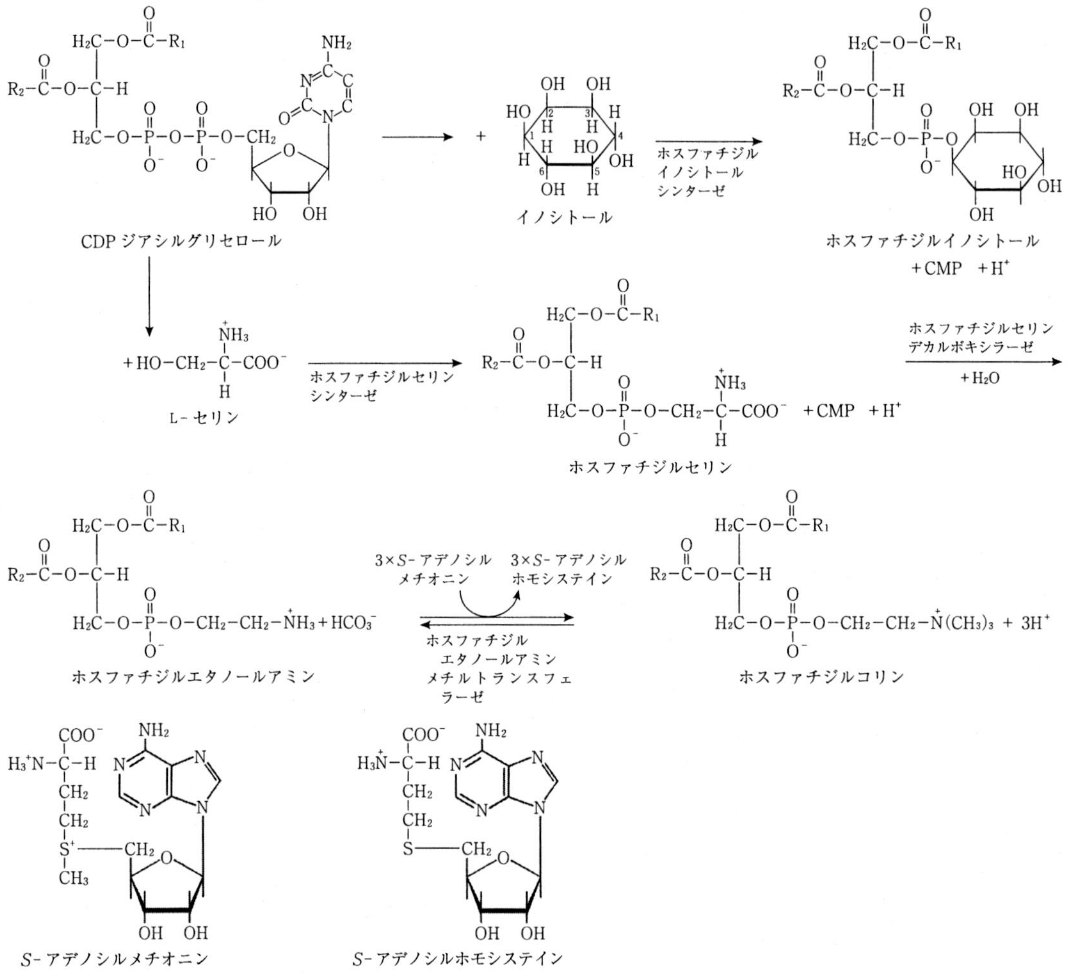

## 3. 脂質の代謝

CDP ジアシルグリセロール + イノシトール → (ホスファチジルイノシトールシンターゼ) → ホスファチジルイノシトール + CMP + H⁺

CDP ジアシルグリセロール + L-セリン → (ホスファチジルセリンシンターゼ) → ホスファチジルセリン + CMP + H⁺

ホスファチジルセリン → (ホスファチジルセリンデカルボキシラーゼ, +H₂O) → ホスファチジルエタノールアミン + HCO₃⁻

ホスファチジルエタノールアミン + 3×S-アデノシルメチオニン → (ホスファチジルエタノールアミンメチルトランスフェラーゼ) → ホスファチジルコリン + 3×S-アデノシルホモシステイン + 3H⁺

S-アデノシルメチオニン

S-アデノシルホモシステイン

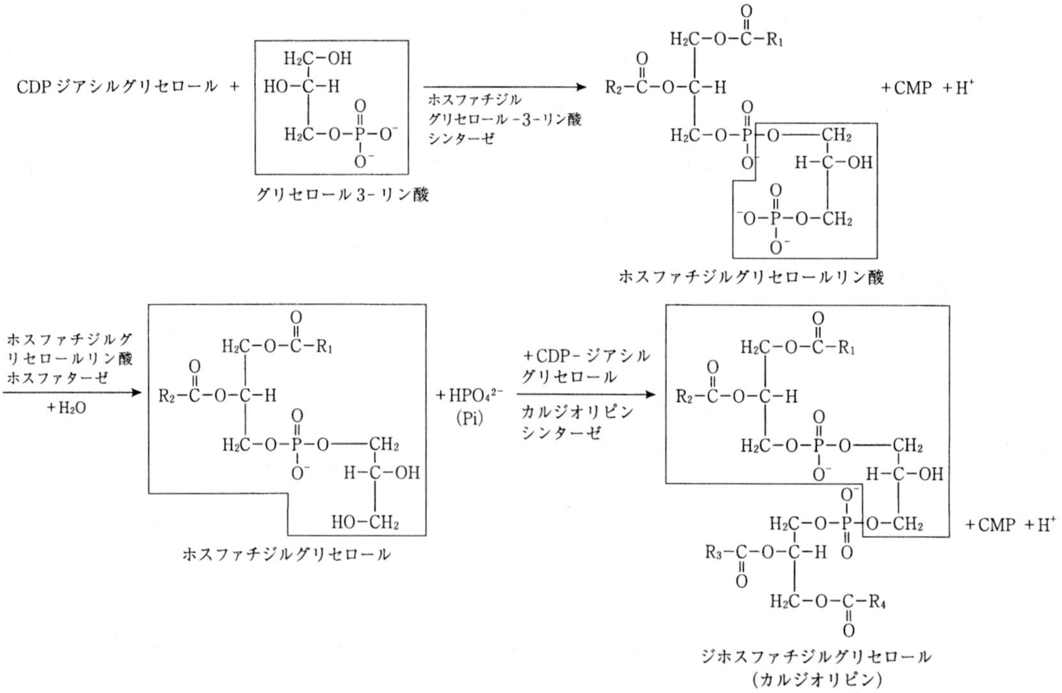

---

CDP ジアシルグリセロール + グリセロール 3-リン酸 → (ホスファチジルグリセロール-3-リン酸シンターゼ) → ホスファチジルグリセロールリン酸 + CMP + H⁺

ホスファチジルグリセロールリン酸 → (ホスファチジルグリセロールリン酸ホスファターゼ, +H₂O) → ホスファチジルグリセロール + $HPO_4^{2-}$ (Pi)

ホスファチジルグリセロール + CDP-ジアシルグリセロール → (カルジオリピンシンターゼ) → ジホスファチジルグリセロール（カルジオリピン） + CMP + H⁺

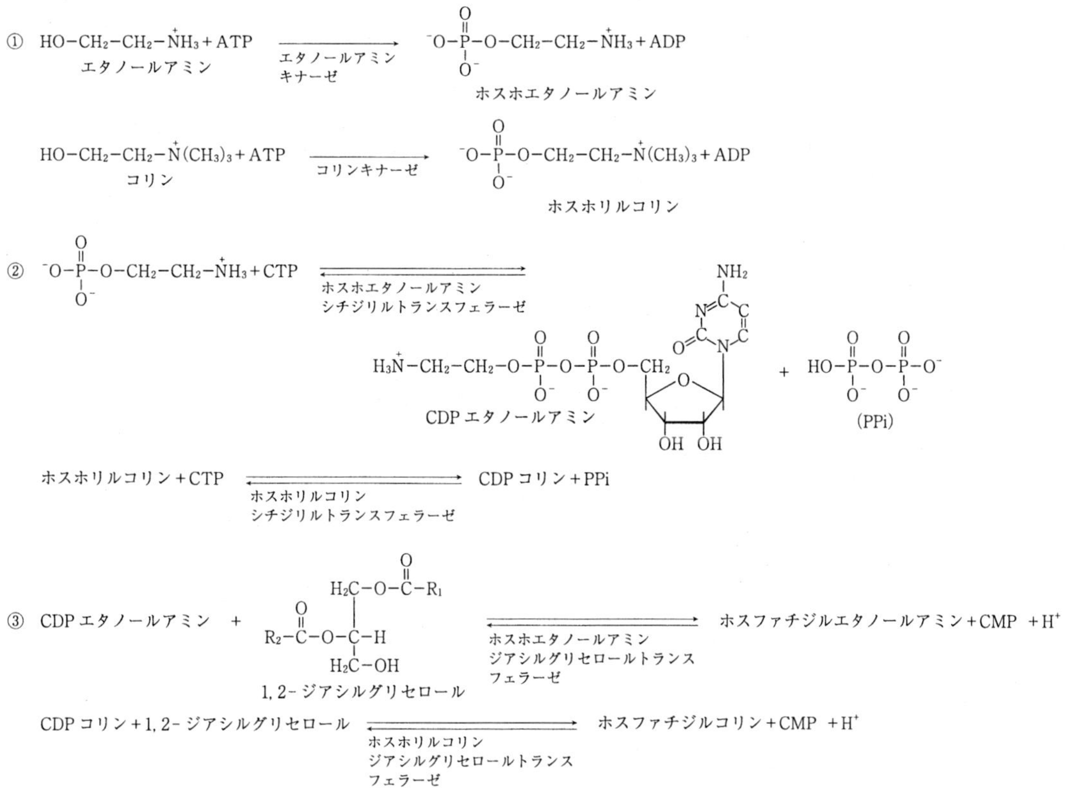

① HO-CH$_2$-CH$_2$-$\overset{+}{\text{N}}$H$_3$ + ATP $\xrightarrow{\text{エタノールアミンキナーゼ}}$ $^-$O-$\overset{\text{O}}{\underset{\text{O}^-}{\text{P}}}$-O-CH$_2$-CH$_2$-$\overset{+}{\text{N}}$H$_3$ + ADP
エタノールアミン　　　　　　　　　　　　　　　　　　　　　　　　　　　　ホスホエタノールアミン

HO-CH$_2$-CH$_2$-$\overset{+}{\text{N}}$(CH$_3$)$_3$ + ATP $\xrightarrow{\text{コリンキナーゼ}}$ $^-$O-$\overset{\text{O}}{\underset{\text{O}^-}{\text{P}}}$-O-CH$_2$-CH$_2$-$\overset{+}{\text{N}}$(CH$_3$)$_3$ + ADP
コリン　　　　　　　　　　　　　　　　　　　　　　　　　　　ホスホリルコリン

② $^-$O-$\overset{\text{O}}{\underset{\text{O}^-}{\text{P}}}$-O-CH$_2$-CH$_2$-$\overset{+}{\text{N}}$H$_3$ + CTP $\xrightleftharpoons{\text{ホスホエタノールアミンシチジリルトランスフェラーゼ}}$

H$_3\overset{+}{\text{N}}$-CH$_2$-CH$_2$-O-P-O-P-O-CH$_2$ ... CDPエタノールアミン + HO-P-O-P-O$^-$ (PPi)

ホスホリルコリン + CTP $\xrightleftharpoons{\text{ホスホリルコリンシチジリルトランスフェラーゼ}}$ CDPコリン + PPi

③ CDPエタノールアミン + [H$_2$C-O-C(=O)-R$_1$ / R$_2$-C(=O)-O-CH / H$_2$C-OH]（1,2-ジアシルグリセロール） $\xrightleftharpoons{\text{ホスホエタノールアミンジアシルグリセロールトランスフェラーゼ}}$ ホスファチジルエタノールアミン + CMP + H$^+$

CDPコリン + 1,2-ジアシルグリセロール $\xrightarrow{\text{ホスホリルコリンジアシルグリセロールトランスフェラーゼ}}$ ホスファチジルコリン + CMP + H$^+$

　動物細胞ではホスファチジルセリンとホスファチジルエタノールアミンの間でセリン，エタノールアミン部分を交換するCa$^{2+}$依存性の塩基交換酵素（base exchange enzyme）活性が強い．

　一方，サルベージ合成経路によるホスファチジルコリンおよびホスファチジルエタノールアミンの生成は，上図の①〜③のように進行する．①，②はサイトゾルにおける反応，③は小胞体膜における反応である．

#### d. コレステロール（cholesterol）の生合成

　動物では，食物由来のコレステロールが第1部5.2節cで述べたようにLDLレセプターを介して血液中から細胞に供給される一方，肝臓，小腸，副腎皮質，皮膚などの細胞でアセチルCoAからメバロン酸，イソペンテニルピロリン酸，スクアレンを経て de novo 合成される．次頁に生合成経路の概要を示す．アセチルCoAから3-ヒドロキシ-3-メチルグルタリルCoA（HMG-CoA）の合成過程は，ミトコンドリアのマトリックスで行われるケトン体の合成の場合（第3部3.1節d参照）と同様である．生成したHMG-CoAはHMG-CoAレダクターゼにより2分子のNADPH+H$^+$を用いて還元され，メバロン酸（mevalonate）を生じる．メバロン酸は2分子のATPにより2段階のリン酸化反応を受けて5-ピロホスホメバロン酸となり，さらにATPの加水分解を伴って脱炭酸してイソペンテニルピロリン酸を生成する．

　イソペンテニルピロリン酸のイソプレン単位（C$_5$）が縮合してゲラニルピロリン酸，ファルネシルピロリン酸を経てスクアレン（C$_{30}$）となる．これがモノオキシゲナーゼ反応で酸素原子を付加されて，2,3-エポキシスクアレンとなった後，環化してラノステロールを生成する．ラノステロール中の3個のメチル基（4位の2個と14位の1個）が1分子のHCOOH（ギ酸）と2分子のCO$_2$として除去され，さらに24位の二重結合がNADPH+H$^+$で還元され，8位の二重結合が5位に転移してコレステロールが生成する（次頁参照）．

#### e. コレステロール生合成の調節

　HMG-CoAレダクターゼは，分子量97,000の糖タンパク質で小胞体膜にN末端側約1/3の領域で組み込まれ，酵素活性中心をもつC末端側をサイトゾル中に伸ばして細胞質で生じたHMG-CoAを基質として反応する．HMG-CoAレダクターゼの活性は肝臓で最も強い．HMG-CoAレダクターゼは酵素レベルと遺伝子の転写レベルの両方の調節を

受け，血清中のコレステロール濃度を一定の範囲内に保つ機構の主要因となっている．酵素レベルの調節は主としてリン酸化，脱リン酸化による．すなわち，HMG-CoA レダクターゼは AMP-依存性プロテインキナーゼ，AMPK）によって $Ser_{871}$（N 末端から 871 番目のセリン残基）がリン酸化されると不活性化し，プロテインホスファターゼによって脱リン酸化されると酵素活性は回復する．アセチル CoA カルボキシラーゼの場合と同様に細胞のエネルギーレベルが低く AMP 濃度が高いときに AMPK が活性化され，HMG-CoA レダクターゼが不活性化して ATP を消費するコレステロール合成が抑制されることは合理的な機構のように思われる．

一方，細胞内のコレステロール濃度が減少すると，転写因子 SREBP（sterol regulatory element-binding protein）が活性化して HMG-CoA レダクターゼ遺伝子を含めて多くのコレステロール生合成系遺伝子，血清中のコレステロールを細胞内に取り込む LDL レセプターの遺伝子，脂肪酸合成系の遺伝子など 30 種類もの遺伝子の転写が促進されてコレステロールの生合成と細胞内への取込みや脂肪酸生合成が増大する．逆に細胞内のコレステロール濃度が増大すると SREBP の活性化が起きなくなることが明らかにされている．この仕組みの概要が図 3.4 に示されている．

SREBP は約 1,150 アミノ酸残基からなる前駆体タンパク質として小胞体（ER）膜を 2 回貫通して組み込まれている．N 末端側約 480 アミノ酸残基と C 末端側約 590 アミノ酸残基はサイトゾル側に突出している．分子中央部には疎水的な 2 個所の膜貫通領域とそれに挟まれた約 30 アミノ酸残基のループ

## 3.2 脂質の生合成

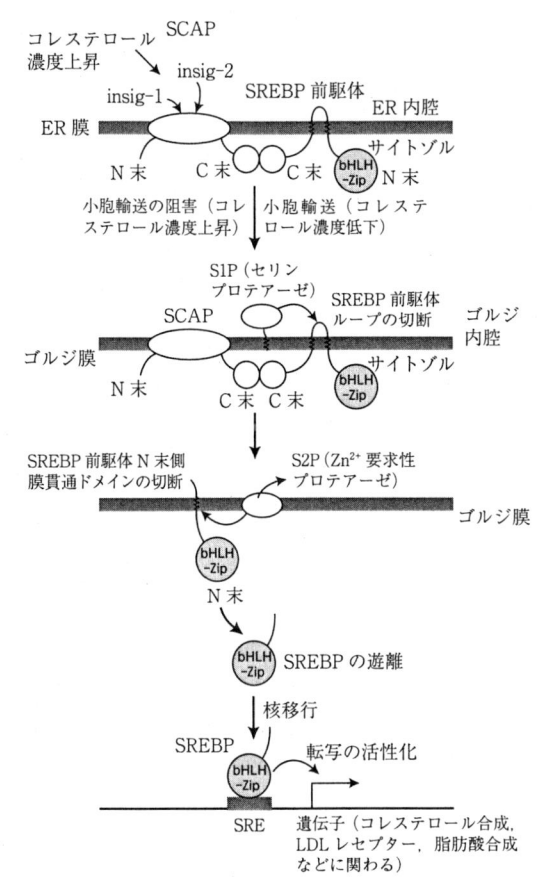

**図3.4** 細胞内コレステロール濃度による転写因子SREBP活性の制御の模式図

があり，ループはER内腔に位置している．N末端領域は転写因子機能に重要な塩基性ヘリックス-ループ-ヘリックス-ロイシンジッパー（bHLH-Zip）構造をもつが，膜結合の前駆体タンパク質としては核に移行して遺伝子の転写を促進することはできない．C末端領域は同じくER膜に組み込まれたSCAPタンパク質（SREBP cleavage-activating protein）のC末端領域と接している．細胞内のコレステロール濃度が減少すると，SCAPがこれを感知して構造変化を起こし，SREBP前駆体-SCAP複合体は輸送小胞に取り込まれ，ゴルジ装置（Golgi apparatus）に輸送されゴルジ膜に組み込まれる．ゴルジ膜には2種類のプロテアーゼ，S1P（site-1 protease）とS2P（site-2 protease）が存在し，S1PがまずSREBP前駆体のループ部分を切断する．続いてS2PがSREBP前駆体中のN末端側の膜貫通ドメインを切断する．これによってSREBP前駆体のN末端領域がSREBPとして遊離し核内に移行する．核内でSREBPは一群の遺伝子の上流域に存在するSRE（sterol response element）配列に結合して転写因子として働き，それらの遺伝子の転写活性を増大させる．細胞内のコレステロール濃度が十分に高いときはSCAPの構造変化によりSREBP前駆体-SCAP複合体は輸送小胞に取り込まれず，ゴルジ装置に移行することはない．細胞内のコレステロール濃度が高いときにSREBP前駆体-SCAP複合体をER膜に留めておく機構にはER中に存在するinsig-1, insig-2という2種類のタンパク質が関わり，これらのタンパク質がコレステロール存在下でのみSCAPに結合することが関係すると考えられている．

〔水野重樹〕

# 4. 無機窒素代謝

## 4.1 植物の窒素同化

植物体の炭素と窒素の構成比率は10:1である．この窒素は主に硝酸イオン（$NO_3^-$）として根から吸収された窒素を還元したもので，主にタンパク質や核酸などに含まれている．硝酸イオンをアミノ酸のアミノ基に還元するには8当量の電子が必要である．アミノ酸からタンパク質などを合成するにはさらにエネルギーが必要なので，光化学反応で生じた総エネルギーの25%が窒素の同化に利用される．

$C_3$植物の場合，根で吸収された硝酸イオンは葉の葉肉細胞に運ばれ，細胞質内で硝酸レダクターゼ（nitrate reductase, NR）によって亜硝酸イオン（$NO_2^-$）となる（図4.1）．亜硝酸イオンは，葉緑体で亜硝酸レダクターゼ（nitrite reductase, NiR）によって$NH_3$に還元される．葉緑体には$NH_3$をグルタミン酸のγ-カルボキシル基に固定してグルタミンを生成するグルタミン合成酵素が存在する．生じたグルタミンのアミド態窒素は葉緑体内でさらにグルタミン酸合成酵素によってα-ケトグルタル酸に転移され，2分子のグルタミン酸が生成する．生じたグルタミン酸のアミノ基は細胞内の多くの部位でアミノ酸や各種の窒素有機物の合成に利用される．

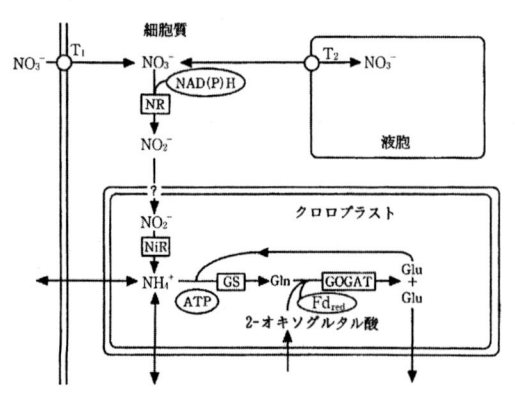

**図4.1** 緑葉における硝酸同化経路
T：その存在が予想されている$NO_3^-$輸送タンパク質，NR：硝酸レダクターゼ，NiR：亜硝酸レダクターゼ，GS：グルタミンシンターゼ，GOGAT：グルタミン酸シンターゼ，Glu：グルタミン酸，Gln：グルタミン，$Fd_{red}$：還元型フェレドキシン

しかし，人間をはじめ動物には，この硝酸同化能はない．したがって，人間をはじめ動物の生育に必要な窒素の大部分は，植物のもつ硝酸同化系の働きにより供給されているといっても過言ではない．

実際，この地上に生育する高等植物のみでも，年間$2×10^4$ Mtの窒素が，この硝酸同化系の働きにより有機化されている．一方，人間が生活することによって発生する$NO_2^-$も，その一部は，葉の硝酸同化系の働きによって有機化されている．1本のケヤキは，乗用車が9.2 km走った分の$NO_2^-$を一日かけてきれいにするといわれている．

また，食糧や飼料となる植物中の硝酸塩が予測できないほど高濃度に集積することがある．硝酸塩の集積は，植物自体には有害なものではない．しかし，飼料，野菜などから摂取された硝酸塩の還元生成物である亜硝酸塩がヘモグロビンと結合して，メトヘモグロビンが生成され，家畜のいわゆる硝酸中毒を引き起こしたり，幼児や老人にメトヘモグロビン血症を誘発させる．また，摂取された硝酸塩の還元生成物である亜硝酸塩が，同時摂取されたアミンと結合して，変異原性のある$N$-ニトロソアミンが生成する．したがって，植物性食品中の硝酸塩含量が高いことは，われわれ人間にとっては好ましいことではない．実際，日本人の硝酸塩摂取量は，WHO（世界保健機構）で定めた一日最大許容量（3.7 mg/kg）の1.5倍に達し，その摂取量の87%が野菜などの植物性食品に由来している．この植物細胞内の硝酸塩濃度の制限因子の一つは硝酸同化系の酵素活性にあると考えられている．

このように，硝酸同化系の働きは，物質生産，環境浄化，食品の安全などの面からわれわれのくらしに密接に関わっていると考えられる．

一方，無酸素条件下で有機基質から奪われた電子は，膜の電子伝達系を経てNRに共役してATPを生産する．生じた亜硝酸塩は，さらに電子伝達系と亜硝酸レダクターゼなどの働きによりNO, $N_2O$を経て$N_2$に還元され，放出される．このような異化的硝酸還元は硝酸呼吸とよばれ，発酵よりエネルギー効率がよく，酸素呼吸に先立つものと考えられ

ている.

ここでは，硝酸同化系に関与する酵素の中で，特に硝酸レダクターゼと亜硝酸レダクターゼについて，その生化学的および分子生物学的側面に光をあて，その概略を解説したい.

## 4.2 硝酸レダクターゼ（NR）

植物が$NO_3^-$を$NH_4^+$に還元することは，すでに1920年にワールブルク（O. Warburg）とネグライン（E. Negelein）によって見出されていた．しかし，$NO_3^-$の還元が酵素反応であるという認識は，1953年にネイソン（A. Nason）とエヴァンズ（H. J. Evans）によって，高等植物およびアカパンカビから$NO_3^-$を$NO_2^-$に還元する酵素が発見されたことに始まる．その後，50年余りが経過して，ようやくNRの立体構造やNRの活性発現機構が論じられるようになった．

### a. NRの機能構造
#### 1) NRの機能と補欠分子族

NRはNADHあるいはNADPHを電子供与体として$NO_3^-$を$NO_2^-$に還元する反応を触媒する酵素である．その基本構造は約110 kDaのタンパク質2個からなるホモ二量体である．またNRはタンパク質中に補欠分子族として，各々サブユニットあたり1分子のFAD (flavin adenine dinucleotide)，ヘム鉄（シトクロム$b_{557}$），モリブデンプテリン（Mo-Co）を有している．NAD(P)Hから受け取った電子は分子内でFAD，シトクロム$b_{557}$，Mo-Co，の順に伝達され$NO_3^-$を還元する．

#### 2) 機能サイズと四次構造

NRには本来の酵素活性であるNAD(P)H依存硝酸レダクターゼ活性以外に，*in vitro*で測定可能な部分活性とよばれる活性がある．これらには大別してNAD(P)Hを電子供与体とする部分活性（ジアホラーゼ活性）と還元型人工色素を電子供与体とする硝酸レダクターゼ活性（終末NR活性）がある．

プロテアーゼを用いたNRタンパク質限定分解法により得られたポリペプチドの部分活性を測定することからNRは補欠分子族の結合したポリペプチドからなるいくつかのパートに分けられることが知られている．

FADを有するパートとしてはNAD(P)H依存フェリシアニドレダクターゼ活性を示す約30 kDaのフラグメントが，FADおよびヘム鉄を有するパートとしてはNAD(P)H依存シトクロム$c$還元

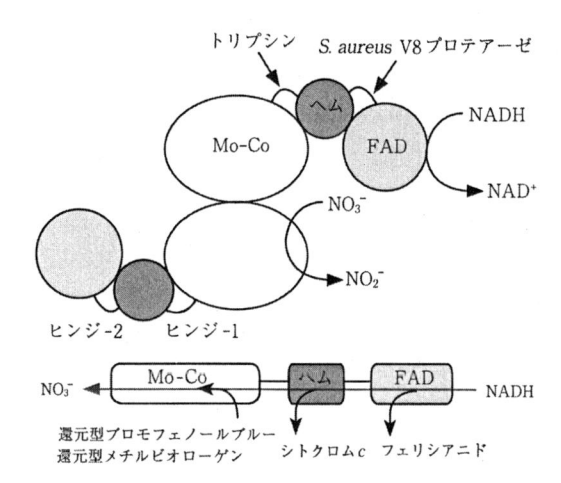

**図4.2　ホウレンソウ緑葉のNRの構造モデル**
上の図には構造上の特徴を示した．その特徴は，① サブユニットにはFAD，シトクロム$b_{557}$およびモリブデンプテリンをそれぞれ含む三つのドメインから構成されていること，② それぞれのドメイン間はプロテアーゼ感受性部位を含むポリペプチドで結合していること，および ③ サブユニット間はMo-Coを含むドメインで結合していることである．下の図には，NADH-NR活性およびNRの各部分活性に関与する人工的な電子供与体の結合部位と，人工的な電子受容体の結合部位を示した．

活性を示す約45 kDaのフラグメントが得られている．Mo-Coを有するパートとしては還元型メチルビオロゲン依存硝酸レダクターゼ活性を有する60 kDaのフラグメントが得られている．以上の結果から，NRは補欠分子族の結合した三つの機能サイズ（FADを含む30 kDa，ヘム鉄を含む15 kDa，Mo-Coを含む60 kDa）の存在が明らかとなっている（図4.2）．

#### 3) ドメイン構造

従来NRは，先に述べた機能サイズをもととした三つのドメインからなることが知られていた（FADドメイン，ヘムドメイン，Mo-Coドメイン）．しかし最新の知見では，五つのドメインから構成されていることが示されている．まずFADドメインはNAD(P)H結合部分とFAD結合部分の二つのドメインから構成されていることがX線構造解析から明らかになっている．またMo-Coドメインも二量体構造のための結合部分とMo-Co結合部分から構成されていることが推察されている．

またこれら五つのドメイン以外に，NRと他のタンパク質とのアミノ酸配列比較から相同性の著しく低い領域，すなわちNRに特異的な部分が確認されている．それらは，①N末端から90アミノ酸分の配列，②ヒンジ-1領域，③ヒンジ-2領域である．以上のことからNRタンパク質は先の五つのドメインとこれら三つの部分，合計八つの部分に分けられると考えられている（図4.3）．それぞれの機能と

```
N末端 ─NO₃⁻ Mo-Co DI─ ヘム ─ FAD NADH─ C末端
              ↑ヒンジ-1  ↑ヒンジ-2
```

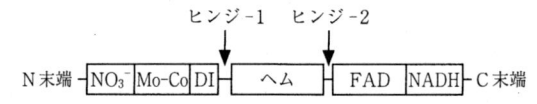

**図 4.3 NR のドメイン構造**
NR は Mo-Co 結合ドメイン（NO₃⁻ Mo-Co），二量体構造結合ドメイン（DI），シトクロム $b$ 結合ドメイン（ヘム），FAD 結合ドメイン（FAD），NADH 結合ドメイン（NADH）の五つのドメインと N 末端，ヒンジ-1，ヒンジ-2 の三つの部分から構成されている．

しては以下に述べるものが考えられている．

**i) N 末端の酸性アミノ酸領域** NR 不活性化タンパク質である 14-3-3 タンパク質の作用部位で NR の活性調節および安定性に関与しているとの考えが提唱されている．

**ii) Mo-Co 結合部分領域** 補欠分子族である Mo-Co の結合部位のある領域であり，基質である硝酸イオンの結合部位（活性部位）を含む．Mo-Co の結合に関して 5 個所のアミノ酸残基，硝酸イオンの結合に関して 3 個所のアミノ酸残基が関係していると考えられている．

**iii) 二量体構造結合領域** イオン結合による安定型 NR 二量体構造形成に関与していると考えられる領域．2 個所のアミノ酸残基が二量体構造形成に関係していると考えられている．

**iv) ヒンジ-1 領域** 14-3-3 タンパク質の結合に必要な，NR キナーゼによりリン酸化される残基（セリン残基）のある領域．プロテアーゼにより切断される部位と推察されるアミノ酸残基を含む．

**v) シトクロム $b$ 結合領域** 補欠分子族であるシトクロム $b_{557}$ の結合部位のある領域．2 個所のアミノ酸残基がヘム鉄の結合に関与していると考えられている．

**vi) ヒンジ-2 領域** 機能については不明であるが，プロテアーゼにより切断される部位と推察されるアミノ酸残基が保存されている．

**vii) FAD 結合領域** 補欠分子族である FAD の結合部位のある領域である．4 個所のアミノ酸部位が FAD の結合に関与している．また NADH 結合に関係する 1 個所のアミノ酸残基が含まれている．

**viii) NADH 結合領域** 電子供与体（NADH，NADPH）への結合部位のある領域である．

以上，八つの部分が NR の機能単位として考えられているが，各々の機能については不明な点も数多く残されており，今後の研究が期待される．

### 4) NR の大量発現と結晶化

NR タンパク質の大量発現は，まずトウモロコシ NR の FAD フラグメントとクロレラ NR のヘム鉄フラグメントが大腸菌を宿主として用いて行われた．得られた FAD フラグメントは *in vitro* で NADH 依存フェリシアニドレダクターゼ活性を示し，NR の一部分ではあるが活性型 NR タンパク質の大量調製の道を開いた．その後，さまざまな植物由来 NR のフラグメントのタンパク質発現が行われたが，大腸菌を用いた系では活性型ホロ NR の発現は不可能であった．その理由としては，NR の補欠分子族の一つである Mo-Co が大腸菌由来のものと高等植物由来のものとではその構造が異なっていることが考えられている．近年，酵母（*Pichia pastoris*）を宿主として，シロイヌナズナおよびホウレンソウ NRcDNA を用いて活性型 NR の発現に成功している．しかしながら，酵母を宿主として用いた場合でも Mo-Co の供給が不十分であるために，活性型 NR として結晶化および X 線解析に用いられるほどの量は得られていない．

NR タンパク質の結晶化は先に述べた大腸菌を宿主として発現したトウモロコシ NR の FAD フラグメントにて初めて成功し，その X 線解析による立体構造が明らかとなっている．現在 NR タンパク質全体の立体構造解析は進行中であるが，NR FAD フラグメント，動物由来のシトクロム $b$ および亜硫酸オキシダーゼの構造から NR の立体構造モデルが提唱されている（図 4.4）．

### 5) FAD フラグメントの X 線結晶構造解析

トウモロコシ NR の FAD フラグメントの立体構造解析は，先に述べた大腸菌を宿主として得られたタンパク質を用いて結晶化および X 線構造解析が行われた．その結果，従来は一つのドメイン構造を有するものとして考えられていた FAD ドメインが二つのサブドメインからなっていることが示された．それらは補欠分子族である FAD の結合に関与する FAD 結合ドメインと電子供与体である NADH の結合に関与する NADH 結合ドメインである．構造解析結果から NR の FAD フラグメント部分はその立体構造において FAD などを有するフラビン酵素と多くの類似性が示された．NR の FAD フラグメントとフェレドキシン NADP⁺ レダクターゼ，ラットのシトクロム P450 レダクターゼ，豚シトクロム $b_5$ レダクターゼなどのフラビン酵素とのアミノ酸配列を比較すると，それらの類似性はあまりみられなかった．しかしながら，いくつかの重要な部分のアミノ酸配列には類似性がみられた．このようにアミノ酸配列では NR とフラビン酵素グループの類似性は低いものの，その立体構造の基本構造は非常に類似したものであった．

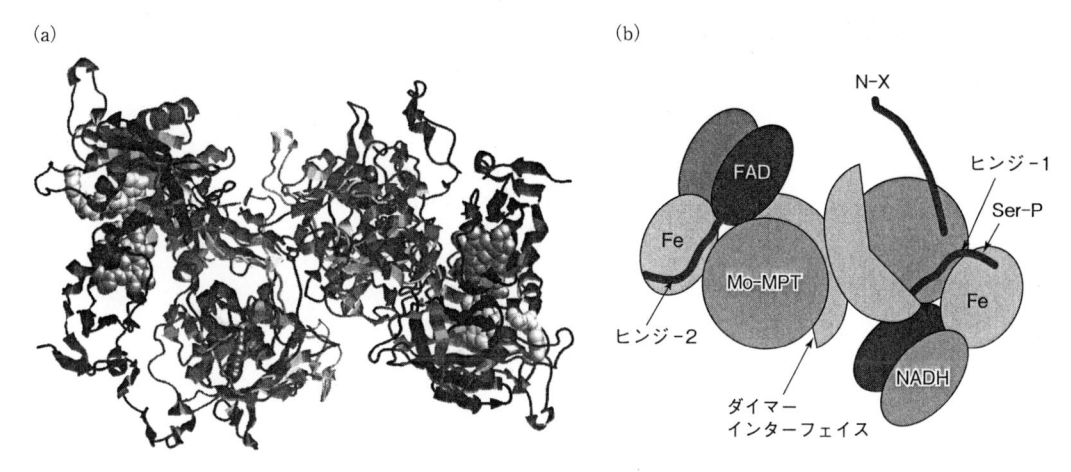

**図4.4** NR の立体構造推察モデル（Campbell 教授より提供）
(a) NR FAD フラグメント，シトクロム $b$ および亜硫酸オキシダーゼの立体構造から推定される NR 二量体構造リボンモデル．補欠分子族として FAD，ヘム，Mo-Co を含んでいる．
(b) NR ドメイン構造モデル：(a) のリボンモデルをドメインごとに表記したモデル．N 末端 (N-X)，Mo-Co 結合ドメイン (Mo-MPT)，二量体構造結合ドメイン（ダイマーインターフェイス），ヒンジ-1（リン酸化部位 $Ser_{534}$ を含む），シトクロム $b$ 結合ドメイン (Fe)，ヒンジ-2，FAD 結合ドメイン (FAD)，NADH 結合ドメイン (NADH) を示す．

## b. NR の分子生物学
### 1) NRcDNA の構造

NR の分子生物学の成果は，NR の構造や機能発現に関するわれわれの理解を深めるのに貢献している．高等植物の NRcDNA を最初にクローニングしたのはチェン（C. L. Cheng）らであり，1986年のことである．彼らはオオムギの NRcDNA を単離したが，その後相ついで，シロイヌナズナ，タバコ，トウモロコシ，ホウレンソウなどで NRcDNA が単離され，それらの構造が解析されている．それらの結果を比較すると，NR のサブユニットは約900残基のポリペプチド鎖からなり，各種の NR 間には70〜80% のホモロジーがある．NR の cDNA の構造を解析することによって，クローフォード (N. M. Crawford) らは NR のサブユニットが三つの機能性ドメインから構成されているという結論に達している．彼らは，シロイヌナズナ NR に対する cDNA の塩基配列から推定されたアミノ酸配列の全領域にわたって，他起源のタンパク質のアミノ酸配列とのホモロジーを比較したところ，図4.5に示すように，NR サブユニットは，特異的な配列をもつ三つの領域に分けることができた．第一の領域は，アミノ酸配列順位1から500番くらいまでの領域で，NR サブユニットの約半分を占める．この領域内には，ラットやニワトリの亜硫酸オキシダーゼのようなモリブデン-プテリンを補欠分子族とする酵素のモリブデンドメインとホモロジーのある配列を含んでいる．第二の領域は540から620番までの領域で，

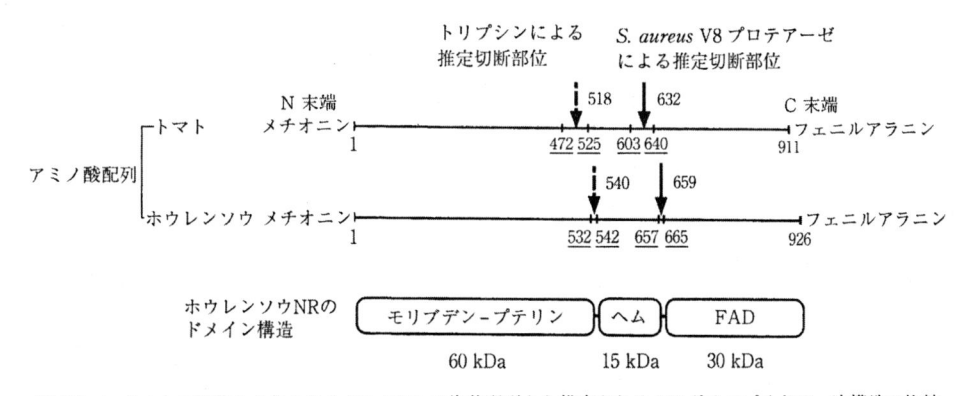

**図4.5** いくつかの植物から得られた NRcDNA の塩基配列から推定される NR ポリペプチドの一次構造の比較．アンダーラインの引いてあるアミノ酸配列順位は，それぞれのドメインを形成する推定アミノ酸配列の始まりと終わり．アミノ酸配列の上に表したアミノ酸配列順位はプロテアーゼ（トリプシンおよび *S. aureus* V8 プロテアーゼ）による推定切断部位．

ここではシトクロム$b_{557}$やシトクロム$b_2$のような$b$型シトクロムの一次構造とホモロジーが高い．第三の領域は640から917番までの領域で，この領域内はNADH-シトクロム$b_5$レダクターゼのような，FADを補欠分子族としてNADH結合部位を分子内にもつ酵素の一次構造とのホモロジーが高い．これらの結果に基づいて，シロイヌナズナNRのサブユニットはモリブデン，シトクロム$b_{557}$およびFADを各々含む三つのドメインから構成されているというモデルが提案された．さて，ホウレンソウNRcDNAの構造と，ホウレンソウNRをトリプシンおよび$S.\ aureus$ V8プロテアーゼにより限定分解して得られるポリペプチドのN末端領域の一次構造とを比較することによって，各々のプロテアーゼの作用部位を決定することができる．そのようにして得られた部位をトマトNRcDNAの構造解析の結果予想されるNRの構造と比較してみると，トマトNRで予想されていたドメインを連結する領域（ヒンジ領域）付近に，トリプシンおよび$S.\ aureus$ V8プロテアーゼで切断可能な部位があることがわかる（図4.5）．同様のことがタバコやシロイヌナズナNRcDNAでもみられる．したがって，このドメイン構造は高等植物起源のNRサブユニットに共通してみられる構造であろう．

### 2) NRゲノム遺伝子の構造

これまでに調製された，植物のNRゲノム遺伝子の構造を比較してみると（図4.6），大部分の遺伝子は三つのイントロンにより分断された四つのエキソンからなっている．しかも，それら3個のイントロンはモリブデンドメインとヘムドメインの境界に近いところに集中している．しかし，最近，インゲンマメの葉で主に発現する，第二のNR遺伝子が存在することが明らかとなった．この$NR$-$2$と名づけられた遺伝子には4個のイントロンが確認されている．3個のイントロンは，他の植物で知られているように，モリブデンドメインとヘムドメインの境界に近い位置にあるが，第四のイントロンは，ちょうどヘムドメインとFADドメインの間のヒンジ領域に存在する．このインゲンマメの$NR$-$2$遺伝子の発見は，$NR$遺伝子の進化を考える上で興味深い．この$NR$-$2$遺伝子の構造は，いわゆるエキソン混成（exon shuffling）仮説を支持している．つまり，FAD，ヘムおよびモリブデンの各ドメインをコードする原始遺伝子が進化の過程で，何らかの機会に近くに位置するようになり，転写され，RNAスプライシングにより，3つのタンパク質が連結して翻訳されることにより，$NO_3^-$還元能という進化した

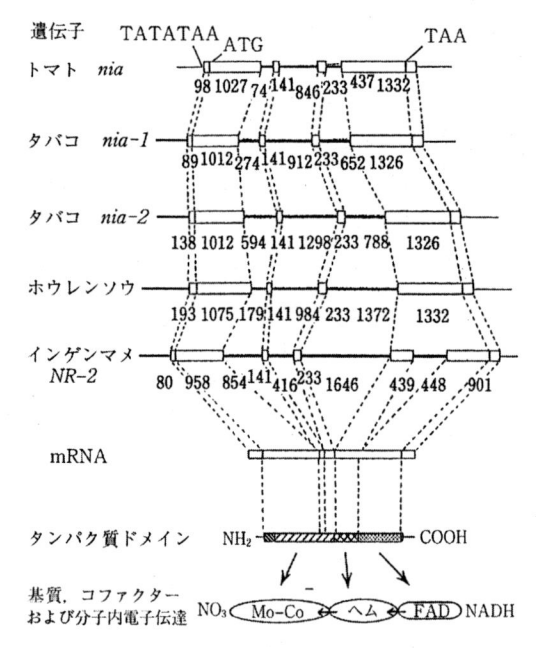

**図4.6 高等植物のNR遺伝子の構造**
各々の遺伝子において，エキソンおよびイントロンの長さは，ヌクレオチド数で表してある．

機能を獲得したと考えられる．

## 4.3 亜硝酸レダクターゼ（NiR）

### a. NiRの生化学

同化型NiRは表4.1に示すように3種類の酵素が知られている．真核光合成細胞では，還元型フェレドキシン（$Fd_{red}$）-NiR（EC. 1.7.7.1）は葉緑体に，非光合成細胞では原色素体に局在している．$Fd_{red}$-NiRは，分子量約60,000の1本のポリペプチドである．$Fd_{red}$-NiRは補欠分子族として，鉄-硫黄クラスター[4Fe-4S]とシロヘム（図4.7）がそれぞれ1 mol結合したものである．したがって，精製酵素はシロヘムに由来する赤褐色をしている．亜硫酸レダクターゼなど他の酵素との一次構造の比較から，NiRのC末端半分の領域には酸化還元に関係する領域で，N末端半分は$Fd_{red}$との結合領域と考えられている．シロヘムは藻類や高等植物の$Fd_{red}$-NiR，$Fd_{red}$-亜硫酸レダクターゼ（SiR）や従属栄養生物のNADH-NiR，NAD(P)H-NiRなど6電子還元酵素に共通な補欠分子族である．NADH-NiR，NAD(P)H-NiRでは，図4.8に示すように，フラビン酵素の特性であるジアホラーゼ活性を示す．

NADH-NiRおよびNAD(P)H-NiRは各々2個のサブユニットからなるホモ二量体構造をとってお

## 4.3 亜硝酸レダクターゼ

**表4.1 亜硝酸還元酵素の種類**

| EC | 系統名（常用名） | 反 応 | 生理的電子供与体 | その他 |
|---|---|---|---|---|
| 1.7.7.1 | Ammonia : ferredoxin oxidoreuctase<br>（Ferredoxin-亜硝酸還元酵素） | $6Fd_{red} + NO_2^- + 8H^+ \rightarrow$<br>$6Fd_{ox} + NH_4^+ + 2H_2O$ | 還元型フェレドキシン | 緑色植物, 藻類, ラン藻に特有 |
| 1.6.6.4 | NAD(P)H nitrite oxidoreductase<br>［NAD(P)H-亜硝酸還元酵素］ | $3NAD(P)H + NO_2^- + 5H^+ \rightarrow$<br>$3NAD(P) + NH_4^+ + 2H_2O$ | NADPH<br>NADH | アカパンカビなど子嚢菌に特有 |
| 1.6.6.? | （NADH-亜硝酸還元酵素） | $3NADH + NO_2^- + 5H^+ \rightarrow$<br>$3NAD + NH_4^+ + 2H_2O$ | NADH | 大腸菌など原核生物に特有 |

**図4.7** シロヘムの構造（a）と［4Fe-4S］クラスター（b）

フェレドキシン-NiR
還元型フェレドキシン → ［4Fe-4S］ → シロヘム → $NO_2^-$

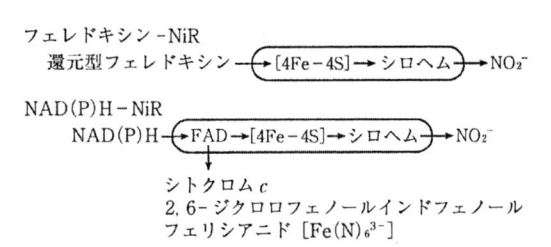

NAD(P)H-NiR
NAD(P)H → FAD → ［4Fe-4S］ → シロヘム → $NO_2^-$
　　　　　　　　↓
　　シトクロム $c$
　　2,6-ジクロロフェノールインドフェノール
　　フェリシアニド［$Fe(N)_6^{3-}$］

**図4.8** 同化型亜硝酸レダクターゼの構造と電子伝達系

り，各々のサブユニットにFAD, ［4Fe-4S］クラスターおよびシロヘムが1 molずつ結合していると考えられている．表4.2に，同化型NiRの主要な物理化学的および酵素化学的性質のいくつかをまとめてある．

光合成細胞の$Fd_{red}$-NiRの触媒反応に必要な$Fd_{red}$は，水の光分解によるFdの光還元によって生成される．一方，根やプロプラスチドのような非光合成細胞の$Fd_{red}$-NiRの触媒反応に必要な還元力は，葉緑体のFdとは異なる還元型Fd様タンパク質から供給されるものと考えられている．このFd様タンパク質は，ペントースリン酸回路から生成されるNADPHによって還元される．

### b. NiRの分子生物学
#### 1) NiR cDNAの構造

ホウレンソウのNiRのcDNAの構造解析から，NiRの前駆体タンパク質は594のアミノ酸からなり，成熟タンパク質のN末端に32残基のアミノ酸が移行配列として結合していることがわかっている．この配列はNiRが細胞質から葉緑体へ移行するのに必要な配列である．

ホウレンソウとトウモロコシのNiRをコードするcDNAを解析したところ，コドンの第三番目の位置に使われている塩基の頻度は，単子葉植物のトウモロコシでは569個のコドンのうち555個はC

**表4.2 亜硝酸レダクターゼの種類**

|  | 細 菌<br>*Escherichia coli*<br>（大腸菌） | 藻菌類<br>*Neurospora crassa*<br>（アオパンカビ） | 高等植物<br>*Spinacia oleracea*<br>（ホウレンソウ） |
|---|---|---|---|
| 分子量 | 190,000 | 290,000 | 63,000 |
| サブユニットの個数 | 2 | 2 | 1 |
| 生理的電子供与体 | NADH | NAD(P)H | 還元型フェレドキシン |
| 補欠分子族（mol/mol） |  |  |  |
| 　鉄 | 10 | 9-10 | 4.6-4.9 |
| 　シロヘム | + | + | 0.92-0.94 |
| 　酸不安定硫黄 | 8 | 8.1 | 0.92-0.94 |
| 　FAD | 0.95 | 0.18 | 3.9-4.0 |

+は存在は確認されているが正確な量は不明．

かGであるが，双子葉植物のホウレンソウでは594個のコドンのうち264個しかCまたはGが使われていない．同様なコドンの使われ方は，NRでも観察されている．

ホウレンソウやトウモロコシの$Fd_{red}$-NiRのタンパク質一次構造が，$Fd_{red}$-NiRに対するcDNAの塩基配列から推定されている．それらを比較すると，互いにそのN末端近傍のアミノ酸配列に違いが認められるものの，全配列を比較すると，約75%の相同性が認められている．また，[4Fe-4S]クラスターおよびシロヘムと結合すると考えられる4個のシステイン残基(Cys)，$Cys_{473}$, $Cys_{479}$, $Cys_{514}$および$Cys_{518}$も推定されている．その4個のCysの中で，最もN末端に近い$Cys_{473}$と最もC末端に近い$Cys_{518}$の間にみられる相同性は，[4Fe-4S]クラスターを有する大腸菌のNADH-亜硫酸レダクターゼも高く，電子伝達機能に必須の構造は，生物種を問わず分子内に保存されていることを示している．

### 2) 亜硝酸レダクターゼ（NiR）のゲノム遺伝子の構造

ホウレンソウの亜硝酸レダクターゼ（NiR）のゲノム遺伝子は，三つのイントロンによって分断されている．この遺伝子は培地の硝酸塩に応答して発現するが，β-グルクロニダーゼ（GUS）アッセイ法により，5′-上流-230と-200の領域が硝酸塩に応答する必須な領域であることが明らかにされている．

〔中川弘毅・白石斉聖〕

## 4.4 窒素固定

N≡N三重結合の結合エネルギーは945 kJ·mol$^{-1}$である．これを還元して$NH_3$を生物学的に変換する反応を窒素固定という．微生物がんの反応を行うが，遊離の条件で行うものもあれば，マメ科植物の根粒中に共生して行うものもある．絶対嫌気性，好気性菌，根粒菌，光合成細菌などの微生物がこの反応を行う．

$$N_2 + 8H^+ + 8e^- + 16ATP \longrightarrow 2NH_3 + H_2 + 16ADP + 16Pi$$

生じた$NH_3$はグルタミン酸デヒドロゲナーゼによりグルタミン酸に取り込むか，グルタミンシンテターゼによりグルタミンに取り込む．

窒素固定の中心となる酵素をニトロゲナーゼという．

ニトロゲナーゼは二つのタンパク質からなる．

(1) MoFeプロテイン（約220 kDa）：FeとMoを含む$α_2β_2$の構造のタンパク質

(2) Feプロテイン（約64 kDa）：Feを含む同一サブユニットからなる二量体タンパク質

ニトロゲナーゼは$O_2$で速やかに失活するから，好気性条件で窒素固定をするバクテリアでは保護タンパク質が必要である．ニトロゲナーゼの他に電子供与体とATPが必要である．$N_2$還元はMoFeプロテイン上で3段階の2電子還元により行われる．

$$N≡N \xrightarrow{2H^+ + 2e^-} H-N=N-H \xrightarrow{2H^+ + 2e^-} \underset{H\ \ \ H}{N-N} \xrightarrow{2H^+ + 2e^-} 2NH_3$$
ジイミン　　　ヒドラジン

ハーバー（F. Harber）が1910年に開発したHarber法は$N_2$を直接$H_2$で$NH_3$に還元するのに，500℃，300気圧という高温・高圧な条件で，鉄触媒を使う．

電子伝達系のフェレドキシンまたはフラボドキシンから電子を受け取ったFeプロテインはATPをADPと無機リン酸に加水分解すると同時にMoFeプロテインに電子を渡して還元する．ニトロゲナーゼはN≡Nの他にHC≡CH, R-C≡CH, C≡N, N≡$N^+$-$N^-$, N=N-O, [$H^+$]などを還元する．ニトロゲナーゼの反応機能は次のステップに分けて考えられる．

(1) Feプロテインの還元
(2) FeプロテインのATPによる活性化
(3) ニトロゲナーゼ-タンパク質間での電子伝達
(4) 基質との結合
(5) 基質への電子伝達
(6) 反応生成物の遊離，ATPの加水分解

〔小野寺一清〕

## 4.5 タンパク質，アミノ酸の代謝

### a. タンパク質を分解する酵素

タンパク質の分解，すなわちペプチド結合の加水分解反応はタンパク質分解酵素（プロテアーゼ，protease）と総称される酵素群によって触媒される．細胞の外側で働くプロテアーゼ（細胞外プロテアーゼ，extracellular protease）としては消化管プロテアーゼ（gastrointestinal protease），微生物が菌体外に分泌するプロテアーゼ，血中プロテアーゼなどがある．細胞の内側で働くプロテアーゼ（細胞内プロテアーゼ）は細胞内タンパク質，異種タンパク質の代謝分解（リソソーム系）および酵素やホルモンなどの前駆体タンパク質のプロセシング（非リソソーム系）などを行う．プロテアーゼはその最適

pHに基づいて酸性プロテアーゼ（acid protease），中性プロテアーゼおよびアルカリ性プロテアーゼ（alkaline protease）に分類されることもある．ポリペプチドの内部にあるペプチド結合を加水分解する酵素をエンドペプチダーゼ（endopeptidase），またポリペプチド鎖のいずれかの一端からペプチド結合を順次加水分解する酵素をエキソペプチダーゼ（exopeptidase）とよぶ．エキソペプチダーゼにはN末端側から作用するアミノペプチダーゼ（aminopeptidase）とC末端側から作用するカルボキシペプチダーゼ（carboxypeptidase）とがある．

### 1）エキソペプチダーゼ

エキソペプチダーゼは金属を含む場合がしばしばある．カルボキシペプチダーゼAは307個のアミノ酸残基からなる単一ポリペプチドであり，分子当たり1個の亜鉛原子が結合している．この亜鉛原子は酵素活性に必須である．この酵素は基質ポリペプチドのC末端の残基が芳香族アミノ酸あるいは大きい脂肪族側鎖をもつアミノ酸である場合にはC末端からペプチド結合を効率よく加水分解する．しかしC末端の残基がプロリン，グリシン，アルギニンあるいはリシンの場合には作用しない．酵素分子の詳細な構造研究の結果から，反応にはGlu$_{270}$，Arg$_{127}$および結合しているZn$^{2+}$が重要な役割を果たしていると考えられ，次のような反応機構が提唱されている（図4.9）．まず酵素－基質複合体が形成された後，標的となるペプチド結合を形成しているカルボニル炭素原子はGlu$_{270}$のカルボキシル基と共有結合し，反応中間体（カルボン酸無水物）が形成される．さらに酵素分子内のZn$^{2+}$に結合している水分子の作用でそのペプチド結合は開裂する．他にはアルギニンカルボキシペプチダーゼ（arginine carboxypeptidase）がコバルト原子を含んでいる．

アミノペプチダーゼには基質特異性の広いロイシンアミノペプチダーゼ（leucine aminopeptidase）およびアミノペプチダーゼM（aminopeptidase M）などがある．これらはポリペプチドのN末端の残基がプロリン以外である場合に効率よく作用する．基質特異性の高い酵素としてはプロリンイミノペプチダーゼ（proline iminopeptidase），アルギニンアミノペプチダーゼ（arginine aminopeptidase）およびアスパラギン酸アミノペプチダーゼ（aspartate aminopeptidase）がある．これらは基質ポリペプチドのN末端の残基がそれぞれプロリン，アルギニンおよびアスパラギン酸である場合に効率よく作用する．

### 2）エンドペプチダーゼ

エンドペプチダーゼの作用機構は多様であり，触媒活性に直接関わる残基の種類によって分類されている．セリンプロテアーゼ（serine protease）は活性部位にセリン残基をもつプロテアーゼで，中性pH付近で効率よくペプチド結合を加水分解する．高等動物の消化管に分泌されるタンパク質分解酵素の多くはこの型であり，トリプシンおよびキモトリプシン（chymotrypsin）が含まれる．この他トロンビン（thrombin），プラスミン（plasmin），エラスターゼ（elastase）およびズブチリシンはセリンプロテアーゼである．トリプシン，キモトリプシンおよびエラスターゼはアミノ酸配列と立体構造に類似点があり，進化学的には共通の祖先に由来する酵素群であると考えられている．

キモトリプシンによるペプチド結合の加水分解反応過程を図4.10に示した．Ser$_{195}$のヒドロキシル基の酸素原子がペプチド結合のカルボニル炭素原子を攻撃する．プロトンがSer$_{195}$からHis$_{57}$へ移動し

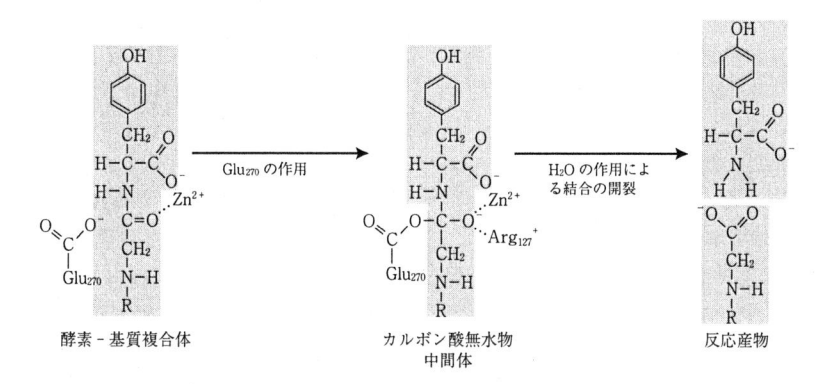

**図 4.9** カルボキシペプチダーゼAの反応機構(L. Stryer : Biochemistry, 3rd ed., p. 219, W. H. Freeman, 1988 より改作)
基質ペプチド（影をつけた部分）とGlu$_{270}$，Arg$_{127}$および酵素分子に結合しているZn$^{2+}$を示す．

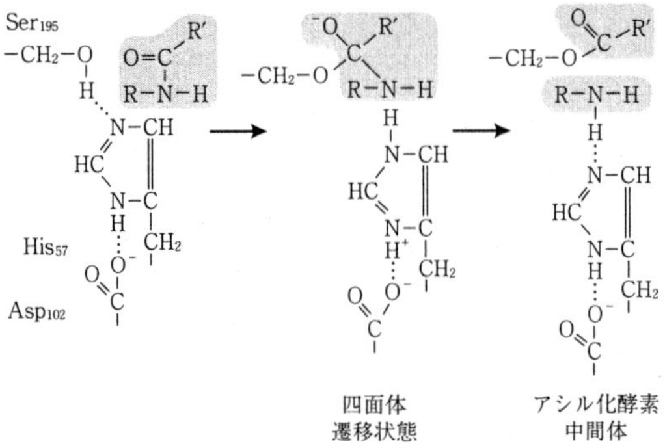

**図4.10** キモトリプシンによるペプチドの加水分解の第一段階（アシル化）(L. Stryer: Biochemistry, 3rd ed., p. 225, W. H. Freeman, 1988 より改作)
基質ペプチド（影をつけた部分）と活性中心のアミノ酸残基 $His_{57}$, $Asp_{102}$, $Ser_{195}$ を示す.

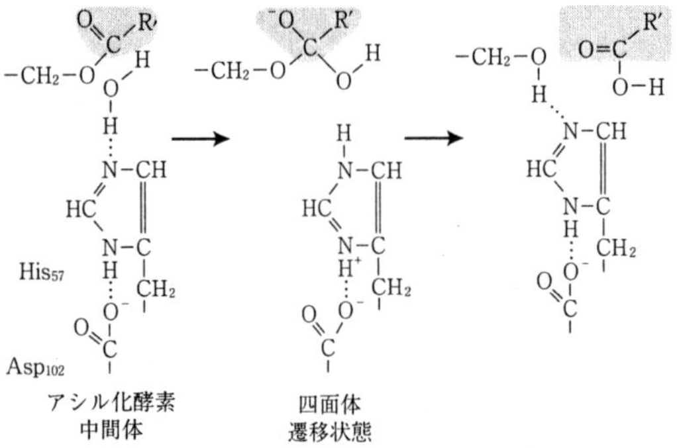

**図4.11** キモトリプシンによるペプチドの加水分解の第二段階（脱アシル化）(L. Stryer: Biochemistry, 3rd ed., p. 225, W. H. Freeman, 1988 より改作)

て反応中間体が形成される．このプロトンの移動は $Ser_{195}$-$His_{57}$-$Asp_{102}$ からなる電荷リレー系の存在によって促進される．$His_{57}$-$Asp_{102}$ の対によって蓄積されたプロトンがペプチド結合の窒素原子に供給される結果，ペプチド結合は開裂する．アミノ基は $His_{57}$ と水素結合し，カルボキシル基は $Ser_{195}$ とエステル結合している（アシル化中間体の形成）．アミノ基をもつ断片は拡散によって除去され，水分子がこれにとって代わる．電荷リレー系によって水からプロトンが引き抜かれ，生じた $OH^-$ イオンがカルボニル炭素原子を攻撃して反応中間体が生成する．$His_{57}$ がプロトンを $Ser_{195}$ の酸素原子に供給し，カルボキシル基を遊離させる．これで反応は一巡し，酵素は次のペプチド結合開裂反応を触媒できる状態になる（図4.11）．

チオールプロテアーゼ（thiol protease）は活性中心にシステイン残基があり，セリンプロテアーゼの活性中心におけるセリン残基に類似した役割を演じる．反応はチオールエステル中間体を経て進む．

この過程はシステイン残基の近傍に位置するヒスチジンの側鎖によって促進される．動物のカテプシンB（cathepsin B）とパパイヤのパパイン（papain）はその代表例である．この二つの酵素の活性中心付近のアミノ酸配列にはかなりの類似性がある．カテプシン群の酵素は動物細胞のリソソームに存在しており，細胞内タンパク質の代謝に関与していると考えられる．

カルボキシルプロテアーゼ（carboxyl protease）は酸性側に最適 pH をもち，活性中心にアスパラギン酸が存在するプロテアーゼである．ペプシン（pepsin），レニン（renin）およびキモシン（chymosin）がその代表例である．一般的には疎水性アミノ酸を含むペプチド結合を加水分解する傾向がある．

メタルプロテアーゼ（metal protease）は活性中心に金属原子を含んでおり，コラゲナーゼ（collagenase）およびサーモリシン（thermolysine）などがその代表例である．ロイシン，フェニルアラニンなどの疎水性アミノ酸残基の N 末端側のペプチド結合を効率よく切断する傾向がある．コラーゲン分子は三重らせん構造をとっているために通常のプロテアーゼによっては加水分解されないが，コラゲナーゼはこれを特異的に加水分解する．細菌性コラゲナーゼは例えば *Clostridium histolyticum*（ガス壊疽の病原菌）が産生する酵素で，この病原菌が宿主に侵入する際に結合組織の障壁を除去する役割をもつ．この酵素はコラーゲンに特有の一次構造であるグリシルプロリンをグリシンの N 末端側で加水分解する．

$$---X-Gly-Pro-Y---$$
細菌性コラゲナーゼ (*Clostridium histolyticum*)

もう一つの型である動物性コラゲナーゼは間質型コラーゲンにのみ作用し，コラーゲン分解代謝調節上の重要な役割を果たしていると考えられる．例えば変態過程にあるオタマジャクシの尾部や哺乳類の妊娠後の子宮内など速やかな再編成を行っている組織では，コラゲナーゼ活性が高い．オタマジャクシのコラゲナーゼの特異性はきわめて明確であって，1,000個のアミノ酸残基が並ぶ3本のトロポコラーゲン（tropocollagen）の750番目のアミノ酸残基の近傍の単一の位置で切断する．すなわち長さが全長の1/4と3/4の断片が生成する．*Bacillus thermoproteolyticus* が産生するサーモリシンは，中性付近に最適 pH をもち，熱，有機溶媒，および尿素には非常に安定な酵素である．活性中心には一つ

の亜鉛原子とヒスチジン残基がある．

### b. タンパク質分解酵素の生理的役割

プロテアーゼの生理的役割は非常に多様である．動物の消化管内に分泌されるプロテアーゼは外部から取り込まれたタンパク質を栄養素として吸収するために加水分解を行う．消化管や血液中で起こるチモーゲン（zymogen）（酵素の前駆体）の活性化反応，および細胞内で起こる生物活性ポリペプチド前駆体の活性化反応あるいは活性型分子の不活性化反応は特異的なポリペプチド加水分解反応であり，このような調節機構においてプロテアーゼは重要な役割を果たしている．カテプシン群のプロテアーゼは細胞内のリソソームにあってタンパク質の分解除去過程を担っている．分泌性タンパク質や膜内在性タンパク質は細胞内で前駆体として合成された後，脂質二重層を通過する際，シグナルペプチド（signal peptide）とよばれるN末端側の短いペプチドがシグナルペプチダーゼ（signal peptidase）によって除去され，成熟したポリペプチドが生成する．

### c. 動物の消化管におけるタンパク質の分解

タンパク質は動物の消化管に取り込まれると，胃および膵臓から分泌されるタンパク質分解酵素によって加水分解される．これらの酵素は必要とされるときまで不活性な形（チモーゲン）で蓄えておかれる．こうすると活性型の酵素を蓄えた場合，その細胞あるいは組織自身が損傷を受けることを回避できる．チモーゲンはそれが蓄えられていた細胞から消化管へ放出され，活性化される（表4.3）．チモーゲンは通常そのペプチド鎖が二つまたはそれ以上の断片に酵素的に切断され，それらが再度折りたたまれて特異的なコンホメーションをとることで活性化される．例えば，膵液に含まれるキモトリプシノーゲン（chymotrypsinogen）は245個のアミノ酸残基からなる単一のポリペプチドで不活性型（チモーゲン）である．トリプシンおよびキモトリプシンによる限定分解を経てポリペプチドのコンホメーションが変化し活性中心が構築されて活性なキモトリ

**表4.3 消化酵素の活性型と不活性型**

| 器官 | 不活性型 | 活性型 |
|---|---|---|
| 胃 | ペプシノーゲン | ペプシン |
| 膵臓 | トリプシノーゲン | トリプシン |
| 膵臓 | キモトリプシノーゲン | キモトリプシン |
| 膵臓 | プロカルボキシペプチダーゼ | カルボキシペプチダーゼ |
| 膵臓 | プロエラスターゼ | エラスターゼ |

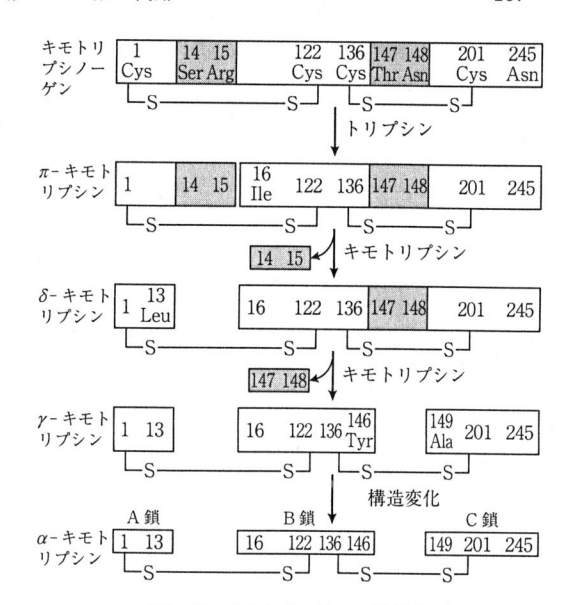

**図4.12 キモトリプシンの活性化**

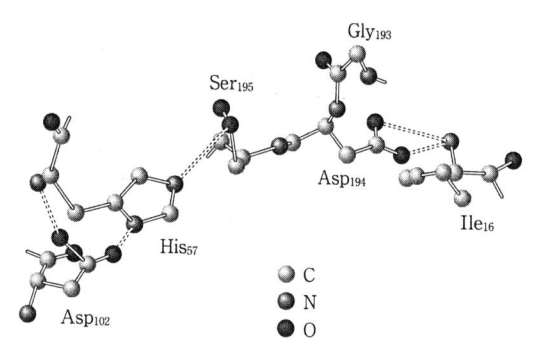

**図4.13 α-キモトリプシンの活性中心**（D. M. Blow and T. A. Steitz: *Ann. Rev. Biochem.* **39**: 86, 1970 より改作）

プシンが生成する（図4.12）．π-キモトリプシンは最も活性が高く，δ-キモトリプシンはこれより活性が低く，γ-キモトリプシンはさらに活性が低い．α-キモトリプシンはγ-キモトリプシンと同程度の活性である．キモトリプシンの活性中心にはA鎖上のIle$_{16}$，B鎖状のHis$_{57}$およびAsp$_{102}$，C鎖上のGly$_{193}$，Asp$_{194}$およびSer$_{195}$などが含まれている（図4.13）．酵素分子のX線結晶解析の結果，これらのアミノ酸残基は活性な酵素分子内ではポリペプチド鎖が折りたたまれるために互いにきわめて近い位置にあることが明らかにされた．

タンパク質の分解はまず胃で始まる．ここで作用する主なタンパク質分解酵素はペプシンである．ペプシンはブタでは分子質量34 kDaのタンパク質で胃粘膜の細胞からペプシノーゲン（pepsinogen）として分泌される．ペプシノーゲンは分子質量39 kDaの単一ポリペプチドで，pH 1〜2でペプシン

自身の分解作用によってN末端側の44個のアミノ酸残基が脱落して活性型であるペプシンに変換される．ペプシンはかなり広い基質特異性をもっているが，芳香族アミノ酸，メチオニンおよびロイシンを含むペプチド結合を優先的に加水分解する傾向がある．ペプシンによる加水分解の段階では遊離のアミノ酸はほとんど生成しない．

小腸に分泌される膵液はトリプシノーゲン (trypsinogen)，キモトリプシノーゲン，プロカルボキシペプチダーゼ (procarboxypeptidase) AおよびB，プロエラスターゼ (proelastase) を含んでいる．トリプシノーゲンは分子質量24 kDa，エンテロキナーゼ (enterokinase) の作用でN末端側のヘキサペプチド (hexapeptide) が脱落して活性型であるトリプシンに変換される．トリプシンはアルギニンとリシンのカルボキシル基を含むペプチド結合を加水分解する（図4.14）．キモトリプシノーゲン（分子質量24 kDa）はすでに述べた機構でキモトリプシンに変換される．キモトリプシンは芳香族アミノ酸のカルボキシル基を含んでいるペプチド結合を加水分解する．カルボキシペプチダーゼA（分子質量34 kDa）はC末端のアミノ酸残基が芳香族あるいは大きい脂肪族側鎖をもつ場合に，そのアミノ基を含んでいるペプチド結合を効率よく加水分解する．ただし，アミノ酸残基の種類によっては加水分解できない場合がある（図4.15）．カルボキシペプチダーゼBはC末端のアルギニンまたはリシン残基を切り離す．

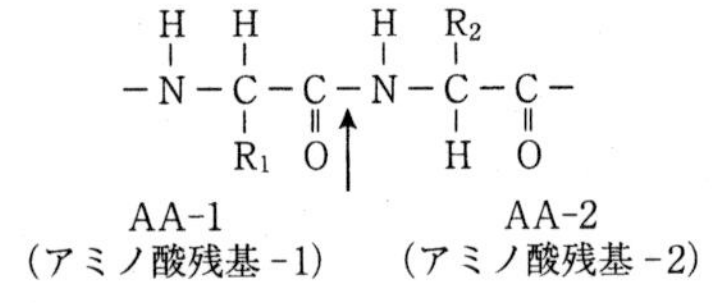

これらのタンパク質分解酵素が作用した結果，タンパク質は短いペプチドと遊離アミノ酸に変換される．短いペプチドは小腸粘膜から分泌されるペプチダーゼ（例えばロイシンアミノペプチダーゼ）によって遊離のアミノ酸にまで分解され，このようにして生成した遊離のアミノ酸は血液中に吸収されて肝臓に運ばれ，さらに代謝される．

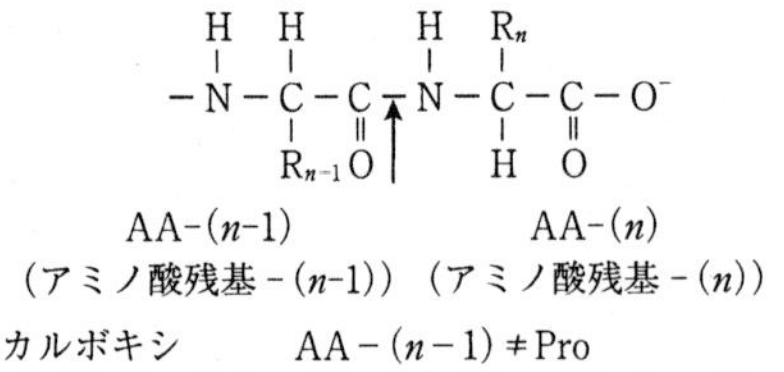

### d. 細胞内におけるタンパク質の分解

タンパク質にはそれぞれ寿命があり，細胞はタンパク質を合成する一方でタンパク質の分解を行うという過程を常にくり返している．これはタンパク質を継続的に入れ換えることで細胞内に異常な，あるいは外来のタンパク質が蓄積することを防ぎ，また細胞が恒常的に必要とする生理的機能の維持と生育環境や生理状態の変動に対する適切な対応を可能にする．こうしてさまざまなタンパク質の細胞内レベルは合成と分解のバランスをとることによって特異的に制御されている．細胞は，正常な生化学的機能を妨害する恐れがある異常なタンパク質分子を特異的に分解するシステムをもっている．細胞内では化学的修飾，変性または遺伝子および遺伝子発現過程の異常のために正常でないタンパク質が生じる．これらは正常な分子に比べて著しく寿命が短く速やかに分解されて細胞内から排除される．

**1) リソソームによる細胞内タンパク質の分解**

リソソーム (lysosome) にはタンパク質，多糖類，脂質および核酸を加水分解する酵素が含まれており，内部はpH5程度に保たれている．タンパク質分解酵素のうちエンドペプチダーゼとしては，カテプシンB，D，G，HおよびLがある．カテプシンB，HおよびLはチオールプロテアーゼ，カテプシンDはカルボキシルプロテアーゼで，いずれも酸性側に最適pHをもつ．セリンプロテアーゼであるカテプシンGは最適pHが7.5であり，他の酵素とは大きく異なる．エキソペプチダーゼとしてはカルボキシペプチダーゼAおよびBがある．またカテプシンHはエキソペプチダーゼ活性を示す．アミノ酸欠乏のために細胞が低栄養状態に陥ったり，グルカゴン (glucagon) の存在下では細胞内のタンパク質のうち，主として長寿命のタンパク質の加水分解がリソソームで活発に行われるようになり，生じたアミノ酸はタンパク質生合成に再利用される．

リソソームのタンパク質分解酵素群のほとんどは最適pHが酸性側にあるため，これらの酵素は細胞質に漏れても不活性となり細胞質タンパク質を偶発

```
       H  H      H  R₂
     - N -C -C - N -C -C -
          |  ‖      |  ‖
          R₁ O      H  O
       AA-1           AA-2
    (アミノ酸残基-1)  (アミノ酸残基-2)
```

| | |
|---|---|
| ペプシン | AA-1 = Phe, Trp, Tyr, Met, Leu |
| トリプシン | AA-1 = Lys, Arg |
| キモトリプシン | AA-1 = Phe, Trp, Tyr |

**図4.14** 消化管に分泌されるエンドペプチダーゼの基質特異性

```
       H  H        H  Rₙ
     - N -C -C -  N -C -C - O⁻
          |  ‖        |  ‖
          Rₙ₋₁ O      H  O
       AA-(n-1)         AA-(n)
    (アミノ酸残基-(n-1))  (アミノ酸残基-(n))
```

| | |
|---|---|
| カルボキシ ペプチダーゼA | AA-(n-1) ≠ Pro<br>AA-(n) ≠ Arg, Gly, Lys, Pro |
| カルボキシ ペプチダーゼB | AA-(n-1) ≠ Pro<br>AA-(n) = Arg, Lys |

**図4.15** 消化管に分泌されるカルボキシペプチダーゼの基質特異性

的に加水分解することは防止される．リソソームは細胞内タンパク質を取り込んだオートファゴソーム（autophagosome）と融合し，これらのタンパク質を分解する．エンドサイトーシス（endocytosis）によって細胞内に取り込まれたタンパク質も類似した過程で加水分解される．エンドサイトーシスによって細胞が外界から取り込んだタンパク質はファゴソーム（phagosome）（貪食胞）に保持される．また細胞内のタンパク質はオートファゴソームに取り込まれる．ファゴソームおよびオートファゴソームはリソソームと融合して，それぞれに取り込まれていたタンパク質が分解される．

### 2) 非リソソーム系によるタンパク質の分解

網状赤血球はリソソームをもたないが，細胞質にはATPに依存したタンパク質分解活性が存在することが明らかにされた．この分解活性はリソソームによるものではない．このようなタンパク質分解系はリソソームとは異なり，基質であるタンパク質と常に接触しているため，分解されるべきタンパク質分子をそれ以外から厳密に選別して印をつける機構が必要である．76個のアミノ酸残基からなる小さい球状タンパク質であるユビキチン（ubiquitin,

Ub）がその過程を仲介する．Ubはさまざまな生物，例えばヒト，ウシ，マスにおいてそのアミノ酸配列が保存されており，ヒトと酵母の間でさえわずか三つのアミノ酸残基が異なるのみである．

Ubは次のようにして標的タンパク質に結合する．1分子のUbが1分子のATPの加水分解を伴った反応でUb活性化酵素（E1）にAMPを介して結合する（図4.16）．さらに1分子のUbのC末端のカルボキシル基がE1の－SH基とのチオエステル（thioester）結合を介してUb活性化酵素E1-AMP-Ub複合体に結合する．この反応にも1分子のATPの加水分解が必要である．チオエステル結合で複合体に結合していたUbはUbキャリヤータンパク質（E2）の－SH基に伝達され，チオエステル結合する．こうして活性化されたUbはE2から標的タンパク質のLys残基の$\varepsilon$-アミノ基に転移し，イソペプチド結合（isopeptide bond）を形成する．この反応はUb-タンパク質リガーゼ（E3）によって触媒される．E3は分解の対象となる標的タンパク質を選別する役割も担っている．E3が触媒する反応によって標的タンパク質1分子には20分子ものUbが直列に結合する．このような多重Ub化はUb

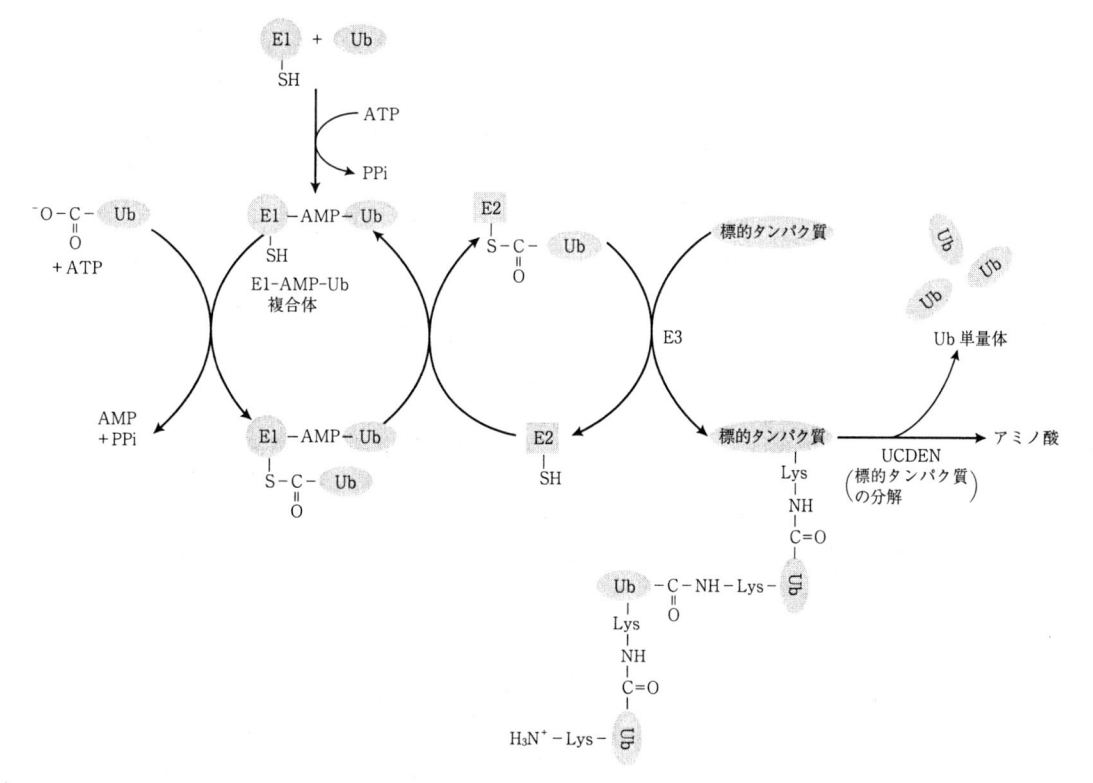

**図4.16** ユビキチン回路 （F. J. Doherty and R. J. Mayer : Intracellular Protein Degradation, p. 24, IRL Press, 1992 より改作）
Ub：ユビキチン，E1：ユビキチン活性化酵素，E2：ユビキチンキャリヤータンパク質，E3：ユビキチンタンパク質リガーゼ

自身のLys₄₈のε-アミノ基が隣接するUbのC末端カルボキシル基とイソペプチド結合を形成することによって起こる．こうして多重Ub化されたタンパク質は巨大なプロテアーゼ複合体（proteasome）によって加水分解される．このプロテアーゼ複合体は網状赤血球から単離され，26Sプロテアソーム（proteasome），メガパイン（megapain）またはUCDEN（Ub conjugate degrading enzyme）とよばれる．UCDENは分子質量1,000 kDaであって，特異性の異なる多様なプロテアーゼをサブユニットとして多数含んでいる．UCDENは多重Ub化されたタンパク質をATPに依存して速やかに加水分解するが，Ubが結合していないタンパク質にはほとんど作用しない．

細胞質にはこの他にもさまざまなタンパク質分解活性が知られている．その一つであるカルパイン（calpain）はカルシウム依存性のプロテアーゼで血小板および好中球の活性化に関与している．好中球の活性化過程でカルパインはプロテインキナーゼCを部分分解して活性化する．また記憶の調節機構や細胞骨格を構成するタンパク質の分解に関与している．これらの作用からこの酵素はタンパク質を分解してアミノ酸を生成するのではなく，調節的な役割を果たしているものと考えられている．

### e. アミノ酸の分解 ── 脱アミノ反応

生体内では過剰のアミノ酸は，蓄えられることなく分解されてエネルギー源として利用される．アミノ酸からα-アミノ基がα-ケトグルタル酸に転移され，α-ケト酸とグルタミン酸が生成する反応を触媒する酵素はアミノトランスフェラーゼ（aminotransferase）と総称されるが，アスパラギン酸アミノトランスフェラーゼ（aspartate aminotransferase）およびアラニンアミノトランスフェラーゼ（alanine aminotransferase）がよく知られており，これらはそれぞれアスパラギン酸およびアラニンのα-アミノ基がα-ケトグルタル酸に転移する反応を触媒する（図4.17）．ここで生じたグルタミン酸はグルタミン酸デヒドロゲナーゼ（glutamate dehydrogenase）によって触媒される反応を経て酸化的脱アミノを受け，α-ケトグルタル酸とアンモニアに分解される（図4.18）．このようにアミノ酸のα-アミノ基はα-ケトグルタル酸への転移を経てアンモニアに変換される．

ピリドキサールリン酸（pyridoxal phosphate）（ピリドキシンの誘導体）はアミノトランスフェラーゼの補酵素である．アミノ酸のα-アミノ基転移反応の過程でピリドキサールリン酸（PLP）は次頁に示すようにアミノ酸に由来するアミノ基と結合して，一時的にピリドキサミンリン酸（pyridoxamine phosphate, PMP）に変換される．基質のアミノ酸が存在しないときはPLPはアミノトランスフェラーゼの活性部位にある特定のリシン（Lys）残基のε-アミノ基とシッフ塩基結合している．基質アミノ酸が存在すると活性中心のリシン残基のε-アミノ基は置換されてPLPはそのアミノ基とシッフ塩基結合をする（図4.19）．PMPからアミノ基が別のα-ケト酸に転移してα-アミノ酸が生成し，生じたPLPは再びアミノトランスフェラーゼの活性中心にあるリシンのε-アミノ基とシッフ塩基結合する．

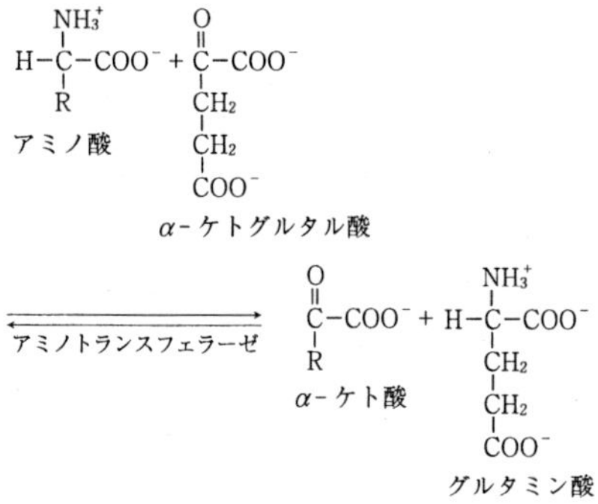

### f. 尿素回路

脱アミノを経てアミノ酸から生じたNH₄⁺のうち一部は窒素化合物の生合成に利用される．大部分の陸生動物では過剰のNH₄⁺は尿素回路を経て尿素に変換されて排出される（図4.20）．

アルギニンは加水分解されて尿素とオルニチンを生成する．この反応はアルギナーゼ（arginase）によって触媒される．尿素の二つのNのうち一方はアスパラギン酸に，他方はNH₄⁺に由来する．カル

図4.17 アミノ酸の脱アミノ反応

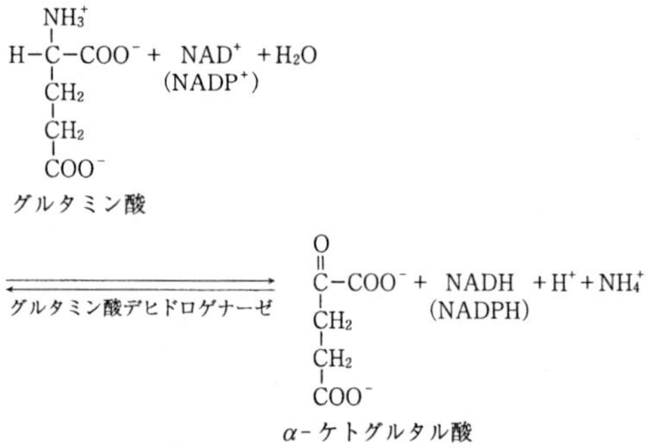

図4.18 グルタミン酸の酸化的脱アミノ反応

4.5 タンパク質，アミノ酸の代謝

**図4.19** アミノ基転移の反応機構

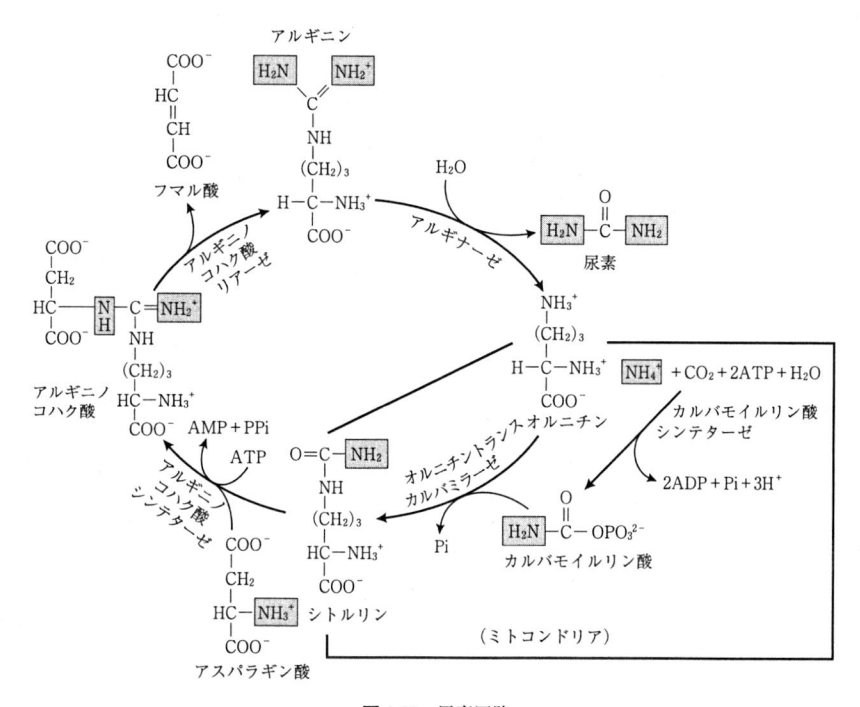

**図4.20** 尿素回路

バモイルリン酸（carbamoyl phosphate）のカルバモイル基がオルニチンに転移してシトルリンが生成する．この反応はオルニチントランスカルバミラーゼ（ornithine transcarbamylase）によって触媒される．カルバモイルリン酸はカルバモイルリン酸シンテターゼ（carbamoyl-phosphate synthetase）が触媒する反応によって$NH_4^+$, $CO_2$, $H_2O$から合成される．カルバモイルリン酸シンテターゼはその活性に$N$-アセチルグルタミン酸を必要とする酵素である．アルギニノコハク酸シンテターゼ（argininosuccinate synthetase）はシトルリンとアスパラギン酸の縮合反応を触媒し，アルギニノコハク酸を生成する．この合成反応はATPの加水分解によって推進される．アルギニノコハク酸リアーゼ（argininosuccinate lyase）はアルギニノコハク酸をアルギニンとフマル酸に開裂させる．尿素回路で行われる反応の全体は次のように表すことができる．

$CO_2 + NH_4^+ + 3ATP +$ アスパラギン酸 $+ H_2O$
$\longrightarrow$ 尿素 $+ 2ADP + 2Pi + AMP + PPi +$ フマル酸

尿素回路においてはアルギニノコハク酸からフマル酸が生成する反応が起こる．一方，TCA回路ではフマル酸はリンゴ酸へ，さらにオキサロ酢酸へと変換されるので尿素回路とTCA回路は連結されている．

### g. アミノ酸の炭素骨格の分解

アミノ酸の炭素骨格は代謝中間物質であるピルビン酸，アセチルCoA，アセトアセチルCoA，クエン酸，α-ケトグルタル酸，スクシニルCoA，フマル酸，オキサロ酢酸に変換され，最終的にはグルコースに変換されるか，またはTCA回路で酸化される（図4.21）．分解されてアセチルCoAまたはアセト酢酸を生じるアミノ酸はケト原性アミノ酸（ketogenic）とよばれる．これはアセチルCoAおよびアセト酢酸はケトン体（ketone body）を生成するからである．一方，分解されてピルビン酸，α-ケトグルタル酸，スクシニルCoA，フマル酸またはオキサロ酢酸を生じるアミノ酸は糖原性アミノ酸（glycogenic amino acid）とよばれる．それはこれらの代謝生成物がホスホエノールピルビン酸を経てグルコースを生成するからである．ロイシンはケト原性アミノ酸，イソロイシン，リシン，フェニルアラニン，トリプトファン，チロシンはケト

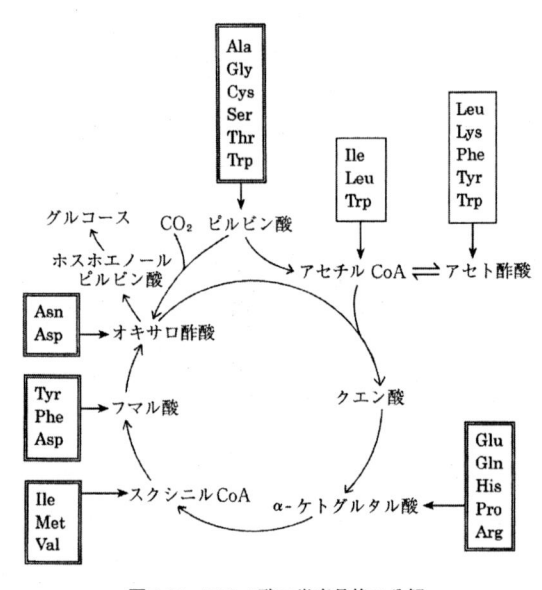

**図4.21** アミノ酸の炭素骨格の分解
☐で囲んだアミノ酸はケト原性，☐で囲んだアミノ酸は糖原性を示す．

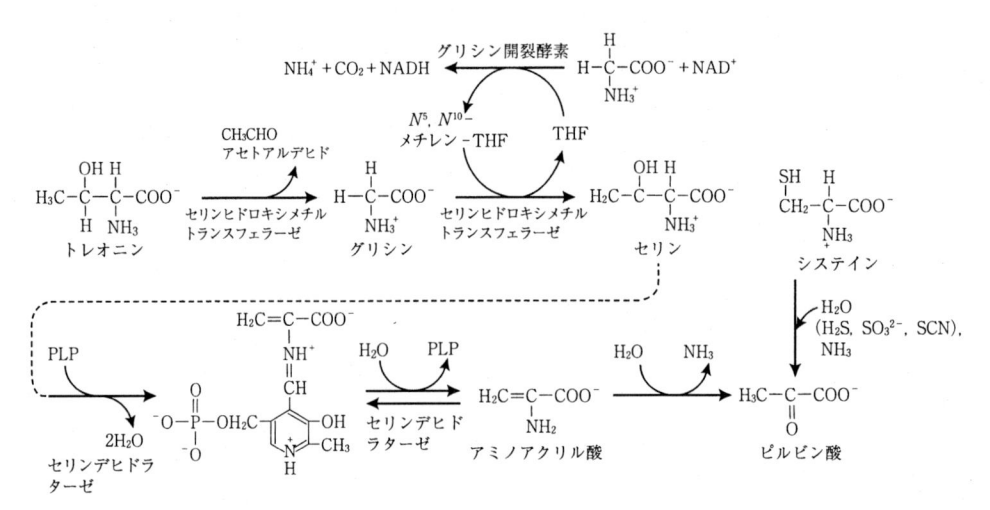

**図4.22** セリンおよびトレオニンの脱アミノ化（D. Voet and J. G. Voet：Biochemistry, p. 687, John Wiley & Sons, 1990より改作）

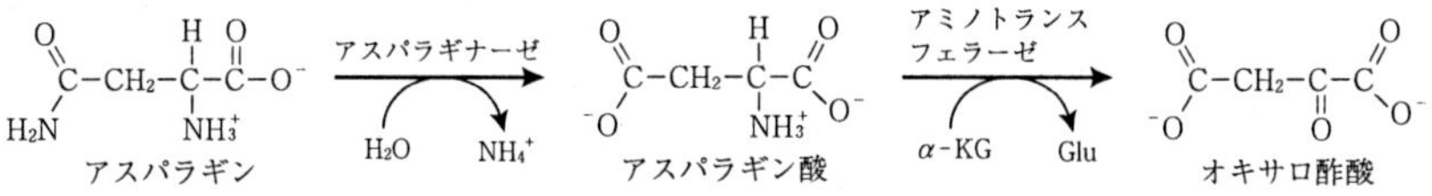

4.5 タンパク質, アミノ酸の代謝

図4.23 アスパラギンおよびアスパラギン酸の分解

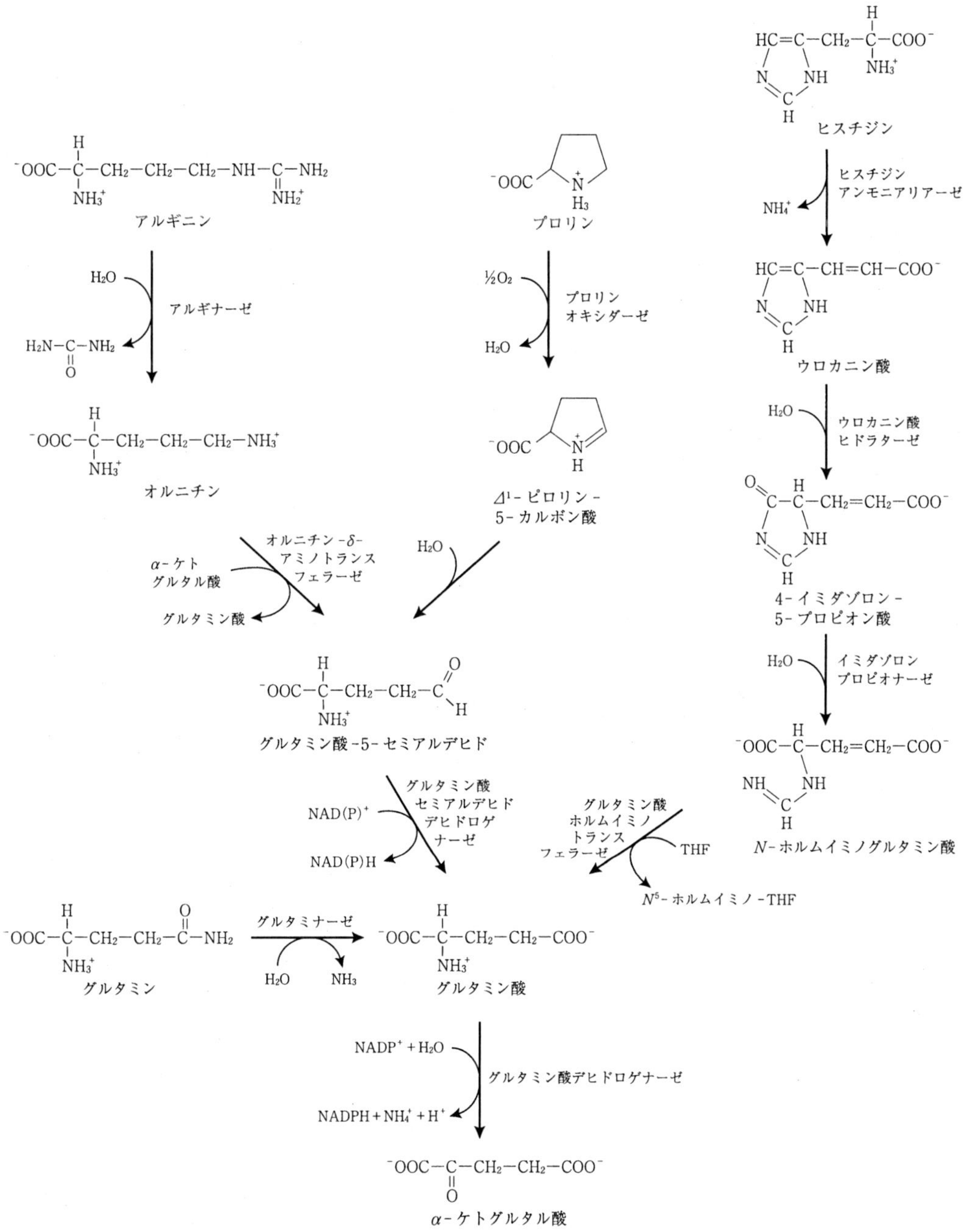

図4.24 アルギニン, グルタミン酸, グルタミン, ヒスチジン, プロリンからα-ケトグルタル酸への分解経路

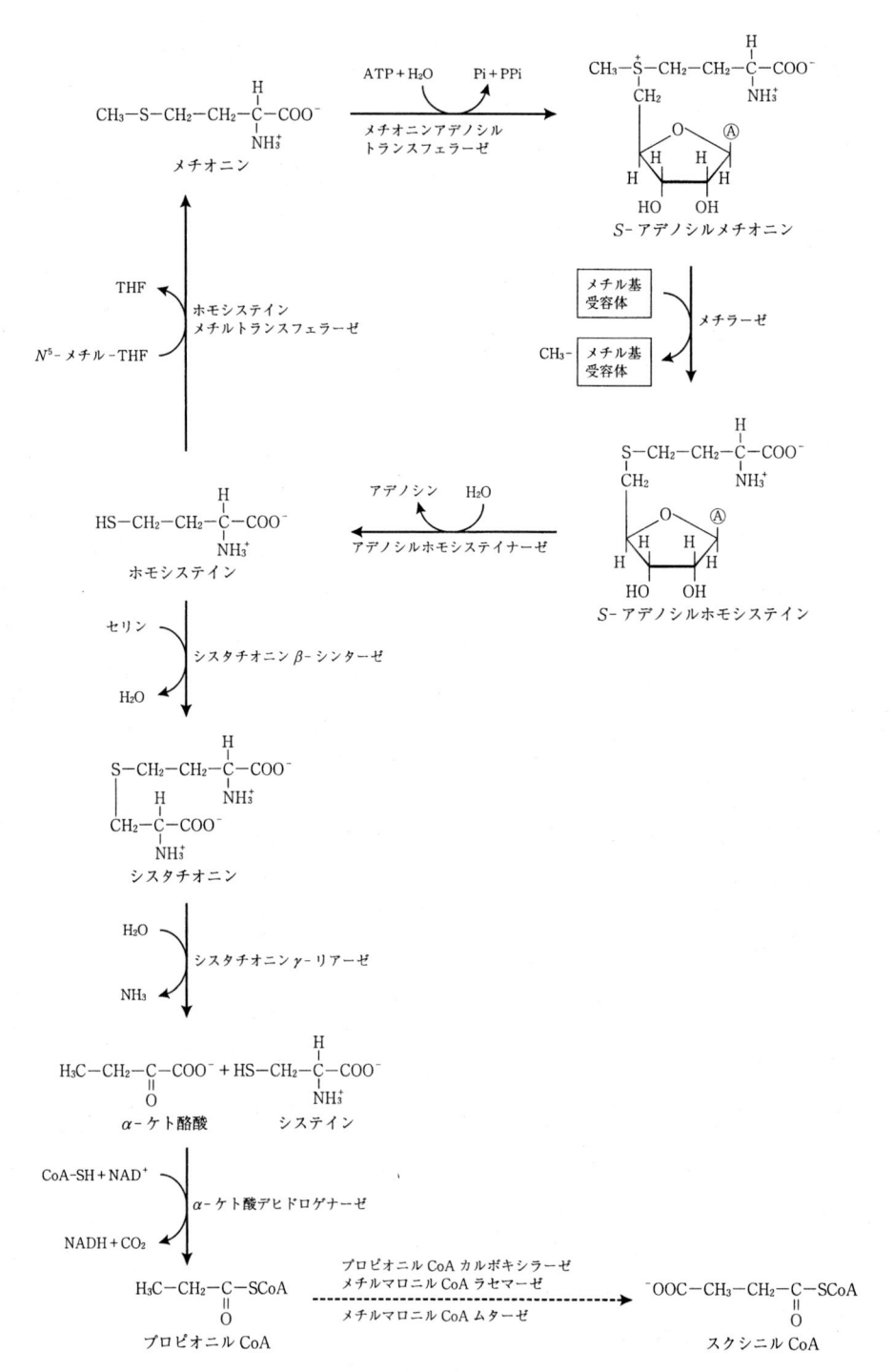

**図 4.25** メチオニンの分解経路（D. Voet and J. G. Voet : Biochemistry, p. 692, John Wiley & Sons, 1990 より改作）

## 4.5 タンパク質，アミノ酸の代謝

(A) イソロイシン：$R_1=CH_3-$, $R_2=CH_3-CH_2-$
(B) バリン　　　：$R_1=CH_3-$, $R_2=CH_3-$
(C) ロイシン　　：$R_1=H-$, $R_2=(CH_3)_2CH-$

$\alpha$-ケトグルタル酸 / グルタミン酸　分岐鎖アミノ酸トランスフェラーゼ

(A) $\alpha$-ケト-$\beta$-メチル吉草酸
(B) $\alpha$-ケトイソ吉草酸
(C) $\alpha$-ケトイソカプロン酸

$NAD^+ + CoA-SH$ / $NADH + CO_2$　$\alpha$-ケトイソ吉草酸デヒドロゲナーゼ

(A) $\alpha$-メチルブチリル CoA
(B) イソブチリル CoA
(C) イソバレリル CoA

FAD / $FADH_2$　アシル CoA デヒドロゲナーゼ

(A) チグリル CoA
(B) メチルアクリリル CoA
(C) $\beta$-メチルクロトニル CoA

$H_2O$　エノイル CoA ヒドラターゼ　→　$\alpha$-メチル-$\beta$-ヒドロキシブチリル CoA

$H_2O$　エノイル CoA ヒドラターゼ　→　$\beta$-ヒドロキシブチリル CoA

$ATP + CO_2 + H_2O$ / $ADP + Pi$　$\beta$-メチルクロトニル CoA カルボキシラーゼ　→　$\beta$-メチルグルタコニル CoA

$NAD^+$ / NADH　$\beta$-ヒドロキシアシル CoA デヒドロゲナーゼ　→　$\alpha$-メチルアセトアセチル CoA

$H_2O$ / CoA-SH　$\beta$-ヒドロキシブチリル CoA ヒドロラーゼ　→　$\beta$-ヒドロキシイソ酪酸

$H_2O$　$\beta$-メチルグルタコニル CoA ヒドラターゼ　→　$\beta$-ヒドロキシ-$\beta$-メチルグルタリル CoA

$NAD^+$ / NADH　$\beta$-ヒドロキシイソ酪酸デヒドロゲナーゼ　→　メチルマロン酸セミアルデヒド

$\beta$-ヒドロキシ-$\beta$-メチルグルタリル CoA リアーゼ　→　アセチル CoA ＋ アセト酢酸

CoA-SH　アセチル CoA アセチルトランスフェラーゼ　→　アセチル CoA

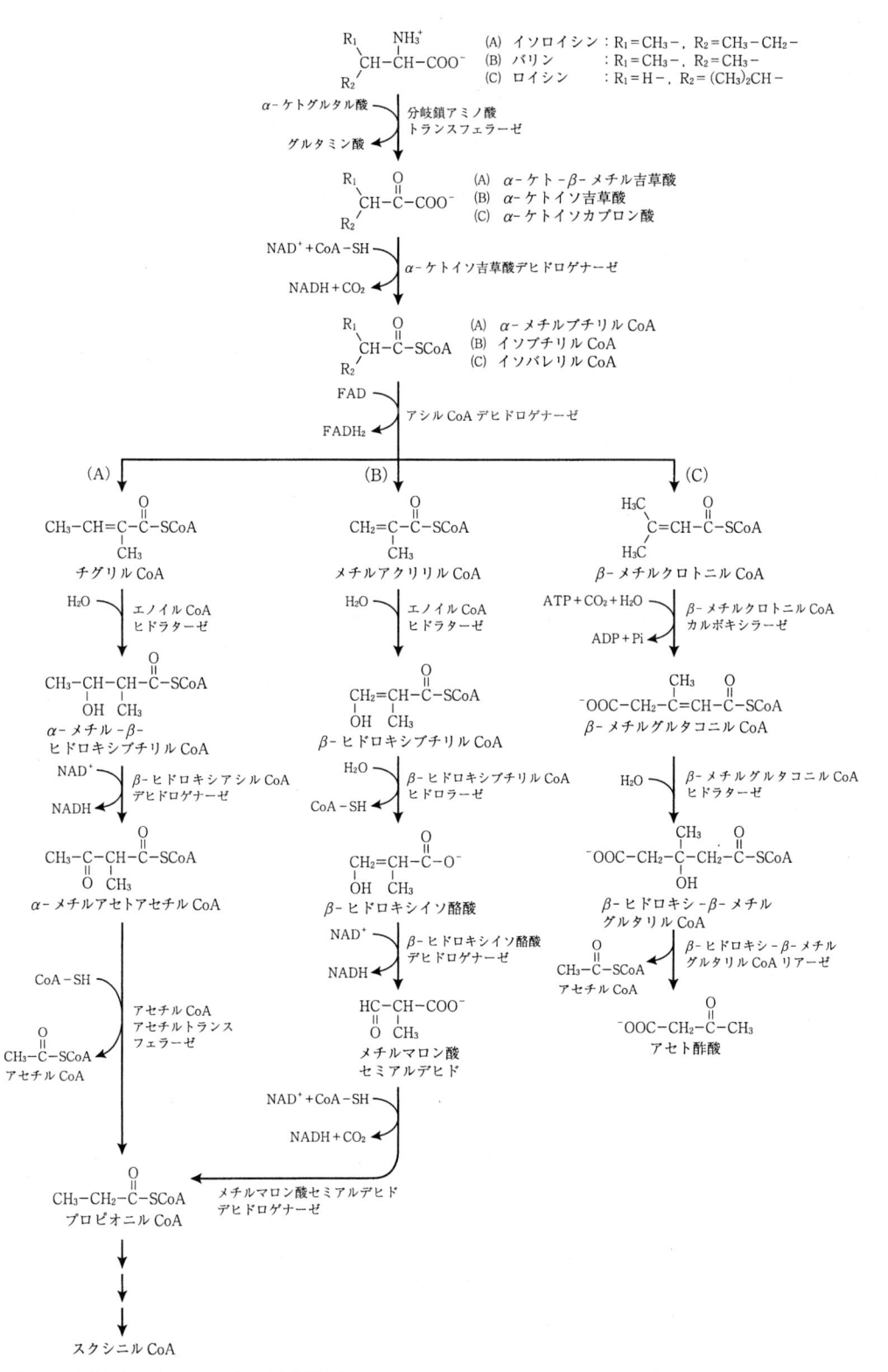

$NAD^+ + CoA-SH$ / $NADH + CO_2$　メチルマロン酸セミアルデヒドデヒドロゲナーゼ　→　プロピオニル CoA　→→→　スクシニル CoA

**図4.26** 分岐側鎖をもつアミノ酸の分解経路（D. Voet and J. G. Voet : Biochemistry, p. 693, John Wiley & Sons, 1990 より改作）

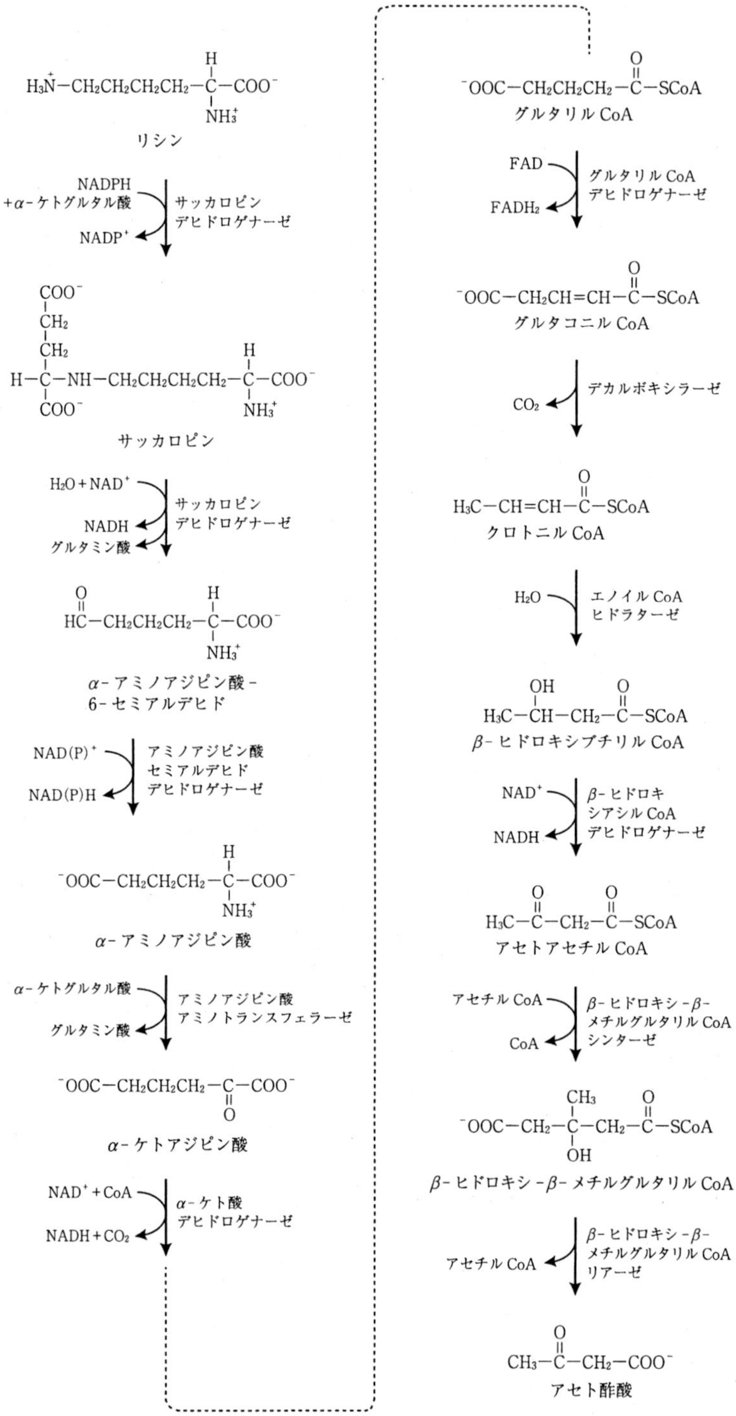

**図4.27** 哺乳類の肝臓におけるリシンの分解経路 (D. Voet and J. G. Voet : Biochemistry, p. 694, John Wiley & Sons, 1990 より改作)

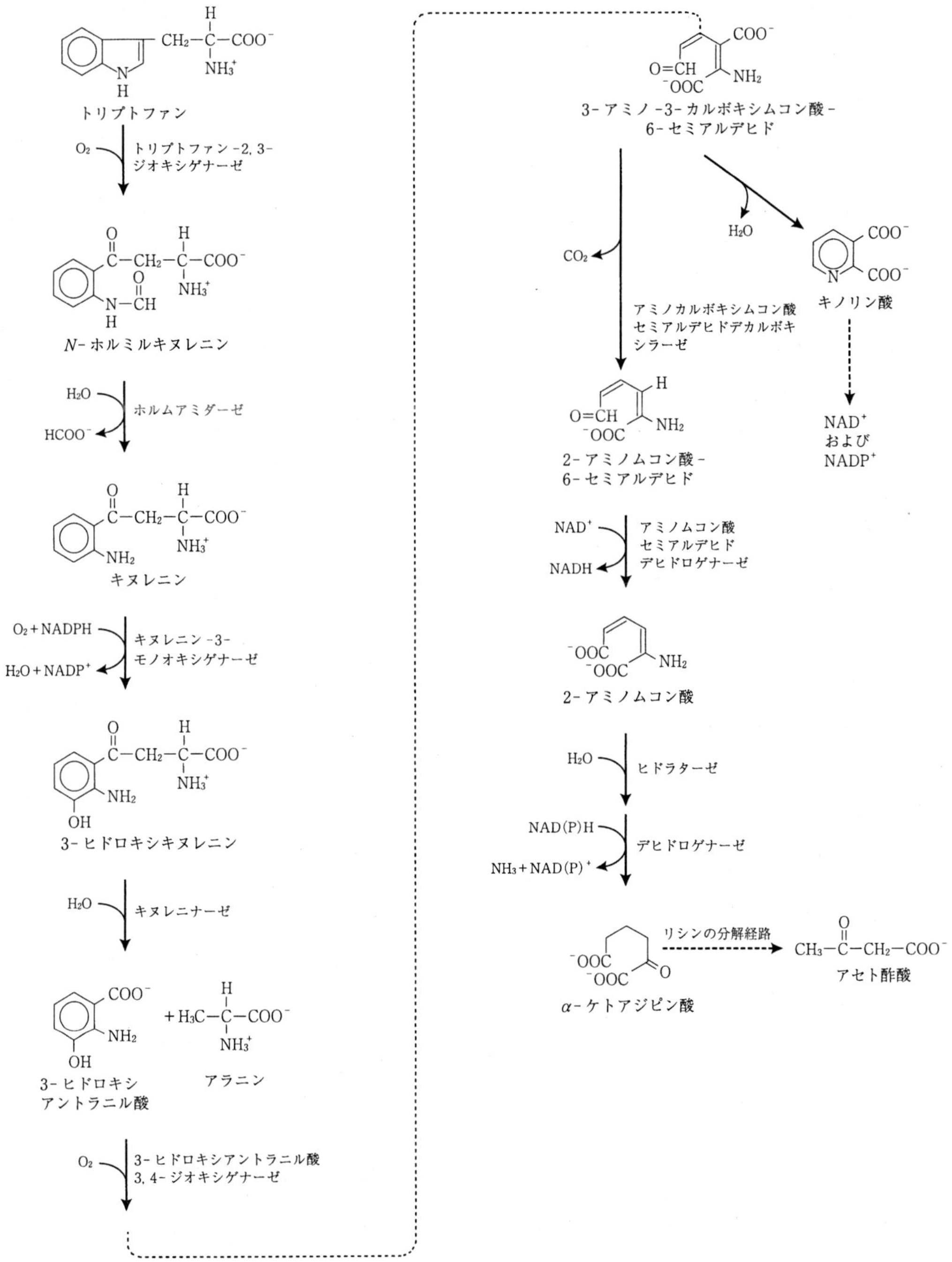

**図 4.28** トリプトファンの分解経路（D. Voet and J. G. Voet：Biochemistry, p. 695, John Wiley & Sons, 1990 より改作）

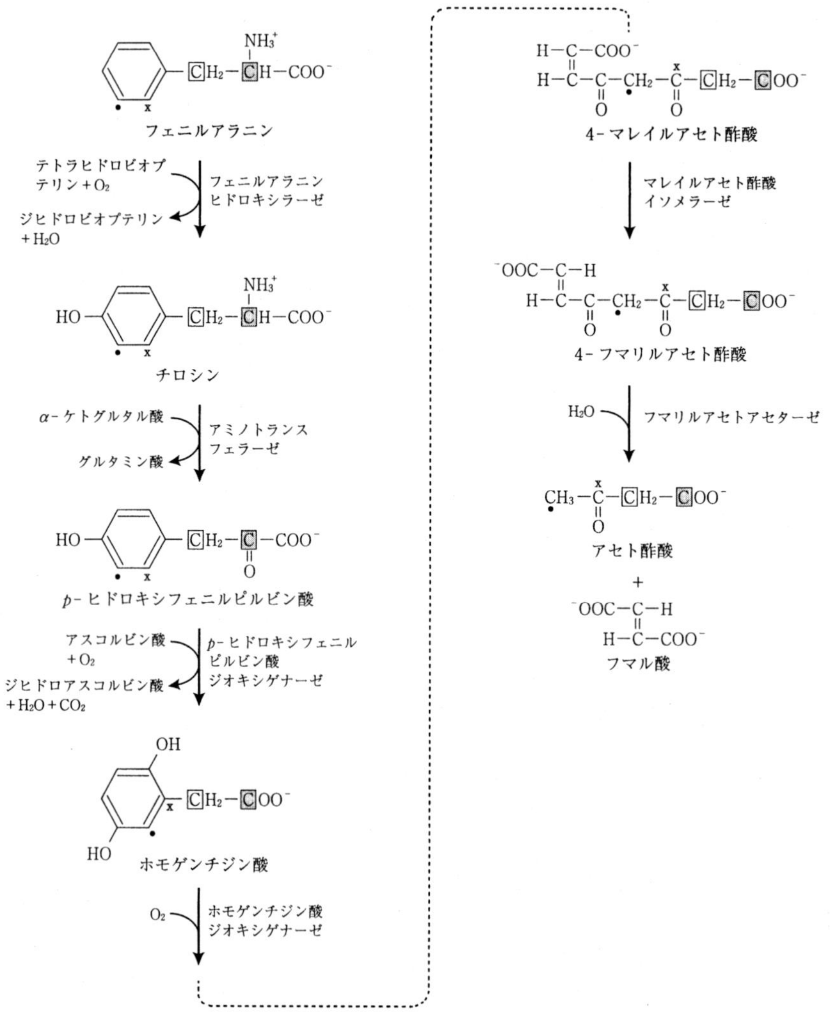

**図 4.29** フェニルアラニン・チロシンの分解経路（D. Voet and J. G. Voet : Biochemistry, p. 697, John Wiley & Sons, 1990 より改作）

原性であり同時に糖原性でもある．アラニン，グリシン，システイン，セリン，トレオニン，グルタミン酸，グルタミン，ヒスチジン，プロリン，アルギニン，アスパラギン酸，アスパラギン，メチオニン，バリンは糖原性である．アラニン，グリシン，システイン，セリンおよびトレオニンは分解されてピルビン酸を生じる．セリンデヒドラターゼ（serine dehydratase），アラニンアミノトランスフェラーゼ，セリンヒドロキシメチルトランスフェラーゼ（serine hydroxymethyltransferase）はPLPを補酵素とする．セリンおよびトレオニンは図4.22に示す経路で分解される．システインは種々の経路で酸化されるが，そのうちの一つが加水分解と脱硫化を受けてピルビン酸を生成する反応である．SH基は$H_2S$, $SO_3^{2-}$, SCNとなる．セリンヒドロキシメチルトランスフェラーゼは$N^5$, $N^{10}$-メチレン-テトラヒドロ葉酸（$N^5$, $N^{10}$-methylene-tetrahydrofolate, $N^5$, $N^{10}$-メチレン-THF）を$C_1$を供給する補助因子として用いる．ここで生じたテトラヒドロ葉酸（THF）はグリシン開裂酵素（グリシンシンターゼ）（glycine cleavage enzyme あるいは glycine synthase）によって触媒されるグリシン分解経路で再び$N^5$, $N^{10}$-メチレン-THFに変換される．グリシン開裂酵素は4種類の酵素タンパク質を含む多酵素複合体である．トレオニンはセリンヒドロキシメチルトランスフェラーゼによってアセトアルデヒドとグリシンに分解される．アセトアルデヒドはアセチルCoAに，またグリシンはセリンを経てピルビン酸に変換される（図4.22）．アスパラギンとアスパラギン酸は分解されてオキサロ酢酸を生じる（図4.23）．アルギニン，グルタミン酸，グルタミン，ヒスチジン，プロリンは分解されて

α-ケトグルタル酸を生じる(図4.24).アルギニン,グルタミン,ヒスチジン,プロリンはグルタミン酸を経由して分解される.メチオニンは分解されてスクシニル CoA を生じる.分解は S-アデノシルメチオニンを経由して進み,α-ケト酪酸とシステインが生じる.α-ケト酪酸はさらにスクシニル CoA に変換される(図4.25).シスタチオニン β-シンターゼ (cystathionine β-synthase) とシスタチオニン γ-リアーゼ (cystathionine γ-lyase) は PLP を補酵素とする.またホモシステインメチルトランスフェラーゼ (homocysteine methyltransferase) とメチルマロニル CoA ムターゼ (methylmalonyl-CoA mutase) は $B_{12}$ 補酵素に依存する酵素である.バリンとイソロイシンは,それぞれイソブチリル CoA および α-メチルブチリル CoA を経てプロピオニル CoA に分解され,さらにスクシニル CoA に変換される.ロイシンが分解されると β 酸化およびケトン体合成によってアセチル CoA とアセト酢酸が生じる(図4.26).β-メチルクロトニル CoA カルボキシラーゼ (β-methylcrotonyl-CoA carboxylase) はビオチン依存性の酵素である.

リシンの分解経路はいくつかあるが,肝臓における主な経路を図4.27に示す.アミノアジピン酸アミノトランスフェラーゼ (aminoadipate aminotransferase) は PLP を補酵素とする.トリプトファンは図4.28に示す経路で分解されてアラニンとアセト酢酸を生じる.キヌレニナーゼ (kynureninase) は PLP を補酵素とする.チロシンは図4.29に示す経路で分解されてフマル酸とアセト酢酸を生成する.フェニルアラニンはヒドロキシル化されてチロシンに変換された後,同様の経路で分解される.フェニルアラニンからチロシンへの酸化反応ではビオプテリン (biopterin) が補助因子として作用する.この他,アミノ酸はさまざまな生体成分の前駆体となっている.例えばグリシンはヘムの前駆体の一つである.生理活性を有するアミンもアミノ酸から誘導される.すなわち神経伝達物質である GABA (γ-アミノ酪酸) はグルタミン酸から,多様な生理作用をもつヒスタミンはヒスチジンから,また神経伝達物質と考えられ,他にも多様な生理作用をもつセロトニンはトリプトファンから各々脱炭酸反応を経て生成する.

〔酒井 裕〕

## 4.6 アミノ酸の生合成

タンパク質を構成する主要アミノ酸は20種類あり,バクテリアはそれらをすべて合成できる.しかしヒトではそのうち9種類のアミノ酸(必須アミノ酸)すなわちヒスチジン,イソロイシン,ロイシン,リシン,メチオニン,フェニルアラニン,トレオニン,トリプトファン,バリンを生合成できないため,これらを食餌から供給しなければならない.生体内でのアミノ酸の生合成経路を見ると,各アミノ酸の炭素骨格は解糖系,ペントースリン酸回路および TCA 回路の代謝中間体に由来する.生体内の $NH_4^+$ は α-ケトグルタル酸と反応してグルタミン酸を生成する.α-ケトグルタル酸からグルタミン酸への変換はアミノトランスフェラーゼが触媒する反応によっても行われる.ついで図4.30に示す諸反応を経てグルタミン,プロリンを生成する.グルタミン酸の γ-カルボキシル基が還元されてグルタミン酸-γ-セミアルデヒドに変換され,$\Delta^1$-ピロリン-5-カルボン酸を経てプロリンが生成する.

グルタミンは生合成経路におけるアミノ基の供給源であると同時にアンモニアを蓄える役割も果たしている.グルタミン酸からグルタミンが生合成される反応はグルタミンシンテターゼ (glutamine synthetase) により触媒され巧妙な調節が行われている.バクテリアのグルタミンシンテターゼは,分子質量 50 kDa の同一のサブユニット12個が六つずつ六角形(六量体)を形成して二段に重なった巨大な酵素で,9個所の異なるアロステリックインヒビター結合部位をもち,活性の調節を受ける.大腸菌のグルタミンシンテターゼは特定のチロシン残基のヒドロキシル基がアデニリル化 (adenylylation) されると活性が著しく低下する(低活性型)(図4.31).脱アデニリル化された酵素は高活性型である.このアデニリル化および脱アデニリル化を行う酵素はアデニリルトランスフェラーゼ (adenylyltransferase) である.この酵素は調節タンパク質 P と複合体を形成している.P の特定のチロシン残基の側鎖 -OH 基が置換されていない場合には,そのアデニリルトランスフェラーゼはグルタミンシンテターゼのチロシン残基の側鎖 -OH 基をアデニリル化する(つまり低活性型にする).これとは逆に P のチロシン残基の側鎖 -OH 基がウリジリル化 (uridylylation) されると,そのアデニリルトランスフェラーゼは,グルタミンシンテターゼのチロシン残基の側鎖 -OH 基に結合しているアデニリル基を加水分解して除去する(つまり高活性型に変える).P のウリジリル化反応はウリジリルトランスフェラーゼ (uridylyltransferase) が触媒する.この反応はグルタミンおよび Pi によって阻害され,α-ケトグルタル酸および ATP によって促進され

図 4.30　グルタミン酸，グルタミンおよびプロリンの生合成経路

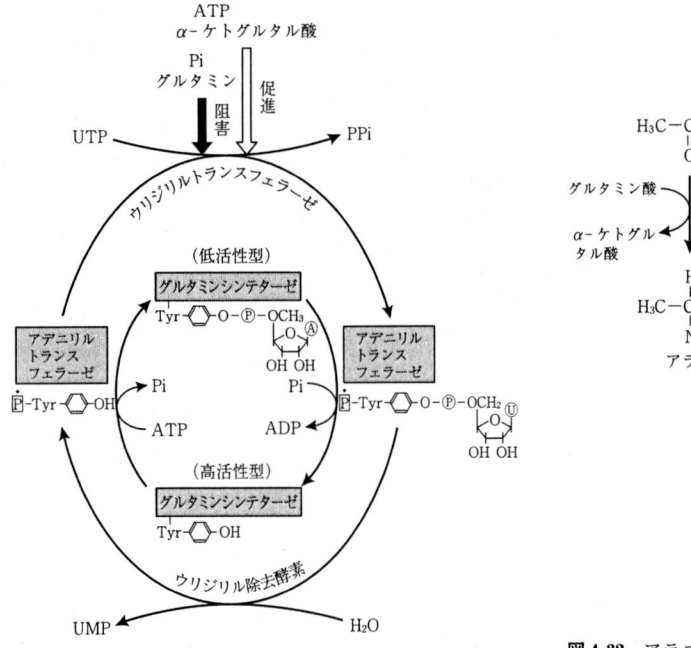

図 4.31　グルタミンシンテターゼの活性調節機構

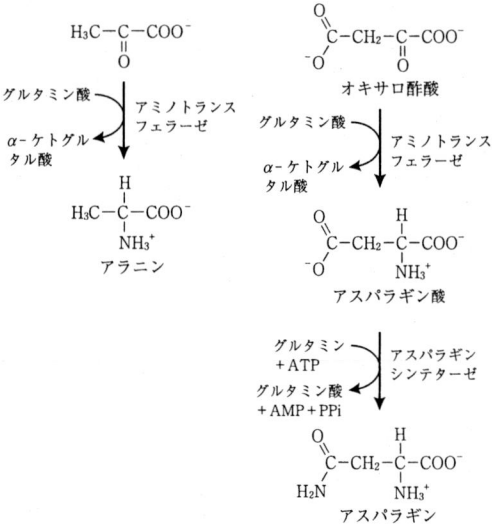

図 4.32　アラニン，アスパラギン酸およびアスパラギンの生合成経路

る．つまりグルタミンシンテターゼによるグルタミン生合成反応は α-ケトグルタル酸および ATP によって促進され，グルタミンおよび Pi によって抑制されることになる．

アラニン，アスパラギン酸およびアスパラギンの生合成経路は単純で，これらのアミノ酸は図 4.32 に示す一段階の反応で生成する．アスパラギンはアスパラギン酸のアミド化により生成する．

アルギニンはグルタミン酸からオルニチン，尿素回路を経て生合成される（図 4.33）．セリンは 3-

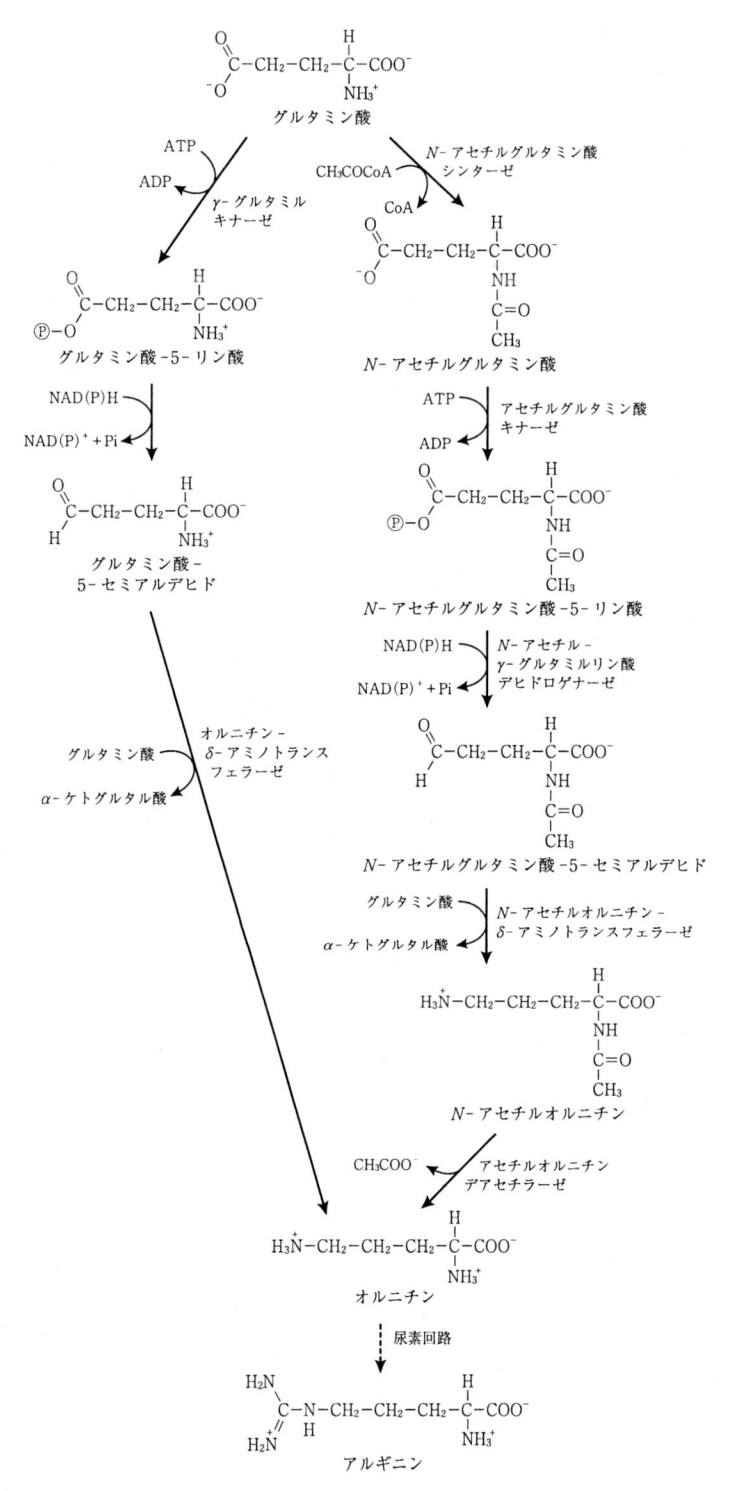

**図 4.33** アルギニンの生合成経路

ホスホグリセリン酸から生合成される（図4.34）．この生合成経路で3-ホスホセリンの生成反応を触媒するアミノトランスフェラーゼはPLPを補酵素とする．セリンはグリシン（図4.22）とシステイン（図4.22）の前駆体である．セリンは次の反応で炭素原子一つをテトラヒドロ葉酸に与えてグリシンに変換される．この反応を触媒する酵素セリンヒドロキシメチルトランスフェラーゼ（serine hydroxymethyltransferase）はPLPを補酵素とする．グリシンはまた$CO_2$, $NH_4^+$およびテトラヒドロ葉酸から生合成される．この反応はグリシンシンターゼ（glycine synthase）によって触媒される．これらは図4.22に示した経路の逆反応である．またO-スクシニルホモセリンはシステインと縮合してシスタチオニンを生成する（図4.35）．この反応はシスタチオニンシンターゼ（cystathionine synthase）によって触媒される．シスタチオニンは脱アミノ化され，開裂して$\alpha$-ケト酪酸とシステインを生じる．システインの硫黄原子はホモシステインに，また炭素骨格はセリンに由来する．

バクテリアではアスパラギン酸を前駆体として三つのアミノ酸が生合成される．アスパラギン酸からアスパラギン酸$\beta$-セミアルデヒド，ジヒドロピコリン酸，meso-$\alpha$,$\varepsilon$-ジアミノピメリン酸を経てリシンが生合成される（図4.35）．この生合成経路でアミノ基転移反応を触媒するスクシニルジアミノピメリン酸アミノトランスフェラーゼ（succinyl-diaminopimelate aminotransferase）はPLPを補酵素とする．メチオニンはアスパラギン酸$\beta$-セミアルデヒドからホモセリンおよびホモシステインを経て生成する．ホモセリンからホスホホモセリンを経由してトレオニンが生成する．この反応を触媒する酵素トレオニンシンターゼ（threonine synthase）はPLPを補酵素とする．この経路ではアスパルトキナーゼ（aspartokinase）によって触媒される初発反応の段階でリシン，メチオニンおよびトレオニンの生合成が個別に制御されている．すなわちアスパルトキナーゼには三つのイソ酵素がある．それぞれがリシン，メチオニンおよびトレオニンによって異なるフィードバック阻害を受けるとともに，酵素タンパク質の合成そのものも抑制される．さらに生合成経路の分岐点においてもフィードバック阻害による調節が行われる．すなわちメチオニンはホモセリンのO-アシル化を阻害し，リシンはジヒドロピコリン酸の生成を阻害する．

バリン，ロイシンおよびイソロイシンはピルビン酸を前駆体として生合成される（図4.36）．ピルビン酸はチアミンピロリン酸（TPP：thiamin pyrophosphate）と反応してヒドロキシエチル-TPPを生成し，これがピルビン酸と反応して$\alpha$-アセト乳酸を，また$\alpha$-ケト酪酸と反応して$\alpha$-アセト-$\alpha$-ヒドロキシ酪酸を生じる．バリンは$\alpha$-アセト乳酸から$\alpha$-ケトイソ吉草酸を経て生合成される．$\alpha$-ケトイソ吉草酸はこれとは別の経路でも代謝され，$\alpha$-ケトイソカプロン酸を経てロイシンを生じる．$\alpha$-アセト-$\alpha$-ヒドロキシ酪酸は$\alpha$-ケト-$\beta$-メチル吉草酸を経てイソロイシンに変換される．バリンとイソロイシンは生合成経路の最初の段階が異なるだけで，以後は同様にして生合成される．この反応経路ではイソロイシンおよびバリンの生成反応を触媒するバリンアミノトランスフェラーゼ（valine aminotransferase），ロイシン生合成の最終段階を触媒するロイシンアミノトランスフェラーゼ（leucine aminotransferase），およびイソロイシン生合成の初発反応を触媒するトレオニンデアミナーゼ（threonine deaminase）がPLPを補酵素とする．

フェニルアラニン，トリプトファンおよびチロシンはコリスミ酸を前駆体として生合成される（図4.37）．コリスミ酸はプレフェン酸に変換される．

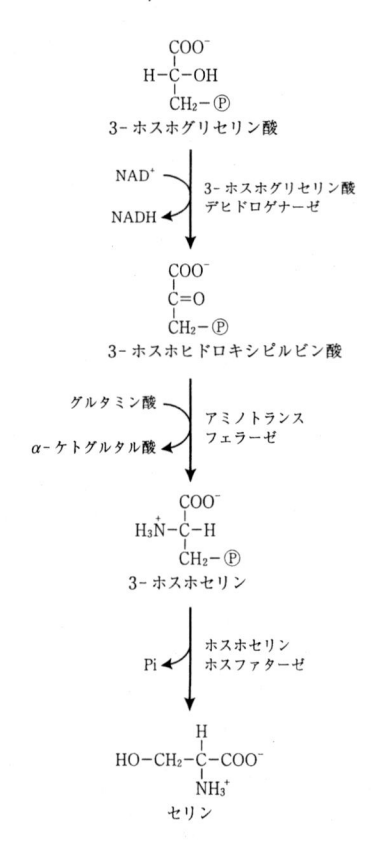

図4.34 セリンの生合成経路

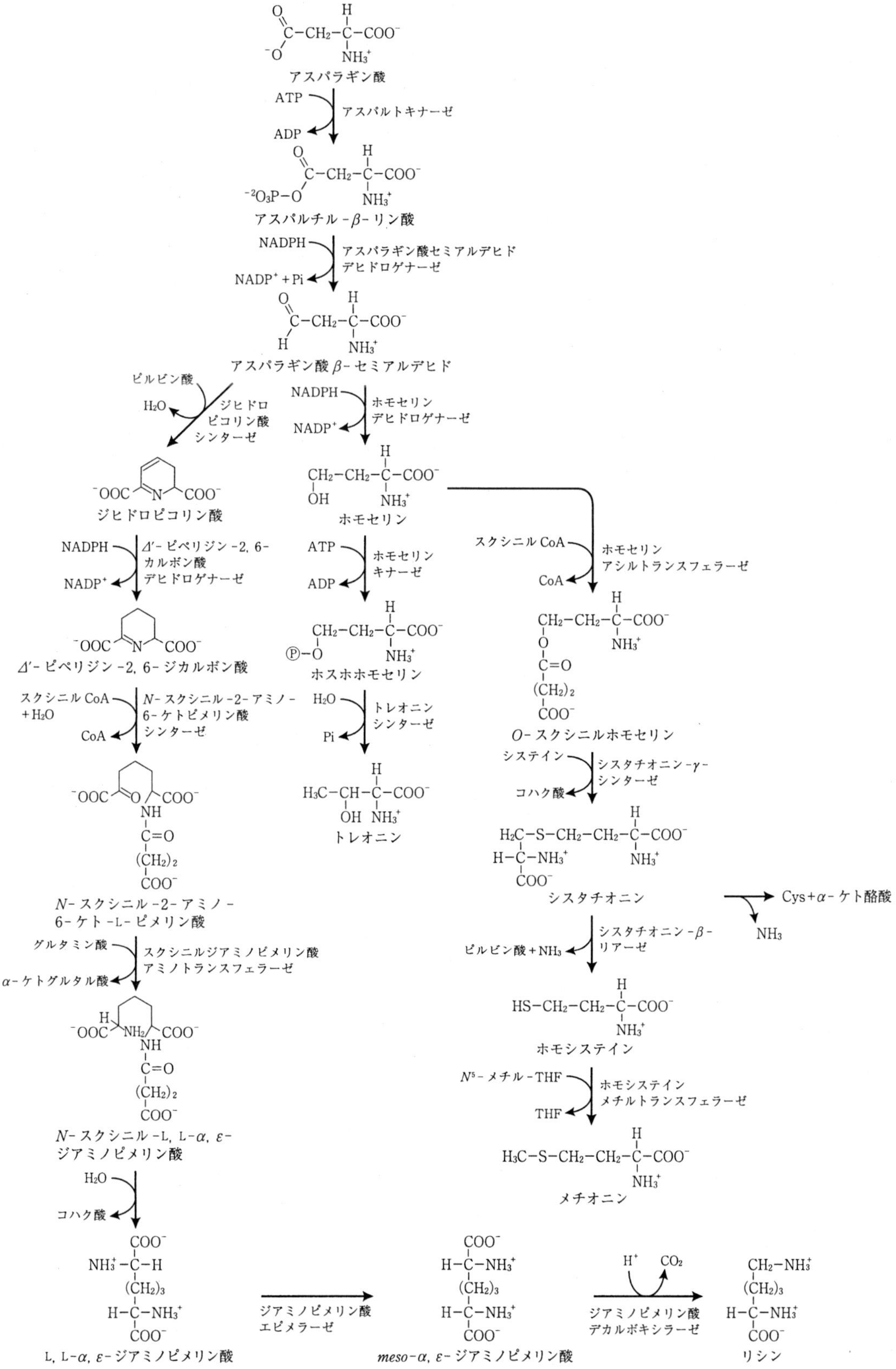

## 4.6 アミノ酸の生合成

図 4.35 アスパラギン酸からリシン，メチオニンおよびトレオニンの生合成経路

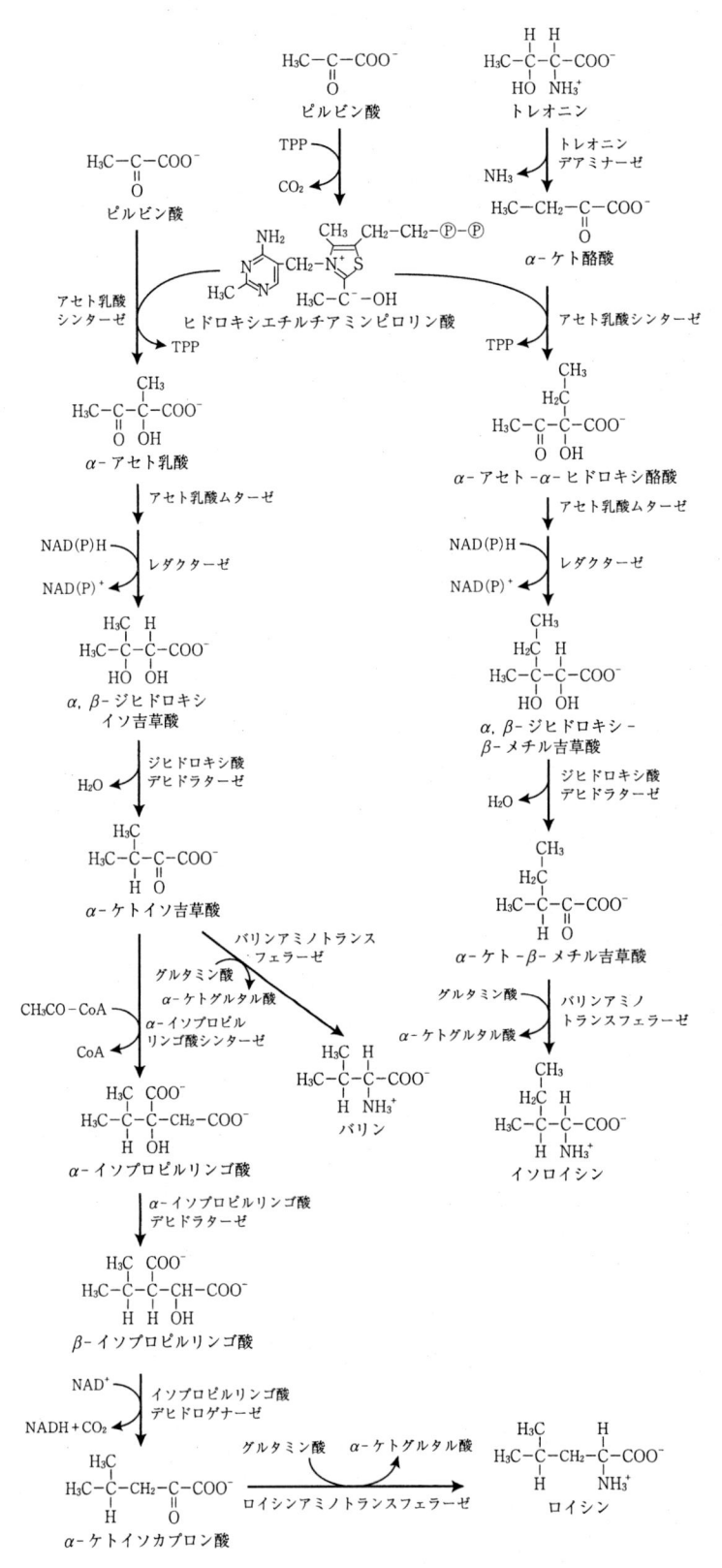

図 4.36 バリン，ロイシンおよびイソロイシンの生合成経路

## 4.6 アミノ酸の生合成

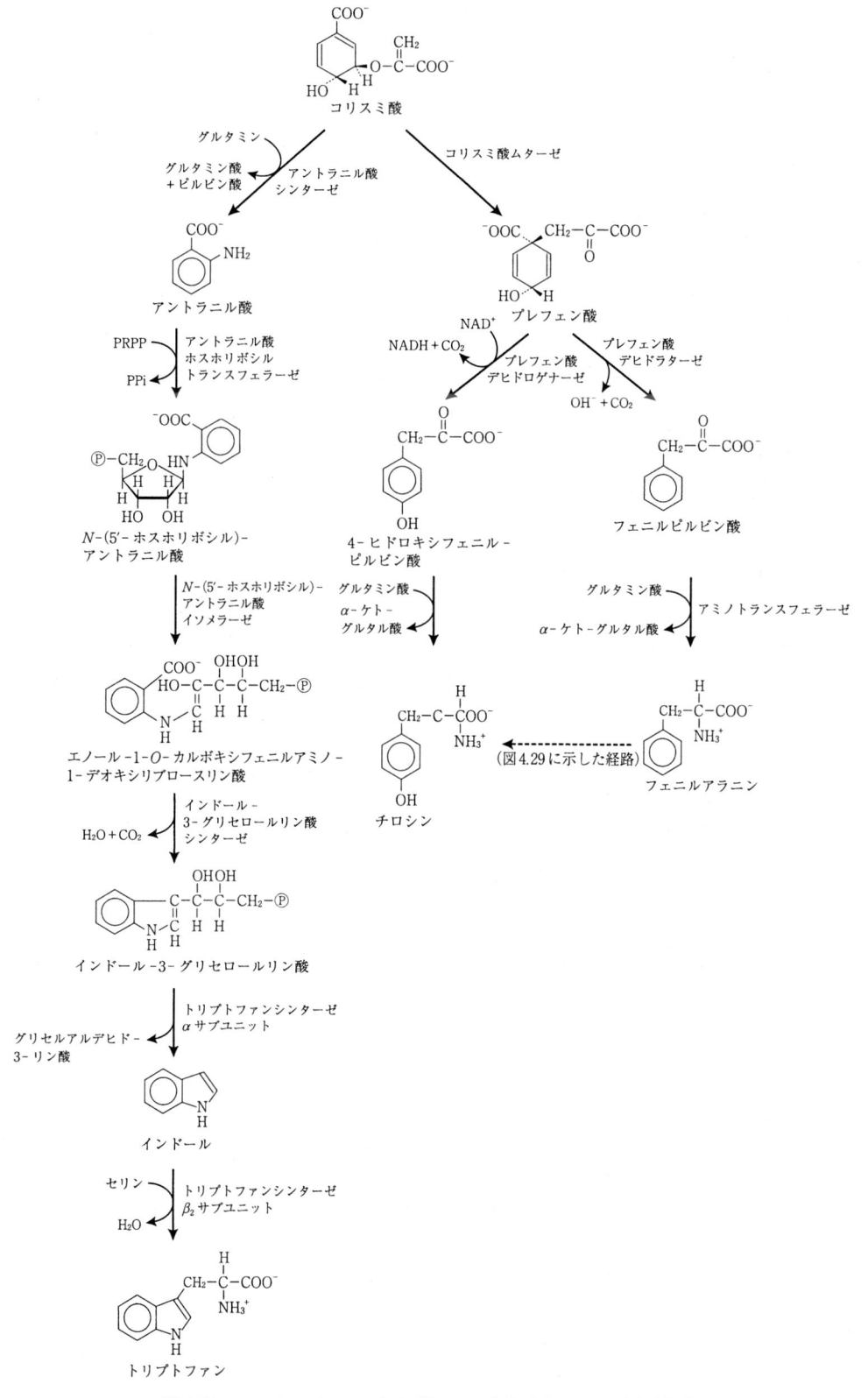

**図 4.37** フェニルアラニン，トリプトファンおよびチロシンの生合成経路

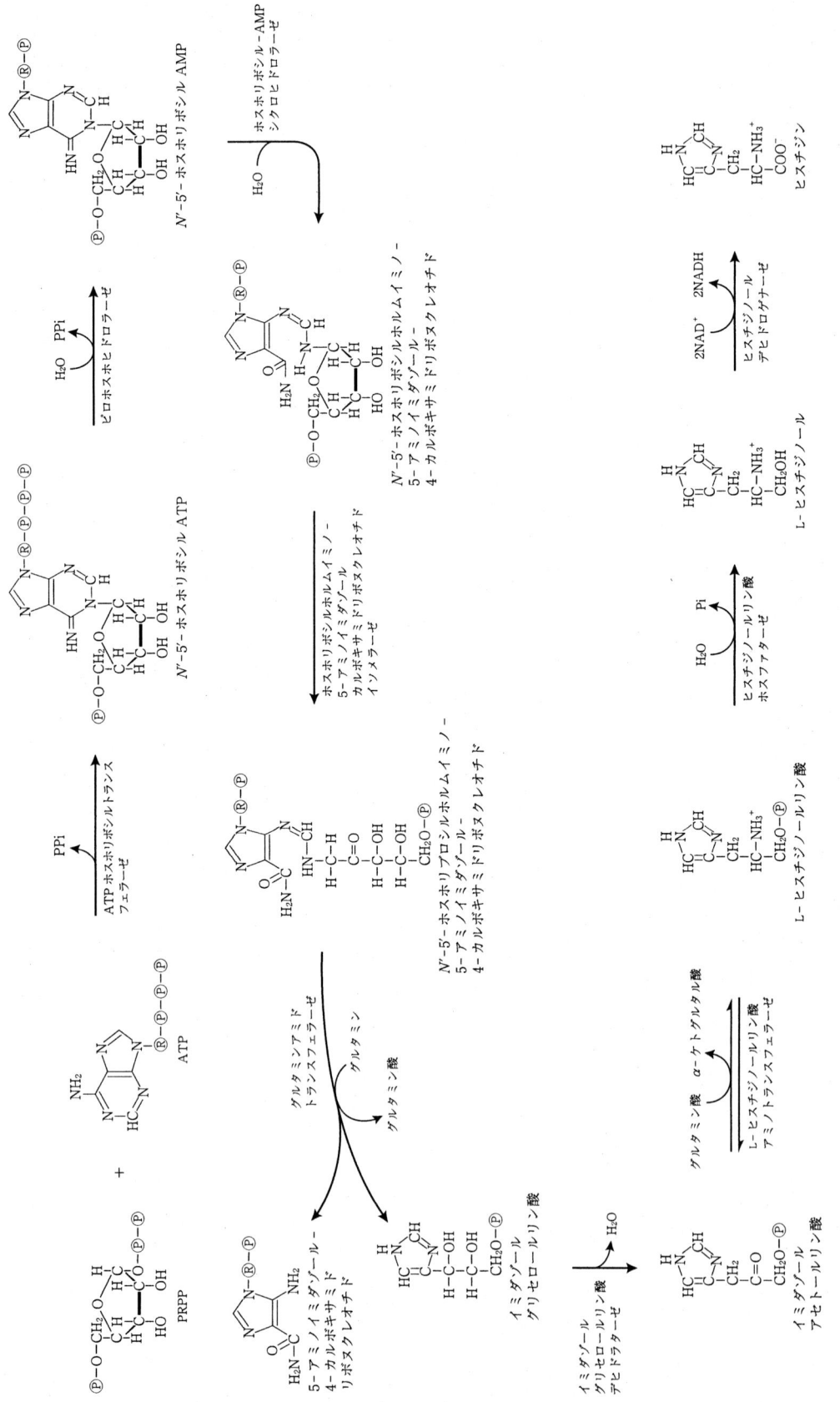

図4.38 ヒスチジンの生合成経路

また別の経路でフェニルピルビン酸を経てフェニルアラニンが生じる．微生物はプレフェン酸から直接チロシンを生合成するが，哺乳類はフェニルアラニンをヒドロキシル化してチロシンを生合成する．この反応はフェニルアラニンヒドロキシラーゼ（phenylalanine hydroxylase）によって触媒される．

トリプトファン生合成経路の最後の二つの過程すなわちインドールとトリプトファンを生成する反応はトリプトファンシンターゼによって触媒される．この酵素はサブユニット構造 $\alpha_2\beta_2$ をもつが，二つの $\alpha$ サブユニットと $\beta_2$ サブユニットに分離できる．これら 2 種類のサブユニットはそれぞれ単独で個別の反応を触媒する．$\alpha$ サブユニットはインドールの生成反応を，また $\beta_2$ サブユニットはインドールがセリンと縮合してトリプトファンが生成する反応を触媒する．後者の反応は PLP 依存性である．$\alpha_2\beta_2$ 複合体により触媒される各部分反応の速度は，個別のサブユニットによる場合より 10 倍以上速い．また最初の反応で生成したインドールがただちにセリンと縮合する連携した反応が起こる．すなわちインドールは $\alpha_2\beta_2$ 複合体上の一つの活性部位からそのままもう一つの活性部位へ送り出され，最後の部分反応が起こるのである．

ヒスチジンの生合成過程は ATP と 5-ホスホリボシル-$\alpha$-ピロリン酸の縮合反応に始まる．この生合成経路で見られる諸反応は，他のアミノ酸生合成経路の場合とはかなり様子が異なる（図 4.38）．これは，タンパク質からなる酵素に依存して代謝を行う現在の生物とは異なり，RNA が代謝過程において重要な役割を果たしていた原始の生命形態の名残であると考えられている．ヒスチジンの六つの炭素原子のうち五つは PRPP に由来する．残りの一つの炭素原子は ATP に由来する．ATP の炭素原子のうちヒスチジンに取り込まれないものは 5′-ホスホリボシル-4-カルボキサミド-5-アミノイミダゾールとして脱離する．$\alpha$-アミノ基はグルタミン酸に由来する．

アミノ酸の生合成速度は次に述べるようなフィードバック制御（feedback control）によって調節される．

(1) 初発反応が不可逆的であって，アロステリック酵素（allosteric enzyme）によって触媒される場合には最終生成物によるフィードバック阻害（feedback inhibition）によって調節されることがある．例えばイソロイシンの生合成経路では初発反応（トレオニンから $\alpha$-ケト酪酸への変換反応）を触媒するトレオニンデアミナーゼは最終産物であるイソロイシンによってフィードバック阻害を受ける（図 4.36）．

実際のフィードバック制御にはこの他にやや異なる機構で作用するものがある．

(2) 例えば複数の代謝生成物が協調してはじめて効果的な負のフィードバック制御が働く場合がある（協奏阻害）．グルタミン酸から誘導される 6 種類の代謝生成物（カルバモイルリン酸，トリプトファン，ヒスチジン，グルコサミン 6-リン酸，AMP，CTP）によるグルタミンシンテターゼのフィードバック制御はその一つの例である（図 4.30）．

(3) また代謝過程の同じ段階を触媒する酵素が一種類ではなく，複数のイソ酵素によっている場合には各々のイソ酵素は別々の最終生成物によって独立に調節される．これは何種類かある最終生成物のうち一つだけが必要とされる場合に，前駆体の供給を行う上流の重要な生合成反応を完全に停止させないための仕組みであろう．トレオニンおよびメチオニンの生合成経路において，アスパラギン酸 $\beta$-セミアルデヒドからホモセリンへの変換反応を触媒するホモセリンデヒドロゲナーゼはその一例である（図 4.35）．バクテリアではこの酵素に二種類のイソ酵素があり，一方はトレオニンによって，他方はメチオニンによってフィードバック阻害を受ける．

(4) またトレオニンの生合成過程では，次の三つの反応段階がトレオニンによってフィードバック阻害を受ける．すなわちアスパラギン酸からアスパルチル-$\beta$-リン酸の生成，アスパラギン酸 $\beta$-セミアルデヒドからホモセリンの生成，およびホモセリンからホスホホモセリンの生成である（図 4.35）．このような作用は連続フィードバック阻害とよばれる．

これらの調節機構は各アミノ酸の生合成を全体としてバランスよく行うための仕組みとして発達したと考えられる．〔酒井　裕〕

## 4.7 核酸・ヌクレオチドの代謝

細胞内では DNA および RNA は安定に保持され，分解は比較的ゆっくりと行われる．しかしある種の RNA（例えば mRNA）は速やかに分解される場合がある．いずれにしても高分子核酸は，まずヌクレアーゼ（nuclease）あるいはホスホジエステラーゼ（phosphodiesterase）の作用で分解され，モノヌクレオチドが生じる．ついでヌクレオチダーゼ（nucleotidase）またはホスファターゼ（phosphatase）

表 4.4 主な核酸分解酵素

| 酵素[1] | 基質[2] | 作用様式[3] | 切断特異性[4] | 主な生成物[5] |
|---|---|---|---|---|
| ヘビ毒ホスホジエステラーゼ | ss DNA, RNA | $3' \to 5'$ exo | $N_2$ が $3'$ 末端であり $3'-OH$ を持つ場合に a を切断する | pN |
| 脾臓ホスホジエステラーゼ | ss DNA, RNA | $5' \to 3'$ exo | $N_1$ が $5'$ 末端であり $5'-OH$ を持つ場合に b を切断する | Np |
| 大腸菌エキソヌクレアーゼIII | ds DNA | $3' \to 5'$ exo | $N_2$ が $3'$ 末端であり $3'-OH$ 又は $3'-P$ を持つ場合に a を切断する | pN |
| 大腸菌エキソヌクレアーゼI | ss DNA | $3' \to 5'$ exo | $N_2$ が $3'$ 末端であり $3'-OH$ を持つ場合に a を切断する | pN |
| ファージλエキソヌクレアーゼ | ss DNA, ds DNA | $5' \to 3'$ exo | $N_1$ が $5'$ 末端であり $5'-P$ を持つ場合に a を切断する | pN および pN … pN (オリゴヌクレオチド) |
| 膵臓デオキシリボヌクレアーゼI | DNA | endo | $N_1$ と $N_2$ がどのような塩基であっても a を切断する | pN および pN … pN (オリゴヌクレオチド) |
| 脾臓デオキシリボヌクレアーゼII | DNA | endo | $N_1$ と $N_2$ がどのような塩基であっても b を切断する | Np および Np … Np (オリゴヌクレオチド) |
| 膵臓リボヌクレアーゼI (リボヌクレアーゼA) | RNA | endo | $N_1$ がピリミジンである場合に b を切断する | Py p および Np … Py p (オリゴヌクレオチド) |
| リボヌクレアーゼ$T_1$ | RNA | endo | $N_1$ がグアノシン又はイノシンの場合に b を切断する | Gp, Ip, Np … Gp (オリゴヌクレオチド) および Np … Ip (オリゴヌクレオチド) |

注1) ヘビ毒ホスホジエステラーゼと脾臓ホスホジエステラーゼは，塩基部分および糖部分に特異性を示さず，また $2', 5'$-ホスホジエステル結合も加水分解する．
2) ss は一本鎖を，ds は二本鎖を示す．
3) exo はエキソヌクレアーゼを，endo はエンドヌクレアーゼを示す．
4) $N_1$ $N_2$　$N_1$ と $N_2$ は塩基を，P はリン酸残基を示した．糖部分は実線で示した．a と b は切断個所を表す．
5) N はヌクレオシドを，p はリン酸残基を，Py はピリミジンヌクレオシドを，G はグアノシンを，I はイノシンを表す．

によるヌクレオシドの生成，さらにグリコシド結合 (glycosidic linkage) の開裂によって糖と遊離塩基の生成へと分解が進む．分解中間体である糖と塩基の一部は，最終産物にまで分解されることなく，核酸などの生合成に再利用される (サルベージ経路)．一方，動物の消化管に取り込まれた食物中の核酸は，膵液や腸消化液に含まれる核酸分解酵素によって塩基，糖，リン酸に分解の後吸収されるが，このうち細胞の高分子核酸に取り込まれるのはごくわずかで，大部分はさらに分解され，排泄される．

### a. 核酸分解酵素

高分子核酸を分解する酵素はヌクレアーゼと総称される．ヌクレアーゼの作用様式は著しく多様である．DNA のみを基質とする酵素をデオキシリボヌクレアーゼ (deoxyribonuclease, DNase)，RNA のみを基質とする酵素をリボヌクレアーゼ (ribonuclease, RNase)，両方を基質とする酵素を単にヌクレアーゼとよぶ．核酸分解酵素は分解の様式に基づいて 2 種類に分けられる．一つはエキソヌクレアーゼ (exonuclease) とよばれ，末端をもつポリヌクレオチド鎖を基質とし，末端から $3', 5'$-ホスホジエステル結合 ($3', 5'$-phosphodiester linkage) を分解する．もう一つはエンドヌクレアーゼ (endonuclease) とよばれ，基質ポリヌクレオチド鎖の末端を必要とせず (したがって環状核酸分子も基質となりうる)，$3', 5'$-ホスホジエステル結合を分解する．表 4.4 に代表的な核酸分解酵素の一部を示す．この他，制限酵素は塩基配列特異的なエンドヌクレアーゼであり，また DNA の複製，修復および組換え，さらに RNA のプロセシングに関与する特異性の高い核酸分解酵素が多数知られているが，ここではそれらについてはふれない．

### b. プリンヌクレオチドの分解

ヌクレオチドはヌクレオチダーゼによって分解され，ヌクレオシドに変換される．ヌクレオチダーゼには $5'$-ヌクレオチドを分解する $5'$-ヌクレオチダーゼと，$3'$-ヌクレオチドを分解する $3'$-ヌクレオチダーゼがある．動物におけるプリンヌクレオチドおよびデオキシヌクレオチドの分解経路を図 4.39 に示した．アデノシン一リン酸 (AMP)，イノシン一リン酸 (IMP)，キサントシン一リン酸 (XMP) およびグアノシン一リン酸 (GMP) はヌクレオチダーゼにより分解されてそれぞれアデノシン，イノシン，キサントシンおよびグアノシンを生じる．AMP は AMP デアミナーゼ (AMP deaminase) によって 6 位が酸化的脱アミノを受け，IMP に変換される．一方，アデノシンはアデノシンデアミナーゼ (adenosine deaminase) によってイノシンに変

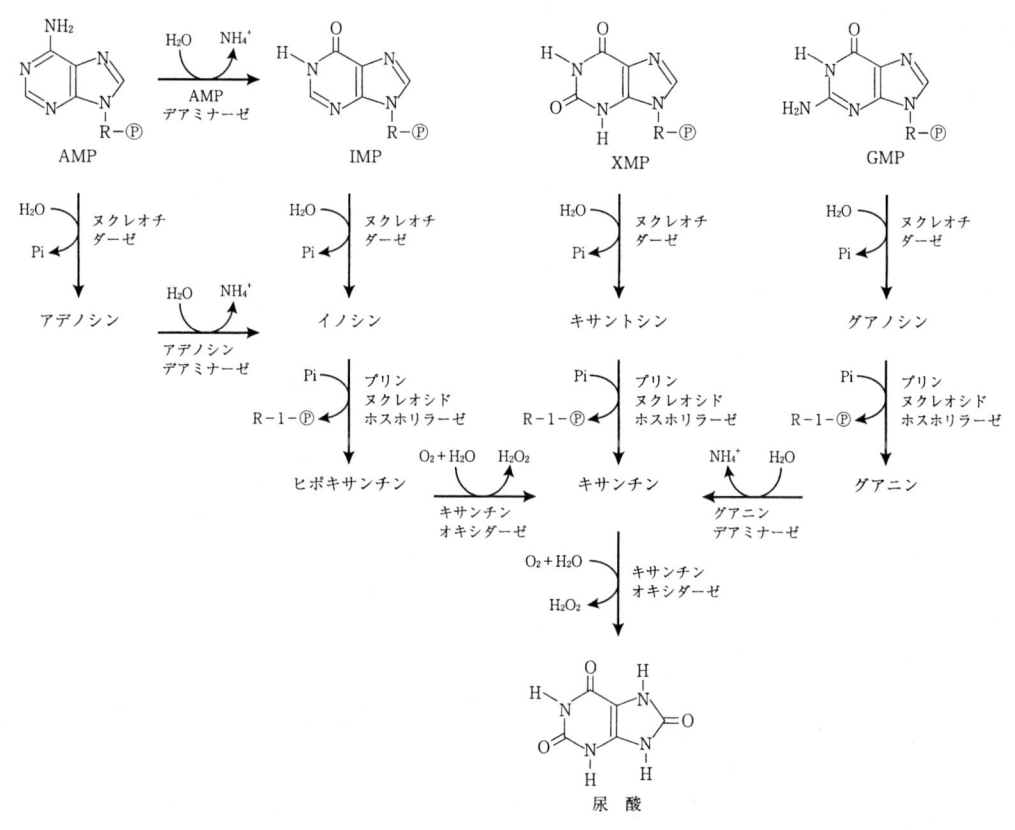

**図 4.39** 動物におけるプリンヌクレオチドおよびデオキシヌクレオチドの分解経路（D. Voet and J. G. Voet：Biochemistry, p. 759, John Wiley & Sons, 1990 より改作）

換される．イノシン，キサントシンおよびグアノシンはプリンヌクレオシドホスホリラーゼ（purine nucleotide phosphorylase）によって加リン酸分解を受け，リボース 1-リン酸（またはデオキシリボース 1-リン酸）の他，遊離の塩基ヒポキサンチン，キサンチンおよびグアニンをそれぞれ生じる．リボヌクレオチドの場合は，ヌクレオシダーゼ（nucleosidase）の作用で遊離の塩基とリボースに加水分解される経路も知られている．リボース 1-リン酸はホスホリボムターゼ（phosphoribomutase）によって異性化されてリボース 5-リン酸となり，さらに 5-ホスホリボシル 1-二リン酸（PRPP）に変換される（図 4.40）．ヒポキサンチンはキサンチンオキシダーゼ（xanthine oxydase）によって，またグアニンはグアニンデアミナーゼ（guanine deaminase）によってともにキサンチンに変換される．キサンチンはキサンチンオキシダーゼによって酸化され，尿酸を生じる．ヒト，鳥類，爬虫類および昆虫では尿酸が最終産物であるが，生物の種によってはさらに分解が進む経路が知られている．霊長類以外の哺乳類はアラントイン（allantoin），硬骨魚はアラントイン酸を，また両生類や軟骨魚は尿素を排出する．海洋性無脊椎動物は尿素をさらにアンモニアと二酸化炭素にまで分解する（図 4.41）．

**c. ピリミジンヌクレオチドの分解**

動物におけるピリミジンヌクレオチドの分解経路を図 4.42 に示す．シチジン一リン酸（CMP）およびウリジン一リン酸（UMP）はヌクレオチダーゼによりリン酸残基が除去されて，それぞれシチジンおよびウリジンを生成する．シチジンはシチジンデアミナーゼ（cytidine deaminase）によって 4 位のアミノ酸が酸化的に除去され，ウリジンに変換される．ウリジンはウリジンホスホリラーゼ（uridine phosphorylase）によって加リン酸分解を受け，リボース 1-リン酸と遊離の塩基ウラシルを生成する．ウラシルはジヒドロウラシルに還元され，β-ウレイドプロピオン酸を経てアンモニアと β-アラニンに分解される．デオキシチミジン一リン酸（dTMP）も同様の経路で分解され，ジヒドロチミン，β-ウレイドイソ酪酸を経てアンモニアと β-アミノイソ酪酸が生成する．プリンヌクレオチドの場合と異なり，ピリミジン塩基は還元によっ

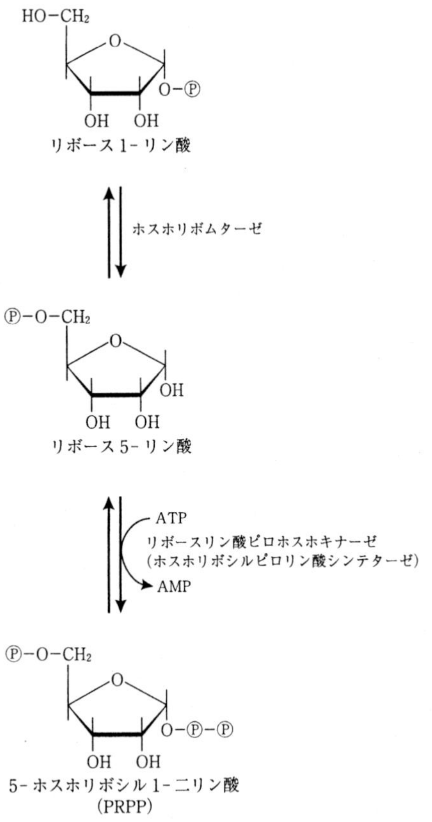

**図4.40** リボース1-リン酸の代謝

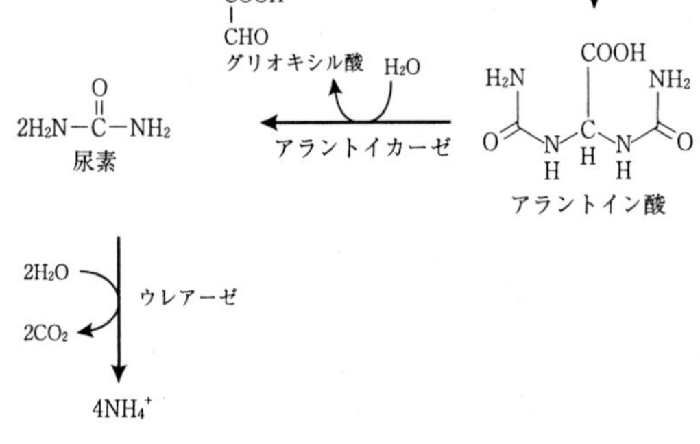

**図4.41** 尿酸の分解
最終産物は生物の種類によって異なる.

て分解が進行する.

#### d. サルベージ経路

すでに述べたように，DNAおよびRNAはヌクレオチド，ヌクレオシドおよび遊離塩基を経て分解される．これらの分解中間体の一部はそれ以上の分解を受けることなく，高分子核酸合成の前駆体であるヌクレオシド三リン酸の合成に再利用される．これがサルベージ経路 (salvage pathway) である．ヌクレオチドの de novo 合成経路は種の異なる生物相互間でも比較的共通性が高いのに対し，サルベージ経路はより多様性に富んでいる．

遊離塩基アデニンは5-ホスホリボシル1-二リン酸 (PRPP) と反応してAMPを生成する．この反応はアデニンホスホリボシルトランスフェラーゼ (adenine phosphoribosyltransferase, APRT) によって触媒される．ヒポキサンチンとグアニンもヒポキサンチン-グアニンホスホリボシルトランスフェラーゼ (hypoxanthine-guanine phosphoribosyl transferase, HGPRT) が触媒する同様の反応を経てそれぞれIMPとGMPを生じる (192頁の図4.43参照)．レッシュ-ナイハン症候群 (Lesch-Nyhan syndrome) はHGPRT欠損による先天性プリンヌクレオチド代謝異常症であり，プリンのサルベージ経路の重要性を示している．ピリミジン塩基も同様のサルベージ経路で代謝されることがバクテリアで認められている．

遊離の塩基とリボース1-リン酸またはデオキシリボース1-リン酸はヌクレオシドホスホリラーゼによって触媒される反応を経てリボヌクレオシドまたはデオキシリボヌクレオシドを生成する (192頁の図4.44参照)．ピリミジンデオキシヌクレオシドを生成するチミジンホスホリラーゼ (thymidine phosphorylase)，ピリミジンリボヌクレオシドを生成するウリジンホスホリラーゼ，さらにプリンリボヌクレオシドおよびプリンデオキシリボヌクレオシドを生成するプリンヌクレオシドホスホリラーゼ (purine nucleoside phosphorylase) が知られている．またこの他，ヌクレオシドトランスグリコシラーゼ (nucleoside transglycosylase) によってデオキシヌクレオシドの塩基が他の遊離塩基と置換される経路もある．

リボヌクレオシドおよびデオキシリボヌクレオシドは，ヌクレオシドキナーゼ (nucleoside kinase) によってヌクレオチドに変換される．ヌクレオシドキナーゼはその活性が厳密に調節されている．このことはサルベージ経路が生理学的にきわめて重

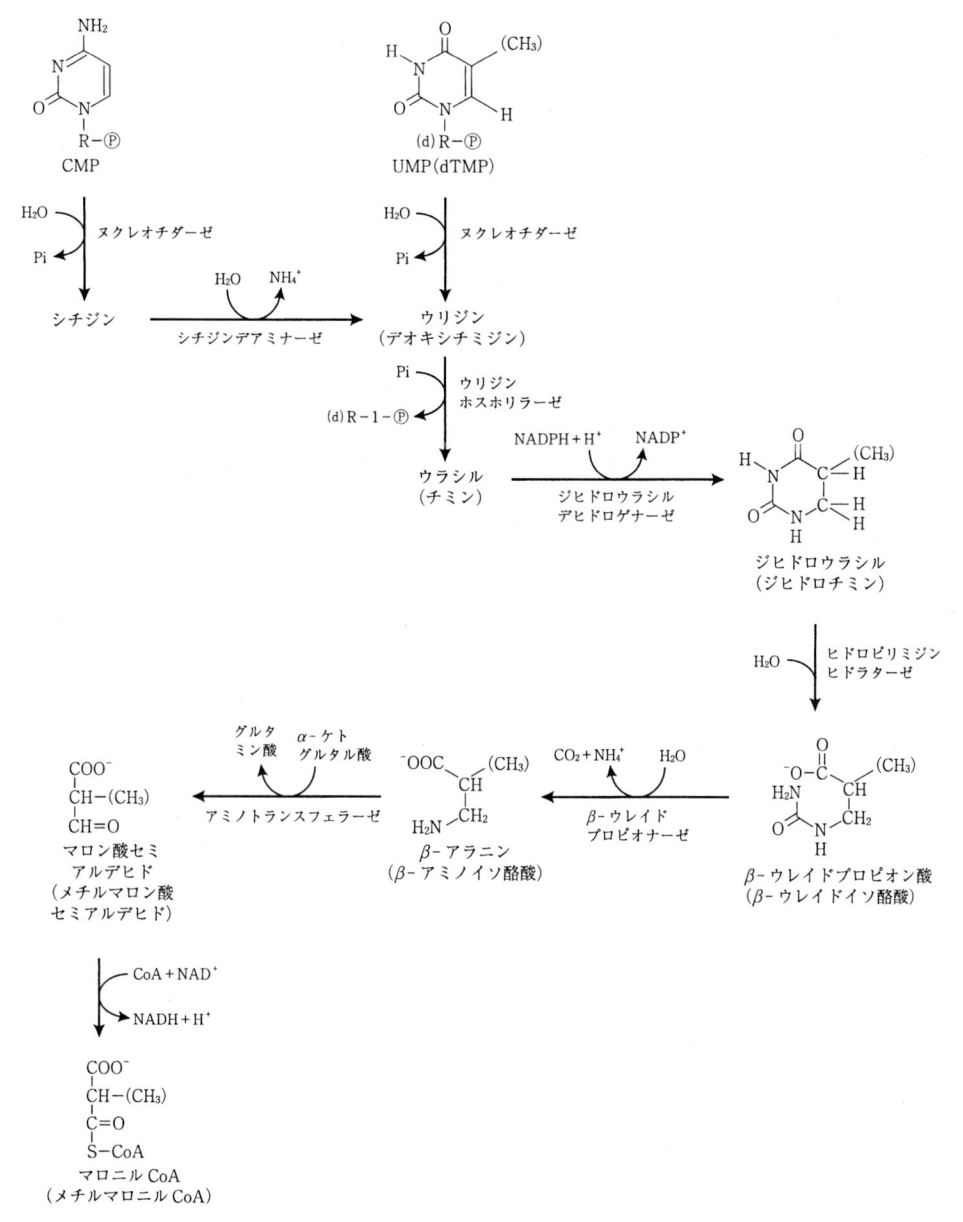

**図 4.42** 動物におけるピリミジンヌクレオチドの分解経路 (D. Voet and J. G. Voet: Biochemistry, p. 763, John Wiley & Sons, 1990 より改作)

要であることを示している．これらの反応を触媒する酵素のうち特にチミジンキナーゼ（thymidine kinase）は，細胞やウイルスの増殖過程における重要性が早くから注目されよく研究されてきた．

〔酒井　裕〕

## 4.8 ヌクレオチドの生合成

### a. プリンヌクレオチドの生合成

生体内ではプリンは簡単な化合物から生合成されるが，その経路は複雑である．図4.45は $^{14}C$ または $^{15}N$ 標識化合物を用いて鳥類についてまとめたもので，プリン環を構成する各原子が5種類の前駆体化合物に由来することを示している．生合成経路は他の生物についてもほとんど同じである．プリンヌクレオチドの生合成はリボース5-リン酸の1位の炭素原子に順次窒素原子と炭素原子を付加していく合成経路が特徴的であり，イノシン酸（IMP）が最初のヌクレオチドとして合成される（図4.46）．図4.46に示した二番目の反応で，グルタミンの側鎖

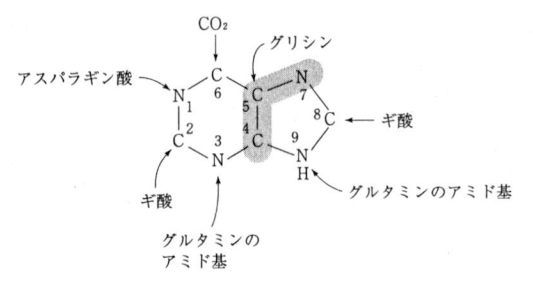

**図 4.45** プリン環を構成する原子の起源
C-4, C-5, N-7 は単一のグリシン分子に由来する.

**図 4.43** サルベージ経路によるプリン塩基の代謝

**図 4.44** サルベージ経路によるプリンおよびピリミジン塩基の代謝

のアミド基がPRPPのC-1に結合してC-Nグリコシド結合を形成する. このときC-1における立体配置が$\alpha$から通常のヌクレオチドがもつ$\beta$に変換される. 第6番目の反応では, グルタミン, グリシンおよび$N^{10}$-ホルミルテトラヒドロ葉酸に由来する炭素原子および窒素原子からなる五員環 (イミダゾール環) が閉じる. 最後の反応ではグルタミン, $CO_2$, アスパラギン酸, $N^{10}$-ホルミルテトラヒドロ葉酸およびグリシンに由来する炭素原子および窒素原子からなる六員環 (ピリミジン環) が閉じてプリン塩基が完成し, IMPが生成する. IMPからはキサントシン一リン酸を経てGMPが生成し, また別の経路でアデニロコハク酸を経てAMPが生成する (図4.47).

AMPとGMPは, 塩基特異的なヌクレオシド一リン酸キナーゼ (nucleosidemonophosphate kinase) によってそれぞれADPとGDPに変換される. この反応ではATPがリン酸基の供与体として用いられる. ADPとGDPはさらにヌクレオシド二リン酸キナーゼ (nucleosidediphosphate kinase) によってそれぞれATPとGTPに変換される. ヌクレオシド二リン酸キナーゼは特異性が緩やかな酵素である. すなわちリン酸基供与体となるヌクレオチドも含めて塩基非特異的であり, また糖部分はリボースであってもデオキシリボースであってもよい.

ここで述べたプリンの生合成経路は, フィードバック制御によってその流れが調節されている (図4.48). 第一の制御機構ではリボース5-リン酸からPRPPへの変換の過程を触媒する酵素リボースリン酸ピロホスホキナーゼ (ribosephosphate pyrophosphokinase) がAMP, GMP, およびIMPによって阻害される. またこの酵素は後述のADPおよびGDPによっても阻害を受ける. 第二の制御機構はPRPPから5-ホスホリボシルアミンが生成する過程で作用する. この反応を触媒する酵素アミドホスホリボシルトランスフェラーゼ (amidophosphoribosyltransferase) はXMP, AMPおよびGMPで阻害されるアロステリック酵素である. またこの酵素は後述のADP, ATP, GDPおよびGTPによっても阻害される. 第三の制御は経路の分岐点にあるIMPからAMPまたはGMPが生成する最初の反応過程で行われる. すなわち, IMPからアデニロコハク酸が生成する反応はAMPによって, またIMPからキサントシン5′一リン酸が生成する反応はGMPによってそれぞれフィードバック阻害を受ける. AMPとGMPは各々塩基特異的なヌクレオシド一リン酸キナーゼによってそれぞれアデノシン5′-二リン酸 (ADP) とグアノシン5′-二リン酸 (GDP) に, さらにヌクレオシド二リン酸キナーゼによってそれぞれアデノシン5′-三リン酸 (ATP) とグアノシン5′-三リン酸 (GTP) に変換される. この酵素は塩基非特異的で, さらにリボース, デオキシリボースいずれかを含むヌクレオチドも基質とする. GMPの合成はATPによって, またAMPの合成はGTPによって促進され, 両者の生合成が均衡を保つように調

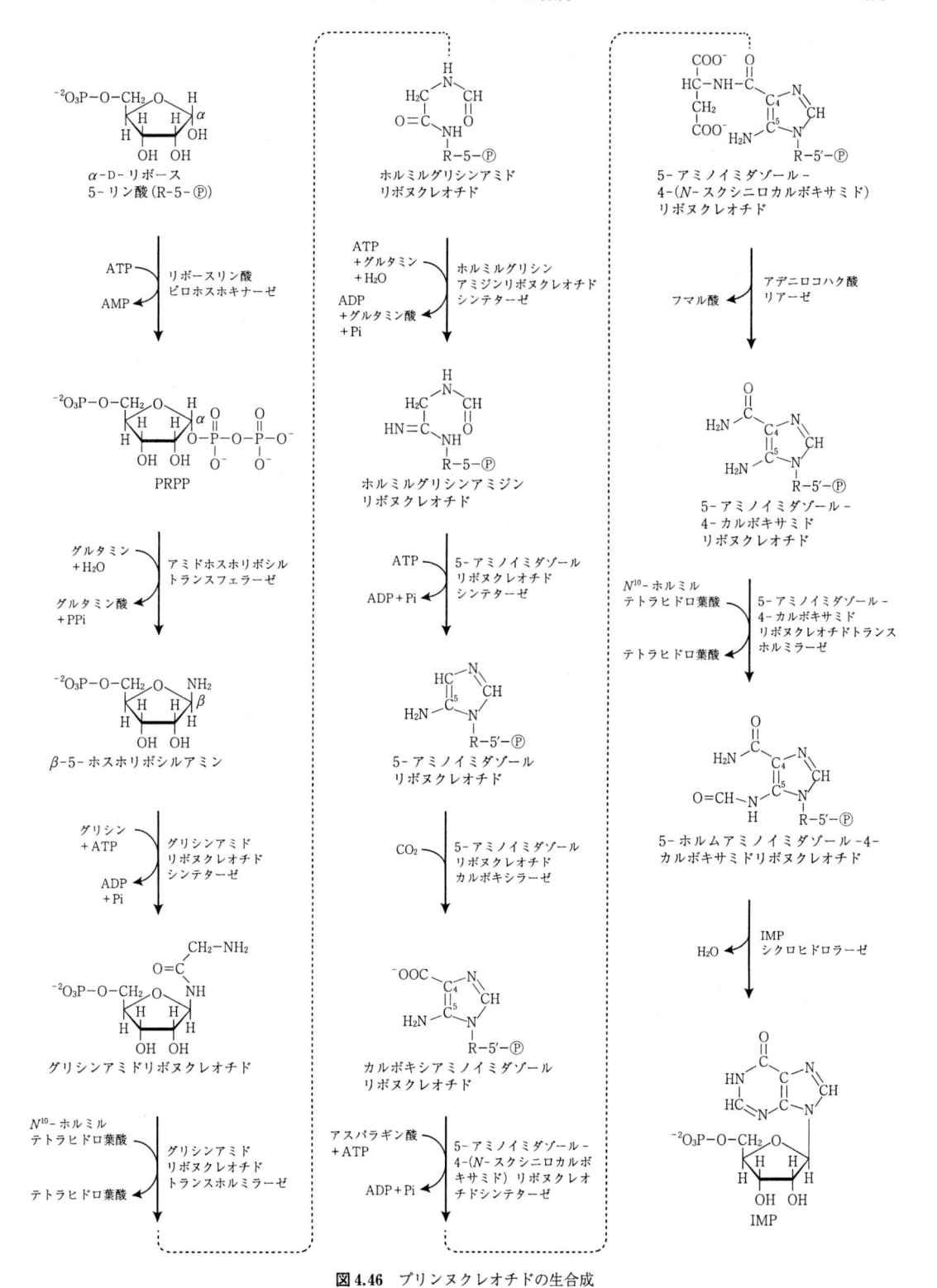

## 4.8 ヌクレオチドの生合成

**図4.46** プリンヌクレオチドの生合成

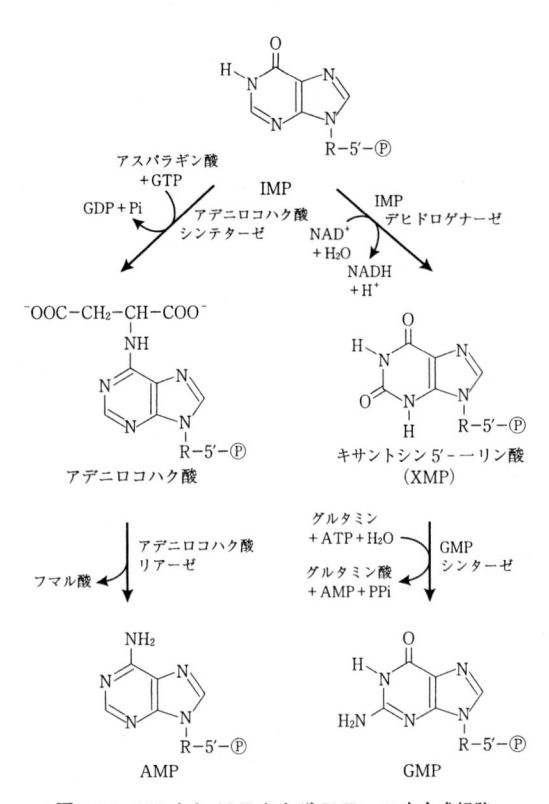

**図4.47** IMP から AMP および GMP への生合成経路

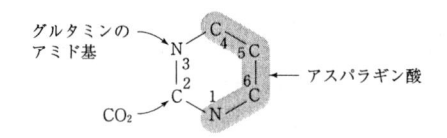

**図4.49** ピリミジン環を構成する原子の起源

### b. ピリミジンヌクレオチドの生合成

ピリミジン環を構成する炭素原子および窒素原子は，図4.49に示すように三種類の前駆体化合物に由来する．ピリミジンヌクレオチドの生合成経路はプリンヌクレオチドとは異なった特徴をもつ．すなわちピリミジン環がまず最初に合成された後にリボース5′-リン酸が連結されて UMP が生成する（図4.50）．ピリミジンヌクレオチド生合成の前駆体であるカルバモイルリン酸は尿素回路の重要な中間体でもある．高等生物ではこれらのカルバモイルリン酸の合成は細胞内の別々の区画で行われ，全く異なる酵素によって触媒される．すなわちピリミジンヌクレオチドの de novo 合成の前駆体としてのカルバモイルリン酸の生合成反応は，細胞質酵素であるカルバモイルリン酸シンテターゼⅡ（carbamoylphosphate synthetase Ⅱ）により触媒される．一方，尿素回路を経由するアルギニンの生合成に用いられるカルバモイルリン酸の合成反応は，ミトコンドリア酵素であるカルバモイルリン酸シンテターゼⅠによって触媒される．原核生物では一種類の酵素がカルバモイルリン酸の生合成反応を触媒する．

UMP はヌクレオシド-リン酸キナーゼの一つであるウリジン一リン酸キナーゼによって UDP に，ついで特異性が緩やかなヌクレオシド二リン酸キナーゼによって UTP に変換される．これらの反応はプリンヌクレオシド三リン酸の場合と同様である．バクテリアにおいては UTP の4位の炭素原子がアンモニアによって直接アミノ化されて CTP が生じる．一方，哺乳類においてはグルタミンのアミド基がアミノ供与体となって CTP が生成する（図4.51）．

カルバモイルリン酸から N-カルバモイルアスパラギン酸が生成する反応を触媒する酵素アスパラギン酸カルバモイルトランスフェラーゼ（aspartate carbamoyltransferase）は ATP によって活性が促進され，逆にこの生合成経路の最終産物であるシチジン5′-三リン酸（CTP）によってフィードバック阻害を受ける．このような制御はバクテリアにおい

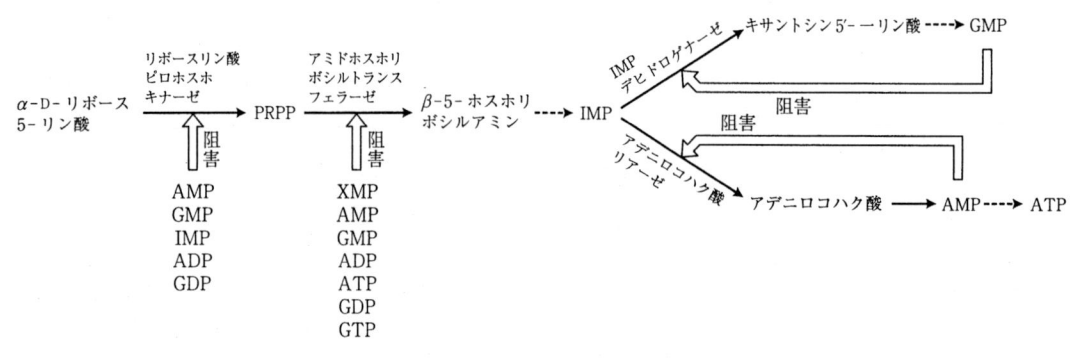

**図4.48** プリン生合成経路の調節

4.8 ヌクレオチドの生合成

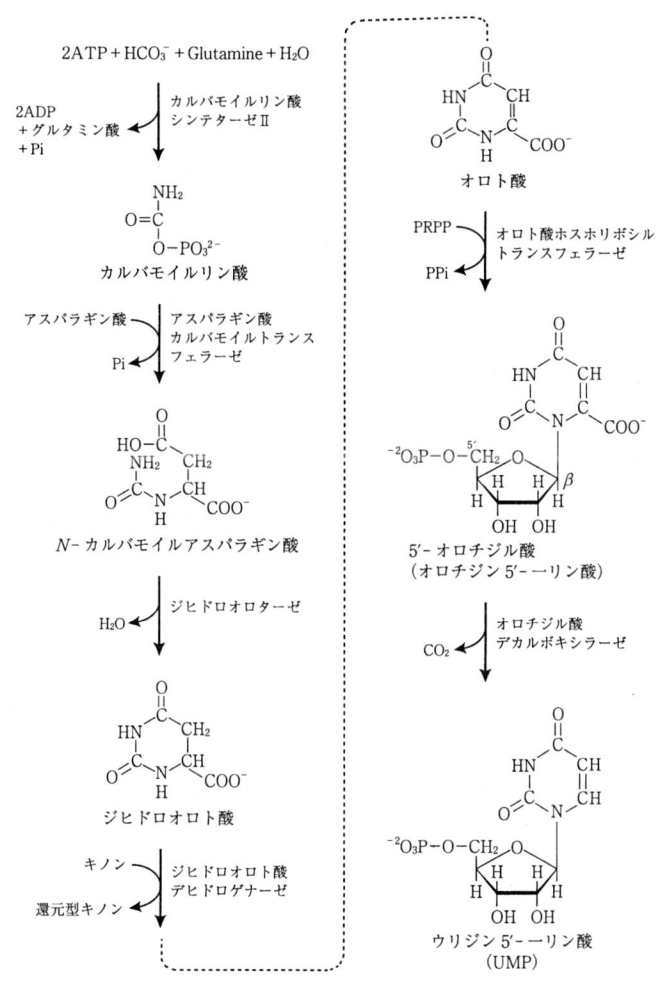

**図 4.50** ピリミジンヌクレオチドの生合成

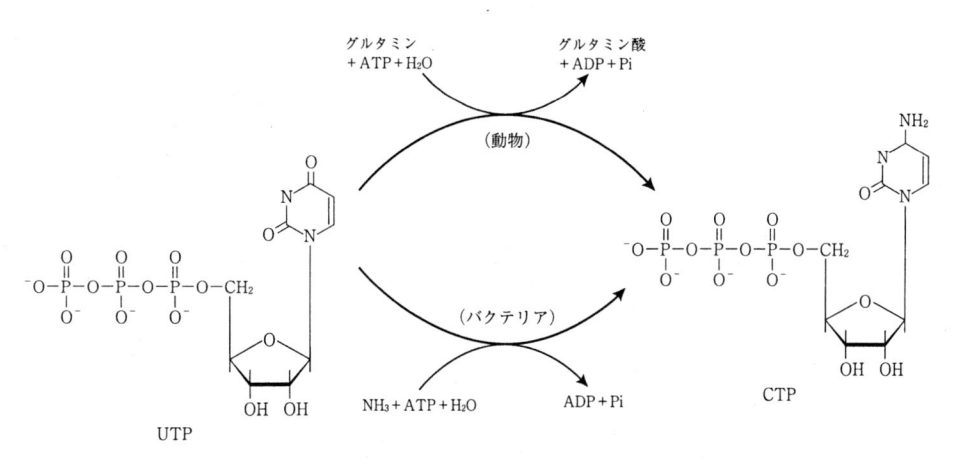

**図 4.51** CTP の生成

てみられるが，動物ではアスパラギン酸カルバモイルトランスフェラーゼではなく，カルバモイルリン酸シンテターゼⅡが同様の調節を受ける（図 4.52）．大腸菌ではピリミジンの生合成に関わる6種類の酵素はそれぞれ単独の酵素分子として存在する．これに対して高等生物ではこれらの酵素が結合して多重機能をもつ二つの酵素複合体を形成している．カルバモイルリン酸シンテターゼ，アスパラギン酸カ

(A) 大腸菌における調節

グルタミン
+ATP
+HCO₃⁻
+H₂O
→ カルバモイルリン酸シンテターゼ → カルバモイルリン酸 → アスパラギン酸カルバモイルトランスフェラーゼ → N-カルバモイルアスパラギン酸

ATP 促進
CTP 阻害

(B) 動物における調節

グルタミン
+ATP
+HCO₃⁻
+H₂O
→ カルバモイルリン酸シンテターゼⅡ → カルバモイルリン酸 → アスパラギン酸カルバモイルトランスフェラーゼ → N-カルバモイルアスパラギン酸

ATP 促進
UTP CTP 阻害

図4.52 ピリミジンヌクレオチド生合成経路の調節

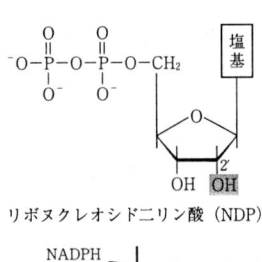

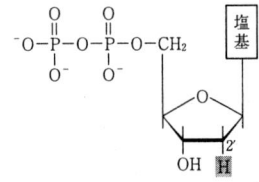

図4.53 リボヌクレオシド二リン酸(NDP)の2′-OHの還元

ルバモイルトランスフェラーゼおよびジヒドロオロターゼ（dihydroorotase）の三つは共有結合して巨大な複合体を形成している．またオロト酸ホスホリボシルトランスフェラーゼとオロチジル酸デカルボキシラーゼも複合体として存在する．

### c. デオキシリボヌクレオチドの生合成

プリンヌクレオチドやピリミジンヌクレオチドのデオキシリボース誘導体の生合成はいくつかの経路で行われる．代表的なものはADP，GDP，UDPおよびCDPがリボヌクレオシド二リン酸レダクターゼによって2′位が還元されてdADP，dGDP，dUDPおよびdCDPがそれぞれ生成する経路である（図4.53）．2′-OHから2′-Hへの還元は，酵素のポリペプチド鎖上の-SH HS-から-S-S-への酸化を伴って進行する．反応の最終段階で-S-S-を還元して-SH HS-を再び生成する過程で還元型チオレドキシンまたは還元型グルタレドキシンが水素供与体として働く．生じた酸化型チオレドキシンまたは酸化型グルタレドキシンはNADPHを最終的な水素供与体として還元される（図4.54）．dNDPの生成反応は複雑なフィードバック制御を受ける（図4.55）．

dCDPはシチジル酸キナーゼの作用でdCMPに変換され，さらにデオキシシチジル酸デアミナーゼによってdUMPが生成する．dUTPがdUTPジホスホヒドラーゼで加水分解される反応によってもdUMPが供給される．dUMPは5位がメチル化されてdTMPが生成する（図4.56）．この反応はチミジル酸シンターゼ（thymidylate synthase）により触媒され，$N^5, N^{10}$-メチレンテトラヒドロ葉酸がメチル供与体として働く．生じたジヒドロ葉酸はNADPHを還元物質として還元され，さらにセリンがヒドロキシメチル供与体として作用し，$N^5, N^{10}$-メチレンテトラヒドロ葉酸が再生される．DNA合成の基質であるdTMPの合成を阻害することによって抗腫瘍性を示す物質が知られている．5-フロロデオキシウリジル酸（FdUMP）はチミジル酸シンターゼを不可逆的に阻害する．またジヒドロ葉酸レダクターゼ（dihydrofolate reductase, DHFR）の阻害物質（メトトレキセート，アミノプテリン，トリメトプリムなど，ジヒドロ葉酸の類似

## 4.8 ヌクレオチドの生合成

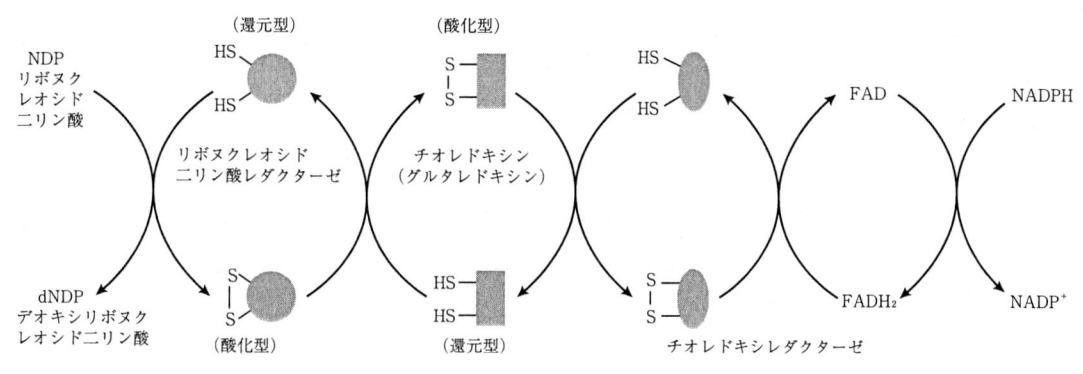

**図4.54** デオキシリボヌクレオシド二リン酸の生成と水素供与体

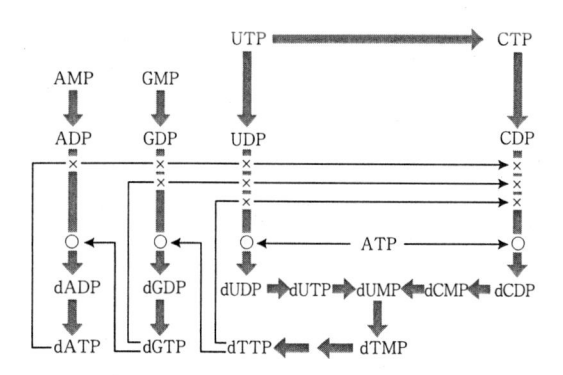

**図4.55** デオキシリボヌクレオチドの生合成経路とその調節
×は阻害を，○は促進を示す．

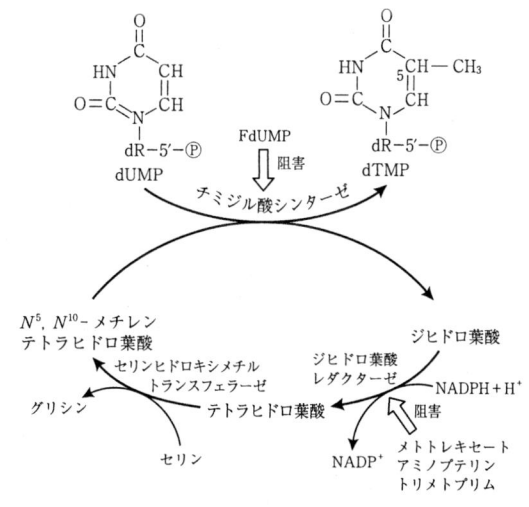

**図4.56** チミジル酸（dTMP）の de novo 合成

化合物）はテトラヒドロ葉酸の供給を阻止する．これらの物質は腫瘍の化学療法剤として用いられることがある．DHFR 阻害物質は dTMP の生成のみならずテトラヒドロ葉酸に依存したその他の反応（プリンの合成など）をも阻害する．

dTMP はチミジン一リン酸キナーゼ（thymidine monophosphate kinase）の作用で dTDP に変換される．dADP, dGDP, dCDP および dTDP から dATP, dGTP, dCTP および dTTP がそれぞれ生成する．これらの反応はヌクレオシド二リン酸キナーゼによって触媒される．この他，乳酸菌ではリボヌクレオシド三リン酸が還元されてデオキシヌクレオシド三リン酸が生成する経路が知られている．この反応はリボヌクレオシド三リン酸レダクターゼ（ribonucleosidetriphosphate reductase）によって触媒される．

〔酒井　裕〕

# 第4部
## 遺伝子情報の伝達と発現調節

# 1. 遺伝子の複製・組換え

## 1.1 DNA複製

DNAの複製はDNAポリメラーゼ（DNA polymerase）が一本鎖DNAを鋳型とし，4種類のデオキシヌクレオシド5′-三リン酸(dNTP)を基質とし，鋳型DNA鎖の相補鎖を合成することによって行われる．このとき正しい塩基対が形成できるdNTPが正しい位置に取り込まれてホスホジエステル結合で連結され，相補鎖は5′→3′の方向に伸長する（図1.1）．既知のDNAポリメラーゼはすべて5′→3′方向にDNA鎖を伸長する能力をもつが，逆方向の合成はできない．こうして新しく複製された二本鎖DNAは一方の相補鎖だけが新生DNA鎖であり，他方は鋳型として用いられた親DNA鎖である（図1.2）．このようなDNA複製の仕組みを半保存的複製とよぶ．

多くの生物では染色体DNAが複製される際に二重らせんの鋳型DNAが開裂して2本の相補鎖（一本鎖）を生じ，ここに複製に必要なタンパク質が結合して複製複合体が形成される．このDNA-タンパク質複合体が存在し，新生DNA鎖を合成している部位を複製フォーク（replication fork）とよぶ．複製フォークでは上述の相補鎖DNA合成過程が両方の親DNA鎖を鋳型として進行する．複製途上にある環状DNAは図1.3に示すようなθ構造（バブル構造または目玉構造）が認められる．複製フォークにおいては二重らせんの鋳型DNA鎖の巻き戻し（開裂）を連続的に行いつつ，これに対応する新生相補鎖を合成する過程が進行している．DNA分子が一つの複製フォークによって複製される場合を一方向複製（unidirectional replication），また同一の複製オリジン（replication origin）において形成され，互いに反対方向に進行する二つの複製フォークによって複製される場合を二方向複製（bidirectional replication）とよぶ．複製に先立って鋳型DNA二重らせんにおいて最初の特異的開裂（ここに複製フォークが形成される）が起こり，DNA合成が始まる部位を複製開始点（複製オリジン，*ori*）とよぶ．

複製フォークにおいては極性（方向性）の異な

**図1.1** DNAポリメラーゼによるDNA鎖の伸長反応

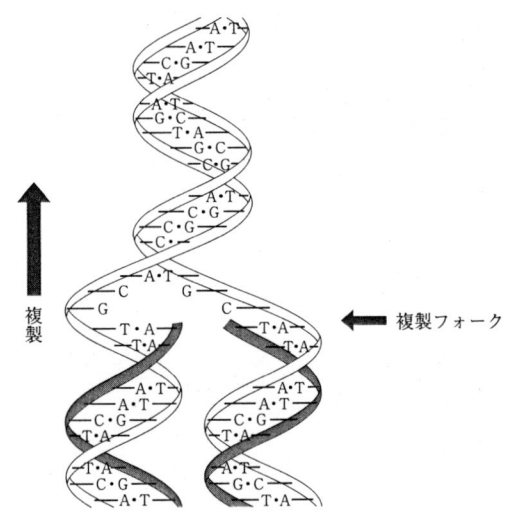

**図1.2** 塩基対の形成に基づいたDNAの半保存的複製
複製された二本鎖DNAは一方の相補鎖が新生鎖（影をつけた領域）であり他方は親鎖（白い領域）に由来している．

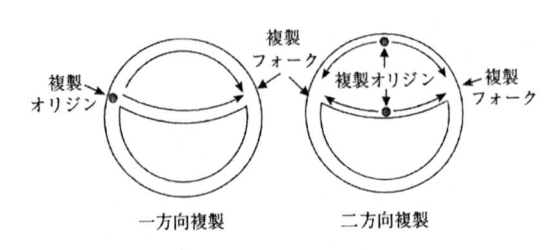

**図1.3** 環状DNAの複製過程でみとめられるθ構造

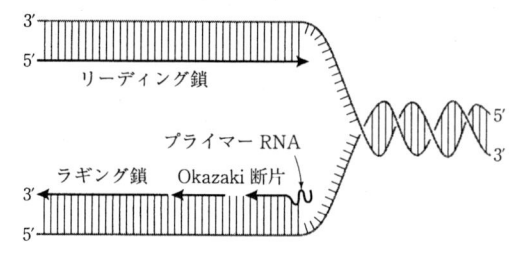

**図1.4** DNA複製における新生鎖の合成
新生鎖を黒の矢印，新鎖をアミの線で示す．

る二つの新生DNA鎖が同時に合成されているはずである．しかし既知のDNAポリメラーゼ（DNA polymerase）はDNA鎖を$5'→3'$の方向にだけ合成できる．もう一方の新生DNA鎖（ラギング鎖，lagging strand）は岡崎らによって解き明かされた．すなわちラギング鎖の合成は1,000から2,000ヌクレオチド（真核生物では100から200ヌクレオチド）の短い断片（これをOkazaki断片（Okazaki fragment）とよぶ）に分けて行われ，各断片は$5'→3'$方向に合成され，その後連結されてひとつながりの長いDNA鎖となる（図1.4）．これを不連続複製とよぶ．結局複製フォークにおいてはリーディング鎖（leading strand）は連続的に合成されるが，ラギング鎖はOkazaki断片の合成を経て不連続的に伸長が進む．

このようにして進行するDNA複製の過程はどのような機構で開始するのだろうか．すべての既知のDNAポリメラーゼは，単独ではDNA鎖の伸長反応を開始することができず，遊離の$3'$-OHに基質dNTPに由来するdNMPをホスホジエステル結合で連結してはじめてDNA鎖の伸長反応を開始できる．この遊離$3'$-OHを提供する物質をプライマー（primer）とよぶ．DNAポリメラーゼはプライマー，鋳型DNA（template DNA）および基質dNTPが存在すると効率よくDNA合成を行うことができる．Okazaki断片の$5'$末端を調べてみると，短いRNA（多くの場合1〜5ヌクレオチド）が存在し，その$3'$末端とDNA鎖の$5'$末端がホスホジエステル結合で連結されていることが明らかとなった．しかもそのRNA鎖のヌクレオチド配列（nucleotide sequence）は鋳型DNAに相補的であり，またその$5'$末端には三リン酸が結合していることも判明した．このことはOkazaki断片の合成に先立ち，その上流領域で親DNA鎖を鋳型として短いRNA鎖の合成が始まり，その$3'$-OHにdNMPの$5'$-リン酸を連結することによるDNA鎖伸長開始機構の存在を示している．この短いRNA鎖はプライマーRNA（primer RNA）とよばれる．

大腸菌にはこのようなプライマーRNAを合成できる酵素が2種類知られている．一つは遺伝子の転写を行う酵素であるRNAポリメラーゼ（RNA polymerase），もう一つはプライマーゼ（primase）である．これらの酵素は$3'$-OHを提供するような先導分子（primer）なしにRNA鎖の伸長を開始できる．プライマーゼは*dnaG*遺伝子産物であり，分子質量60 kDaの単一ポリペプチドからなる酵素で，リファンピシン（rifampicin）に非感受性である．これに対してRNAポリメラーゼはよく知られているようにリファンピシンによって阻害される．Okazaki断片の伸長開始時にプライマーRNAを合成するのはプライマーゼである．Okazaki断片の合成がリファンピシンによって阻害を受けないという事実がこのことを示している．DNA複製の過程では複製フォークにおいて，プライマーゼを含む数種類のタンパク質がラギング鎖合成の鋳型DNA鎖上で会合する．これにはプライマーゼの他にn（別名はPriB），n'（別名はPriA），n"（別名はPriC），i（別名はDnaT），DnaBおよびDnaCの6種類のタンパク質が関与している．こうして形成されるタンパク質複合体をプライモソーム（primosome）とよぶ．プライモソームが形成されるとこれに含まれるプライマーゼによってラギング鎖伸長のためのプライマーRNAが合成される．一方，リーディング鎖の伸長開始反応は，リファンピシンによって阻害されるのでRNAポリメラーゼが関与しているものと考えられている．しかしこのことを直接的に示す証拠はまだ得られておらず，さらにRNAポリメラーゼに加えてプライマーゼも関与している可能性もある．伸長したOkazaki断片からはプライマーRNAが分解除去され，最終的にはOkazaki断片が連結されて，ひとつながりの長いDNA鎖が生成する．この過程には後で述べるようにDNAポリメラーゼI（DNA polymerase I，DNA pol I），RNase HおよびDNAリガーゼ（DNA ligase）が関与している．

バクテリアのゲノムDNA（genome DNA）は環状であって，負の超らせんをもつ．負の超らせんはDNA二重らせんの巻き戻しを促進し，DNA複製には必須である．しかし環状DNAにおいてDNA複製フォークが進行すると，そのDNA分子には正の超らせんが蓄積し，そのままではDNA複製を続けることができなくなる．これを解消し，DNA複製の継続を可能にするために負の超らせんを導入する酵素が，Type IIのトポイソメラーゼ（topoisomerase）（大腸菌ではDNAジャイレース

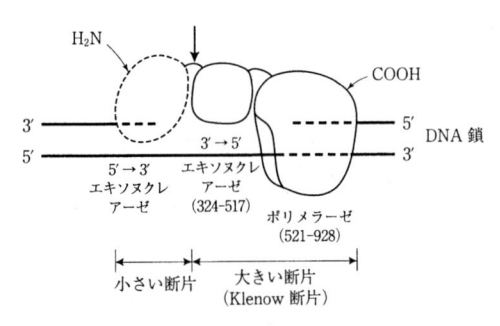

**図 1.5** 大腸菌 DNA ポリメラーゼ I のドメイン構造（C. M. Joyce and T. A. Steitz: *TIBS*, **12**, : 288-292, 1987 より改作）
二本鎖 DNA のニックに結合した状態を示す．この酵素は928個のアミノ酸残基からなる．3種類の酵素活性を決定する三つの別々のドメインを実線（実験結果に基づいて決定）と破線（推定）で示してある．（ ）内の数字は各ドメインの両端のアミノ酸残基の番号である．矢印はプロテアーゼによる限定分解時の開裂位置（アミノ酸残基323と324の間）を示す．

(DNA gyrase)) である．

代表的な DNA 合成酵素は大腸菌では DNA ポリメラーゼ I（DNA pol I）である．この酵素は DNA 鎖の伸長反応を触媒する．この反応では DNA 鎖の 3'-OH が基質であるデオキシリボヌクレオシド三リン酸の α リン酸残基と求核反応し，新たなホスホジエステル結合を形成することにより DNA 鎖が 1 ヌクレオチドだけ伸長する（図1.5）．同時にピロリン酸（PPi）が放出される．この場合，鋳型 DNA のヌクレオチド配列（nucleotide sequence）に相補的な dNTP が 4 種類のうちから選び出されて重合反応にあずかる．こうして DNA 複製においては DNA 鎖のヌクレオチド配列が忠実にコピーされる．A-T および G-C の塩基対の全体のサイズはほぼ同じであるから DNA 複製の過程においてこのような相補的 dNTP を選び出す仕組みは DNA pol I が dNTP と鋳型 DNA との間に形成された塩基対のサイズを識別することによって行われていると考えられる．DNA pol I の連続合成能（processivity），すなわち鋳型 DNA から脱離することなく連続して合成できる DNA 鎖の長さは約20ヌクレオチド程度である．

DNA pol I には上記の dNTP の重合反応を触媒するポリメラーゼ活性の他に，2種類のエキソヌクレアーゼ活性が備わっている．それは 3'→5' エキソヌクレアーゼ活性と 5'→3' エキソヌクレアーゼ活性であり，各々異なる活性中心がこれを決定している．3'→5' エキソヌクレアーゼ活性が触媒する反応は，ポリメラーゼ反応の逆反応（pyrophosphorolysis）ではなく加水分解反応である．遊離 3'-OH をもち，相補鎖と対合していない 3' 末端が存在すると 3'→5' エキソヌクレアーゼは活性化される．つまり鋳型 DNA に依存した DNA 合成を DNA pol I が行っている過程で，正しく塩基対形成できない（鋳型 DNA と相補的でない）誤ったヌクレオチドを取り込んでしまった場合，そのヌクレオチドは 3' 末端にあって遊離の 3'-OH をもち，しかも塩基対形成できないので 3'→5' エキソヌクレアーゼが作動して加水分解により除去されてしまう．このような機能は DNA pol I の校正機能とよばれ，DNA の塩基配列の正確な維持および複製のために重要である．

5'→3' エキソヌクレアーゼは DNA pol I が二本鎖 DNA のホスホジエステル結合が切断された部位すなわちニック（nick）に結合したとき，その 5' 末端から相補鎖と塩基対形成をしている領域の DNA 鎖を加水分解する．DNA pol I はポリメラーゼ活性と 5'→3' エキソヌクレアーゼ活性を合わせもっているため，二本鎖 DNA 上のニックに結合するとニックの 5' 末端から DNA 鎖を加水分解し，同時に 3' 末端から DNA 鎖を伸長させることができる．このような反応が進行すると DNA 鎖の合成と分解がニックから同時に行われるので，DNA の塩基配列は変化することなくヌクレオチドが入れ替わり，ニックの移動だけが結果として残る（図1.6）．この過程をニックトランスレーション（nick translation）とよび，放射性標識したデオキシリボヌクレオチド三リン酸を基質としてこの反応を行うと高度な放射性標識を DNA 分子に導入することができる．この場合，二本鎖 DNA はあらかじめごく微量の DNase I などで処理することによってニックを導入しておく．

DNA pol I の 5'→3' エキソヌクレアーゼ活性は，ポリメラーゼ活性および 3'→5' エキソヌクレアーゼ活性から独立した活性中心によって決定されている．DNA pol I の酵素分子をズブチリシン（subtilisin）またはトリプシンで処理して切断し，二つの断片に分けてみると大きい方の断片（Klenow 断片）にはポリメラーゼ活性と 3'→5' エキソヌクレアーゼ活性が保持されている．一方小さい方の断片には 5'→3' エキソヌクレアーゼ活性が保持されている．要するに単一ポリペプチドからなる酵素 DNA pol I には三つの活性中心が含まれていることがわかる（図1.5）．

DNA pol I は DNA の修復に重要な役割を果たしている．DNA 分子に紫外線が照射されると DNA 鎖上の隣り合ったピリミジン塩基が共有結合で結びついてピリミジン二量体を形成する．ある種の化学物質（アルキル化剤，alkylating agent）が DNA 分

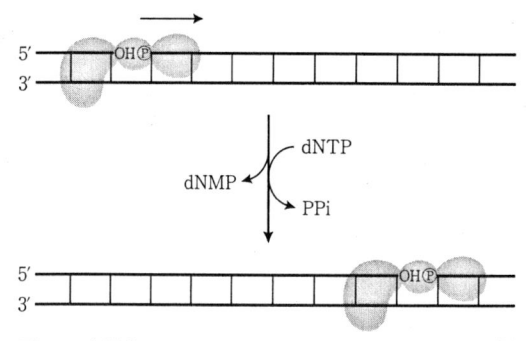

**図 1.6** 大腸菌 DNA pol I の 5′→3′ エキソヌクレアーゼ活性とポリメラーゼ活性によるニックトランスレーション

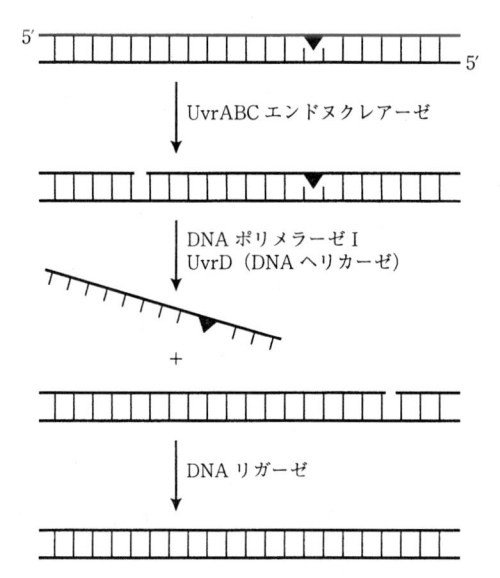

**図 1.7** ピリミジン二量体の除去修復

子と反応すると塩基がアルキル化（alkylation）される．このようにして DNA 分子が損傷を受けると複製や転写を正常に行うことができなくなる．細胞には DNA の損傷を修復する反応系がいくつか備わっていて，DNA の構造を正常なものに回復させ（修復），細胞の生存を図る．DNA pol I はいくつかある修復系の一つに関与している．すなわち損傷を受けたヌクレオチドを含む DNA 鎖の 5′ 側にニックが形成される（図 1.7）．これは特異的な酵素 UvrABC エンドヌクレアーゼ（UvrABC endonuclease）によって行われる．これを DNA pol I が認識して結合し，損傷部位の分解除去を行うとともに，分解によって生じたギャップ（gap，ヌクレオチドの欠落領域）の部分に新しい相補鎖を合成してこれを修復する．最後に残ったニックは DNA リガーゼ（DNA ligase）によって閉じられる．

DNA 複製過程で生成する短い新生 DNA 鎖（Okazaki 断片）の 5′ 末端に結合しているプライマー RNA は RNase H および DNA pol I の 5′→3′ エキソヌクレアーゼ活性によって分解除去され，生じたギャップでは上流側に隣接する Okazaki 断片の 3′-OH から DNA pol I のポリメラーゼ活性によって相補鎖が合成される．最後に上流側に隣接する Okazaki 断片との間にニックが残るが，これは DNA リガーゼで連結されてひとつながりの長い DNA 鎖が完成する．DNA pol I の 5′→3′ エキソヌクレアーゼ活性が温度感受性であるような大腸菌変異株は非許容温度（高温）で生存できないことから，この 5′→3′ エキソヌクレアーゼ活性はきわめて重要であることがわかる．

大腸菌の DNA pol I は DNA 合成酵素活性の大部分を占める．しかし DNA pol I の活性が 1% 以下に低下した変異株を作成して調べたところ，細胞の増殖と DNA 複製には顕著な異常が認められなかった．この事実に基づいてさらに調べた結果，他の DNA ポリメラーゼ，すなわち DNA ポリメラーゼ II（DNA pol II）および DNA ポリメラーゼ III（DNA pol III）が発見された．DNA pol III の温度感受性変異株の DNA 複製は非許容温度（高温）ではただちに停止することから，DNA 複製の過程でリーディング鎖およびラギング鎖の合成を主に行っている酵素は DNA pol III であることが明らかにされた．DNA pol III は三つのサブユニット $\alpha$, $\varepsilon$ および $\theta$ からなり，分子質量は 170 kDa である．DNA pol III は DNA pol I に比較的よく類似したポリメラーゼ活性（$\alpha$ サブユニットが保持）と，3′→5′ エキソヌクレアーゼ活性（$\varepsilon$ サブユニットが保持）を有している．3′→5′ エキソヌクレアーゼ活性は，DNA 合成時に作用する校正機能を有する．DNA pol III の 5′→3′ エキソヌクレアーゼ活性は一本鎖 DNA のみを基質とするので，ニックトランスレーションを行うことはできない．DNA pol III はさらに少なく

**表 1.1** 大腸菌 DNA ポリメラーゼ III ホロ酵素のサブユニット

| | サブユニット | 遺伝子 | 分子質量 (kDa) |
|---|---|---|---|
| Pol III | $\alpha$ | $polC(=dnaE)$ | 130 |
| | $\varepsilon$ | $mutD(=dnaQ)$ | 27 |
| | $\theta$ | $holE$ | 10 |
| Pol III ホロ酵素 | $\tau$ | $dnaX$ | 71 |
| | $\gamma$ | $dnaX$ | 52 |
| | $\delta$ | $holA$ | 35 |
| | $\delta'$ | $holB$ | 33 |
| | $\chi$ | $holC$ | 15 |
| | $\psi$ | $holD$ | 12 |
| | $\beta$ | $dnaN$ | 37 |

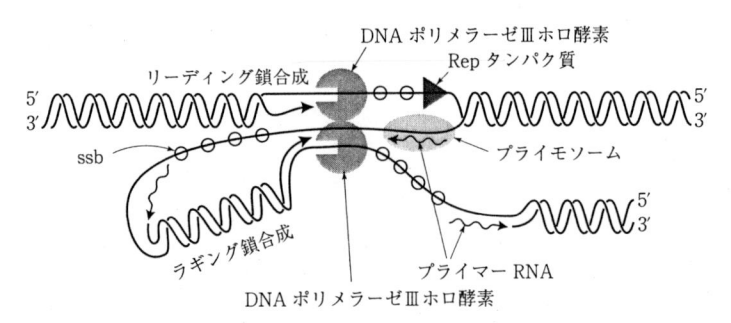

**図 1.8** 大腸菌における DNA 複製
リーディング鎖とラギング鎖がレプリソームによって協調的に合成される.

とも 7 種類のサブユニットと会合して pol III ホロ酵素（holoenzyme）を形成する（表 1.1）. pol III ホロ酵素は ATP の加水分解を伴ってプライマー・鋳型 DNA にしっかり結合し, 高い連続合成能をもち, 事実上無制限に長い DNA 鎖を合成できる. このような高い連続合成能は pol III 以外の少なくとも 4 種類のサブユニットに依存すると考えられる. これに対して pol III のプロセシビティは著しく低い.

DNA 複製フォークにおいては新生 DNA 鎖の伸長に伴って二本鎖鋳型 DNA が巻き戻される必要がある. ところが DNA pol III はこれを行う機能をもたない. 代わりに二本鎖 DNA を巻き戻す DNA ヘリカーゼ（DNA helicase）活性を有する Rep タンパク質および DnaB タンパク質が鋳型 DNA を巻き戻し, 生じた一本鎖 DNA には一本鎖 DNA 結合タンパク質（ssb）が結合してこれを安定化し, 鋳型としての活性を高めるとともに巻き戻し反応を促進する. Rep タンパク質はリーディング鎖合成の鋳型 DNA 鎖上を 3′→5′ 方向に移動し, また DnaB タンパク質はラギング鎖合成の鋳型 DNA 鎖上を 5′→3′ 方向に移動しつつ二本鎖 DNA を巻き戻す. これらの反応には ATP の加水分解が必要である.

DNA 複製に関与するタンパク質群は複製フォークにおいては一体となり, 共同して作動しながら鋳型 DNA 鎖上を移動し, 新生 DNA 鎖を合成すると考えられている. このようなタンパク質会合体はレプリソーム（replisome）とよばれ, DNA ポリメラーゼ III ホロ酵素, プライモソーム（primosome）およびヘリカーゼ（helicase）を含んでいてリーディング鎖とラギング鎖の両方を協調的に合成できる（図 1.8）.

ラギング鎖の合成中間体である Okazaki 断片はプライマー RNA が除去され, ギャップが解消されてニックで隔てられた状態となる. DNA リガーゼがこれらのニックを連結して長いひとつながりのラギング鎖が完成する. 大腸菌の DNA リガーゼは NAD$^+$ を補助因子とし, 3 段階の反応を触媒して隣り合う Okazaki 断片の 5′-リン酸と 3′-OH をホスホジエステル結合で連結する.

細胞における DNA 複製の調節は複製開始段階で行われる. バクテリアの細胞が活発に分裂し増殖速度が大きい場合は, DNA 複製速度も大きいが, それは DNA 複製の開始頻度を高めることによって成し遂げられているのである. つまり, 染色体 DNA 上の複製オリジンに新しい複製フォークが一つ形成された後, 次の新しい複製フォークの形成に至る時間が短くなるように調節されることを意味する. 大腸菌の染色体 DNA の複製オリジン oriC（長さ 245 bp の領域）には二種類の反復塩基配列がある（図 1.9）. 一つは 9-mer 配列（コンセンサス配列（consensus sequence）, (T/G) (G/T/A) (T/C) G(G/T) A(T/A/G) (A/G) (A/G)）で, これには DnaA イニシエータータンパク質（initiator protein）（DNA の複製開始を指令するタンパク質）が特異的に結合するので dnaA ボックスとよばれている. もう一つは AT に富む 13-mer 配列で, この部分の二本鎖が最初に巻き戻される. 負の超らせんをもつ oriC における DNA 複製の開始は, まず HU タンパク質（ヒストン様タンパク質）（histone-like protein）の存在下で DnaA タンパク質が 9-mer（dnaA ボックス）に結合してイニシャルコンプレックス（initial complex）を形成し, oriC 領域の高次構造に変化を引き起こす. これが 13-mer 領域の二本鎖の巻き戻しを促進し, オープンコンプレックス（open complex）へ移行する. 巻き戻された領域に DnaB-DnaC タンパク質複合体が進入してプレプライミングコンプレックス（prepriming complex）が形成されるとプライマーの合成が可能となる.

真核生物における DNA 複製機構は, 基本的にはバクテリアなどの原核生物のそれと酷似している. ただ真核生物のゲノムが原核生物と比べてはるかに巨大で複雑であることによる相違点がいくつか見ら

ラーゼ α, δ, ε など）とは別個の酵素である．

## 1.2　DNA の組換え

　DNA の組換えとは染色体 DNA のうち，ある区域が移動することによって，遺伝情報の新しい組合せをもつ染色体 DNA がつくり出される過程である．「普遍的組換え」においては塩基配列が類似していて，ある程度長い DNA 領域が並び，その部分が相互に交換されて新しい DNA が生成する．この過程で組換え体（新しい遺伝子型の組合せをもつ DNA 分子）を獲得できるので，遺伝的組換えは生物の進化にとって重要である．遺伝的組換えはまた損傷を受けた DNA の修復や遺伝子発現の調節にも重要な役割を果たしている．

　普遍的組換えは二つの DNA 分子間で相同的な領域が交換される過程で，DNA 鎖の切断と再結合を伴っている．普遍的組換えは高等生物では減数分裂期に，またバクテリアなどでは接合や形質転換によって持ち込まれた DNA が染色体に組み込まれる過程で起こる．図 1.10 は遺伝学的研究に基づいてホリデイ（Holliday）が提出した普遍的組換えのモデル（ホリデイモデル）である．相同な二つの二本鎖 DNA 分子が整列し，DNA 鎖が切断されてニックが生じる．一本鎖 DNA の乗換え（交叉）が起こり，新しい二本鎖 DNA（混成〈ハイブリッド，hybrid〉二本鎖 DNA）が形成された後，ニック部位が連結される．このような四本の DNA 鎖からなる交叉中間体は立体的なひずみがなく，安定に存在しうる．また交叉部位は移動することができる（これは branch migration とよばれる）．この中間体は DNA 鎖の切断によって二つの二本鎖 DNA 分子に分離することができる．この開裂の仕方は 2 通りあって，それぞれ異なる混成二本鎖 DNA 分子を生じる．すなわち乗り換えた DNA 鎖が切断される場合と，乗り換えなかった DNA 鎖が切断される場合である．生じたニック部位が連結されて組換え型二本鎖 DNA が生成する．図 1.10 に示したいずれの型の組換え DNA も原核生物と真核生物の両方でその存在が認められている．相同染色体間で普遍的組換えが行われると，遺伝子の並ぶ順序そのものが変化するのではなく，塩基配列がごくわずか異なるかもしれない対立遺伝子の入れ換えが起こるので，一本の染色体上に並ぶ対立遺伝子の組合せが変わることになる．

　普遍的組換えには特別の酵素が必要である．大腸菌における普遍的組換えの過程で主要な役割を

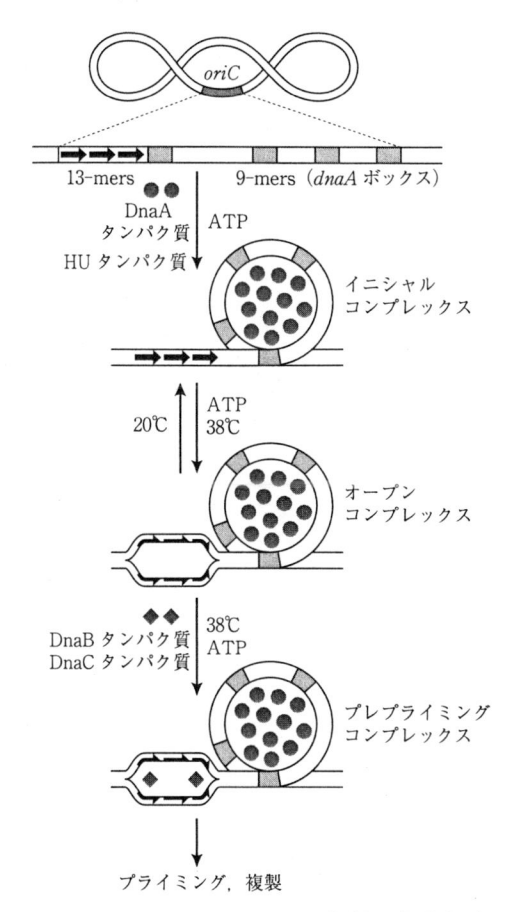

**図 1.9**　大腸菌 oriC における DNA 複製開始過程（A. Kornberg : Biochem. Biophys. Acta, **951** : 235-239, 1988 より改作）．

れる．まず第一に真核生物の細胞は明確な細胞周期を示す（M, $G_1$, S, $G_2$ および $G_0$）．染色体 DNA 複製はこのうち S 期に限って行われる．細胞分裂は細胞外からの因子による刺激または細胞内の因子によって誘発される．第二に真核生物では少なくとも 4 種類の DNA ポリメラーゼが知られており，それぞれ生化学的な役割分担がなされていると考えられる．第三に真核生物のゲノム DNA は巨大であるため，一つの染色体が多数の（およそ数十個）の複製単位（レプリコン）からなりたっている．DNA 複製はそれぞれのレプリコンで開始され，すべてのレプリコンにおける DNA 複製が完了したとき，その染色体の DNA 複製が完了したことになる．DNA 複製の開始反応はさまざまな複雑な（例えば組織特異的なあるいは細胞周期特異的な）制御を受ける．第四に細胞内のミトコンドリアは染色体 DNA とは異なる DNA 複製方式（D ループを経由する DNA 複製）をとり，これを行う酵素は DNA ポリメラーゼ γ であり，染色体 DNA 複製を行う酵素（DNA ポリメ

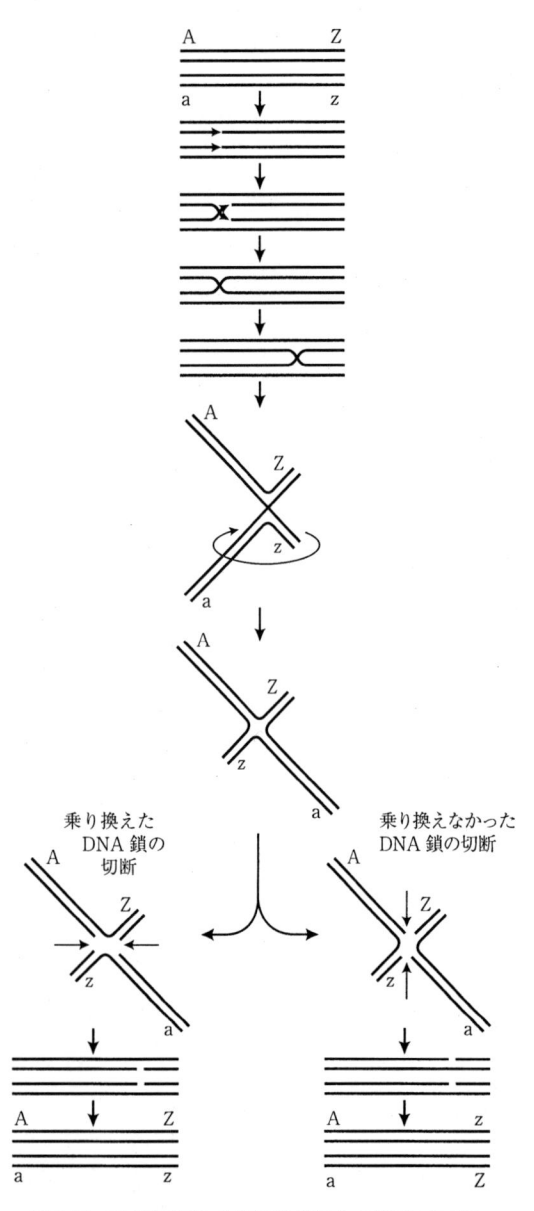

**図1.10** 二本鎖DNAの普遍的組換えの機構：Hollidayモデル

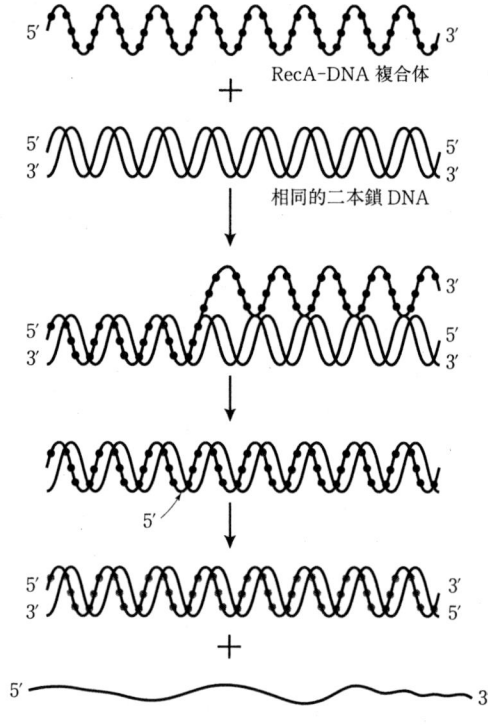

**図1.11** RecAタンパク質によるDNA鎖置換反応のモデル

演じるのは多重な機能をもつRecAタンパク質である．このタンパク質は一本鎖DNAを覆ってRecA一本鎖DNA複合体を形成する．この複合体は二本鎖DNAに結合することができ，二本鎖を巻き戻しながらDNA鎖上を移動する．複合体に含まれている一本鎖DNAの塩基配列と相同的な配列に遭遇すると，これと複合体の一本鎖DNAの間で塩基の対合による二本鎖を形成させる（図1.11）．このとき一本鎖の進入は5′末端から起こる．もとの二本鎖DNAのうち他方の相補鎖は一本鎖として残る．この反応の進行にはATPの加水分解を伴う．この反応に関与するDNAのうち，少なくとも一つは末端をもつ分子でなければならない．このようなDNA鎖の置換反応はHolliday構造の形成過程で起こっている．

普遍的組換えに必要なこの他の因子は，RecBCDタンパク質である．このタンパク質複合体は，RecAタンパク質が一本鎖DNAと上述の複合体を形成する過程の開始点となるニックを次のような機構で二本鎖DNA上につくり出すことができる．RecBCDは二本鎖DNAの末端に結合し，二本鎖DNAを巻き戻しながらDNA鎖上を移動する（図1.12）．二本鎖DNA上を移動中のRecBCDタンパク質分子の近傍には一本鎖のループが形成されるが，これが通過した後は二本鎖DNAが再生する．この過程はATPの加水分解に依存している．RecBCDがDNA鎖上のある特定の塩基配列（GCTGGTGG（Chi配列））に3′末端側から遭遇すると，3′末端から4～6ヌクレオチド離れた位置でChi配列が存在する方のDNA鎖だけを切断し，RecAが結合できる一本鎖DNAを提供する．Chi配列はゲノムDNA上10 kbに一個所程度存在する．このようにRecBCDの標的となる末端をもつ二本鎖DNAは実際には，接合伝達，形質転換，ウイルスが仲介する形質導入，およびある種の損傷を受

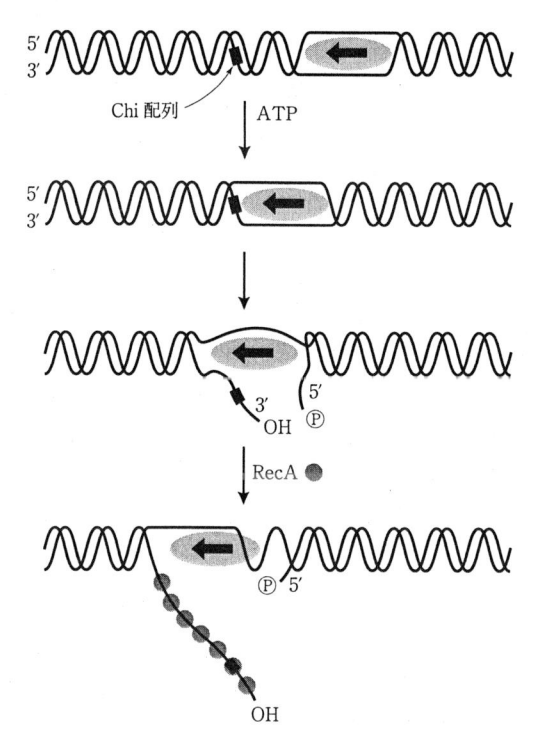

**図 1.12** DNA 組換えにおける RecBCD タンパク質の作用

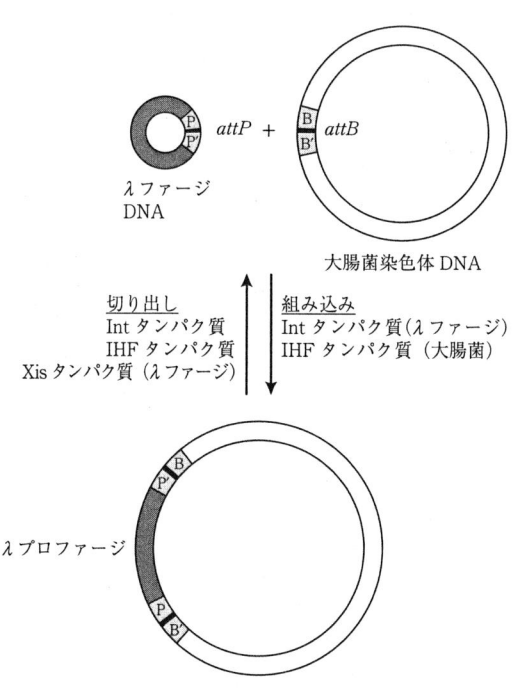

**図 1.13** λファージ DNA の大腸菌染色体 DNA への組み込みと切り出し
*attP* と *attB* はそれぞれファージ DNA 上および大腸菌 DNA 上の特異的部位を示す.

およびssb さらに未知の因子が関与する複雑な過程である.

以上に述べたような普遍的組換えに対して，相同性のない DNA の間で起こる組換えは非正統的組換えとよばれる．宿主の染色体 DNA に組み込まれたバクテリオファージ DNA（bacteriophage DNA，プロファージ，prophage）が，異常な切り出しを経て染色体断片を取り込む過程はこれに当たる．また後で述べる「転位」も非正統的組換えの一種である.

DNA 分子の特定の部位で起こる組換えを部位特異的組換えとよぶ．バクテリアの溶原ファージ（temperate phage）（例えば大腸菌のλファージ）の DNA が宿主の染色体 DNA に組み込まれてプロファージとなり，また逆にこのプロファージが切り出される過程は，共通配列によって仲介される部位特異的組換えである（図 1.13）.

## 1.3 転位 (transposition)

転位性遺伝要素（movable genetic element）が原核と真核を問わずさまざまな生物において知られている．これは比較的小さい DNA 分子であり，染色体上のある位置から同じ染色体上の別の位置または別の染色体やプラスミド（plasmid）などの染色体外遺伝子上のある位置に移動することができる.

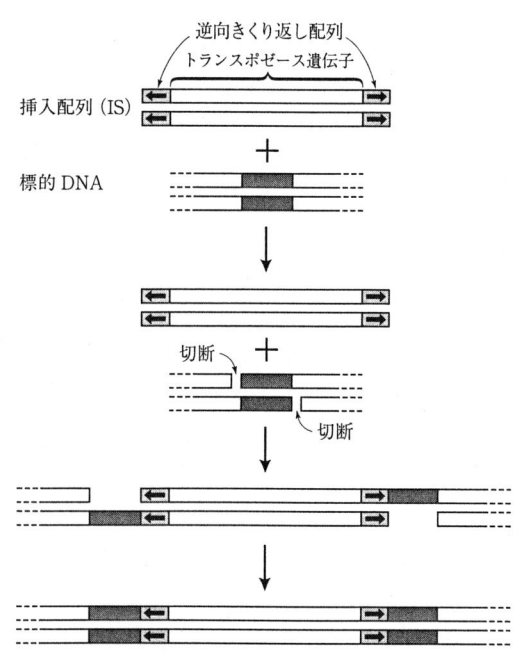

**図 1.14** 挿入配列の転位
トランスポゼースは標的 DNA のくい違った位置に一本鎖切断を生じさせる．二つの切断点にはさまれた領域（■で示した，実際の長さは 10 塩基対未満程度である）は挿入配列の進入後，複製されてギャップが解消し，転位が完了する.

けた染色体 DNA などが考えられる．普遍的組換えは，この他にトポイソメラーゼⅠ（topoisomerase Ⅰ）

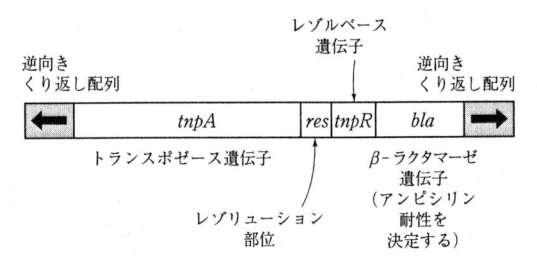

**図 1.15** トランスポゾン Tn3
全長 4957 塩基対．両端の逆向きくり返し配列はそれぞれ 38 bp である．

このような転位の機構は多様であって，十分に解明されていないものも多い．転位性遺伝子の移動には塩基配列の相同性は必要とされない（非正統的組換え，illegitimate recombination）．転位の起こる頻度はおおよそ $10^6$ 回の細胞分裂当たり 1 回程度であると考えられている．転位性遺伝子には 2 種類ある．一つは小さくて（約 1 kb 程度），構造が簡単な挿入配列（insertion sequence, IS）である．これは転位に必要な塩基配列（両端の逆向きくり返し配列，長さ 20 bp 程度）と転位過程を促進するタンパク質（トランスポゼース，transposase）からなる（図 1.14）．大腸菌では IS1, IS2, IS4, IS5 などが知られている．

トランスポゾン（transposon）はもっと構造が複雑である．バクテリアのトランスポゾン Tn3 は 9.3 kb の長さがあり，転位に必要な塩基配列（両端の逆向きくり返し配列），*amp*（*bla* すなわち β-ラクタマーゼ遺伝子），*tnpR*（レゾルベース遺伝子，resolvase gene），*res*（レゾリューション部位）および *tnpA*（トランスポゼース遺伝子）を含んでいる．Tn3 は図 1.15 に示すように，自分自身が複製し，そのコピーが他のレプリコン（replicon）に挿入する過程を経て転位する．これは複製的転位とよばれる．

転位性遺伝要素の転位はさまざまな遺伝的変化を引き起こす．転位性遺伝要素がある遺伝子の内部に挿入されると，その遺伝子は失活する．時には影響がその遺伝子だけに留まらず，下流側の遺伝子に及ぶことがある．しかし一方で転位性遺伝要素に付随して外来の遺伝情報が持ち込まれる場合もある．また挿入部位の近傍で局部的な欠失が起こることもある．さらに，同じレプリコン上に二つの転位性遺伝要素が存在すると，その両者に挟まれた区間が欠失したり，配向が逆転することが知られている．これらの逆転的変化は多くの場合，生物にとっては有害であるが幅広く遺伝的要素を交換できるので，生物の進化の過程で重要な役割を果たしてきたと考えられる．

〔酒井　裕〕

# 2. 転　　写

　微生物から高等生物にいたるまで，遺伝情報はDNAにコードされている．コードされている遺伝情報は，細胞の中でタンパク質に写し換えられる際に，DNAから直接伝えられるのではなく，RNAに一度写し換えられ，そのRNAの情報に従って遺伝情報の具体的な産物であるタンパク質が合成される．1958年クリック（F. Crick）はDNAからRNAが合成され，合成されたRNAからタンパク質が合成されるという一連の遺伝情報の流れを分子生物学のセントラルドグマと表現し，遺伝子からタンパク質がつくられるという概念を示した．今日ではDNAの有する遺伝情報がRNAに写し換えられる反応を転写（transcription）とよび，生成した遺伝情報を有するRNAを情報RNA（messenger RNA, mRNA）とよび，この情報に従ってタンパク質が合成される反応を翻訳（translation）とよんでいる．転写は大腸菌において最初に見出されたので，この章の前半では主として大腸菌の転写機構を，後半では高等生物の転写機構について述べる．

## 2.1　酵素の誘導

　大腸菌は細胞の機能を維持するのに不可欠な酵素類を常に一定の割合でつくっている．このような酵素類を構成的な酵素（constitutive enzyme）という．一方，細胞にある特殊な条件を与えたときに合成される酵素を誘導酵素（inducible enzyme）という．大腸菌をグルコースを炭素源とする通常の培地で培養したときの生育状況と，乳糖（ラクトース）を炭素源として培養したときの生育状況とは異なる．乳糖を炭素源にしたときにはしばらくの間は大腸菌は生育できないが，やがて生育が可能となる．この状態で菌体内には多量の$\beta$-ガラクトシダーゼが誘導されていて（図2.1），ラクトースをガラクトースとグルコースに分解しており（図2.2A），生成したグルコースが炭素源となっているために大腸菌は生育可能となったのである．ところが，ラクトースを培地から除くと，菌体内の$\beta$-ガラクトシダーゼ活性は急激に低下し，菌体の生育は止まる．ラクトー

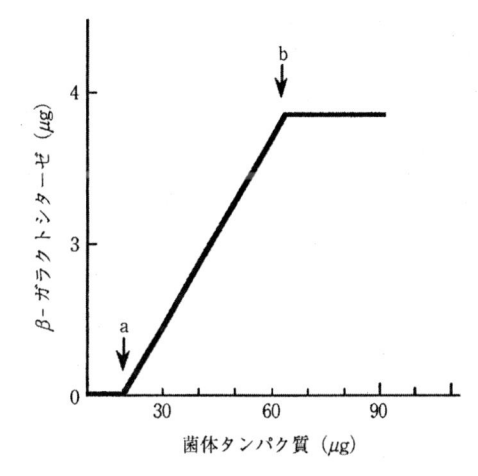

**図2.1**　$\beta$-ガラクトシダーゼの誘導
乳糖を炭素源として添加したときの大腸菌の菌体内の$\beta$-ガラクトシダーゼ量と菌体タンパク質の増加の様相．a：培地中にラクトースを添加，b：培地からラクトースを除去．

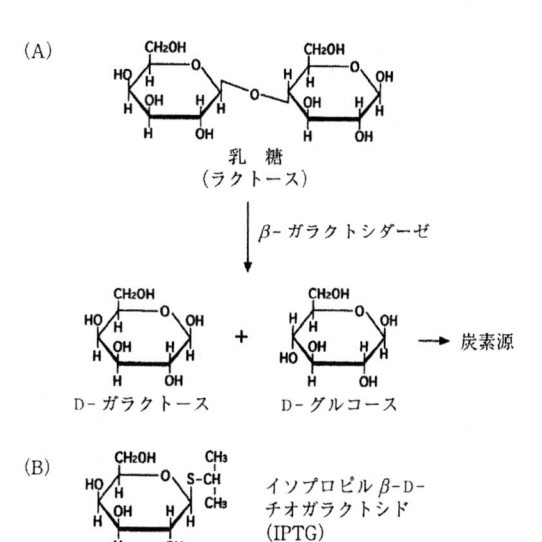

**図2.2**　$\beta$-ガラクトシダーゼによる加水分解
(A) ラクトースの加水分解．D-グルコースは炭素源として利用される．(B) イソプロピル$\beta$-D-チオガラクトシド（IPTG）も加水分解を受ける．

スが存在することによって$\beta$-ガラクトシダーゼが誘導されてくることから，ラクトースを$\beta$-ガラクトシダーゼの誘導物質（インデューサー，inducer）

とよぶ．β-ガラクトシダーゼのインデューサーはラクトースだけでなく，イソプロピル β-D-チオガラクトシド（IPTG）のようにガラクトースのβ-配糖体であればインデューサーとなる（図2.2B）．

## 2.2 β-ガラクトシダーゼが誘導される機構

### a. ラクトースオペロン

大腸菌の培養培地に炭素源としてグルコースの代わりにラクトースを加えると，グルコースを炭素源としていたときには使用されていなかった遺伝子，ラクトースオペロンが活性化され，β-ガラクトシダーゼがガラクトシドパーミアーゼやアセチルトランスフェラーゼとともに誘導される．DNA上ではこれら3種類の酵素タンパク質遺伝子が連続して存在しており，β-ガラクトシダーゼ遺伝子（$Z$）が誘導されるときに他の二つの遺伝子（ガラクトシドパーミアーゼ（$Y$），アセチルトランスフェラーゼ（$A$））も誘導されてくることを示している．これら3種類の酵素タンパク質遺伝子は，転写を制御している部位であるプロモーター（$P$）やオペレーター（$O$）とよばれる特徴的な塩基配列を有する部位と連結していて，β-ガラクトシダーゼが誘導されるときにはいつも，ともに誘導されてくる構造（塩基配列）を有していることから，これら一連の遺伝子をラクトース（$lac$）オペロンを構成する構造遺伝子（structural gene）とよぶ（図2.3）．

### b. オペレーター（$O$）とリプレッサー（$I$）

以下に述べる一連の反応は1961年，ジャコブ（F. Jacob）とモノー（J. L. Monod）によって明らかにされた．$lac$オペロンのオペレーター部位（$O$）は，大腸菌がグルコースで培養されているときには，常にリプレッサーとよばれるタンパク質（$I$）が結合している．リプレッサーはラクトースオペロンの少し離れた上流域の$I$遺伝子の情報によってつくられており，リプレッサーは常にオペレーター部位に結合している（図2.4）．そのため，プロモーター部位からのmRNAの合成は行われず，$Z, Y, A$遺伝子の発現は認められない．すなわちリプレッサーは$lac$オペロンを構成する3種類の遺伝子の発現を抑制している．このような遺伝子を調節遺伝子（regulatory gene）とよぶ．

オペレーター部位とはmRNAの合成が開始される部位，すなわち塩基配列上では+1を含む領域を指す（図2.5）．オペレーター部位の構造上の特徴は，塩基配列が対称的になっていることである．図2.5に示したように，この部位は21塩基対よりなっており，11番目のグアニンを対称点として対照的な塩基配列をしている．この配列をリプレッサーの二

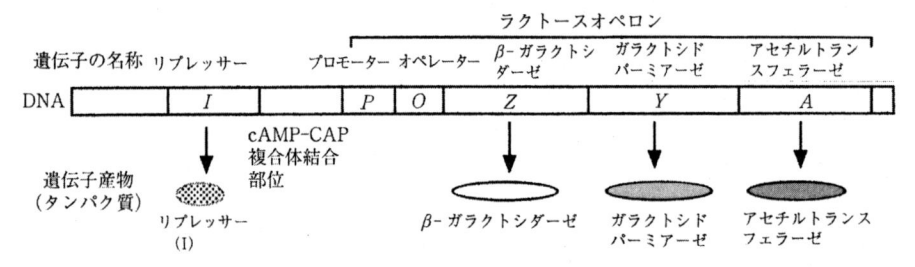

**図2.3** ラクトースオペロンの構造
$P$：プロモーター部位，$O$：オペレーター部位，$Z, Y, A$はそれぞれβ-ガラクトシダーゼ遺伝子，ガラクトシドパーミアーゼ遺伝子，アセチルトランスフェラーゼ遺伝子，$I$：リプレッサータンパク質遺伝子，cAMP-CAP複合体の結合する部位．

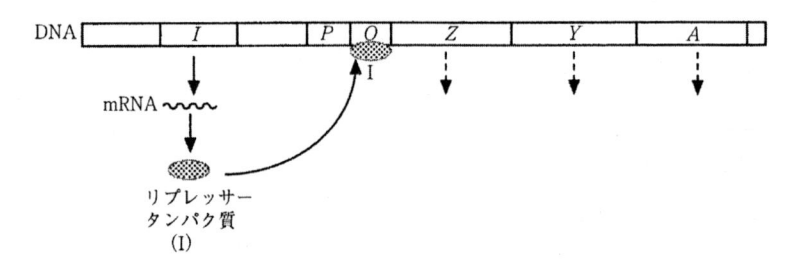

**図2.4** リプレッサーの役割
リプレッサータンパク質（$I$）は$I$遺伝子からの産物であり，オペレーター部位（$O$）に結合している．
破線矢印は遺伝子の発現がないことを示す．

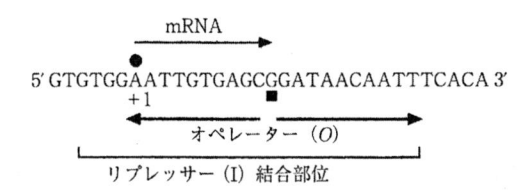

```
          mRNA
5' GTGTGGAATTGTGAGCGGATAACAATTTCACA 3'
   +1
       オペレーター (O)
     リプレッサー (I) 結合部位
```

**図 2.5** オペレーター部位 (*O*) およびリプレッサー (I) の結合部位の構造
+11 番目塩基 G (■) を対称点として点対称の塩基配列をしている. +1 の A から mRNA は合成開始される. リプレッサー (I) は +1 を含むオペレーター部位に結合している.

量体が認識し, 結合している.

オペレーター部位に結合しているリプレッサーは, $\beta$-ガラクトシダーゼを誘導する物質であるラクトースが添加されると, これと結合し, オペレーター部位から遊離する (図 2.6). リプレッサーが存在しなくなったオペレーター部位には RNA 合成酵素が結合し, +1 の A の位置から mRNA を合成する.

RNA 合成酵素は二本鎖 DNA の片方の鎖で, $Z, Y, A$ 遺伝子をコードしている領域を 1 本の mRNA として転写する. 得られた mRNA はリボソーム上において Z, Y, A の 3 種類のタンパク質を合成する (第 3 章参照). このようにこの mRNA は *lac* オペロンが有するタンパク質の情報に従い, 3 種類のタンパク質を合成する情報を有することから, *lac* の情報 RNA (messenger RNA, mRNA) とよぶ (図 2.6).

### c. プロモーター (*P*) と mRNA 合成

mRNA は RNA 合成酵素によって合成される. RNA 合成酵素は $\alpha$ サブユニットが 2 個, $\beta\beta'$ サブユニットからなるコア酵素 ($\alpha_2\beta\beta'$) とプロモーター部位 (転写開始部位) を認識する $\sigma$ ファクター, 転写終結部位を認識する $\rho$ ファクターからなる複合酵素系である (図 2.7).

オペレーター部位からリプレッサーが遊離すると, この部位に RNA 合成酵素 (ホロ酵素, 図 2.7) が結合して mRNA 合成を開始する. この反応は三つの段階からなっている. 最初の段階は RNA 合成酵素 (ホロ酵素) のサブユニットの一つで $\sigma$ ファクターが, プロモーター部位の特徴的な構造 (塩基配列) を認識して結合する. 次の段階は RNA 合成酵素が $\sigma$ ファクターと DNA に結合し, オペレーターの +1 の位置から mRNA 合成を開始する. 最後の段階は, DNA 上の特異な塩基配列を認識して mRNA 合成が停止する.

*lac* オペロンのプロモーター部位の塩基配列を図 2.8 に示した. これらの塩基配列は二本鎖 DNA の片方に存在していて (図 2.9 で 5'→3' と書かれている方の鎖), 実際に mRNA 合成に鋳型として使用される鎖 (図 2.9 で 3'→5' と書かれている方の鎖) とは逆の鎖上にある.

プロモーター領域に存在する出現頻度の多い塩基配列をコンセンサス配列とよぶ (図 2.8). 個々の遺伝子のプロモーターの塩基配列は必ずしも同一ではなく, また塩基配列によっては mRNA を合成する活性に大きな相違がある.

実際に mRNA の合成が開始される部位を +1 で表す. それよりタンパク質遺伝子として意味のある配列 ($Z, Y, A$) のある方向の塩基には + の番号をつけ, 下流の方向とよぶ. +1 の塩基から意味のある配列とは反対の方向にある塩基には − の符号をつけ, 上流の方向とよぶ.

プロモーター部位の −10 および −35 番目付近の塩基配列は多くの遺伝子のプロモーター部位でよく保存されている. −10 番目の塩基を含む数個の保存

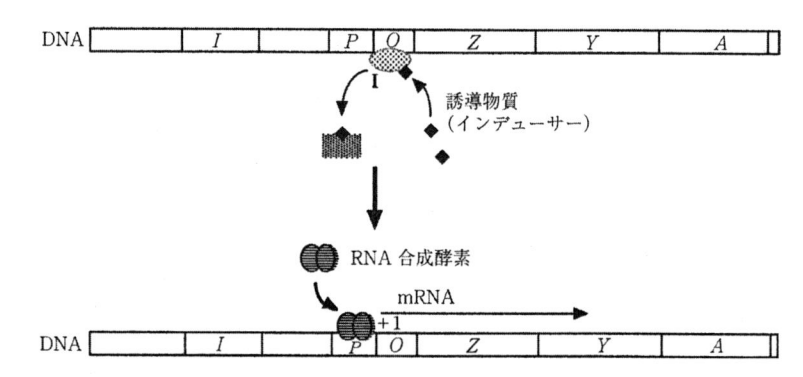

**図 2.6** 誘導物質 (インデューサー) の役割と RNA 合成酵素の結合
リプレッサー (I) は乳糖や $\beta$-ガラクトシド類などのインデューサーと結合し, オペレーター部位 (*O*) から遊離する. リプレッサーが存在しなくなったプロモーター部位 (*P*) に RNA 合成酵素が結合し, mRNA の合成を開始する.

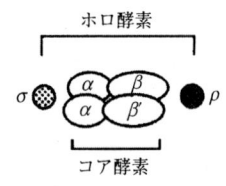

**図2.7 RNA合成酵素の組成**
RNA合成酵素（ホロ酵素）は複合酵素系であり，$\sigma$, $\alpha$, $\beta$, $\beta'$, $\rho$の各サブユニットからなっている。$\sigma$ファクター（$\sigma$因子）はプロモーター部位（$P$）を認識して結合し，RNA合成酵素のコア酵素は$\alpha$, $\alpha$, $\beta$, $\beta'$（$\alpha_2\beta\beta'$）サブユニットからなり，$\rho$ファクターはmRNA合成の終結部位を認識する。

| 遺伝子 | −35領域 | −10領域<br>(pribnow box) | 転写開始点<br>(+1) |
|---|---|---|---|
| lac | −TTACACTT− | −TATGTT− | −A− |
| araC | −TAGACACT− | −TGTCAT− | −G− |
| trp | −TTGACAAT− | −TTAACT− | −A− |
| galP2 | −TGTCACAC− | −TATGCT− | −A− |
| tRNA$^{Tyr}$ | −TTTACAGC− | −TATGAT− | −G− |
| rrnE1 | −TTGCGGCC− | −TATAAT− | −A− |
| コンセンサス配列 | −TTGACAT− | −TATAAT− | −A/G− |

**図2.8 大腸菌の遺伝子のプロモーター部位（$P$：−10, −35）の塩基配列とコンセンサス配列**
多くの遺伝子のプロモーター部位の塩基配列。−10領域をpribnow boxともよぶ。多くの遺伝子のプロモーター部位を構成する塩基の出現頻度からコンセンサス配列が求められた。

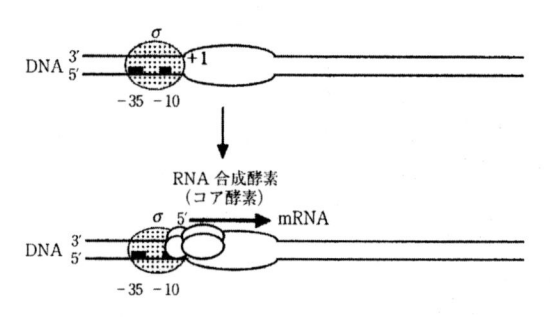

**図2.9 mRNAの合成開始**
$\sigma$ファクターがプロモーター部位（$P$）を認識して結合し，その$\sigma$ファクターとRNA合成酵素のコア酵素とが結合し，DNA上の+1の塩基が存在する鎖を鋳型としてmRNA合成を開始する。

されている塩基配列を−10領域，あるいはプリブナウボックス（pribnow box）とよび，−35番目の塩基を含む6〜8個の保存されている塩基配列を−35領域とよぶ（図2.8）。

プロモーター部位の−10領域および−35領域を$\sigma$ファクターが認識して結合すると，続いてRNA合成酵素のコア酵素が結合してmRNA合成を開始する。実際に転写を開始するための鋳型となるDNA鎖，すなわちmRNAの合成開始部位（+1）は，プロモーター配列が存在するDNA鎖とは逆のDNA鎖上にあり，DNAの3'から5'方向の鎖を鋳型にして5'→3'の方向にmRNAを合成する（図2.9）。

大腸菌を50℃で培養すると，37℃で培養しているときには発現していないタンパク質が多量に発現してくる。これは50℃で活性化を受ける$\sigma$ファクターと，それによって認識されるプロモーターが存在していることを示している。高温下で発現するタンパク質を熱ショックタンパク質（HSP），またこのタンパク質の発現に関わるプロモーターを熱ショックプロモーターとよぶ。このように，特殊な条件下で普段とは異なるタンパク質が生成する反応は真核生物においても認められていて，プロモーター領域の塩基配列も大腸菌のHSPプロモーター領域の塩基配列に類似している。

HSPプロモーター部位を認識する$\sigma$ファクターを$\sigma^{32}$とよび，普通の条件（標準の条件）下でプロモーター部位を認識する$\sigma$ファクターを標準の$\sigma$ファクター，または$\sigma^{70}$とよぶ。$\sigma^{70}$で認識されるプロモーター部位のコンセンサス配列，および$\sigma^{32}$で認識されるHSP部位の例を図2.10に示した。

### d. cAMPによる転写調節

lacオペロンのプロモーターの上流にはCAP（CRP）結合部位とよばれる特徴的な構造（塩基配列）が存在している（図2.12A, 図2.3参照）。CAPとは，異化代謝産物（cAMP）で遺伝子の転写を活性化するタンパク質（catabolite gene activator protein）という意味である。CAPはまたCRPともよばれている。CRPとはcAMP受容タンパク質（cAMP receptor protein）のことである。異化代謝産物とはグルコースの代謝で生成したATPのことで，細胞膜に存在しているアデニル酸シクラーゼによってATPからcAMPが合成される（図2.11）。cAMPはまた細胞内情報伝達物質としても知られている。

| 遺伝子 | −35領域 | −10領域 |
|---|---|---|
| groE | −T・・C・C・CTTGAA− | −CCCCATTT− |
| dnaK | −T・・C・C・CTTGAT− | −CCCCATTT− |
| 熱ショックプロモーター<br>$\sigma^{32}$のコンセンサス配列 | −T・・C・C・CTTGAA− | −CCCCAT・T− |
| $\sigma^{70}$のコンセンサス配列 | −TTGACAT− | −TATAAT− |

**図2.10 熱ショックタンパク質遺伝子のプロモーターの塩基配列とコンセンサス配列**
代表的な熱ショックタンパク質（HSP）のプロモーターの塩基配列。多くの熱ショックプロモーター$\sigma^{32}$のコンセンサス配列，および$\sigma^{70}$のコンセンサス配列を示した。

大腸菌の細胞中にcAMP濃度が高くなると，cAMPとCAPとが結合して，cAMP-CAP複合体を形成する（図2.12B）．この複合体がDNA上のCAP部位に結合する（図2.12A）．この結果，lacオペロンのプロモーター領域のDNAの二本鎖構造の一部が巻き戻され，プロモーター領域にσファクターが結合しやすくなり，mRNA合成が円滑に行われるようになる．これをcAMP-CAP複合体による正の転写調節という．細胞内のcAMP濃度が低下すればcAMP-CAP複合体はDNAから遊離し，その結果転写活性は低下する．

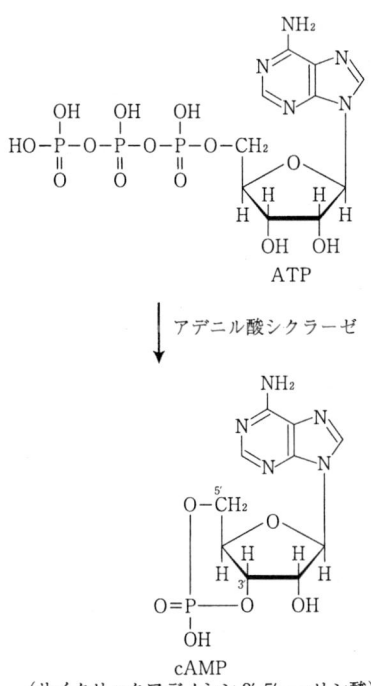

CAP結合部位は常にプロモーターの上流に存在するとはかぎらない．アラビノースオペロン（ara）やアデニル酸シクラーゼ（cya）遺伝子などでは，CAP結合部位はプロモーター部位に存在している（図2.12C）．そのため，cAMP濃度が高くなるとcAMP-CAP複合体はプロモーター部位に結合し，mRNA合成が抑制される．これをcAMP-CAP複合体による負の転写調節とよぶ．細胞内のcAMP濃度が低下すれば，cAMP-CAP複合体はDNAから遊離し，再び転写が活発に行われるようになる．

### e. 転写終結

mRNAはタンパク質を合成するのに必要な情報を備えていればよいのであるから，当然タンパク質分子のサイズに相当する分子サイズをもったmRNAが合成されれば目的を達するはずである．転写の終結もまたDNA上の特定の塩基配列で指令されている．

**図2.11** ATPよりcAMPの生成する反応 この反応はアデニル酸シクラーゼにより触媒される．

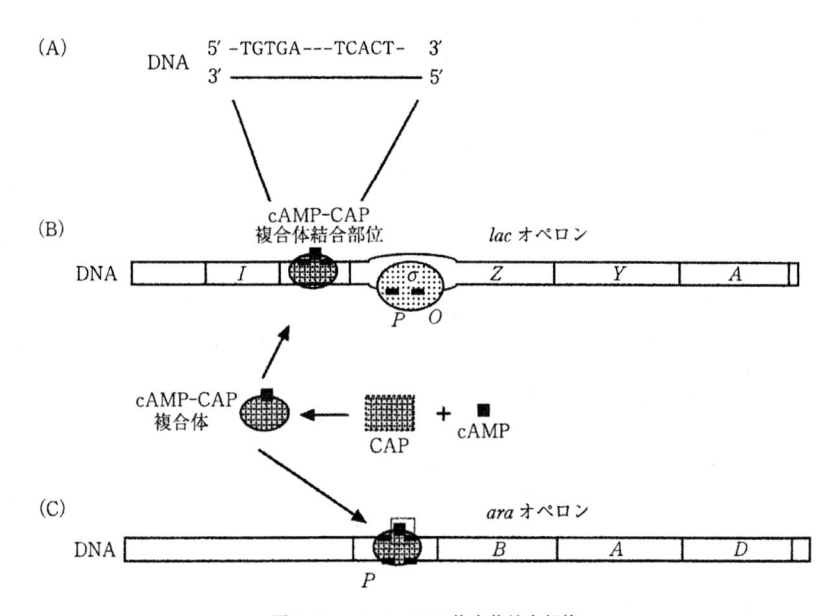

**図2.12** cAMP-CAP複合体結合部位
(A) lacプロモーターの上流のcAMP-CAP複合体が認識して結合する部位とその塩基配列．
(B) cAMP-CAP複合体が結合すると，DNAの二本鎖構造が部分的にゆるむので，σファクターが結合しやすくなる．
(C) アラビノースオペロン（ara）ではプロモーター部位（P）にCAP結合部位が重複して存在しているので，σファクターが結合できない．

転写終結を指令する塩基配列には2種類ある．一つはターミネーターとよばれる mRNA 合成の終結を指令する塩基配列である．他は，終結因子（ターミネーションファクター，ρファクター）を必要とする終結である．

ターミネーターとしては大腸菌では約100種類の塩基配列が知られている．大腸菌のトリプトファン (trp) オペロンのターミネーターの DNA 上の塩基配列と，その部位が転写された際の mRNA の 3′ 末端の構造を図 2.13A に示した．この部位の特徴は，
(1) 逆向反復配列が存在する．これは二本鎖 DNA のそれぞれの鎖がこの部位で十字形の構造（クルシフォーム，ステム-ループ構造）をとりうることを意味している．この部位が mRNA に転写されても，mRNA の 3′ 末端もまたステム-ループ構造をもつことを示している（図 2.13B）．このような個所では転写活性が低下する．
(2) ステム-ループ構造の中に GC 含量の高い部位が存在している（図 2.13A）．RNA 合成酵素はこの部位を転写するときに合成速度を減じる．
(3) 高い GC 含量に続いて 6〜8 個の U 含量の高い部位（DNA 鎖上では A 含量が高い）が存在する．U の数は一定ではないが，ある程度の U が結合していることが必須である．

このように，一定の塩基配列を有する構造部位で自動的に mRNA 合成が終結することから，自己終結とよぶ．

ターミネーター（ρファクター）に依存する転写終結は，RNA 合成酵素（コア酵素）に結合しているρファクターがその役割を担っている．ρファクターは転写が進行中のコア酵素の中のβサブユニットと結合し，RNA 依存 ATP アーゼ活性を示すようになる．ρファクター依存転写終結もまたステム-ループ構造部位を RNA 合成酵素が通過した後に，C 含量の高い部位で起こるが，構造的な特徴は十分にわかっていない．ATP の加水分解エネ

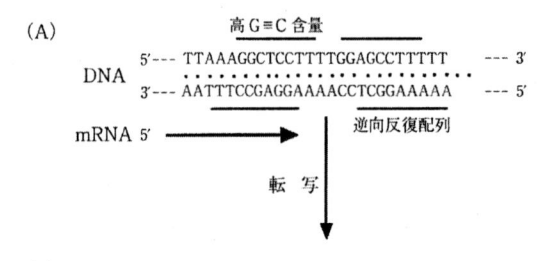

**図 2.13** トリプトファンオペロン (trp) の転写終結部位（ターミネーター）の塩基配列と mRNA の 3′ 末端の構造
(A) trp オペロンの転写終結部位に存在する逆向反復配列．中央の AAAA の配列を挟んで左右対称の塩基配列．
(B) 左右反復配列の部分でステム-ループ構造をとる．DNA 上の GC 含量の高い部位で転写活性は遅くなる．
(C) ρファクターに依存するターミネーターの例（λファージ）．3′ 末端のステム-ループ構造は認められるが，ρ非依存型のターミネーターよりは構造的な特徴は少ない．

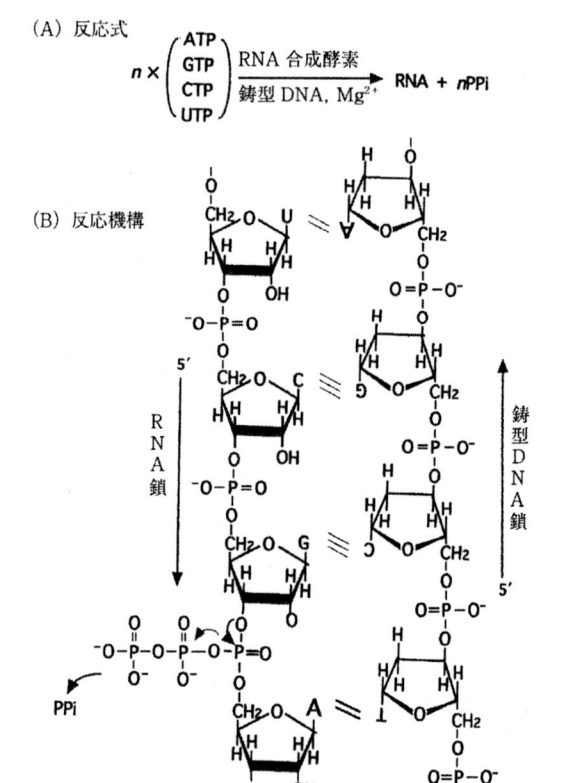

**図 2.14** mRNA の合成反応
(A) 反応の一般式．リボヌクレオシド 5′-三リン酸（NTP）から PPi を遊離し，NMP が合成されつつある RNA 分子（プライマー）に結合する．
(B) NTP は鋳型 DNA の塩基と塩基対を形成し，プライマー RNA の 3′-OH の攻撃を受けて PPi を遊離し，プライマー RNA の 3′ 位に結合する．

ルギーでDNA-RNA中間体（ハイブリッド）からRNAを引き離すと考えられている（図2.13C）.

### f. mRNA合成反応機構

RNAを構成する塩基類はアデニン（A），グアニン（G），シトシン（C），およびウラシル（U）の4種類であり，RNA合成の際の基質はリボヌクレオシド 5′-三リン酸（NTP）である（図2.14A）. これらの塩基はDNAのチミン（T），シトシン（C），グアニン（G），およびアデニン（A）とそれぞれ塩基対を形成する. mRNA合成反応の特徴は，鋳型となる分子は二本鎖のうちの一方のDNA鎖であり，基質となるNTPはDNAの対応する塩基とA＝U, G≡C, T＝Aのように水素結合を形成しながら, すでに合成されているRNA前駆体（プライマー）の 3′ 位の水酸基に縮合し, PPiを遊離する（図2.14B）様式で進行することである. 反応にはMg$^{2+}$が必要である.

## 2.3 リボソームRNA(rRNA)，アミノ酸転移RNA(tRNA)の合成

RNAにはタンパク質を合成するための情報をもったRNA（mRNA）の他に，タンパク質の合成に関わっている他のRNA分子種も存在している. その一つはタンパク質を合成する場を提供しているリボソームの構成成分としてのRNA, すなわちリボソームRNA (ribosomal RNA, rRNA) と, 他はそのリボソーム上でタンパク質分子を合成するために活性化されたアミノ酸をリボソーム上に運搬する役割をもったRNA, すなわちアミノ酸転移RNA (amino acid transfer RNA, tRNA) である. これらRNA分子もまたDNAから転写されてくる. 本節ではDNAからrRNAおよびtRNAの前駆体が転写され，修飾（プロセシング）される機構について述べる.

### a. rRNA前駆体の転写とスプライシング

大腸菌のrRNAには16S, 23S, 5S成分が存在している. これらのrRNAは *rrn* オペロンにコードされている. *rrn* オペロンはほぼ同じ構造をもつ7個の *rrn* オペロン（*rrnA*～*rrnH*）として存在している. *rrn* オペロンのプロモーター（図2.8）から転写されて, 30Sのサイズの転写産物を得る. 遺伝子配列は図2.15に示したように, 16S rRNA, 23S rRNA, および5S rRNAの順に並んでおり, それらの遺伝子の間に何種類かのtRNAの遺伝子が存

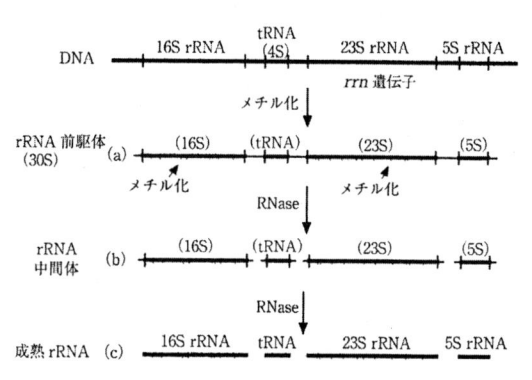

**図2.15 大腸菌rRNA中間体と修飾**
(a) *rrn* 遺伝子から30SのrRNA前駆体が転写されてくる. この前駆体の特定の塩基がメチル化を受ける.
(b) RNase III, RNase P, RNase Eなどで部分分解を受け, rRNA中間体を得る.
(c) 中間体はリボソームタンパク質と複合体を形成し, RNaseの作用を受けてそれぞれのrRNAの成分に成熟する.

在している. 30S rRNA前駆体は7個の *rrn* オペロンとも16S rRNA, 23S rRNA, および5S rRNAとなる部分はほぼ同一の構造を有しているが, 5′ 末端側のリーダー領域, 分子の中央部のスペーサー領域, および 3′ 末端側のトレーラー領域は長さも塩基配列も異なっている. スペーサー領域の中には1～2個のtRNAの配列があり, さらにトレーラー領域の中にも1～2個のtRNAの配列がある.

転写された30S rRNA前駆体は, 2段階のプロセシングを経てそれぞれのサイズのrRNAとなる. 最初の段階で特定の塩基がメチル化を受ける. この後に各種RNaseで切断を受ける. 生じた各rRNA前駆体はリボソーム構成タンパク質と結合してさらにプロセシングを受け, 16S, 23S, 5S RNAとなる（図2.15）. RNaseとしてはリボヌクレアーゼIII, リボヌクレアーゼP, リボヌクレアーゼEが関与している. リボヌクレアーゼIIIは16S rRNAと23S rRNAが大きくループ構造をとっている部位とつながっている二本鎖RNA部位を特異的に加水分解する.

細胞が多くのタンパク質を必要としていること, そのためにはタンパク質の合成の場であるリボソームが多く必要であることを考えると, *rrn* 遺伝子が複数存在し, その上, リボソームの構成成分である16S rRNA, 23S rRNA, および5S rRNAが1個の *rrn* 遺伝子当たり等量含まれていることは好都合なことであると考えられる.

### b. tRNA前駆体の転写とスプライシング

tRNAもまた大きな分子量をもつ前駆体RNAとして転写されてくる. 図2.16に大腸菌 *sup*B-Eオ

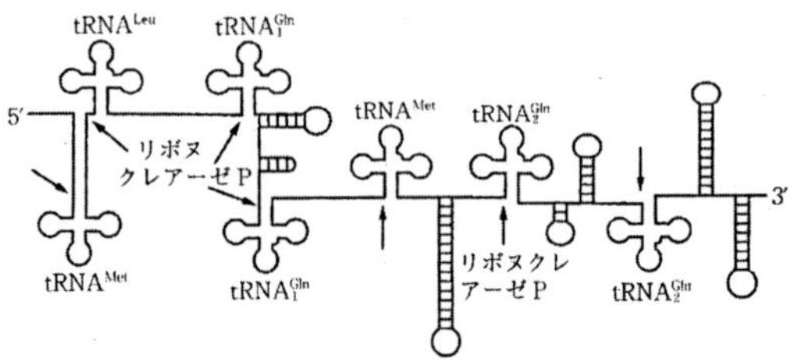

**図2.16** 大腸菌のtRNAオペロンの一つ，*sup*B-Eオペロンの転写産物であるtRNA前駆体の模式図
転写されたRNA分子中のtRNAの塩基配列はクローバー葉状に示した．tRNA$^{Met}$，tRNA$^{Gln}_1$，tRNA$^{Gln}_2$は2個ずつ存在し，塩基配列はそれぞれ同一である．図中の矢印はRNase Pの切断個所を示す．

ペロンからの転写産物である前駆体RNAの構造を示した．前駆体RNAの5′側および3′側には種々の長さの余分な塩基配列が存在している．tRNAの前駆体RNAもまた特徴的なプロセシングを経て成熟したtRNAとなる．tRNAの前駆体RNAのスプライシングにはRNase Pが関与している．RNase PはtRNAの前駆体RNAの5′末端の余分なヌクレオチドを除く作用を有している．tRNA部位に切断が入らないのはtRNAの三次元構造が関与していると考えられている．

RNase Pは377塩基からなるRNA分子と，分子量20,000のタンパク質との複合体である．ところが，tRNAの前駆体RNAはこの酵素のRNA成分だけでも起こることが明らかになり，リボザイム（ribozyme）とよばれている．タンパク質以外の物質が酵素作用をもつものとして注目されている．

RNase PはtRNAの前駆体の特定の個所に切断を導入し，5′末端から余分なヌクレオチドを加水分解する．切断部位は一定しておらず，切断の導入にはtRNAの三次元構造が関与していると考えられる．この酵素による加水分解はtRNAの3′末端に共通のCCA塩基配列部位で止まる．tRNAの成熟には3′末端のCCAが脱落した分子にCCAを付与するヌクレオチジル転移酵素の関与がある．

〔駒野　徹〕

## 2.4 真核生物における転写の特徴

真核生物における転写は，基本的には大腸菌などの細菌における転写と同様の反応機構で行われるが，はるかに複雑であるだけでなく次のような特徴がある．

### a. 転写がどこで起こるか

真核生物の細胞では，遺伝情報を担うDNAは核の他にミトコンドリアにも存在し，植物では葉緑体にも存在する．DNAの転写はこれらオルガネラの中にある独自のRNAポリメラーゼによって行われる．ミトコンドリアや葉緑体の転写産物はそれぞれのオルガネラの中でmRNAとして機能したり，rRNAやtRNAとしてオルガネラの遺伝情報の発現に関与する．一方，核の遺伝子の転写産物の多くは核の外に輸送されて細胞質で機能する．

### b. 複数のRNAポリメラーゼが異なる遺伝子を転写する

大腸菌のような細菌では，基本的には1種のRNAポリメラーゼがrRNA，mRNA，tRNAのすべての遺伝子の転写を行う．真核生物のミトコンドリアと葉緑体のRNAポリメラーゼもそれぞれのオルガネラの全遺伝子の転写を行うが，核には3種類のRNAポリメラーゼがあり，異なる種類の遺伝子の転写を行う．また，核のRNAポリメラーゼは大きなタンパク質複合体であり，その転写開始機構は細菌のRNAポリメラーゼとは大きく異なっている．

### c. 転写後の複雑なRNAプロセシングが必要

真核細胞の核の3種類のRNAポリメラーゼによって転写されたRNAは，rRNA，mRNA，tRNAなどの前駆体RNAであり，核内で切断，スプライシング，塩基の付加・修飾などの種々の転写後のRNAプロセシングを経て機能的RNA分子に成熟し，その多くは細胞質に輸送されてはじめて機能を発揮する．

### d. クロマチン構造の変化が転写活性に重要

真核生物の核DNAはヒストンその他のタンパク質が結合したクロマチン構造をとっている（第1部第6章参照）．クロマチンが強固に凝集しているとRNAポリメラーゼや転写因子が遺伝子に作用することができない一方で，転写活性のある遺伝子はルーズなクロマチン構造をとっている．このように，真核生物核遺伝子の転写活性には種々の転写調節因子の働きに加えてクロマチンの構造変化が重要である．

## 2.5 真核生物核遺伝子の転写とその調節機構

ミトコンドリアや葉緑体などの遺伝子の転写は細菌遺伝子の転写機構と類似性が高いが，核遺伝子の転写とその調節機構は細菌遺伝子に比べて複雑である．

## 2.5 真核生物核遺伝子の転写とその調節機構

**表2.1** 真核生物のRNAポリメラーゼ

| RNAポリメラーゼ | 存在場所 | 転写する遺伝子 | 機能的RNA産物 | 特徴 |
|---|---|---|---|---|
| RNAポリメラーゼI | 核小体 | クラスI遺伝子（rRNA遺伝子） | 28S, 18S, 5.8S rRNA | |
| RNAポリメラーゼII | 核質 | クラスII遺伝子（タンパク質支配遺伝子） | mRNA | α-アマニチン感受性 |
| RNAポリメラーゼIII | 核質 | クラスIII遺伝子（低分子量RNA遺伝子） | 5S rRNA, tRNA | 内部プロモーター |
| ミトコンドリアRNAポリメラーゼ | ミトコンドリア | ミトコンドリアゲノムの全遺伝子 | mRNA, rRNA, tRNA | |
| 葉緑体RNAポリメラーゼ | 葉緑体 | 葉緑体ゲノムの全遺伝子 | mRNA, rRNA, tRNA | |

### a. RNAポリメラーゼ，基本プロモーターと基本転写装置

核の3種類のRNAポリメラーゼI, II, III（表2.1）はいずれも約10種類のサブユニットよりなり，一部のサブユニットを共有している．このうち，RNAポリメラーゼIIの活性は毒キノコに含まれる α-アマニチンによって強く阻害されることから，他のRNAポリメラーゼ活性から区別することができる．RNAポリメラーゼIは核小体にあって28S, 18S, 5.8Sの三つの大きなrRNAをコードする遺伝子（クラスI遺伝子）の転写を行い，RNAポリメラーゼIIは核質にあってタンパク質支配遺伝子（クラスII遺伝子）を転写してmRNAの合成を行い，同じく核質にあるRNAポリメラーゼIIIはtRNAや5S rRNAなどの低分子量RNAの遺伝子（クラスIII遺伝子）を転写する．

RNAポリメラーゼIIが転写するクラスII遺伝子の転写開始点の約25塩基対上流には，一般にTATAボックスという保存された配列が存在する．酵母の遺伝子ではTATAボックスの位置は多少異なる．TATAボックスは，遺伝子の転写開始の位置と方向を決めており，転写開始部位を含めて基本プロモーター，あるいはコアプロモーターとよばれている．クラスIとクラスIIIの遺伝子はクラスII遺伝子と異なる基本プロモーターの構造をもち，クラスIII遺伝子の基本プロモーターは，転写開始部位下流の転写される領域にあることから内部プロモーターとよばれる．クラスII遺伝子でも全組織で構成的に常時転写されるハウスキーピング遺伝子にはTATAボックスをもたない遺伝子も存在し，動物の遺伝子ではGCボックスとよばれる配列をもつものが多い．

大腸菌ではRNAポリメラーゼのホロ酵素が遺伝子のプロモーター部位に直接結合して転写が開始されるが，真核生物の核のRNAポリメラーゼはDNAに直接は結合できない．基本プロモーターに

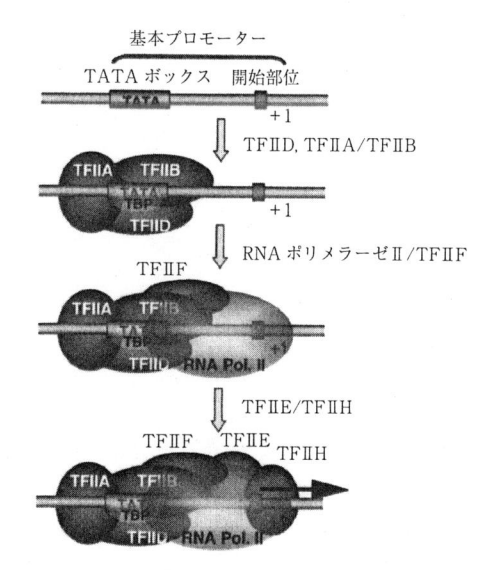

**図2.17** RNAポリメラーゼIIの転写開始機構
基本プロモーターのTATAボックスにTATA結合タンパク質（TBP）を含むTFIIDが結合し，さらにTFIIA, TFIIBが結合する．そこにRNAポリメラーゼIIとTFIIFが結合し，さらにTFIIE, TFIIHが結合して転写開始複合体が形成される．TFIIHのキナーゼ活性によってRNAポリメラーゼIIの最大サブユニットのCTDがリン酸化されると，RNAポリメラーゼIIは複合体から離れてDNAに沿って転写を進める．

基本転写因子とよばれるタンパク質が結合し，できたDNA-タンパク質複合体にRNAポリメラーゼが結合する（図2.17）．クラスII遺伝子の基本プロモーターにはTFIID, TFIIB, TFIIA, TFIIF, TFIIE, TFIIHの6種の基本転写因子が働く．まずTATA-結合タンパク質（TBP）を含むTFIIDがTATAボックスに結合するとTFIIB, TFIIAが結合し，そこではじめてRNAポリメラーゼIIが結合する．さらにTFIIE, TFIIHが結合して転写開始複合体ができる．RNAポリメラーゼIIの最も分子量の大きなサブユニットは，大腸菌RNAポリメラーゼの触媒大サブユニットと類似した構造をしているが，C末端部に水酸基をもつアミノ酸（フェニルアラニン，セリン，チロシン）からなる単純くり

返し配列（CTD, C末端くり返し配列）を余分にもつという特徴をもっている．RNAポリメラーゼⅡはそのCTDがTFⅡHのキナーゼ活性によってリン酸化されると転写開始複合体から離れ，DNAに沿って移動して転写を進めると考えられている．

#### b. 転写調節配列

多くの遺伝子では，転写が効率よく行われるためには基本プロモーターだけでは不十分であり，またさまざまな発現の調節を受けていることから，一般に基本プロモーターの上流側にはそれぞれの遺伝子に固有の発現パターンを調節するさまざまな短い転写調節配列が存在している（図2.18）．これらは構造遺伝子と同一分子上にあってその発現を調節する要素であることからシス（*cis*）エレメントとよばれることもある．転写調節配列には基本プロモーターからの転写活性を高める上流調節配列（upstream regulatory sequence, URS）や種々の刺激に応答した発現調節に関わる応答エレメント（response element）などが含まれる．動物遺伝子の上流調節配列にはCCAAT配列（共通配列GCCAAT），オクタマー配列，GCボックス（共通配列GGGCGG）などがあり，CCAAT配列は酵母や植物の遺伝子にもみられる．動物遺伝子の応答エレメントには熱ショック応答に関わるヒートショックエレメント，ステロイドホルモン応答エレメントなどが，また植物の遺伝子では光応答エレメント，植物ホルモンであるオーキシンに応答するオーキシン応答エレメントなど多くの配列が知られる．これらの応答エレメントは，同じ刺激に対して同時に応答して発現が活性化される遺伝子のプロモーターの間で共通に保存されていることが多い．上流調節配列や応答エレメントは通常，転写開始点上流の数百塩基対までの5'-上流領域に存在するが，転写調節配列の中にはエンハンサー（enhancer）とよばれる基本プロモーターから数千塩基対も離れたところからその向きにかかわらず遺伝子の転写活性を著しく高める配列もある．逆にサイレンサー（silencer）は転写に抑制的に働く配列である．

多くの遺伝子の発現はさまざまな状況のもとで複雑に調節されており，一つの遺伝子のプロモーターには多くの種類の転写調節配列が含まれるのが一般的である．

#### c. 転写因子タンパク質

プロモーターの種々の転写調節配列には転写因子（transcription factor, TF）タンパク質が特異的に結合し，それらは基本転写装置に働いて転写活性を調節する（図2.18）．DNAはしなやかな糸のような分子であり，エンハンサーのように基本プロモーターから遠く離れた部位に結合した転写因子もタンパク質相互作用を介して基本転写装置に働きかける．遺伝子の転写を調節する転写因子には，それ自身は直接DNAに結合せずにDNA結合タンパク質と結合して転写を調節するものも含まれる．遺伝子の転写調節に関わる遺伝子側のシスエレメントに対し，転写因子はトランス（*trans*）ファクターとよばれることもある．真核生物は非常に多数の転写因子をもっており，DNA結合性の転写因子をコードする遺伝子はショウジョウバエでは全遺伝子の約4.5％，植物のシロイヌナズナでは全遺伝子の少なくとも約6.7％を占めている．こうした転写因子の種類の多さは，種々の遺伝子の発現を調節することが生命活動にとっていかに重要であるかを物語って

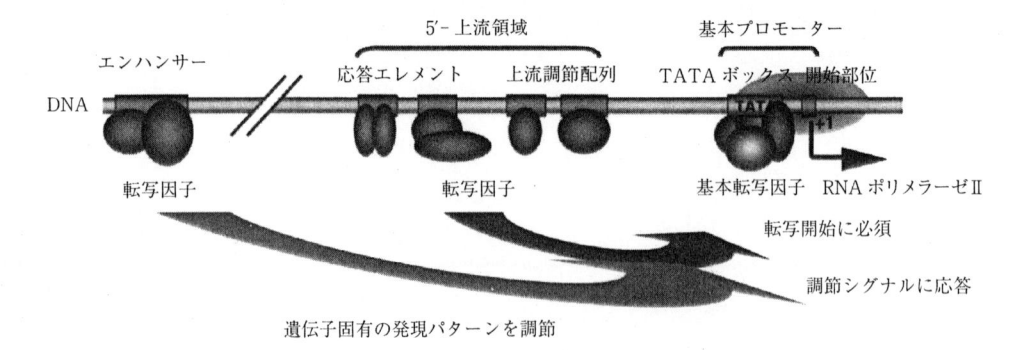

**図2.18　真核生物の核のタンパク質支配遺伝子の転写調節**
基本プロモーター部位には基本転写因子が結合し，RNAポリメラーゼⅡが結合して転写開始に必須の複合体を形成する（図2.17）．5'-上流領域の種々の上流調節配列や応答エレメント，そのさらに上流のエンハンサーなどの転写調節配列に多数の転写因子タンパク質が結合し，遺伝子固有の発現パターンを調節するシグナルを転写開始複合体に伝える．

**表 2.2** 転写因子のドメイン構造

---
DNA 結合ドメイン
　　ヘリックス-ターン-ヘリックス（HTH）
　　塩基性ロイシンジッパー（bZIP）
　　塩基性ヘリックス-ループ-ヘリックス（bHLH）
　　亜鉛フィンガー
活性化ドメイン
　　高グルタミン領域
　　高プロリン領域
　　酸性活性化領域
調節ドメイン
核局在化シグナル

---

いる．

　転写因子は異なる機能を備えた構造ドメインをいくつかもっており，それぞれがもつドメインが異なることで独自の働きをしている（表2.2）．転写調節配列に特異的に結合する転写因子の種類は多いが，これらタンパク質のDNA結合ドメインは比較的少数種の基本構造のどれかに分類される．転写因子のDNA結合ドメインの代表的なものには，ヘリックス-ターン-ヘリックス（HTH），塩基性ロイシンジッパー（bZIP），塩基性ヘリックス-ループ-ヘリックス（bHLH），亜鉛（Zn）フィンガーがある．HTH型DNA結合ドメインでは$\beta$ターン構造の両側に$\alpha$ヘリックスがあり，原核生物の転写因子によくみられる構造である．真核生物の発生過程で働く転写因子にみられるホメオドメイン（homeodomain）はHTHに類似した構造をもつ．bZIP型転写因子はそのロイシンが規則正しく並んだロイシンジッパー領域で互いに結合して二量体を形成し，ロイシンジッパーに隣接した塩基性アミノ酸に富んだ領域でDNAに結合する．bHLH型転写因子もヘリックス-ループ-ヘリックス領域で二量体を形成し，隣の塩基性領域でDNAに結合する．亜鉛フィンガーは約30個のアミノ酸から構成され，そのうちの2個のシステイン（Cys）と2個のシステインあるいはヒスチジン（His）が$Zn^{2+}$を配位結合してDNAと結合するドメインを構成している．多くの亜鉛フィンガー型の転写因子は複数の亜鉛フィンガーをもっている．

　転写因子の多くはDNA結合ドメインの他に転写活性化ドメインをもっており，グルタミン酸に富んだ高グルタミン領域，プロリンに富んだ高プロリン領域，酸性アミノ酸に富んだ酸性活性化領域などが知られる．この他，転写因子の中には調節ドメインをもつものもある．例えば，亜鉛フィンガー型転写因子の一種である動物のステロイドホルモン受容体は，ステロイドホルモンが調節ドメインに結合すると活性化される．調節ドメインのアミノ酸側鎖がリン酸化-脱リン酸化されることで転写因子としての活性が調節される転写因子もある．核局在化シグナル（nuclear localization signal, NLS）も多くの転写因子がもつ構造の一つであり，細胞質でつくられた転写因子が核に輸送されるのに必要である．

### d. クロマチン構造変化

　動物や植物の分化した細胞では，全遺伝子のうちの一部の遺伝子だけが発現しているか，細胞が何らかの刺激を受けたら発現できるように準備されている．しかし，他の多くの遺伝子は発現していないだけでなく，その細胞では発現できないようにいわば梱包されている．遺伝子の転写発現の状態は，その遺伝子DNAを取り巻くクロマチン構造によって大きく左右され，DNAがクロマチン内で凝縮していると転写は強く抑制される．細胞から核を取り出してDNA切断酵素の一種であるDNase Iで処理すると，強固に凝縮しているクロマチン領域のDNAはタンパク質に覆われており酵素によって分解されないが，クロマチン構造がルーズになっている領域のDNAはDNase Iによって分解されやすい（図2.19A）．種々の動物細胞で調べた結果から，発現している遺伝子や発現できる状態にある遺伝子はDNase Iによって分解されやすいDNase I高感受性部位（DNase I hypersensitive site）に含まれることがわかっている．

　遺伝子の転写活性の調節に関連したクロマチンの構造変化の一つが，ヒストンのアセチル化/脱アセチル化によるものであり，クロマチンのリモデリング（remodeling）とよばれる（図2.19B）．クロマチンのヌクレオソームコアを構成するヒストンのN末端領域のリシン側鎖がヒストンアセチルトランスフェラーゼ（histone acetyltransferase, HAT）によってアセチル化されるとクロマチン構造がルーズになり遺伝子の転写を促進し，逆にヒストン脱アセチル化酵素（histone deacetylase, HDAC）によってヒストンのアセチル基が除去されるとヌクレオソームが凝縮して遺伝子は転写不活性状態になる．

## 2.6 転写後のRNAプロセシングによるmRNA成熟

　核の遺伝子はRNAポリメラーゼで転写されてまず一次転写産物（primary transcript）とよばれるRNAを生じる．一次転写産物は途中で切られたり，つなぎ変えられたり，塩基の付加や化学的修

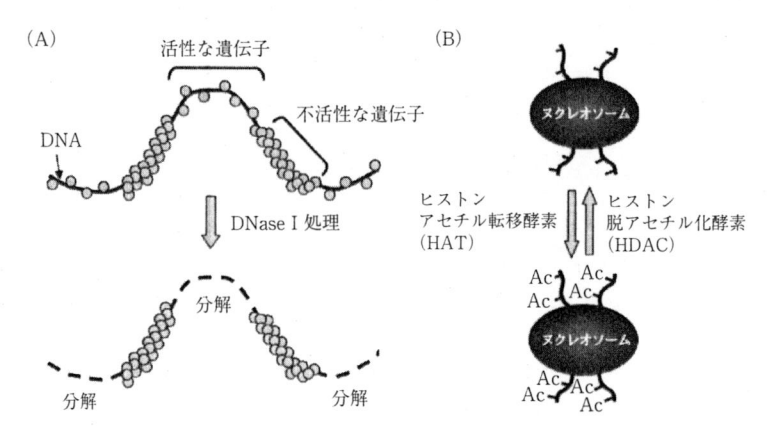

**図 2.19 クロマチン構造と遺伝子発現**
(A) 一般に活性な遺伝子はクロマチン構造がルーズな領域に含まれるのに対して,クロマチン構造が凝縮した領域に含まれる遺伝子は不活性である.単離した核を DNase I で処理すると,クロマチン構造がルーズな領域の DNA は分解されやすい.
(B) ヌクレオソームコア中のヒストンのヒストンアセチル転移酵素によるアセチル化はクロマチン構造をルーズにする一方で,脱アセチル化酵素による脱アセチル化はクロマチン構造の凝縮を引き起こし,遺伝子発現に大きな影響を与える.

飾を受けたりと,さまざまな RNA プロセシングとよばれる成熟過程を経てはじめて機能的な mRNA, rRNA, tRNA になって核の外へと運ばれる.転写後の RNA プロセシングは遺伝子発現の重要なステップである.原核生物でも rRNA や tRNA は一次転写産物が RNA プロセシングを受けて機能的分子へと成熟する(2.3 節参照).真核生物でみられる機能的 mRNA がつくられるまでの複雑な RNA プロセシング(図 2.20A)は,原核生物 mRNA ではみられない.

真核生物の mRNA には細菌 mRNA にない構造的特徴がある.まず,細菌 mRNA の 5′ 末端は最初のヌクレオチドの三リン酸であるが,真核生物 mRNA の 5′ 末端は 5′-キャップ(5′-cap)構造とよばれる特殊な構造になっている.5′-キャップ構造は翻訳に際して mRNA にリボソームが結合する目印として働く.また真核生物 mRNA の 3′ 末端にはアデニル酸が 50 から 250 残基つながったポリ(A)尾部(poly(A)tail)とよばれる配列がついている.ポリ(A)尾部は mRNA を分解から守り,その安定性に寄与する.ポリ(A)尾部は mRNA に特徴的なので,組織から抽出した全 RNA 試料からポリ(A)と相補的なオリゴ(dT)を使って mRNA を精製したり,逆転写酵素を使って相補的 DNA(complementary DNA, cDNA)を合成することに利用される.5′-キャップ構造もポリ(A)尾部も一次転写産物に後から付加され,遺伝子の DNA 配列には書かれていない.さらに,真核生物の多くのタンパク質支遺伝子では,アミノ酸配列をコードする配列(エキソン,exon)がアミノ酸配列情報をもたないイントロン(intron)配列で分断されており,こうした遺伝子はまずイントロンを含む大きな RNA 分子に転写されてからスプライシング(splicing)によってイントロン配列が一次転写産物から除かれる.

### 1) 5′-キャップ構造

核内の RNA ポリメラーゼ II で転写された一次転写産物の 5′ 末端ヌクレオチドのリン酸にグアニルトランスフェラーゼによって GTP のグアニル酸が 5′-5′ 三リン酸結合という珍しい結合様式で付加され,さらにグアニンの N-7 位がメチル化されてできる 7-メチルグアニル酸が最も一般的な 5′-キャップ構造である(図 2.20B).

### 2) ポリ(A)尾部

真核生物の核遺伝子の転写がどこで終結するのかはよくわかっていない.転写は遺伝子の mRNA となる領域のさらに先まで続き,3′-非翻訳領域中のポリ(A)付加シグナル(共通配列:AAUAAA)の約 20 ヌクレオチド後ろで一次転写産物が切断され,3′ 末端にポリ(A)ポリメラーゼ(poly(A) polymerase)が ATP を使って AMP を次々に付加してポリ(A)尾部がつくられる.

### 3) スプライシング

核の mRNA 前駆体からイントロンが除去されるスプライシングの機構は,ミトコンドリアや葉緑体遺伝子でみられる自己スプライシングの機構とは異なり,スプライソソーム(spliceosome)依存型スプライシングとよばれる(図 2.21).核の mRNA 前駆体に含まれるイントロンの長さや配列はまちまちであるが,イントロンの 5′ 末端は GU で 3′ 末

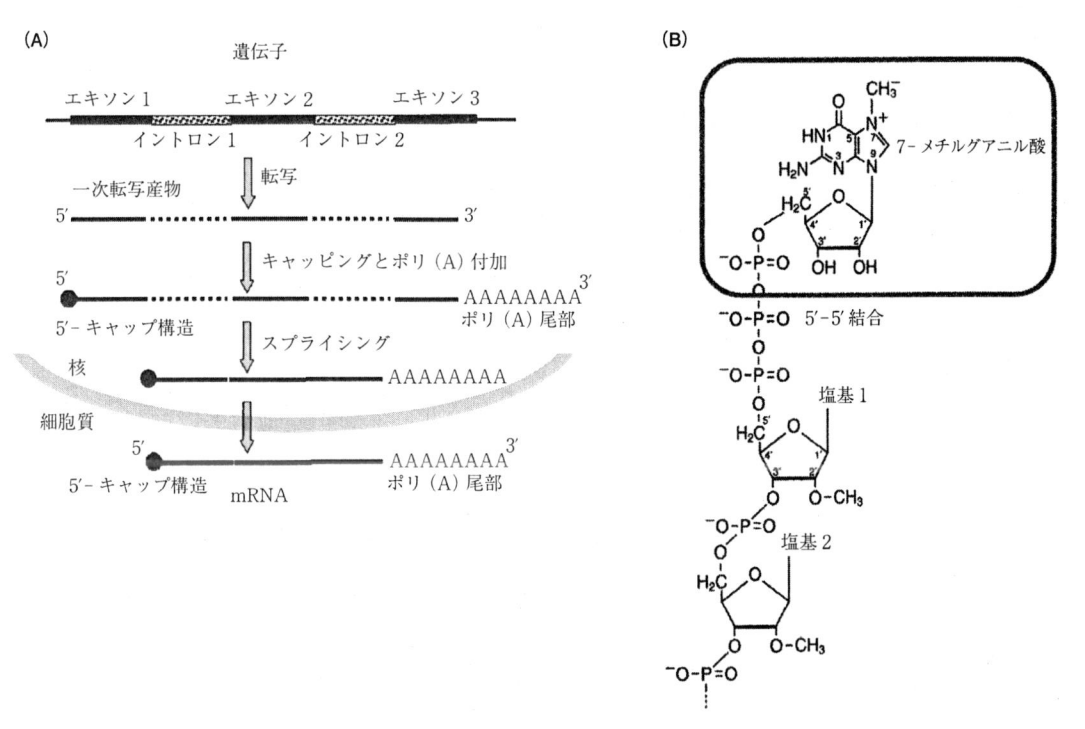

**図 2.20** 転写後の RNA プロセシングによる mRNA の成熟
(A) mRNA 前駆体が受ける RNA プロセシングの概略．(B) 5′-キャップ構造．

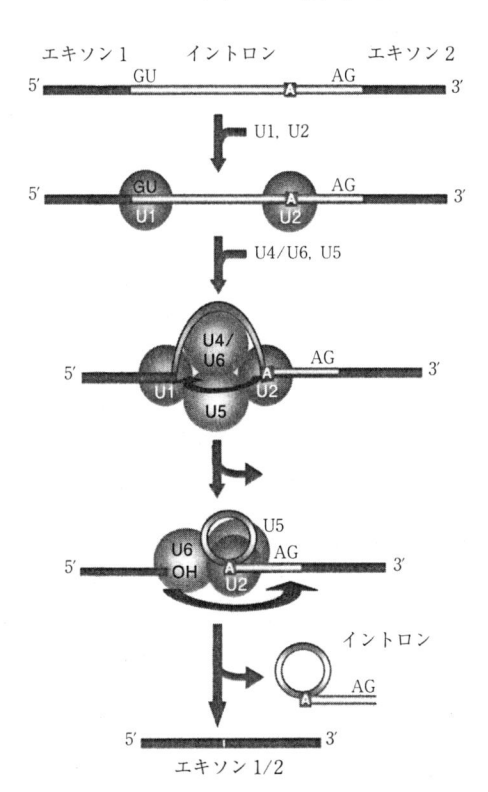

**図 2.21** mRNA 前駆体のスプライソソーム依存型スプライシング
U1～U6 はそれぞれ U1～U6 snRNA を含むタンパク質複合体を示す．

端は AG になっている．核 mRNA 前駆体のスプライシングには小型核 RNA（small nuclear RNA, snRNA）と種々のタンパク質との複合体が関与する．まず，U1 snRNA とタンパク質の複合体がイントロンの 5′ 側のエキソンとの接合部位（5′-スプライス部位）に結合し，ついで U2 snRNA を含む複合体がイントロン内部の特定のアデノシン残基を含む領域に結合すると，残りの U4, U5, U6 snRNA を含むタンパク質複合体が次々と付加されてスプライソソームとよばれる大きな複合体が形成され，その中でスプライシング反応が進行する．U2 snRNA と結合したアデノシン残基は活性化されてその 2′-OH 基が 5′-スプライス部位に作用してイントロンの 5′ 末端が切断され，2′,5′-ホスホジエステル結合をもつ枝分かれした投げ縄（ラリアート）構造をもつ中間体がつくられる．ついで 5′ 側エキソンの 3′-OH 基が求核基として 3′-スプライス部位に結合し，投げ縄構造をしたイントロンが遊離してスプライシングが完了する．〔中村研三〕

# 3. 翻　　訳

　転写によってDNAにコードされている遺伝情報は，mRNAに転写された．本章では，得られたmRNAからいかにして遺伝情報が翻訳されるか，すなわちタンパク質がどのようにして合成されるかについて述べる．遺伝情報はDNAやmRNAの塩基配列として存在しているので，塩基配列がどのアミノ酸に対応しているか，つまり遺伝暗号（genetic code）とはどのようにして与えられるかについて説明する．タンパク質はリボソーム（ribosome）上で合成される．そのリボソームの構造と機能，アミノ酸転移RNA（tRNA）の役割などについても述べる．遺伝暗号の解明において原核生物から多くの知見が得られた．したがって本章においては，遺伝情報の翻訳機構は原核生物を中心に説明するが，真核生物においても原理的には原核生物の翻訳機構と同様であると考えてよい．

## 3.1　遺　伝　暗　号

　DNAはA, C, G, Tの4種類の塩基からなっており，RNAはA, C, G, Uの4種類の塩基からなっている．これら塩基類の配列がどのようにしてタンパク質を構成する20種類のアミノ酸の配列を規定するのかを考える．

　2種類の連続した塩基配列が1種類のアミノ酸を規定するとすれば，$4^2=16$通りの組合せ，すなわち16種類のアミノ酸しか規定できない．一方，3種類の連続した塩基配列（三連子，トリプレット）が1種類のアミノ酸を規定するとすれば，$4^3=64$通りの組合せ，すなわち64種類のアミノ酸を規定することになる．1種類のアミノ酸に対して複数の三連子が対応しているとすると，64通りの情報が存在することは理解できることである．事実mRNA上の三連子が1種類のアミノ酸を規定している．

　それゆえ，mRNA上の三連子を遺伝暗号（コドン）とよび，1種類のアミノ酸に対して複数のコドンが存在していることを，余分にある（redundant），あるいは縮退している（degenerate）という．

　1961年ニーレンバーグ（M. Nierenberg）らは，三連子がアミノ酸を規定するという事実を明らかにした．この事実が証明されたのは，当時二つの重要な実験方法が確立されたからである．一つは試験管内でタンパク質の生合成が可能になったことであり，他はmRNAに相当するRNAを生合成することが可能となったからである．

　タンパク質はリボソーム，tRNA（アミノ酸をリボソームへ運搬する低分子RNA），mRNA，アミノ酸混合物，およびタンパク質合成に必要な酵素類で合成される．これら各成分を混合してタンパク質を合成できるようにした系を，無細胞タンパク質合成系という．

　Nierenbergはポリヌクレオチドホスホリラーゼで合成したポリ（U）（ウリジンのみからなるRNA）を無細胞タンパク質合成系に加えると，ポリフェニルアラニンが合成されることを見出した．この事実は，UUU三連子がフェニルアラニンを規定することを示している．同様にして，ポリ（A）がポリリシンを，ポリ（C）がポリプロリンを合成するのを促進したことから，AAA三連子はリシンを，CCC三連子はプロリンを規定していることが示された．

　Nierenbergとオチョア（S. Ochoa）はそれぞれ独立に，リボヌクレオチドの混合ポリマーを用いて遺伝暗号の解読を行っている．Uが76％，Gが24％のポリ（UG）を用いると，任意の三連子で

**表3.1**　ポリ（UG）の三連子の塩基組成の相対出現率とそれによって規定されるアミノ酸

| 三連子（コドン） | 相対出現率（％）* | アミノ酸の種類 | 相対的なアミノ酸の取り込み量 |
|---|---|---|---|
| UUU | 100 | フェニルアラニン（Phe） | 100 |
| UUG | 32 | ロイシン（Leu） | 36 |
| UGU | 32 | システイン（Cys） | 35 |
| GUU | 32 | バリン（Val） | 37 |
| UGG | 9 | トリプトファン（Trp） | 14 |
| GUG | 9 | バリン（Val） | |
| GGU | 9 | グリシン（Gly） | 12 |
| GGG | 2 | グリシン（Gly） | |

*相対出現率とはUUUが存在する確率（0.44）を100として表したときの値

## 3.2 遺伝暗号の読まれる方向，読み始め，読み終わり

**表3.2** 標準遺伝暗号（コドン）

| 第1塩基<br>(5'末端側) | 第2塩基 | | | | 第3塩基<br>(3'末端側) |
|---|---|---|---|---|---|
| | U | C | A | G | |
| U | UUU Phe<br>UUC Phe<br>UUA Leu<br>UUG Leu | UCU Ser<br>UCC Ser<br>UCA Ser<br>UCG Ser | UAU Tyr<br>UAC Tyr<br>**UAA** 終止<br>**UAG** 終止 | UGU Cys<br>UGC Cys<br>**UGA** 終止<br>UGG Trp | U<br>C<br>A<br>G |
| C | CUU Leu<br>CUC Leu<br>CUA Leu<br>CUG Leu | CCU Pro<br>CCC Pro<br>CCA Pro<br>CCG Pro | CAU His<br>CAC His<br>CAA Gln<br>CAG Gln | CGU Arg<br>CGC Arg<br>CGA Arg<br>CGG Arg | U<br>C<br>A<br>G |
| A | AUU Ile<br>AUC Ile<br>AUA Ile<br>**AUG Met*** | ACU Thr<br>ACC Thr<br>ACA Thr<br>ACG Thr | AAU Asn<br>AAC Asn<br>AAA Lys<br>AAG Lys | AGU Ser<br>AGC Ser<br>AGA Arg<br>AGG Arg | U<br>C<br>A<br>G |
| G | GUU Val<br>GUC Val<br>GUA Val<br>GUG Val | GCU Ala<br>GCC Ala<br>GCA Ala<br>GCG Ala | GAU Asp<br>GAC Asp<br>GAA Glu<br>GAG Glu | GGU Gly<br>GGC Gly<br>GGA Gly<br>GGG Gly | U<br>C<br>A<br>G |

\* AUG は開始遺伝暗号にも内部 Met 残基の遺伝暗号にもなる

UUU となる確立は $0.76 \times 0.76 \times 0.76 = 0.44$ であるが，一方，UUG からなる三連子の確率は $0.76 \times 0.76 \times 0.24 = 0.14$ である．したがって，ポリ (UG) を mRNA として用いると，表3.1のような確率でアミノ酸の取込みがあると予想され，事実それに近い確率で取込みがあることが確認された．

また，ポリ (UA)，ポリ (UC)，ポリ (UG) がすべてロイシンを規定すること，すなわちロイシンに対する遺伝暗号が複数個存在している（縮退している）ことも明らかとなった．一連の研究結果から標準遺伝暗号は表3.2に示してあるように決定された．

### 3.2 遺伝暗号の読まれる方向，読み始め，読み終わり

ポリ (UAUC)，すなわち 5'-UAUC(UAUC)$_n$-3' に示す構造を有する RNA を mRNA として用いた場合に生成したポリペプチドを解析した結果，予想どおり Tyr-Leu-Ser-Ile よりなるテトラペプチドのくり返し配列であった．それゆえ，mRNA 上の遺伝暗号の翻訳は 5'末端側から 3'末端側に向かって行われたことを示している（図3.1）．

ポリ (AUAG) からはトリペプチド Ile-Asp-Arg とジペプチドしか得られなかった．三連子の 5'末端から三連子の読み枠でアミノ酸を規定すると，UAG 三連子でペプチド合成が止まっている．これは UAG 配列がタンパク質合成を終結することを示す遺伝暗号，すなわち終止暗号であることを示して

**三連子の読み枠**

5' UAUCUAUCUAUCUAUCUAUCUAUC---- 3'
Tyr Leu Ser Ile Tyr Leu Ser Ile----

テトラペプチドのくり返し

**図3.1** ポリ (UAUC) の翻訳の開始

ポリ (UAUC) のくり返し配列から得られる三連子は，理論的には 5'末端から順に Tyr-Leu-Ser-Ile のテトラペプチドのくり返し配列となる．実際に合成されたペプチドのアミノ酸配列と同一であった．

5' AUAGAUAGAUAGAUAGAUAGAUAG---- 3'
Ile Asp Arg 終止 Ile Asp Arg 終止----
コドン コドン
トリペプチド トリペプチド

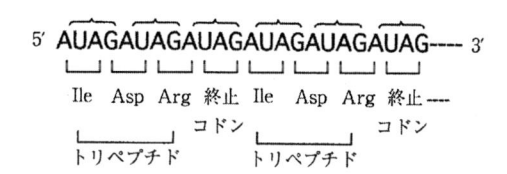

**図3.2** UAG：ペプチド合成の終止暗号

ポリ (AUAG) のくり返し配列から得られる三連子からは，5'末端から順に Ile-Asp-Arg のトリペプチドが得られた．

**図3.3** $N$-ホルミルメチオニンの化学構造

いる（図3.2）．同様にして UAA や UGA 配列もまた終止暗号であることが示された．終止暗号は対応するアミノ酸が存在しないことから，ナンセンスコドンともよばれている．

AUG はペプチドの合成開始を規定する遺伝暗号である．AUG はペプチドの合成に当たって $N$-ホルミルメチオニン（fMet, 図3.3）に対応している（開始コドン）．原核細胞でも真核細胞でもペプチドの合成開始暗号は AUG（開始コドン）である．頻度は低いが GUG もまたペプチド合成開始暗号として用いられている．AUG は mRNA の内部ではメチオニンに，また GUG はバリンに対応している．

メチオニンやトリプトファンに対する遺伝暗号のように，それぞれ1種類しか存在していないコドンもあるが，他のアミノ酸に対する遺伝暗号は複数存在し，三連子の1番目と2番目の塩基配列は変わらず，3番目の塩基がいろいろと変わっても同一アミノ酸を規定している（縮退）．しかし，ロイシンに対する遺伝暗号は1番目の塩基がピリミジン（U または C）で2番目が U であり，3番目は4種類の塩基のどれでもよい（表3.2）．

大腸菌で解明された標準遺伝暗号は，全生物に共

表3.3 ミトコンドリアにおける遺伝暗号―標準遺伝暗号との差異

| ミトコンドリア | UGA | AUA | CUN* | AGA | CGG |
|---|---|---|---|---|---|
| 哺乳類 | Trp | Met** |  | 終止 |  |
| 酵母 | Trp | Met** | Thr |  |  |
| ショウジョウバエ | Trp | Met** |  | Ser |  |
| 植物 |  |  |  |  | Trp |
| 標準遺伝暗号 | 終止 | Ile | Leu | Arg | Arg |

* N：4種類のヌクレオチド
** 開始遺伝暗号としても使用されている

通であると思われていたこともあった．それは遺伝子工学で初期の頃は特に塩基配列を改変しなくともいろいろな生物の遺伝子の発現が大腸菌で認められたからであった．しかし，1981年に哺乳類のミトコンドリアで，AUGの他にAUAも開始暗号であることがわかった．またUGAは終止暗号ではなく，トリプトファンを規定し，AGAとAGGは終止暗号であることもわかった（表3.3）．

## 3.3 アミノ酸転移RNA（tRNA）

1955年，ザメシュニク（P. Zamecnik）とホークランド（M. Hoagland）はタンパク質合成の際に，標識されたアミノ酸が細胞質の可溶性画分（soluble fraction）に低分子RNAと結合状態で存在することを見出した．1965年，ホリー（R. Holly）らは酵母からアラニンを結合するtRNA（tRNA$^{Ala}$）を分離・精製することに成功し，その全塩基配列を決定した（図3.4）．tRNA$^{Ala}$の構造の特徴は次のとおりである．

(1) ヌクレオチド数が76個と低分子である．
(2) 約50%の塩基が安定な塩基対を形成している．
(3) 3′末端に-CCA配列（CCA末端）があり，末端のアデノシンの3′位にアラニンが結合している．CCA末端直前の塩基対を形成した領域をアミノ酸受容ステムとよぶ．
(4) 5′末端にはリン酸が結合している．
(5) 水素結合をしている部位と，水素結合をしていない一本鎖を形成してループ構造をしている部位とがあり，ループ構造部位には修飾された塩基（微量塩基）が存在している．
(6) ループ構造部位はDアーム，TψCアーム，アンチコドンアーム，および可変アームが存在している．Dアームにはジヒドロキシウリジン（D）が存在しており，アンチコドンアームにはmRNA上の遺伝暗号に相補的な三連子（アンチコドン）が存在している．可変アームはアミノ酸の種類によって

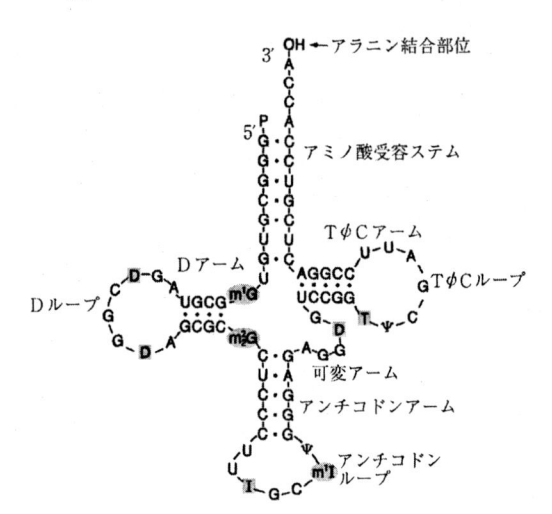

図3.4 tRNA$^{Ala}$の塩基配列とクローバー葉モデル
アラニン結合部位（CCA末端）の反対側には，安定な塩基対を形成しているアンチコドンアームとアンチコドンが存在するループ構造がある．ψウリジンの存在するループとそれに続くステム部分をTψCアーム，ジヒドロウリジンが存在するループとそれに続くステムの部分をDアーム，さらにアミノ酸の種類によっては塩基数の異なる可変アームとからなっている．ステムとループ構造の配置からクローバー葉モデルとよんでいる．

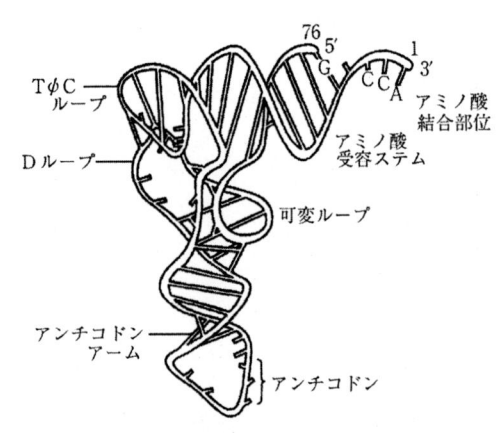

図3.5 tRNAの立体構造―L字型コンホメーション
tRNAの立体構造はアルファベットのL字に似ていることから，L字（型）コンホメーションとよぶ．L字の一方の先端にアミノ酸結合部位（CCA末端）があり，その反対側にmRNA上の遺伝暗号（コドン）と対合するアンチコドンが存在している．

ヌクレオチドの結合数が異なる．水素結合をしているステム部位とループ部位とがちょうどクローバーの葉のように配置していることから，クローバー葉（clover leaf）モデルとよんでいる（図3.4）．

tRNAの三次構造も詳細に解析されていて（図3.5），L字型コンホメーションをしていることが示されている．L字の3′末端にはアミノ酸受容ステムが存在し，分子の中央部で形成されている3′末端から離れている部分にはアンチコドンステムが位置している．

**図3.6** tRNAに存在している微量塩基（修飾塩基）
tRNAの種類により存在する微量塩基の種類は異なる.

tRNAには修飾を受けた塩基（微量塩基）が存在し，tRNAの立体構造の形成に役立っている．何種類かの微量塩基（修飾塩基）の化学構造を図3.6に示した．

## 3.4 アミノ酸の活性化

アミノ酸の活性化は2段階の反応で進行する．この反応はアミノアシルtRNAシンテターゼによって触媒される．

第一段階の反応では，ATPとアミノ酸とが反応してアミノアシルアデニル酸（アミノアシルAMP）が生じる（図3.7A）．

第二段階の反応では，生成したアミノアシルアデニル酸とtRNAとが反応して，アミノアシルtRNAを生成する（図3.7B）．以上の反応は次式で示される．

アミノ酸 + ATP ⟶ アミノアシルAMP + PPi
アミノアシルAMP + tRNA
⟶ アミノアシルtRNA + AMP

## 3.5 アミノアシルtRNAシンテターゼが認識するtRNAの構造の特徴

tRNAがアミノアシルtRNAシンテターゼと接触するのは，L字型コンホメーションの内側の面である．アンチコドンが認識に関与することは少ない．

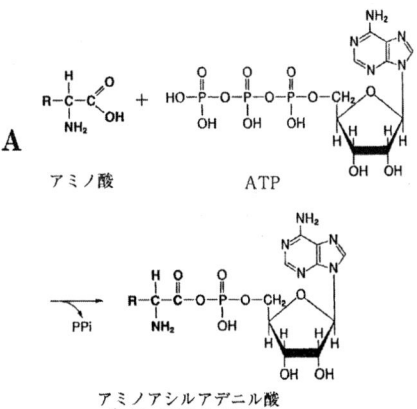

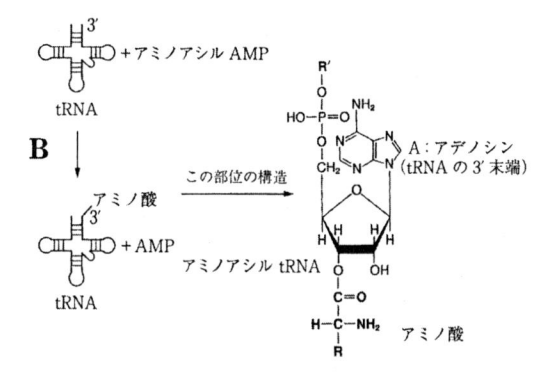

**図3.7** アミノ酸の活性化反応
(A) アミノアシルtRNAシンテターゼによる第一段階の反応は，アミノアシルAMPが生成する反応である．
(B) アミノアシルtRNAシンテターゼによる第二段階の反応はアミノアシルtRNAが生成する反応である．

シンメル (P. Schimmel) によれば，大腸菌 tRNA$^{Ala}$ のアミノ酸受容ステムの G$_3$・U$_{70}$（5′末端から3番目のグアニンおよびそれと塩基対を形成している70番目のウリジン）の塩基対を他の塩基対と置換すると，アラニン受容能が著しく低下する．また tRNA$^{Cys}$ と tRNA$^{Phe}$ の相当する位置に G・U 塩基対を導入すると，それぞれの tRNA にはアラニンが結合されるようになる．他のアミノ酸 tRNA にはこの塩基対は存在していない．またこの塩基対は酵母においても認められている．したがって，アラニル tRNA シンテターゼが認識する tRNA の主な特徴は G$_3$・U$_{70}$ と考えられる．アミノアシル tRNA シンテターゼは，対応するアミノ酸の種類によって tRNA の構造を認識する部位はそれぞれ異なる．

アミノアシル tRNA シンテターゼの中には tRNA の 3′ 末端に存在するアデノシンのリボースの 3′ 位にアミノ酸を結合させるもの，2′ 位に結合させるもの，2′ 位，3′ 位の両方に結合させるものなどがある．

## 3.6 コドン-アンチコドン相互作用

リボソーム上では，あるアミノ酸の遺伝暗号（コドン）に対応する tRNA は，その遺伝暗号を相補する tRNA のアンチコドンステム上のアンチコドンだけで選択されている．この事実は [$^{14}$C] で標識されたシステイニル tRNA$^{Cys}$ を用いて証明された．[$^{14}$C] システイニル tRNA$^{Cys}$ を還元的に脱硫化すると [$^{14}$C] アラニル tRNA$^{Cys}$ となる（図3.8）．この [$^{14}$C] アラニル tRNA$^{Cys}$ をウサギ網状赤血球から調製した無細胞タンパク質合成系でタンパク質を生合成させたところ，ヘモグロビンの α 鎖に1個だけ存在しているシステインの位置に [$^{14}$C] アラニンが取り込まれていた．この結果は，アミノアシル基はアラニンを結合していたにもかかわらず，アミノ酸の種類を決めている tRNA のアンチコドンは mRNA 上のシステインのコドンと対応していたことを示している．したがって，アミノ酸の種類は mRNA 上のコドンと tRNA 上のアンチコドンとの間で決定されることが示唆された．

## 3.7 リボソームの構造と機能

タンパク質が合成される場としてリボソームの存在が明らかとなったのは1950年代半ばで，パレー

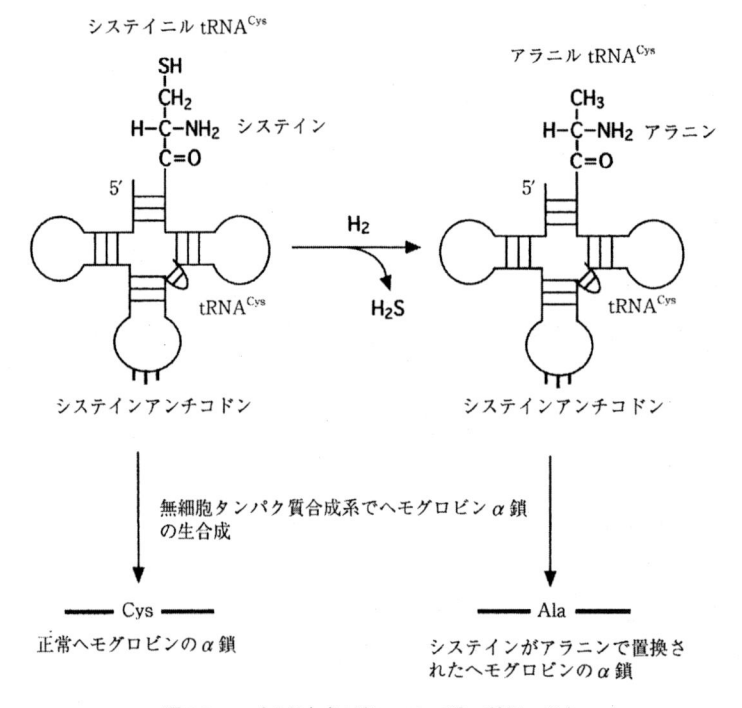

**図 3.8 ペプチド合成の際のアミノ酸の種類の規定**
システイニル tRNA$^{Cys}$ は還元的に脱硫化されて，アラニル tRNA$^{Cys}$ となる．アラニル tRNA$^{Cys}$ のアンチコドンは mRNA 上のシステインの遺伝暗号（コドン）に対応している．無細胞タンパク質合成系でアラニル tRNA$^{Cys}$ を用い，生成したヘモグロビンの α 鎖を解析した．この結果は，システインの位置にアラニンが取り込まれていたことから，タンパク質合成の際にはアミノ酸の種類および配列は，mRNA 上の遺伝暗号（コドン）と tRNA のアンチコドンによって規定されていることを示している．

ド（G. Palade）により電子顕微鏡観察によって示された．リボソームという名称は，大腸菌の細胞の中に存在する微細な粒子のRNA含量が2/3，タンパク質含量が1/3からなっていることに由来している．

1955年，Zamecnikは標識されたアミノ酸がタンパク質の生合成の際に，遊離のタンパク質分子になる前段階で，一時的にリボソームに結合することを見出し，リボソーム上でタンパク質の生合成が行われていることを示した．

### 3.8 リボソームの大きさと組成

大腸菌のリボソームは，直径が約20～25 nmの複雑でやや扁平な球状粒子として観察される．この粒子の沈降定数は70S，分子サイズは約$2.5 \times 10^6$ Daである．70Sは50S（大）サブユニットと30S（小）サブユニットからなっている．50Sサブユニットは RNA成分としては23S rRNAと5S rRNA（rRNA，リボソーム RNA）とからなっており，タンパク質成分としては34種類存在している．一方，30Sサブユニットは16S rRNAと21種類のタンパク質からなっている（図3.9）．rRNAは大腸菌のRNAの約80%を占めている．16S, 23S, 5SのrRNAの構造はすべて解析されている．

大腸菌の16S rRNAの二次構造を図3.10に示し

表3.4 真核生物の80Sリボソームの組成*

| サブユニット | RNAの種類 | タンパク質の種類 |
|---|---|---|
| 大サブユニット，60S | 5S RNA（120塩基）<br>5.8S RNA（150塩基）<br>28S RNA（4718塩基） | 49 |
| 小サブユニット，40S | 18S RNA（1874塩基） | 33 |

*ラット肝のリボソーム

た．リボソーム上でmRNAとの結合部位の解析も行われている．16S rRNAの構造が各種原核生物間で比較的よく保存されているので，生物の進化学的な観点から重要視されている．

真核生物のリボソームも類似した構造をしているが，rRNAやタンパク質の組成はより複雑であり，形状も大きい．表3.4にラット肝のリボソームの組成を示した．機能は原核生物のリボソームと同様である．

### 3.9 リボソームとmRNAの結合

mRNAは70Sリボソームに直接結合するわけではない．タンパク質合成に関与していない（不活性な）70Sリボソームの30Sサブユニットに，開始因子IF-1とIF-3とが結合し，70Sリボソームを50Sと30Sサブユニットに解離する（図3.11）．30SサブユニットはIF-1とIF-3を結合して30S開始複合体を形成する．この30S・IF-1・IF-3複合体にGTP, mRNA, IF-2・fMet-tRNA$^{fMet}$複合体が結合して，30S開始前複合体を形成する（図3.12）．

IF-3はmRNAが30Sサブユニットに結合するのを助けている．これはmRNAのペプチドの合成開始暗号AUG（fMetに対応）の上流10塩基以内に存在するプリン塩基（AとG）が多い配列，5′-AGGAGG-3′（シャイン-ダルガーノ配列，Shine-Dalgarno sequence, SD配列）が存在し，その配列が16S rRNA 3′末端付近のピリミジン塩基（UとC）が多い配列と塩基対を形成して結合するのを可能にしている．それゆえ，mRNA上の翻訳開始コドンは一義的に決まるし，また原核生物のリボソームはmRNA分子の中ほどへ直接結合してタンパク質合成を開始できる．したがって，原核生物のmRNAは通常ポリシストロン性であり，複数のタンパク質を同一のmRNA上にコードできる．大腸菌の翻訳開始部位の構造を図3.13に示した．

これに対して真核生物のmRNAにはSD配列に相当する配列は存在せず，リボソームの小サブユ

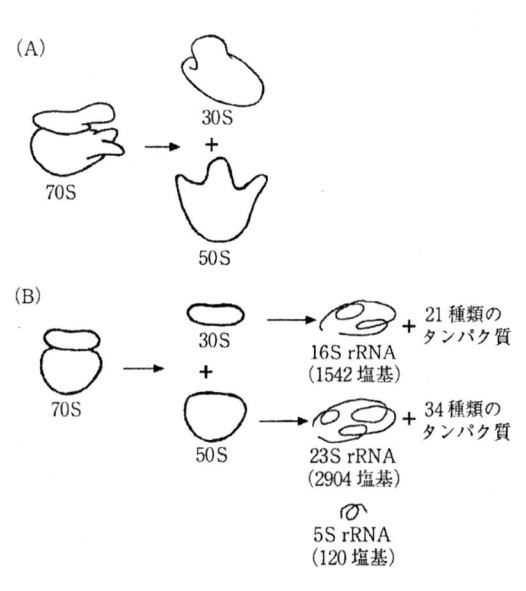

**図3.9 大腸菌のリボソームの構造の模式図**
(A) 電子顕微鏡観察から推定されるリボソームの模式図．大腸菌のリボソームは70Sの沈降定数を与える．70Sリボソームは50Sサブユニットと30Sサブユニットからなっている．
(B) 70Sリボソームは50Sサブユニットと30Sサブユニットに解離する．

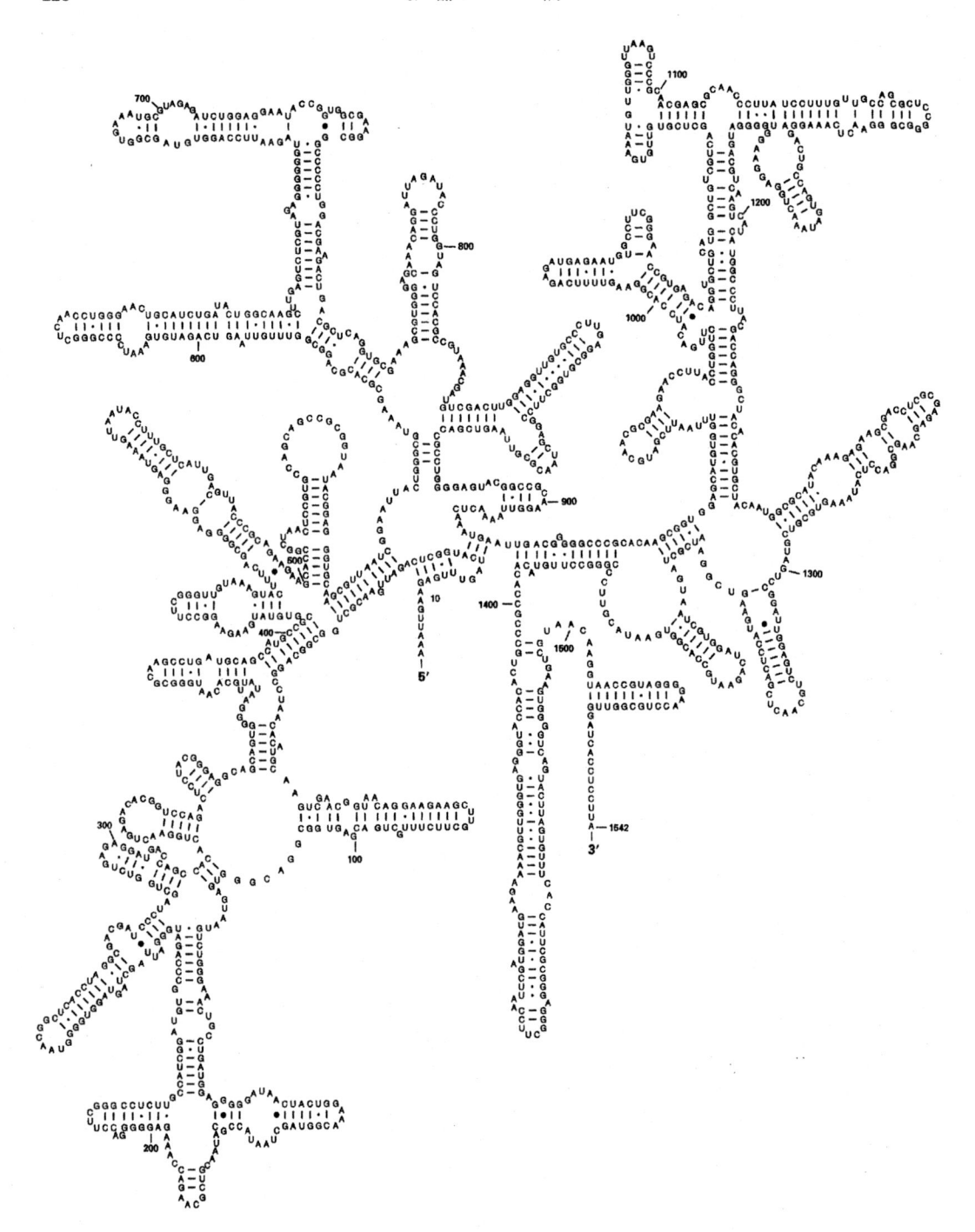

**図 3.10** 大腸菌の 16S RNA の全塩基配列
16S rRNA の 1 次および 2 次構造

## 3.9 リボソームとmRNAの結合

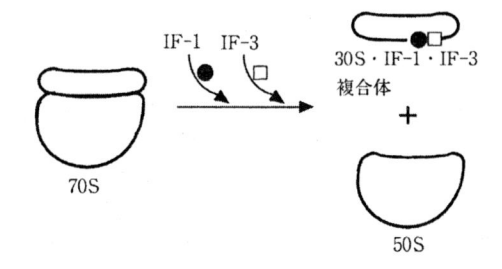

**図3.11** 70SリボソームのIF-1因子およびIF-3因子による解離

70SリボソームはIF-1因子およびIF-3因子により，50Sサブユニットと30Sサブユニットに解離し，30SサブユニットはIF-1因子およびIF-3因子と結合して30S・IF-1・IF-3複合体を形成する．

| | 5′ 3′ |
|---|---|
| E. coli trp A | AGCACGAGGGGAAAUCUGAUGGAACGCUAC |
| E. coli lac I | CAAUUCAGGGUGGUGAAUGUGAAACCAGUA |
| E. coli thr A | GGUAACCAGGUAACAACCAUGCGAGUGUUG |
| λ Phage cro | AUGUACUAAGGAGGUUGUAUGGAACAACGC |
| φX 174 A protein | AAUCUUGGAGGCUUUUUUAUGGUUCGUUCU |

**図3.13** 大腸菌および大腸菌に感染するファージのmRNAの翻訳開始部位の構造－AUGとSD配列

翻訳開始暗号（シグナル）AUGの上流にプリン塩基の多い配列が存在している．この部位が16SrRNAの3′末端付近（図3.10参照）のピリミジン塩基の多い部位と塩基対を形成する．

ン性であり，1本のmRNAから1種類のタンパク質しか翻訳されない．

30S開始前複合体からIF-3が遊離するとともに，50SサブユニットがGTPをGDPとPiに加水分解してこの複合体に結合し，IF-1とIF-2とを遊離し，ここにfMet-tRNA$^{fMet}$・mRNA・70Sリボソームよりなる70S開始複合体を形成する（図3.12）．この複合体は次にアミノアシルtRNAがくるとただち

ニットが真核生物に特有の5′-キャップ構造（5′末端に結合した7-メチルグアノシン残基）を識別してmRNAの5′末端に結合する．ついでリボソームはmRNA鎖に沿って3′方向に移動し，多くの場合，最初に出現するAUGコドンから翻訳が始まる．それゆえ，真核生物のmRNAは通常はモノシストロ

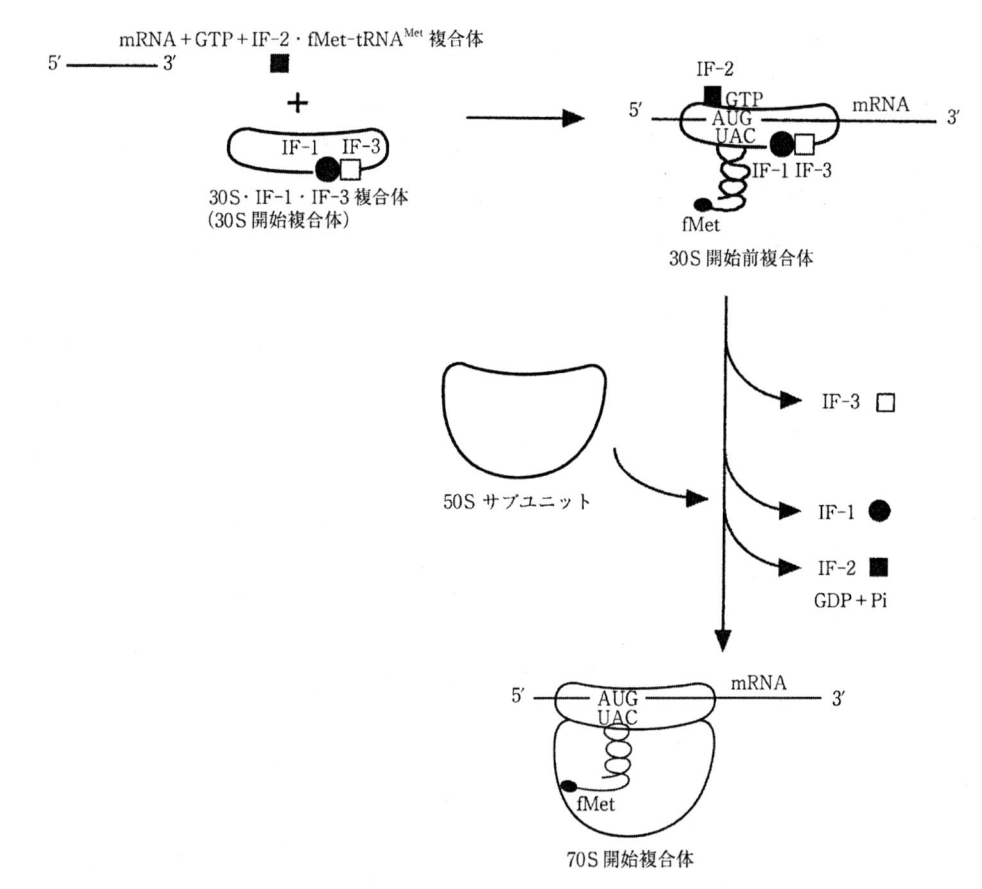

**図3.12** 30S開始前複合体の形成と70S開始複合体の形成

30S・IF-1・IF-3複合体はmRNA，GTP，IF-2・fMet-tRNA$^{fMet}$複合体とで30S開始前複合体を形成する．これに50Sサブユニットが結合して70S開始複合体を形成する．その際，GTPはGDPとPiとに加水分解され，IF-1とIF-2は遊離する．

にタンパク質の生合成を開始する．

### 3.10 ペプチド合成開始複合体

50S サブユニット上には P 部位，A 部位および E 部位とよばれる 3 種類の tRNA 結合部位が存在している．P 部位はペプチド合成の最初の段階では fMet-tRNA$^{\text{fMet}}$ が占めている．新たに mRNA の遺伝暗号（コドン）に規定されたアミノアシル tRNA は A 部位に結合する．P 部位とはペプチジル tRNA が結合する部位を意味し，tRNA の 3′ 末端には合成中のペプチドが結合している．A 部位とは P 部位に存在するペプチジル tRNA に次のアミノ酸を結合させるためのアミノアシル tRNA が結合する部位である．E 部位にはペプチドを転移した後の tRNA が結合している（図 3.14）．

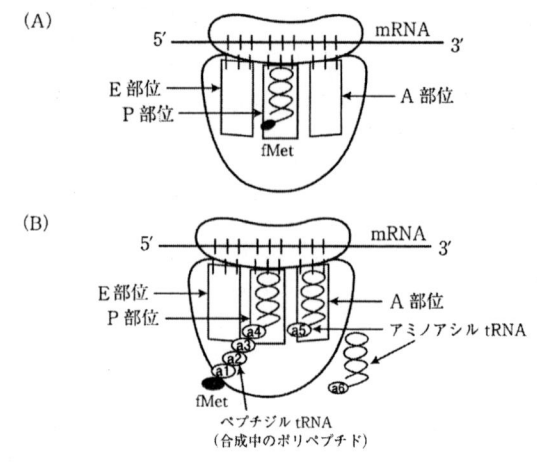

**図 3.14** 50S サブユニット上の P 部位，A 部位および E 部位
(A) P 部位には fMet-tRNA$^{\text{fMet}}$ が mRNA の開始暗号（コドン）AUG と塩基対をつくった状態で結合する．
(B) A 部位にはアミノアシル tRNA が mRNA 上の遺伝暗号に従って結合する．
(C) E 部位にはペプチドを転移した後の tRNA が結合する．

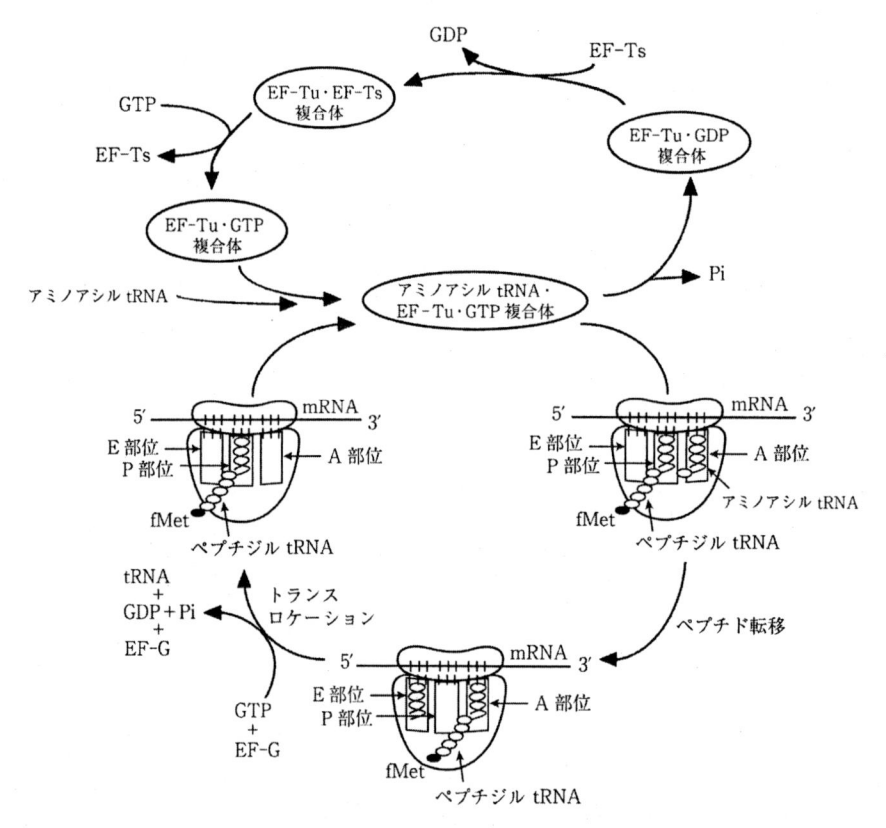

**図 3.15** アミノアシル tRNA・EF-Tu・GTP 複合体の形成
アミノアシル tRNA は EF-Tu・GTP 複合体と結合して，アミノアシル tRNA・EF-Tu・GTP 複合体を形成する．この複合体の GTP が加水分解されて GDP と Pi とになり，アミノアシル tRNA が mRNA 上の遺伝暗号を認識し，A 部位に結合する．
EF-Tu・GDP 複合体の GDP は EF-Ts 因子によって遊離し，EF-Tu・EF-Ts 複合体を生じる．この複合体は次のアミノアシル tRNA と結合し，アミノアシル tRNA・EF-Tu・GTP 複合体となる．
アミノアシル tRNA・EF-Tu・GTP 複合体からアミノアシル tRNA は空となっているリボソーム上の A 部位に結合する．P 部位からタンパク質合成途中のペプチジル tRNA が転移してきて，新しくアミノ酸を結合したペプチドが生成する（ペプチド転移）．このペプチジル tRNA は P 部位へ移動し（トランスロケーション），A 部位は空となる．E 部位に結合している tRNA はペプチジル tRNA が A 部位から P 部位に転移したときに遊離する．

## 3.11 ペプチド鎖の伸長

50SサブユニットのA部位にアミノアシルtRNAが結合する段階で，GTPと伸長因子EF-Tuとがアミノアシル tRNA と結合して複合体を形成する．この複合体はGTPをGDPとPiとに加水分解をして，アミノアシル tRNA が mRNA 上の遺伝暗号を認識し，A部位に結合する．

EF-Tu·GDP 複合体の GDP は EF-Ts 因子によって遊離し，EF-Tu·EF-Ts 複合体を形成する．この複合体から EF-Ts 因子は GTP により遊離し，EF-Tu·GTP が生成し，これに GTP が結合して EF-Tu·GTP 複合体を生成し，EF-Ts 因子は遊離する．この複合体が次のアミノアシル tRNA の活性化に用いられる．このように伸長因子 EF-Tu はくり返し使用される．伸長因子 EF-Tu が重要なことは，このタンパク質が大腸菌の菌体内で最も多いタンパク質で，全タンパク質の5%を占めていることからも推定できる．アミノアシル tRNA はすべて伸長因子 EF-Tu と結合していると考えてよい（図 3.15）．

リボソーム上のA部位では，P部位に存在するタンパク質合成途中のペプチジル tRNA が転移して，新しくアミノ酸が1個結合した状態となる．これをペプチド転移とよぶ．ペプチジル tRNA は GTP を加水分解して GDP と Pi となるときのエネルギーで，A部位から空になっているP部位にmRNAと結合した状態で移動して，次のペプチド鎖伸長の準備に入る．これをトランスロケーションという．移動にはEF-G因子が関与している．EF-G因子はGTPとともにリボソームに結合し，GTPをGDPとPiに加水分解した後，遊離する．そこではじめてペプチジル tRNA が移動できる（図3.16）．このときA部位は空になっている．E部位に結合している tRNA はこのとき遊離する．

50SサブユニットのA部位に結合したアミノアシル tRNA のアミノ基は，P部位に結合しているペプチジル tRNA を求核的に置換し，P部位のペプチドのカルボキシル末端に新しいアミノ酸を結合する（ペプチド結合の生成）とともに，新しいペプチジル tRNA は A部位に転移する．この反応を触媒するペプチジルトランスフェラーゼは50Sサブユニット上に存在している（図3.17）．

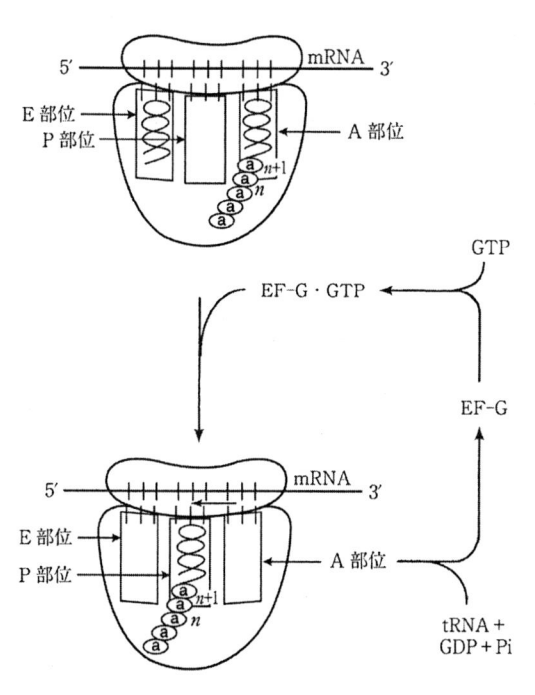

**図3.16** ペプチジル tRNA のP部位への移動（トランスロケーション）
A部位に結合している$n+1$個のアミノ酸からなるペプチジル tRNA は EF-G 因子と GTP との複合体により，mRNAの移動とともに，P部位に移動する（トランスロケーション，このときE部位に結合している tRNA は遊離する．図3.15参照）．

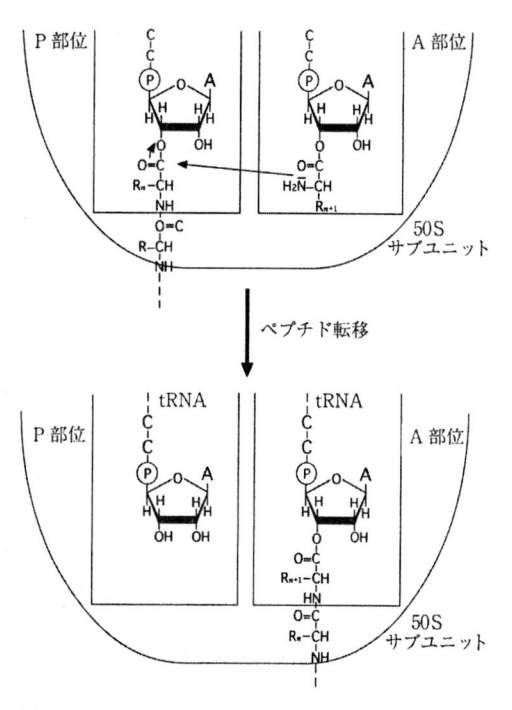

**図3.17** 50SサブユニットのA部位におけるペプチド結合の生成とペプチド転移
A部位に結合しているアミノアシル tRNA のアミノ酸（$n+1$番目）のアミノ基が，P部位に結合しているアミノ酸$n$個よりなるペプチジル tRNA の$n$番目のアミノ酸のカルボニル基を求核的に攻撃し，$n+1$番目のアミノ酸との間でペプチド結合が生成する．生成した$n+1$個のアミノ酸よりなるペプチジル tRNA は A部位に転移する（ペプチド転移，図3.15参照）．

## 3.12 ペプチド合成の終結

終止暗号 UAA, UGA, UAG が mRNA 上に現れると，これらの塩基配列は終結因子である RF 因子により認識される．RF 因子は 3 種類存在している．RF-1 は UAA と UAG を認識し，RF-2 は UAA と UGA を認識する．RF-3 は GTP と結合し，RF-1 や RF-2 のリボソームへの結合を促進する．RF-1 と RF-3・GTP 複合体が空きとなった A 部位に結合すると，リボソーム上のペプチジルトランスフェラーゼはペプチジル基を水分子に移す．その結果，ペプチドは遊離する．ついで GTP が GDP と Pi に加水分解されることにより，RF 因子と tRNA はリボソームの表面より遊離し，不活性の 70S リボソームが得られる（図 3.18）．

一連の反応にはエネルギーが必要であり，そのエネルギーには GTP が GDP と Pi とに加水分解されるときに生じるエネルギーが利用されている．

## 3.13 ポリソーム

電子顕微鏡的観察によれば，タンパク質を活発に合成している組織から分離したリボソームは，mRNA に数珠状に並んで結合している（図 3.19）．この状態のリボソームをポリソームとよぶ．リボソームの間隔は 5〜15 nm であり，この距離は mRNA の約 80 塩基当たり 1 個のリボソームが結合していることになる．個々のリボソームからはペプチド鎖が伸長しているのが認められる．

## 3.14 タンパク質の修飾

合成されたばかりのタンパク質は，アミノ酸の種類と配列が mRNA 上の遺伝暗号に従って合成されているだけで，決して活性をもった状態でタンパク質が生成してくるわけではない．タンパク質が活性をもつためには活性と無関係なアミノ酸あるいはオリゴペプチドが特異的なペプチダーゼ（タンパク質分解酵素）により切断されなければならない．この過程をタンパク質の修飾（プロセシング）という．原核生物でもタンパク質の合成開始のときに用いられた，合成開始暗号に相当する fMet はプロセシングを受け，活性なタンパク質のアミノ末端には存在していない．

(A)

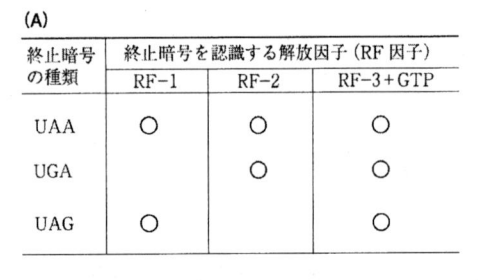

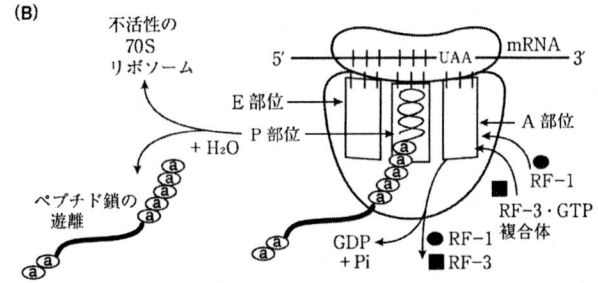

| 終止暗号の種類 | 終止暗号を認識する解放因子（RF 因子） | | |
|---|---|---|---|
| | RF-1 | RF-2 | RF-3+GTP |
| UAA | ○ | ○ | ○ |
| UGA |  | ○ | ○ |
| UAG | ○ |  | ○ |

図 3.18 終止暗号と解放因子（RF 因子）の役割
(A) mRNA 上の終止暗号とそれを認識する RF 因子との関係を示す．
(B) RF-1, RF-3・GTP 複合体が空の A 部位に結合すると，ペプチジル基は加水分解を受けて遊離する．GTP は加水分解を受けて GDP と Pi とになり，RF-1, RF-3 はそれぞれ遊離し，不活性な 70S リボソームが生成する．

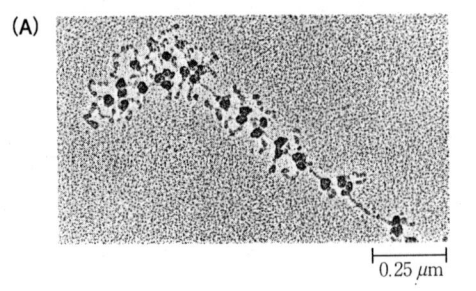

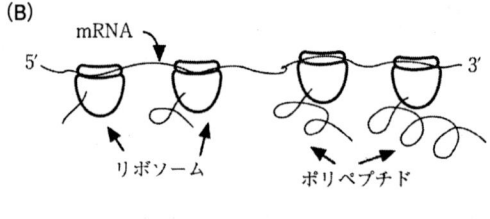

図 3.19 ポリソームの構造
(A) カイコ絹糸腺より分離したポリソームの電子顕微鏡写真（A. L. Lehninger : Biochemistry, 3rd ed., p. 1052, Worth Publication, 2000）．mRNA にリボソームが数珠状に結合し，ペプチド鎖が伸長している様子が認められる．
(B) 電子顕微鏡写真を模式的に示した．

### 3.15 タンパク質合成の阻害

タンパク質合成は遺伝子の変異により，またタンパク質合成阻害剤によって阻害される．タンパク質合成阻害剤の多くは抗生物質である．これらの阻害剤を用いることにより重要な生化学反応が解明され，また抗生物質は医薬として用いられている．多くの場合，抗生物質が結合するリボソーム構成タンパク質は同定されている．

ストレプトマイシン（streptomycin）はアミノグリコシドの1種で，原核生物のリボソームでmRNAの遺伝暗号の読み違いを引き起こしたり，高濃度でペプチドの合成開始を妨げている．

クロラムフェニコール（chloramphenicol）は，広域作用抗生物質の最初の例で，原核生物のリボソームの大サブユニットのペプチジルトランスフェラーゼ活性を阻害する．また，シクロヘキシミド（cycloheximide）は真核生物の大サブユニットのペプチジルトランスフェラーゼ活性を阻害する．

テトラサイクリン（tetracycline）は原核生物の小サブユニットに結合し，アミノアシルtRNAの結合を阻害する広域作用抗生物質である．

〔駒野　徹〕

# 4. 遺伝子工学

有用な物質であっても，ごく限られた生物で微量にしか生産できないものであったり，量産するのに適さない生物であったりする場合に，その生物から物質生産に必要な遺伝子を単離し，量産しやすい生物へその遺伝子を移して目的とする遺伝子産物を生産しようとする技術が組換え DNA 技術（recombinant DNA technique）であり，遺伝子工学（genetic engineering）である．組換え DNA は，これまで述べてきた遺伝子の諸性質を応用することで目的を達することができる．遺伝子工学は物質の生産のために不可欠の技術であるが，それが医学，農学，工学に及ぼす効果はきわめて大きい．本章においては，遺伝子工学の基礎的な知識について述べる．

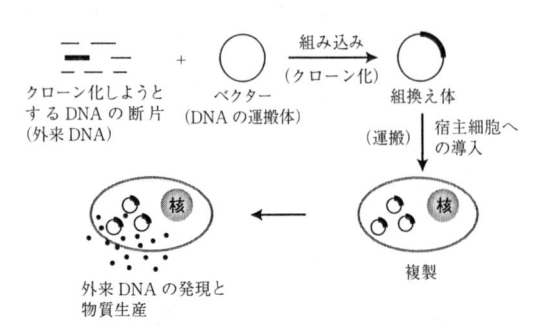

## 4.1 組換え DNA の基本

組換え DNA を作製するための手順は次のとおりである（図 4.1）．

(1) 目的とする DNA 断片（外来 DNA）を DNA 供与体から調製し，これを断片化してベクター（クローニングベクター）に連結する．これを DNA のクローン化とよぶ．このクローンの中には目的の遺伝子をはじめ，数多くの遺伝子やそれらの断片がクローン化されている．それゆえ，クローン化されている DNA 集団のことを遺伝子ライブラリーとよんでいる．この遺伝子ライブラリーの中に目的とする遺伝子が結合された組換え体が存在している．

(2) クローン化された DNA を遺伝子発現可能な宿主細胞（大腸菌など）に導入する．導入された DNA が宿主細胞中で目的の遺伝子産物を産生しているクローンを選択し，クローン化されているDNA 断片が目的とする遺伝子であることを確認する．

## 4.2 ベクター

このような操作を可能にするためにはベクターの役割はきわめて大きい．そのためにベクターとはどのようなものであるかを次に述べる（図 4.2）．

(1) 外来 DNA が挿入されたベクターを容易に識別できる遺伝子マーカーが必要である．薬剤耐性遺伝子などがマーカー遺伝子として使われる．外来

**図 4.1 組換え DNA の基本概念**
ベクター（DNA の運搬体）に断片化された外来 DNA を組み込み，宿主細胞に導入し，その遺伝子産物を得る．

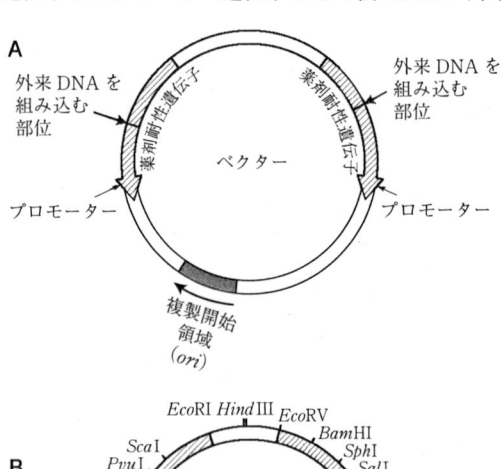

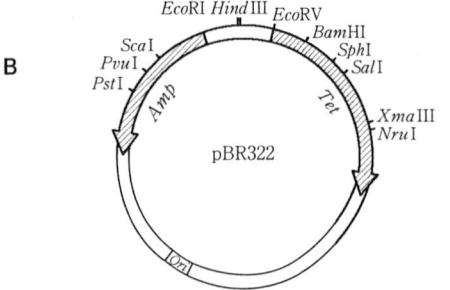

**図 4.2 ベクターの有する性質**
(A) (1) 薬剤耐性マーカー遺伝子，(2) プロモーター，(3) *ori* などを備えている．
(B) よく用いられている大腸菌プラスミド pBR322．*Pst*I などは制限酵素切断個所．

DNAを薬剤耐性遺伝子の間に挿入すれば，薬剤耐性を失うので，外来DNAが挿入されたかどうかは容易に識別できる．外来DNAを挿入する手段として制限酵素がある（次節参照）．ベクターの薬剤耐性遺伝子当たり1個所の切断部位しか与えない制限酵素を選択する．

（2）ベクターは宿主細胞内で作動するプロモーターを備えている．プロモーターの有無は遺伝子の発現に大きな影響を及ぼす．

（3）ベクターは自律的に宿主細胞内で増幅（複製）する活性を有している．遺伝子の数が増えることは遺伝子産物の増加を可能にする．

これらの性質を備えているDNAに大腸菌の場合にはファージやプラスミドDNAがある．動物細胞や植物細胞の場合でもウイルスが用いられる．その理由は，ウイルスやプラスミドは独自の複製開始領域（ori）や強いプロモーターを有しているからである．また薬剤耐性プラスミドなどは薬剤耐性遺伝子を有しているためしばしば用いられる．しかしベクターとして用いるためには，ウイルスそのものを用いることは必ずしも適当でない．なぜならウイルスがコードするタンパク質には宿主細胞にとって有害な成分があるからである．そこでベクターとして適切な性質を備えるように人為的に改変してある．現在使われているいくつかのベクターを表4.1に示した．ベクターのうちファージに由来するものが

ファージベクター（M13mp18, λgtなど）であり，プラスミドに由来するものがプラスミドベクター（pBR322, pACYC184など）である．しかし，コスミドベクターのようにファージとプラスミドの両方の性質を備えるよう人為的につくられたものもある．ベクターの中には原核生物間，あるいは大腸菌と動物細胞間，大腸菌と酵母間でともに増殖可能なシャトルベクター（共用ベクター）もある．

## 4.3 制限酵素

組換えDNA技術が飛躍的に発展する原動力となったのは，制限酵素（制限エンドヌクレアーゼ）の発見に負うところが大きい（第1部第6章参照）．制限酵素は二本鎖DNAの中の特定の塩基配列を認識して，それぞれの鎖を1個所で切断し，3′末端に水酸基を，5′末端にリン酸基を有するような構造にする．DNAの切断される部位の構造上の特徴は，図4.3に示すように，塩基配列が対称軸の左右で対称となっていることである．制限酵素によって認識される配列は大部分4～6塩基対である．

制限酵素はⅠ型とⅡ型に分類される．Ⅰ型の制限

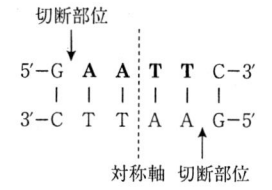

```
        切断部位
          ↓
   5′-G A A T T C-3′
       | | | | | |
   3′-C T T A A G-5′
          対称軸 切断部位
```

図4.3 EcoRIで切断したときに生じる付着末端

表4.1 ベクターの種類

| プラスミドベクター | 選択マーカー<br>（( )内はクローニング部位） | 宿 主 |
|---|---|---|
| pBR322 | Amp• (Pvu Ⅱ, Pst I)<br>Tet• (Bam HI, Hind Ⅲ, Sal I) | 大腸菌 |
| pACYC184 | Cm• (Eco RI)<br>Tet (Bam HI, Sal I) | 大腸菌 |
| pMB9 | Tet (Bam HI, Hind Ⅲ, Sal I) | 大腸菌 |
| pUB110 | Km• (Bgl Ⅱ) | 枯草菌 |
| YIp5 | Amp (Pvu Ⅱ, Pst I)<br>Tet (Bam HI, Sal I)<br>Ura•• | 酵母 |

| ファージベクター | クローニング部位と選択方法 | 宿 主 |
|---|---|---|
| λgtWES・λB | EcoRI　プラーク形成能 | 大腸菌 |
| Charon4A | EcoRI　プラーク形成能，<br>Bio•• | 大腸菌 |
| Charon28 | BamHI　プラーク形成能 | 大腸菌 |
| EMBL3 | Sal I, Bam HI, EcoRI<br>P2ファージ溶源菌中で生育可 | 大腸菌 |
| M13mp18 | Acc I, Bam HI, EcoRI, Hind Ⅲ<br>lac•• | 大腸菌 |

• Amp：アンピシリン，Tet：テトラサイクリン，Cm：クロラムフェニコール，Km：カナマイシンなどの省略記号でそれぞれの薬剤に対する耐性遺伝子を示している．

•• Ura：ウラシル要求性，Bio：ビオチン要求性，lac：ラクトース分解遺伝子．これらは栄養素を要求したり分解したりするタンパク質の遺伝子である．

表4.2 主な制限酵素と切断部位の塩基配列

| 付着末端を生ずる制限酵素 | | 平滑末端を生ずる制限酵素 | |
|---|---|---|---|
| 酵素名 | 塩基配列• | 酵素名 | 塩基配列• |
| HpaⅡ | C↓CGG•• | AluI | AG↓CT |
| MboI | ↓GATC | EcoRV | GAT↓ATC |
| TaqI | T↓CGA | HincⅡ | GT$\binom{T}{C}\binom{A}{G}$AC |
| AvaⅡ | G↓G$\binom{A}{T}$CC | PvuⅡ | CAG↓CTG |
| BglⅡ | A↓GATCT | SmaI | CCC↓GGG |
| EcoRI | G↓AATTC | | |
| HindⅢ | A↓AGCTT | | |
| KpnI | GGTAC↓C | | |
| PstI | CTGCA↓G | | |
| SalI | G↓TCGAC | | |
| XhoI | C↓TCGAG | | |

• 示されている塩基配列の左側が5′末端で右側が3′末端である．

•• DNAの塩基配列は一本鎖しか示していないが，実際は図4.3に示したように二本鎖である．DNA鎖切断が対称的に起こることから，片方の鎖のみを示した．

↓：制限酵素による切断部位．

酵素は特定の修飾された塩基を認識し，その近傍を切断するが塩基配列に特異性はない．II型の制限酵素は認識する配列の内部を切断し，切断する個所の塩基に特異性はないが，塩基配列に特異性がある．II型の制限酵素が組換えDNA研究にとって重要である．II型の制限酵素には対称軸に対して対称的に二本鎖当たり1個所ずつ切断をするものと，対称軸からずれた部位で対称的に1個所ずつ切断するものとがある．前者は切断個所が揃っているので平滑末端（flush end）を与え，後者は切断個所で塩基対が形成されるような切断末端，すなわち付着末端（cohesive end）を与える．

表4.2に主な制限酵素と切断部位の塩基配列を示した．制限酵素の名前は，それが分離された微生物の名前に由来している（第1部第6章表6.5参照）．制限酵素 *Eco*RI は *Escherichia coli* RY13 から分離された．*Taq* I は *Thermus aquaticus* から分離された．制限酵素の微生物に由来する部分三文字はイタリック体で表される．制限酵素は一般にベクター当たり1個所から数個所程度しか切断しないので，得られるDNA断片は切断個所により分子サイズに相違がある．

### 4.4 付着末端を有するDNA断片の挿入

付着末端を与えるような制限酵素で切断された外来DNAおよびベクターDNAは，用いた制限酵素が同じものであれば，同じ付着末端を有している．そこで両方のDNAを混合し熱変性した後，緩やかに塩基対を形成（アニーリング）させると，高い頻度で外来DNAがベクターDNAの切断個所に挿入される（図4.4）．この状態で外来DNAが完全に結合したわけではない．結合させるためにはDNAリガーゼ（結合酵素）を用いなければならない．この方法でDNAを挿入すると，切断部位の配列が対称的なので，逆向きに挿入される場合もある．DNAが挿入されたベクターが組換え体（組換えDNA）であり，DNAがクローン化されたという．

### 4.5 平滑末端を有するDNA断片の結合

平滑末端を有するDNAどうしを結合することも可能である．一つの方法は，分子の末端が塩基対を形成しやすくするために，ベクターDNAの切断個所の3'末端にデオキシアデノシンを，外来DNAの断片にはチミジンをそれぞれターミナルデオキシヌクレオチジルトランスフェラーゼで付加し，両者を混合したときにアニーリングしやすいようにすることで挿入効率を上げることができる．しかし，平滑末端をもつDNA断片どうしでも効率は下がるが結合することができる（図4.5）．

### 4.6 cDNAの結合

染色体DNAを制限酵素で切断しただけだと，DNA分子サイズから推定できるように，きわめて多数のDNA断片が生成し，目的のDNA断片を単離するのに多くの労力を要する．しかし，真核生

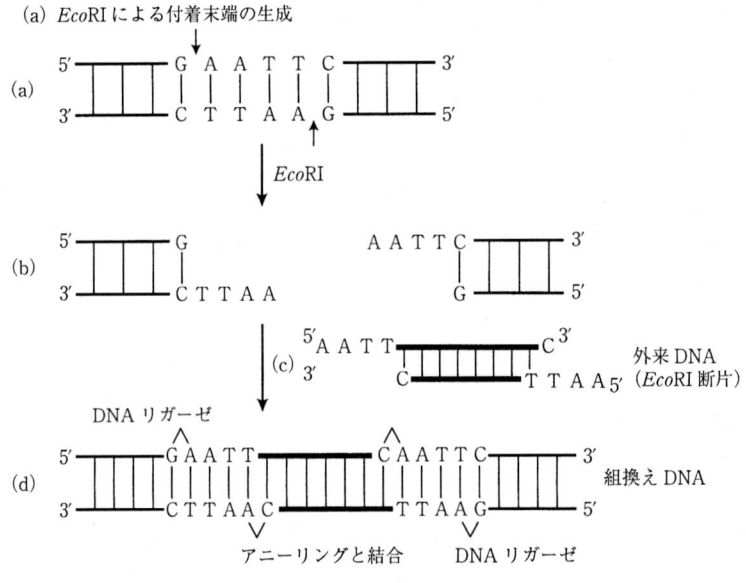

**図4.4** 付着末端を与える制限酵素で切断したDNA断片の挿入と結合（クローン化）

## 4.6 cDNAの結合

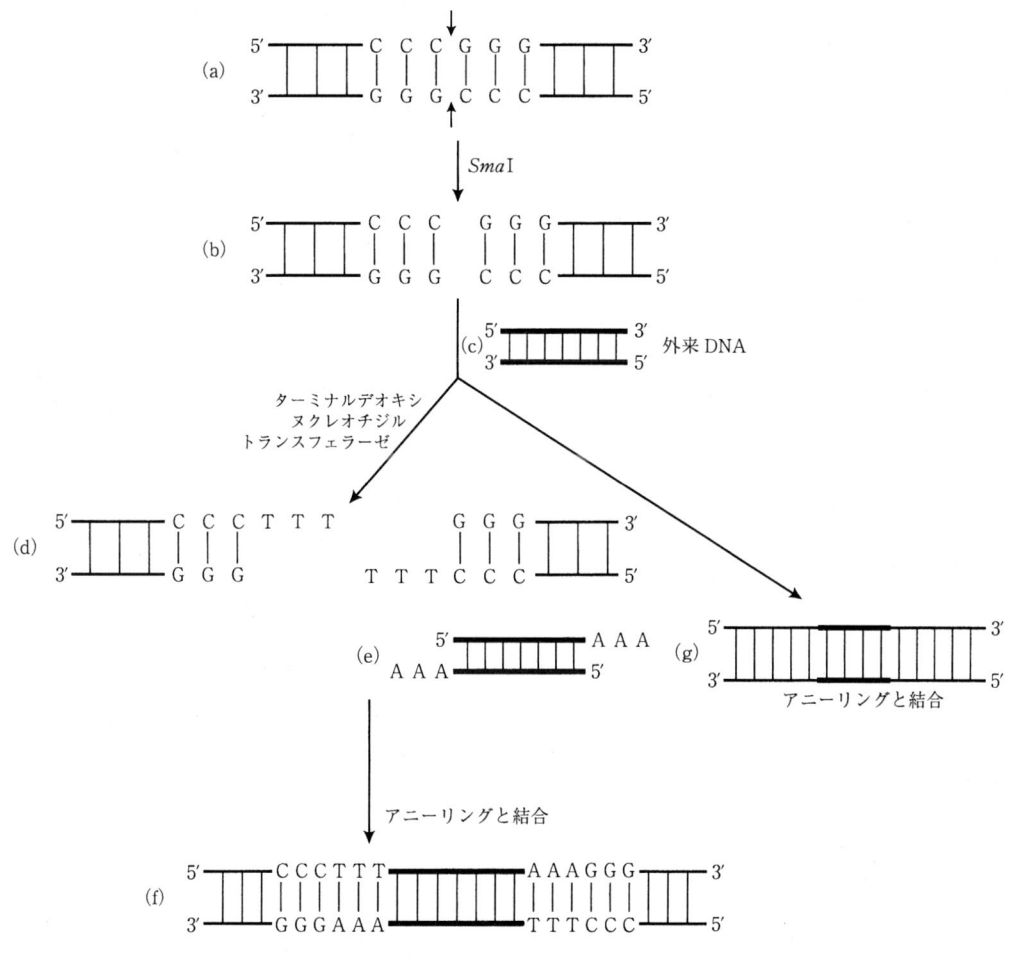

**図4.5** 平滑末端を有するDNA断片の挿入と結合（クローン化）

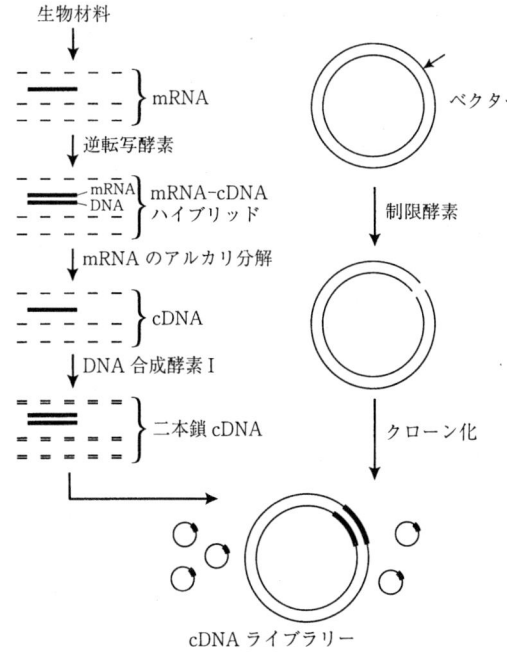

**図4.6** cDNAの合成とクローン化

物では諸器官や組織が発達しており，特定の器官ではその器官特有のタンパク質を生産している場合が多い．例えば脳下垂体前葉では成長ホルモンを特異的に産生している．この事実は，脳下垂体には成長ホルモンのmRNAが多く存在していることを示している．それゆえ，mRNAを分離し，それに相補的な塩基配列を有するDNAを合成する．mRNAをアルカリで分解した後，残る一本鎖DNAを鋳型として，それに相補的なDNAをDNAポリメラーゼIを用いて合成し，得られた二本鎖DNA（cDNA）をベクターに結合することにより，目的の遺伝子産物のみを多量に産生することが可能となる（図4.6）．cDNAとはmRNAの塩基配列と相補的（complementary）なDNAであることから命名された．mRNAからcDNAを合成する酵素が逆転写酵素（reverse transcriptase）である．

逆転写酵素は，1970年，テミン（H. Temin）とボルチモア（D. Baltimore）がそれぞれ独立にレトロウイルスの一種ラウス肉腫ウイルスのタンパク質

から見出した．この酵素はウイルスRNAを鋳型としてDNAをつくることができる．核のDNAからmRNAが合成されるが，レトロウイルスの有する酵素はRNAからDNAが合成されることから逆転写酵素とよばれている．

組換えDNA技法ではこの酵素をしばしば用いている．逆転写酵素で合成されたcDNAは，本章4.3節および4.4節で述べた方法に従ってベクターに挿入される．特定の組織から分離したmRNAといってもきわめて多数の遺伝子情報をもったmRNAの集まりである．したがって，得られたcDNAにもまた多くの種類のmRNAに相当するDNA分子が存在している．それゆえ，得られたcDNAクローンのことをcDNAライブラリーとよんでいる．

## 4.7 組換え体の検出

遺伝子ライブラリーやcDNAライブラリーから目的とする遺伝子（DNA）がクローン化されていることを確認するためには，まず，ベクターにDNA断片が結合しているかどうかを確認する必要があり，さらに，確認されたクローンの中から，目的としている遺伝子が発現しているかどうかを確認しなければならない．そのための方法について次に述べる．

### a. ベクターが挿入DNA断片を有することの確認

多くのベクターは薬剤耐性遺伝子をもち，それが遺伝子の選択マーカーに用いられることを，本章4.2節で述べた．実際によく用いられるプラスミドベクターpBR322について外来DNAが挿入されたときの選択方法について述べてみよう．pBR322は，一般にベクターがそうであるように，宿主菌に導入された場合に自律的に増殖する必要があるので複製開始領域（ori）を備えていなければならない．pBR322（図4.2）は抗生物質アンピシリン（Amp）とテトラサイクリン（Tet）に対して耐性の遺伝子をもっている．pBR322が導入されている大腸菌は，アンピシリンとテトラサイクリンに対して耐性を示す．耐性を示すことは，それぞれの抗生物質を含む培地にpBR322を有する大腸菌を培養しても，菌は生育可能であることを意味している．それぞれの遺伝子には特定の制限酵素で，分子当たり一個所しか切断されない制限酵素切断部位を有している．例えばTet遺伝子をSalIで切断すると，この部位で分子が開裂する．この部位に，SalIで切断した外来DNAを挿入すれば，もはやテトラサイクリン耐性タンパク質は産生されないため，組換え体を導入された宿主大腸菌はテトラサイクリンに対して耐性を失う（感受性となる）．一方，Amp耐性遺伝子はそのままであるから，このプラスミドを保有する大腸菌はアンピシリンに対しては依然として耐性である．それゆえ，確実にDNA断片がクローン化されているpBR322を保有する大腸菌はアンピシリン耐性でテトラサイクリン感受性となるはずである．このようにして選抜された大腸菌が保有する組換えpBR322には，高い確率で目的とするDNA断片（外来DNA）がクローン化されている．

### b. 目的とする遺伝子が挿入されていることの確認

目的とする遺伝子がベクターに挿入されていることを確認するには種々の方法があるが，ここでは真核生物の遺伝子が大腸菌で増殖しているか，または発現している（タンパク質が産生されている）ことを確認する方法について述べることにする．大腸菌に組換え体が導入されていれば，必ず目的とするクローン化されているDNAも増幅しているはずである．そこで大腸菌の形質転換株（組換え体を保有する菌株）のコロニーを寒天培地上につくり，これにフィルターを押しつけてコロニーの一部をフィルター上に移す．このフィルターを水酸化ナトリウムで処理し，菌の細胞膜を溶かし，変性したDNAがフィルターに結合した状態とし，フィルターを乾燥する．このフィルターを，目的の遺伝子の転写産物であるmRNAが[$^{32}$P]で標識されているmRNAを含む溶液に浸漬し，ハイブリッド（DNAとRNAとが塩基対を形成して結合する）を形成させる（ハイブリダイゼーション）．このように目的とする遺伝情報を有するRNA（時にはDNA）をRNA（またはDNA）プローブとよぶ．その後このフィルターを洗浄し，もし，目的のDNAが存在すれば[$^{32}$P]mRNAとハイブリッドをつくるので，もともとこのDNAを保有していたコロニーの個所に標識[$^{32}$P]が確認される．この方法をコロニーハイブリダイゼーション法またはin situハイブリダイゼーション法とよぶ（図4.7）．

一方，目的の遺伝子がクローン化されていれば，必ずタンパク質が生産されているはずであり，そのタンパク質は，別に作製したそのタンパク質に対して特異的な抗体と反応するはずである．抗体を放射性同位元素で標識しておき，クローン化されている遺伝子を発現させて得られるタンパク質と反応させ

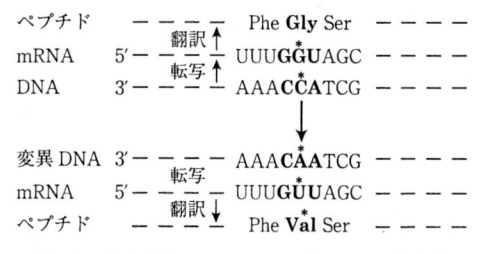

```
ペプチド    ―  ―    ↑翻訳     Phe Gly Ser  ― ― ― ―
mRNA      5'― ―   ↑転写     UUUGG*UAGC  ― ― ― ―
DNA       3'― ―              AAACC*ATCG  ― ― ― ―
                                  ↓
変異DNA   3'― ―   ↓転写     AAACA*ATCG  ― ― ― ―
mRNA      5'― ―   ↓翻訳     UUUGU*UAGC  ― ― ― ―
ペプチド    ―  ―              Phe Val Ser  ― ― ― ―
```

図4.8 塩基変換によるタンパク質のアミノ酸変換

仮に図4.8に示すようなアミノ酸配列の中にグリシンを含むペプチドがあるとする．このペプチドのグリシンのみをバリンに変換したペプチドにつくり変えようとする場合に，グリシンのコドンであるGGUをバリンのコドンであるGUUに変換すればよい．そのためにはGG*Uトリプレットの$G^*$を$U^*$に変換しなければならない．mRNAで塩基の変換を行うことは困難であるから，遺伝子であるDNAの塩基配列の3'CC*Aの$C^*$を$A^*$に変換すればよい．このようにあるペプチドの特定のアミノ酸を他のアミノ酸に変換することを部位特異的変異という．アミノ酸の変換は1個から何十個でも可能であり，全く新しいアミノ酸を挿入したり，何個かのアミノ酸を脱落させてもとのタンパク質の構造を変えてしまうことも可能である．このように，タンパク質をより利用価値の高いタンパク質に改変することを遺伝子操作を用いたタンパク質工学とよぶ．

タンパク質工学が進展すると，人類の夢の一つである遺伝子治療が可能となる．遺伝子治療に関しては目下研究の途上にあるが，原理的には遺伝病は遺伝子であるDNAの塩基配列が変化したことにより，生理的に重要な役割を果たしているタンパク質のアミノ酸組成または配列に変異をきたしていることに起因している．それゆえ，正常な塩基配列をもつDNAを変異している細胞や組織に導入すれば，正常な生理作用を有するタンパク質の生産が期待できる．

〔駒野　徹〕

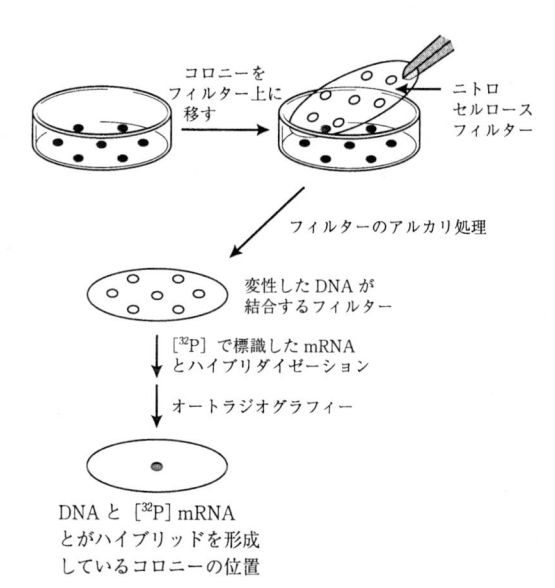

図4.7 コロニーハイブリダイゼーションの概略図

る．抗体と反応するコロニーは容易に識別できる．放射能が観測されたコロニーの位置が目的の遺伝子をもつベクターを有するコロニーである．この方法を放射性免疫測定法（ラジオイムノアッセイ法）という．

## 4.8 タンパク質工学

組換えDNA技術は生命科学に幅広い基礎と応用研究を可能にしたが，とりわけ生体内の活性な分子であるタンパク質の構造を改変し，安定性を付与したり，活性を増強させたり，さらにタンパク質の活性中心の同定などに大きく貢献している．タンパク質は化学的にも修飾可能であるが，ごく限定されたものである．しかし，DNAの塩基配列を変えることにより，タンパク質を構成する特定のアミノ酸やアミノ酸配列を他のアミノ酸やアミノ酸配列に変換することができる．

# 第5部
## 高次生命現象の生化学

# 1. 生体膜の構造と機能

　生体膜（biological membrane）は，細胞と細胞外部環境を隔てる隔壁であり，生体反応を仕切り分ける．生体膜は選択的透過性をもち，細胞にとって必要な栄養物を取り入れ，必要な代謝中間体などは細胞から流出させないが，不要となった老廃物などは細胞外へ出すことができる．さらに，イオンなどの出し入れを調節して，細胞の内部環境を保つと同時に，エネルギーを生み出すことができる．本章では，動物細胞の膜がどのように構成され，機能しているのかを概説する．

### a. 生体膜の基本構造

　生体膜の主な構成成分はグリセロリン脂質 (glycerophospholipid)（ホスホグリセリドともいう）である．グリセロリン脂質では，グリセロールのC1とC2の二つのOH基に脂肪酸がエステル結合し，C3のOH基にリン酸がエステル結合している（図1.1）．さらにリン酸基は他の親水性物質（表1.1）

のOH基とエステル結合している．例えば，代表的なグリセロリン脂質であるホスファチジルコリンでは，コリンがここに結合している．

　グリセロリン脂質は疎水性（hydrophobic）の脂肪酸の"尾"と，親水性の"頭"をもつ両親媒性の分子であり，親水性（hydrophilic）の頭部を外側に，疎水性の尾部を内側に挟んだサンドウィッチ型の脂質二分子膜を形成する（図1.2）．リン酸基の負電荷やリン酸基にエステル結合した極性アルコールが水と相互作用する．脂質二分子膜の中央の疎水部を形成する脂肪酸のうちC1に結合しているのはふつう$C_{16}$または$C_{18}$の飽和脂肪酸で，C2に結合しているのは$C_{16}$〜$C_{20}$の不飽和脂肪酸である．両方とも飽和している場合や，不飽和の場合もある．それゆえ，生体膜にはさまざまな構造のグリセロリン脂質が混在していることになる．図1.1に示したのはホスファチジルコリンの1種類であり正式名称は，1-ステアロイル-2-オレオイル-3-ホスファチジルコリンである．

　脂質二重層（lipid bilayer）を形成する主な成分には，グリセロリン脂質以外にスフィンゴ脂質がある．スフィンゴ脂質は，$C_{18}$アミノアルコールであるスフィンゴシン，ジヒドロスフィンゴシン（図1.3）およびその$C_{16}$, $C_{17}$, $C_{19}$, $C_{20}$の同属体であり，そ

**図1.1** グリセロリン脂質
この場合，C1にステアリン酸，C2にオレイン酸がエステル結合している．Xは極性アルコール（表1.1参照）

**表1.1** 主なリン脂質

| リン脂質 | -X |
|---|---|
| ホスファチジルエタノールアミン | $-CH_2CH_2NH_3^+$ |
| ホスファチジルコリン | $-CH_2CH_2N(CH_3)_3^+$ |
| ホスファチジルセリン | $-CH_2CH(NH_3^+)COO^-$ |
| ホスファチジルイノシトール | (イノシトール環) |
| ホスファチジルグリセロール | $-CH_2CH(OH)CH_2OH$ |

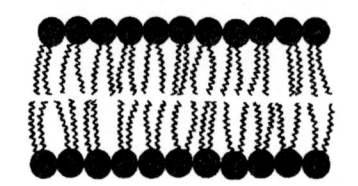

**図1.2** 脂質二分子膜

**図1.3** スフィンゴシンとジヒドロスフィンゴシン

れらの N-アシル誘導体をセラミド（ceramide）という．最も多いスフィンゴミエリンは，ホスホコリンまたはホスホエタノールアミンが結合したセラミドで，スフィンゴリン脂質ともいう．スフィンゴミエリンはホスファチジルコリンやホスファチジルエタノールアミンとは化学的には異なるが，その分子構造や電荷分布はよく似ている．

### b. 脂質二分子膜の透過性

脂質二分子膜はシート状のままだと，端に位置している疎水性部分が水と接触して不安定になるため，自発的に閉じて球状になる．その結果，空間を二つに分けることになる．厚さは4～5 nmである．脂質分子は二分子膜の片面では速い速度で拡散しているが，反対側に自発的に反転することはほとんどない．哺乳類細胞の生体膜にはコレステロールが豊富に含まれ，膜の強度を増している．

人工的につくった脂質二分子膜では，一般的には分子が小さいほど，また脂溶性が高いほど大きな拡散速度で，濃度勾配に従って通過する．また，$O_2$ や $CO_2$ などの気体や，尿素やエタノールのような小さくて電荷をもたない親水性分子も通過することができる．しかし，分子量が100より大きな分子，例えばグルコース（分子量180）はほとんど通過できず，小さな分子でも $Na^+$ や $K^+$ のようなイオンはほとんど通過することができない（図1.4）．

### c. 非対称的な脂質二分子膜である細胞膜

生体膜のうち，細胞を取り囲む一番外側の膜である細胞膜（形質膜ともよばれる）では，脂質二分子膜を構成する2層の単分子膜の構成が大きく異なる．コリンを頭部にもつホスファチジルコリンやスフィンゴミエリンのほとんどは外側の単分子膜にあり，1級アミンを頭部にもつホスファチジルエタノールアミンやホスファチジルセリンのほとんどは内側の単分子膜に存在する．

このような脂質の非対称性は小胞体（endoplasmic reticulum）に存在するリン脂質転送体によってつくり出される．脂質分布の非対称性は細胞にとって重要である．例えばプロテインキナーゼCは，活性化されると細胞質から細胞膜に移動し，細胞膜の内側に結合する．この酵素が働くためには，負電荷をもったホスファチジルセリンの存在が重要である．

### d. 膜タンパク質

さまざまな細胞の細胞膜やオルガネラの膜は，それぞれ特有のタンパク質を含んでいる．生体膜に存在するタンパク質は，その存在形態から2種類に分けられる．一つは膜表在性タンパク質で，イオン強度の高い塩溶液や金属キレート剤で処理すると容易に膜から解離する．もう1種類は，界面活性剤などで膜を溶かさないと遊離しない膜内タンパク質で，脂質二分子膜の両側に顔を出すように存在する膜貫通タンパク質と特定の面だけに顔を出すものに分けられる．

膜タンパク質と脂質の割合は生体膜の種類によって大きく異なっている．例えば，細胞のエネルギー源であるATPを合成するミトコンドリアの内膜では76％がタンパク質であるのに対して，神経軸索を包んで外界から電気的に絶縁するミエリン膜は18％の膜タンパク質しか含んでいない．

### e. 特殊な細胞内部環境

細胞内部は外部環境とは非常に異なった環境に保たれている．それは，脂質二分子膜に浮かぶさまざまな膜タンパク質がいろいろな物質やイオンを選択的に通すことによってつくり出している．まず膜タンパク質は，細胞内外に $Na^+$，$K^+$，$H^+$，$Ca^{2+}$ などのイオン濃度の差をつくり出している（表1.2）．さらにそれらのイオン濃度勾配を利用して，アミノ

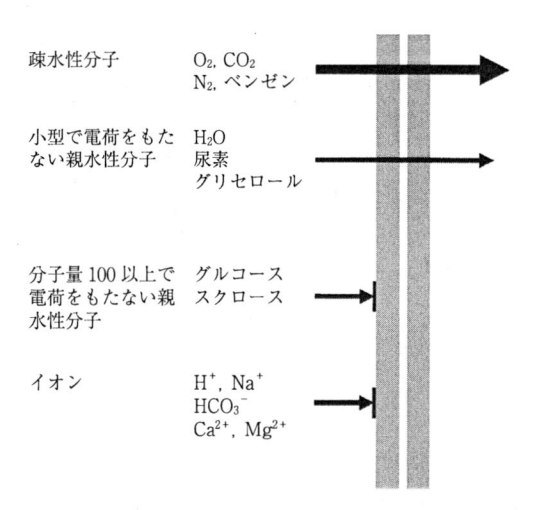

| 疎水性分子 | $O_2$, $CO_2$, $N_2$, ベンゼン |
| 小型で電荷をもたない親水性分子 | $H_2O$, 尿素, グリセロール |
| 分子量100以上で電荷をもたない親水性分子 | グルコース, スクロース |
| イオン | $H^+$, $Na^+$, $HCO_3^-$, $Ca^{2+}$, $Mg^{2+}$ |

**図1.4** さまざまな分子の人工脂質二分子膜に対する透過性

**表1.2** 一般的な哺乳類細胞内外のイオン濃度

| イオン | 細胞内の濃度 (mM) | 細胞外の濃度 (mM) |
|---|---|---|
| $Na^+$ | 10～15 | 145 |
| $K^+$ | 140 | 5 |
| $Mg^{2+}$ | 0.5～1 | 1～2 |
| $Ca^{2+}$ | $10^{-4}$ | 1～2 |
| $H^+$ | $7 \times 10^{-5}$ | $4 \times 10^{-5}$ |
| $Cl^-$ | 5 | 110 |

酸やグルコースなどの栄養素が細胞内に取り込まれる．またミトコンドリアでは，$H^+$濃度差を利用してATPが合成される．神経や筋肉細胞ではイオン濃度勾配の変化が刺激として伝達される．われわれの体の設計図である遺伝子のほぼ20%がこうしたイオンや物質の膜輸送過程に関わっている．

#### f. 生体膜に存在する輸送タンパク質

生体膜でイオンや物質の膜輸送過程に関わっている膜タンパク質は，主に四つに分類することができる（図1.5）．ATP依存ポンプ，二次能動輸送体，促進輸送体，およびチャネルタンパク質である．すべて膜貫通型のタンパク質だが，輸送メカニズムが異なるため，それらの輸送速度には大きな差がある．

##### 1) ATP依存ポンプ

ATP加水分解に伴ってイオンや物質を膜の反対側へ輸送する．濃度勾配や膜電位に逆らって輸送することができるこのタイプの輸送は能動輸送（active transport）である．ATP依存ポンプは一次能動輸送体（primary active transporter）ともよばれる．ATPを加水分解してADPとリン酸（Pi）にするというエネルギーを放出する反応と，濃度勾配や膜電位に逆らってイオンや物質を輸送するというエネルギーを必要とする反応が共役している．動物細胞内外のイオン濃度の偏りは，主にATP依存ポンプによって担われている．動物細胞の合成するATPの約1/3は，$Na^+$を細胞外へ排出し$K^+$を細胞内へ取り込む$Na^+$-$K^+$ポンプを駆動するために使われている．ATP加水分解に伴って脂溶性物質の輸送などを行うABCタンパク質に関しては後述する．

##### 2) 二次能動輸送体

ATP依存ポンプによってつくられた$Na^+$や$H^+$のイオン濃度勾配は，グルコースやアミノ酸などを濃度勾配に逆らって輸送する際に利用される．ちょうどダムが貯水池の水を放出してタービンを回して発電するのに似ている．それゆえ，二次能動輸送体（secondary active transporter）とよばれる．例えば$Na^+$依存グルコース輸送体は，濃度勾配に従った$Na^+$の細胞内への移動とグルコースの取り込みとを共役させている．この場合，輸送されるべき分子と共輸送イオンが同じ方向に移動するので等方輸送（symport）とよばれる．グルコース1分子輸送するのに一つの$Na^+$が共役するものと二つの$Na^+$が共役する2種類の輸送体が存在する．多くの動物細胞では$Ca^{2+}$の輸送はATP依存ポンプが行っているが，心筋では$Ca^{2+}$の細胞外への輸送と$Na^+$の細胞内への移動が共役する$Na^+$/$Ca^{2+}$対向輸送体（$Na^+$/$Ca^{2+}$ antiporter）が働いている．

##### 3) 促進輸送体

細胞膜には，糖やアミノ酸などの低分子化合物を濃度勾配に従って細胞内外に運ぶ何種類もの輸送体がある．その場合，エネルギーは必要でなく，このタイプの輸送は促進輸送（facilitated transport）とよばれる．促進輸送体によって基質が輸送される速度は，脂質二分子膜を直接通過する受動拡散と比べてかなり大きい．ほとんどの場合，単一の分子を特異的に輸送する単一輸送（uniport）である．輸送速度は膜に存在する輸送体の数に依存するため，通常の酵素反応と同様に上限（$V_{max}$）が存在する．輸送方向は濃度勾配に従うため，濃度が逆転した場合は輸送方向は反対になる．

##### 4) チャネルタンパク質

水分子や特定のイオンを電気化学的勾配，つまり濃度および膜電位に従って移動させる膜タンパク質をチャネルタンパク質（channel protein）とよぶ．チャネルタンパク質は，脂質二分子膜に水分子あるいはイオンがちょうど通過できる大きさの通路（ポアとよばれる）を形成し，その穴を水分子やイオンが一列縦隊となって毎秒$10^8$個にものぼる高速で通過する．ATP依存ポンプ，二次能動輸送体および促進輸送体の3種類の輸送体の輸送速度は毎秒$10^0$〜$10^4$分子であり，チャネルタンパク質の輸送速度とは大きな差がある．

イオン選択性の高い$K^+$チャネルの場合，$K^+$イオンは水和していた水分子から引き離された後，ポアを通過する．一方，脊椎動物の神経接合部シナプスや電気ウナギの電気器官に存在するアセチルコリン受容体チャネルのようにイオン選択性の低いチャネルタンパク質では，イオンを水和したまま通過させると考えられている．

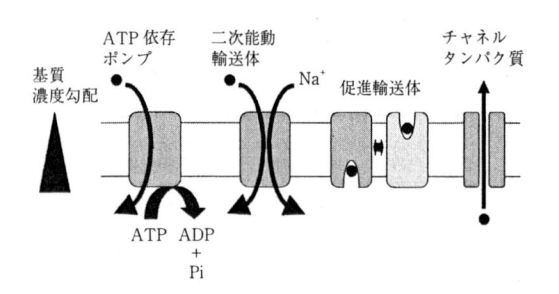

図1.5 生体膜に存在する4種類の輸送タンパク質

#### g. ABCタンパク質

脂溶性の低分子化合物の動物体内での移動は，濃

度勾配に従って非特異的に行われると考えられてきた．しかし，実際はそうではなく，さまざまな脂溶性化合物の移動が ATP 依存的に行われており，ABC タンパク質とよばれる一群のタンパク質がそれに関わっている．ヒトの体では 49 種類の ABC タンパク質が働いている．ABC タンパク質の中で最初に発見されたのは MDR1 と名づけられたタンパク質で，抗がん剤耐性を示すがん細胞から単離された（図 1.6）．MDR1 は，ATP 加水分解のエネルギーを用いてさまざまな脂溶性化合物を体から排出するポンプとして機能している（図 1.7）．

ABC タンパク質は細菌から人まで，ほとんどの生物がそれぞれ 40 種類以上もっており，生物界に存在する遺伝子ファミリーのうち，最も大きなものの一つである．バクテリアにおいては，糖やアミノ酸などの栄養素の取り込みも行っている．それらはすべて非常によく似たアミノ酸配列をした特徴的な ATP 結合領域をもつ膜タンパク質であり，ATP 結合領域がちょうどカセットのように，いろいろな膜結合ドメインと組み合わさってさまざまな ABC タンパク質に分化したと考えられる．そのため，このタンパク質ファミリーは ATP 結合カセット（ATP binding cassette）の頭文字をとって ABC タンパク質と名づけられた．

### h. 小腸からのグルコースの吸収

最後にまとめとして，われわれの体がどのように食物中の栄養素を体内に吸収しているかをみてみよう（図 1.8）．グルコースを取り込んでいるのは，小腸管腔に面した頂端面に存在する $Na^+$ 依存グルコース輸送体である．小腸管腔中の水や消化液に溶けた薄い濃度のグルコースを取り込む必要があるため，2 分子の $Na^+$ が細胞に流入するのに共役して 1 分子のグルコースが細胞内に取り込まれる．グルコースと $Na^+$ が同じ方向に移動する等方輸送である．$Na^+$

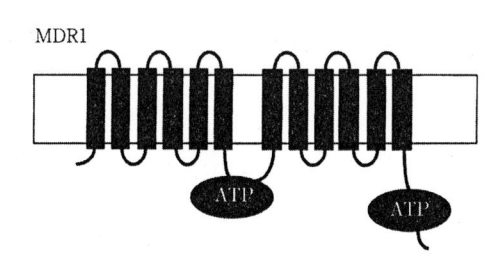

**図 1.6** 抗がん剤排出ポンプ MDR1 の予想される 2 次構造

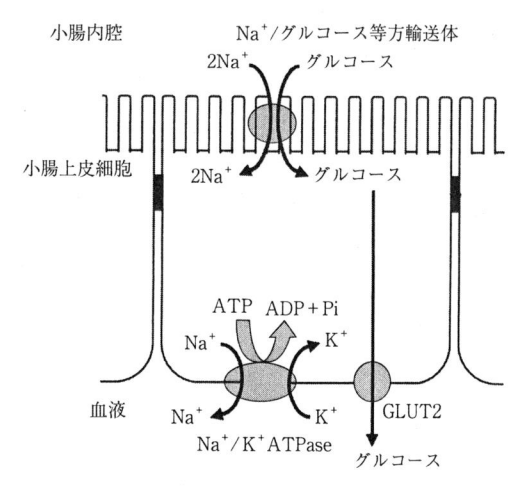

**図 1.8** 小腸内腔からのグルコースの吸収

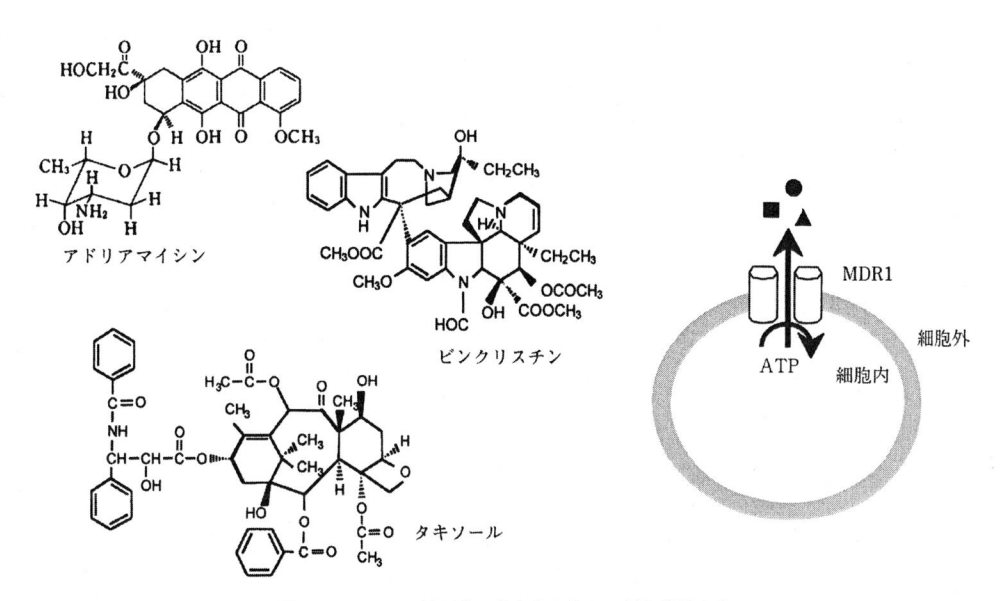

**図 1.7** MDR1 が輸送する代表的な抗がん剤と輸送方向

の濃度勾配をつくり出しているのは，毛細血管に面した側底面の膜に存在する $Na^+-K^+$ ポンプである．細胞に取り込まれたグルコースは，側底面に存在する単一輸送をする促進輸送体GLUT2によって濃度勾配に従って血液中に放出される．小腸上皮細胞を電子顕微鏡でみると，管腔に面した頂端側の細胞表面には直径100 nmの指のような形をした微絨毛が無数に生えている．それは小腸内腔の表面積を大きくし栄養物の吸収の効率を上げるためである．

〔植田和光〕

# 2. ウイルス

ウイルスの代表として，バクテリオファージλを取り上げる．バクテリオファージλは大腸菌を宿主とするウイルスで複雑な形態をもち，宿主細胞に感染すると自己増殖し宿主を殺す感染系（溶菌）と，宿主DNAの一部として存在する溶原系の二つの異なった経過をとる．バクテリオファージλのDNAの全塩基配列も決定され，各々の遺伝子の機能もわかっている．

バクテリオファージλの増殖および溶原化には，ファージの遺伝子と宿主の遺伝子の相互作用が必要であり，これらの現象を解明することによって，ウイルスと宿主との関係について普遍的な知見を得ることができるからである．得られる知見の数々は真核細胞の増殖・分化を理解するための基本的な概念を提供している．

バクテリオファージλは中くらいの大きさの大腸菌ファージで，直径55 nmの正二十面体の頭部と15×135 nmの柔軟な尾をもち，尾の先端には細いファイバーが1本ある．DNAは48,502 bpの線状二本鎖DNAである．バクテリオファージλの大腸菌への吸着は，ウイルス尾部ファイバーと大腸菌 *lam B*（外膜タンパク質でマルトース輸送に関与）の相互作用によって始まる．ファージDNAがウイルスの尾部を通り，宿主細胞に注入される．DNAはただちに両末端の12塩基の相補的一本鎖部分（付着末端）が宿主の酵素リガーゼで結合環化し，さらに宿主DNAジャイレースの働きでスーパーコイルとなる．

この段階で，ウイルスは次の二つの生活様式を選択する．

**i) 溶菌** ファージは宿主1個の大腸菌の内で自己増殖し，37℃では45分後に宿主は溶菌し，約100個の子孫ファージ粒子が放出される．

**ii) 溶原化** ファージDNAは宿主染色体の特定部位に挿入され，宿主DNAの一部として増殖する．しかし，このような状態で何世代を過ごした後でも，ある条件（誘発）が整えばファージDNAは宿主DNAから切り出され溶菌する．この状態のファージDNAをプロファージ，そのときの宿主を溶原菌という．溶原菌は同型のλファージの感染を受けず，これを重感染に免疫になるという．このファージをテンペレート・ファージといい，溶原化しないファージをビルレント・ファージという．

溶原化することは，宿主と安定な共生関係をつく

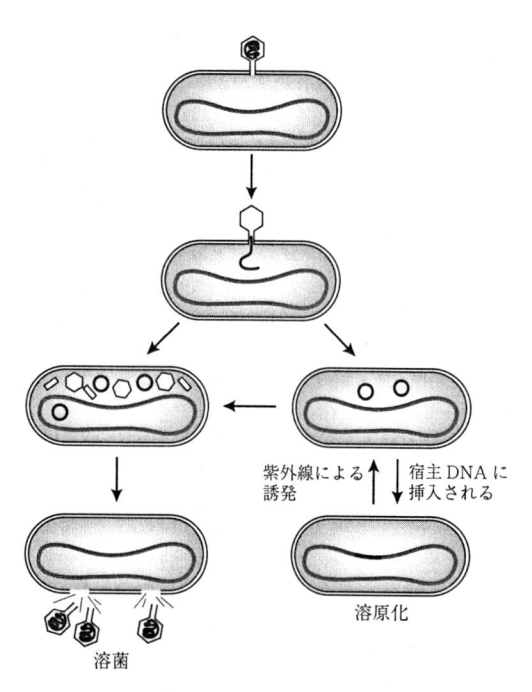

**図2.1** λファージの構造
DNAはプロテインコアで包まれ頭部を形成している．

**図2.2** λファージの成長

り，長期にわたって自己の遺伝子を存続できるので，ファージにとって都合のよい状態である．しかし，宿主DNAが損傷を受けたり，複製が止まったりするようないわゆるSOSの状態になると溶菌状態は解除され，宿主DNAから切り出され増殖し感染性ウイルスを生産する．このような大腸菌とλファージとの関係は，他のウイルスと宿主の相互作用を考えるときのモデルとなっている．

## 2.1 溶　　菌

ファージλのゲノムは約50の遺伝子産物（gene product, gp）をコードする．これらの遺伝子は機能別に集まっている．これは一連の遺伝子群を一つのオペロンのもとに制限するのに便利である（図2.3）．

それらの遺伝子の転写プログラムには次の3相がある．

### 1) 初期転写

ファージが感染しまたは誘発された直後，大腸菌のRNAポリメラーゼはファージDNAをプロモーター $P_L$ から'左向き'に，またプロモーター $P_R$ と $P_R'$ から'右向き'に転写を始める．

① $P_L$ から'左向き'に転写し終結部位 $t_{L1}$ で終わる転写物L1は，タンパク質gpNをコードする．

② $P_R$ から'右向き'の転写は約50%が $t_{R1}$ で終結し，転写物R1を生じる．残りは $t_{R2}$ で終わり，転写物R2を生じる．R1は cro 遺伝子の転写物のみ，R2は他にCⅡ，O，Pというgpを生ずる．

③ $P_R'$ から'右向き'の転写は $t_R'$ で終わり，短い転写物R4を生じるが，これはタンパク質をコードしていない．

### 2) 遅延初期転写

この相はgpNの蓄積によって始まる．gpNは $t_{L1}$，$t_{R1}$，$t_{R2}$ で転写終結因子の作用を阻害する．

(a)

| ファージ遺伝子 | 機　能 |
|---|---|
| cI | λリプレッサー，溶原性の確立と維持 |
| cII, cIII | 溶原性の確立 |
| cro | cIと初期遺伝子のリプレッサー |
| N, Q | 初期と遅延初期遺伝子の抗転写終結因子 |
| O, P | DNA複製での起点認識 |
| int | プロファージ組込みと切り出し |
| xis | プロファージ切り出し |
| B, C, D, E, W, Nu3, FI, FII | 頭部組立て |
| G, H, I, J, K, L, M, U, V, Z | 尾部組立て |
| A, Nul | DNA詰込み |
| R, S | 宿主溶菌 |
| b | 補助遺伝子領域 |
| ファージ部位 | 機　能 |
| attP | プロファージ組込みの接続部位 |
| attL, attR | プロファージ切り出し部位 |
| cos | 線状二本鎖DNAの付着末端 |
| $O_L$, $O_R$ | オペレーター |
| $p_I$, $p_L$, $p_R$, $p_{RM}$, $p_{RE}$, $p_{R'}$ | プロモーター |
| $t_{L1}$, $t_{R1}$, $t_{R2}$, $t_{R3}$, $t_{R'}$ | 転写終結部位 |
| nutL, nutR | N使用部位 |
| qut | Q使用部位 |
| ori | DNA複製起点 |
| 宿主遺伝子 | 機　能 |
| lamB | 宿主認識タンパク質 |
| lig | DNAリガーゼ |
| gyrA, gyrB | DNAジャイラーゼ |
| rpoA, rpoB, rpoC | RNAポリメラーゼコア酵素 |
| ρ | 転写終結因子 |
| nusA, nusB, nusE | gpN機能に必要 |
| groEL, groES | 頭部組立て |
| himA, himD | 組込み宿主因子 |
| hflA, hflB | gpcIIの分解 |
| cap, cya | 異化代謝産物リプレッサー系 |
| attB | プロファージ組込み部位 |
| recA | 溶菌生育の誘発 |

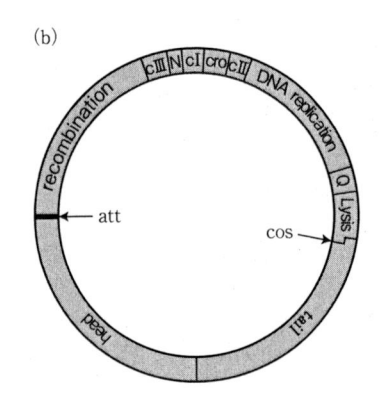

図2.3　バクテリオファージλの重要な遺伝子（a）とλクロモソームの遺伝子地図（b）

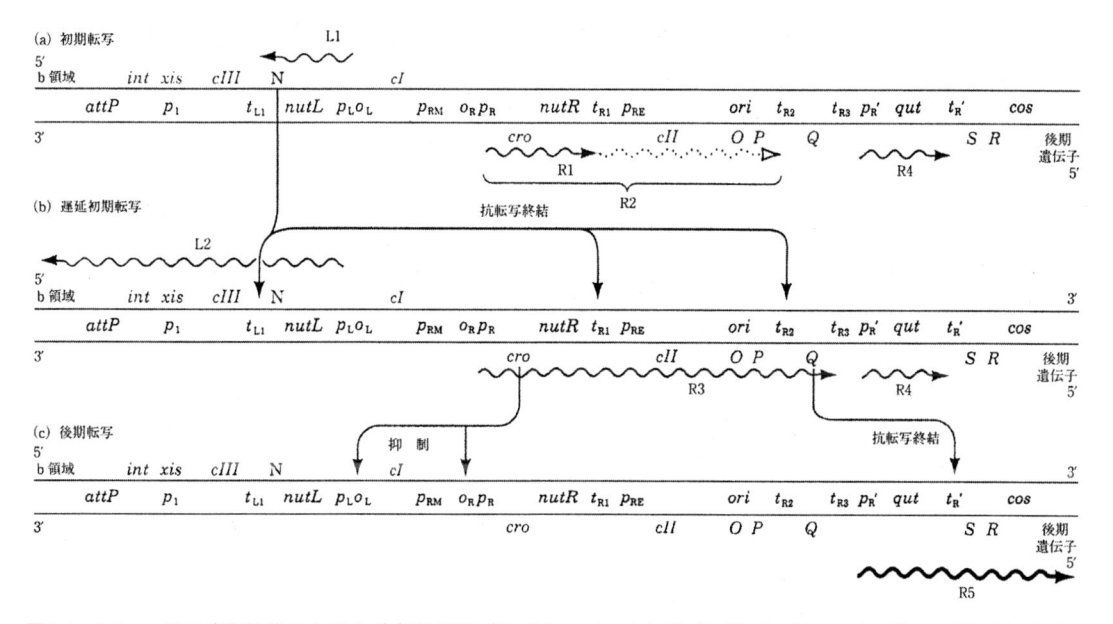

**図 2.4** λファージの溶菌経路における遺伝子発現（W. Arber : Lambda II（R. W. Hendrix *et al*. ed.）, p. 389, Cold Spring Harbor Laboratory, 1983）
タンパク質をコードする遺伝子で，"左"に転写されるものをファージ染色体の上に，"右"に転写されるものを下に，制御部位をDNA 二本鎖の間に示す．この地図の比率は実際と異なり，遺伝子や制御部位もすべてを示してはいない．転写物は延長方向を向く波線矢印で表し，調節タンパク質の作用は各タンパク質から調節部位への矢印で示した．溶菌経路には，(a) 初期，(b) 遅延初期，(c) 後期の三つの転写相があり，後の相の遺伝子発現は先行相で合成されるタンパク質が制御する．

① 左向き転写物 L1 はさらに延びて L2 になる．これは *pgpcIII*, *xis*, *int* の他に b 領域 gp を含む mRNA である．

② R1 と R2 を含む転写物 R3 は，第 2 の抗転写終結因子 gp をコードする．R2 に続いて R3 も翻訳され，gpO, gpP が生産され，これらはファージ DNA 複製に関与する．同様に R1 に続いて R3 の翻訳で gpCro が生産される．これは <u>c</u>ontrol of <u>r</u>epressor and <u>o</u>ther things といわれ，その名がついている．感染後 15 分後に gpCro が十分量蓄積し，オペレーター $O_L$ と $O_R$ に結合，$P_L$ と $P_R$ からの転写を止める．

### 3) 後期転写

抗転写終結因子 gpQ の作用で R4 転写物が $t_R'$ を越えて延びてゆき，R5 転写物になる．次にキャプシド形成タンパク質および gpR, gpS が合成され，感染後約 22 分でファージ粒子が形成され，これらの gp の作用で培地中に放出される．

#### ・gpO と gpP が λDNA 複製に関与する

λファージの DNA 複製過程を図 2.5 に示す．電子顕微鏡で見ると，O 遺伝子内にある単一の複製起点（*ori*）から二方向 θ 式，回転環（σ）式の 2 通りの方法で複製が起こる．生じた鎖状 DNA が *cos*（付着末端）で特異的に切断され，両末端に相補一本鎖がついた線状二本鎖 DNA ができファージ粒子に詰め込まれる．この過程に関与するタンパク質は gpA と gpNu1 の複合体である．複製には宿主の DNA 複製装置が使われるが，ファージのタンパク質は gpO と gpP の二つが関与する．gpO は *ori* 領域に特異的に結合し，gpP は gpO と宿主のプライモソームの一員である DnaB タンパク質の両者と結合する．gpO と gpP の機能は $λ_{ori}$ 部位を認識することである．

## 2.2 ファージ粒子の形成

λファージ粒子の頭部には主要なタンパク質が 2 種類ある．gpE（38 kDa）と gpD（12 kDa）である．さらに 4 種のタンパク質，gpB, gpC, gpFII, gpW があり，これらは尾部と頭部をつなぐ円筒構造をつくる．尾部は gpV（31 kDa）からなり，尾部の先端は gpG, gpH, gpL, gpM, gpJ から構成され，ファージが吸着するためのオルガネラで，尾部のつけ根は gpU と gpZ の集合体である．興味深い点は，細胞内で頭部と尾部が別々につくられ，この二つの部品から成熟したビリオン（粒子）が形成されることである．

### 1) ファージ頭部の形成

λファージ頭部形成は次の 5 段階を経て進む．

① gpB, gpC, gpNu3（19 kDa）が二つの宿主

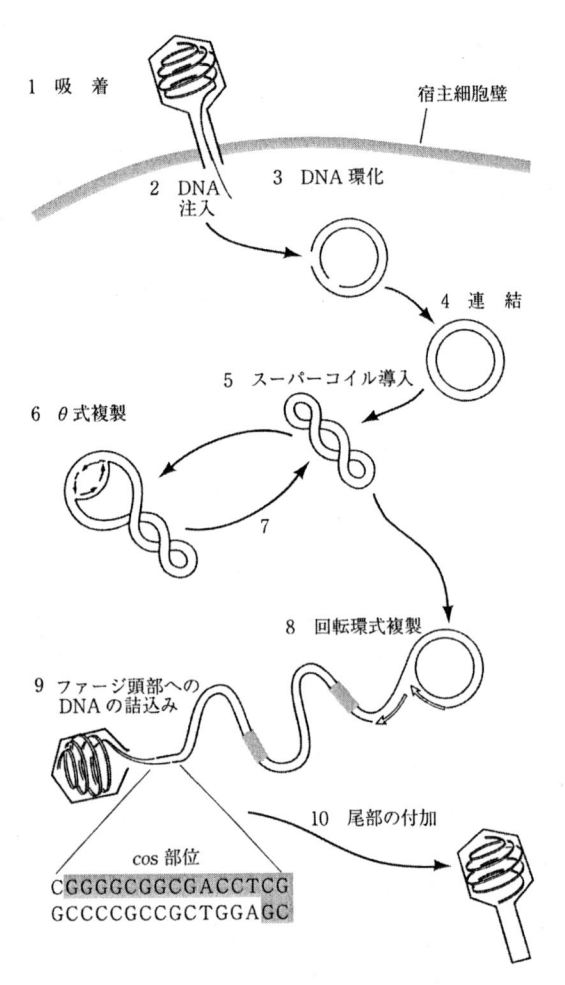

**図2.5** λファージの溶菌様式における DNA 複製（M. E. Furth, S. H. Wickner：Lambda Ⅱ（R. W. Hendrix *et al.* ed.), p. 146, Cold Spring Harbor Laboratory, 1983）
ファージ粒子が宿主細胞に吸着（1），線状二本鎖 DNA 染色体を注入する（2）．DNA は両末端の相補一本鎖の塩基対合で環状化（3），生じた切れ目入りの環は宿主 DNA リガーゼにより共有結合で閉じられ（4），宿主 DNA ジャイラーゼがこれをスーパーコイルにする（5）．DNA 複製は，二方向 θ 式（6，7）と回転環式（8）の両方で始まるが，後に回転環式だけになる．ここで図中の矢印（⇐⇒）は複製フォークで最後に合成された DNA を示し，矢印先端は成長 DNA 鎖の3' 末端を示す．回転環式で生産される線状にいくつもつながったファージ DNA は cos 部位（アミかけ部）で特異的に切断され，ファージ頭部に詰込まれる（9）．尾部の付加（10）で，成熟ファージ粒子の組立てが完了する．ファージ粒子はそれぞれ新たに感染を始めることができる．

タンパク質 gpgroEL, gpgroES と相互作用して，ファージ組立ての'開始体'ができる．重要な点は宿主である大腸菌のタンパク質の関与があってはじめて正しい構造ができる点である．gpgroEL は大腸菌中に最も多いタンパク質で，細胞内でオリゴマータンパク質が組み立てられるときの普遍的媒体と考えられる．

② gpE と gpNu3 は会合し，未成熟プロ頭部の

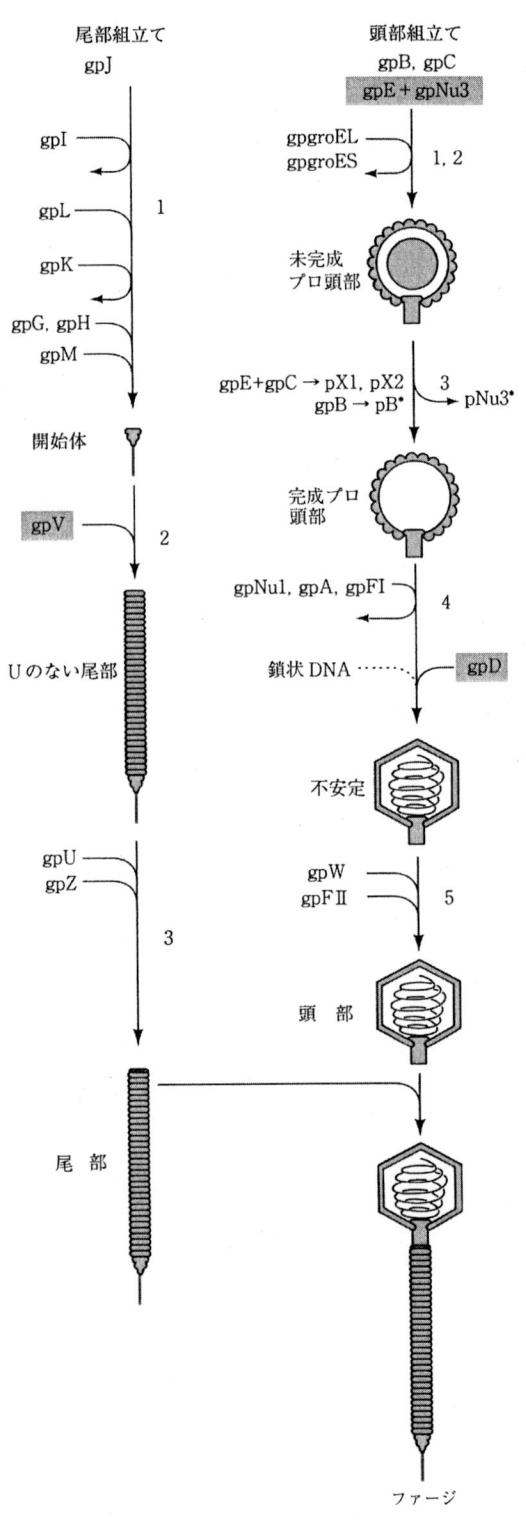

**図2.6** バクテリオファージ λ の組立て
頭部と尾部は別の経路で組み立てられ，合流して成熟ファージ粒子をつくる．各経路のいろいろな反応の順序は，正しい組立てが起こるためには変えられない．アミをかけた（▓▓▓）gpE, gpNu3, gpD, gpV は比較的多量必要なタンパク質．

構造をつくる．gpNu3は正しい殼構築を助け，gpEがgpB, gpCと会合するのを促進する．

③ gpB (61 kDa) の約7.5%が切断されgpB$^x$ (56 kDa) になり，gpNu3は分解して失われ，成熟プロ頭部が形成される．gpCとgpEは融合して切断され，混成タンパク質pX1, pX2をつくる．

④ 線状のウイルスDNAが頭部に詰め込まれるが，gpDがキャプシドに加わることで頭部はその膨張した構造を安定化することができる．

⑤ gpWとgpFIIがこの順で加わり，頭部を安定化し，尾部連結部をつくる．

λファージはリボソームやタバコモザイクウイルスの場合のように，各タンパク質とRNAの自己集合によって構造が形成されるのではない．宿主大腸菌のタンパク質による指令が必要である．

**2) 尾部の組立て**

尾部は頭部の形成とは独立に図2.6に示すように，尾部ファイバーから頭部との連結部に向かって進む．組立ての順序は厳密に決まっており，3段階で進む．

① 最終的に吸着用のオルガネラになる'開始体'の形成にはgpJに，ファージ遺伝子I, L, K, G, H, Mの産物がこの順に作用する．しかし，これらのうちgpIとgpKはできあがった尾部に組み込まれない．

② この'開始体'が主要な尾部タンパク質gpV重合の核になる．gpHは尾部を正しく形成するために必要である．尾部の長さを決めているらしい．

③ 尾部組立ては，gpUが成長する尾に付き，そこで成長を完成する．生じた未完成の尾は，完成した尾と形は同じで頭部に付くことができる．しかし，感染性のビリオンになるためには，未完成の尾は頭部に接続する前にgpZにより活性化されなければならない．

## 2.3 溶 原 様 式

溶原化はウイルスDNAが宿主DNAの一部として組み込まれ，溶菌に関与する全遺伝子の発現が停止するように進行する．組込みは部位特異的組換えである．ファージのattPと宿主のattBのDNA部分で起こる．これら二つの付着部位は15 bpの相同配列（図2.7）で，attPはPOP', attBはBOB'と表せる．Oは共通配列である．ファージが組み込まれると，ファージ染色体の左端（attL部位）にはBOP', 右端（attR部位）にはPOB'ができる．

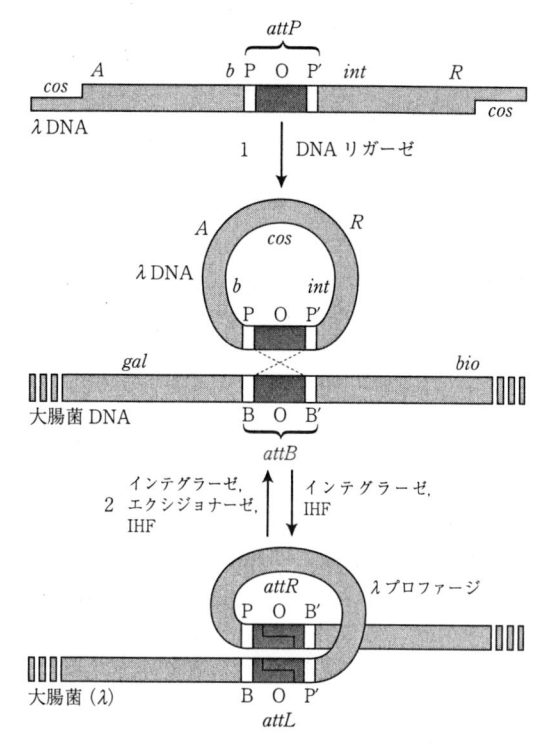

**図2.7** λDNA組込みの模式図（A. Landy and R. A. Weisberg: Lambda II (R. W. Hendrix et al. ed.), p.212, Cold Spring Harbor Laboratory, 1983）
(1) 線状λファージDNAが両端相補鎖の塩基対合で環化し，cos部位ができる．(2) ファージattP部位と宿主attB部位の間の部位特異的組換えで，λDNAが大腸菌染色体に組み込まれ，またそこから切り出される．att部位の色が濃い部位は15 bpの相同交差配列（O）を示し，淡い部分は大腸菌（B, B'）とファージ（P, P'）の独自配列を示す．

- **組込みにはインテグラーゼ，λDNAの切り出しにはエクシジョナーゼが必要**

ファージの組込みはファージの特異的インテグラーゼ（$\lambda_{int}$のgp）が媒介するが，それだけでは反応は進行せず宿主タンパク質の組込み宿主因子（IHF）と共同ではたらく．インテグラーゼは共通領域（O）に特異的に結合する．組込みにエネルギーは必要でないが，エクシジョナーゼの逆反応を使って一方向に反応が進み，λファージDNAは宿主染色体に組み込まれる．

- **Croタンパク質とCIのgpであるリプレッサーの相対濃度でλファージの生活環が決まる**

λファージが溶原化に進むには，gpCIIの濃度が高まることが必要である．gpCIIはPI（インテグラーゼ）とPRE（REはリプレッサー確立）の二つのプロモーターからの'左向き'転写を促進する．

① xis遺伝子内にあるPIからの転写では，インテグラーゼは生産されるが，エクシジョナーゼは生産されない．

② $P_{RE}$ からの転写物は $CI$ 遺伝子に対応する mRNA をもつ.

この gp を λ リプレッサーという. リプレッサーは, Cro タンパク質同様, $O_L$ および $O_R$ オペレーターに結合し, それぞれ $P_L$ および $P_R$ からの転写を阻止する. その結果, Cro タンパク質と gpCⅡ を含む初期 gp の合成は停止する. Cro タンパク質はすべての mRNA 合成を抑制するが, リプレッサーは自分自身の遺伝子の転写を促進しつつ, 他のすべての mRNA 合成を抑制する. この二つのタンパク質(Cro とリプレッサー)の性質のわずかな差が λ ファージを溶菌, 溶原のどちらかの状態に導くための遺伝子切り換えの基礎である. λ リプレッサーは重感染を防ぐくらい過剰に大腸菌内で生産されるので, λ が重感染に対し免役をもつ現象を説明できる.

- **λ ファージの意志決定過程**

溶原化に gpCⅡ が高濃度必要である. gcⅡ は宿主タンパク質, gphflA と gphflB というプロテアーゼの作用をもつタンパク質により優先的に分解される. しかし, gpCⅢ は gpCⅡ を gphflA から守る. これが gpCⅢ が溶原化を促進する理由である. 一方, 大腸菌の異化代謝産物抑制系は多くの遺伝子転写を調節することが知られている. 例えば大腸菌内の高濃度の cAMP は, gphflA 合成を抑制する. すなわち宿主の栄養条件が悪いと cAMP 濃度が高まり溶原化が促進される.

- **SOS 応答は溶原化を解除し, 溶菌過程へ切換える**

溶原化した λ ファージは宿主 DNA に損傷が起こるか, 複製が阻害されると誘発が起こる. これらの条件下で生じた一本鎖 DNA が大腸菌の RecA タンパク質を活性化し, λ リプレッサーの $Ala_{111}$-$Gly_{112}$ 間のペプチド結合を切断する. $O_R$ にリプレッサーが結合していないと, λ 初期遺伝子は Cro を含めて転写され, Cro タンパク質が蓄積する. Cro を選択的に不活性化する機構がないので, ファージは不可逆的に溶菌状態に入る. λ の遺伝子のスイッチはいったん入ると止めることはできない. 次にインテグラーゼとエクシジョナーゼが宿主染色体からプロファージを切り出す. 〔小野寺一清〕

# 3. 細胞周期

## 3.1 細胞周期の概念

顕微鏡下で細胞増殖を観察すると，短い有糸分裂期の前後に細胞分裂が観察されない長い時期があり，古くから間期とよばれていた．その後1940年代の後半から1950年代になってDNAが遺伝子の本体であることがわかり，DNA合成を細胞のオートラジオグラフで解析できるようになると，DNA合成は間期全体にわたって行われるのではなく，その中の一定の時期に集中して行われ，その前後にさらに間隙期（Gap期）が存在することがわかった．これらは$G_1$, $G_2$期と名づけられた．すなわち，細胞周期はDNA合成期であるS期，分裂期であるM期とそれぞれの準備期である$G_1$, $G_2$期からなる（図3.1）．さらに個体を構成する細胞の多くは，終末分化を終了して分裂することがないかあるいは休止期にあり，必要がない限り細胞周期をまわることはない．このような休止期細胞は，$G_1$期から細胞周期を出て$G_0$期の状態にあると考えられている．正常な細胞は実験的に細胞密度が上昇したり増殖因子が枯渇すると$G_0$期に入って休止する．また，一定の分裂回数を終了すると老化して細胞増殖を停止する．一方，がん細胞は一般にこのような細胞内外環境に応答した細胞増殖停止を行わず，無限に増殖を続ける．このように細胞周期は，真核細胞の増殖制御の基本であり，細胞分化，老化，がん化と密接に関係していると推定されてきた．近年その分子機構が明らかになってきた．

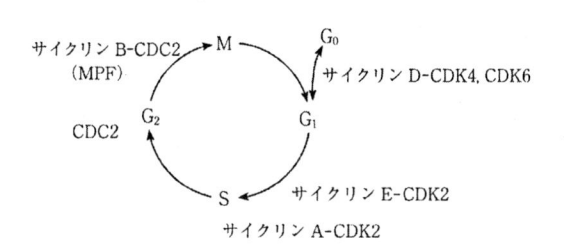

**図3.1** サイクリン-CDKによる細胞周期の制御

## 3.2 サイクリンとCDK

初期の細胞周期研究には独立したいくつかの流れがあった．酵母の細胞分裂周期温度感受性（*cdc*）変異株を用いた遺伝学的解析，両生類や棘皮動物の卵母細胞や受精卵を用いた減数分裂や卵割の生化学的解析，動物培養細胞を用いた発がんと細胞周期の細胞生物学的解析である．動物細胞の細胞周期の異なる時期の細胞の細胞融合実験から，M期細胞には他の時期に対して優性のM期促進因子が存在することが示唆されていた．分裂酵母や出芽酵母の温度感受性変異株の中で，ある一定の細胞形態で増殖を停止する*cdc*変異株の変異遺伝子の解析から，まず分裂酵母がその分裂期へ進行するのに必須の因子として*cdc2*のコードするタンパク質リン酸化酵素とその制御因子であるCdc13とCdc25が同定された．Cdc2は出芽酵母ではCDC28に相当する．一方，卵母細胞や受精卵の研究から細胞周期に依存して消長するタンパク質としてサイクリンが同定された．サイクリンはカエルの卵母細胞の成熟因子として同定されたMPF（maturation-promoting factor）の構成成分であった．MPFは卵母細胞だけでなく，さまざまな細胞にM期誘導を引き起こし，前述のM期促進因子と同じものであると考えられた．MPFにはサイクリンだけでなくCdc2/CDC28のホモログが含まれていた．一方，Cdc2の活性化因子として同定されたCdc13はサイクリンBのホモログであることがわかり，結局MPFとはCdc2複合体のことであり，真核生物に共通のM期促進因子であることが明らかになった．さらにCdc25はCdc2を負に制御するリン酸化チロシンとトレオニンの脱リン酸化を通じて活性化するホスファターゼであることが示された（後述）．このように異なった出発点からのいくつかの研究が融合してM期の開始機構が真核生物に共通のプロテインキナーゼによって制御されることが示された．Cdc2/CDC28のようにサイクリンによって活性が制御されるキナーゼはサイクリン依存性キナーゼ（CDK）とよ

### 3.3 細胞周期の制御機構

#### a. サイクリンによるCDKの調節

増殖刺激を受けた細胞は$G_1$期の後期で増殖するかどうかの決定を行う．外部環境が増殖に適しているか，細胞のサイズは十分大きくなったかなどのチェックを行い，いったんこの点を通過して増殖を決定した細胞は，もはや増殖環境の如何にかかわらず1回のDNA合成と分裂を行う．このポイントを動物細胞ではR点，酵母ではSTARTとよび，最初のチェックポイントである．

1990年代に入って動物細胞の$G_1$期からS期への進行の制御機構には，Cdc2と相同性のあるいくつかのCDKが重要な役割を果たしていることが明らかになってきた．これらのCDKは異なったサイクリンによって制御される（図3.1）．例えば$G_1$初期に発現されるサイクリンD（D1, D2, D3）はCDK4, CDK6などと複合体を形成する．これらのCDKの機能は，サイクリンに対する抗体，アンチセンスRNAなどで発現を阻害するとS期への進行が阻害されることから，$G_1$期からS期への進行に重要であることがわかった．R点の通過には，これらDタイプサイクリンとCDK4, CDK6の活性化によるレチノブラストーマがん抑制タンパク質（retinoblastoma, RB，以下RBタンパク質）のリン酸化が重要であると考えられている．サイクリンDの発現に続いてサイクリンEやサイクリンAが誘導されるが，これらは主にCDK2と結合してS期への進入に必須の機能をもつと考えられている．$G_2$期からM期への進行には，$G_2$期に合成されるサイクリンBと前述のCDC2（分裂酵母では（Cdc2））が複合体となって機能する．これらサイクリンはいずれもPEST配列とよばれるタンパク質の安定性を損ない，半減期を短くするような配列をもち，それらタンパク質が不要になると速やかに分解されるように制御されている．そのため，サイクリンは細胞周期の中で消長をくり返し，例えばCDK2に結合していたサイクリンEが分解されると続いて合成されるサイクリンAによって置き換わるのである．

#### b. リン酸化によるCDKの調節

CDKの活性は，サイクリンの結合と分解だけでなく，自身の修飾によっても調節される（図3.2）．大腸菌で作製したCDKはサイクリンと結合させても活性がない．これは，Tループとよばれる触媒部位と基質との結合をブロックする位置がリン酸化される必要があるためである．このリン酸化を担う酵素はCDK-activating kinase（以下CAK）であり，その実体はやはりCDKファミリーに属し，現在ではCDK7とよばれ，そのパートナーであるサイクリンはサイクリンHである．CAKによるリン酸化がCDKを正に制御するのに対し，N末端領域のトレオニンおよびチロシンのリン酸化はCDKを負に制御する．これらの部位も触媒部位の近くに存在し，核内のWee1がCdc2のチロシン15のリン酸化を，膜結合型のMyt1がチロシン15とトレオニン14の両方のリン酸化を行うと考えられる．一方，CDK

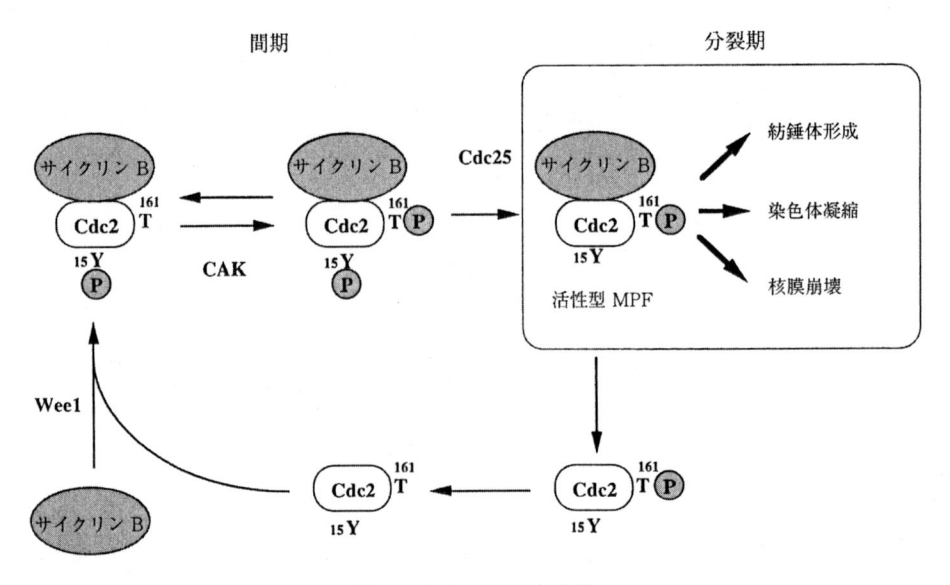

図3.2 Cdc2の活性調節機構

の活性化のためには，これらの脱リン酸化酵素であるCdc25が必要である（図3.2）．Cdc25AがG₁サイクリン-CDKの，Cdc25BとCdc25CがG₂サイクリン-CDKの活性化のために機能する．

#### c. CDK阻害タンパク質（CKI）による調節

CDKの第三の調節機構として重要なのがCDK阻害タンパク質（CKI）である（図3.3）．これらはエンジンとしてのCDKの活性を阻害するブレーキ役である．CKIは大きく分けて2種類あり，p21，p27，p57などのCip/Kipファミリーと，p15，p16，p18，p19などのINK4ファミリーである．Cip/KipファミリーのCKIはさまざまなCDKを阻害する．最初に発見されたp21$^{Waf1/Cip1}$は，がん抑制タンパク質p53あるいは細胞の老化に伴って発現が上昇するものとして見出された．その後，p21はさまざまな負の増殖シグナルによってその発現が上昇することがわかった．p27はN末端側の領域でp21と相同性があり，p21同様サイクリン-CDKに結合してその活性を失わせる．ところがp21と異なり，p27のmRNA量は細胞周期を通じて一定であり，そのタンパク質量はユビキチン-プロテアソーム系による分解によって決定される．この分解にはCDKによるp27のリン酸化が重要な役割を果たす．すなわち，接触阻止など負の増殖シグナルによってCDKの活性が低下するとp27は蓄積し，さらにCDK活性を抑制することになる．Cip/Kipファミリーの CKIはサイクリン-CDKに結合してそのキナーゼ活性を阻害する．一方，INK4ファミリーのCKIはDタイプサイクリンをパートナーとするCDK4やCDK6と結合し，サイクリンとの複合体を解離させることでCDKの機能を失わせると考えられている．p16などを過剰発現すると細胞周期の停止が観察されるが，興味深いことにRBタンパク質が失活した細胞では，このような効果はみられない．逆にp16が失活するとあたかもサイクリンDが過剰に発現したのと同様の現象が観察され，このファミリーのCKIがサイクリンD-CDKの経路に作用していることがわかる．

#### d. RBタンパク質

RBタンパク質はCDKの最も重要な基質と考えられている．RBタンパク質は，G₁期からS期への進行に必須なE2F転写因子の活性を抑えることでS期進行を抑制する．すなわち，E2Fはc-*myc*などの原がん遺伝子，*cyclin E*, *cdc2*などの細胞周期遺伝子，DNA複製に必要な遺伝子群などの転写を正に調節する．RBタンパク質はE2Fと結合するとともに，一方では転写抑制に重要なヒストン脱アセチル化酵素とも結合し，プロモーター周辺の脱アセチル化を誘導することにより転写を抑制している．RBタンパク質がCDKによるリン酸化を受けると，RBタンパク質-E2Fの結合が解離し，E2Fによる転写が促進されるようになる（図3.3）．おもしろ

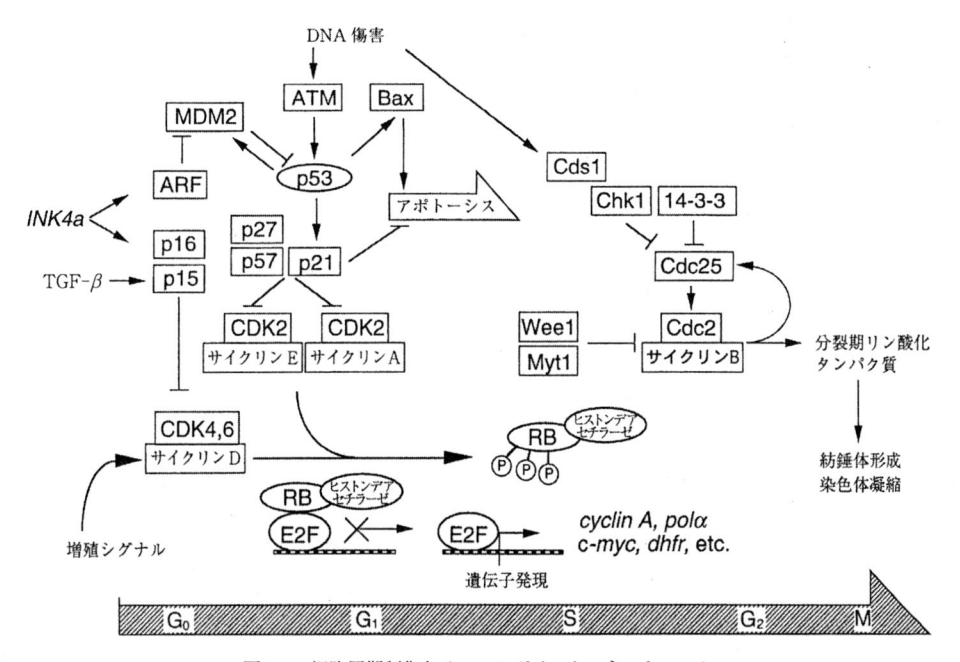

**図3.3** 細胞周期制御とチェックポイントのネットワーク

いことにDNAがんウイルスのがん遺伝子産物T抗原，E1A，E7などはRBタンパク質と結合することにより，CDKによるリン酸化なしにE2Fを解離させ，その結果細胞周期の進行を促す．

RBタンパク質のリン酸化は最初サイクリンD-CDK4/6によって行われ，それによって発現誘導されたサイクリンEとCDK2の複合体によってさらにリン酸化される．前述のウイルスがんタンパク質や自身の変異によってRBタンパク質が失活すると，もはやサイクリンD-CDKの活性化は不要となる．このことはサイクリンD-CDKの標的はRBタンパク質だけであることを示唆している．RBタンパク質はウイルス発がんだけでなく，一般的な細胞のがん化とも密接に関連している．RB自身がいくつかのがんで欠損がみられるがん抑制遺伝子であるだけでなく，RBタンパク質のリン酸化に重要なサイクリンDの過剰発現やサイクリンD-CDKを抑制するINK4ファミリーのCKIの欠失が多くのがんでみられる．

### e. p53とチェックポイント

細胞は外部環境をモニターするだけでなく，細胞内部の情報，特にDNA傷害の有無，複製や紡錘体形成の完結をモニターして細胞周期の進行を決定する．もし，それらに異常があるにもかかわらず細胞周期が進行すると，変異が固定されたり染色体異常が生じることになる．これを防ぐために細胞にはさまざまなチェック機構が存在する．p53はそのようなチェック機構に関わるがん抑制タンパク質である．p53は転写因子であり，DNA損傷に応答して増加し，その結果p21の発現誘導を介して細胞周期を停止させる（図3.3）．この間にDNA損傷が修復されればよいが，そうでない場合はBaxなどのアポトーシス関連タンパク質の発現を促進して異常な細胞を生体内から排除する役割を果たす．p53の発現量は主にその分解系によって制御される．p53の標的遺伝子の一つであるMDM2は，p53の上昇によって誘導され，p53の転写活性化領域の近くに結合してその活性を阻害するとともに，p53の分解を促進する負のフィードバックに関わる．DNA損傷があるとp53はATMなどのチェックポイント制御に関わるキナーゼによってリン酸化され，その結果MDM2との結合が失われ安定化すると考えられる．最近，CKIである$p16$遺伝子から別のORFを使ってp19$^{ORF}$がつくられ，これがMDM2と結合することでMDM2の機能を抑えることがわかった．$p16$遺伝子座のがん抑制遺伝子としての重要性は，この両タンパク質の性質にあるものと思われる（図3.3）．

p53は核内では4量体を形成して機能する．そのため，ゲノム上の二つの$p53$遺伝子の片方だけが変異した場合にも，変異型p53が野生型のp53と不活性な複合体をつくるため，変異型p53はドミナントネガティブ的な働きをする．p53は本来ゲノムの安定性に関与するため，このようにしてp53の機能が失われると，細胞に変異が蓄積し，より悪性ながん細胞へと向かう．また，p53は制がん剤の感受性にも深く関与する．これは，DNA傷害を引き起こす制がん剤の多くがp53依存的なアポトーシスにより制がん効果を発揮することと関連する．したがって，がん細胞へ野生型のp53を導入し，抗がん剤や放射線への感受性を高める遺伝子治療が始まっている．

### f. 細胞周期関連タンパク質の局在性の調節

多くの細胞周期制御タンパク質は，核–細胞質間の能動輸送によっても制御されている．核膜では核膜孔を介して物質輸送が行われ，分子量4万以下の比較的小さなタンパク質は，エネルギー非依存的に拡散して核膜孔を通過することができる．一方，それ以上の高分子の輸送，または低分子タンパク質であっても自然拡散に抵抗して細胞内局在するためには，核膜孔通過のための受容体とGTPaseであるRanが必要である．塩基性アミノ酸に富んだNLSの受容体としてimportin $\alpha$と$\beta$（あるいはkaryopherin $\alpha$と$\beta$，PTACなどともよばれる）が同定されている．NLSはimportin $\alpha$と結合するが，importin $\alpha$のみでは核膜孔を通過する能力はなく，importin $\alpha$がimportin $\beta$との複合体となって初めて核内へ移動する．RanはRasと似たGTPaseであり，核内はGTP結合型，細胞質ではGDP結合型になっている．したがって核内でimportin $\beta$にRanGTPが結合すると，複合体は解離し，荷物（cargo）としてのNLS含有タンパク質は核に残される．

核に入ったタンパク質が核外へ輸送されるためには，ロイシンに富んだ核外移行シグナル（nuclear export signal, NES）が必要である．NESの受容体であるCRM1/exportin 1は単独で核膜孔複合体と結合して核膜孔を通過する能力をもつ．ちょうどimportinの場合とは逆にNESとRanGTPとの3者複合体は，核膜を通過した後，細胞質のRanGAPの活性によりRanがGDP型になることによってcargoであるNES含有タンパク質が解離する．

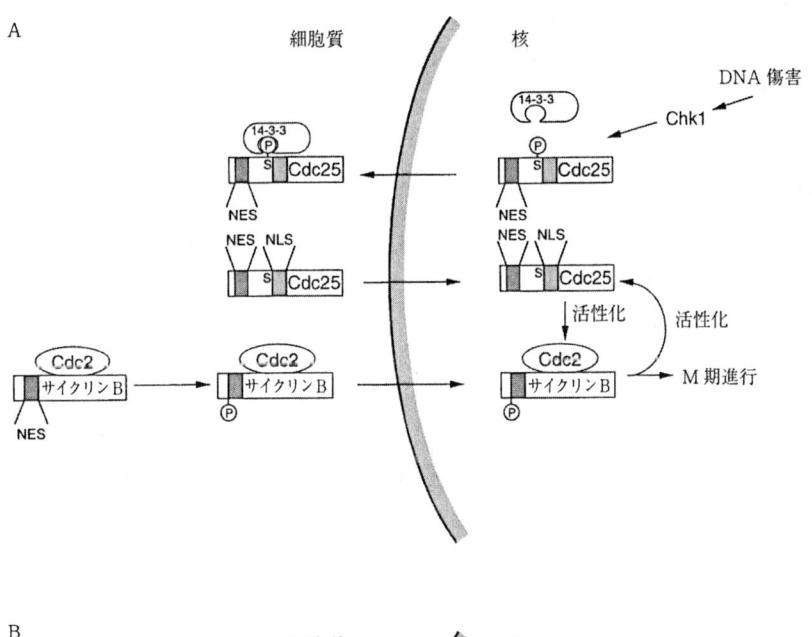

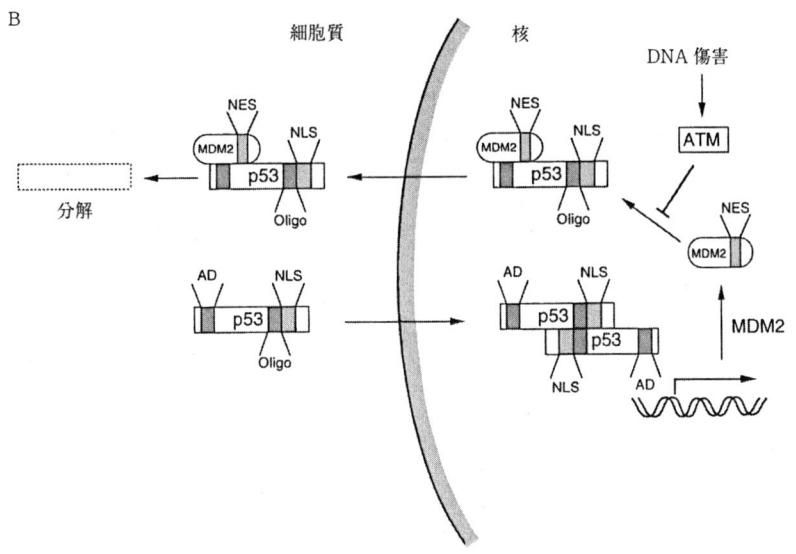

**図 3.4 細胞周期制御因子の細胞内局在による活性調節**
(A) サイクリン B-Cdc2 および Cdc25 の局在制御. NES：核外移行シグナル, NLS：核移行シグナル
(B) p53 の MDM2 による核外輸送と機能阻害. AD：転写活性化ドメイン, Oligo：4量体形成ドメイン

細胞周期の $G_2/M$ 進行の必須因子サイクリン B-Cdc2 は分裂前期に Cdc2 キナーゼの活性化とともに核移行することが知られている．以前からサイクリン B には $G_2$ 期の間，細胞質にとどまるために必要な領域が同定されていた．最近，この領域に CRM1 依存的に核外移行されるための NES が存在することが判明した．$G_2$ 後期にサイクリン B がリン酸化を受けるとこの NES が失活して核移行を許すものと考えられる（図 3.4A）．

$G_2$ 期におけるチェックポイントには，Cdc2 キナーゼの活性化に必要なホスファターゼ Cdc25 が関与している．DNA 傷害によって活性化されたチェックポイントキナーゼの一つ Chk1 によって Cdc25 がリン酸化されると，そこに 14-3-3 というある特定のリン酸化セリンを含む配列を認識して結合するタンパク質の結合配列が生ずる．その結果，14-3-3 と Cdc25 が複合体をつくり，細胞質の Cdc25 が M 期の開始に必要な核移行を妨げると考えられる（図 3.4A）．

がん抑制タンパク質 p53 も核-細胞質間をシャトルする．p53 と結合する MDM2 にも NES が存在する．前述のように MDM2 は p53 の N 末端領域の転

写活性化ドメインに結合してp53の活性を抑制するとともに，p53のユビキチン化とプロテアソームによる分解を促進することが知られていた．興味深いことにp53の分解は細胞質でのみ起こるようであり，そのためにはp53は細胞質へ移行する必要がある．MDM2は，そのNESによりp53を細胞質へエスコートするとともにp53の分解を促進することが明らかになった（図3.4B）．同様の核外輸送に依存した分解機構はp27の場合にも認められる．このような細胞周期調節因子の局在調節の重要性は今後ますます明らかになっていくであろう．

〔吉田　稔〕

# 4. 情報伝達

すべての細胞はまわりの環境から情報を受け取り，それに応答している．単細胞のバクテリアでもグルコースやアミノ酸の濃度勾配に応答し運動する．多くの真核細胞は他の細胞が分泌する情報となる物質に応答することによって細胞間のコミュニケーションを成立させている．

多細胞生物では，この細胞間の情報伝達は高度に発達している．しかし，どんな複雑な系でも情報伝達物質とそれらの受容体のネットワークとして説明できる．受容体とシグナルを結合することによって細胞内で起こる細胞の応答が決まっている．そのメカニズムは現在盛んに研究が進められている分野であり，その様式は多岐にわたっている．このシグナル伝達機構になんらかの異常が起こると'がん'細胞になることなどは，最もわかりやすい例である．

## 4.1 情報伝達物質とその受容体

多細胞生物では情報伝達物質として働くものの数は多く，構造も多岐にわたり，動物，植物いずれの場合もある物質は遠くの細胞に，また他の物質は近くの細胞に働きかける．ある物質は細胞膜を通過し細胞内の受容体と結合し，また他の物質は細胞膜上の受容体と結合する．

## 4.2 細胞間の情報伝達の様式

多細胞生物の情報伝達は大別すると三種に分類される．第一はホルモンを通して行われる．ホルモンの生産細胞とそれに応答する細胞は一般に離れているのが普通である．古典的な例は子宮でつくられるステロイドホルモンのエストロゲン（estrogen）である．離れた細胞に働きかけ，性の分化を誘導する．

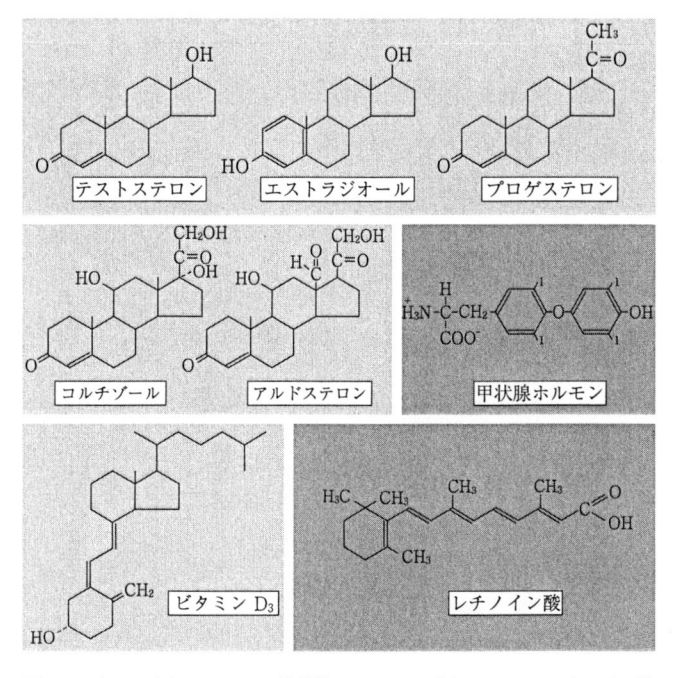

図4.1 ステロイドホルモン，甲状腺ホルモン，ビタミン$D_3$，レチノイン酸の構造

これに反してごく近傍の細胞に働きかける場合もある．神経伝達物質といわれるものである．第三は細胞が自分で生産した情報伝達物質に応答する場合である．

### a. ステロイドホルモンとその受容体

ステロイドホルモン（steroid hormone）のような脂溶性ホルモンは細胞膜を通過し，細胞質や核に存在する受容体タンパク質と結合する．同種のものとして甲状腺ホルモン，ビタミン$D_3$，レチノイン酸などがある（図4.1）．これらの受容体タンパク質は標的細胞内で合成されている．これらをステロイドレセプター・スーパーファミリーという．これらはいずれも転写因子でDNAと結合し，転写を活性化する．受容体タンパク質にステロイドホルモンが結合すると，ある細胞の遺伝子の働きを活性化し，またある細胞は抑制する．この意味でこれらは遺伝子を直接制御しているといえる．甲状腺ホルモン（thyroid hormone）の受容体タンパク質はホルモンの存在しないときには遺伝子発現の抑制因子として働くが，ホルモンが結合すると受容体タンパク質を活性型に変換し，甲状腺ホルモンで誘導される一連の遺伝子の転写を促進するようになる．

### b. 一酸化窒素（nitric oxide, NO）

気体であるNOは神経，免疫，循環器系で情報伝達物質として働き，標的細胞の細胞膜を拡散して通過する．その作用機作はステロイドホルモンとは異なっている．NOは細胞内の標的酵素の活性を変える．NOはアルギニンからNO合成酵素（NOS）によってつくられる．

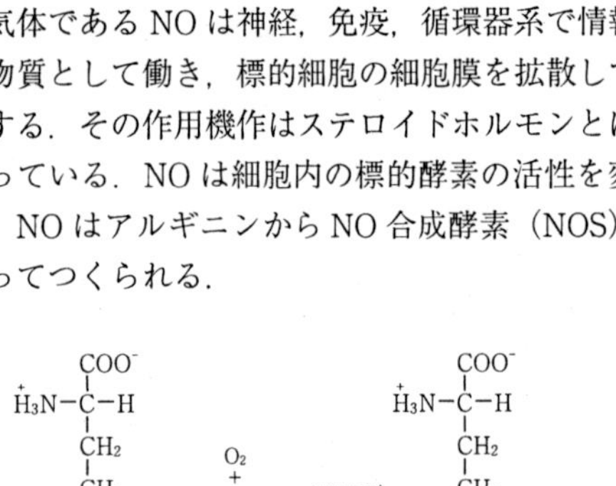

NO生産細胞でNOがつくられると，NOは細胞膜を通して外へ出て近くに存在する細胞に働きかける．NOの半減期は数秒にすぎないので近傍の細胞だけが影響を受ける．最もよくわかっている血管拡張を例に説明する．

血管壁の神経末端から放出される神経伝達物質，アセチルコリンが内皮細胞に働き，NO合成酵素を活性化する．NOは拡散し近傍の筋肉細胞に入る．グアニル酸シクラーゼの活性部位の鉄と結合する．その結果，セカンドメッセンジャーのcGMPが生じ，筋肉が拡張し血管が弛緩する．心臓病の薬として使われるニトログリセリンはNOを発生させ，そのため血管が拡張し心臓へ血液が効果的に運ばれることになると説明される．

### c. 神経伝達物質

神経伝達物質とは神経相互間，神経筋肉間で働く．物質は多岐にわたり親水性の低分子化合物，アセチルコリン，ドーパミン，エピネフリン（アドレナリ

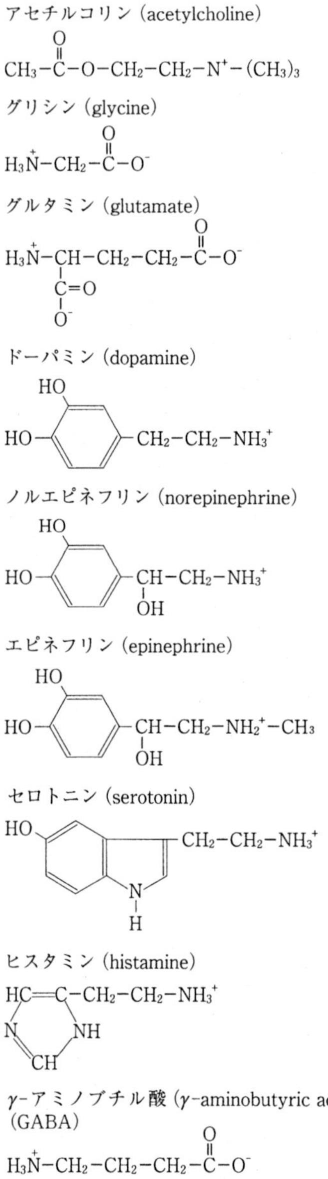

図4.2 神経伝達物質の構造

ン)，セロトニン，ヒスタミン，グリシン，γ-アミノブチル酸（GABA）などがある（図4.2）．エピネフリン（epinephrine）は神経伝達物質としてもホルモンとしても作用する．副腎ホルモンとして働き，筋肉細胞でグリコーゲンが分解するように作用する．神経伝達物質は親水性なので細胞膜を通過できないため細胞膜上の受容体タンパク質と結合し，その結果情報が伝達されることになる．一般に受容体タンパク質に神経伝達物質が結合すると，受容体タンパク質のコンホメーションが変化し，イオンチャンネルが開きイオンの流入が起こる．他の神経伝達物質の受容体タンパク質はGタンパク質と相互作用をして情報が伝達される（後述）．Gタンパク質が関接的にイオンチャンネルを開くこともある．

#### d. ペプチドホルモンと成育因子

最もよく知られたペプチドホルモンにはインスリン（insulin），グルカゴン（glucagon）などのホルモンがある．エンケファリン（enkephalin），エンドルフィン（endorphin）は神経伝達物質としてもホルモンとしても働く．脳の細胞の表面にある受容体タンパク質に薬物（モルフィネ）が作用するのと同様に働く．

ポリペプチド成育ホルモンは動物細胞の分裂と分化に働く．神経成長因子（NGF）は1950年代にはじめて発見された．上皮細胞の分裂を誘起する因子で，EGFは53個のアミノ酸からなるペプチドである（図4.3）．これらの物質の受容体タンパク質はいずれも細胞に情報を伝達するので，受容体タンパク質の構造変化は時としてヒトの乳がんや子宮がんと関係してくることもある．

#### e. エイコサノイド

ステロイドとは対照的に脂質で情報伝達物質として細胞膜の受容体タンパク質と結合するものを総称してエイコサノイド（eicosanoide）という．プロスタグランジン（prostaglandin）やロイコトリエン（leukotriene）などが代表的なものである．分解されやすいので作用の及ぶ範囲は近傍に限られている．細胞膜内のリン脂質から生じるアラキドン酸から合成される（図4.4）．

#### f. 植物ホルモン

植物にもホルモンが存在していて5種類に分類されている．オーキシン（auxin），ジベレリン（gibberellin），サイトカイニン（cytokinin），アブシジン酸（abscisic acid），エチレン（ethylene）である（図4.5）．オーキシンの作用は多様であるが，細胞壁を弱くして植物の伸長を促進する．また，細胞分裂や細胞分化を誘導する．これらの植物ホルモンの作用機作の研究は動物ホルモンに比べると遅れているが，現在盛んに研究が行われている分野である．

### 4.3 細胞表層の受容体タンパク質の機能

受容体タンパク質に種々の物質が結合してその作用が細胞内に伝達されることを述べてきたが，物質によって情報伝達の様式はさまざまである．また，この分野も現在盛んに研究されている分野なので，どれを例にとって話を進めるかを決めることは容易ではない．ここではGタンパク質と相互作用をする受容体タンパク質について述べる．Gタンパク質とはグアニンヌクレオチド結合タンパク質という意

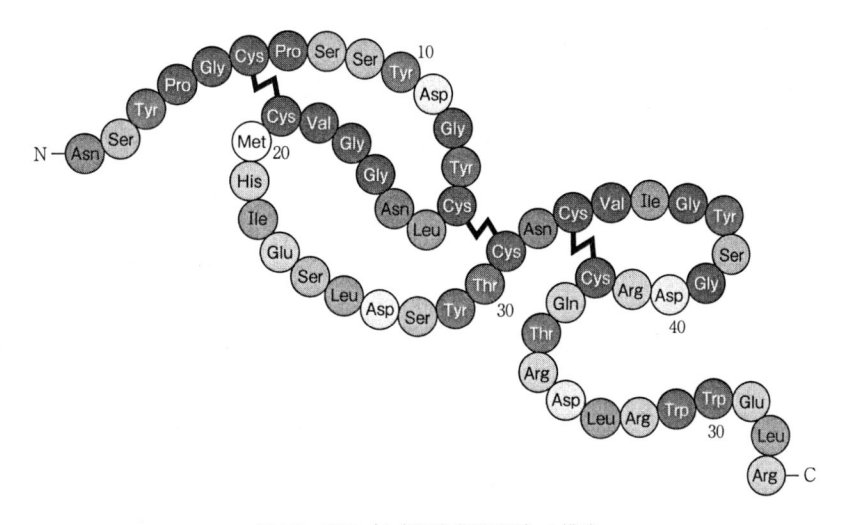

**図4.3** EGF（上皮細胞成長因子）の構造

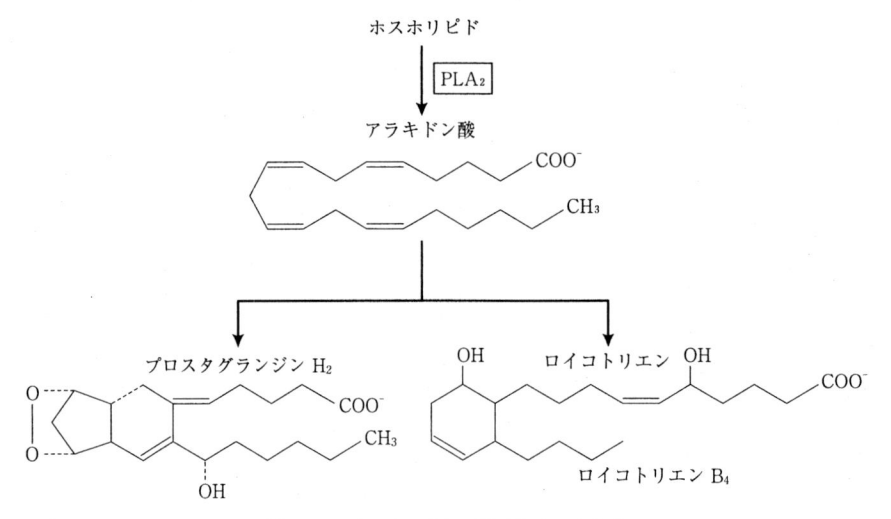

**図4.4** エイコサノイドの構造とその生合成

**図4.5** 植物ホルモンの構造

味である．このGタンパク質と相互作用する受容体タンパク質には多種あるが，構造も機能も似ていていずれも細胞膜を7回貫通するαヘリックスをもっているのが特徴である．細胞の外側に種々のホルモンと結合する領域（ドメイン）がある．細胞の内側には種々のタンパク質と作用するドメインがある．相互作用するタンパク質は，ある場合は酵素であったり，また，イオンチャンネルであったりする．Gタンパク質はエピネフリンの作用機作の研究から発見された．エピネフリンが受容体タンパク質に結合すると，細胞内のcAMP（サイクリックAMP）の濃度が増加する．cAMPはセカンドメッセンジャーとよばれる．cAMPの生成に関与する酵素，アデニル酸シクラーゼの活性化にGTPが必要であることが，1970年代にロッドベル（M. Rodbell）らによって発見されたことがきっかけになった．この発見がGタンパク質が受容体タンパク質とアデニル酸シクラーゼとを結ぶ中間に位置する重要なタンパク質であることを認識させたのである．

　Gタンパク質は三つのサブユニットからなる．それぞれを$\alpha, \beta, \gamma$という．$\alpha$はグアニンヌクレオチドと結合する．不活性型のときは$\alpha$はGDPと結合し，さらに$\beta, \gamma$と複合体を形成している．ホルモンが結合すると，レセプターのコンホメーションが変化し，レセプターの細胞内に向いている領域がGDPを放出し，替わりにGTPと結合する．GTPと結合した$\alpha$サブユニットは$\beta, \gamma$の複合体と解離する．GTPはその後加水分解されGDP-$\alpha$となり不活性型に戻る．このGDP-$\alpha$は次のホルモン刺激に対処する．哺乳動物は16個の$\alpha$サブユニット，5個の$\beta$, 11個の$\gamma$サブユニットをコードする遺伝子をもっている．エピネフリン受容体タンパク質のGタンパク質はGsといわれ，$\alpha$サブユニットはアデニル酸シクラーゼを活性化することが知られている．このような$\alpha, \beta, \gamma$サブユニットの複合体はイオンチャンネルを直接制御している．アセチルコリ

ンが心筋に働く場合を例にとると次のようになる．アセチルコリン受容体はGiとよばれるGタンパク質と共役している．Giのαサブユニットはアデニル酸シクラーゼを阻害する．そしてGiβγ複合体は細胞膜のK⁺チャンネルを開くように作用する．

## 4.4 受容体タンパク質とチロシンキナーゼの相互作用

Gタンパク質と共役しない細胞表面のレセプターは，どのようにして情報を伝達するのであろうか．その代表的なものが，チロシンキナーゼという酵素に情報を伝達するものである．チロシンキナーゼはタンパク質のチロシン残基をリン酸化する．多くのペプチドホルモンのレセプターがこれに属している．50種類に及ぶレセプターが知られている．EGF, NGF, PDGF, インスリン，その他細胞増殖因子のレセプターが代表的なものである（図4.6）．これらのレセプターは，細胞外に存在するN末端領域，膜貫通型αヘリックス領域，細胞内に存在するチロシンキナーゼ活性をもつ領域をもち，共通な構造をもっている．細胞外のN末端領域にペプチドホルモンなどが結合すると，C末端のチロシンキナーゼ領域が活性化され，自分自身をリン酸化したり，他のタンパク質をリン酸化することによって，情報伝達が行われる．

## 4.5 その他の伝達様式

例えばインターロイキン2（interleukin2, IL2），エリスロポエチン（erythropoietin）による情報伝達は前述した伝達様式とは若干異なっている．サイトカイン受容体はN末端細胞外領域，膜貫通型αヘリックス領域，細胞内C末端領域からなるが，C末端領域に酵素活性がないところが他と異なる．その替わりに非レセプター型チロシンキナーゼと共役している．この非レセプター型チロシンキナーゼはSrc属とJanusキナーゼ属（JAK）とに分類される．Srcはラウス肉腫ウイルス（Rous sarcoma virus）の発がんに関与するタンパク質として同定された．JAKはサイトカインレセプターを通して細胞内のタンパク質のチロシンをリン酸化するのに普遍的に関与している．これに反しSrcは免疫系のB細胞，T細胞上にある抗原レセプターの情報伝達に関与している．

## 4.6 他の酵素への情報伝達

チロシンホスファターゼは，リン酸化されているチロシン残基からリン酸を除く酵素である．多くの場合，この酵素は前述したチロシンキナーゼを介する情報伝達を負に制御するものである．しかし，ある種の脱リン酸酵素は細胞膜上に存在し，酵素活性が情報伝達に直接関与している．CD45といわれるタンパク質がその代表である．CD45はB細胞，T細胞の表面に存在し，抗原と結合するとSrc属の酵素活性を阻害する特定のタンパク質のチロシン残基からリン酸基を除くことによって情報を伝達している．TGF-βといわれる細胞の増殖因子の受容体タンパク質はセリン・トレオニン残基をリン酸化する酵素活性をもっている．

ある種のペプチド受容体は細胞内の領域にグアニル酸シクラーゼ活性をもっていて，細胞内のcGMPの濃度を高める．このように細胞が外からの刺激を情報として細胞内に情報を伝達する方法は多種多様である．今後の研究によってますます広がってゆくことが予想される．

また，各々の情報伝達にはその伝達経路があり，最終的には核内のDNA上の遺伝子の発現調節につながるのである．しかし，これについては専門のレベルになるため，またの機会に述べたい．

これまではホルモンや成長因子の刺激によって細胞が代謝や遺伝子発現が変化するときに起こる情報伝達について述べた．しかし，細胞はお互いに接触したり，細胞骨格を介しても情報伝達が行われる．

## 4.7 インテグリンと情報伝達

細胞が細胞の外側にあるマトリックスと直接接触することでも情報伝達が起こるが，このときの主要

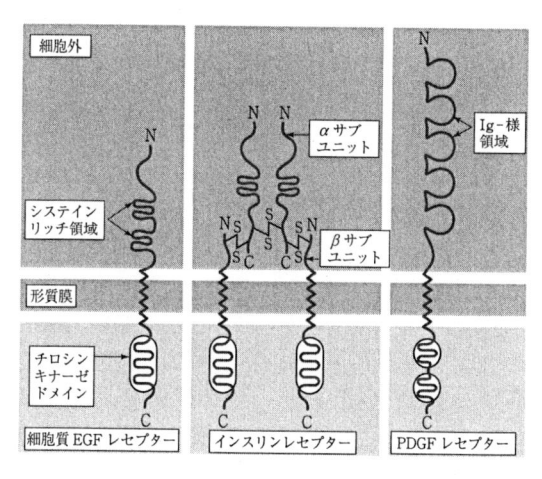

**図4.6** 受容体チロシンキナーゼの代表例

な受容体はインテグリン (integrin) である．インテグリンは細胞内に伸びた短いペプチド部分をもつが，いかなる酵素作用もない．しかし，インテグリンは非レセプター型チロシンキナーゼと共役していると思われている．その代表的なものはFAK (focal adhesion kinase) とよばれている．フィブロネクチンのような細胞外マトリックスがインテグリンと結合するとFAKが活性化すると推定されているが，詳細はいまだ明らかではない．

細胞外マトリックスの存在によって細胞は形や運動状態を変える．これは細胞骨格であるアクチンの変化によると考えられる．これには低分子GTP結合タンパク質 (Rho, Rac, Cdc42) が関係していると推定されている．これらのタンパク質はCdc42がRacを活性化し，RacがRhoを活性化するというようにカスケード系をつくっている．これらのタンパク質の相互作用によって細胞の形や運動が制御される．しかし，これらの現象の背後にはいまだ解明されていない分子レベルの出来事が存在するに違いない．

このように情報伝達機構は現代生物学の最先端の研究分野であり，その全貌が明らかになるには時間が必要であろう． 〔小野寺一清〕

# 参 考 文 献

―――――――― 全般にわたる文献 ――――――――

1) E. E. Conn, P. K. Stumpf, G. Bruening and R. H. Doi：Outlines of Biochemistry, 5th ed., John Wiley & Sons, 1987 [邦訳；田宮信雄，八木達彦：コーン・スタンプ 生化学（第5版），東京化学同人，1988].
2) D. M. Freifelder：Molecular Biology, 2nd ed., Jones and Bartlett Publishers, 1989.
3) L. Stryer：Biochemistry, 4th ed., W. H. Freeman, 1995.
4) D. Vote, J. G. Vote and C. W. Pratt：Fundamentals of Biochemistry, John Wiley & Sons, 1999 [邦訳；田宮信雄，村松正実，八木達彦，遠藤斗志也：ヴォート基礎生化学，東京化学同人，2003].
5) B. Levin：Gene Ⅶ, Oxford University Press, 2000.
6) D. L. Nelson and M. M. Cox：Lehninger Principles of Biochemistry, 3rd ed., Worth Publishers, 2000 [邦訳；山科郁男監修・川嵜敏祐編：レーニンジャーの新生化学 上・下（第3版），廣川書店，2002].
7) B. Alberts, A. Johnson, J. Lewis, M. Raff, K. Roberts and P. Walter：Molecular Biology of the Cell, 4th ed., Garland Science, 2002 [邦訳；中村桂子・松原謙一監訳：細胞の分子生物学，ニュートンプレス，2004].
8) J. D. Watson, T. A. Baker, S. P. Bell, A. Gann, M. Levin and R. Losick：Molecular Biology of the Gene, 5th ed., Person Education, 2004.

―――――――― 第1部　生体を構成する物質 ――――――――

### 第1章　生元素と生体分子
1) 新井孝夫，大森大二郎，立屋敷哲，丹羽治樹：バイオサイエンス化学―生命から学ぶ化学の基礎―，東京化学同人，2003.
2) 中村　運：生命科学の基礎，化学同人，2003.

### 第2章　水
1) H. Freiser and Q. Fernando：Ionic Equilibrium in Analytical Chemistry, John Wiley & Sons, 1963 [邦訳；藤永太一郎，関戸崇一：イオン平衡，化学同人，1967].
2) 鈴木啓三：水および水溶液，共立出版，1980.
3) 上平　恒，逢坂　昭：生体系の水，講談社サイエンティフィク，1987.
4) 鈴木啓三：水の話・十講（その科学と環境問題），化学同人，1997.

### 第3章　炭水化物
1) 水野　卓，西澤一俊：糖質科学便覧，共立出版，1971.
2) 井上康男：糖質の化学，培風館，1976.
3) J. W. Suttie：Introduction to Biochemistry, 2nd ed., Holt, Rinehart and Winston, 1977 [邦訳；瀬野信子，松本勲武：生化学，科学技術出版社，1983].
4) 西沢一俊，吉村寿次：炭水化物，朝倉書店，1980.
5) R. W. McGilvery：Biochemistry―A Functional Approach―, 3rd ed., W. B. Saunders, 1983.
6) 阿武喜美子，瀬野信子：糖化学の基礎，講談社サイエンティフィク，1984.
7) L. G. Scheve：Elements of Biochemistry, Allen and Bacon, 1984 [邦訳；駒野　徹，中澤　淳，中澤晶子，酒井　裕，森田潤司：基礎生化学，化学同人，1987].
8) M. S. El Khadem：Carbohydrate Chemistry, Academic Press, 1988.
9) V. S. R. Rao, P. K. Qasba, P. V. Balaji and R. Chandrasekaran：Conformation of Carbohydrates, Harwood Academic Publishers, 1998.

### 第4章　タンパク質
1) G. F. Schultz and R. H. Schirmer：Principles of Protein Structure, Springer-Verlag, 1979 [邦訳；大井龍夫監訳：タンパク質―構造・機能・進化，化学同人，1980].
2) 今堀和友編：タンパク質とは何か，共立出版，1983.

3) 濱口浩三：改訂 蛋白質機能の分子論，学会出版センター，1990.
4) M. Pertz：Protein Structure, W. H. Freeman, 1992 [邦訳；黒田玲子：タンパク質 立体構造と医療への応用，東京化学同人，2000].
5) 軽部征夫：アミノ酸とタンパク質のはなし，日本実業出版社，1996.
6) C. Branden and J. Tooze：Introduction to Protein Structure, 2nd ed., Garland Publishers, 1999 [邦訳；勝部幸輝・竹中章郎・福山恵一・松原 央監訳：タンパク質の構造入門（第2版），ニュートンプレス，2000].
7) R. H. Pain：Mechanisms of Protein Folding, 2nd ed., Oxford University Press, 2001 [邦訳；崎山文夫監訳，河田康志・桑島邦博訳：タンパク質のフォールディング（第2版），シュプリンガー・フェアラーク東京，2002].
8) 池内俊彦：タンパク質の科学，オーム社，2002.
9) 井本泰治：タンパク質 その本質と研究法，廣川書店，2002.
10) 後藤祐児・谷澤克行編：タンパク質の分子設計，共立出版，2002.
11) 中野明彦・遠藤斗志夫編：タンパク質の一生，共立出版，2002.

### 第5章 脂 質
1) M. I. Gurr and A. T. Lames：Lipid Biochemistry, Cornel University Press, 1971.
2) J. F. Mead, R. B. Alfin-Slater, D. R. Howton and G. Popjak：Biochemistry and Nutrition, Plenum Press, 1986.

### 第6章 核 酸
1) W. I. P. Mainwaring, J. H. Parish, J. D. Pickering and N. H. Mann：Nucleic Acid Biochemistry and Molecular Biology, Blackwell Scientific Publications, 1982.

### 第7章 補酵素
1) D. W. Hutchinson：Nucleotides and Coenzymes, John Wiley & Sons, 1964.
2) 日本ビタミン学会編：ビタミン学Ⅱ，東京化学同人，1980.
3) A. Fersht：Enzyme Structure and Mechanism, 2nd ed., W. H. Freeman, 1985 [邦訳；今堀和友・川島誠一：酵素－構造と反応機構－，東京化学同人，1983].

──────────── 第2部 生体反応の基礎 ────────────

### 第1章 生体エネルギー論
1) J. T. Edsall and H. Gutfreund：Biothermodynamics, John Wiley & Sons, 1983 [邦訳；高橋克忠・深田はるみ：生化熱力学の基礎，ワイリー・ジャパン，1984].
2) 今堀和友：生化学，岩波書店，1985.
3) D. E. Metzler：Biochemistry－The Chemical Reactions of Living Cells－, 2nd ed., vol. 1, Academic Press, 2001.

### 第2章 酵素と酵素反応論
1) A. Fersht：Enzyme Structure and Mechanism, 2nd ed., W. H. Freeman, 1985 [邦訳；今堀和友・川島誠一：酵素－構造と反応機構－，東京化学同人，1983].
2) 中村隆雄：酵素のはなし－生命を支えるその精巧なはたらき，学会出版センター，1986.
3) 大西正健：酵素反応速度論実験入門，学会出版センター，1987.
4) 一島英治：酵素の化学，朝倉書店，1995.
5) 田中渥夫・松野隆一：酵素工学概論，コロナ社，1995.
6) 中村隆雄：酵素キネテクス，学会出版センター，1996.
7) 堀越弘毅・虎谷哲夫・北爪智哉・青野力三：酵素－科学と工学，講談社サイエンティフィク，1998.
8) 一島英治：酵素－ライフサイエンスとバイオテクノロジーの基礎，東海大学出版会，2001.
9) 大西正健：酵素の科学，学会出版センター，2001.
10) 中村隆雄：酵素のABC，学会出版センター，2001.

### 第3章 オルガネラによる細胞の区画化
1) H. Lodish, D. Baltimore, A. Berk, S. L. Zipursky, P. Matsudaira and J. Darnell：Molecular Cell Biology, 3rd ed., Scientific American Books, 1995.

## 第3部 代謝

### 第1章 エネルギー代謝
1) D. E. Metzler : Biochemistry, Academic Press, 1977.

### 第2章 炭水化物の代謝
1) J. M. Ghuysen : Biosynthesis and Assembly of Bacterial Cell Wall in Cell Surface Review, Vol. IV, Membrane assembly and turnover (G. Poste and G. L. Nicholson ed.), ASP Biological and Medical Press, 1977.
2) C. M. Duffus and J. H. Duffus : Carbohydrate Metabolism in Plants, Longman, 1984.
3) D. H. Lewis : Storage Carbohydrates in Vascular Plants, Cambridge University Press, 1984.
4) A. Neuberger and L. L. M. Deenen ed. : Glycoproteins, Elsevier, 1995.
5) J. Preiss, M. N. Sivak : Starch Synthesis in Sinks and Sources, in Photoassimilate Distribution in Plants and Crops (E. Zamski and A. A. Schaffer ed.), Marcel Dekker, 1996.
6) B. B. Buchnan, W. Gruissem, R. L. Jones : Biochemistry and Molecular Biology of Plants, pp. 568-674, American Society of Plant Biologists, 2000.
7) H. -W. Heldt 著, 金井龍二訳 : 植物生化学, pp. 37-221, シュプリンガー・フェアラーク東京, 2000.
8) R. E. Blankenship : Molecular Mechanisms of Photosynthesis, Blackwell Science, 2002.
9) L. Taiz, E. Zeiger 著, 西谷和彦・島崎研一郎監訳 : テイツ・ザイガー植物病理学(第3版), pp. 109-168, 2004.
10) L. F. Leloir : Two decades of reseach on the biosynthesis of saccharides, *Science*, **172** : 1299-1303, 1971.
11) R. Kornfeld and S. Kornfeld : Assembly of asparagines-linked oligosaccharides, *Ann. Rev. Biochem.*, **54** : 631-664, 1985.
12) C. Smythe and P. Cohen : The discovery of glycogenin and the primining mechanism for glycogen biosynthesis, *Eur. J. Biochem.*, **200** : 625-631, 1991.
13) D. P. Delmer and Y. Amor : Cellulose Biosynthesis, *The Plant Cell*, **7** : 987-1000, 1995.

### 第3章 脂質の代謝
1) A. Jayakumar, S. S. Chirala and S. J. Wakil : Human fatty acid synthase : Assembling recombinant halves of the fatty acid synthase subunit protein reconstitutes enzyme activity, *Proc. Natl. Acad. Sci. USA*, **94** : 12326-12330, 1997.
2) M. S. Brown and J. L. Goldstein : A proteolytic pathway that controls the cholesterol content of membranes, cells, and blood, *Proc. Natl. Acad. Sci. USA*, **96** : 11041-11048, 1999.
3) S. S. Chirala, A. Jayakumar, Z.-W. Gu and S. J. Wakil : Human fatty acid synthase : Role of interdomain in the formation of catalytically active synthase dimer, *Proc. Natl. Acad. Sci. USA*, **98** : 3104-3108, 2001.
4) D. Yabe, M. S. Brown and J. L. Goldstein : Insig-2, a second endoplasmic reticulum protein that binds SCAP and blocks export of sterol regulatory element-binding proteins, *Proc. Natl. Acad. Sci. USA*, **99** : 12753-12758, 2002.
5) J. D. Horton, J. L. Goldstein and M. S. Brown : SREBPs : Transcriptional mediators of lipid homeostasis. Cold Spring Harbor Symp., *Quant. Biol.*, **67** : 491-498, 2002.
6) M. R. Munday : Regulation of mammalian acetyl-CoA carboxylase, *Biochemical Society Transactions*, **30** (Part 6) : 1059-1064, 2002.
7) T. Yang, P. J. Espenshade, M. E. Wright, D. Yabe, Y. Gong, R. Aebersold, J. L. Goldstein and M. S. Brown : Crucial step in cholesterol homeostasis : Sterols promote binding of SCAP to INSIG-1, a membrane protein that facilitates retention of SREBPs in ER, *Cell*, **110** : 489-500, 2002.

### 第4章 無機窒素代謝
1) A. Much-Petersen ed. : Metabolism of Nucleotides, Nucleosides and Nucleobases in Microorganisms, Academic Press, 1983.
2) D. A. Bender : Amino Acid Metabolism, 2nd ed., Wiley, 1985.
3) S. Ida : Nitrate reductase and nitrite reductase. In The Chemistry of Metalloproteins (S. Ohtsuka and

T. Yamanaka ed.), p. 386, Kodansha, 1987.
4) A. Kornberg and T. A. Baker : DNA Replication, 2nd ed., W. H. Freeman, 1992.
5) A. Nason and H. J. Evans : Triphosphopyridine nucleotide-nitrate reductase in *Nerospora, J. Biol. Chem.*, **202** : 655, 1953.
6) H. E. Umbarger : Amino acid biosynthesis and its regulation, *Ann. Rev. Biochem.*, **47** : 533-606, 1978.
7) S. Tonegawa, A. M. Maxam, R. Tizard, O. Bernard and W. Gilbert : Sequence of a mouse germ-line gene for a variable region of an immunoglobulin light chain, *Proc. Natl. Acad. Sci. USA*, **75** : 1485, 1978.
8) M. G. Guerrero, J. M. Vega and M. Losada : The assimilatory nitrate-reducing system and itsu regulation, *Ann. Rev. Plant Physiol.*, **32** : 169, 1981.
9) M. Hirasawa, S. Hiroe and G. Tamura : Further characterization offeredoxin nitrite reductase and the relationship between the enzyme and methylbiologen-dependent nitrite reductase, *Agric. Biol. Chem.*, **46** : 1319, 1982.
10) M. G. Redinbaugh and W. H. Campbell : Quaternary Structure and composition of squash NADH : nitrate reductase, *J. Biol. Chem.*, **260** : 3380, 1985.
11) N. M. Crawford, M. Smith, D. Bellissimo and R. W. Davis : Sequence and nitrate reguration of the *Arabidopsis thaliana* mRNA encoding nitrate reductase, a metalloflavoprotein with three functional domains, *Proc. Natl. Acad. Sci. USA*, **85** : 5006, 1988.
12) Y. Kubo, N. Ogura and H. Nakagawa : Limited proteolysis of the nitrate reductase from spinach leaves, *J. Biol. Chem.*, **263** : 19684, 1988.
13) B. Mikami and S. Ida : Spinach ferredoxin-nitrite reductase : characterization of catalytic activity and interaction of the enzyme with substrate, *J. Biochem.*, **105** : 47, 1989.
14) W. H. Campbell and J. R. Kinghorn : Nitrate reductase structure, function and regulation : bridging the gap between biochemistry and physiology, *Trends Biochem. Sci.*, **15** : 315, 1990.
15) E. Back, W. Dunne, A. Schneiderbauer, A. deFramond, R. Rastogi and S. J. Rothstein : Isolation of the spinach nitrate reductase gene promoter which confers nitrate in ducibility on GUS gene expression in transgenic tobacco, *Plant Mol. Biol.*, **17** : 9, 1991.
16) N. Shiraishi, Y. Kubo, G. Takeba, S. Kiyota, K. Sakano and H. Nakagawa : Sequence analysis of cloned cDNA and proteolytic fragments for nitrate reductase from *Spinacia oleracea* L, *Plant Cell Physiol.*, **32** : 1031, 1991.
17) G. Lu, W. H. Campbell, G. Schneider and Y. Lindqvist : Crystal structure of the FAD-containing fragment of corn nitrate reductase at 2.5 A resolution : relationship to other flavoprotein reductases, *Structure*, **2** : 809, 1994.
18) W. H. Campbell : Nitrate reductase biochemistry comes of age, *Plant Physiol.*, **111** : 355, 1996.
19) N. Tamura, H. Takahashi, G. Takeba, T. Satoi and H. Nakagawa : The nitrate reductase gene isolated from DNA of cultured spinach cells, *Biochem. Biophys. Acta.*, **1338** : 151, 1997.
20) R. Rastogi, N. J. Bate, S. Sivasankar and S. Rothstein : Footprinting of the spinach nitrate reductase gene promoter reveals the preservation of nitrate regulatory elements between fungi and higher plants, *Plant Mol. Biol.*, **34** : 465, 1997.
21) N. Shiraishi, C. Croy, J. Kaur and W. H. Campbell : Engineering of pyridine nucleotide specificity of nitrate reductase : mutagenesis of recombinant cytochrome b reductase fragment of *Neurospora crassa* NADPH : nitrate reductase, *Arch. Biochem. Biophys.*, **358** : 104, 1998.
22) W. H. Campbell : Nitrate reductase activity in rice as a screening tool for weed competitiveness, *Ann. Rev. Plant Physiol. Plant Mol. Biol.*, **50** : 277, 1999

──────────── 第4部 遺伝子情報の伝達と発現調節 ────────────

### 第1章 遺伝子の複製・組換え
1) A. Kornberg and T. A. Baker : DNA Replication, 2nd ed., W. H. Freeman, 1992.

### 第2章 転 写
1) R. Rodriguez and M. Chamberlin : Promoters : Structure and Function, Praeger, 1982.

2) T. Platt and D. Bear：The role of RNA polymerase, Rho factor, and ribosomes in transcription termination, in Gene Function in Prokariotes, p. 123, Cold Spring Harbor Laboratry, 1983.
3) W. R. Clure：Mechanism and control of transcription initiation in prokaryotes, *Ann. Rev. Biochem.*, **54**：171, 1985.

### 第3章 翻訳
1) R. Rodriguez and M. Chamberlin：Promoters：Structure and Function, Praeger, 1982.
2) T. Platt and D. Bear：The role of RNA polymerase, Rho factor, and ribosomes in transcription termination, in Gene Function in Prokariotes, p. 123, Cold Spring Harbor Laboratry, 1983.
3) W. R. Clure：Mechanism and control of transcription initiation in prokaryotes, *Ann. Rev. Biochem.*, **54**：171, 1985.

### 第4章 遺伝子工学
1) J. Sambrook, E. F. Fritsch and T. Maniatis：Molecular Cloning, vol. 1, 2, 2nd ed., Cold Spring Harbor Laboratry, 1979.
2) K. B. Mullis and F. A. Faloona：*Methods Enzymol.*, **155**：335, 1987.

──────────── 第5部　高次生命現象の生化学 ────────────

### 第1章 生体膜の構造と機能
1) 平田　肇・茂木立志編：ポンプとトランスポーター，共立出版，2000.
2) 吉田賢右・茂木立志編：生体膜のエネルギー装置，共立出版，2000.
3) 稲垣暢也・植田和光・鈴木洋史：ABCトランスポーター，診断と治療社，2002.

### 第2章 ウイルス
1) R. W. Hendrix, J. W. Robert, F. W. Weisberg ed.：Lamda II, Cold Spring Habor Laboratory, 1983.
2) M. Ptasjne：A Genetic Switch, Cell Press, 1986.

### 第3章 細胞周期
1) A. Murray and T. Hunt：The Cell Cycle：An Introduction, W. H. Freeman, 1993.
2) 西本毅治・東江昭夫・桂　勲・柳田充弘編：細胞周期制御の分子機構．蛋白質核酸酵素（増刊号），**41**(12), 1996.
3) 西田栄介編：核-細胞質間輸送の分子メカニズム，細胞工学，**18**(4)：458-511, 1999.

### 第4章 情報伝達
1) G. Kraus：Biochemistry of Signal Transduction and Regulation, John Wiley & Sons, 1999.
2) J. Schlessinger：Cell signaling by receptor tyrosine kinases, *Cell*, **103**：211-225, 2000.

# 索　引

## ア　行

アイソザイム　100
亜鉛フィンガー　219
亜硝酸レダクターゼ　162
アシルキャリヤータンパク質　148
アシル CoA-コレステロールアシルトランスフェラーゼ　50
アシル CoA デヒドロゲナーゼ　144
アスパラギン酸アミノトランスフェラーゼ　170
アスパラギン酸アミノペプチダーゼ　165
アスパラギン酸カルバモイルトランスフェラーゼ　194
アスパルトキナーゼ　182
$N$-アセチルグルタミン酸　172
アセチルコリン　260
アセチル CoA　110, 145
アセチル CoA カルボキシラーゼ　147
アセチルトランスアシラーゼ　148
アセチルトランスフェラーゼ　210
$N$-アセチル-D-ムラミン酸　20
α-アセト乳酸　182
α-アセト-α-ヒドロキシ酪酸　182
アデニリルトランスフェラーゼ　179
アデニル酸シクラーゼ　130
アデニロコハク酸　192
アデニン　61
$S$-アデノシルメチオニン　153
アデノシン　62
アテローム性（粥状）動脈硬化症　53
アドレナリン　99, 130, 260
アニーリング　236
アブシジン酸　261
アプリン酸　70
アポ酵素　76, 101
アポトーシス　256
アポリポタンパク質　50
α-アマニチン　217
アミドホスホリボシルトランスフェラーゼ　192
アミノアシルアデニル酸　225
アミノアシル tRNA シンテターゼ　225
α-アミノ基転移反応　170
アミノ酸　29
　　――の解離　31
　　――の光学活性　29
　　――の構造　30
　　――の生合成経路　179
　　――の旋光性　31
　　――の脱アミノ反応　170
　　――の炭素骨格の分解　172
　　――の滴定曲線　32
　　――の等電点　32
　　――の立体配置　29
アミノ酸受容ステム　226
アミノ酸転移 RNA　61, 69
アミノ酸配列　34
アミノ糖　19
アミノトランスフェラーゼ　170
γ-アミノブチル酸　261
アミノプテリン　196
アミノペプチダーゼ　165
アミノペプチダーゼ M　165
γ-アミノ酪酸　179
α-アミラーゼ　123
β-アミラーゼ　123
アミロ-1, 6-グルコシダーゼ　125
アミロース　23
アミロース・ヨウ素複合体　24
アミロプラスト　129
アミロペクチン　23
アラキドン酸　56
アラニンアミノトランスフェラーゼ　170
L-アラビノース　19
亜硫酸オキシダーゼ　161
アルギナーゼ　170
アルギニノコハク酸シンテターゼ　172
アルギニノコハク酸リアーゼ　172
アルギニンアミノペプチダーゼ　165
アルキル化剤　202
アルドース　15
アルドール開裂　108
αヘリックス　39
アロステリックエフェクター　97
アロステリック効果　97
アロステリック酵素　97, 187
アンチコドンアーム　224

イオン化定数　13
イオン化の平衡定数 $K_{eq}$　12
イオン交換クロマトグラフィー　46
イオンの水和　11
異化反応　82
維管束鞘細胞　138
いす型　18
L-イズロン酸　26
異性化　108
イソアミラーゼ　123
イソクエン酸　112
イソ酵素　100
イソプレノイド　50
イソプロピル $\beta$-D-チオガラクトシド　210
イソペンテニルピロリン酸　155
イソマルトース　21
一次転写産物　219
一次能動輸送体　244
一方向複製　200
一酸化窒素　260
一斉対称モデル　98
一本鎖 DNA 結合タンパク質　204
遺伝暗号（コドン）　222
遺伝子工学　234
遺伝子ライブラリー　234
イヌリン　24
インスリン　130, 261
インターロイキン 2　263
インテグラーゼ　251
インテグリン　263
インデューサー　209
イントロン　220
インベルターゼ　22

ウイルスの DNA　69
右旋性　15
ウラシル　61
ウリジリルトランスフェラーゼ　179
ウリジン　62
ウリジン二リン酸グルコース　64
ウロン酸　19

A 型抗原　58
エイコサノイド　261
エキソサイトーシス　104
エキソヌクレアーゼ　71, 188
エキソペプチダーゼ　165
エキソン　220
エキソン混成　162
液胞　5, 104
エクジョナーゼ　251
エタノール　110

エチレン 261
X線結晶解析 42, 44, 94
エーテルリン脂質 57
エドマン(Edman)法 35
$N$-結合型糖鎖 104
N末端アミノ酸残基 33
エネルギー生産 110
エノイルCoAヒドラターゼ 144
エノイルレダクターゼ 148
エノール型 62
エピネフリン 99, 130, 260
エピマー 16
F因子 68
Fプラスミド 68
エラスターゼ 165
エラスチン 45
エリスロポエチン 263
L字型コンホメーション 224
塩基 64
塩基性ヘリックス-ループ-ヘリックス-
　　　ロイシンジッパー 157
塩基対 67
エンケファリン 261
塩折 46
エンタルピー変化 $\Delta H$ 83
エンテロペプチダーゼ 99
エンドサイトーシス 51, 104, 169
エンドソーム 51, 104
エンドヌクレアーゼ 71, 188
エンドペプチダーゼ 165
　──の基質特異性 168
エンドルフィン 261
エントロピー変化 $\Delta S$ 83
エンハンサー 218

応答エレメント 218
Okazaki断片 201
オキサロ酢酸 113
オーキシン 261
オクタマー配列 218
$O$-結合型糖鎖 104
オートファゴソーム 169
オプシン 54
オペレーター 210
オリゴ糖類 20
オルガネラ 3, 102
オルガネラDNA 68
オルニチン 170
オルニチントランスカルバミラーゼ
　　　172
オレイン酸 49
温度依存性曲線 91

## カ　行

開始因子 227

開始コドン 223
回転環($\sigma$)式 249
解糖系 108
外来DNA 234
解離定数 90
化学進化 9
化学無機栄養 3
鍵と鍵穴説 94
可逆的阻害 92
架橋形成 45
核 4, 102
核外移行シグナル 256
核局在化シグナル 219
核孔 103
核小体 4, 102
核膜 103
核膜孔 256
核様体 3
核領域 3
カスケード系 99, 131
家族性高コレステロール血症 52
活性化エネルギー 88
活性中心 94
活動電位 55
滑面小胞体 4, 103
カテプシン(B, D, G, H, L) 168
可変アーム 224
鎌状赤血球 38
D-ガラクツロン酸 19
D-ガラクトサミン 20
$\beta$-ガラクトシダーゼ遺伝子 210
$\beta$-ガラクトシダーゼの誘導 209
ガラクトシドパーミアーゼ($Y$) 210
D-ガラクトース 19
ガラクトセレブロシド 58
ガラクトリピド 57
カルジオリピン 55, 153
カルパイン 170
$N$-カルバモイルアスパラギン酸 194
カルバモイルリン酸 170, 194
カルバモイルリン酸シンテターゼⅠ, Ⅱ
　　　172, 194
カルビン回路 128, 135
カルボキシペプチダーゼ 165
　──の基質特異性 168
カルボキシルプロテアーゼ 166
カロテノイド 134
$\beta$-カロテン 54
$\beta$-カロテン 15, 15'-ジオキシゲナーゼ
　　　54
ガングリオシド 58
還元型グルタレドキシン 196
還元型フェレドキシン 163
還元型メチルビオロゲン依存硝酸レダク
　　　ターゼ活性 159

緩衝液 14
桿状体細胞 54
肝性トリアシルグリセロールリパーゼ
　　　142
感染系 247

キサンチン 189
基質 88
基質阻害 93
基質特異性 88
D-キシロース 19
キチン 25
キヌレニナーゼ 179
基本転写装置 217
基本プロモーター 217
キモシン 166
キモトリプシノーゲン 99, 167, 168
キモトリプシン 96, 165
　──の活性化 167
$\alpha$-キモトリプシン 99
$\gamma$-キモトリプシン 167
$\delta$-キモトリプシン 167
$\pi$-キモトリプシン 167
逆転写酵素 70, 237
逆平行 65
逆平行$\beta$構造 41
5'-キャップ構造 220
吸エルゴン的 84
吸光度 64
球状タンパク質 34
吸熱反応 83
競合阻害 93
強酸 13
協奏フィードバック阻害 93
共鳴混成体 86
共有結合による制御 115
共用ベクター 235
極性基の水和 11
キロミクロン 50

グアニン 61
グアノシン 62
クエン酸 112
クエン酸シンターゼ 150
組換え体の検出 238
組換えDNA 236
組換えDNA技術 234
クラスⅡ遺伝子 217
クラスリン 104
クラスレート水和物 11
グリオキシソーム 105
グリコーゲンシンターゼ 130
グリコーゲンの生合成 130
グリコーゲンの分解 124
グリココール酸 54

グリコサミノグリカン　25
$N$-グリコシド型糖タンパク質糖鎖　140
$N$-グリコシド結合型糖鎖　27
$O$-グリコシド結合型糖鎖　27
グリシン開裂酵素　178
グリシンシンターゼ　182
クリステ　4, 105
グリセルアルデヒドの不斉炭素　16
グリセロ糖脂質　57
グリセロリン脂質　55, 242
グルカゴン　99, 130, 261
4-$\alpha$-グルカントランスフェラーゼ　125
D-グルクロン酸　19, 26
D-グルコサミン　20
$\alpha$-グルコシダーゼ　123
$\beta$-グルコシダーゼ　21
グルコース 6-リン酸デヒドロゲナーゼ　125
グルコセレブロシド　58
グルタミン酸の酸化的脱アミノ反応　170
グルタミンシンテターゼ　179
　——の活性調節機構　180
くる病　53
クレノウ(Klenow)断片　202
クローバー葉モデル　224
クロマチン　4, 75, 102
クロマチン構造　216
クロラムフェニコール　233
クロロフィル　133
クロロプラスト　5
クローン化　234

形質転換株　238
系列フィードバック阻害　93
ケストース　22
血小板活性化因子　57
3-ケトアシル CoA チオラーゼ　144
$\beta$-ケトアシルシンターゼ　148
$\beta$-ケトアシルレダクターゼ　148
$\alpha$-ケトイソカプロン酸　182
$\alpha$-ケトイソ吉草酸　182
ケト型　62
ケト原性アミノ酸　172
ケトース　15
ケトン体　145
ケノデオキシコール酸　53
ケラタン硫酸　26
原核細胞(生物)　2
原形質膜　2
原色素体　105
原始地球環境　9
原始地球大気　9
ゲンチアノース　22

高エネルギーリン酸化合物　85
光学異性　15, 31
光学対掌体　15
抗がん剤耐性　245
後期転写　249
光合成　132
光合成細菌　3
交叉中間体　205
校正機能　202
構成的な酵素　209
酵素　88
　——の活性部位　94
　——の触媒機構　94
　——の単位　89
　——の命名　89
構造遺伝子　210
酵素活性　91
　——の調節　96
酵素-基質複合体　91
酵素反応速度論　89
高マンノース型　28
高密度リポタンパク質　51
小型核 RNA　221
呼吸調節　122
コート小胞　51
コドン-アンチコドン相互作用　226
コバラミン　80
コラゲナーゼ　166
コラーゲン　44
コリスミ酸　182
コリン　147
コール酸　53
ゴルジ体　4, 103
コレステロール　50, 243
　——の生合成　155
コレステロールエステル　51
コレステロール生合成の調節　155
コロニーハイブリダイゼーション法　238
混成型　28
コンセンサス配列　211
コンドロイチン　26
コンドロイチン硫酸 A　27
根粒菌　164

## サ 行

細菌細胞壁生合成　141
サイクリック AMP　130
サイクリックアデノシン 3′, 5′-一リン酸　63
2′, 3′-サイクリックリン酸　71
サイクリン　253
サイクリン依存性キナーゼ　253
最適温度　91
最適 pH　92

サイトカイン　261
細胞質 DNA　61
細胞周期　205, 253
細胞小器官　3, 102
細胞内共生仮説　106
細胞壁　5
サイレンサー　218
左旋性　15
サブユニット　44, 262
サーモゲニン　122
サーモリシン　166
サルベージ経路　155, 190
酸化型チオレドキシン　196
酸化的リン酸化　116, 118
酸性加水分解酵素　104
三連子　222

ジアシルグリセロールアシルトランスフェラーゼ　153
ジアステレオマー　16
シアリダーゼ　58
シアリルラクトース　23
紫外線吸収　64
紫外線吸収スペクトル　65
シグナルペプチダーゼ　167
$\sigma^{32}$　212
$\sigma^{70}$　212
$\sigma$ ファクター　211
シーケンスラダー　73
自己終結　214
自己複製　5
脂質二重層　49, 242
脂質の非対称性　243
脂質の分類　48
自主栄養　2
自食作用　104
シスエレメント　218
シスタチオニンシンターゼ　182
シスタチオニン $\beta$-シンターゼ　179
シスタチオニン $\gamma$-リアーゼ　179
ジスルフィド結合　34, 42
11-シスレチナール　54
シチジン　62
至適温度　91
シトクロム　120
シトクロム $b_{557}$　159
シトクロム $b$ 結合領域　160
シトクロム $b_5$ レダクターゼ　160
シトクロム $b_6/f$ 複合体　134
シトクロム $c$　38
シトクロム P450 還元酵素　160
シトシン　61
シトルリン　172
5, 6-ジヒドロウラシル　70
ジヒドロキシアセトンリン酸　137

ジヒドロキシウリジン　224
1,25-ジヒドロキシビタミン $D_3$　53
ジヒドロユビキノン　120
ジベレリン　261
脂肪酸合成酵素　148, 149
脂肪酸合成の調節　150
脂肪酸代謝　117
脂肪酸の鎖長の延長　151
脂肪酸の生合成　147
脂肪組織　117, 122
C 末端アミノ酸残基　33
シャイン-ダルガーノ (Shine-Dalgano) 配列　227
弱酸の解離　13
シャトルベクター　235
自由エネルギー変化 $\varDelta G$　82
臭化シアン　38
終結因子　214, 232
集光性色素タンパク質　133
集光・光化学反応　133
終止暗号　223
従属栄養　2
宿主細胞　234
受容体タンパク質　260
硝酸呼吸　158
硝酸レダクターゼ　158
小腸刷子縁　124
少糖類　20
情報 RNA　61, 69, 209
小胞体　4, 103
情報伝達物質　259
小胞輸送　103
上流調節配列　218
初期転写　248
触媒　88
触媒活性　89
触媒基　94
触媒サブユニット　97
触媒中心活性　89
植物グリコーゲン　24
植物ホルモン　261
初発反応酵素　140
シロヘム　163
真核細胞(生物)　2, 3
神経伝達物質　260
親水性の頭部　242

膵臓デオキシリボヌクレアーゼⅠ　72
膵臓のリパーゼ　142
水素結合　40
錐体細胞　55
スクアレン　155
スクシニル CoA　113
スクロース　21
　──の生合成経路　127

スクロース $6^F$-リン酸　128
スクロース合成酵素　139
スクロースリン酸合成酵素　128, 137
ステアリン酸　49
ステム-ループ構造　214
ステロイドホルモン　260
ステロイドレセプター・スーパーファミリー　260
ストレプトマイシン　233
ストロマ　105, 132
スフィンゴ脂質　242
スフィンゴ糖脂質　57
スフィンゴミエリン　56
　──の分解　147
スフィンゴリン脂質　56
ズブチリシン　165
スプライシング　215, 220
スプライソソーム　220
スルホリピド　57

成育因子　261
制限酵素　72, 235
生元素　8
生産物による阻害　115
生体膜　242
静電的相互作用　42
正の協同現象　98
生物進化　9
生理活性ペプチド　33
セミキノン　120
セラミド　56, 243
セリンヒドロキシメチルトランスフェラーゼ　178, 182
セリンプロテアーゼ　165
セルロース　25
セルロース合成酵素　140
セレブロシド　57
セロトニン　179, 261
繊維状タンパク質　34, 44
染色質　4
染色体 DNA　68
全トランスレチナール　54
全トランスレチノール　54

相互変換回路　126
相乗フィードバック阻害　93
挿入配列　208
阻害剤　92
阻害物質定数　92
促進輸送体　244
側底面　246
速度パラメーター　91
疎水基の水和　11
疎水性の尾部　242
疎水的相互作用　43

粗面小胞体　4, 103

## タ 行

大腸菌のエキソヌクレアーゼⅢ　72
タウロコール酸　54
多価不飽和脂肪酸　49, 56, 152
脱共役剤　122
脱水　108
タバコモザイクウイルス　70
ターミネーター　214
単一輸送　244
単元素イオン　8
炭酸同化反応　135
胆汁酸　49
単純繰り返し配列　217
単純多糖類　23
炭水化物の名称　15
単糖類　15
タンパク質　29
　──の一次構造　38
　──の構造と機能　33
　──の三次構造　42
　──の修飾　232
　──の水和モデル　12
　──の性質　45
　──の生理的機能　34
　──の超二次構造　42
　──の等電点　46
　──の二次構造　39
　──の分子形態　34
　──の分離　46
　──の分類　33
　──の変性　46
　──の溶解度　34, 46
　──の四次構造　43
14-3-3 タンパク質　160
タンパク質合成阻害剤　233
タンパク質分解酵素　164

チアミンピロリン酸　79, 114
遅延初期転写　248
チオエステラーゼ　149
チオールプロテアーゼ　166
逐次作用モデル　98
窒素固定　164
チミジル酸の de novo 合成　197
チミジン-リン酸キナーゼ　197
チミジンキナーゼ　191
チミン　61
チモーゲン　99, 167
チャネルタンパク質　244
中間密度リポタンパク質　51
調節遺伝子　210
調節サブユニット　97
頂端面　245

索　引

超低密度リポタンパク質　51
貯蔵タンパク質　104
チラコイド　105, 132
チラコイド膜　57
チロシンキナーゼ　263
チンダル現象　45

低分子GTP結合タンパク質　264
低密度リポタンパク質　51
デオキシアデノシン　63
デオキシグアノシン　63
デオキシシチジル酸デアミナーゼ　196
デオキシシチジン　63
デオキシチミジン　63
デオキシ糖　19
デオキシリボ核酸　61
2-デオキシ-D-リボース　19, 62
デオキシリボヌクレアーゼ　188
デオキシリボヌクレオチドの生合成　196
デキストラン　141
デキストランスクラーゼ　141
$\phi$-デキストリン　125
鉄-硫黄クラスター　119, 162
テトラサイクリン　233
テトラヒドロ葉酸　78, 178
テルペノイド　50
デルマタン硫酸　26
転位性遺伝要素　207
電荷リレー系　96
電気化学水素イオン勾配　116
電子伝達・光リン酸化反応　134
転写　69, 209
転写因子　218
転写活性化ドメイン　219
転写終結　213
転写調節配列　218
天然の氷　11
デンプン合成酵素　140
デンプンの生合成　128, 139
デンプンの分解　123
テンペレート・ファージ　247

同化反応　82
糖原性アミノ酸　172
糖鎖の伸長　139
糖質　15
糖新生経路　130
透析　46
糖タンパク質　27
等電点沈澱　46
糖ヌクレオチド　138
糖の環状構造　17
糖の立体配座　18
動物細胞　4

等方輸送　244
独立栄養　2
トノプラスト　104
ドーパミン　260
トポイソメラーゼI　207
ドメイン　43
トランスアルドラーゼ　126
トランスケトラーゼ　126
トランスデューシン　55
トランスファクター　218
トランスポゼース　208
トランスポゾン　208
トランスロカーゼ　143
トランスロカーゼタンパク質　117
トリアシルグリセロール　49
　――の生合成　152
ドリコール　50, 141
ドリコールリン酸　28
ドリコールリン酸少糖　28
トリプシノーゲン　99, 168
トリプシン　165
トリプトファンシンターゼ　187
トリプレット　222
トリメトプリム　196
トレオニンシンターゼ　182
トレハロース　21
トロポコラーゲン　166
トロンビン　165
トロンボキサン$A_2$　56

ナ　行

ナフトキノン　78
ニコチンアミドアデニンジヌクレオチド　76
ニコチンアミドアデニンジヌクレオチドリン酸　76
二次能動輸送体　244
二重らせん　67
ニック　202
ニックトランスレーション　202
二糖類　21
二方向$\theta$式　249
二方向複製　200
二本鎖環状DNA　69
ニーマン-ピック病（Niemann-Pick）　147
乳酸　110
尿素　170
尿素回路　170
二量体構造結合領域　160
ニンヒドリン法　35

ヌクレアーゼ　188
ヌクレオシダーゼ　189

ヌクレオシド　62
ヌクレオシド一リン酸キナーゼ　192
ヌクレオシドトランスグリコシラーゼ　190
ヌクレオシド二リン酸キナーゼ　192, 197
ヌクレオシドホスホリラーゼ　190
ヌクレオソーム　75
ヌクレオチド　63
ヌクレオチド 3′―リン酸　63
ヌクレオヒストン　75

熱安定性曲線　91
熱ショックタンパク質　212

ノイラミン酸　20
濃色効果　68

ハ　行

ハイブリダイゼーション　238
ハウスキーピング遺伝子　217
バクテリオファージ$\lambda$　247
ハース(Haworth)の透視式　18
発エルゴン的　84
発熱反応　83
パパイン　166
ハーバー(Harber)法　164
パルミチン酸　49
反応速度定数　90
反応中心クロロフィル　134

ヒアルロン酸　26
非硫黄紅色細菌　3
ビオチン　80
ビオプテリン　179
B型抗原　58
比活性　89
光化学系I　133
光化学系II　133
光呼吸　137
光無機栄養　3
非競合阻害　93
微小管　4
ヒスタミン　261
ヒストンアセチルトランスフェラーゼ　219
ヒストンコア　75
ヒストン脱アセチル化酵素　219
非正統的組換え　207
比旋光度　17
脾臓リボヌクレアーゼ　71
ビタミンA　50, 54
ビタミン$D_3$　53
ビタミンK　78
必須アミノ酸　179

ヒト糖原病　125
ヒドラジン分解法　36
β-ヒドロキシアシルデヒドラターゼ　148
3-ヒドロキシアシル CoA デヒドロゲナーゼ　144
25-ヒドロキシビタミン D₃　53
ヒドロキシプロリン　45
4-ヒドロキシプロリン　44
3-ヒドロキシ-3-メチルグルタリル CoA　155
5-ヒドロキシメチルシトシン　62
5-ヒドロキシリシン　44
ヒドロニウムイオン　12
ひねり型　19
被覆小胞　104
ヒポキサンチン　62, 189
標準自由エネルギー変化 $\Delta G°$　83
標準自由エネルギー変化 $\Delta G°'$　84
標準状態　83
ピラノース構造　18
ピリドキサール 5′-リン酸　79
ピリドキサールリン酸　170
ピリミジン　61
ピリミジン二量体　202
ピリミジンヌクレオチドの de novo 合成　194
ピリミジンヌクレオチドの生合成　194, 195
微量塩基　224
微量元素　8
ヒル(Hill)の式　97
ピルビン酸　109
ピルビン酸デカルボキシラーゼ　112
ピルビン酸デヒドロゲナーゼ複合体　114
ピルビン酸リン酸ジキナーゼ　138
ビルレント・ファージ　247
ピロロキノリンキノン　78
ヒンジ-1 領域　160
ヒンジ-2 領域　160

ファージ頭部の形成　249
ファージベクター　235
フィコビリン　134
フィタニル基　57
フィッシャー(Fischer)の投影式　16
部位特異的アミノ酸置換　94
部位特異的組換え　207, 251
部位特異的変異　239
フィードバック制御　187
フィードバック阻害　93, 115, 187
フィブロイン　44
フィロキノン　78
封筒型　19

フェニルアラニンヒドロキシラーゼ　187
フェニルイソチオシアネート法　35
フェレドキシン　135
不可逆的阻害　92
不規則構造　41
不競合阻害　93
複合型　28
複合多糖類　25
複製オリジン　200
複製フォーク　200
フコシルラクトース　23
L-フコース　20
プソイドウリジン　70
O-フタルアルデヒド法　35
付着端末　236
プテリジン　78
普遍的組換え　205
不飽和化酵素　151
不飽和脂肪酸　49
フマル酸　113
プライマー　201
プライマーゼ　201
プライモソーム　201
プラストキノン　134
プラスマローゲン　57
プラスミド DNA　61
プラスミドベクター　235
プラスミン　165
フラノース環　18
フラビン　119
フラビンアデニンジヌクレオチド　77
フラビンモノヌクレオチド　77
ブランチング酵素　129
ブリッグス－ホールデン(Briggs-Haldane)の式　90
フリッパーゼ　60
プリブナウ(Pribnow)ボックス　212
プリン　61
プリン生合成経路の調節　194
プリンヌクレオシドホスホリラーゼ　189
プリンヌクレオチドの生合成　191
プリンヌクレオチドの分解　188
フルクタン　24
フルクトース 2,6-ビスホスファターゼ b　131
プレ酵素　99
プレプライミングコンプレックス　204
ブレンステッド(Brönsted)の定義　13
プロエラスターゼ　168
プロカルボキシペプチダーゼ(A, B)　168
プロ酵素　99
プロセシング　232

プロテアーゼ　164
プロテアーゼ複合体　170
プロテインキナーゼ　99, 130
プロテインキナーゼ C　56, 170
プロテインホスファターゼ　156
プロテオグリカン　26
プロトマー　44
プロトン駆動力　118
プロモーター(P)　210
プロリンイミノペプチダーゼ　165
分岐合成酵素　129
分子活性　89
分枝形成酵素　140
分子シャペロン　47

平滑末端　236
平行 $\beta$ 構造　41
平面型　19
ヘキソース一リン酸分路　125
ベクター　234
$\beta$ 構造　39
$\beta$ 酸化　143
$\beta$ ターン　39
ヘテロトロピック効果　98
pH 依存性曲線　92
ヘパリン　26
ペプシノーゲン　167
ペプシン　166, 167
ペプチジル tRNA　231
ペプチジルトランスフェラーゼ　231
ペプチド　33
ペプチドグリカン　3, 140
ペプチド結合　33
　──のシス型構造　39
　──のトランス型構造　39
ペプチド断片　38
ペプチドホルモン　261
ヘミアセタール　17
ヘミケタール　18
ヘミセルロース　25
ヘム　119
ヘム鉄　159
ヘモグロビン　38
ヘリックス－ターン－ヘリックス　219
ヘリックス－ループ－ヘリックス　219
ペルオキシソーム　4, 105, 145
変旋光　17
ヘンダーソン－ハッセルバルヒ(Henderson-Hasselbalch)の式　14
ペントースリン酸経路　125

放射性免疫測定法　239
包膜　105
泡沫細胞　52
飽和イソプレン単位　57

飽和脂肪酸　49
補欠分子族　76, 101
補酵素 (A, Q)　79, 101, 119
ホスファターゼ Cdc25　257
ホスファチジルイノシトール　55
ホスファチジルエタノールアミンメチルトランスフェラーゼ　153
ホスファチジルグリセロール　153
ホスファチジルコリン　49
ホスファチジルセリン　56
ホスファチジルセリンデカルボキシラーゼ　153
ホスファチジン酸　55
ホスファチジン酸ホスファターゼ　152
ホスホアルギニン　86
ホスホエノールピルビン酸　86
ホスホエノールピルビン酸カルボキシラーゼ　138
ホスホグリセリド　55
　——の生合成　153
ホスホグルコン酸経路　125
ホスホクレアチン　86
ホスホジエステラーゼ　71
ホスホパンテテイン　79
6-ホスホフルクト-2 キナーゼ a　131
ホスホリパーゼ　146
ホスホリパーゼ (C, D)　56, 59
ホスホリラーゼ　100
ホスホリラーゼキナーゼ　100
ホスホリラーゼリミットデキストリン　125
ホスホリルコリン　57
ホメオドメイン　219
ホモシステインメチルトランスフェラーゼ　179
ホモトロピック効果　97
ポリ (A) 尾部　220
ポリソーム　232
ホリデイ (Holliday) モデル　205
ポリヌクレオチド　64
ポリペプチド鎖の折りたたみ　47
ポリペプチド鎖の断片化　36
$N$-ホルミルメチオニン　223
ホルモン感受性リパーゼ　142
ホロ酵素　76, 101
翻訳　209
翻訳開始部位　227
翻訳後修飾　45

## マ 行

-10 領域　212
マーカー遺伝子　234
膜結合型のリパーゼ　56
マクサム-ギルバート (Maxam-Gilbert) 法　73

膜タンパク質　243
マクロファージ　52
マトリックス　105, 116
マメ科植物　164
マルトース　21
マロニル CoA　143, 148
マロニルトランスアシラーゼ　148
マロン酸　113
D-マンノース　19

ミエリン膜　243
ミクロコッカルヌクレアーゼ　72
ミクロフィラメント　4
水のイオン化と pH　12
水の会合体　11
水の原子結合角　10
水の構造　10
水の密度　10
水分子の熱運動　12
水分子モデル　10
ミセル　48
ミトコンドリア　4, 105, 116
　——の電子伝達系　119
ミハエリス (Michaelis) 定数　90
ミハエリス-メンテン (Michaelis-Menten) の式　91

ムコ多糖　25
ムラミン酸　20

メタルプロテアーゼ　166
$\beta$-メチルクロトニル CoA カルボキシラーゼ　179
メチルマロニル CoA ムターゼ　179
$N^5, N^{10}$-メチレンテトラヒドロ葉酸　178, 196
メトトレキセート　196
メナキノン　78
メナジオン　78
メバロン酸　155
メレチトース　22

モリブデンプテリン　159

## ヤ 行

薬剤耐性遺伝子　234

融解温度　68
有効濃度 (活量)　12
誘導酵素　209
誘導適合仮説　94
誘導物質　209
輸送小胞　103
輸送タンパク質　244
ユビキチン　169

ユビキチン回路　169
ユビキチン-プロテアソーム系　255
ユビキノン　78, 120

溶菌　247
溶原化　247
溶原系　247
葉肉細胞　138
葉緑体　5, 105, 132

## ラ 行

ラギング鎖　201
ラクタム型　62
ラクチム型　62
ラクトース　21
　——の生合成　139
ラクトースオペロン　210
ラジオイムノアッセイ法　239
ラノステロール　155
ラフィノース　22
ラマチャンドラン (Ramachandran) プロット　39
$\lambda$ リプレッサー　251
L-ラムノース　20

リソソーム　4, 51, 104, 168
リゾチーム　94
リゾホスホリパーゼ　146
立体異性体　16
リーディング鎖　201
リノール酸　49
$\gamma$-リノレン酸　49
リパーゼ　49, 142
リピド中間体　140
リファンピシン　201
リプレッサー　210
リブロース 1, 5-ビスリン酸　135
リボアミド　77, 114
リボ核酸　61
リボザイム　216
リボ酸　77
リボシルチミン　70
D-リボース　19, 62
D-リボース 5-リン酸　126
リボースリン酸ピロホスホキナーゼ　192
リボソーム　48, 69, 222
リボタンパク質リパーゼ　50, 142
リボヌクレアーゼ　188
リボヌクレアーゼ (III, A, E, P, $T_1$)　71, 72, 215
リボヌクレオシド二リン酸レダクターゼ　196
リポポリサッカロイド　140
両親媒性の化合物　11

両性電解質　31
リン酸化タンパク質ホスファターゼ2A
　　151
リン酸基転移　87, 108

レシチン　49, 51
レシチン-コレステロールアシルトラン
　スフェラーゼ　51
レチノールデヒドロゲナーゼ　54
レッシュ-ナイハン(Lesch-Nyhan)症候
　群　190
レニン　166
レバン　24
レプリコン　205
レプリソーム　204

ロイシンアミノペプチダーゼ　165
ロイシンジッパー　219
ロドプシン　55
$\rho$ ファクター　214

## 欧　文

16S rRNA　69, 227
23S rRNA　69, 227
30S 開始複合体　227
30S(小)サブユニット　227
50S(大)サブユニット　227
5S rRNA　69, 227
70S　227
70S 開始複合体　229

A 部位　230
ABC タンパク質　244
ACAT　51
ACP　148
ADP-グルコース　129
AMP 依存性プロテインキナーゼ　156
AMP デアミナーゼ　188
AMPK　156
Asn-X-Ser/Thr の配列モチーフ　28
ATP 依存ポンプ　244
ATP-クエン酸リアーゼ　150

$C_3$ 植物　138
$C_4$ 光合成　137
$C_4$ 植物　138
$Ca^{2+}$ 依存性ホスホリパーゼ C　59
CAK　254
CAM 光合成　138
cAMP　63, 130
cAMP 依存性プロテインキナーゼ　151
cAMP-CAP 複合体　213
CAP(CRP)結合部位　212
CCAAT 配列　218
CD45　263

CDK　253
CDK 阻害タンパク質　255
cDNA　237
CDP ジアシルグリセロール　153
Chi 配列　206
Cip/Kip ファミリー　255
CKI　255
$CoQH_2$-Cyt $c$ レダクターゼ複合体　121
Cro タンパク質　251
Cyt $c$ オキシダーゼ複合体　121

D アーム　224
D-系列　16
D-系列アルドース($C_3 \sim C_6$)　16
D-系列ケトース($C_4 \sim C_7$)　17
DNA　61
　――の変性　67
DNA 結合ドメイン　219
DNA ジャイレース　201
DNA ヘリカーゼ　204
DNA ポリメラーゼ(I, II, III, $\gamma$)　200,
　　201, 203, 205
DNA リガーゼ　201, 236
DnaB タンパク質　204
DNase I　72
DNase I 高感受性部位　219
double helix　67

E2F 転写因子　255
$Eco$RI　235
EF-Tu・EF-Ts 複合体　231
EF-Tu・GDP 複合体　231
EGF　261
ER　4, 103

FAD　77, 114
FAD 結合領域　160
FAK　264
Fd　135
$F_0F_1$ATP アーゼ　118
fMet　223
FMN　77

$G_0$ 期　253
$G_1$ 期　253
$G_2$ 期　253
G タンパク質　262
GABA　179, 261
GC 含量　65
GC ボックス　218

H1　75
H2A　75
H2B　75
H3　75

H4　75
HAT　219
HDAC　219
HDL　51
HMG-CoA　155
HMG-CoA レダクターゼ　155
HSP　212
HU タンパク質　204

IDL　51
INK4 ファミリー　255
insig-1　157
insig-2　157

Januo キナーゼ属　263

$K_m$　90
KNF モデル　98

L-系列　16
LCAT　51
LDL　51
LDL レセプター　52
LHC II　133
LPL　50

M 期　253
MDR1　245
Mo-Co 結合部分領域　160
MPF　253
mRNA　61, 69, 209
　――の合成反応　214
MWC モデル　98

$Na^+$ 依存グルコース輸送体　245
$NAD^+$　76, 114
NADH　163
NADH 結合領域　160
NADH-CoQ レダクターゼ複合体　121
$NADP^+$　76
NAD(P)H 依存シトクロム $c$ 還元活性
　　159
NES　256
NiR　162
NLS　219, 256
NO　260
NO 合成酵素　260
NOS　260
NR　158
　――の機能　159

OPA 法　35

P 部位　230
p53　256

PAF  57
PI  46
PITC 法  35
p$K_a$  13
p$K_b$  13
PLP  170
pol Ⅲ ホロ酵素  204
PQ  134
PRPP  192
PS Ⅰ  133
PS Ⅱ  133

Q 酵素  129

R 因子  68
Ran  256
RB タンパク質  254
RecA タンパク質  206
RecBCD タンパク質  206
Rep タンパク質  204
reverse transcriptase  70
RF 因子  232
RNA  61
RNA 合成酵素  211
RNA 前駆体  215
RNA プロセシング  216

RNA ポリメラーゼ  201
RNase  71, 188
RNase H  201
$rrn$ オペロン  215
rRNA  69
Rubisco アクティベース  136
RuBP カルボキシラーゼ・オキシゲナーゼ  135

S 期  253
S1 ヌクレアーゼ  72
S1P  157
S2P  157
SCAP タンパク質  157
SD 配列  227
SDS-PAGE  46
snRNA  221
SOS 応答  252
SOS の状態  248
Src 属  263
SRE  157
SREBP  156
SREBP 前駆体-SCAP 複合体  157
S-S 結合  36
$sup$B-E オペロン  215

TATA ボックス  217
TCA 回路  111, 150
TF  218
THF  173
$T_m$  68
TMV  70
Tn3  208
TPP  114
tRNA  61, 69, 70
tRNA$^{Ala}$  224
tRNA$^{fMet}$  230
T$\psi$C アーム  70, 224

U1 snRNA  221
Ub  169
Ub 活性化酵素  169
Ub キャリヤータンパク質  169
Ub タンパク質リガーゼ  169
UCDEN  170
UDP-グルコース  64, 127, 138
UDPG  64
URS  218
UvrABC エンドヌクレアーゼ  203

VLDL  51

**編著者略歴**

**小野寺一清**
1937年　旧満州に生まれる
1967年　東京大学大学院農学研究科
　　　　博士課程修了
現　在　工学院大学 CPD センター教授
　　　　農学博士・医学博士

**千葉誠哉**
1937年　北海道に生まれる
1963年　北海道大学大学院農学研究科
　　　　修士課程修了
現　在　酪農学園大学大学院酪農学研究科教授
　　　　北海道大学名誉教授・農学博士

**山﨑信行**
1937年　東京都に生まれる
1967年　九州大学大学院農学研究科
　　　　博士課程修了
現　在　九州大学名誉教授・農学博士

**駒野徹**
1933年　新潟県に生まれる
1962年　京都大学大学院農学研究科
　　　　博士課程修了
現　在　京都大学名誉教授・農学博士

**水野重樹**
1936年　中国・済南に生まれる
1959年　東京大学農学部卒業
　　　　東北大学名誉教授・農学博士

---

生　物　化　学　　　　　　　　　定価はカバーに表示

2005年4月30日　初版第1刷

編著者　小　野　寺　一　清
　　　　駒　　野　　　　徹
　　　　千　　葉　　誠　　哉
　　　　水　　野　　重　　樹
　　　　山　　﨑　　信　　行
発行者　朝　倉　邦　造
発行所　株式会社　朝　倉　書　店
　　　　東京都新宿区新小川町 6-29
　　　　郵便番号　162-8707
　　　　電　話　03（3260）0141
　　　　ＦＡＸ　03（3260）0180
　　　　http://www.asakura.co.jp

〈検印省略〉

©2005〈無断複写・転載を禁ず〉　　　中央印刷・渡辺製本

ISBN 4-254-43087-6　C3061　　　　　Printed in Japan

| | |
|---|---|
| 東京大学大学院応用生命化学・応用生命工学専攻編<br>**実 験 応 用 生 命 化 学**<br>43058-2  C3061　　B5判 288頁 本体9500円 | 学生のための実験書。〔内容〕化学実験基礎操作／無機成分分析法／土壌実験法／低分子有機化合物取扱い法／生体高分子物質取扱い法／アイソトープ実験法／応用微生物学実験法／植物試験法／動物取扱い法／生物素材の工学的取扱い／他 |
| H.F.ギルバート著　太田英彦・原 諭吉訳<br>ベーシック<br>コンセプト **生　化　学**<br>17095-5  C3045　　A5判 340頁 本体4500円 | 重要な基本概念を項目としてわかりやすく解説。〔内容〕タンパク質の構造／DNAとRNA／遺伝情報と発現／酵素と反応速度／解糖と糖新生／TCA回路／電子伝達系と酸化的リン酸化／エネルギー代謝／窒素代謝／pHとp$K_a$／用語集／他 |
| 埼玉医大 村松正實編著<br>図解生物科学講座5<br>**分　子　生　物　学**<br>17585-X  C3345　　B5判 176頁 本体3800円 | DNA・RNAから遺伝子組換え，遺伝子工学，さらに遺伝子診断・治療にいたるまでの分子生物学の基礎を79項目で解説。〔内容〕DNA／RNA／原核生物／真核生物／タンパク質合成／癌遺伝子／キナーゼ／細胞接着分子／遺伝子組換え，他 |
| 前お茶の水大 遠山 益編著<br>図解生物科学講座7<br>**細　胞　生　物　学**<br>17587-6  C3345　　B5判 200頁 本体4500円 | 生命現象の理解をひもとく細胞生物学の基礎を93項目で平易に解説。〔内容〕緒論／生体高分子／酵素とエネルギー／生体膜の構造と機能／細胞質内オルガネラの構造と機能／ミトコンドリアとエネルギーの流れ／葉緑体と光合成／他 |
| 東工大 猪飼 篤著<br>基礎分子生物学1<br>**巨　大　分　子**<br>17671-6  C3345　　A5判 164頁 本体3600円 | DNAやタンパク質をはじめ生物科学の理解に必須な巨大分子の構造，種類，機能を体系的に簡潔・明快に解説し，これらの分子の性質，構造，反応を調べる様々な方法についてその原理を説明する。理解を助ける多数の図版とカラー口絵を収録 |
| 工学院大 川喜田正夫著<br>基礎分子生物学2<br>**遺　伝　子**<br>17672-4  C3345　　A5判 192頁 本体3900円 | 遺伝子機能の発現とその制御の仕組み，組換えDNA技術を基礎とする遺伝子構造の解析，遺伝子の単離・改変などについて多数の図版を用いて丁寧に解説。現代生物学を理解し展望するのに必要な遺伝子に関する基本知識を学ぶのに好適の書 |
| 前大阪市大 三崎 旭編著<br>**栄 養 学 の た め の 生 化 学**<br>61025-4  C3077　　A5判 228頁 本体3400円 | 栄養学を学ぶ学生のために生化学の基礎知識を，up to dateな内容をとり入れながら，簡潔にわかりやすく解説した好テキスト。〔内容〕細胞の組立てと役割／糖質／脂質／アミノ酸とタンパク質／微量栄養素／酵素／生体のエネルギー／他 |
| 前埼玉大 石原勝敏著<br>図説生物学:30講〈動物編〉1<br>**生 命 の し く み 30 講**<br>17701-1  C3345　　B5判 184頁 本体2900円 | 生物のからだの仕組みに関する30の事項を，図を豊富に用いて解説。細胞レベルから組織・器官レベルの話題までをとりあげる。章末のTea Timeの欄で興味深いトピックスを紹介。〔内容〕酵素の発見／細胞の極性／上皮組織／生殖器官／他 |
| 放送大 石川 統・立教大 黒岩常祥・京大 永田和宏編<br>**細　胞　生　物　学　事　典**<br>17118-8  C3545　　A5判 480頁 本体16000円 | 細胞生物学全般を概観できるよう約300項目を選定。各項目1ないし2ページで解説した中項目の事典。〔主項目〕アクチン／アテニュエーション／RNA／αヘリックス／ES細胞／イオンチャネル／イオンポンプ／遺伝暗号／遺伝子クローニング／インスリン／インターロイキン／ウイルス／ATP合成酵素／オペロン／核酸／核膜／カドヘリン／幹細胞／グリア細胞／クローン生物／形質転換／原核生物／光合成／酵素／細胞核／色素体／真核細胞／制限酵素／中心体／DNA，他 |
| 日中英用語辞典編集委員会編<br>**日中英対照生物・生化学用語辞典**<br>17104-8  C3545　　A5判 512頁 本体12000円 | 日本・中国・欧米の生物・生化学を学ぶ人々および研究・教育に携わる人々に役立つよう，頻繁に用いられる用語約4500語を選び，日中英，中日英，英中日の順に配列し，どこからでも用語が探しだせるよう図った。〔内容〕生物学一般／動物発生／植物分類／動物分類／植物形態学／植物地理学／動物形態学／動物組織学／植物生理学／動物生理学／動物生理化学／微生物学／遺伝学／細胞学／生態学／動物地理学／古生物学／生化学／分子生物学／進化学／人類学／医学一般／他 |

上記価格（税別）は 2005 年 3 月現在